普通高等教育"十二五"规划建设教材

兽 医 大 意

The Gist of Veterinary Science

庞全海　主编

动物科学等专业用

中国农业大学出版社
·北京·

内容简介

本教材是按照我国目前动物科学、饲料科学、动物生物技术等专业本科教学的需要编写的,着重考虑上述专业的基础和学习兽医知识的需要,从大规模、工厂化、集约化畜牧业生产的实际出发,在拓展兽医基本知识和技能的基础上,以介绍动物常见、多发疾病和某些具有代表性的疾病为主,从疾病的病因学、发病学、临床病理学、诊断和防控等方面,阐明动物疾病的发生发展规律及合理防控措施,使得学生能够在有限的学时内基本掌握兽医科学的大意,具备从事动物生产实践中疾病防控的初步知识和能力。

本教材每章开始均附有本章的内容简介,章后附思考题,以利于学习者练习和进一步深入掌握相关知识。

本书除了可以作为教材之外,亦可供兽医临床工作者及相关科技工作者参考。

图书在版编目(CIP)数据

兽医大意/庞全海主编. —北京:中国农业大学出版社,2012.6
ISBN 978-7-5655-0533-1

Ⅰ.①兽… Ⅱ.①庞… Ⅲ.①兽医学 Ⅳ.①S85

中国版本图书馆 CIP 数据核字(2012)第 077696 号

书　　名	兽医大意
作　　者	庞全海　主编

责任编辑	潘晓丽　梁爱荣	责任校对	王晓凤　陈　莹
封面设计	郑　川		
出版发行	中国农业大学出版社		
社　　址	北京市海淀区圆明园西路 2 号	邮政编码	100193
电　　话	发行部 010-62818525,8625	读者服务部	010-62732336
	编辑部 010-62732617,2618	出　版　部	010-62733440
网　　址	http://www.cau.edu.cn/caup	e-mail	cbsszs@cau.edu.cn
经　　销	新华书店		
印　　刷	北京时代华都印刷有限公司		
版　　次	2012 年 8 月第 1 版　2012 年 8 月第 1 次印刷		
规　　格	787×1092　16 开本　24.75 印张　600 千字　彩插 2		
印　　数	1～3000		
定　　价	45.00 元		

图书如有质量问题本社发行部负责调换

编 写 人 员

主　编　庞全海

副主编　韩　博　邓干臻　童德文　杨玉艾

编写者　（以所在单位汉语拼音为序）

东北农业大学	吕占军	
佛山科学技术学院	刘玉清	
河南工业大学	张慧茹	
河南科技大学	赵树科	
湖南农业大学	文利新	
华中农业大学	邓干臻	
吉林大学	刘国文	
南京农业大学	孙卫东	
山西农业大学	白　瑞	庞全海
四川农业大学	胡延春	余树民
西北农林科技大学	童德文	
云南农业大学	杨亮宇	杨玉艾
中国农业大学	韩　博	

主　审　湖南农业大学　　　　　袁　慧

前　言

　　兽医大意是研究畜禽疾病的发生发展和转归规律、诊断、预防和治疗的综合性科学，是兽医科学基础理论和临床知识的系统概括和高度浓缩，它着重探讨畜禽群发病、多发病等严重危害畜禽健康、畜禽产品品质和公共卫生与安全的疾病，是动物科学、饲料科学、动物生物技术等专业的重要专业课之一。一名合格的动物科学、饲料科学、动物生物技术等专业的高级专门人才，除了需要具备丰富的畜牧业管理经验和饲养技术，还必须掌握兽医科学的基本知识和基本技能，才能适应畜牧业、饲料加工业、动物生物科学发展的需要。

　　畜禽群发病、多发病，特别是动物传染病对动物群体的危害以及造成的经济损失和社会影响非常严重。某些人畜共患病严重影响人类的健康、危害公共卫生与食品安全，是当前我国动物疫病防控的重点。工厂化、集约化、产业化的畜牧业生产模式又使得动物不可避免地受到畜禽舍的建筑结构、管理设施和制度、内外理化生物学环境因素、日粮配合、饲养方法及对营养需求等一系列生产流程等的制约，其中任何与健康和生产不相适应的内外环境因素的变化，均可引起动物机体代谢失衡及营养障碍，直接影响到规模化动物生产的经济效益和动物产品品质，所以阐明动物营养代谢疾病的病因与防治问题，具有十分重要的实践意义。动物中毒病也是不容忽视的一类群发性疾病，工业污染、农药污染、饲料及药物添加剂的不合理应用，霉菌毒素以及自然地理环境中某些高浓度的毒物，常导致动物中毒的发生。

　　畜禽疾病的发生，降低了其产品的产量与质量，造成重大经济损失。有些病原因素还会污染土壤、水源等周围环境，或者通过食物链等途径进入人体、危害人类健康、引起人类恐慌，影响公共卫生与社会安定。由此可见，有效地防控畜禽疾病，降低发病率和死亡率，保障畜禽健康和畜禽产品质量是保证畜牧业生产发展的重要条件之一。

　　本书是根据动物科学、饲料科学、动物生物技术等专业基础知识结构的发展和掌握兽医学知识的实际需要，在上述专业学生已经拥有兽医科学的部分知识背景（上述专业和动物医学的共同课程）的基础上，通过进一步介绍兽医科学的基础理论和技能，进而学习兽医临床科学的内容，使学生在有限的时间内系统而又精炼地学习兽医科学的精髓，具备畜禽群发病和多发病的基础理论、诊断技术和综合防控技能，为保证我国畜牧业、饲料工业等的健康、持续、稳定发展，维护社会主义经济建设和国家安全稳定，维护人类公共卫生与安全，促进人与自然和谐发展，为丰富和提高人民生活水平，把我国建设成为世界畜牧业强国做出应有贡献。

　　本书编写大纲是编者调研了我国大部分高等农业院校动物科学、饲料科学、动物生物技术等专业现行兽医大意及其相关课程开设情况及教学需要，允分汲取此前各种版本的精华，经过反复酝酿、征求各方意见的基础上形成的。本书的编者主要是我国高校直接从事"兽医大意"及其相关课程教学、科研和实践的中青年教师，编写中查阅了大量的资料，融入了编写者的教学、科研和实践经验。在编写内容安排上，尽量发挥各位编者的教学和科研特长，并兼顾我国各地区的特殊性。为了便于学生学习和掌握教材内容，本书在每章开头均有章节内容简介,章末附有复习思考题,适合于动物科学、饲料科学、动物生物技术等非动物医学专业本科生专业必修课40～80学时的教学需要。本书在介绍群发、多发、常见病基础上,适当兼顾学生拓展学习和畜牧兽医实际工作者参考需要,对其他一些具有代表性的和新发现的疾病作了简要介绍。

本书除绪论外共八章,依次是兽医病理学基础、兽医诊断技术、兽医常用治疗技术、传染病、寄生虫病、营养代谢病、中毒病、其他常见病。具体编写安排如下:绪论由庞全海编写;第一章由白瑞编写;第二章由邓干臻编写;第三章第一节至第三节由文利新编写,第四节由吕占军编写;第四章第一节由吕占军编写,第二节由余树民编写,第三节由张慧茹编写,第四节由孙卫东编写,第五节由赵树科编写,第六节由胡延春编写;第五章第一节由吕占军编写,第二、第三节由杨亮宇编写,第四、第六节由童德文编写,第五节由杨玉艾编写;第六章第一、第二、第四节由韩博编写,第三节由刘国文编写;第七章第一节由白瑞编写,第二节由庞全海编写,第三节由刘玉清编写,第四节由胡延春编写;第八章第一节由刘玉清编写,第二节由杨玉艾编写。

本书编写出版过程中,得到了中国农业大学出版社、山西农业大学教材科以及各位编者和审校者所在单位领导的大力支持,不少同行热情提供了他们积累的宝贵资料。为保证质量,编审者对初稿进行了交叉反复审校,对一些重大问题进行了专门讨论,并特邀请在兽医学教学和科研中具有较高造诣和丰富临床经验的湖南农业大学博士生导师袁慧教授对全书进行了细致认真的审校。在本书付梓之际,我们谨向支持本书编写出版的同仁们表示衷心的感谢!

兽医大意涉及兽医科学的深刻理论内涵和精髓,内容极其广泛,且实践性很强,尽管在编写过程中,编审者尽其所能,希望能用较为简短的篇幅很好地将兽医科学的基本知识阐述清楚,但是由于兽医科学发展相当迅速,编写者理论和实践水平有限,加之时间较紧,书中难免会有遗漏、不当、缺点甚至错误之处,敬请各位老师、同学、同行等在使用过程中提出宝贵意见和建议,以便再版时更正。

编　者
2012年5月

目　　录

绪　　论

内容提要：
　　兽医大意主要介绍兽医科学的基本概念、发展简史、发展趋势和研究方法，特别是兽医临床常见、多发病的病因、基本原理、临床特征、诊断和防控措施。供非兽医专业学生学习和熟悉兽医科学知识、诊疗的基本方法和要领。

第一节　兽医大意的基本概念和内容

一、兽医学的概念

美国兽医学会（AVMA）对兽医学的定义是：兽医学（Veterinary Science）是研究对于非人类动物——包括野生动物和家畜疾病的分支学科，涉及医学、外科学、公共卫生、牙科学、诊断学以及治疗原则，包括牲畜、役用动物和伴侣动物。简言之，兽医学是研究预防和治疗动物疾病的科学。兽医学的从业人员称之为兽医。在许多发达国家，兽医是经过良好教育的高质量专门人才。根据消费调查，兽医在美国位列最受尊重的职业之一。

兽医大意（The Gist of Veterinary Science）就是简要介绍动物疾病发生发展的基本理论、基本规律、临床症状、病理变化、转归、诊断和防控的科学。

二、兽医大意的研究范畴

家畜、伴侣动物（如犬、猫等）、经济动物、野生动物、实验动物、观赏动物、经济昆虫（如蜜蜂、蚕等）和鱼类的保健和疾病防治工作均属兽医学范畴。

随着医学卫生事业的发展，兽医科学的范畴现已扩大到涉及人畜共患疾病、公共卫生学、环境保护、人类疾病模型、实验动物、食品卫生等领域，并形成了许多新的边缘学科，对农业生产以及生物学的发展发挥着日益重要的作用。

兽医大意就是通过简要介绍常见畜禽及伴侣动物、特别是用于人类所需要畜产品生产动物的常见多发疾病的基础理论（发病机制、流行规律、临床症状、病理变化）、诊断与防控技术，使学生获得防控动物群发病的基本知识和技能。

第二节　兽医科学的发展简史

一、中国兽医科学的兴起和发展

1. 中兽医学的产生和发展

中国兽医技术的历史源远流长,医治动物疾病的历史可能起始于野生动物被驯化为家畜的早期阶段。家畜养护、马病诊治、阉割技术等则可以追溯到殷商时代;西周至春秋战国时期已有专职兽医出现;秦汉以后,各种兽药和畜病防治技术迅速发展,兽医的著作大量涌现并逐渐形成体系;唐代时期兽医技术已开始传向国外。

1235 年(元太宗七年),建于山西省阳城县常半村(今凤城镇山头村)的水草庙,是为了纪念著名兽医常顺而修建的。常顺于北宋政和四年(即公元 1114 年)被宋徽宗颁旨钦封为广禅侯,被认定为中国历史上授官位最高的一位兽医,也是唯一被钦封的兽医侯。

2. 中国现代兽医教育的兴起和发展

1904 年,中国创办了第一所兽医学校——北洋马医学堂。1907 年便有人赴日本学习兽医,此后又有更多的人相继赴欧美留学学习兽医专业。1924 年,北平中央防疫处首创马鼻疽诊断液和犬用狂犬疫苗;此后,青岛、上海、广西、南京、四川、浙江和江西等地设立了有关兽医的机构以及抗日战争期间设立军马防治所等,到 20 世纪 30 年代,先后进行了血清和疫苗的研究及制造;20 世纪 40 年代,抗日战争后方各地都设立了各种兽医防疫机构。

新中国成立后,党和政府非常重视兽医事业的发展,全国各省市至少建立了一所有兽医教育的高等院校,兽医学位制度从无到有。随着社会经济的发展,我国逐步建立了从中央到省、地(市)、县、乡动物疾病防控机构,近年还设立了乡村防疫员,从而有效地保障了动物和人类的健康。特别是《动物防疫法》的颁布实施使动物疾病的防控走上了法制化的轨道。

目前,全国兽医工作机构和官方兽医、执业兽医、乡村兽医、村级防疫员分工明确,责任清晰的兽医队伍已初步建立,兽医工作能力持续增强。

3. 兽医学会及兽医学刊的创建

1935 年,我国先后创办了《中国畜牧兽医季刊》、《兽医月刊》等。在中国共产党领导的革命根据地,20 世纪 40 年代就取得了制造牛瘟血清疫苗、分离猪瘟病毒等方面的成就。1936 年 7 月,中国畜牧兽医学会在南京成立,标志着我国畜牧兽医事业开始了一个新的历史阶段;1937 年夏,日本帝国主义侵华战火延及华东,学会工作处于停顿状态;新中国成立后,1950 年起恢复学会活动。中国畜牧兽医学会成立 70 多年来,特别是改革开放以来,通过深入开展学术交流、科技服务、科普活动、继续教育培训、办刊等大量富有影响、卓有成效的活动,逐步发展壮大,成为我国最有影响的学会之一。

现在中国畜牧兽医学会主办的刊物有《畜牧兽医学报》、《动物营养学报》、《中国兽医杂志》、《中国畜牧杂志》四个全国性科技期刊和《会讯》等。

二、西方兽医科学的兴起和发展

1.西方兽医的出现

早在公元前 2100 年,巴比伦古老法典中就规定了牛医和驴医的义务和应得的报酬;公元前 1900 年,埃及的草书和古印度的梵文文献就有了最初的兽医学记录,在 Ashoka 的一条布告中写道"国王 Piyadasi 建了两种医院,给人看病和给动物看病的医院"。在公元前 1500 年至公元前 1200 年古印度的吠陀时代,一些经典中有以韵文记载的动物疾病及其治疗方法。

到了奴隶制时代,由于战争中军马需要量的激增,兽医趋于发达。古希腊已有马医;罗马帝国后期军队中的兽医技术曾达到较高水平,并曾在古希腊兽医学文献基础上编纂有关于马病的著作。

中世纪,兽医学趋于衰落,患马常由一些锻造铁蹄的铁匠诊治。据说英文兽医一词既指钉马蹄的铁匠,又指兽医,即可能缘于此。此后,由于西欧资本主义的发展、家畜和种畜贸易量的扩大以及欧洲各国之间的多次战争,大批家畜死于疫病,才使人们认识到学徒式的兽医训练已不能适应现实需要,从而开创了现代兽医高等教育制度。

2.现代兽医教育的诞生

1761 年,法国在里昂开办了世界上第一所高等兽医学校,至 1800 年,欧洲 12 个国家已相继成立了 20 个左右的兽医学校。

20 世纪以来,世界大多数国家都建立了兽医学校和兽医机构,兽医科研、教育和诊疗水平持续提高。目前兽医科学较发达的国家有美国、日本、英国、德国、丹麦和俄罗斯等。例如,目前在美国和加拿大有 28 所公认的兽医学校,进入兽医学校有非常严格的竞争机制,每学年毕业生平均在 2 700 人左右。

第三节　兽医学科体系

一、兽医大意的基础学科

兽医科学与医学的理论基础相通,两者互相借鉴,共同发展。兽医科学的主要基础理论有动物解剖学、动物组织学和胚胎学、动物生理学、兽医病理学、兽医药理学、兽医微生物学、兽医免疫学,应用学科有兽医诊断学、动物传染病学、动物寄生虫病学、兽医内科学、兽医外科学及手术学、兽医产科学等。

中国传统兽医学——中兽医学具有独特的体系,它的基本理论和中医学一脉相承,是中国历代人民同动物疾病进行斗争的经验总结。

20 世纪以来,特别是第二次世界大战后,兽医科学迅速发展,又相继出现了小动物兽医学、禽病学、兽医流行病学、动物营养及营养代谢疾病的研究、麻醉学、实验外科学和显微外科学、兽医毒理学、动物中毒及毒理学、兽医真菌学、人畜共患疾病、动物卫生学、兽医公共卫生学、动物遗传病学、动物非传染性群发病学、宠物疾病学及野生动物疾病学等新的学科分支。

二、兽医大意的内容

现代兽医学的任务不仅在于防治动物疾病、保障畜牧业的发展,而且更重要的是减少人畜共患疾病的危害,提高动物性产品(肉、蛋、乳、皮、毛和水产品等)的卫生质量和改善环境卫生等,直接服务于提高人类的生活质量、保障人类健康,使得自然生态和谐发展。

工厂化、集约化畜禽养殖业的迅猛发展,加重了兽医对饲养场址选择、畜舍设计、饲料添加剂的配制、环境卫生管理及免疫程序的制定和执行、疾病诊断和免疫水平监测等所负的责任,以提高畜禽的健康水平和预防群发性疾病,诸如传染病、寄生虫病、中毒性疾病和营养代谢及应激性疾病等的发生。

经过兽医科学工作者的不断努力,曾经严重危害养殖业的一些动物传染病已经被消灭或有效控制。然而,一些新的疾病出现甚至暴发,危害较大的是病毒性传染病;伴随农药、化肥及工业废物等的严重污染而产生的中毒性疾病;以及营养缺乏、代谢紊乱及应激性疾病。如近年流行的禽流感、口蹄疫、猪链球菌病、疯牛病、农药中毒、二噁英中毒等,给畜牧业生产造成了巨大的损失,也给人类健康带来巨大威胁,其中有的至今尚无有效防控方法;有的(如代谢疾病和营养缺乏症)则与片面追求高产有关,这都为畜牧兽医工作者提出了新的课题。

为早期预防营养代谢性疾病的发生,现在的兽医工作不仅要观察畜群是否出现临床症状,而且要测定其在一定条件下能否达到预期的生产指标和体内代谢是否处于平衡状态,如常通过血液化学分析对高产牛群进行代谢测试,以预报营养代谢病的隐性或亚临床病例等。而且,随着我国社会经济发展和人民生活水平的不断提高,此类问题显得越来越突出。

1. 疾病诊治

目前,准确诊断和有效防控动物疾病仍然是我国畜牧兽医科学工作者的重要任务。近年来,在许多较发达国家及我国的发达地区,特别是大中城市,犬、猫、鸟等宠物喂养逐年增多,这些伴侣动物疾病的诊疗已成为兽医工作者的一项重要业务。各种具有较高经济价值的野生动物,如狐狸、水貂、梅花鹿、麝等越来越多地实行人工饲养,它们的疾病不仅种类繁多,而且病原复杂,这也要求兽医工作者进行大量的研究工作。

2. 进出境检疫

来源于国外的传染病可引起该病在本国的流行而造成巨大经济损失,如美国于19世纪80年代由国外购牛而传入的牛肺疫,在屠宰了大量病牛和与病牛接触过的健康牛后才最终被扑灭;日本因从国外购进种猪而传入的猪萎缩性鼻炎和猪支原体肺炎,迅速蔓延、传播到全国各地猪场,重者感染率达50%～60%。

中国由国外传入的传染病也屡见不鲜,如1919年由外国购进奶牛时,将牛肺疫带入上海;1963年进口大白猪时,曾带入猪萎缩性鼻炎;猪繁殖与呼吸障碍综合征、多功能衰竭综合征、牛传染性鼻气管炎、猪密螺旋体性痢疾等也都是由国外购进的种畜传入。同时,本国的家畜病原也有可能随出口患病动物而流向国外。因此,按法规进行严格的进出口检疫,并调查产地疫情以杜绝各种病原,是兽医工作者的重要任务之一。

3. 兽医公共卫生

兽医在这一方面的主要任务是执行国家颁布的食品卫生法规,如对肉、蛋、乳、鱼等动物性食品生产前后的各个环节进行卫生监督和检验,防止动物传染病病原体散布而危害人类健康。我国现在已经强化了这方面的法律法规,《中华人民共和国动物防疫法》等法律法规的颁布实施为保障动物和人类健康提供了法律依据。

4.医学动物模型

兽医学与医学有共同的基础理论和治疗准则,许多人类疾病可以极其相似的机理和形式在某些动物身上表现,这种疾病称为人病的动物模型,常被用于人类疾病的研究,如对鸡病毒性肿瘤病和鸡马立克氏病等的研究都可为研究人类肿瘤的发生提供借鉴。医学家和兽医学家还往往以动物疾病为模型共同研究一些外科手术。目前,利用动物生产人类器官显示出令人振奋的应用前景。此外,预防医学和比较医学已成为兽医和医学共同发展的学科,在防止生物战争、化学战争、原子战争以及发展宇航医学等方面有重要意义。

第四节　兽医科学的发展现状及展望

一、兽医学科的发展现状

1.动物疾病防治成果斐然

进入 21 世纪以来,全国不仅乡镇一级普遍建立了畜牧兽医站,开展家畜家禽疾病防治工作,近年来,还在许多村(中心)培养(培训)配备了防疫员。研制和改进了几百种有效疫(菌)苗,为防控动物传染病提供了有效手段,应用酶标抗体技术和放射免疫测定等先进技术进行传染病诊断取得成功;运用兽医生物技术建立了抗马传染性贫血病毒和抗布鲁氏菌单克隆抗体的杂交瘤细胞株;对中国家畜家禽寄生虫种类、区系分布及重要寄生虫的流行病学进行了调查,对猪囊虫病、细粒棘球蚴病、弓形虫病、旋毛线虫病等人畜共患病提出了防治措施;对母牛隐性乳房炎、酮病、瘤胃酸中毒、亚硝酸盐中毒、黑斑病甘薯中毒、"水牛红皮白毛症"、反刍动物青冈叶中毒、耕牛闹羊花中毒、水牛地方性血尿等非传染性疾病的研究取得了重要进展;查明了 160 多种畜禽中毒病,对部分中毒病提出了防治措施。与此同时,中国传统兽医学在数千年历史的基础上也有所发展,先后发掘整理了《元亨疗马集》、《司牧安骥集》、《活兽慈舟》等几十种古兽医书籍,编写了反映现代科研成果的中兽医内科学、动物临床诊疗学和针灸方面的著作,其中兽医针刺麻醉的研究和应用成果已在世界上产生广泛影响。

目前,百万兽医工作者战斗在重大动物疫病防控、监测、检验、动物临床诊治、地震后动物尸体处理和预防动物流行病、教学科研以及国际兽医事务谈判的第一线。世界兽医协会(WVA)于 2000 年提出,将每年 4 月的最后一个周六作为世界兽医日;2010 年 10 月在北京举行的第一届中国兽医大会决定,10 月 28 日为中国兽医日。

2.执业兽医及执业兽医资格考试

执业兽医,是指具备兽医相关技能,依照国家相关规定取得兽医执业资格,依法从事动物诊疗和动物保健等经营活动的兽医。执业兽医包括执业兽医师和执业助理兽医师。执业兽医资格考试是执业兽医制度的重要组成部分。

畜牧兽医事业发达的国家都很重视兽医师的培养。每 10 万人口中合格兽医师人数（1980）：美国为 15.9 人，日本为 20.4 人，前苏联为 30.9 人，丹麦则达 43 人。培养兽医师的高等教育学制较长，如美国需 7 年，即 3 年预科教育和 4 年本科教育，毕业后需经政府考试合格获得兽医师证书，方可开业行医。此外，兽医师还可受聘于政府行政机构、教育科研部门、兽医药厂或其他企业，从事防疫检疫、教育、科研、兽医生物药品和化学药品生产以及兽医公共卫生等方面的工作。

我国从 2009 年开始在河南等 5 省（市、自治区）试点执业兽医资格考试，并于 2010 年首次在全国进行了执业兽医资格考试，这项考试与执业医师资格考试、注册会计师考试、律师考试一同归为"四大国考"。据数据显示，2010 年参加考试人数近 7.4 万人，参考率达 93.1％。全国各地共设置 31 个考区、167 个考点、2 741 个考场，标志着我国的兽医制度走向了规范化法制化轨道，对于保障动物健康，维护人类社会和自然和谐发展提供了法律保证。截至 2011 年，我国已有 18 561 人具备了执业兽医师资格，25 726 人具备了执业助理兽医师资格。此外，有关执业兽医和官方兽医制度的立法正在紧锣密鼓地进行，相信，在不远的将来，我国的兽医水平一定会有一个较大的提高。

3. 兽医的待遇

在美国，2005—2007 年期间兽医的收入持续增加。2006 年 5 月的统计结果显示，兽医的年收入一般在 43 530～94 880 美元，平均 71 990 美元；而联邦政府供职兽医的平均年薪是 84 335 美元。2007 年，私人诊所兽医年平均收入为 115 447 美元，超过了公务员包括军警和政府工作人员。在美国，约 3/4 的兽医为个人或集体医疗机构聘用，其余的工作在兽医学院、医学院、研究室、动物食品公司以及医药公司等部门。劳工统计局报告，大约 1 400 名被美联邦政府聘用的兽医，主要工作在农业部、卫生和人类公共事业部，以及国土安全部。

我国的兽医收入受当地社会经济发展影响极大，各地相差甚为悬殊。在发达地区，临床宠物兽医的实际年收入远远超过其他相近行业，但在一些经济落后的地区，尤其是从事普通家畜疾病防治的兽医收入却相当低，特别是基层兽医工作者的条件差、收入低。这种不平衡严重制约着经济落后地区畜牧兽医事业的发展。我国兽医人员工作的部门与其他国家类似，以农业部门为主。

二、兽医科学的展望

当前，兽医科学正随着许多有关学科的新成果更多地被应用于动物疾病的研究，而迈向更高的水平。基因工程技术在口蹄疫、狂犬病和幼畜腹泻等疫苗研制中的初步成功，为亚单位苗或合成肽苗的研制开辟了广阔的道路。应用细胞工程技术产生的单克隆抗体，将使兽医诊断更为准确快速。电子计算机和激光等已开始应用于兽医学。野生动物、观赏动物疾病防治是有待开拓的一个领域。随着畜禽空运量的增多，将开始研究空运对家畜生理、病理的影响。同时，流行性疾病的国际合作监测和防治将得到进一步的加强。与上述发展相适应，更加重视兽医的教育和科学研究事业，已成为许多国家的共同趋向。

进入 21 世纪以来，如何维护人、动物与自然三者之间的和谐关系，成为经济社会持续发展面临的新课题之一。近些年频繁发生的传染性人畜共患疾病造成了严重的公共卫生安全问题，威胁着人类的健康，使得兽医工作的重要性得到了极大突显，受到各级政府的高度重视,吸引了全社会的热切关注。保障动物产品供给,做好动物产品检疫、兽药残留监控等工作,对于构筑食品安全体系、保护人民群众身体健康具有十分重要的作用,兽医工作事关食品保障和动物产品质量安全。因此,做好兽医工作,是实现畜牧业持续健康发展、保障畜产品持续有效供给的重要前提,也是增加农民收入、繁荣牧区经济、稳定边疆、构建和谐社会的重要保障措施之一。

第五节　学习兽医大意的方法

现代兽医学的任务不仅在于保障畜牧业的发展,而且在于减少人畜共患疾病的危害,提高动物性产品(肉、蛋、乳和水产品等)的卫生质量和改善环境卫生等,直接为人类的健康服务。

兽医临床诊治工作多半以价值昂贵的个体家畜(禽)或种畜(禽),以及一些伴侣动物、观赏动物等为主要对象,一般家畜(禽)均着重于全群防治。

学习本课程,主要应该从以下几方面着手。

一是加强基础理论的学习。要学好兽医,必须熟练掌握与此相关的各门基础理论课程,熟悉动物解剖学及组织胚胎学、动物生理学、动物生物化学、兽医药理学、兽医病理学、兽医微生物及免疫学等课程。

二是理论联系实际,注重实践。兽医学是一门实践性很强的科学,必须加强实践操作,才能真正掌握基本技能。要积极参加临床实践工作,只有这样才能够获得防控动物疾病的能力。

三是要有吃苦精神。学习兽医学是一个很艰辛的工作,从事兽医临床更是一项又脏又累的工作,而且有时还有一定的风险,所以必须树立吃苦耐劳的精神,不怕脏、不怕累,勤于动手、勇于实践。

四是要不断总结。兽医工作者必须不断总结自己在诊疗过程中成败的经验,才能不断提高兽医技能。动物种类繁多,动物疾病千变万化,即使同一种疾病在不同的动物或不同的发展阶段也会有不同的表现,临床症状复杂多样,所以必须在充分熟悉动物正常生理现象的基础上,不断探索、勤于总结,了解各种疾病发生发展的基本规律,才可能做到准确诊断、正确实施防控。

思考题

1. 什么是执业兽医?
2. 学习兽医大意的方法。

第一章 兽医病理学基础

> **内容提要：**
>
> 　本章主要介绍疾病的基本概念，动物疾病的基本病理变化及主要的症状病理学，为本门课程的学习提供基础。

第一节 疾病概论

　　畜牧兽医工作者在现代社会中承担的主要责任是保护人类和动物健康、维护环境和动物性食品的安全。不健康、不安全的因素存在就有可能发生动物疾病。兽医病理学主要的研究对象是发病动物，它是运用各种方法和技术研究疾病的发生原因（病因学），在病因作用下疾病的发生发展过程（发病学/发病机制）以及机体在疾病过程中的功能、代谢和形态结构的改变（病变），从而揭示患病机体的生命活动规律的一门科学。

一、疾病学

（一）疾病的概念

　　疾病是相对于健康而言。所谓疾病（disease）是机体与外界致病因素相互作用而产生的损伤与抗损伤的复杂斗争过程，并表现出机体生命活动障碍，生产能力下降及经济价值降低这样一个复杂的过程。

（二）疾病的特征

　　疾病是在一定条件下，致病原因与机体相互作用而产生的一个损伤与抗损伤的复杂斗争过程。疾病是完整机体的复杂反应，其发生、发展和转归有一定的规律性。动物疾病包括以下基本特征：

　　（1）疾病是在正常生命活动基础上产生的一个新过程，与健康有质的区别。

　　（2）任何疾病的发生都是由一定原因引起的，没有原因的疾病是不存在的。

　　（3）任何疾病都是完整统一机体的反应，呈现一定的机能、代谢和形态结构的变化，这是发生疾病时产生各种症状和体征的内在基础。

　　（4）任何疾病都包括损伤与抗损伤的斗争和转化。

　　（5）疾病时不仅动物的生命活动能力减弱，而且其生产性能，特别是经济价值降低，这是动物疾病的重要特征。

二、病因学

病因学(etiology)是研究疾病发生原因和条件的科学。引起疾病的原因包括外因和内因两类。

(一)疾病发生的外因

(1)生物性因素 各种病原微生物和寄生虫等是目前引起养殖业重大损失和发生人畜共患病的主因。

(2)理化因素 一定强度的机械力、高温、低温、电流、噪声、辐射;强酸、强碱、化学毒物(如氢氰酸),以及动物、植物、微生物产生的毒性物质(如蛇毒),均可引起疾病。

(3)营养性因素 当家畜(禽)饲养管理不当,特别是饲料中各种营养物质,如糖、脂肪、蛋白质、维生素、无机盐和矿物质(包括微量元素)等缺乏时,可引起各种营养缺乏症,带来极为不良的后果。

(二)疾病发生的内因

(1)防御机能降低 外部屏障(由皮肤、黏膜等组成)或内部屏障(如由母体子宫内膜和胎儿胎盘构成的胎盘屏障,由脑部血管等构成的血脑屏障)完整性遭到破坏,或机体单核-巨噬细胞系统的吞噬能力降低、肝脏解毒机能降低,肾脏和肺脏等器官排出机能降低时,皆可导致非特异性防御机能减弱,从而引发疾病。

(2)免疫机能降低 体液免疫机能降低常引起细菌,特别是化脓菌的感染;而细胞免疫机能降低可导致病毒、真菌、细胞内寄生菌感染,还容易引发肿瘤。

(3)遗传缺陷 遗传物质的改变(如基因突变或染色体畸变)可引发疾病。

(4)神经内分泌机能的改变 如大鼠的冷应激可引起应激性胃溃疡,因交感神经兴奋使儿茶酚胺分泌增多,内脏血流减少导致胃黏膜缺血,胃黏膜上皮细胞不能产生足够的碳酸氢盐和黏液,使胃黏膜屏障遭到破坏,H^+从胃内进入黏膜造成胃溃疡。再如犬胰岛 β 细胞分泌胰岛素减少能引起犬的糖尿病。

(5)其他 动物种属、品种、年龄、性别、营养状况等的差异,对疾病的发生也有不同的影响。

三、发病学

发病学(pathogenesis)是研究疾病发生、发展和转归基本规律的科学。

(一)疾病的发生

(1)组织细胞机制 致病因子直接作用于靶细胞、靶器官(如强酸、强碱作用于皮肤)或其进入体内后选择性作用于靶细胞、靶器官(如分枝杆菌作用于肺、淋巴结等,马传染性贫血病毒作用于骨髓)引起疾病。

(2)体液机制 致病因子引起体液的量(如水肿、脱水)或质(如酸碱中毒、高血钾、细胞因子浓度的增减)发生改变,从而引起疾病。

(3)神经机制 致病因子引起神经调节不同环节发生障碍(如反射弧损伤)或神经组

织损伤(如禽脑脊髓炎病毒引起神经元发生坏死或凋亡),导致疾病。

(4)分子机制 致病因子引起核酸分子、蛋白质分子、免疫分子等的结构或数量改变,进而引起疾病。

(二)疾病的发展

(1)损伤与抗损伤的矛盾斗争贯穿于疾病发展的始终 通常病因造成的损伤(如呼吸困难、尿量减少,细胞的变性、坏死等)对机体是有害的。而抗损伤(如某些感染引起外周血白细胞数量增多、吞噬能力增强、抗体生成增多、坏死细胞、组织的再生与修复等)对机体是有利的;但损伤、抗损伤又是可以互相转化的,双方力量强弱的对比决定着疾病发展的方向。因此,应学会辩证地、动态地分析具体疾病或病理过程。

(2)疾病中的因果转化 一定的病因(如急性大失血)引起一定的结果(如动脉血压降低)。此结果又成为引起其他一些变化(如脑缺血)的原因。如此因果相循、交替,形成链式发展过程,有时可造成恶性循环(如脑缺血与循环衰竭之间)。因此应抓住主导环节,切断恶性循环,采取针对性措施,使疾病向好的方向发展。

(3)病变局部与整体之间相互制约 如组织或器官的局部性化脓灶,当动物抵抗力强时可形成结缔组织包囊使感染局限化,并通过细胞的吞噬作用和组织再生而清除化脓灶,对动物整体不会造成严重影响;但当机体抵抗力弱或病原毒力强、数量多时,化脓菌可突破包围向周围组织扩散,能引起脓毒败血症,甚至危及生命。局部病理过程往往是全身性反应的局部表现,从局部即反映出整体的特性;局部病理过程又能不断地影响整体,使全身状况发生不同程度的变化。因此,应学会全面地分析问题。

(三)疾病的转归

(1)完全康复 病因对动物机体造成的损伤完全消失,机体的自稳调节机能完全恢复正常。此种结局称为完全康复。

(2)不完全康复 疾病造成的损伤得到控制,但机体的机能、代谢、形态结构未完全恢复正常,需依靠代偿才能维持生命活动。

(3)死亡 死亡是指动物作为一个整体,其机能的永久性停止,但并不意味着各个组织器官同时均死亡。近年来提出了脑死亡的概念。判断脑死亡的标准是:动物出现不可逆昏迷;自主呼吸停止;瞳孔散大或固定;脑干神经反射消失(如瞳孔对光反射、角膜反射、吞咽反射);脑电波消失;脑血液循环完全停止。脑死亡概念的提出并逐渐付诸医学实践,对于尊重生命、器官移植、比较医学的发展具有重要的科学意义和实践意义。

第二节 基本病理过程

一、局部血液循环障碍

在某些致病因子的作用下,心血管系统受到损伤,血容量或血液性状发生改变,致使血液运行发生异常,而引起机体一系列病理变化的过程,称为血液循环障碍。

按血液循环障碍发生的原因及波及范围,可分为全身性和局部性两种类型。局部性血液循环障碍主要为某一局部或个别器官发生循环障碍。局部血液循环障碍的表现形式多样,或表现为局部血量改变(如局部缺血、充血),或表现为血液性状的改变(如血栓形成、栓塞),或表现为血管壁完整性的破坏和通透性的改变(如出血)等。

(一)充血

1.概念和类型

局部器官或组织内血液含量增多的现象,称为充血(hyperemia)。

依据发生原因和机制不同,可分为动脉性充血和静脉性充血两类。

由于小动脉扩张而流入局部组织或器官血量增多的现象,称为动脉性充血,也称主动性充血(简称充血)。

由于静脉回流受阻,而引起局部组织或器官中血量增多的现象,称为静脉性充血,又称被动性充血(简称淤血)。

2.病理变化及对机体的影响

(1)动脉性充血 充血的组织器官体积轻度肿大、色泽鲜红、温度升高(图1-1,另见彩图1);镜下变化为小动脉和毛细血管扩张,管腔内充满大量红细胞。动脉性充血多为暂时性。一旦病因消除,器官组织的代谢活动逐渐恢复正常。充血对机体的影响可根据充血发生时间、部位等而不同,通常短时间的轻度充血可致机体组织代谢旺盛、机能增强,故临诊上常采用刺激剂、理疗等方法治疗"血气不通"。但充血发生在某些器官时可产生不利影响,如脑、脑膜充血可致脑内压升高,表现出神经症状,严重者可致死亡;此外,长时间充血,可使血管壁的紧张性降低甚至丧失,引起器官组织淤血、水肿、甚至出血。

(2)静脉性充血 主要表现为淤血的组织或器官体积增大,颜色呈暗红或紫红色,局部温度降低。淤血发生在可视黏膜或无毛和少毛的皮肤时,淤血部位呈蓝紫色,此变化称为发绀。镜下变化为小静脉和毛细血管扩张,充满大量红细胞。淤血对机体的影响取决于淤血的范围、程度、发生器官、发生速度、持续时间以及侧支循环建立的状况。急性的轻度淤血,可因病因消除而逐渐恢复。若淤血持续时间较长,侧支循环不能建立时,可导致淤血性水肿、出血、组织坏死、间质结缔组织增生等,甚至发生淤血性硬变。同时,淤血组织因酸性代谢产物蓄积、组织细胞损伤、抵抗力下降,易继发感染而发生炎症、坏死。常见的病理变化有肝淤血、肺淤血(图1-2,另见彩图2)、肾淤血。

图 1-1 皮肤充血

(公马尿道结石所致腹部皮下充血潮红,同时皮下发生水肿)

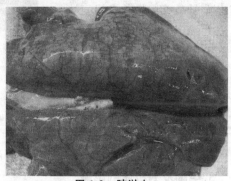

图 1-2 肺淤血

(猪链球菌病。肺淤血肿大,色泽暗红,间质增宽)

(二)出血

1.概念、类型及原因

血液流出心脏或血管外的现象,称为出血(hemorrhage)。血液流入组织间隙或体腔内,称为内出血;血液流出体外,称为外出血。

根据发生原因,可将出血分为破裂性出血和渗出性出血。

(1)破裂性出血　是指由于血管壁或心脏明显受损而引起的出血。可发生在心脏、动脉、静脉或毛细血管,见于外伤(如刺伤、挫伤等)、炎症、恶性肿瘤的侵蚀,或发生血管瘤、动脉硬化时伴发血压突然升高,导致破裂性出血。

(2)渗出性出血　也称为漏出性出血,是指由于血管壁通透性增高,红细胞通过内皮细胞间隙和损伤的血管基底膜漏出到血管外。

2.病理变化

出血的病理变化常因出血的原因、受损血管的种类、局部组织特性不同而异。发生出血的部位不同,其名称有所不同。较多量血液流入组织间隙,形成局限性血液团块,形如球状,称为血肿;血液流入体腔内,称为积血(如胸腔积血、心包积血等),此时可见腔内蓄积有血液或凝血块;脑组织的出血又称为脑溢血;肾脏和泌尿道出血随尿液排出称为尿血;消化道出血经口排出体外称为吐血或呕血;经肛门排出称为便血;肺和呼吸道出血排出体外称为咯血。

渗出性出血时,肉眼甚至光学显微镜下也看不出血管壁有明显的解剖学变化,只发生于毛细血管、小动脉及小静脉。渗出性出血常见有点状出血、斑状出血、出血性浸润几种。点状出血又称淤点(图1-3,另见彩图3),其出血量少,多呈针尖大至高粱米粒大散在或弥漫性分布,常见于皮肤、黏膜、浆膜以及肝、肾等器官表面。斑状出血又称淤斑,其出血量较多,常形成绿豆大、黄豆大或更大的血斑,呈散在或密集分布。出血性浸润是指血液弥漫地分布于组织间隙,使出血的局部呈大片暗红色。当机

图1-3　淤点
(猪心冠脂肪散布点状出血)

体有全身性出血倾向时,称为出血性素质,表现为全身各器官组织出血。

镜下可见,红细胞在血管外的组织中清晰可见,且可保留其完整性达数天之久。若出血较久,有时可见组织中有含铁血黄素的巨噬细胞。

3.结局及对机体的影响

出血对机体的影响,可因出血发生的原因、出血量、时间、部位不同而异。一般非生命重要组织器官小血管破裂性出血,可因破裂处血管收缩和血小板聚集,形成凝血块而

止血。大血管的破裂性出血，常在短时间内造成大失血，若抢救不及时，动物可因大量失血发生休克而死亡。如出血发生在脑或心脏，即使是少量的出血，也会导致严重后果，甚至死亡。流入体腔或组织间隙的血液，出血量少时，可随时间的延长而被吸收；量多时可被机化或形成结缔组织包囊。而渗出性出血常因出血量较少，发展较为缓慢，一般不会引起严重的后果。但长期慢性或大范围的渗出性出血，可致全身性失血性贫血。

(三)血栓形成

1.概念和种类

在活体的心脏或血管内血液发生凝固，或某些有形成分析出而形成固体物质的过程，称为血栓形成(thrombosis)。所形成的固体物质称为血栓。

根据血栓的形成过程和形态特点，可将血栓分为白色血栓、混合血栓、红色血栓以及透明血栓四种类型。此外，也可根据血栓所在的脉管，将其分为动脉性血栓、静脉性血栓、毛细血管性血栓以及淋巴管性血栓；或根据其是否感染有强致病性的细菌，分为败血性血栓和非败血性血栓；或根据血栓在心血管内附着的部位，分为瓣膜性血栓和管壁性血栓。

2.血栓形成的条件

诱发血栓形成的条件大致可归纳为 3 个方面：即心血管内膜损伤、血流状态的改变以及血液凝固性增高。

心血管内膜损伤是血栓形成最重要和最常见的原因。正常情况下，心脏、血管的内膜是较为光滑的表面，血液流过是不会发生凝固的。在某些致病因子作用下，如细菌、病毒感染等引起的血管炎症、缝合结扎等机械性刺激、内毒素、酸中毒、免疫复合物以及理化因素等，可造成心血管内膜发生损伤。

血流状态的改变主要是指血流缓慢、停滞或形成涡流等，这是静脉血栓形成的最主要的原因。正常血流中，红细胞、白细胞和血小板在血管的中轴流动(轴流)，而血浆在周边流动(边流)，血小板等有形成分不易与血管内膜接触。当血流缓慢(如淤血)或出现涡流(如血管内膜不平滑或静脉瓣未完全开放)时，轴流和边流的界限消失，血小板进入边流，增加了与血管内膜细胞接触、黏附的机会，同时凝血因子也容易在局部活化和堆积，易于达到凝血所需的浓度。

血液凝固性增高是指血液中凝固系统活性高于抗凝系统活性，导致血液易于发生凝固的状态。常见于大面积创伤、失水过多引起的血液浓缩，手术或产后等大失血，促凝物质进入血液，血液中新生的幼稚血小板数量增多、黏性增加，凝血酶原和纤维蛋白原也增多，这些血液成分的改变都可促使血液凝固性增高，有利于血栓形成。

3.结局及对机体的影响

血管中形成的血栓，一般可被白细胞崩解后释放的蛋白分解酶以及血液内的纤维蛋白溶解酶溶解，称为血栓的软化。较小的血栓可被完全溶解吸收，较大的血栓在软化过程中可部分脱落形成栓子，阻塞血管造成栓塞。不易被溶解吸收的血栓，可由血管壁内结缔组织和内皮细胞向血栓内生长，形成肉芽组织。这种被肉芽组织吸收替代的过程，称为血栓的机化。血栓机化后导致血管腔狭窄或阻塞，有时候也可以在已经机化的血栓中形成新的血管，使血流得到部分或完全恢复，称为血栓的再通。少数没有机化的血栓，也可能有钙盐沉着而发生钙化，在血管内形成结石，称为动脉石或静脉石。

动物器官组织出血时,在血管破裂处形成血栓,可致出血停止;炎灶周围小血管内的血栓形成,可起到防止病原菌蔓延扩散的作用。这些均是血栓对机体有利的一面。但在大多数情况下,血栓形成对机体不利,如动脉血栓形成可阻塞血管,引起组织器官缺血缺氧、梗死;静脉血栓形成后,若未建立有效的侧支循环,可引起局部组织淤血、水肿、出血,甚至坏死;血栓在软化中或血栓与血管壁粘连不太牢固时,整个血栓或血栓的一部分可以脱落,成为栓子,而引起栓塞;心瓣膜上的血栓机化后,可引起瓣膜增厚、粘连、卷曲或皱缩,导致瓣膜口狭窄或瓣膜关闭不全,引起心瓣膜病,严重时发生心功能不全;微循环血管中的血栓形成可致凝血因子和血小板大量消耗,从而引起全身广泛性出血、休克,甚至死亡。

(四)栓塞

1. 栓塞的概念

血液循环中出现不溶性的异常物质随血流运行并阻塞血管腔的过程,称为栓塞(embolism)。阻塞血管的异常物质称栓子。

2. 栓子运动途径

栓子运动方向与血流的方向一致。其来源、运行方向和所阻塞部位均存在一定的规律性。来自大循环静脉系统内产生的栓子,随静脉血回流到达右心,再通过肺动脉进入肺内,最后在肺内小动脉分支或毛细血管内形成栓塞。来自右心的栓子也通过肺动脉进入肺内,阻塞肺内小动脉分支或毛细血管。来自门静脉系统的栓子,大多随血流进入肝脏,引起栓塞。

在左心、大循环动脉以及静脉的栓子,随着血流运行,最后到达全身各器官的小动脉、毛细血管间形成栓塞。

3. 栓塞的类型及对机体的影响

根据栓塞的原因以及栓子的性质,将栓塞分为血栓性栓塞、空气性栓塞、脂肪性栓塞、组织性栓塞、细菌性栓塞以及寄生虫性栓塞等。栓塞对机体的影响通常取决于栓塞的部位、大小、范围以及性质,据此而将栓塞分为肺动脉栓塞和动脉系统栓塞。

肺动脉栓塞是由来自右心及静脉系统的栓子,常按其大小阻塞相应的肺动脉分支,引起肺动脉栓塞。由于肺动脉分支多,吻合支也多,所以小的动脉栓塞后,局部肺组织仍能从侧支循环获得血液供应,一般不引起严重的后果。较大的肺动脉栓塞,同时又不能形成有效的侧支循环时,会导致肺组织的循环障碍,引起肺梗死。

动脉系统栓塞主要来自左心的栓子可随血液阻塞全身小动脉的分支。例如,心内膜炎时,瓣膜上的赘生物或附在心壁的血栓都可脱落,造成心、脑、脾、肾动脉的栓塞,引起相应组织的缺血和坏死。

(五)梗死

1. 概念

因动脉血流断绝而引起局部组织或器官发生坏死,称为梗死(infarct)。形成梗死的过程,称为梗死形成。凡能引起动脉血流阻断,同时又不能及时建立有效侧支循环的因素,均是梗死的原因。引起动脉血流阻断的因素主要有血栓形成、各种动脉性栓塞、血管受压以及动脉持久而剧烈的痉挛等。

2.类型及病理变化

依据梗死灶眼观的颜色及有无细菌感染,可将梗死分为贫血性梗死和出血性梗死。

(1)贫血性梗死 因梗死灶的颜色呈灰白色,故又称为白色梗死。此种梗死常发生于心、脑、肾等组织结构较致密、侧支循环不丰富的器官组织。其梗死灶呈黄白色,形状与阻塞脉的分支区域相一致。如肾梗死灶呈锥体状。锥尖指向阻塞血管部位,底就在肾的表面;心脏的梗死灶呈不规则地图状(图1-4,另见彩图4)。贫血性梗死灶的病变主要表现为病灶稍隆起,略干燥,硬固,灰白色,与周围的健康组织分界明显,分界处的血管发生扩张充血、出血和白细胞渗出等,形成一层炎性反应带。因脑组织含有多量的类脂质和水分,故脑组织梗死后,多发生软化、液化(液化性坏死)而形成软化灶或囊腔。镜下变化,梗死组织结构轮廓可辨认,但实质细胞变性、坏死、崩解。

(2)出血性梗死 因梗死灶的颜色呈暗红色,又称为红色梗死。此种梗死多见于肺、肠等组织结构疏松、血管吻合支较丰富的器官。在发生梗死之前这些器官已处于高度淤血状态,梗死发生后,大量红细胞进入梗死区,使梗死区呈现暗红色或紫色。眼观,梗死灶内出血而呈现暗红色,梗死灶肿大、硬固,切面湿润,与周边界限清晰。镜下变化,梗死组织结构模糊,细胞坏死,血管扩张,充满红细胞(图1-5,另见彩图5)。

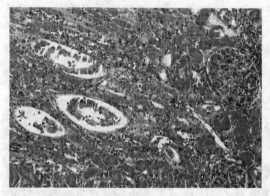

图1-4 贫血性梗死(HE,×400)

(肾贫血性梗死:梗死区的肾小管和肾小球多已坏死,
深染伊红;肾小管呈均质凝固状,管腔不清,
上皮细胞核消失;有的肾小管上皮从
基膜脱落;间质细胞多存活)

图1-5 出血性梗死(HE,×400)

(脾出血性梗死:原有淋巴组织坏死、崩解,
结构不清,但可见大量红细胞密布)

二、物质代谢障碍

(一)变性

变性(degeneration)是指细胞和组织损伤所引起的一类形态学变化,表现为细胞或间质中出现异常物质或正常物质增多。变性一般是可逆性过程,发生变性的细胞和组织功能降低,严重的变性可发展为坏死。

1.细胞肿胀

(1)概念 细胞肿胀是指细胞内水分增多,胞体增大,胞浆内出现微细颗粒或大小不等的水泡。细胞肿胀多发于心、肝、肾等实质器官的实质细胞,也可见于皮肤和黏膜的被覆上皮细胞。它是一种常见的细胞变性,是细胞对损伤的一种最普遍的反应,大多数急性损伤时都能出现,很容易恢复,但也可能是其他严重病理变化的先兆。

(2)病因和发病机理　细菌和病毒感染、中毒、缺氧、缺血、脂质过氧化、免疫反应、机械性损伤、电离辐射等致病因素,凡是能改变细胞内的水和离子浓度平衡的各种因素均能导致细胞肿胀。由于病因不同,引起细胞肿胀的机理也不同,通常分为细胞膜的损伤和线粒体的损伤。

(3)病理变化　发生细胞肿胀的器官眼观体积增大,边缘变钝,被膜紧张,色泽变淡,混浊无光泽,质地脆软,切面隆起,切缘外翻。

根据显微镜下的病变特点不同,细胞肿胀可分为颗粒变性和空泡变性。

①颗粒变性是具有细胞肿胀的病变特征的早期细胞肿胀,是组织细胞最轻微且最常见的细胞变性。主要特征是变性细胞的体积肿大,胞浆内出现微细的淡红染色颗粒。胞核一般无明显变化,或稍显淡染。变性的实质器官如心、肝、肾外观肿胀混浊失去原有光泽,呈土黄色,似沸水烫过一样(图1-6,另见彩图6)。此外,又因这种变性主要发生在心、肝、肾等实质器官的实质细胞,故又有实质变性之称。

②空泡变性也称水肿变性。其特点是在变性细胞的胞浆、胞核内出现大小不一的空泡(水泡),使细胞呈蜂窝状或网状,所以又称为水泡变性(图1-7,另见彩图7)。变性严重者,小水泡相互融合成大水泡,细胞核悬于中央,或被挤于一侧,细胞形体显著肿大,胞浆空白,外形如气球状,所以又称为气球样变。空泡变性多发生于皮肤和黏膜上皮,如痘疹、口蹄疫等所见的皮肤和黏膜上的疱疹,就是上皮细胞的空泡变性。在神经组织中神经节细胞、白细胞及肿瘤细胞也可发生空泡变性。实质器官(如心、肝、肾)的空泡变性常常是由颗粒变性转化而来。

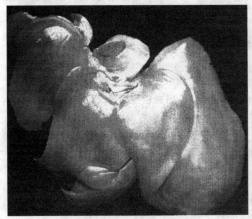

图1-6　肝颗粒变性
(肝肿大、质地脆弱、呈红黄色)

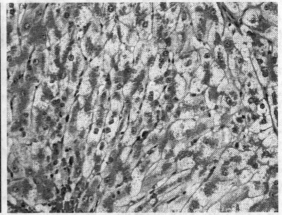

图1-7　肝水泡变性(HE,×400)
(肝细胞肿大,胞浆染色不均,多透亮
淡染,但胞核位置正常无改变)

(4)结局　细胞肿胀是最常见的病理变化,它是一种可逆的变化。当病因消除后,细胞可恢复正常的结构和功能。但如果病因不能及时消除,持续作用,则细胞可由肿胀变性发展成坏死。

2.脂肪变性

(1)概念　脂肪变性是细胞胞浆内出现脂滴或脂滴增多。脂滴的主要成分是中性脂肪(甘油三酯)及类脂质(胆固醇类等)。脂肪变性也是一种可逆性损伤,常见于急性病理过程。

(2)原因和发病机理 引起脂肪变性的原因很多,常见的有缺氧(如贫血和慢性淤血)、中毒(磷、砷、酒精、四氯化碳、氯仿和真菌毒素中毒等)、感染、饥饿和缺乏必需的营养物质(如胆碱、蛋氨酸、抗脂肪肝因子等)等因素。

如,肝细胞脂肪变性的发病机理,主要是由于肝细胞内甘油三酯转化成脂蛋白的过程受阻以至甘油三酯在肝细胞浆内积聚,引起脂肪变性。

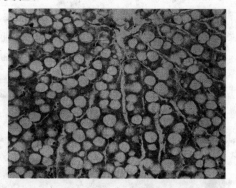

图1-8 肝脂肪变性(HE,×400)
(肝细胞被很大的脂肪滴占据,细胞质很少,并被挤向细胞周围)

(3)病理变化 发生轻度肝脂肪变性时,眼观无明显改变,如脂肪变性比较显著和弥漫,则可见肝脏肿大,质地脆软,色泽淡黄至土黄,切面结构模糊,有油腻感,有的甚至质脆如泥。肝切面由暗红色的淤血部分和黄褐色的脂肪变性部分相互交织,形成红黄相间的类似槟榔或肉豆蔻切面的花纹色彩,故称之为"槟榔肝"。由于病因的不同,脂肪变性在肝小叶中发生的部位也不同,妊娠中毒、有机磷中毒时脂肪变性主要出现在肝小叶的边缘区,称为周边性脂肪变性;而慢性肝淤血、缺氧、氯仿中毒、四氯化碳中毒等引起的脂肪变性则主要发生于肝小叶的中央区,称为中心性脂肪变性;严重中毒或感染时,各肝小叶的肝细胞可普遍发生重度脂肪变性,同一般的脂肪组织相似,因而被称为脂肪肝。光镜下发生脂变的肝细胞的胞浆内出现大小不等的脂肪空泡。脂肪变性初期脂肪空泡较小,多见于核的周围,以后逐渐变大,较密集分布于整个胞浆中,严重时可融合为一个大脂滴(大空泡),将肝细胞核挤向一边,状似脂肪细胞或戒指状(图1-8,另见彩图8)。

当肌脂肪变性时,心肌在正常情况下可含有少数脂滴,脂肪变性时脂滴明显增多,在严重贫血、中毒、感染(如恶性口蹄疫)及慢性心力衰竭时,心肌可发生脂肪变性。透过心内膜可见到乳头肌及肉柱的静脉血管周围有灰黄色的条纹或斑点分布在色彩正常的心肌之间,呈红黄相间的虎皮状斑纹,故有"虎斑心"之称。光镜下,可见脂肪小滴呈串珠状排列在心肌的肌原纤维之间。电镜下可见脂滴主要位于肌原纤维 Z 带附近和线粒体分布区。肌纤维闰盘被掩盖,核也呈现退行性变化。

(4)结局 脂肪变性是一种可复性的病理过程。当病因消除,物质代谢恢复正常后,细胞结构能完全恢复。严重的脂肪变性则可进一步导致细胞死亡。

由于发生原因和变性程度不同,脂肪变性所造成的影响也不一致。有些只引起轻微机能障碍,有些可导致严重的后果,如肝脏的脂肪变性,可导致肝糖原合成和解毒机能降低;心肌的脂肪变性,则可引起全身血液循环障碍和缺氧等一系列机能障碍。

3.透明变性

(1)概念 透明变性又称玻璃样变性,是指在间质或细胞内出现均质、半透明的玻璃样物质的病理变化。透明变性主要发生于血管壁、结缔组织、肾小管上皮细胞、浆细胞等,其病因、发生机制和半透明物质的化学性质都是不相同的。

(2)原因、发病机理和病理变化 血管壁的透明变性,多见于小动脉壁。其发生可能是由于小动脉持续痉挛,使内膜通透性升高,血浆蛋白经内皮渗入内皮细胞下,凝固成均质无结构玻璃样物质所致。镜检,见小动脉管壁增厚,管腔变窄,甚至闭塞。其内皮细胞下出现均质、无结构、半透明物质,伊红或酸性复红染色呈鲜红色。家畜血管壁透明变性可见于慢性肾小球肾炎引起的肾脏小动脉硬化。

细胞内透明变性又称细胞内透明滴状变,主要见于肾小管上皮细胞核浆细胞。在肾小球肾炎时,由于肾小球毛细血管的通透性升高,血浆蛋白大量滤出并进入肾小管,近曲小管上皮细胞吞饮了这些蛋白质,在胞浆内形成玻璃样滴状物。滴状物大小不等、圆形、半透明、红染,较严重时充满胞浆,甚至使细胞胞浆内出现圆形或椭圆形、红染、均质的玻璃样小体,也称复红小体,胞核多被挤向一侧(图1-9和图1-10,另见彩图9和彩图10)。电镜下,可见透明变性的浆细胞胞浆中出现大量充满免疫球蛋白而扩张的粗面内质网。

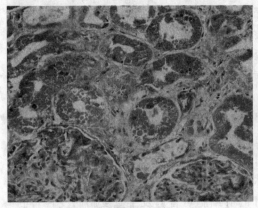 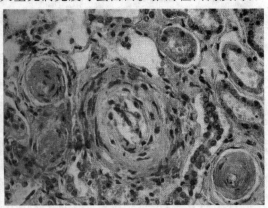

图1-9　肾玻璃样变(HE,×400) 　　　　　图1-10　小动脉壁玻璃样变(HE,×400)

(肾小管上皮细胞和管腔中可见大小不等 　　　(肾脏间质小动脉已变为均质无结构的玻璃样物,
的红色圆形玻璃样滴状物) 　　　　　　　　　其中细胞成分很少,动脉管变小甚至闭塞)

(3)结局　轻度的透明变性可以吸收,组织可恢复正常;但变性严重时,不能完全被吸收。变性组织容易沉积钙盐,引起组织硬化。动脉发生玻璃样变,管壁增厚、变硬、管腔变狭窄,甚至完全闭塞,此即小动脉硬化症,可导致局部组织缺血和坏死,如猪瘟脾脏的贫血性梗死,即为脾小体中央玻璃样变的结果所致。

4.淀粉样变性

(1)概念　淀粉样变性是指一些器官的网状纤维、小血管壁与细胞之间出现淀粉样物质沉着。淀粉样物质是一种结合黏多糖的蛋白质,电镜下是由纤维状相互交织成的网状结构。它遇碘呈红褐色,再加1%硫酸呈蓝色,与淀粉遇碘时的反应相似,故称为淀粉样物质。

(2)原因和发病机理　淀粉样变性多发生于长期伴有组织破坏的慢性消耗性疾病和慢性抗原刺激的病理过程,如慢性化脓性炎症、骨髓瘤、结核、鼻疽以及供制造高免血清的马等。人的淀粉样病变具有家族遗传性。

一般认为,淀粉样物质是蛋白质代谢障碍的一种产物,与全身免疫反应有关,它是由网状内皮细胞所产生。当组织发生淀粉样变性时,在病灶中可以看到不典型的网状细胞,所以称之为淀粉样蛋白细胞,它能合成异常的蛋白质。淀粉样变性多发生于肝、脾、肾和淋巴结等器官。早期病变,眼观不易辨认,在镜下方可发现。

肝淀粉样变性,眼观肝脏肿大,呈灰黄或棕黄色,质脆易碎,常见有出血斑点,切面结构模糊似橡皮样或似脂变的肝脏。镜下可见淀粉样物质主要沉着在肝细胞索和窦状间隙的网状纤维上,形成粗细不等的粉红色均质的条索或毛刷状(图 1-11,另见彩图11)。严重时,肝细胞受压萎缩消失,甚至整个肝小叶全部被淀粉样物质取代,残存少数变性或坏死的肝细胞。

脾脏淀粉样变性,可呈局灶型和弥漫型。局灶型又称滤泡型。其淀粉样物质沉着淋巴滤泡的周边部分,中央动脉壁的平滑肌和外膜之间及红髓的细胞间。其中以淋巴滤泡边的量最多。在 HE 染色切片上可见淀粉样物质呈大的粉红色团块,周围有网状细胞包围使淋巴滤泡和红髓逐渐萎缩消失,严重时仅见少量的红髓和脾小量

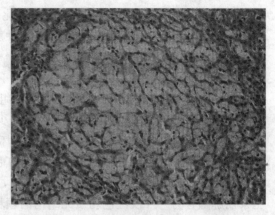

图 1-11　肝淀粉样变性(HE,×400)
(肝细胞索和肝窦间聚集大量均质淡红色淀粉样物质,肝细胞索受压萎缩)

残存在淀粉样物质之中。弥漫型的淀粉样物质大量弥漫地沉着干脾髓细胞之间和网状纤维上,呈不规则形的团块或条索,淀粉样物质沉着部位的淋巴组织萎缩消失。眼观脾脏体积增大,质地稍硬,切面干燥。淀粉样物质沉着在淋巴滤泡部位时,呈半透明灰白色颗粒状,外观如煮熟的西米,俗称"西米脾"。若淀粉样物质弥漫地沉着在红髓部分,则呈不规则的灰白区,没有沉着的部位仍保留脾髓固有的暗红色,互相交织成火腿样花纹,故俗称"火腿脾"。

(3)结局和对机体的影响　淀粉样变性在初期是可以恢复的,但淀粉样变性是一个进行性过程,单核巨噬细胞系统不能有效地将淀粉样物质清除掉,因为淀粉样蛋白分子很大,对吞噬作用和蛋白分解作用有很强的抵抗力。当肾小球淀粉样变性时,可使血浆蛋白大量外漏,最终造成肾小球闭塞而滤过减少,引起尿毒症。肝脏发生淀粉样变性时,可引起肝功能下降,严重时可引起肝破裂。

(二)坏死

1. 概念

坏死(necrosis)是指活体内局部组织、细胞的病理性死亡。坏死组织、细胞的物质代谢停止,功能丧失,出现一系列形态学改变,是一种不可逆的病理变化。坏死除少数是由强烈致病因子(如强酸、强碱)作用而造成组织的立即死亡之外,大多数坏死是由轻度变性逐渐发展而来,是一个由量变到质变的渐进过程,故称为渐进性坏死。

2. 细胞坏死的病理变化

(1)细胞核的变化　细胞核的改变是细胞坏死的主要形态学标志。镜下胞核变化的特征表现为如下三个方面:核浓缩、核碎裂、核溶解。

(2)细胞胞浆的变化　坏死的细胞胞浆内常可见蛋白颗粒、脂滴和空泡。由于胞浆内微细结构崩解而使胞浆碎裂成颗粒状。当含水分高时,胞浆液化和空泡化以至溶解。由于坏死细胞胞浆内嗜酸性物质(核蛋白体)解体而减少或丧失,胞浆吸附酸性染料伊红增多,故胞浆红染,即嗜酸性增强。有时胞浆水分脱失而缩为圆形小体,呈强嗜酸性染色,此时核也浓缩而后消失,形成所谓嗜酸性小体,称为嗜酸性坏死(常见于病毒性肝炎)。

(3)间质的变化　组织坏死后,间质变化较实质细胞晚。在致病因素和各种溶解酶的作用下,结缔组织的基质解聚,胶原纤维肿胀、断裂、崩解。镜检,可见间质变成界限不清的颗粒状或条团状无结构的红染物质。

3.坏死的类型及特点

根据坏死组织的病变特点和机制,坏死组织的形态可分为以下几种类型:

(1)凝固性坏死　坏死组织由于水分减少和蛋白质凝固而变成灰白或黄白色,比较坚实的凝固物,称凝固性坏死。眼观凝固性坏死组织肿胀,质地坚实干燥而无光泽,坏死区界限清晰,呈灰白或黄白色,周围常有暗红色的充血和出血。光镜下,坏死组织仍保持原来的结构轮廓,但实质细胞的结构已消失,胞核完全崩解消失,或有部分核碎片残留,胞浆崩解融合为一片淡红色均质无结构的颗粒状物质(图1-12,另见彩图12)。凝固性坏死常见有:贫血性梗死(图1-13,另见彩图13),常见于肾、心、脾等器官。坏死区灰白色、干燥,早期肿胀,稍突出于脏器表面,切面坏死区呈楔形,周界清楚;干酪样坏死,属于凝固性坏死的一种,见于结核杆菌和鼻疽杆菌等引起的感染性炎症。干酪样坏死灶局部除了凝固的蛋白质外,还含有多量的由结核杆菌产生的脂类物质。使坏死灶外观呈灰白色或黄白色,松软无结构,似干酪(奶酪)样或豆腐渣样,故称为干酪样坏死。组织病理学观察可见,坏死组织的固有结构完全被破坏而消失,融合成均质、红染的无定型结构,病程较长时,坏死灶内可见有蓝染的颗粒状的钙盐沉着;蜡样坏死时,肌肉肿胀、无光泽、混浊、干燥坚实,呈灰红或灰白色,如蜡样,故名蜡样坏死(图1-14,另见彩图14)。多见于动物的白肌病。

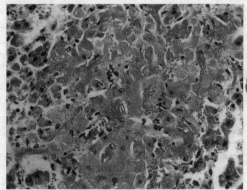 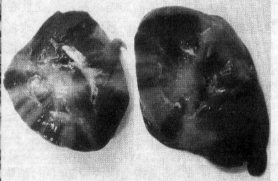

图1-12　坏死时核的变化(HE,×400)　　　　图1-13　肾贫血性梗死(HE,×400)
(牛肝脏中凝固性坏死灶。肝细胞浆凝固、红染、　　　(在肾脏切面,梗死区为多形,呈土黄色,
组织结构可以辨认,但坏死的组织呈多种　　　　　　　和周边界限明显)
变化,核浓缩、碎裂、溶解或消失)

(2)液化性坏死　以坏死组织迅速溶解成液态为特征。常见于富含水分和脂质的组织如脑组织,或蛋白分解酶丰富的组织如胰腺。眼观坏死组织软化为羹状,或完全溶解液化呈液状。

光镜下可见神经组织液化疏松,呈筛网状,或进一步分解为液体,这些病灶称为软化灶。例如,马镰刀菌毒素中毒、鸡维生素 E 或硒缺乏症均可引起脑软化。此外,化脓性炎,因大量中性粒细胞渗出及崩解释放的蛋白分解酶,将炎灶中的坏死组织分解液化并形成脓汁,也属液化性坏死。

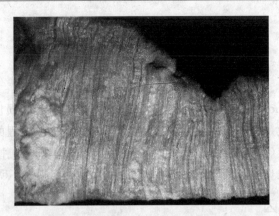

图 1-14 骨骼肌蜡样坏死(HE,×400)
(牛泰勒虫病。在骨骼肌纵切面,可见条状或团块状肌纤维坏死,
呈灰白色,均质化,似蜡样外观)

（3）坏疽 坏死组织由于腐败菌感染而发生腐败,称为坏疽。主要是血红蛋白分解产生的铁与组织蛋白分解产生的硫化氢结合成硫化铁,使坏死组织呈黑色。如坏死组织局部水分逐渐蒸发,含水量减少,腐败菌繁殖很慢,病变区同正常组织可有明显的分界线,即外围活组织有充血及炎症细胞渗出所形成的反应带,此为干性坏疽。常见于缺血性坏死、冻伤等。若在含水量多的组织发生坏死,加之腐败菌及其他病原易于侵入繁殖,使组织分解液化,产生许多臭而有毒的物质,并可引起机体中毒,此称为湿性坏疽,多发生于与外界相通的内脏,如肠、子宫、肺等。

4.坏死的结局

坏死组织作为机体内的异物,和其他异物一样可刺激机体发生防御性反应,因坏死组织分解产物的刺激作用,在坏死区与周围活组织之间发生反应性炎症,表现为血管充血、浆液渗出和白细胞游出。眼观表现为坏死局灶的周围呈现红色带,称为分界性炎。较小的坏死灶可通过本身崩解或中性粒细胞释出的蛋白溶解酶分解为小的碎片或完全液化,经淋巴管或血管吸收,不能吸收的碎片则由巨噬细胞加以吞噬消化。小坏死灶可被完全吸收、清除。大坏死灶溶解后不易完全吸收,可形成含有淡黄色液体的囊腔,如脑软化灶。而皮肤和黏膜较大的坏死灶,由于不易完全吸收,其周围炎性反应带反应中渗出的大量白细胞释放蛋白溶解酶,将坏死组织边缘溶解液化,使坏死灶与健康组织分离。皮肤和黏膜的坏死灶腐离脱落后留下的缺损,较浅的称为糜烂,较深的称为溃疡。糜烂和溃疡可通过周围健康组织的再生而修复。坏死物不能完全被溶解吸收或腐离脱落,则由新生的肉芽组织取代,最后形成疤痕,这个过程称为机化。如果坏死灶较大,不能完全被机化,则可由肉芽组织包裹,称为包囊形成,其中的坏死物质可能出现钙盐沉积,即发生钙化。

5.坏死对机体的影响

坏死组织的机能完全丧失。坏死对机体的影响取决于其发生部位范围大小,如心、脑等重要器官的坏死,常导致动物死亡。而坏死范围越大则对机体的影响也越大。一般器官的小范围坏死通常可通过相应健康组织的机能代偿而不致对机体产生严重的影响。坏死组织中有毒分解产物大量吸收后可导致机体自身中毒。

三、炎症

(一)概念

炎症(inflammation)是动物机体对各种致炎因素及其引起的损伤所发生的具有防御性的反应。基本变化是局部组织细胞的变质、渗出和增生三个过程的综合。同时伴有不同程度的全身性反应(发热、白细胞增多等)。炎症局部可出现红、肿、热、痛和功能障碍,这些表现在急性体表炎症时较明显,而内脏炎症和慢性炎症则多不明显。

(二)炎症的原因

(1)生物性因素 如细菌、病毒、霉菌、寄生虫等作用于机体常可成为炎症的原因。

(2)非生物性因素 如高温、低温、外伤、紫外线、放射性、强酸、强碱和其他化学毒素等。

(3)内源性致炎因子 是指机体在异常情况下本身形成的致炎刺激物,如机体内出现癌肿崩解、组织坏死以及肝、肾疾病等皆可产生有害因素在体内的堆积,亦可引起炎症反应。

(三)炎症局部的病理变化

组织发炎时,特别是体表组织的急性炎症,往往有红、肿、热、痛、机能障碍五大症状。而炎症局部的基本病理变化包括组织损伤、血管反应和细胞增生,通常可概括为局部组织的变质、渗出和增生。在炎症过程中,一般早期以变质和渗出为主,后期则以增生为主,三者之间互相联系、互相影响,构成炎症局部的基本病理过程。

(1)变质 变质是指炎症局部组织、细胞发生变性至坏死的全过程。炎区组织的变质,从轻度的变性以至出现渐进性坏死,其发展过程十分复杂,而且是逐步演变的结果。在致病因素作用下,或者在局部血流十分缓慢以后,组织、细胞代谢障碍,就出现变性、坏死。局部组织坏死时,代谢停止,许多大分子物质分解为小分子物质,炎灶内分子浓度升高,渗透压增高,使组织保留水分的力量加大,促进水肿的发生。在组织破坏过程中,还产生一些胺或多肽类物质,它们能使小血管扩张或者使血管壁的通透性增高。

变质组织细胞呈现颗粒变性、脂肪变性、水泡变性等变性病变,以及组织细胞崩解坏死变化,间质常呈现水肿、黏液样变性、纤维素样坏死。炎症过程中,在炎区局部组织细胞变质发生形态学变化的同时,伴有组织的物质代谢障碍。

(2)渗出 炎症局部血管内的液体和细胞成分,通过血管壁进入组织间隙、体腔、黏膜表面和体表的过程称为渗出。炎症过程中机体的应答是十分复杂的,是一个多细胞、多系统作用的多环节过程,以免疫系统、血管系统、血凝系统、补体系统等多个系统参与。渗出在炎症反应中具有重要的防御作用,是消除病原因子和有害物质的积极因素。渗出的全过程包括血管反应和血液流变学改变、血管壁通透性升高以至血液的液体渗出和细胞渗出3部分。

(3)增生 在致炎因子或组织崩解产物的刺激下,炎症局部细胞分裂增殖的现象,称为增生。致炎因子与炎症应答可造成炎区组织损伤,相应地机体可通过启动、活动一些组织细胞的增生,包括巨噬细胞、淋巴细胞、浆细胞、血管内皮细胞、成纤维细胞等的增生,增生使损伤的组织得以修复。修复在损伤发生后不久即已经开始,到后期表现得最为明显。当损伤范围小、程度轻时,机体可通过再生使得炎症得到痊愈。但多数情况下,炎症的修复是以肉芽组织的增生来完成的。成纤维细胞和血管在炎灶中显著增长,形成肉芽组织,最后成熟老化,转变成瘢痕组织。增生可能与一些生长因子有关,这些生长因子主要包括血小板生长因子、表皮生长因子以及转化生长因子等。这些因子主要来源于血小板和炎症细胞,可趋化成纤维细胞、血管内皮细胞、平滑肌细胞等,并激活它们的分裂增殖。此外,炎灶中的酸性代谢产物、细胞崩解释放的腺嘌呤核苷、氢离子、钾离子等,也有刺激细胞增殖的作用。炎症增生机体对致炎因子损伤是一种防御反应。例如,增生的巨噬细胞具有吞噬病原体和清除组织崩解产物的作用;增生的成纤维细胞和血管内皮细胞形成肉芽组织,有助于使炎症局限化和最后形成瘢痕组织而修复。

(四)炎症时机体的变化

(1)发热　炎症反应严重时,因为组织分解产物的吸收,或某些生物性病原因子的作用引起致热原释放,影响体温调节中枢的功能,导致体温升高,称为发热。

一定程度的体温升高,能使机体代谢增强促进抗体形成,增强吞噬细胞的吞噬功能和肝的解毒功能,从而提高机体的防御能力。但高温和长时间发热,可影响机体的代谢过程,引起各系统,尤其是中枢神经系统的损伤和功能紊乱,给机体带来危害。如果炎症病变严重,体温反而不升高,说明机体反应性差,抵抗力低下,是预后不良的征兆。

(2)血液中白细胞的变化　炎症时血液最主要的变化是白细胞数目增多。炎症时,由于内毒素、C_3片段、白细胞崩解产物等可促进骨髓干细胞增殖,生成和释放白细胞进入血液,使外周血中白细胞总数明显增多。增多的白细胞类型,因所感染病原体的不同而不同。在大多数细菌感染、急性炎症的早期和发生化脓性炎症时,以中性粒细胞增多为主;在传染性单核细胞增多症、慢性炎症(百日咳)或病毒感染(腮腺炎、风疹)时,常以淋巴细胞增多为主;过敏性炎症和寄生虫感染时,则以嗜酸性粒细胞增多为主。在伤寒杆菌、流感病毒感染时,血中白细胞数常减少。

(3)单核巨噬细胞系统变化　炎症过程中、特别是生物性因素引起的炎症,常见单核巨噬细胞系统机能增强,主要表现为骨髓、肝脏、脾脏、淋巴结中的单核巨噬细胞增多,吞噬功能增强,局部淋巴结、肝脏、脾脏肿大。单核巨噬细胞系统和淋巴组织的细胞增生是机体防御反应的表现。

(4)实质器官的变化　致炎因子以及炎症反应中血液循环障碍、发热、炎症细胞的分解产物与一些炎症介质的作用,均可导致一些实质器官(心、肝、肾等)发生变性、坏死、功能障碍等相应的损伤性变化。

(五)炎症的分类

由于致炎因子的性质、强度和作用时间不同,机体的反应性和器官组织机能、结构的不同,以及炎症发展阶段的不同,炎症的形态学变化是多种多样的。以炎症过程的 3 种基本变化为依据,把炎症分为变质性炎、渗出性炎和增生性炎 3 大类。

1.变质性炎

变质性炎的特征是炎灶组织细胞变质性变化明显,而炎症的渗出和增生现象轻微,常见于各种实质器官,如心、肝、肾等。变质性炎常由各种中毒或一些病原微生物的感染引起,主要形态病变为组织器官的实质细胞出现明显的变性和坏死(图1-15,另见彩图15)。

2.渗出性炎

渗出性炎是以渗出性变化为主,变质和增生轻微的一类炎症,主要是微血管壁通透性显著增高引起的。根据炎症发生的部位、渗出物的性质或主要成分及病变特点的不同,渗出性炎可分为浆液性、纤维素性、化脓性、出血性、卡他性炎等5种类型。

(1)浆液性炎 以炎灶区渗出较大量的浆液为特征。渗出的主要成分是黄色半透明的液体,其中混有少量炎性细胞和纤维蛋白。此类炎症常发生于黏膜、浆膜、皮肤、肺、淋巴结等组织疏松部位(图1-16,另见彩图16)。

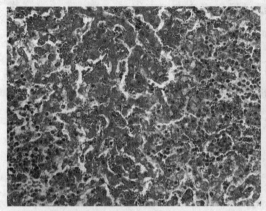

图1-15 变质性炎症(HE,×400)
(变质性肝炎。肝细胞变性坏死、
其中有大量中性粒细胞浸润)

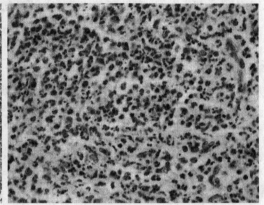

图1-16 浆液性炎症(HE,×400)
(浆液性舌炎。固有层中有浆液渗出,并有
大量中性粒细胞浸润)

(2)纤维素性炎 以渗出物中含大量纤维蛋白为特征(图1-17,另见彩图17)。纤维蛋白来源于血浆中的纤维蛋白原,渗出后受到损伤组织释放出的酶的作用,即凝固成为淡灰黄色的纤维蛋白。常发生于浆膜、黏膜和肺等组织。纤维蛋白原的大量渗出,说明血管壁损伤较重。纤维素性炎多由于某些微生物的感染而引起,如鸡痘、猪瘟、牛急性卡他热、鸡喉气管炎等病原体;某些细菌毒素或各种内源性或外源性毒性物质所引起。还有某些真菌感染等,这些致病因子引起的组织损伤较重,血管壁受损严重,以致血浆中纤维蛋白原外渗。

图1-17 纤维素性炎症(HE,×400)
[纤维素性心包炎。大量纤维素渗出并附着在
心外膜上,呈灰白色、绒毛状(绒毛心)]

根据病变特征不同,纤维素性炎又分为浮膜性炎和固膜性炎。

①浮膜性炎常发生在黏膜(气管、肠黏膜)、浆膜(胸膜、腹膜、心包膜)和肺脏等处。其特征是渗出的纤维素形成一层淡黄色、有弹性的膜状物被覆在炎灶表面,易于剥离,剥离后,被覆上皮一般仍保留,组织损伤较轻。纤维素性心外膜炎渗出的纤维蛋白被覆于心外膜表面,由于心脏不停地跳动、摩擦和牵引而成为绒毛状,称为"绒毛心"。

②固膜性炎又称纤维素性坏死性炎。常见于黏膜,其特征是渗出的纤维素与坏死的黏膜组织牢固地结合在一起,不易剥离,剥离后黏膜组织形成溃疡。这种常发生在仔猪副伤寒、猪瘟、鸡新城疫等病畜禽的肠黏膜上。纤维素性渗出物可以被白细胞释放的蛋白酶分解液化,从而被吸收。

(3)化脓性炎　以中性粒细胞大量渗出为特征,常伴有不同程度的组织坏死和脓液形成,常见于葡萄球菌、链球菌、绿脓杆菌、棒状杆菌等化脓性细菌感染,某些化学物质和坏死组织亦可引起。

脓肿是组织内发生的局限性化脓性炎症,多数由金黄色葡萄球菌所引起。由于葡萄球菌能产生血浆凝固酶,使感染局部的血浆凝固,同时渗出物中含有较多的纤维蛋白并形成网状结构,使化脓性炎局限化,阻止致病因素的蔓延。成熟的脓肿有脓腔形成,浸润的白细胞进入脓腔,使脓腔不断增多,因而边缘组织有制脓膜之称。若病变持久,制脓膜内有毛细血管和纤维细胞增生,形成肉芽组织,炎性渗出物可自肉芽组织不断渗出,而使脓腔内压力升高,此时制脓膜又具有限制病变扩散的作用。

小脓肿可被吸收消散或经排脓后为纤维组织增生修补而愈合,如排脓不断扩大,腔内压不断增高,则可向较薄处穿破,引起一系列并发症。如浅表部分脓肿向外发展,引起浅表组织的坏死、崩溃、脱落,结果在体表形成组织缺损区——溃疡;如排脓位于组织深部,也能逐渐向表面蔓延,由此形成排脓的通道,向外发展并开口于皮肤或体腔,此称为瘘管。

当皮下疏松组织发生化脓性炎时,大量嗜中性白细胞弥漫在组织之间,分离各种组织成分,并与周围健康组织之间缺乏明显的界限,即为蜂窝织炎。如某些链球菌感染时,因链球菌能产生透明质酸酶,分解结缔组织基质中的透明质酸,使基质崩解,且能产生链球菌激酶,可溶解纤维蛋白,使局部的致病菌易于在组织内扩散或沿淋巴管蔓延。因而,蜂窝织炎不仅范围较大,而且发展迅速。

(4)出血性炎　当炎症灶内的血管壁损伤较重,致渗出物中含有大量红细胞时,称为出血性炎。出血性炎不是一种独立的炎症类型,常与其他渗出性炎症混合存在,常见于毒性较强的病原微生物感染,如炭疽、猪瘟、猪丹毒、鸡新城疫、禽流感、兔瘟、动物巴氏杆菌病、鸡传染性法氏囊病等。

(5)卡他性炎　卡他性炎是指发生于黏膜的急性渗出性炎症(图1-18,另见彩图18)。依渗出物性质不同,卡他

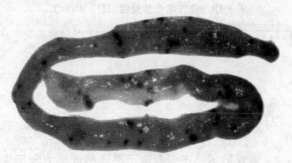

图1-18　卡他性炎症(HE,×400)
(卡他性肠炎。十二指肠黏膜被覆黏液,且伴有点状出血)

性炎又可分为多种类型。以浆液渗出为主的称为浆液性卡他,如感冒早期鼻黏膜流清鼻涕,渗出液稀薄透明;黏液分泌亢进,以致渗出物黏稠而不透明称为黏液性卡他,如支气

管菌痢的早期肠卡他;黏膜的化脓性炎,渗出物为灰黄或浅绿色的脓性分泌物称为脓性卡他,如淋病时黏膜脓性卡他等。

3.增生性炎

增生性炎是以组织、细胞的增生为主要特征的炎症。增生的细胞成分包括巨噬细胞、成纤维细胞等。与此同时,炎症灶内也有一定程度的变质和渗出。一般为慢性炎症,但亦可呈急性经过。根据病变特点,一般可将增生性炎分为一般增生性炎症和特异性增生性炎症两类。

一般增生性炎症是指由非特异性病原体引起的相同组织增生的一种炎症,增生的组织不形成特殊的结构,通常也称为非特异性增生性炎,可分为急性和慢性两类。急性增生性炎,是以细胞增生为主,渗出与变质变化为辅的炎症。如仔猪副伤寒时肝小叶内枯否氏细胞增生所形成的"副伤寒结节";病毒性脑炎时小胶质细胞增生所形成的胶质细胞结节;急性肾小球性肾炎时肾小球毛细血管内皮细胞和球囊上皮细胞显著增生(图1-19,另见彩图19)。慢性增生性炎,是以结缔组织细胞增生为主,并伴有少量组织细胞、淋巴细胞、浆细胞和肥大细胞等浸润,呈慢性经过,以结缔组织的成纤维细胞、血管内皮细胞和巨噬细胞增生形成的非特异性肉芽组织为特征的炎症(图1-20,另见彩图20)。慢性增生性炎多从间质开始增生,因此又称间质性炎。

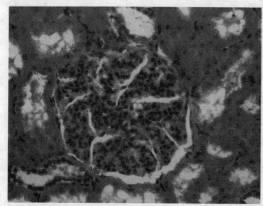
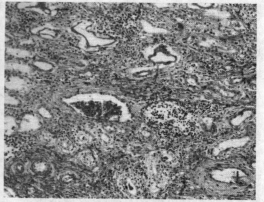

图1-19　急性增生性炎症(HE,×400)

(急性增生性肾炎。肾小球毛细血管内皮
细胞和系膜细胞增生,使肾小球中
的细胞数量增多)

图1-20　慢性增生性炎症(HE,×400)

(慢性增生性肾炎。肾间质纤维结缔组织大量
增生,并有程度不等的淋巴细胞、浆细胞
和巨噬细胞浸润,肾小球和肾小管
萎缩,少数肾小管扩张)

(六)炎症的结局

炎症的结局主要取决于机体的抵抗力和反应性。如果致炎因子的作用强,机体的抵抗力弱,引起的损伤大于炎症反应的抗损伤力量,则炎症向恶化方向发展,蔓延扩散;如果抗损伤占优势,则炎症逐渐趋向痊愈。当双方力量相持时,则炎症转为慢性过程。

第三节　常见症状病理学

一、发热

(一)发热的概念

由于内生性致热原的作用,使体温调节中枢的调定点上移,这样引起的调节性体温升高(体温上升超过正常值的 0.5℃)称为发热(fever)。发热是机体的一种防御适应性反应,其特点是产热和散热过程在一个新的较高水平上保持相对平衡状态,体温升高,各组织器官的机能与物质代谢发生改变。

发热并不是一种独立的疾病,而是在许多疾病、尤其是传染病和炎症性疾病过程中最常伴发的一种临床表现。由于不同疾病所引起的发热常具有一定的特殊形式和恒定的变化规律,故临床上通过检查体温和观察体温曲线的动态变化及其特点,不但可发现疾病的存在,而且还可作为确诊某些疾病的依据。

(二)体温升高的分类

动物的体温升高可分为生理性的和病理性的两类。生理性体温升高包括剧烈运动时肌肉产热增多、应激反应时基础代谢率升高等情况。而病理性体温升高包括发热与过热。过热是指动物体温调节发生障碍(如颅脑损伤)、产热与散热失衡(如甲状腺功能亢进)、散热过程发生障碍(如脱水、日射病、热射病)等情况,所引起的被动性体温升高。这几种形式的体温升高在临床确诊疾病时需加以区别。

(三)发热的原因

凡能刺激机体产生和释放内生性致热原,从而引起发热的物质称为发热激活物。发热激活物是引起发热的原因。根据激活物的来源可将其分为以下两类。

1. 传染性发热的激活物

各种病原微生物侵入机体后,在引起相应病变的同时所伴随的发热称为传染性发热。

(1)细菌及其产物　革兰氏阴性细菌与内毒素,革兰氏阴性细菌主要包括大肠杆菌、沙门氏菌、巴氏杆菌等。这类细菌细胞壁含有内毒素,其活性成分是脂多糖,是具有代表性的细菌致热原,给动物静脉、第三脑室或下丘脑前部注入微量内毒素可引起剂量依赖性发热。给家兔静脉注入内毒素,低剂量引起单相热,较大剂量能引起双相热,即在注射后 1 h 和 3 h 出现两个热峰。反复注射,动物可产生耐受性。革兰氏阳性细菌与外毒素,革兰氏阳性细菌主要包括链球菌、葡萄球菌、猪丹毒杆菌、结核分枝杆菌等。

(2)病毒　常见的有流感病毒、猪瘟病毒,猪传染性胃肠炎病毒、犬细小病毒、犬温热病毒等。实验证明,这种激活作用可能与全病毒以及病毒的血凝素等有关。

（3）其他　螺旋体（如疏螺旋体、钩端螺旋体的全菌体及菌体所含的溶血素等）、真菌（如白色念珠菌的全菌体及菌体所含的荚膜多糖等）、原虫（如球虫、弓形虫的代谢产物）等也能引起机体发热。

2.非传染性发热的激活物

凡由病原体以外的各种致热物质所引起的发热,均属于非传染性发热。

（1）无菌性炎症　非传染性致炎刺激物如尿酸盐结晶、硅酸盐结晶,各种物理、化学或机械性刺激所造成的组织坏死（如非开放性外伤、大手术、烧伤、冻伤、化学性损伤及血管栓塞等）所产生的组织蛋白的分解产物,均可激活产内生性致热原细胞,产生和释放内生性致热原,引起发热。

（2）抗原-抗体复合物　超敏反应和自身免疫反应过程中形成的抗原-抗体复合物,或其引起的组织细胞坏死和炎症产物,均可导致内生性致热原的产生和释放,引起发热。

（3）肿瘤性发热　某些恶性肿瘤,如恶性淋巴瘤、肉瘤等常伴有发热。这种发热可能主要是由于肿瘤组织坏死产物所造成的无菌性炎症所致。肿瘤还可能引起免疫反应,通过抗体复合物的形成也可导致发热。

（四）发热的影响

1.发热的有利方面

发热在一定程度上有利于机体抵抗感染,抵制对机体有害的致病因素,提高机体对致热原的清除能力;且能加速肝脏中的氧化过程;发热对机体的生存和物种延续有保护意义。

2.发热的不利方面

发热增加了组织对能量的消耗,能诱发相关脏器功能不全、动物消瘦、抵抗力降低;发热可引起胎儿畸形;发热还可导致实质器官细胞变性等。

二、水肿

水肿（edema）是指过多的液体在组织间隙或体腔中积聚。水肿是等渗液的积聚,一般不伴有细胞内液增多,细胞内液增多称为细胞水肿。液体积于体腔内,通常称为积水,如心包积水、腹腔积水等。水肿不是一种独立的疾病,而是多种疾病的一种共同病理过程。但有些疾病以水肿为主要表现,如仔猪水肿病。

按其发生的范围,水肿可分为全身性水肿和局部性水肿,后者发生于局部,如脑水肿、肺水肿等;按水肿发生的原因可分为心性水肿、肾性水肿、肝性水肿、炎性水肿、淋巴性水肿和营养性水肿等。

水肿液主要是指组织间隙中能自由移动的水。它不包括组织间隙中被胶体网状物（如透明质酸、胶原、黏多糖等）吸附的水。

水肿液来自血浆,除蛋白质含量外,其余与血浆相同,其蛋白质含量主要取决于毛细血管壁的通透性和淋巴回流状况。当毛细血管壁通透性增高（如炎症）,淋巴回流受阻时,水肿液中蛋白质含量增高,密度增加。通常将蛋白质含量高,密度在 1.018 kg/L 以上的水肿液称为"渗出液";而将蛋白质含量少,密度在 1.015 kg/L 以下的水肿液称为"漏出液"。

(一)水肿的表现

1.皮下水肿

皮下水肿是全身或躯体局部水肿的重要体征。皮下组织结构较疏松,是水肿液容易积聚之处。当皮下组织有过多的液体积聚时,皮肤肿胀、弹性差、手指按压时可留有凹陷,此为显性水肿。实际上,全身性水肿动物在出现明显水肿之前,组织液就已增多,但不易察觉,称为隐性水肿,这主要是因为分布在组织间隙中的胶体网状物对液体有强大的吸附能力和膨胀性。只有当液体的积聚超过胶体网状物的吸附能力时,才形成游离水肿液。当液体的积聚达到一定量时,用手指按压时游离的液体向周围散开,形成凹陷,数秒钟后凹陷自然平复。

2.全身性水肿

发生心性水肿、肾性水肿、肝性水肿等全身性水肿时,水肿出现的部位各不相同。心性水肿首先出现在下垂部位;肾性水肿表现为眼睑部或面部水肿;肝性水肿则以腹水较多见。主要与下列因素有关:

(1)重力效应　毛细血管流体静压受重力影响,距心脏水平向下垂直距离越远的部位,毛细血管流体静压越高。因此,右心衰竭时,体静脉回流障碍,首先表现为下垂部位的静脉压增高与水肿。

(2)组织结构特点　通常组织结构疏松,皮肤伸展度大的部位易容纳水肿液。组织结构致密的部位,如指(趾)部,皮肤伸展度小的部位不易发生水肿。因此,肾性水肿,由于不受重力的影响,首先发生于组织疏松的眼睑部;而创伤性心包炎动物,受上述两个特点的影响,以胸前和颌下水肿最明显。

(3)局部血液动力学因素参与水肿形成　如肝硬化时,由于肝内广泛的结缔组织增生与收缩,再生肝细胞结节的压迫,肝静脉回流受阻,使肝静脉压和毛细血管流体静压增高,易伴发腹水的形成。

(二)水肿的影响

1.水肿的有利方面

炎性水肿的水肿液有稀释毒素、运送抗体等抗损伤作用。肾性水肿的形成对减轻血液循环的负担起着"弃卒保车"的作用。心性水肿液的生成可降低静脉压,改善心肌收缩功能等。

2.水肿的不利方面

水肿对机体的不利影响,取决于水肿发生的部位、程度、发生速度及持续时间。

(1)器官功能障碍　水肿对器官组织功能活动的影响,取决于水肿发生的速度和程度。急性水肿比慢性水肿影响大。若水肿发生在生命活动的重要器官,可造成严重后果,如心包积水后妨碍心脏的泵血机能;喉头水肿可引起气道阻塞,严重者窒息死亡。

(2)细胞营养障碍　水肿可引起组织内压增高,尤其是受骨壳限制的脑脊髓组织发生水肿时,使血液供应减少。此外,因水肿液的存在,使细胞与毛细血管间的距离增大,增加了营养物质在细胞间交换的距离,可引起组织细胞营养不良,使组织抗感染能力和再生能力降低。

三、脱水

细胞外液容量减少称为脱水(dehydration),可伴有或不伴有血钙浓度的变化。

(一)低渗性脱水

动物脱水时失钠多于失水,细胞外液容量和渗透压均降低,称为低渗性脱水,也称低容量性低钠血症。

1. 病因

常见原因是肾内或肾外丢失大量液体后处理不当,如只给水而未给钠。

(1)经肾丢失 如慢性间质性肾炎,可使肾髓质正常结构破坏,不能维持正常的渗透压梯度和导致髓襻升支功能受损等,使钠随尿排出增加;长期使用利尿剂,可抑制肾小管对钠的重吸收;肾上腺皮质功能低下时,由于醛固酮分泌不足,使肾小管对钠的重吸收减少。

(2)肾外丢失 大量失血、呕吐、腹泻,大面积烧伤后,仅补充水而未补充钠。

2. 对机体的主要影响

细胞外液容量减少和渗透压降低是低渗性脱水的两个特点,由此造成一系列后果。

细胞外液容量减少,是低渗性脱水的主要特点,同时由于细胞外液的低渗,使水分从细胞外液向渗透压相对较高的细胞内转移,从而使本来已减少的细胞外液进一步下降,严重时导致外周循环衰竭。患畜出现血压下降、四肢厥冷、脉搏细速等症状;如水分进入脑细胞内,引起脑细胞水肿,可出现神经症状。

血浆渗透压降低。一般无渴感,饮水减少,故机体虽缺水,但却难以经口补充液体。同时,由于细胞外液低渗,抑制渗透压感受器,使抗利尿激素(ADH)分泌量减少,肾远曲小管和集合管对水的重吸收也相应减少,导致多尿和排水量增多。

较轻的低渗性脱水通过自身的调节,一般可恢复;但严重的低渗性脱水,如不及时治疗则可导致血容量的进一步下降或外周循环衰竭。

血浆容量减少和渗透压降低。可使单位体积血液中红细胞数量增加,血红蛋白量增多,红细胞压积显著增大,血容量减少。组织间液向血管内转移使组织间液减少更明显,出现明显的失水体征,如皮肤弹性减退、眼球凹陷等。

经肾失钠的患畜,尿钠含量增多,如是肾外原因,则因低血容量所致的肾血流量减少而激活肾素-血管紧张素-醛固酮系统,使肾小管重吸收钠增多,结果导致尿钠含量减少。

(二)高渗性脱水

动物失水多于失钠,细胞外液容量减少、渗透压升高,称高渗性脱水,又称低容量性高钠血症。

1. 病因

(1)进水不足 动物得不到饮水(如水源断绝)或吞咽困难(如咽喉、食管疾病)不能饮水,但仍通过蒸发和排尿而丢失低渗体液。

(2)失水过多 丢失水的途径有胃肠道,如呕吐、腹泻、胃扩张、肠梗阻、反刍动物瘤胃酸中毒等;呼吸道或皮肤,如过度通气,汗腺不发达动物夏季为调节体温而进行热性喘息;炎热的气候、发热时的大出汗等;经肾丢失,如 ADH 分泌障碍或肾远曲小管、集合管对 ADH 缺乏反应,静注高渗葡萄糖溶液等。

2. 对机体的主要影响

细胞外液容量减少和渗透压升高是高渗性脱水的两个特点。

(1)细胞内液向细胞外转移 由于细胞外高渗,使细胞内液向细胞外转移,细胞外液得到部分恢复。但同时也引起细胞脱水,严重者发生脑细胞脱水,出现神经症状,如步态不稳、肌肉抽搐、嗜睡,甚至昏迷。

(2)口渴和 ADH 分泌增加 细胞外液容量减少和渗透压增高,可通过渗透压感受器和渴感中枢引起动物口渴;ADH 分泌增加,使水的重吸收增多、尿量减少、尿钠浓度增高。

(3)血液学变化 血钠和血浆蛋白浓度增高,单位体积血液中红细胞数增加,血红蛋白含量增高,但红细胞压积通常变化不大(红细胞体积缩小所致)。通过以上调节,均可使细胞外液得到补充,既有助于渗透压回降,又使血容量得到恢复。

(4)细胞外液容量减少 使皮肤水分蒸发减少,影响散热;细胞内脱水可引起分解代谢的增强,以增加内生性水,但同时也使产热增加,引发脱水热。

(三)等渗性脱水

动物体液中的钠与水按血浆中的比例丢失,其特点是细胞外液容量降低,渗透压不变,称等渗性脱水,又称低容量血症。

1. 病因

在临床上,等渗性脱水在动物临床上极为普遍,呕吐、腹泻时大量消化液的丢失是最常见的原因,另外软组织损伤、大面积烧伤等也可丢失大量等渗性体液。

2. 对机体的主要影响

(1)细胞外液容量减少使回心血量下降,心输出量降低,严重者可引起血压降低,甚至休克。

(2)细胞外液容量减少而细胞内液量变化不大,血液浓缩,单位体积血液中红细胞数增加,血红蛋白含量增高,红细胞压积增大。

(3)细胞外液容量减少可引起 ADH 和醛固酮的分泌,促进肾脏重吸收水和钠,使细胞外液量有所增加。

四、黄疸

(一)概念

黄疸(jaundice)是由于胆色素代谢障碍或胆汁分泌与排泄障碍,导致血清胆红素浓度增高,而引起巩膜、黏膜、皮肤以及骨膜、浆膜和实质器官黄染的病理过程。有时血清胆红素浓度虽高于正常,但并不表现出可见的黄疸,称为隐性黄疸。黄疸是溶血性疾病、肝脏和胆道疾病的一种特殊的表现形式,是一种重要的病理过程。黄疸对消化系统和其他系统的功能都会产生一定的影响。

几种主要家畜血清总胆红素含量(mmol/L)如下:马 7.1~34.2,母牛 0.17~8.55,绵羊 1.71~8.55,山羊 0~1.71,猪 0~17.1,犬 1.71~8.55。

（二）黄疸的分类

动物机体内胆红素的生成和排泄维持着动态平衡,致使血清胆红素含量维持相对稳定。当胆红素代谢中任何一个或几个环节发生障碍时,都会使胆红素在血清中浓度升高,造成高胆红素血症,引发黄疸。

根据发病机理,黄疸可分为溶血性黄疸、实质性黄疸、阻塞性黄疸。

1.溶血性黄疸

由于红细胞破坏过多,血清中非酯型胆红素生成增多而发生的黄疸称为溶血性黄疸。

(1)病因 常见于马传染性贫血、犬瘟热、猪附红细胞体病等急性传染病,泰勒虫病、锥虫病、边虫病等血液原虫病,以及霉菌毒素中毒、某些化学物质及有毒植物中毒等疾病。

(2)特点 溶血性黄疸时,因血清总胆红素量增加的主要是非酯型胆红素,故血清胆红素定性试验为间接反应阳性。血液中的非酯型胆红素是脂溶性的,不能通过肾小球滤出,尿中无非酯型胆红素。当血中非酯型胆红素的量增多时,肝脏代偿性地使酯型胆红素生成增多,故肠道中生成的胆素原量也增多,粪中胆素原含量增高,粪色加深;尿中胆素原含量也增加。非酯型胆红素在血中与白蛋白结合后,其分子质量增大,脂溶性降低。当非酯型胆红素的增加超过了白蛋白的结合能力时,它可透过细胞膜进入细胞内产生毒性作用。幼畜由于血脑屏障发育不完善,通过血脑屏障的非酯型胆红素可透过神经细胞膜,引起核黄疸。

2.实质性黄疸

由于肝的实质发生严重损伤,对胆红素的代谢发生障碍所引起的黄疸,称为实质性黄疸。

(1)病因 在败血性疾病、传染性肝炎、中毒性疾病(磷、汞等)时常见。例如犬黄曲霉毒素中毒可引起实质性黄疸,此时肝脏肿胀呈深黄色。

(2)特点 实质性黄疸时,血清总胆红素浓度升高,胆红素定性试验结果可有差异。肝细胞对胆红素的摄取或酯化障碍所引起的黄疸,血中增加的是非酯型胆红素,定性呈间接阳性反应;而在肝细胞对胆红素的排泄障碍所引起的黄疸,血中以酯型胆红素升高为主,定性试验呈双向反应。血中酯型胆红素量增加,尿中可出现胆红素,在犬和马尤其明显,因犬和马的酯型胆红素肾阈较低。由于生成或排入肠腔的酯型胆红素减少,胆素原的生成减少,粪中胆素原的含量下降;而尿中胆素原的含量可因胆素原的肠肝循环功能低下而增多。此型黄疸除有胆色素代谢障碍外,同时伴有其他肝功能的障碍。

3.阻塞性黄疸

由于胆管阻塞所引起的黄疸称为阻塞性黄疸。在犬多见。

(1)病因 胆道内异物如结石、炎性渗出物、寄生虫的阻塞;胆道系统受到周围肿瘤、肿物的压迫,造成胆汁排出不畅,毛细胆管内压升高、破裂,使胆汁逆流入血。

(2)特点 阻塞性黄疸时,血清总胆红素增高。胆红素定性试验呈直接阳性反应。由于血中增加的主要是酯型胆红素,故尿中胆红素的含量增高。排入肠道的酯型胆红素量减少。致使胆素原的生成减少,粪和尿中胆素原含量均减少。由于胆道阻塞,小肠中缺乏胆汁,常引起脂肪的消化和吸收不良。脂溶性维生素吸收不足,持续时间较久时,常伴有出血倾向。

(三)对机体的影响

黄疸对机体的影响主要是对神经系统的毒性作用,尤其是非酯型胆红素具有脂溶性,可透过各种生物膜,对神经系统的毒性较大,如新生幼畜的核黄疸,非酯型胆红素侵害较多的脑神经核。由于抑制细胞内的氧化磷酸化作用,阻断脑的能量供应,而使神经细胞发生变性和坏死,动物出现抽搐、痉挛、运动失调等神经症状,甚至迅速死亡。

发生黄疸时,在血中除胆红素含量升高外,还可有胆汁的其他成分蓄积,特别在发生实质性黄疸和阻塞性黄疸时更加明显。一方面,可影响机体正常的消化吸收功能,尤其是对脂类及脂溶性维生素的吸收发生障碍;另一方面,胆酸盐也有刺激皮肤感觉神经末梢发生瘙痒、抑制心跳、扩张血管、降低血压等作用。

五、败血症

(一)概念

败血症(septicemia)是指由病原微生物引起的全身性病理过程。在疾病过程中,血液内持续存在病原微生物、毒素及毒性产物而造成广泛的组织损害,临诊上出现严重的全身反应,这种全身性病理过程,称为败血症。败血症是病原微生物突破机体屏障,由局部感染灶不断经过血液向全身扩散的结果。

败血症有两个主要标志:一是血液中有病原微生物存在,会出现:①菌血症,病灶局部的细菌经血管或淋巴管侵入血流,血液中可查到细菌,但全身并无中毒症状。一些炎症性疾病的早期都有菌血症,如伤寒等。在菌血症阶段,肝、脾、骨髓的吞噬细胞可组成一道防线,清除病原微生物。②病毒血症,指病毒在血液中持续存在的现象。③虫血症,指寄生原虫大量进入血液的现象。上述这些病原微生物在血中出现只是暂时的,若机体能很快清除,则对机体无影响。二是上述病原微生物在血液中未能被及时清除,并且在其中繁殖,产生毒素,则造成毒血症,即病原微生物毒素或其毒性产物被吸收入血,为毒血症。临诊上出现高热、寒战等中毒症状,同时伴有肝、肾等实质细胞的变性或坏死,严重时甚至出现中毒性休克。当毒力强的细菌入血后未被清除,并大量生长繁殖,产生毒素,引起全身中毒症状和病理变化,则称为败血症。败血症时机体除具有毒血症的症状和体征外,常出现皮肤黏膜的多发性出血斑点,巨噬细胞系统增生活跃,尤以脾和全身淋巴结肿大明显。血液中常可培养出致病菌。如果是化脓菌引起的败血症,并继发引起全身性、多发性小脓肿灶,则称为脓毒败血症。镜下,脓肿的中央及尚存的毛细血管或小血管中常见到细菌菌落,说明脓肿是由栓塞于器官毛细血管内的化脓菌引起的,故称之为栓塞性脓肿或转移性脓肿。

(二)发病原因

(1)原因　引起败血症的病原主要是细菌和病毒等病原微生物,包括传染性和非传染性病原体。传染性病原体包括各种可引起传染病的病原微生物,常见的如巴氏杆菌、炭疽杆菌、丹毒杆菌、各种瘟症(猪瘟、兔瘟、鸡瘟、犬瘟)病毒等。非传染性病原体如葡萄球菌、链球菌、大肠杆菌、绿脓杆菌、腐败梭菌等引起的败血症,首先由于局部创伤,继发感染此类病菌,引起局部炎症,在局部炎症的基础上发展成败血症,此种败血症不传染其他动物,故不属于传染病范畴。此外,某些原虫(如牛泰勒焦虫、住血细胞原虫、弓形虫等)也可成为败血症的病原。

(2)传入门户 病原体侵入机体的部位称为传入门户或感染门户,病原体常在传入门户增殖并引起炎症,如果机体以局部炎症形式不能控制或消灭病原微生物,病原体则可沿着淋巴管或血管扩散,引起相应部位的淋巴管炎或静脉炎以及淋巴结的病变。由此可查明感染门户。如果机体的防御能力显著降低,往往不经过局部炎症过程,就直接进入循环血液内,引起败血症。

(三)发病机理

病原体经皮肤和黏膜侵入机体,特别是皮肤或黏膜有损伤时,更易造成感染,如烧伤、烫伤。当动物体的免疫力低或病原微生物的毒力很强时,病原微生物可在局部组织繁殖生长。非传染性病原体一般先在侵入门户局部引起感染性炎症。在机体抵抗力低下、治疗不及时的情况下,病原菌大量增殖,炎症加剧,侵害血管和淋巴管,病原体经局部淋巴管和血管进入循环血液,扩散至全身,同时病原体在体内产生大量的毒素,引起全身中毒症状和病理变化,结果导致败血症。化脓性细菌侵入机体,首先引起局部化脓性炎症,之后出现转移性化脓灶,造成感染的全身化,引起脓毒性败血症。

(四)病理变化

败血症的病理变化包括侵入门户的局部病变和全身病变。非传染性病原菌引起的败血症和脓毒败血症,侵入门户常出现明显的炎症或化脓等病理变化,如化脓菌和坏死杆菌感染引起的产后子宫化脓性内膜炎,创伤感染引起的蜂窝织炎。侵入门户的病变可能多种多样,但其炎症的性质多是化脓性或坏死性炎症。病毒和传染性细菌侵入机体后在局部组织不引起明显的眼观病理变化,或只引起轻微的病变。

不同病原微生物引起的败血症病理变化特点相似。各种败血症死后剖检均具有如下共同特点:

(1)尸僵不全 因败血症死亡的动物,在病原微生物和毒素的作用下,尸体很易发生变性、自溶和腐败,尤其是肌肉很快发生变性。所以往往呈现尸僵不完全或尸僵不明显。血液呈紫黑色黏稠状,凝固不良呈酱油样;很多病例发生溶血,大血管和心脏的内膜被染成污红色。黏膜和皮下组织可呈现黄疸色彩。

(2)全身出血 在病原微生物和毒素的作用下,全身小血管和毛细血管发生严重的损伤,结构被破坏。剖检时可见全身皮肤、浆膜与黏膜上多发性出血点或出血斑,如猪瘟、猪肺疫、鸡新城疫、禽流感、兔瘟等。有的可见浆膜下、黏膜下及皮下结缔组织中大量浆液性或浆液出血性浸润。浆膜腔内有积液,其中混有丝状或片状纤维蛋白。

(3)免疫器官发生急性炎症变化 败血症时全身淋巴结肿大、充血或出血,呈现急性淋巴结炎的病变。全身各处的淋巴结肿大、充血、出血,中性粒细胞浸润。组织病理学观察可见淋巴窦壁细胞增生,有时还可见细菌团块或局灶性组织坏死。扁桃体、肠系膜淋巴结和肠相关淋巴组织也呈现轻重不同的水肿、充血、出血、变性或坏死等急性炎症病变;有的出现增生性炎症的变化。

(4)脾脏呈急性脾炎的变化 依病原不同,其体积可肿大数倍(如败血型炭疽、急性猪丹毒、猪肺疫等)或肉眼不见肿大但可见有出血性梗死(如猪瘟等)。肿大的脾脏质地松软易碎,切面紫红色、隆起,固有的微细结构模糊不清,脾组织容易刮脱。

(5)内脏器官肿胀变质 实质器官(心、肝、肾)外观明显淤血肿大,实质细胞发生不同程度的颗粒变性、空泡变性、透明变性或脂肪变性等退行性变化,严重者发生点状或片状坏死。有的发生明显的变质性炎症变化。

(6)神经内分泌系统水肿变性 败血症时中枢神经系统常无明显的肉眼可见病变,组织病理学观察常可见明显的充血、水肿变化。神经细胞发生不同程度的变性。常见局灶性出血,胶质细胞普遍增生,严重者神经细胞发生坏死,形成胶质细胞结节。肾上腺呈明显的变性,类脂质消失,皮质呈浅红色,并且出血。

当心肌、脑组织发生变性坏死时,往往就是败血症造成死亡的原因所在。在脓毒败血症时,突出的表现是全身有转移性化脓灶,这些病灶是从原发性化脓的带菌性栓子取道血流转移而来,其分布情况与栓塞形成的规律相同。

(五)结局及对机体的影响

(1)治愈 败血症出现后,如果抢救及时,用药合理,是可以治愈的。败血症出现后,立即采取有力措施进行抢救,防止和减少动物的死亡,尤其对于宠物和珍稀动物,应尽力抢救、挽救其生命。

(2)死亡 在机体与病原体斗争中,败血症的出现是机体抵抗力不足,病原体攻击力占明显优势的表现,如果治疗不及时,常因出现败血性休克或重要器官机能衰竭而引起死亡。动物传染性疾病造成死亡的原因多由感染继发的败血症所致。

思考题

1.常见的血液循环障碍局部变化及其特点有哪些?
2.常见的物质代谢障碍局部变化及其特点有哪些?
3.简述发热的概念、类型及其对机体的影响。
4.简述水肿的概念、类型及其对机体的影响。
5.简述脱水的概念及对机体的影响,如何判定脱水程度?
6.简述黄疸的概念、机理、类型及特点。
7.简述败血症的概念、类型及其对机体的影响。

第二章 兽医诊断技术

内容提要:

  本章主要介绍诊断疾病的基本概念,动物疾病的诊断的基本理论和技术,使学生基本掌握动物疾病诊查的手段和建立诊断的原则和方法。

第一节 概　　述

一、基本概念

  兽医临床诊断技术(veterinary clinical diagnostics)是利用诊断的理论和方法对动物疾病进行诊断的专门技术。"诊"即诊察,"断"即判断,它以动物为对象,运用兽医学的基本理论、基本方法和基本技能,通过询问病史、临床检查、实验室检验和特殊检查等,收集疾病资料,分析临床症状,阐明疾病的病理过程,确定疾病的性质和类别并作出可能的诊断,提出可能的预后。疾病的治疗都有一个最佳时机,错过这个时机则治疗效果不佳,此时的诊断称作延误诊断。基于这个原因,兽医临床诊断要做到早期诊断。

二、兽医诊断学的基本内容

  兽医临床诊断学主要包括诊断的方法学、症候学和建立诊断的方法论。

(一)诊断的方法学

  诊断的依据是症状和其他临床资料。研究这些方法的诊断原理、操作方法、适应症和注意事项的学科称为诊断的方法学或诊断技术。兽医临床检查方法主要包括问诊、物理检查法(视诊、触诊、叩诊、听诊和嗅诊)、实验室检查法和影像诊断法。

(二)症状(症候)学

  症状是动物所表现的病理性异常现象。研究动物症状的发生原因、条件、机理、临床表现、特征和检查方法的科学称为症状学;除这些内容外,兽医临床实际中必须对这些症状的临床意义予以论证、加以鉴别,即症候学。

  (1)示病症状与一般症状　某一疾病所特有的、且不会在其他疾病中出现的症状称为该病的示病症状或特殊症状,根据这一特殊症状就可以对该疾病作出初步诊断。如 X

光片上显示骨折线就可以诊断为骨折等。临床上只有少数疾病出现示病症状。一般症状指那些广泛出现于许多疾病中的症状,它不属于某特定疾病所固有,甚至可出现于某一疾病的不同病理过程中。

(2)固定症状与偶然症状 固定症状是指在某一疾病过程中必然出现的症状,又称固有症状,如咳嗽、发热等是肺炎的固定症状,腹泻是肠炎的固定症状。偶然症状是在特定条件下出现的症状,它不是某一疾病发生发展过程中必然出现的症状,它的出现受动物个体差异、继发或并发病、疾病程度、环境及治疗措施等的影响,如肺炎时大量使用抗微生物药物后继发感染而出现的腹泻等。

(3)主要症状与次要症状 主要症状是指对疾病诊断有着重要意义的症状,是疾病诊断的重要依据,又称基本症状。如胃肠炎时动物表现的食欲减退、呕吐、腹痛、里急后重和腹泻等是主要症状。次要症状往往是疾病的附带症状,在很多疾病过程中都会或多或少、或轻或重地出现。

(4)前驱症状与后遗症状 前驱症状是指在疾病发生初始、主要症状出现之前出现的一类症状,又称先兆症状。后遗症状即后遗症,是在原发病治愈后留下的不正常现象,如疤痕、神经功能缺失等。

(5)局部症状与全身症状 局部症状是指在局部病变部位表现的症状,在病变以外的其他区域不存在或表现轻微。全身症状是指机体针对病原或局部病变的全身反应,如全身发热、消化不良所致的消瘦等。局部症状与全身症状可以相互转化。

(6)原发症状与继发症状 原发症状是指原发病所表现的症状,继发症状是指继发病所表现的症状。如肺炎时出现的咳嗽、呼吸困难、流鼻液、体温升高等是其原发症状;通过大剂量抗生素较长时间的治疗,出现消化道微生物生态紊乱,导致消化不良、腹泻等,则属于继发症状。

(7)综合征候群 某些相互关联的症状在疾病过程中同时或相继出现,这些症状总称为综合征候群或综合征。如犬传染性胃肠炎时的食欲减退、呕吐、腹痛、腹泻、便血、脱水、精神沉郁等。

(三)诊断的方法论

通过症状等临床资料按照一定的方法和步骤、遵循一定的原则进行分析和全面的综合,揭示疾病的本质,建立准确的诊断过程就是诊断的方法论。

实施调查和检查、掌握丰富的临床资料和对这些临床资料加以分析是得出正确诊断的3个基本要素。

在对疾病进行诊断时,还需了解预后。预后是对疾病发展趋势及可能的结局的估计,包括预后良好、预后不良和预后不定。预后良好是指经过临床处置后,其结构和功能不会发生明显改变,动物基本可以康复。预后不良是指在现有的医疗条件下,该动物被治好的可能性较小,且多已死亡告终或留下严重的、顽固性后遗症,如犬瘟热后的顽固性抽搐等。预后不定是指经过治疗,兽医对动物的康复与否难以判断,如肺炎、肾炎、肝炎、股骨骨折等。

第二节　兽医临床诊查方法与步骤

一、临床基本诊查法

问诊可以获得第一手临床资料,问诊对其他诊断具有指导意义。视诊、触诊、叩诊、听诊及嗅诊是兽医临床基本的检查方法,又称为物理检查法。

(一)问诊

问诊(interrogation)是兽医通过询问的方式向动物主人或有关人员了解患病动物的饲养管理情况以及现病史和既往史。

在问诊之前或在问诊过程中应该进行病例登记。问诊的内容包括主诉、饲养状况和日常管理、现病史和既往史等。

病例登记主要包括动物主人姓名或单位名称及地址和电话,动物种类、品种、性别、年龄、毛色、用途、体重等。另外,作为动物个体特征标志,还应登记动物的名称、特征、号码及其他标识等。最后再写上就诊的日期和时间。

(1)主诉　对于兽医来说,动物主人的表达就是主诉,一般情况下,应该结合整个病史,用最简明的语句加以概括,且要实事求是。

(2)现病史　现病史是指动物现在所患疾病的全部经过及现发疾病的可能病因,疾病发生、发展、诊断和治疗的过程。若已进行过治疗则应询问治疗措施、使用的药物、时间和疗效。

(3)日常管理　动物的日常管理包括动物的饲养管理、动物繁殖和配种、周围环境等因素。

(4)既往史　动物既往史包括患病动物以前的健康状况、常规免疫状况、过去曾患过的各种疾病、外科手术史、过敏史、家族病史等,特别是与动物现患病有密切关系的疾病。

(二)视诊

视诊(inspection)是兽医利用视觉直接或借助器械观察患病动物的整体或局部表现的诊断方法。视诊包括群体动物检查和个体检查。视诊应在动物安静或运动情况下进行。视诊的一般程序是先检视群体动物,再对个体病畜检查。个体检查时应先观察其整体状态,再观察其各个部位的变化。为此,一般应先距患病动物一定距离,观察其全貌,然后由前到后,由左到右,边走边看,围绕病畜行走一周,细致观察;先观察其静止状态的变化,再进行牵遛,以发现其运动过程及步态的改变。

视诊时应注意观察其整体状态,判断其精神及体态、姿势与运动、行为,发现其表被组织的病变,检查某些与外界直通的体腔,注意某些生理活动异常。

(三)触诊

触诊(palpation)是利用检查者触觉及实体觉的一种检查法,是用检查者的手(手指、手掌或手背,有时可用拳)触摸按压动物体的相应部位,判定病变的位置、大小、形状、硬度、湿度、温度及按压敏感性(疼痛、喜按、拒按)等,以推断疾病的部位和性质。

触诊可分为浅部触诊法和深部触诊法两种。浅触诊主要是对位置浅表的患部进行触诊。主要检查动物的体表状态,包括体表的温、湿度,弹性及软硬度,敏感性,病变性状等内容;深部触诊法主要用于检查腹内脏器和腹部异常包块等。深部滑行触诊有双手触诊法、深压触诊法、冲击触诊法、切入式触诊法等。触诊时应注意检查:

(1)检查动物的体表状态,如判断皮肤表面的温度,湿度,皮肤与皮下组织的质地、弹性及硬度,浅在淋巴结及局部病变(肿物)的位置、大小、形态及其温度、内容物性状、硬度、移动性等。

(2)检查某些器官、组织,感知其生理性或病理性的冲动,如心搏动、瘤胃蠕动、动脉脉搏等。

(3)腹部触诊除可了解腹壁及腹腔内组织器官自身状态,也可了解腹腔内甚至腹腔组织器官内异物。

(4)触诊也可用于动物组织器官敏感性检查,如疼痛反应、反射等。

(四)叩诊

叩诊(percussion)是兽医用手指或借助器械对动物体表的某一部位进行叩击,借以引起其振动并发生音响,借助叩击发出的音响特性,来帮助判断体内器官、组织的状况的检查方法。

根据叩诊的手法与目的不同可分为直接叩诊法与间接叩诊法两种。

直接叩诊法 即用一个(中指或食指)或用并拢的食指、中指和无名指的掌面或指端直接轻轻叩打(或拍)被检查部位体表,或借助叩诊器械向动物体表的一定部位直接叩击,主要用于中、小动物胸、腹部和大动物肠管、瘤胃、鼻窦、副鼻窦等叩诊。

间接叩诊法 间接叩诊应用较为广泛,其特点是在被叩击的体表部位上,先放一振动能力较强的附加物,而后向这一附加物体上进行叩击。附加的物体,称为叩诊板。间接叩诊分为指指叩诊和槌板叩诊,适合于深部组织器官的检查。

动物体组织或器官的致密度、弹性、含气量以及距离体表深浅不一,叩击时可产生不同的叩诊音,临床上将叩诊音分为清音、浊音、鼓音、半浊音和过清音五种,其中前三者为基本叩诊音。

(1)清音 清音的音调低、音响较强、音时较长,为叩击富弹性含气的器官时所产生的声音,如正常动物胸部叩诊音。

(2)浊音 浊音的音调高、音响较弱、音时较短的叩诊音,为叩击不含气的实质性脏器,如叩诊厚层的肌肉部位及不含气的实质器官(如心脏、肝脏、脾脏)与体壁直接接触的部位时所产生的声音。

(3)鼓音 鼓音的音调比清音音响强、音时长而和谐的低音,似击鼓音,在叩击含有大量气体的空腔器官时出现,可见于叩诊健康牛瘤胃上部1/3所产生的声音及胃扩张、肠臌气、气胸、气腹或有较大肺空洞的患病动物。

(4)半浊音 半浊音的音调、音响和音时介于浊音和清音之间,在叩击覆盖有少量含气组织的实质器官或含气的器官(如肺)部分实变后时产生,见于肺炎、胸膜炎、肺纤维化等。

(5)过清音　过清音的音调、音响和音时介于清音和鼓音之间,此种叩诊音正常时不易听到,可见于肺组织弹性减弱而含气量增多的肺气肿患病动物,如肺气肿等。

(五)　听诊

听诊(auscultation)是借助听诊器或直接用耳朵听取机体内脏器官活动过程中发出的自然或病理性声音,根据声音的性质特点判断其有无病理改变的一种方法,临床上常用于对心血管系统、呼吸系统和消化系统功能的检查,如心音、呼吸音、胃肠蠕动音的听诊等。见系统检查。

听诊的方法可分为直接听诊法与间接听诊法。直接听诊法不用器械,用耳直接贴于被检查者体表某部位听取脏器运动时发出的音响,已不常应用。间接听诊法是借助听诊器进行听诊即器械听诊方法,为临床常用方法。

(六)　嗅诊

嗅诊(olfaction)是用嗅觉发现、辨别动物的呼出气味,口腔臭味、排泄物及病理性分泌物异常气味与疾病之间关系的一种检查方法。呼出气体及鼻液的特殊腐败臭味,提示呼吸道及肺坏疽性病变;尿液及呼出气体有烂苹果味时,可提示对牛、羊酮病;皮肤及汗液发现尿臭味时,常有尿毒症;排泄物腥臭,当怀疑胃道发生严重炎症。

二、特殊检查方法

兽医常用的特殊检查方法主要包括 X 线检查和超声检查,此外还有心电图检查、内窥镜检查、X 线、CT 和核磁共振成像检查(MRI)。

(一)X 线检查

1.X 线成像及其基本原理

X 线是一种波长很短的电磁波,用于医学诊断的 X 线波长为 $0.008 \sim 0.031$ nm,除上述一般物理性质外,X 线还具有以下与成像相关的特性。

(1)穿透性　能穿透一般可见光不能穿透的各种不同密度的物质,如动物体等。

(2)荧光效应　X 线能激发荧光物质,此特性是进行透视检查的基础。

(3)感光效应　X 线有使摄影胶片感光的作用,感光所产生的潜影,经显、定影处理在胶片上呈黑色。而未感光的溴化银被洗脱,便产生了从黑到白有一定灰度的影像。

(4)电离效应　即生物效应,对动物体有害,从事 X 线检查工作时应该注意防护。

动物体某些组织器官存在着比重和密度的不同,各部位的体积和厚度也有差异,所以吸收 X 线的程度也不一致,在荧光屏上或 X 线片上就产生黑白明暗、层次不同的对比度较高的 X 线影像,这种现象称为天然对比。为了拓展诊断范围和准确性,使密度相似的组织和器官产生鲜明对比,就必须向动物体组织和器官或间隙内注入造影剂,将高密度或低密度造影剂(对比剂)灌注器官的内腔或其周围,人为改变它们之间的密度差异,此方法叫人工对比法或称造影法。用作造影检查的物质称为造影剂或对比剂。动物体某些部位的病变,也可与周围正常组织形成不同密度的天然对比,称病理对比,其作为 X 线诊断的基础。

2. X 线摄影检查

临床上,普通 X 线摄影检查为目前最常用的 X 线检查技术,常称为"平片"检查。

X 线胶片的感光作用受多种条件因素的影响,主要有管电压峰值、管电流、焦点胶片距和曝光时间等。

(1)千伏(kVp) 为管电压峰值单位,决定 X 线的穿透力。千伏变化的标准是:一般厚径每增减 1 cm,电压相应增减 2 kV。较厚密的部位(当需用 80 kV 以上者),厚径每增减 1 cm,则要增减 3 kV 或更多。

(2)毫安(mA) 为管电流的单位,反映 X 线的量。

(3)焦片距(FFD) 即 X 线球管阳极焦点面至胶片的距离,故也称为焦点胶片距离,以 cm 表示。

(4)曝光时间 管电流通过 X 线管的时间,以秒(s)表示。常以毫安秒(mAs)计算 X 线的总量,即毫安与秒的乘积,它决定每张照片上的感光度。

不同的机器其性能特点不尽相同,因此应根据本单位实际情况制订一份摄影曝光条件表,专供本单位日常摄影使用。

3. 暗室技术

胶片装卸和冲洗都应该在暗室下进行。胶片的冲洗操作过程,包括显影、洗影、定影、冲影及干燥等几个步骤,前三个步骤须在暗室内进行。

(1)显影 显影温度为 18~20℃,显影时间为 4~6 min。显影时把夹好胶片的洗片架放入显影液内,上下移动数次再放好。可在显影 2~3 min 后取出观察一次,或到预定显影时间结束时再观看一次,以便对曝光过度或曝光不足的胶片,及时调整显影时间以图补救。

(2)洗影 是用清水洗去胶片上附着的残余显影液。

(3)定影 即把洗影后的胶片放入定影液中,定影温度为 18~20℃,定影时间为 15~20 min。

(4)冲影 定影完毕后,取出胶片,滴回多余的药液,放入冲洗池内用缓慢流动清水冲洗 30~60 min。

(5)干燥 冲洗完毕的胶片,取出后置于晾片架上自然晾干或在干燥箱内干燥。胶片干燥后,从洗片架中拆下并装入封套,登记后送交阅片诊断。

(6)自动冲片机操作及注意事项 自动冲片机洗片同样需要在暗室中操作(按照说明书使用)。

4. 常见疾病的 X 线检查

了解动物正常和异常组织器官的 X 线影像特点是诊断的基础。

(1)肺气肿 肺气肿 X 线表现为患部肺叶的透明度增高,同时由于肺容积的增大,其周围组织也受到影响。如膈呼吸运动减弱并向后移位,肋间增宽和胸廓变形(图 2-1 和图 2-2)。

(2)支气管肺炎 又称卡他性肺炎或小叶性肺炎,其 X 线表现为在透亮的肺叶中可见多发的大小不等、密度不均匀、边缘模糊不清的点状、片状或云絮状渗出性阴影,多发于肺心叶和膈叶,呈弥漫性分布,或沿肺纹理的走向散在于肺叶。支气管和血管周围间质的病变,常表现为肺纹理增多、增粗和模糊(图 2-3)。

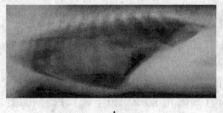

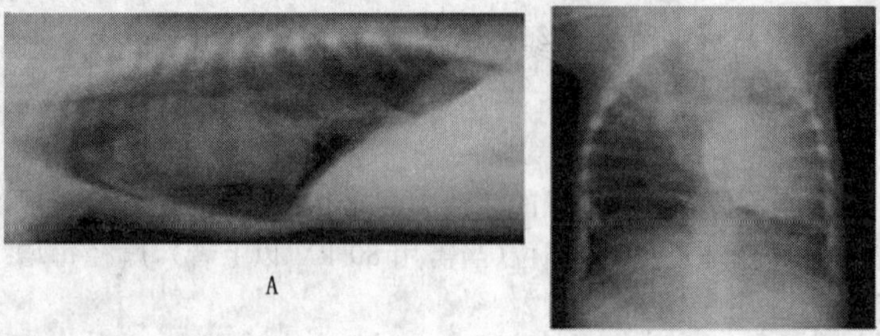

A

B

图 2-1 犬先天性肺泡性肺气肿（A 和 B 为同一部位从不同方向拍照）
（6 周龄英国牧羊犬，雌性。右肺中叶透明度明显增高，呈椭圆形，胸膜
轻度增厚，右肺中叶头侧肺泡病变影，心脏移位至左侧胸腔，胸膜
腔内有少量气体。开胸将气肿病变的右中叶切除后痊愈，
病理组织学检查为肺叶性肺气肿、肺多发性出血
性梗死（Colleen Mitchell，et al.，2006））

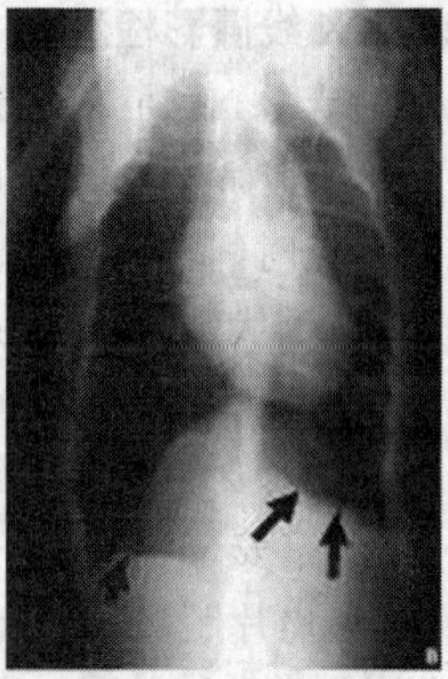

图 2-2 犬严重肺气肿
（桶状胸，双侧肺叶普遍性
透明度增高，横膈显著
后移，不对称且呈起
伏不平的波浪样）

（3）胃内异物　胃内异物是动物因各种原因误食异物引起的疾病。胃内异物分为高密度、中密度（等密度）和低密度三类。低密度和高密度（图 2-4）异物易于显像，等密度异物往往需要造影检查。

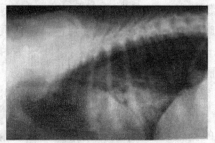

图 2-3 犬支气管肺炎
（于侧卧位片可见心膈角大片的
云絮状渗出性阴影）

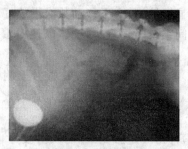

图 2-4 犬胃内异物
（腹前下方 8～10 肋间可见一球形高密度影，
手术显示为鹅卵石）

（4）膀胱结石　膀胱结石多见于雄性动物。母犬的结石一般比公犬的大（图 2-5和图 2-6）。

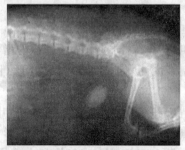

图 2-5 公犬膀胱、尿道结石

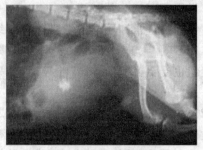

图 2-6 母犬膀胱结石

（5）关节脱位　关节脱位又称脱臼，是关节各骨的关节面失去正常的对合关系。关节不全脱位时，表现关节间隙宽窄不均或关节骨移位，但关节面之间尚保持有部分接触。

关节完全脱位时,相对应的关节面完全分离移位,无接触(图 2-7)。

(二)超声检查

研究和应用超声的物理特性,以某种方式扫描动物体、诊断疾病的科学称为兽医超声诊断学。

1. 超声波及其诊断基础

振动的传播称为波动,简称波。声波频率高于 20 kHz 的称为超声。超声波属于机械振动波,具有波粒二象性,因而具有反射、折射、散射、透射、衍射、衰竭等一般波的特性。

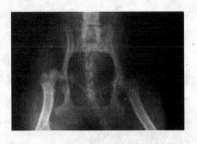

图 2-7 髋关节前外方脱位
(左侧股骨头完全脱离髋臼)

(1)超声的显现力 超声的显现力是指超声能检测出最小物体大小的能力。能被检出物体的直径大小常作为超声显现力的大小,能被检出的最小物体直径越大,显现力越小;能被检出的物体直径越小,显现力越大。

(2)超声的分辨力 超声的分辨力是超声能够区分两个物体间的最小距离。根据方向不同,将分辨力分为横向分辨力和纵向分辨力。横向分辨力是指超声能分辨与声束相垂直的界面上两物体(或病灶)间的最小距离,以 mm 计。纵向分辨力是指声束能够分辨位于超声轴线上两物体(或病灶)间的最小距离,以 mm 计。

(3)超声的穿透力 超声频率越高,其显现力和分辨力越强,显示的组织结构或病理结构越清晰;但频率越高,其衰减也越显著,透入的深度就越小,即频率越高,穿透力越低;频率越低,穿透力越高。

2. 超声诊断的类型

超声检查临床上最常见的类型有 A 型超声诊断、B 型超声诊断、M 型超声诊断和 D 型超声诊断。兽医临床上主要使用 B 超。

(1)A 型超声波诊断 A 型超声波诊断又称幅度调制型超声诊断或示波超声诊断,是将超声回声信号以波型显示,通过对波的幅度、大小、形状和疏密等的分析,对动物体组织器官或病变进行诊断的一种超声诊断形式,简称 A 型超声或 A 超(图 2-8)。

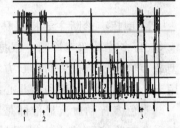

图 2-8 A 型超声波示意图

(2)B 型超声波诊断 B 型超声诊断又称超声断层显像法或灰度调制型超声诊断法,简称 B 型超声或 B 超。B 型超声诊断法是将回声信号以光点明暗,即灰阶的形式显示出来。这些不同强度的光点、光线和光面构成了被探测部位二维断层图像或切面图像,这种图像称为声像图(图 2-9)。

(3)M 型超声波诊断 M 型超声诊断又称光点扫描法或时间-运动型超声诊断法,简称 M 型超声或 M 超,也属于实现灰度调制诊断法。在 B 超扫描图像上有一

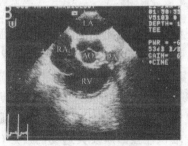

图 2-9 正常心脏的声像图

根法线,当扫描方式转换成 M 型时,法线所经过的所有位点构成了 M 型超声的基本扫描位置,它是由扫描信号加在垂直偏正板上形成的;当在水平偏正板上施加慢扫描电压时,

由于组织器官运动而上下摆动的光点就会随着慢扫描的进行而横向展开,由此获得了一条位移-时间曲线,即位点运动的声像图。其中,纵坐标为扫描时间(即超声传播时间),横坐标为光点慢扫描时间。当探头固定一点扫描时,在双重扫描电压作用下,扫描回声信息线被时间扫描分离,当重复频率足够高时,每个固定的目标的界面就显示成一条连续变化的曲线光迹。曲线的幅度表示反射界面在运动中所通过的距离大小,而曲线的斜率则表示反射界面运动速度的大小。从光点移动可观察被扫描物体的深度及其活动状况(图2-10)。

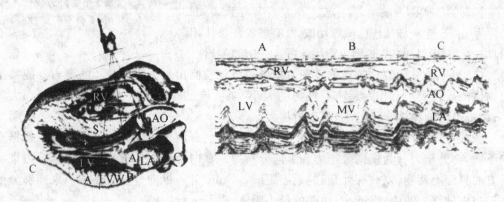

图 2-10　标准的 M 型声像图
(声束从三个法线穿过心脏形成三个声像图,分别显示左心室腔(A 图)、室中膈(B 图)和主动脉瓣(C 图)。
RV:右心室;LV:左心室;MV/S:室中膈;AO:主动脉;LA:左心房;LVW:左心室壁。A 图显示
法线上左室壁和室中膈在心脏运动过程中上下位移的时间轨迹(Moise N S,1988))

M 型超声诊断主要特点是能测量运动器官,如心脏、血管和心脏瓣膜运动状况等。

(4)多普勒超声诊断　根据多普勒效应制成的超声诊断仪称为多普勒超声诊断仪(D 型超声诊断仪),相关的诊断方法称为多普勒超声诊断法,简称 D 超。它在临床诊断学中用于心脏、血管、血流和胎儿心率等诊断。

彩色多普勒血流显像即是通过对散射回声多普勒信息作相位检测并经自相关处理和彩色灰阶编码,把平均血流速度分类并以色彩显示,它与 B 超和 M 超相结合,可提供心脏和大血管内血流的时间和空间信息(图 2-11)。

3.超声诊断的临床应用

(1)肝肿瘤　马的原发性肝癌呈现肝脏肿大和在肝实质内有癌症结节样图像,其癌症结节回声比周围肝实质回声强,甚至出现声尾(图 2-12)。

(2)胆囊炎　胆囊炎的声像图表现为胆囊壁增厚(图 2-13)、边缘或不整齐,胆囊内有时有雾状低回声。

(3)膀胱结石　膀胱内充满尿液者是无回声暗区,周围由膀胱壁强回声带所环绕,轮廓完整,光洁平滑,边界清晰。膀胱结石是动物特别是雄性动物多发病。声像图中可见堆积性强回声及其远场的声影(图 2-14)。

(4)妊娠诊断　扩张的膀胱在骨盆腔前口处较易探到,膀胱作为声窗有利于观察子宫体乃至子宫角(位于膀胱下方和结肠上方之间)。犬妊娠声像图(图 2-15)。

(5)腹水　腹水是指腹膜腔内积液,无论是渗出液还是漏出液都统称为腹水。在用 B 型超声诊断仪扫查时,若存在的液体是清亮(均质)的,由于没有声学界面就不产生回声,

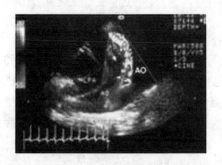

图 2-11　彩色多普勒血流显像

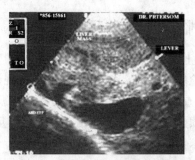

图 2-12　肝肿瘤声像图(前腹部探查)

(图中上方可见明显的肿瘤边缘；左下方膈肌后下方可见
因腹水(白箭头所指的液性暗区)将肝叶尖部游离)

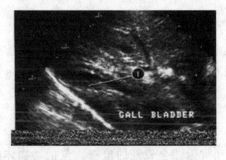

图 2-13　犬胆囊壁增厚(慢性胆囊炎)

(肝脏结构明显可见,胆囊为纵切面图,中间无回声区为胆囊液,
①指示增厚的胆囊壁(4 mm),胆囊壁内为实质性无回声
(低回声)(引自 Kathy A. Spaulding,1993))

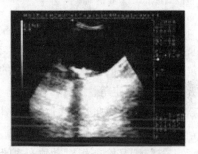

图 2-14　犬膀胱结石

(可见堆积性强回声及其
远场的声影)

于是腹水显示为液性暗区。在浆膜面上若有纤维蛋白条状物存在,则有条块强回声,它
提示有严重的炎症反应。猫渗出性腹膜炎所致的腹水声像图见图 2-16。

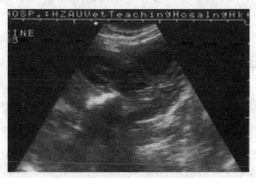

图 2-15　犬妊娠声像图

((仰卧位耻骨前缘横切图,苏格兰牧羊犬,孕龄 29 日)
图中可见左、中、右三个孕囊,表现为液性暗区；
右侧及之间孕囊内可见胎体反射,表现为等回
声；三个孕囊均有完整的子宫壁结构,表现
为均一的等回声。在妊娠检查时,如果没
有子宫内液性病变时,当扫查到孕囊
或/或胎体反射时,即可确定受孕)

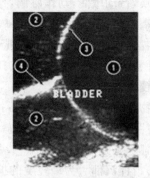

图 2-16　猫渗出性腹膜炎声像图

(几乎无回声的渗出物,②与膀胱中无回声
尿液①不同,膀胱壁及其边界回声③因
其周围的液体而加强,膀胱韧带表
现为强回声条带④(Kathy A.
Spaulding 等,1993))

三、临床检查的程序和方案

临床上应系统地按照一定程序和步骤对病畜进行临床检查,获得比较全面的症状和资料,其检查顺序为:病畜登记→问诊→现症检查(包括整体及一般状态检查、系统检查、实验室检查和特殊检查)→建立诊断→病历记录。当然,临床检查程序并不是固定不变的,但必须全面而系统,而后在此基础上,重点检查病变部位,以期全面地揭示病变与症候,为临床诊断提供充分的可靠依据。

第三节　整体及一般检查

对就诊动物进行登记和问诊之后,通常做整体及一般状态的检查,即一般检查,主要包括整体状态的观察,表被状态的观察,可视黏膜的检查,浅在淋巴结的检查,体温、呼吸、脉搏的测定等。

一、整体状态的观察

全身状况检查指对动物外貌形态特征和行为综合表现的检查。包括动物体格发育、营养状况、精神状态、姿势、运动与行为的变化和异常表现。

(一)精神状态

动物的精神状态是中枢神经系统机能活动的反映,根据动物对外界、刺激的反应能力及行为表现而判定。健康家畜表现两眼有神,耳尾灵活,对外界刺激能迅速反应,听从主人使唤,行动敏捷,动作协调,行为正常。

1.精神兴奋

动物表现亢奋、躁动不安、竖耳、刨地、号叫,重则乱冲乱撞、狂奔乱跑,甚至逢人踢咬,这种精神状态称精神兴奋或狂躁,见于脑部疾病、脑炎、狂犬病等。

2.精神抑制

动物表现离群呆立、委靡不振、头低耳耷、双眼半闭,对周围事物反应迟钝,行动迟缓,重者卧地不起,这种精神状态称作精神抑制。根据精神抑制的程度,精神抑制可分为沉郁、嗜睡、昏迷等。

(1)精神沉郁　为最轻度的抑制现象。患病动物对周围事物注意力减弱,反应迟钝,离群呆立,头低耳耷,眼半闭或全闭,行动无力,躲于一隅,不听呼唤。但患病动物对外界刺激,如有人接近或检查时,尚易做出有意识的反应。

(2)嗜睡　为中度抑制的现象。患病动物重度委靡,闭眼似睡。只在给以强烈的刺激才能产生迟钝的和暂时的反应,但很快又陷入沉睡状态。见于重度脑炎、颅内压增高、中毒病等。

(3)昏迷　为高度抑制的现象。患病动物意识完全丧失,对外界刺激全无反应,表现卧地不起,呼唤不应,全身肌肉松弛,反射消失,甚至瞳孔散大,粪、尿失禁。虽强刺激不能引起反应,仅保留自主神经系活动,心搏和呼吸虽仍存在,但多变慢而节律不齐。重度昏迷常为预后不良征兆。见于颅内病变如脑炎、脑肿瘤、脑创伤、代谢性脑病以及由于感染、中毒引起的脑缺血、缺氧、低血糖等。

(二)体格发育

体格发育是指动物骨骼与肌肉的外形及其发育程度。体格、发育状况通常可根据骨骼与肌肉的发育程度及各部的比例关系来判定,必要时可用测量器具进行测量,根据体高、体长、体斜长、颅径、胸围、腹围及体重等,作出判断。检查体格时应考虑动物品种、年龄等因素形成的差异。

(1)发育良好　动物体躯高大,结构匀称,四肢粗壮,肌肉丰满,体格强壮有力、外形完美的印象。体格强壮的动物不仅生产性能良好,且对疾病的抵抗力强。

(2)发育不良　发育不良的动物多表现躯体矮小,结构不匀称,关节粗大,胸廓狭窄,肢体扭曲变形,体格纤弱无力。

(三)营养状况

营养状况一般根据肌肉丰满程度、皮下脂肪蓄积量、被毛的状态和光泽度来判定,必要时可称量体重。临床上将营养状况分为良好、中等、不良和过剩四种。

(1)营养良好　表现八、九成膘,肌肉丰满,皮下脂肪充实,躯体圆润,骨骼棱角不显露,被毛平顺有光泽,皮肤富有弹性,机体抵抗力强。

(2)营养不良　表现为消瘦,五成膘以下,肌肉和皮下脂肪菲薄,骨骼棱角显露,被毛蓬乱无光泽,皮肤缺乏弹性,常伴有精神不振、乏力。长期极度消瘦,多预后不良。

(3)营养中等　表现六七成膘,介于营养良好及营养不良之间。

(4)营养过剩　即肥胖,主要指体内中性脂肪积聚过多,表现为体重超重。

(四)姿势与体态

姿势与体态是指动物在相对静止或运动过程中的空间位置和呈现的姿态。各种动物健康时保持其特有的生理姿势,表现自然、动作灵活而协调。异常站立姿态主要表现为典型"木马样"姿态,站立不稳,长久站立,肢蹄避免负重,强迫躺卧等。出现姿势与体态异常时常要考虑运动系统疾患,如骨骼关节疾病、肌肉疾病和神经系统疾病。

(五)运动与行为

检查动物运动时的步态,对能走动的动物进行牵遛(或跑动),观察其步态是否有异常。健康动物在运步时,肢体动作协调一致、灵活自然。当神经调节或四肢的机能发生障碍时,就会出现运动异常,即运动的方向性和协调性发生改变。动物健康时对周围环境变化反应灵敏,精神抖擞,幼畜爱活动,无怪脾气或异常行为,容易驯服,听人使唤,食欲良好。检查行为表现应注意动物的表情、眼神、动作姿势、采食、饮水等。

二、表被状态的检查

动物表被状态检查应注意检查被毛、皮肤及皮下组织的变化。

(一)被毛检查

健康家畜的被毛整洁、平滑而有光泽、生长牢固,禽类的羽毛平顺、富有光泽而美丽。动物换毛及被毛状态与季节、气候、品种、皮肤护理以及饲养管理有密切的关系。病理情况下,被毛可表现为蓬乱、污秽不洁、脱毛以及毛色异常等。

(二)皮肤的检查

主要检查皮肤的颜色、温度、湿度、弹性及其他各种病理变化。不同种类动物还应注意对特定部位进行检查,如禽类的冠、髯及其耳垂;牛的鼻镜、猪的鼻盘及其他动物的鼻端。

1.颜色

皮肤颜色检查可以反映动物血液循环机能状态及血液某些成分的变化。皮肤颜色可呈现苍白、黄染、发绀和潮红等变化。

(1)苍白 皮肤呈苍白色,无血色,一般是由于皮肤血液供应减少或血液性质发生变化的结果。

(2)黄染 皮肤呈现黄色,是由于血液中胆红素含量增多,在皮肤或黏膜下沉着的结果,亦即黄疸。

(3)发绀 机体缺氧,血液中还原血红蛋白的绝对值增多,或在血液中形成大量变性血红蛋白,皮肤黏膜呈蓝紫色,称为发绀。

(4)潮红 是皮肤充血的标志,全身皮肤潮红为体温升高,见于发热性疾病,也见于阿托品过量、一氧化碳中毒等;局部皮肤潮红见于局部炎症。

2.温度

皮肤的温度检查通常用手背或手掌触诊被检部位进行。皮温可出现皮温升高、降低和不均等病理变化。皮温不均是指身体不同部位皮肤温度相差悬殊,对称部位的皮温不均匀,表现为耳鼻冰凉、四肢末梢厥冷,是血液循环障碍的结果,见于虚脱、休克、心力衰竭。

3.湿度

皮肤湿度与汗腺分泌状态有密切关系。病理情况下,主要表现皮肤干燥、发汗增多。反刍兽的鼻镜和猪的鼻盘及犬、猫的鼻端经常保持湿润有光泽感。在热性病及重度消化障碍时,则鼻部干燥,甚至龟裂。

4.弹性

健康动物的皮肤弹性良好。检查时,用手将被检部位的皮肤捏成皱褶,并轻轻拉起,然后放开,根据皱褶恢复的速度判定。皮肤弹性良好立即恢复原状,见于慢性皮肤病、螨病、湿疹、营养不良、脱水及慢性消耗性疾病;皮肤弹性减退则恢复原状缓慢。

5.疹疱

皮肤疹疱常是许多疾病的早期征候,多由传染病、中毒病、皮肤病及过敏反应引起。临床常见的皮肤疹疱有以下几种。

(1)斑疹 如猪丹毒。

(2)丘疹 如痘病、湿疹、马传染性口炎的初期等。

（3）荨麻疹　如注射血清、药物过敏,某些饲料中毒、吸血昆虫刺蛰等可引起。

（4）料疹　如采食含感光物质的饲料(如荞麦、三叶草、灰菜等)后经日光照晒时皮肤充血、潮红、水泡及灼热、痛感等。

（5）痘疹　如禽痘。

（6）水泡、脓疱　如口蹄疫或猪传染性水疱病等。

皮肤疹疱及创伤和溃疡等均引起皮肤完整性的改变。

(三)皮下组织检查

主要检查皮肤及皮下组织肿胀,应注意肿胀的部位、大小、形态、内容物性状、硬度、温度、移动性及敏感性等。常见的体表肿胀有炎性肿胀、浮肿、气肿、血肿、脓肿、淋巴外渗、疝及肿瘤等。

（1）体表炎性肿胀　局部或大面积出现,伴有病变部位的红、肿、热、痛及机能障碍,严重者还有明显的全身反应,如原发性蜂窝织炎。

（2）浮肿　即皮下组织水肿的特征是皮肤表面光滑、紧张而有冷感,弹性减退,指压留痕,呈捏粉样,无痛感,肿胀界限多不明显。

（3）皮下气肿　特点是肿胀界限不明显,触压时柔软而容易变形,并可感觉到由于气泡破裂和移动所产生的捻发音(沙沙声)。

（4）血肿和淋巴外渗　为皮下组织的非开放性损伤,脓肿是由细菌感染引起的局限性炎症过程,其共同特点是,在皮肤及皮下组织呈局限性(多为圆形)肿胀,触诊有明显的波动感。必要时采用穿刺检查。

（5）肿瘤　是在动物机体上发生异常生长的新生细胞群,形状多种多样,有结节状、乳头状等。

三、可视黏膜的检查

可视黏膜是指肉眼能看到或借助简单器械可观察到的黏膜,如眼结膜、鼻腔、口腔、直肠、阴道等部位的黏膜,临床上一般以检查眼结合膜为主,牛则主要检查巩膜。

眼睑肿胀并伴羞明流泪,是眼炎或结合膜炎的特征。动物的大量流泪可见于感冒、上呼吸道感染、泪腺管阻塞等,于眼窝下方见有流泪的痕迹。

病理性颜色变化及其临床意义与皮肤颜色检查相同。结膜上有点状或斑点状出血,常见于败血性传染病、出血性素质疾病,如猪瘟、马血斑病、急性或亚急性传染性贫血等。

四、浅在淋巴结的检查

淋巴结广泛分布于全身,但临床检查时仅能检查表浅淋巴结,检查时必须注意其大小、结构、形状、表面状态、硬度、温度、敏感度及活动性等,了解病变淋巴结的位置分布。

淋巴结的检查主要用视诊和触诊的方法(尤其是触诊),必要时可配合穿刺检查法。临床上对大动物主要检查下颌淋巴结、肩前淋巴结、股前淋巴结(图 2-17),腹股沟浅淋巴结仅在某些特殊情况下检查;猪主要检查股前淋巴结和腹股沟浅淋巴结;犬通常检查下颌淋巴结、腹股沟浅淋巴结和腘淋巴结等(图 2-18)。

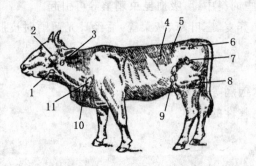

图 2-17 牛浅在淋巴结位置

1.下颌淋巴结　2.耳下淋巴结　3.颈上淋巴结
4.髋上淋巴结　5.髋内淋巴结　6.坐骨淋
巴结　7.髋外淋巴结　8.腘淋巴结
9.股前淋巴结　10.颈下淋巴结
11.肩前淋巴结

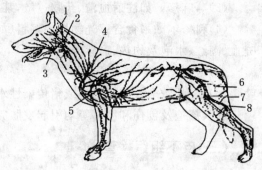

图 2-18 犬浅在淋巴结的位置

1.腮淋巴结　2.咽后淋巴结　3.下颌淋巴结
4.颈浅淋巴结　5.固有腋淋巴结
6.腹股沟浅淋巴结　7.股淋
巴结　8.腘浅淋巴结

(1)全身淋巴结肿胀　可见于急、慢性淋巴结炎、全身感染和某些传染病时,如猪瘟等。

(2)局部淋巴结肿胀　淋巴结引流区域发生局限性炎症、感染而引起肿大,如咽喉炎。

(3)化脓　淋巴结化脓的特点为淋巴结在显著肿胀、热痛反应的同时,触诊有明显的波动。如进行穿刺,则可流出脓性内容物。

五、体温、脉搏、呼吸的测定

体温、脉搏、呼吸数和血压是评价动物生命活动的重要生理指标,称为生命体征或生命特征。正常情况下,除外界气候及运动、使役等环境条件的暂时性影响外,一般变化在一个较为恒定的范围之内。

1.体温

常见健康动物的体温见表2-1。

表 2-1　健康动物的体温　　　　　　　　　　　　　　　　　℃

动物种类	正常体温	动物种类	正常体温
马	37.5～38.5	猪	38.0～39.5
骡	37.5～39.0	犬	37.5～39.0
驴	37.5～38.5	猫	38.5～39.5
奶牛	37.5～39.5	兔	38.5～39.5
黄牛	37.5～39.0	狐狸	38.7～40.1
水牛	36.5～38.5	鸡	40.0～42.0
绵羊、山羊	38.0～40.0	鹅	40.0～41.3
骆驼	36.0～38.5	鸭	41.0～43.0
鹿	38.0～39.0	鸽	41.0～43.0

　　健康动物的体温,受某些生理性因素的影响,可引起0.2~1.0℃的变化;犬运动后体温可升高1.0~2.0℃。

　　临床测量哺乳动物体温均以直肠温度为标准,而禽类通常测其翼下的温度。检温时,先将体温计充分甩动,以使水银柱降至35.0℃以下;后用消毒棉轻拭之并涂以滑润剂(如液体石蜡或水);检温人员用一只手将动物尾根部提起并推向对侧;以另一只手持体温计徐徐插入肛门中,用附有的夹子夹在尾根毛上以固定,放开尾巴。按体温计的规格要求,使体温计在直肠中放置3~5 min,取出后用酒精棉球拭净粪便或黏液,读取水银柱上端的度数即可。测温完毕,应甩动体温计使水银柱甩下并用消毒棉清拭。

　　临床上应对病畜逐日检温,最好每昼夜定期检温两次,并将测温结果记录病历上或体温记录表上,对住院或复诊病例应描绘出体温曲线表,以观察、分析病情的变化。

　　体温升高见于各种病原体(病毒、细菌、真菌、寄生虫)所引起的感染,也见于某些变态反应性疾病和内分泌代谢障碍性疾病。体温降低见于严重贫血、营养不良(如衰竭症、仔猪低血糖症等)、休克、大出血、内脏破裂以及多种疾病的濒死期等,多提示预后不良。

　　2.脉搏

　　脉搏的频率,即每分钟的脉搏次数。动物种类不同,脉搏检查的部位有一定差异。马通常检查颌外动脉,牛检查尾动脉,小动物检查股动脉或肱动脉。

　　正常动物脉搏的频率正常值及其变动范围见表2-2。

表 2-2　健康动物的脉搏频率 次/min

动物种类	脉搏频率	动物种类	脉搏频率
马、骡	26~42	猪	60~80
驴	42~54	犬	70~120
乳牛、黄牛	50~80	猫	110~130
水牛	30·50	兔	120·140
绵羊、山羊	70~80	狐狸	85~130
骆驼	32~52	鸡(心率)	120~200
鹿	40~80	鸽(心率)	180~250

　　脉搏频率增加见于发热性疾病、传染病、疼痛性疾病、中毒性疾病、营养代谢病、心脏疾病和严重贫血性疾病。脉搏频率降低见于脑病、胆血症、某些中毒及药物中毒或高度衰竭时。脉搏次数的显著减少,则提示预后不良。

　　3.呼吸频率

　　动物的呼吸频率或称呼吸数,以每分钟呼吸次数来表示。健康动物的呼吸频率及其变动范围见表2-3。

表 2-3　健康动物呼吸频率及其变动范围 次/min

动物种类	呼吸频率	动物种类	呼吸频率
马	8~16	犬	10~30
乳牛、黄牛	10~25	猫	10~30
水牛	10~30	兔	50~60
绵羊、山羊	12~30	狐狸	15~45
骆驼	6~15	鸡	15~30
鹿	15~25	鸽	20~35
猪	18~30		

呼吸次数增多见于呼吸器官本身疾病、多数发热性疾病、心力衰竭及心功能不全、影响呼吸运动的其他疾病、剧烈疼痛性疾病、中枢神经系统的疾病、某些中毒性疾病及血液病等。呼吸次数减少在临床上比较少见,主要是呼吸中枢的高度抑制,见于脑部疾病、濒死期等。呼吸次数显著减少并伴有节律的改变常提示预后不良。

第四节　系统检查

一、心血管系统的检查

心血管系统检查,不仅对本系统疾病的诊断有意义,而且对其他系统的全身性疾病的诊断、治疗和判定预后,甚至对于了解全身机能状态,都有十分重要的意义。

(一)心脏的检查

1.心脏视诊和触诊

心脏视诊和触诊主要用来检查心搏动。检查心搏动时,要注意其频率、强弱及位置等。

检查心搏动,一般在左侧第 5 肋间的胸廓下 1/3 处进行,必要时可在右侧。

(1)心搏动增强　触诊感到心搏动强而有力,见于发热病的初期、心肌炎、心脏肥大以及伴有剧烈疼痛的疾病等。心搏动过度增强,可伴有整个体壁的震动,称为心悸。

(2)心搏动减弱　触诊时感到心搏动力量减弱,多见于心脏衰弱的后期,以及心脏与胸壁距离增加的疾病,如胸壁浮肿、胸腔积液、慢性肺泡气肿及心包炎等。

2.心脏叩诊

叩诊心脏的目的,在于确定心脏的大小、形状及其在胸腔内的位置,以及在叩打时有无疼痛表现。心脏叩诊呈浊音,心脏的大部分被肺脏所掩盖,叩诊时呈半浊音。

心脏叩诊区发生变化时,除了考虑心脏本身的变化外,还应考虑到肺脏的变化。心肥大、心扩张及心包积液等时心脏浊音区增大;心脏浊音区缩小多由于肺泡气肿及气胸等引起;心包炎及胸膜炎时心区叩诊可出现疼痛。

3.心脏听诊

在健康动物的每个心动周期中,可以听到"噜—塔"、"噜—塔"有节律的交替出现的两个声音,称为心音。其前一个声音称第一心音,后一个声音称第二心音。一般动物心脏听诊部位在左侧肘突内侧第 5 肋间。

(1)心音频率的改变　见脉搏频率的改变(健康动物的脉搏频率见表2-2)。

(2)心音强度的改变　临床上常见两个心音都增强或减弱,及某一个心音增强或减弱等。

①心音增强。两心音增强见于热性病初期、剧痛性疾病、贫血、心肥大及心脏病的代偿机能亢进时。

②心音减弱。当心肌收缩力减弱,心脏驱血量减少时,则两心音都减弱。

(3)心音性质的改变　心音混浊即心音低浊,含混不清,见于某些高热性疾病、严重贫血、高度衰竭症等。金属样心音异常高朗、清脆，见于破伤风或邻近心区的肺叶空洞。

（4）心音节律的改变　健康动物的心音节律是规则的，心音的快慢、强弱和间隔一致。由于某些病理因素的影响，心音常出现快慢不定、强弱不一、间隔不等，称为心律失常，常见于洋地黄中毒、奎宁中毒和心肌疾患、重危的疾病、迷走神经过度紧张等疾病。

（二）动脉检查

通常用触诊检查动脉的脉搏，判定其频率、节律、性质，以推断心脏机能及血液循环状态。动脉检查应在动物安静的状态下进行。

马属动物检查颌外动脉；牛、骆驼检查尾中动脉；羊、猪及犬检查股内侧动脉；家禽检查翼下动脉。一般不检查猪的脉搏，常以检查心跳来代替脉搏。检查时一般用右手食指及中指压于血管上，左右滑动，即可感知一富有弹性的管状物在手下滑动，以判断脉搏大小（振幅的大小）、强弱（力量的大小）和软硬（脉管的紧张度）等脉搏性质，计算其频率。

动脉管弹性良好、紧张度适中、充实有力、强度相同，是正常脉性，即中兽医所称的平脉。

强（大）脉见于健康动物兴奋及运动时，以及热性病初期、心脏代偿机能亢进期等；弱小脉见于心脏衰弱、热性病及中毒病的后期。如果检脉时，仅仅感觉到微弱的脉搏跳动，或者难以感觉到脉搏的跳动，则称为丝状脉或不感脉，见于心力衰竭及濒死期。

硬脉见于破伤风、急性肾炎或伴有剧烈疼痛的疾病。软脉见于心力衰竭、长期发热及大失血时。硬而小的脉搏，称金线脉，见于急性心内膜炎及心包炎的初期，乃心脏及血管受强度刺激所致。

脉搏波形上升及下降快速的，称为速脉，也称跳脉，是主动脉瓣闭锁不全的示病症状。脉搏波形上下变动迟慢的，称为迟脉，见于主动脉瓣口狭窄。

脉管内径大的，表示血液充盈良好，即为实脉，属于健康脉象；虚脉表示血量不足，见于大失血及严重脱水。

脉搏节律是指脉搏的规整性和时间间隔的均等性，其临床意义参考心脏听诊部分。

二、呼吸系统的检查

（一）胸廓、胸壁的检查

胸廓的检查主要检查胸廓的大小、外形、对称性及胸壁的敏感性。检查胸廓时，一般用视诊和触诊的方法，通常应由前向后、由上而下、从左到右进行全面检查。

（1）桶状胸　特征为胸廓向两侧扩张，左右横径显著增加，呈圆桶形，常见于严重的气胸、肺气肿、胸腔积液等。

（2）扁平胸　特征为胸廓狭窄而扁平，左右径显著狭小，呈扁平状，可见于骨软症、营养不良和慢性消耗性疾病幼畜。

（3）鸡胸　特征是胸骨柄明显向前突出，常常伴有肋骨与肋软骨交接处出现串珠状突起，并见有脊柱凹凸，四肢弯曲，全身发育障碍，是佝偻病的特征。

（4）两侧胸廓不对称　特征为两侧胸壁明显不对称，见于肋骨骨折、单侧性胸膜炎、胸膜粘连、单侧气胸、单侧膈疝、单侧间质性肺气肿等。

（二）上呼吸道的检查

1.呼出气的检查

健康动物的呼出气，一般无特殊气味。当肺组织和呼吸道的其他部位有坏死性病变时，不但鼻液有恶臭，而且呼出气也带有强烈的腐败性臭味；当呼吸道和肺组织有化脓性病理变化时，如肺脓肿破溃，则鼻液和呼出气常带有脓性臭味；若有呕吐物从鼻孔中流出时，则常带有酸性气味。此外，在尿毒症时，呼出气可能有尿臭气味；酮血病时，可能有烂苹果气味。

2.鼻及鼻液的检查

（1）鼻的检查　鼻的外部观察要注意鼻孔周围组织，鼻甲骨形态的变化及鼻的痒感。

鼻孔周围组织发生鼻翼肿胀、水泡、脓肿、溃疡和结节等，见于皮肤或口腔，亦可因鼻黏膜的疾患而继发；鼻甲骨发生增生、肿胀、萎缩和凹陷等，见于严重的软骨病、肿瘤、猪传染性萎缩性鼻炎、外伤等；鼻端干燥甚至发生龟裂，见于牛流感、牛瘟、猪瘟、猪丹毒、犬瘟热及其他发热性疾病。

（2）鼻黏膜检查　检查鼻黏膜时，应注意其颜色、有无肿胀、水泡、溃疡、结节和损伤等。如疑为鼻疽病时，检查者宜戴口罩、眼镜、手套等，进行防护。

健康家畜鼻黏膜颜色均为淡红色，其颜色变化的临床意义与其他可视黏膜相同。

鼻黏膜肿胀也见于马腺疫、流行性感冒、鼻疽、血斑病、牛恶性卡他热及犬瘟热等；鼻黏膜出现水泡主要见于口蹄疫和猪传染性水疱病；溃疡偶见于鼻炎、马腺疫、血斑病和牛恶性卡他热、鼻疽等；损伤可见鼻黏膜上有外伤。

（3）鼻液的检查　健康动物一般无鼻液，若有大量鼻液见于急性鼻炎、急性咽喉炎、肺脓肿破裂、肺坏疽、肺炎溶解期、马腺疫、流行性感冒、急性开放性鼻疽、牛肺结核、牛恶性卡他热和犬瘟热等。

鼻液一般分浆液性、黏液性、脓性、腐败性和血性，见病理学部分。

3.喉及气管检查

喉及气管检查主要检查其肿胀和敏感性。发生急性严重喉炎时，触诊局部发热、疼痛，并引起咳嗽，严重时可出现呼吸困难乃至发生窒息，听诊时出现喉狭窄音、喘鸣音、鼾音等。

4.上呼吸道杂音

健康动物呼吸时，一般听不到异常声音。在病理情况下，病畜常伴随着呼吸运动而出现特殊的呼吸杂音，由于这些杂音都来自于上呼吸道。故统称为上呼吸道杂音。上呼吸道杂音包括鼻呼吸杂音、喉狭窄音、喘鸣音、啰音、鼾声和咳嗽。

（三）肺与胸膜的检查

1.视诊

视诊主要是检查动物的呼吸运动。检查呼吸运动时，应注意呼吸的频率、类型、节律、对称性、呼吸困难和呃逆（膈肌痉挛）等。

（1）呼吸类型　除犬外，健康动物均为胸腹式呼吸，即在呼吸时，胸壁和腹壁的起伏动作协调，呼吸肌的收缩强度亦大致相等。健康犬以胸式呼吸占优势。

胸式呼吸的特征为以胸部或胸廓的活动占优势，腹部的肌肉活动微弱或消失，表现胸壁的起伏动作明显大于腹壁,表明病变在腹壁和腹腔器官,主要见于急性胃扩张、肠臌气、瘤胃臌气、急性腹膜炎、创伤性网胃炎、膈肌麻痹、膈肌破裂、腹腔积液、腹壁外伤等。

腹式呼吸的特征为腹壁的起伏动作特别明显,而胸壁的活动却极轻微,提示病变多在胸部,见于急性胸膜炎、胸膜肺炎、胸腔大量积液等。

(2)呼吸节律　健康动物呼吸时吸气之后紧接着呼气,每一次呼吸运动之后,稍有休息,再开始第二次呼吸。每次呼吸之间间隔的距离相等,如此周而复始,很有规律,称为节律性呼吸。

①吸气延长。吸气异常费力,时间显著延长,提示吸气困难,见于上呼吸道狭窄鼻、喉和气管内有炎性肿胀。

②呼气延长。呼气异常费力,时间显著延长,提示呼气困难,见于慢性肺泡气肿、慢性支气管炎等。

③间断性呼吸。间断性吸气或呼气,即在呼吸时,出现多次短促的吸气或呼气动作,见于细支气管炎、慢性肺气肿,胸膜炎和伴有疼痛的胸腹部疾病;也见于呼吸中枢兴奋性降低时,如脑炎、中毒和濒死期。

④陈-施(Cheyne-Stoke's respiration)二氏呼吸。病畜呼吸由浅逐渐加强、加深、加快,当达到高峰以后,又逐渐变弱、变浅、变慢,而后呼吸中断,见于脑炎、脑膜炎、大失血、心力衰竭以及某些中毒,如尿毒症,药物或有毒植物中毒等。

⑤毕欧特(Biot's respiration)氏呼吸。数次连续的、深度大致相等的深呼吸和呼吸暂停交替出现,即周而复始的间停呼吸,又称为间停式呼吸,见于某些中毒,如蕨中毒、酸中毒和尿毒症及濒死期等。

⑥库斯茂尔(Kussmaul's respiration)氏呼吸。呼吸不中断,发生深而慢的大呼吸,呼吸次数少,并带有明显的呼吸杂音,如啰音和鼾声,见于酸中毒、尿毒症、濒死期,偶见于大失血、脑脊髓炎和脑水肿等。

(3)呼吸的对称性　健康动物呼吸为均称呼吸或对称性呼吸。当胸部疾患局限于一侧时,患侧的呼吸运动显著减少或消失,健康一侧的则代偿性加强,见于单侧性胸膜炎、胸腔积液、气胸和肋骨骨折等;也见于一侧大支气管阻塞或狭窄,一侧性肺膨胀不全,代偿性肺气肿等。

(4)呼吸困难　呼吸困难表现为呼吸费力,辅助呼吸肌参与呼吸运动,并可有呼吸频率、类型、深度和节律的改变。高度的呼吸困难,称为气喘。呼吸困难是呼吸器官疾病的一个重要的症状,但在其他器官患有严重疾病时,也可出现呼吸困难。

(5)呃逆(膈肌痉挛)　所谓呃逆,即病畜所发生的一种短促的急跳性吸气,表现为腹部和胁部发生节律性的特殊跳动,称为腹部搏动,俗称"跳胁",常见于马、骡、驴的蓖麻子饼中毒等某些中毒性疾病、血液电解质平衡失调、食滞性急性胃扩张、肠阻塞和脑及脑膜疾病等。牛、犬和猫有时也发生。

2.叩诊

胸、肺的叩诊方法有间接和直接叩诊法两种,目前以应用前者较为普遍。叩诊顺序为从胸廓中部开始,然后是上1/3,再是下1/3,从前向后叩诊。

大动物肺正常叩诊音呈现清音,小动物如幼犬、猫和兔等,由于肺的空气柱的震动较小,正常肺区的叩诊音为清朗稍带鼓音性质。

(1)浊音、半浊音　主要是肺泡内充满炎性渗出物或者纤维化,见于胸膜肺炎、肺炎、肺脓肿、肺坏疽、肺结核和肺肿瘤等。

（2）水平浊音　当胸腔积液时，叩诊积液部位，即呈现浊音。由于其液体上界呈水平面，故浊音的上界呈水平线为其特征，称为水平浊音，见于渗出性胸膜炎、胸水等。

（3）鼓音　由于健康组织被致密的病变所包围或肺中有气腔，传音强化，叩之呈鼓音，见于炎性浸润部位周围的健康肺组织、肺空洞、气胸、膈疝、支气管扩张、皮下气肿等。

（4）过清音　肺区过清音类似敲打空盒的声音，故亦称空盒音。它表示肺组织的弹性显著降低，气体过度充盈。主要见于肺气肿。

（5）破壶音　为一种类似叩击破瓷壶所产生的声响，见于与支气管相通的大空洞，如肺脓肿、肺坏疽和肺结核等形成的大空洞。

（6）金属音　类似敲打金属板的音响或钟鸣音，此乃肺部有较大的空洞，且位置表浅，四壁光滑而紧张时，叩诊才发出金属音，见于气胸等。

叩诊敏感或疼痛提示胸膜炎、胸区损伤。

3.听诊

胸和肺部听诊对支气管、肺和胸膜疾病的诊断具有特殊重要的意义。

肺听诊时，不论大小动物，首先从中 1/3 开始，由前向后逐渐听取，其次上 1/3，最后听诊下 1/3。每个部位听 2～3 次呼吸音，再变换位置，直至听完全肺。如发现异常呼吸音，则应确定其性质。为此宜将该点与健康部位对照听诊。

动物呼吸时，气流进出细支气管和肺泡发生摩擦，引起漩涡运动而产生声音，经过肺组织和胸壁，在体表所听到的声音即为肺呼吸音。在正常肺部可听到肺泡呼吸音和支气管呼吸音。肺泡呼吸音类似柔和吹风样的"夫、夫"音，在肺区中 1/3 最为明显。

支气管呼吸音实为喉呼吸音和气管呼吸音的延续，但较气管呼吸音弱，比肺泡呼吸音强，是一种类似"赫、赫"音。检查呼吸音时应注意呼吸音的强度，音调的高低和呼吸时间的长短以及呼吸音的性质，辨别病理呼吸音。

（1）病理性肺泡呼吸音　病理性肺泡呼吸音可分为增强、减弱或消失及断续性呼吸音。

①肺泡呼吸音增强。临床上主要表现为重读"夫、夫"音，见于发热性疾病、贫血、代谢性酸中毒、代谢亢进等伴有一般性呼吸困难的疾病。

②肺泡呼吸音减弱或消失。临床上表现为肺泡音变弱、听不清楚，甚至听不到，见于各型肺炎、肺结核、肺气肿、上呼吸道狭窄性疾病、肺膨胀不全、全身极度衰弱、呼吸肌麻痹、呼吸运动减弱、胸腔积液、胸膜增厚、胸壁肿胀等。

③断续呼吸音或齿轮呼吸音。在病理情况下，肺泡呼吸音呈断续性，称为断续呼吸音，又称为齿轮呼吸间，常见于支气管炎、肺结核、肺硬变等。

（2）病理性支气管呼吸音　常表现为支气管呼吸音增强，马的肺部听到支气管呼吸音是病理征象，其他动物在正常范围（支气管区）外的其他部位出现支气管呼吸音，均为病理性支气管呼吸音，常见于肺炎、肺结核等。

（3）啰音　是呼吸音以外的附加音响，也是一种重要的病理征象。

①干啰音。是由于气管、支气管或细支气管狭窄或部分阻塞，空气吸入或呼出形成湍流所产生的声音。干啰音容易变动，可因咳嗽、深呼吸而有明显的减少、增多或移位，常见于支气管肺炎、慢性肺气肿、肺线虫、肺肿瘤、肺结核等。

②湿啰音。为气流通过带有稀薄的分泌物的支气管时，引起液体移动或水泡破裂而

发生的声音,又称水泡音,常见于肺炎、心力衰竭、肺淤血、肺出血、异物性肺炎。

(4)胸膜摩擦音　当胸膜炎时,特别是纤维蛋白沉着,使其变为粗糙不平,呼吸运动时两层粗糙的胸膜面互相摩擦而产生杂音,即胸膜磨擦音,见于大叶性肺炎、胸膜肺炎和胸膜炎等。

(5)拍水音(击水音)　此乃胸腔内有液体和气体同时存在,随着呼吸运动或动物突然改变体位以及心搏动时,振荡或冲击液体而产生的声音,见于气胸并发渗出性胸膜炎(水气胸)、化脓腐败性胸膜炎(脓气胸)和创伤性心包炎。

三、消化系统的检查

(一)腹壁及腹腔检查

腹壁的视诊和触诊见整体及一般状态检查。

大动物腹部触诊,由于腹腔容积庞大,腹壁较厚和紧张,故难以判定腹腔深部器官的状态。小动物较易适合腹腔触诊。大动物腹腔内触诊见直肠检查部分。

触诊腹部可与手指直肠检查同时使用,如对膀胱结石、尿道结石、前列腺肿胀、胎位探查、肠内异物等的检查。注意不同动物的解剖特点。有呼吸或心血管危症时,禁忌使用定位触诊。

(二)口、咽及食道检查

1.口腔的检查

检查口腔主要注意流涎,气味,口唇,口黏膜的温度、湿度、颜色及完整性(损伤和疹疱),舌和牙齿等有无变化。

(1)口腔气味　口腔臭味见于各种类型的口腔炎症、齿槽骨膜疾病、咽炎及食管疾病、胃肠道的炎症和阻塞等。牛的酮病时,可闻到有类似氯仿的气味。

(2)口腔黏膜　口腔颜色诊断意义与其他部位的可视黏膜(如眼结合膜、鼻黏膜、阴道黏膜)及皮肤颜色变化的意义相同。口黏膜的极度苍白或发绀,提示损后不良。

口腔黏膜破溃见于牛瘟、恶性卡他热、球虫病、副伤寒、犊白痢、猪化脓杆菌病、霉菌性口炎(鹅口疮)、犬钩端螺旋体病等。

(3)舌　主要检查舌苔及舌的颜色、完整性、运动及形态等。舌苔是覆盖在舌体表面上的一层疏松或致密的沉淀物,它是在疾病过程中,反射性地使舌组织发生神经营养障碍,脱落不全的上皮细胞积滞在舌面而形成的。颜色常呈灰白色或黄白色,见于胃肠疾病及发热性疾病。舌苔薄且色淡表示病程短,病情轻;舌苔厚而色深,则标志病程长、病情较重。如果舌色青紫、舌软如绵则常提示疾病已到危险期。

动物舌面出现水泡、糜烂和溃疡,见于口蹄疫、水疱性口炎、牛恶性卡他热、牛黏膜病、牛瘟等。

(4)牙齿　牙齿的检查主要注意齿列是否整齐,有无松动、龋齿、过长齿、波状齿、赘生齿、磨灭情况。

2.咽的检查

当动物表现有吞咽障碍,并伴有饲料或饮水从鼻孔返流时,应进行咽部的检查。注意头颈的姿势及咽周围是否肿胀,小动物还可将口腔打开,进行内部视诊检查;也可用两手同时自咽喉部左右两侧加压并向周围滑动,以感知其温度、敏感性及肿胀。

3.食管检查

当发现动物表现有吞咽障碍及怀疑食管异物及梗塞时,应进行食管检查。颈部食管可进行外部视诊、触诊及探诊,而胸部食管只能进行胃导管探诊或实施 X 线检查。

(1)食管的视诊和触诊　当食管憩室、食管狭窄、扩张、梗阻时,可见颈沟部(颈部食管)出现界限明显的局限性膨隆。触诊食管时,应注意是否有肿胀、异物、波动感及敏感反应等。

(2)食管(包括胃)的探诊　食管探诊不仅是临床上一种有效的诊断方法,也常是一种治疗手段,其目的在于根据探管深入的长度和动物的反应,确定食管阻塞、狭窄、憩室及炎症的发生部位,并可作为胃扩张的鉴别方法之一。另外,根据需要可借胃导管获取胃内容物进行实验室检查。食管及胃的探诊可兼有治疗作用,如投服药物、排出内容物及气体、洗胃等。

胃导管技术:选择适当长度、外径和硬度的胃导管。动物应当保定结实,以免造成人、畜伤害。胃导管使用前应消毒软化(冬季寒冷时)、适当涂布润滑剂,使用时可经口腔或鼻孔插入胃导管至咽喉部,适当抽插刺激动物产生吞咽动作时,适时将胃导管插进食管内并继续深插到颈部下 1/3 处。确定胃导管准确无误地插入食管后,方可实施食管探诊或其他临床操作。操作完毕后,或折叠胃导管末端或堵塞胃导管口或压扁导管末端,缓缓抽出胃导管,这样可防止残留在胃导管中的胃内容物或药物误入气管。用完的胃导管清洗后放在 2% 煤酚皂溶液中浸泡消毒,清洗后备用。胃导管插入食管或气管的鉴别要点见表 2-4。

表 2-4　胃导管插入食管或气管的鉴别要点

鉴别方法	插入食管内	误入气管内
手感和观察反应	胃导管前端到达咽部时稍有抵抗感,胃导管进入食道,推送胃导管稍有阻力感,发涩	推送胃导管无阻力,有时咳嗽,骚动不安
来回抽动胃导管	胃导管前端在食管沟呈现明显的波浪式蠕动	无波动
向胃导管内充气反应	随气流进入,颈沟部见明显波动	无波动感
接压扁的橡皮球	橡皮球不再鼓起(反刍兽除外)	压扁的橡皮球迅速鼓起
将胃导管外端放到耳边听	听到不规则的"咕噜"声或水泡声,无气流冲击耳边	随呼吸动作做出有节奏的呼吸声吸气流
将胃导管外端浸入水里	无气泡或出现与呼吸无关的气泡	随呼吸动作出现规律性水泡
触摸颈沟部	颈沟区一硬的管索状物,抽动胃导管更明显	无
鼻嗅胃导管外端气体	有酸臭气体	无
外接注射器回抽(小动物)	抽不动,或胃导管变扁,松手后注射器内芯回缩	轻轻抽动,有大量气体进入注射器

(三)反刍动物前胃检查

反刍动物的胃包括瘤胃、网胃、瓣胃及皱胃4个部分,共约占腹腔总容积的3/4。前3个胃,即瘤胃、网胃和瓣胃,合称前胃。

1.瘤胃检查

瘤胃积食和臌气时,肷窝突出与髋结节同高,尤其在急性臌胀时,突出更为显著,甚至与背线一样平。肷窝凹陷加深,见于饥饿和长期腹泻等。

瘤胃臌气时,触诊上部腹壁紧张而有弹性;前胃弛缓时内容物柔软;瘤胃积食时内容物坚硬;患畜呈现躲避或抗拒触压等现象时表明瘤胃黏膜有炎症。

健康牛的瘤胃蠕动音呈雷鸣音或远炮音,每分钟收缩蠕动为2~3次,每分钟收缩蠕动波延长15~20 s。瘤胃收缩次数减少、收缩力量减弱、收缩时间短促见于前胃弛缓、瘤胃积食、发热和其他全身性疾病。瘤胃蠕动停止为其运动机能高度紊乱的表现。

健康牛瘤胃上部叩诊为鼓音,由肷窝向下逐渐变为半浊音,下部完全为浊音。大片鼓音提示臌气,大片浊音提示积食。

2.网胃检查

网胃位于腹腔的左前下方,相当于第6~7肋骨间,前缘紧接膈肌,恰位于剑状软骨之上。临床上主要是用触诊检查网胃有无疼痛。如病牛发生呻吟、表现不安、躲闪、反抗或企图卧下等行为时,表明网胃有疼痛,这表明有创伤性网胃炎的可疑,应进一步检查。

3.瓣胃检查

检查瓣胃,是在左侧第7~10肋骨间,肩关节水平线上下3 cm范围内进行。

在瓣胃区用拳叩击,或对第7、8、9肋间用伸直的手指指尖实施压迫,如出现疼痛反应,应考虑瓣胃秘结或创伤性炎症。

正常瓣胃可听到微弱的沙沙声。瓣胃蠕动音减弱或消失,见于瓣胃秘结、严重的前胃疾病及热性疾病。

(四)胃的检查

1.反刍兽皱胃检查

牛的皱胃位于右下腹部第9~11肋骨,沿肋弓区直接与腹壁接触。

皱胃严重阻塞、扩张时,可以看到右侧腹壁皱胃区向外侧突出,左右腹壁显得很不对称;皱胃扭转时,可见右腹膨大或肋弓突起;皱胃左方变位时,可见左侧肋弓突起,而右侧原皱胃区则变得扁平。触诊皱胃区,如病畜表现回顾、躲闪、呻吟、后肢踢腹,提示皱胃区敏感的标志,见于皱胃炎、皱胃溃疡和皱胃扭转等;触诊皱胃区坚实感或坚硬,呈长圆形面袋状,伴有疼痛反应,则为皱胃阻塞的特征。皱胃叩诊为浊音,如出现鼓音,为皱胃扩张之征;出现钢管音,多为皱胃左方移位。皱胃蠕动音类似肠蠕动音,呈流水声或含漱声。皱胃蠕动音增强,见于皱胃炎;蠕动音稀少、微弱,见于皱胃阻塞;当听到金属音时,怀疑皱胃变位。

2.马属动物胃检查

马属动物胃的体积小,位置较深,位于左侧第14~17肋骨,相当于髋结节水平线附近,不与腹壁接触,悬空在腹腔。

3.直肠检查

当幽门痉挛及急性胃扩张时,动物表现不安、呼吸困难、呕吐、左侧胃区稍显隆起、叩诊浊鼓音,直肠检查是必要的方法。急性胃扩张预后不良。

4.猪胃检查

胃扩张、胃膨气、胃炎、胃溃疡、胃食滞、胃扩张、吞食刺激性食物及某些传染病(猪瘟、副伤寒等)时,触压胃部可引起呕吐。

5.小动物胃检查

在胃扭转、胃扩张、胃肿瘤等疾病时,腹部触诊可摸到一个紧张的球状囊袋。此外,在急性胃卡他、胃炎、胃溃疡时,胃部触诊有疼痛反应,甚至引起呕吐。

(五)肠管检查

1.听诊

健康动物小肠蠕动音类似含漱音、流水音;大肠蠕动音类似雷鸣音或远炮音。听诊时一个位点一般需要听 1 min 以上。

反刍动物的肠管检查主要使用听诊和直肠检查进行鉴别。健康反刍动物在右侧后部听诊,可听到稀而弱的肠蠕动音。

马属动物的肠蠕动音听诊部位,按肠管的体表投影位置在其左、右侧各有 3 个听诊部位:即左髂部上 1/3 处听小结肠音,左髂部中 1/3 听小肠音,左侧腹部下 1/3 听左侧大结肠音;右侧髂部听盲肠音,右侧腹股沟部听右侧小肠音,右侧剑状软骨部听右侧大结肠音。

(1)肠音增强　肠音则高朗,连绵不断,见于急性肠炎、肠痉挛等。

(2)肠音减弱　肠音则短而弱,次数稀少,见于一切热性病及消化机能障碍。

(3)肠音消失　肠音则完全停止,为肠管麻痹的表现,见于肠套叠及肠便秘等。

(4)肠音不整　肠音次数不定、时快时慢、时强时弱,见于消化不良及大肠便秘的初期。

(5)金属性肠音　如水滴落在金属板上的声音,多见于肠痉挛及肠膨胀初期等。

2.直肠检查

对大动物,如马、骡、驴或牛等,以手伸入盲肠并经肠壁而间接地对盆腔器官及后部腹腔器官进行检查的方法,称为直肠检查法。

直肠检查的操作,要细致、认真按要领进行,以防损伤直肠黏膜。术者站于马左后方(牛为正后方),将检手的手指集聚成圆锥状,旋转通过肛门、伸入直肠,当直肠内有粪球时,应将其纳入掌心并微曲手指以取出,如膀胱过度充满,贮积大量尿液时,应进行轻轻按摩以促其排空,如不能自排时,可行人工导尿。检手徐徐沿肠腔方向伸入,尽量使肠管更多地套在手臂上,以便易于活动进行深部检查。为此,当患畜努责时,检手可随之后退,如肠壁极度紧张时,可暂时停止前进,待肠壁弛缓时再向前伸入之。一般直至手臂上套有一段直肠狭窄部的肠管后,即可进行各部及器官的触诊。如检手能通过狭窄部(指大马)则更便于检查。切忌检手未明确肠管方向就盲目前进或未套入狭窄部就急于检查。当狭窄部套手困难时,可以检手胳膊下压肛门,以诱使病马作排粪反应便于狭窄部套在手上。如患畜频频努责时,应暂停检查,并由助手在动物腰荐部强力压捏之,待安静后再行继续检查。

检查腹腔器官时宜缓慢小心,切勿粗暴。检查顺序可简单的列为:肛门→直肠→膀胱→小结肠→左侧大结肠→腹主动脉→左肾→脾脏→前肠系膜根→十二指肠→胃→盲肠→胃状膨大部。

直肠检查可用于发情鉴定、妊娠诊断以及母畜生殖器官疾病和泌尿系统疾病的检查。

(六)排粪动作及粪便的感官检查

动物排粪动作异常及粪便感官变化是兽医临床检查需要经常注意的问题。

(1)腹泻　动物排粪次数和数量增多,粪便稀软,即称为腹泻,见于急性肠卡他、肠炎、沙门杆菌病、大肠杆菌病、病毒病、消化不良等。

(2)大便失禁　由于肛门括约肌松弛或麻痹,动物未取排粪姿势而不自主地排出粪便,见于荐部脊髓损伤、大脑的疾病、持续性腹泻。

(3)便秘　动物排粪次数减少、排粪费力、排粪量少,粪便质地干硬而色暗,呈小球状,常被覆黏液,临床上称排粪迟缓或便秘,见于严重的发热性疾病、腰脊髓损伤、肠弛缓、大肠便秘、前胃弛缓和瘤胃积食、犬前列腺炎等疾病。肠管完全阻塞时,排粪停止。

(4)排粪痛苦　动物排粪时,表现疼痛不安、惊恐、呻吟、拱腰努责。见于腹膜炎、直肠损伤、胃肠炎、创伤性网胃炎、尖锐异物、无肛和肛门堵塞等。

(5)里急后重　动物表现为频取排粪姿势,并强力努责,但仅排出少量粪便或黏液,见于直肠炎及肛门括约肌疼痛性痉挛、犬肛门腺炎。

(6)颜色　粪便呈褐色或黑色(沥青样便)表明前部肠管或胃出血;血液附着在粪便表面而呈红色表明后部肠管出血时;粪呈淡黏土色(灰白色)表明阻塞性黄疸;粪呈白色糊糊状表明白痢等。

(7)气味　粪便呈现酸臭味见于酸性肠卡他、单纯性消化不良等;粪便呈现腐败臭味见于碱性肠卡他、中毒性消化不良等。粪便呈现腥臭味见于黏液膜性肠炎、急性结肠炎、白痢等。

(8)粪便中的混杂物　黏液量增多见于胃肠卡他、肠阻塞、肠套叠等;黏液膜见于黏液膜性肠炎(主要见于水牛);伪膜见于纤维素性坏死性肠炎;血液见于胃肠道出血性疾病;脓液见于直肠有化脓灶或肠脓肿破裂;粪便中沙粒、小金属片、破布、塑料薄膜碎片、毛球、骨头、毛发等异物。有时还可在粪中发现寄生虫,如蛔线虫、吸虫和绦虫节片等。

四、神经系统的检查

神经系统检查包括对脑神经、运动神经、感觉神经、自主神经以及神经反射各个方面的检查。临床上一般神经系统检查主要分析、判断其病理过程和病变的部位。

(一)颅和脊柱检查

(1)颅腔检查　头颅的检查应注意其形态和大小的改变、温度、硬度以及有无浊音等。头颅部异常增大多见于先天性脑室积水;头颅部骨骼变形多见于骨软症、佝偻病,纤维性骨炎等;头颅部局部增温,除因局部外伤、炎症所致外,常提示热射病,脑充血,脑膜和脑的炎症;头颅部压疼见于局部外伤、炎症、肿瘤及多头蚴病;头部摇晃见于脑震荡、小脑共济失调等。

(2)脊柱检查　脊柱临床检查主要是了解脊柱弯曲度、脊柱的形态和敏感性。临床上最好采用影像学检查方法。

脊柱病理性上弯、下弯或侧弯常见于脑膜炎、脊髓炎、破伤风、骨软症、氟中毒、骨折、椎间隙骨质增生和硬化、单侧骨盆骨骨折、单侧肢蹄损伤等。脊柱活动受限见于软组织损伤、韧带劳损、骨质增生和骨质破坏等。

(二)脑神经及特殊感觉检查

脑神经沿脑干分布于特定位置上,共有12对,主要支配头、面部。

嗅觉迟钝甚至嗅觉缺失见于大脑炎、颅内肿瘤或囊肿、马传染性脑脊髓炎和犬瘟热等。

视力减弱甚至失明见于视神经受损或伴有昏迷或昏睡症状的疾病;视觉增强罕见。

瞳孔扩大见于动物高度兴奋、恐怖、剧烈疼痛性疾病及应用阿托品等药物,如马传染性脑脊髓炎、脑肿瘤、阿托品中毒、砷化物中毒;瞳孔缩小见于脑膜脑炎、脑室积水、脑出血、槟榔碱中毒、有机磷化合物中毒等;两侧瞳孔大小不等常见于脑外伤、脑肿瘤、脑膜脑炎等。

听觉迟钝或完全缺失(聋)除因耳病所致外,也见于延脑或大脑皮层颞叶受损伤时;听觉过敏可见于脑和脑膜疾病、破伤风,神经型反刍动物酮病等。

前庭疾病的基本临床特征包括共济失调、眼球震颤、头斜向病侧、朝向病侧的圆圈运动,见于中耳-内耳炎、特发性前庭综合征骨瘤、神经纤维瘤、脑膜瘤和纤维肉瘤等。

舌咽或迷走神经麻痹见于咽炎、延髓麻痹、狂犬病、肉毒梭菌毒素中毒及慢性铅中毒等。

(三)共济失调

共济失调是指病畜的肌肉收缩力正常,但在运动过程中,各个肌群的动作互相不配合、不协调,使得病畜的体位、运动方向、顺序、匀称性及着地力量等发生改变。

体位平衡失调又称静止性失调,指病畜在静止站立状态下,不能保持体位平衡,提示小脑、小脑脚、前庭神经或迷路的疾病。

运动性失调指病畜站立时共济失调不明显,而在运动过程中表现为运动时步态不稳、躯体摇晃、运步时举足过高、过分地伸向前方或侧方、肢脚踏地很重,似涉水状步态,提示大脑皮层、小脑、前庭神经或脊髓受损伤。

(四)感觉机能的检查

动物感觉机能的检查包括浅感觉、深感觉和特种感觉的检查。

1. 浅感觉的检查

是指皮肤和黏膜感觉,包括痛觉、触觉、温觉和电的感觉等。

(1)感觉过敏　提示脑膜和脊髓膜炎、脊髓背根损伤、视丘损伤或末梢神经发炎、受压等。

(2)感觉性减退及缺失　见于神经麻痹、脊髓压迫及炎症、多发性神经炎、马媾疫及各种不同疾病所引起的精神抑制和昏迷。

(3)感觉异常　指不受外界刺激影响而自发产生的异常感觉,见于羊的痒病、狂犬病、伪狂犬病、脊髓炎、多发性神经炎、马尾神经炎、神经型反刍兽酮病等。

2.深感觉(本体感觉)的检查

是指位于皮下深处的肌肉、关节、骨、腱和韧带等的感觉。

临床检查时,人为地使动物的四肢采取不自然的姿势,使动物的两前肢交叉站立,或将两前肢广为分开,或将前肢向前远放等,以观察动物的反应。健康动物能自动地迅速恢复自然姿势;在深感觉发生障碍时,可在较长时间内保持人为的姿势。

深感觉障碍多同时伴有意识障碍,提示大脑或脊髓被侵害,例如慢性脑室积水、脑炎、脊髓损伤、严重肝脏病(肝昏迷)及中毒等。

(五)反射机能的检查

反射通过反射弧完成。当反射弧的任何一部分发生异常或高级中枢神经发生疾病时,都可使反射机能发生改变。

(1)反射减弱或反射消失　常提示传入神经、传出神经、脊髓背根(感觉根)、腹根(运动根)、或脑和脊髓的灰白质受损伤,也可见于中枢神经兴奋性降低,如意识丧失、麻醉、虚脱等。

(2)反射增强或亢进　常提示其有关脊髓节段背根、腹根或外周神经炎症、受压和脊髓膜炎等。在破伤风、士的宁中毒、有机磷化合物中毒、狂犬病等常见全身反射亢进。

(六)自主神经功能检查

自主神经系统分为副交感神经和交感神经两种。

交感神经异常兴奋时,表现为心搏动亢进,心音增强,心率增数,外周血管收缩,血压上升,肠蠕动减弱,瞳孔散大,出汗增加(马、牛)和高血糖等症状;副交感神经紧张性亢进呈现与前者相颉颃作用的症状,即心动徐缓、外周血管紧张性下降、血压降低、贫血、肠蠕动增强、腺体分泌过多、瞳孔收缩、低血糖等;交感神经和副交感神经亢进时,动物出现恐怖感,精神抑制。心搏亢进,呼吸加快或呼吸困难,排粪与排尿障碍,子宫痉挛,发情减退等现象。

五、泌尿生殖系统的检查

(一)泌尿系统检查

泌尿系统由肾、输尿管、膀胱及尿道组成,其主要功能为排泄。

1.排尿动作检查

(1)频尿和多尿　频尿是指排尿次数增多,而24 h内尿的总量并不多,多见于膀胱受机械性刺激、尿路炎症等。多尿是指24 h内尿的总量增多,多见于慢性肾炎、渗出性疾病吸收期、糖尿病等以及发热性疾病的退热期等。

(2)少尿和无尿　少尿或无尿是指动物24 h内排尿总量减少甚至接近没有尿液排出,见于肾前性(即功能性肾衰竭性少尿或无尿),肾原性(即器质性肾衰竭性少尿或无尿),以及肾后性(即梗阻性肾衰竭性少尿或无尿,如休克、脱水、急慢性肾功能衰竭、尿毒症、心功能不全、肝硬化腹水等)。

(3)尿闭　肾脏的尿生成仍能进行,但尿液滞留在膀胱内而不能排出者称为尿闭,又称尿潴留,见于因结石、炎性渗出物或血块等导致尿路阻塞或狭窄时。临床上尿闭也表现为排尿次数减少或长时间内不排尿,临床上出现少尿或无尿。

(4)排尿困难和疼痛　又称为痛尿,见于膀胱炎、膀胱结石、膀胱过度膨满、尿道炎、尿道阻塞、阴道炎、前列腺炎、包皮疾患、肾盂肾炎、肾梗死或炎性产物阻塞肾盂。

(5)尿失禁　动物未采取一定的准备动作和排尿姿势,而尿液不自主地自行流出者称为尿失禁,见于髓腰荐段全横径损伤和某些脑病、昏迷、中毒等。

2.尿液的感官检查

尿中含有多量的胆色素时呈棕黄色,振荡后产生黄色泡沫,见于各种类型的黄疸。

红尿是尿变红色、红棕色甚至黑棕色的泛称,包括血红蛋白尿、肌红蛋白尿、卟啉尿或药尿等。

(1)血尿　见于肾脏、膀胱和尿道出血等。血红蛋白尿见于血液原虫病、钩端螺旋体病、新生仔畜溶血病、牛血红蛋白尿病等。肌红蛋白尿见于肌病和肌损伤等。

(2)尿液混浊　可能是含有炎性细胞、血细胞、上皮细胞、管型、坏死组织碎片、细菌或混入大量黏液等,多见于肾脏、肾盂、输尿管、膀胱、尿道或生殖器官疾病。

(3)气味　尿有刺鼻的氨臭,见于膀胱炎、尿潴留等;尿带腐败臭味见于膀胱或尿道有溃疡、坏死、化脓或组织崩解;羊妊娠毒血症、牛酮病或消化系统某些疾病发生一种烂苹果味。

3.肾脏及输尿管检查

肾脏是一对实质性器官,位于脊柱两侧腰下区,包于肾脂肪囊内,右肾一般比左肾稍在前方。动物的肾脏一般可用触诊和叩诊等方法进行检查。

检查某些肾脏疾病时,由于肾脏的敏感性增高,肾区疼痛明显,病畜常表现出腰背僵硬、拱起,运步小心,后肢向前移动迟缓。在肾盂积水时肾脏增大,呈现波动,见于输尿管严重发炎、严重的输尿管结石。

4.膀胱及尿道检查

牛、马等大动物的膀胱检查,只能行直肠触诊;小动物可腹壁触诊。

膀胱增大且敏感多见于尿道结石、膀胱括约肌痉挛、膀胱麻痹、前列腺肥大、膀胱肿瘤以及尿道的瘢痕和狭窄等。

膀胱空虚除肾源性无尿外,临床上常见于膀胱破裂。

对尿道可通过外部触诊、直肠内触诊和导尿管探诊进行检查,小动物的尿道也可用X线造影术进行检查。

(二)生殖系统检查

1.雄性生殖器官检查

临床检查中凡是有外生殖器官局部肿胀、排尿障碍、尿血、尿道口有异常分泌物、疼痛等症状时,均应怀疑可能有生殖器官发病。

(1)包皮及包皮囊检查　包皮发炎主要表现为包皮肿胀、捏粉样感觉,包皮口污秽不洁、流出脓样腥臭的液体(应与流精加以区别);翻开包皮囊可见红肿、溃疡病变,龟头亦有炎症。

(2)阴茎检查　公畜阴茎损伤、阴茎麻痹、龟头局部肿胀较为多见。阴茎受伤后局部发炎、肿胀或溃烂、疼痛,出现排尿障碍或尿潴留等,严重者可发生阴茎、阴囊、腹下水肿,造成局部组织化脓和坏死。公犬在不正确的配种后可以出现阴茎垂脱。

（3）睾丸和阴囊检查　检查时应注意睾丸的大小、形状、温度及疼痛等。睾丸炎多与附睾炎同时发生，在急性期睾丸明显肿大、疼痛，阴囊肿大，触诊时局部压痛明显、增温，患畜后肢多呈外展姿势，出现运步障碍。猪患布鲁菌病时，睾丸肿大明显。

阴囊疝常见于仔猪、仔犬。除嵌顿性阴囊疝外，阴囊肿物可纳还。

2.雌性生殖器官检查

（1）阴道检查　阴道检查时，阴道黏膜敏感性增高、疼痛、充血、出血，肿胀、干燥，有时可发生创伤，溃疡或糜烂等均是阴道炎的症状。

（2）子宫检查　子宫常发的病有子宫损伤、子宫黏膜炎症、子宫脱出等。分娩助产粗暴易引发子宫损伤；产后子宫发生炎症是最常见的疾病，有异常分泌物排出。子宫脱出时可见外翻的阴道或子宫。

（3）卵巢及输卵管检查　病理情况下可以出现卵巢机能减退和萎缩、卵巢囊肿等病，常用直肠检查或B超检查。

卵巢机能减退、组织萎缩时卵巢处于静止状态，动物发情周期延长或者长期不发情，直肠检查卵巢中既无卵泡又无黄体，卵巢往往变硬，体积显著缩小。

卵巢囊肿分为卵泡囊肿和黄体囊肿。前者表现为慕雄狂或乏情，后者不发情。

卵巢肿瘤也较常见，临床上主要是颗粒细胞性肿瘤。肿瘤时，腹围扩大，两侧对称或不对称，腹内硬肿，大的肿瘤可以占据这个腹腔的大部分。

输卵管常发的疾病主要有输卵管炎、输卵管积液和输卵管伞囊肿。过度肥胖的动物由于输卵管内膜卜多有脂肪组织，影响动物的受精。

（4）乳房检查　注意乳房大小、形状，乳房和乳头的皮肤颜色，有无发红、外伤、隆起、结节及脓疱等，见于痘疹、口蹄疫、乳腺炎、乳腺肿瘤等。

第五节　症状资料的综合分析与建立诊断

一、整理利用资料应注意的问题

临床资料主要指病历、处方、检查指标和化验单。临床资料的书写要客观、真实、准确、及时、完整。

（1）格式规范，项目完整　临床资料的格式是特定的规范格式，兽医必须按照规范格式认真填写。一般来说，根据临床要求，病历分为传统病历和表格病历，但二者所记录的项目和内容是一样的。传统病历系统而完整，有利于人才培养和资料保存；表格病历填写简便、省时，有利于建立电子档案，也容易规范化。度量衡要求采用国家统一的计量单位。填写内容要完整，不可遗漏。

（2）内容真实，字迹工整　临床资料必须客观准确地反映病例病情和临床施治经过，不能臆想、虚构，更不能弄虚作假、随意涂改。内容的真实性来源于认真仔细的临床检查、全面客观的分析和科学准确的判断。书写病历时要求字迹工整、清晰，语句通顺，便于他人阅读。

（3）表述准确、措词得当　采用规范的汉语和汉字书写病历，数字以阿拉伯数字表示。处方应该使用拉丁语或英语，注意处治顺序。使用通用的兽医学名词和术语，语言通顺、简练、准确，避免方言、俚语，如"拉稀"应写为"腹泻"，"拐脚"应写为"跛行"等。

（4）填写及时，签名清晰　病历是兽医在执业过程中的实时记录，因而，兽医应该边诊治边填写，不能事后依靠回忆来填写。有关检查、诊断、处方等必须有兽医或检验人员签字方可生效。

（5）医嘱　动物离开兽医院前，兽医要嘱托主人在家看护时应该注意的事项。医嘱可分为书面医嘱和口头医嘱。鉴于兽医状况，建议多采用书面医嘱，避免纠纷出现。

二、建立诊断的原则和方法

临床上对门诊或住院动物应采用适当的检查方法，收集症状资料，并通过逻辑思维最后对疾病的本质做出判断，这就是建立诊断。建立诊断应遵循一定的原则和方法。

1. 建立诊断的原则

诊断的目的是为了揭示动物疾病的本质。一个完整的诊断应该指出主要病理变化的部位，说明病理变化的性质，判断机能障碍的程度和形式，阐明发病原因和机制，推断预后。建立诊断的基本原则有：先从一种疾病的诊断入手，尽可能用一种诊断解释病畜的全部症状，而不用多个诊断分别解释不同症状；先考虑常见病和多发病，然后考虑少发病和偶见病；先考虑群发性疾病，然后考虑个别发生的疾病；在遇到从未见过的疾病流行时，要考虑是否是新病出现；诊断不应延误防治工作的时机。

2. 建立诊断的方法

临床上建立诊断，除了按照调查病史收集症状、分析症状建立诊断、实施防治验证诊断等三个步骤外，还需遵循一定的诊断方法。

（1）论证诊断法　所谓论证诊断是指对患病畜禽临床检查得到的症状资料分清主次后，依主要症状提出一个具体的疾病，然后将这些症状与所提出的疾病理论上应具有的症状进行对照印证。如果提出的疾病能解释出现的主要症状，且与次要症状不相矛盾，便可建立诊断；如果相矛盾，就要提出下一个疾病并采用相同的方法予以论证。

（2）鉴别诊断法　在症状不典型或病情复杂的情况下，往往无法确定一个具体的疾病，这时必须用鉴别诊断法进行排除。即先根据一个或几个主要症状提出多个可能的疾病，即这些疾病过程中都可能出现一个或多个这样的症状，但究竟是哪一种疾病，须进行类症鉴别，以缩小范围，最后归结到一个（或一个以上）可能性最大的疾病，这就是鉴别诊断法。

在兽医临床诊断实际中，有经验的兽医往往自然地采用了以上等方法实施诊断。

思考题

1. 简述诊断及诊断学的基本概念。
2. 临床基本诊查法如何运用？应注意什么？
3. 整体状态检查及表被状态检查应注意什么？临床意义是什么？
4. 可视黏膜检查应注意什么？可视黏膜颜色变化的临床意义是什么？
5. 简述浅在淋巴结检查的部位以及注意事项。
6. 如何检查动物的体温、呼吸数、脉搏数？熟悉健康动物的体温、呼吸、脉搏（心跳）

的正常值。

7.熟悉心血管系统检查的内容和方法以及临床意义。

8.呼吸系统检查哪些内容？如何进行？

9.掌握消化系统的检查方法,熟悉消化器官在正常和病理状况下的变化。

10.如何检查动物神经机能？

11.熟悉泌尿系统临床检查的内容及方法。

12.如何对临床所获症状资料进行综合分析并建立诊断？

第三章　兽医常用治疗技术

内容提要:

　　本章主要介绍常用药物及其使用方法、特点、要求,学习治疗疾病的常用技术,使学生基本掌握动物疾病防治的原则和方法。

第一节　药物疗法

一、药物及其作用

药物(pharmaceuticals,medicaments)是用来预防、治疗和诊断动物疾病以及促进动物生长、繁殖和提高动物生产性能的一些化学物质。但任何药物超过一定剂量或用法不当,对动物也能产生毒害作用,所以药物和毒物之间,并没有绝对的界限,它们之间的区别主要在于剂量及使用方法。

(一)药物的作用

1.药物作用的基本表现

药物作用是指药物小分子与机体细胞大分子之间的初始反应。药理效应是药物作用的结果,表现为机体生理、生化功能的改变。

(1)兴奋　增强和提高机体的机能活动,称为兴奋,如腺体分泌增多、肌肉收缩加强等。

(2)抑制　减弱或降低机体的机能活动,称为抑制,如腺体分泌减少或停止、肌肉松弛等。

(3)镇静　使过高的机能降低、恢复至正常或接近正常水平,称为镇静。

(4)强壮　使低下的机能相对地提高,恢复至正常或接近正常水平,称为强壮或回苏。

2.药物作用的方式

(1)局部作用和吸收作用　从药物作用的范围来看,当药物与机体接触,发生在用药部位的作用称为局部作用。如普鲁卡因在其浸润的局部使神经末梢失去感觉功能而产生局部麻醉作用。用药后,药物进入血液循环而发挥的作用称为吸收作用,又称全身作用。如吸入麻醉药通过肺部吸收进入大脑皮层而产生的全身麻醉作用。

(2)直接作用和间接作用　药物进入机体与器官组织接触后首先或直接发生的作用,称为直接作用,也称原发性作用。如洋地黄毒苷被机体吸收后,分布并直接作用于心脏,加强心肌收缩力,改善全身血液循环,这是洋地黄的直接作用。药物通过神经和体液的联系,继发远隔器官机能的变化,称为间接作用或继发性作用。由于全身循环改善,肾血流量增加,尿量增多,表现轻度的利尿作用,使心衰性水肿减轻或消除,这是洋地黄的间接作用。

(3)药物作用的选择性　机体不同器官、组织对某种药物的敏感性表现明显的差别,对某一器官、组织作用特别强,而对其他组织的作用很弱,甚至对相邻的细胞也不产生影响,这种现象称为药物作用的选择性。如缩宫素对子宫平滑肌有很强的选择作用,对其他平滑肌基本无作用。一些能沉淀原生质或使原生质变性的药物,也能影响一切细胞原浆的最基本的生化过程,从而影响任一活组织,称为原浆毒或原生质毒。例如,许多消毒防腐药即属于这一类选择性较低的药物,一般称此作用为普遍细胞作用。药物作用的选择性是治疗作用的基础,选择性高,针对性强,产生很好的治疗效果,很少或没有副作用;反之,选择性低,针对性不强,副作用也较多。当然,有的药物选择性较低,应用范围较广,应用时也有其方便之处。

(二)药物的防治作用

用药后能达到预防或治疗疾病之目的,称为预防或治疗作用,简称为防治作用。治疗作用一般可分为对因治疗和对症治疗。

(1)对因治疗　是针对疾病发生的原因进行的治疗,目的在于消除病因,又称治本。如应用化学药物杀灭病原微生物控制感染性疾病等。

(2)对症治疗　是针对疾病的症状进行的治疗,目的在于改善或减轻症状,又称治标。如应用解热镇痛药物对发热动物进行解热,但若病因不除,药物作用过后体温又会升高。所以对因治疗比对症治疗重要,对因治疗才是用药的根本,一般情况下首先要考虑对因治疗。但对一些严重的症状,甚至可能危及病畜生命,如急性心力衰竭、呼吸困难、惊厥等,则必须先用药解除症状,待症状缓解后再考虑对因治疗。有些情况下,则要对因治疗和对症治疗同时进行,即所谓标本兼治,才能取得更佳的疗效。

(三)药物的不良反应

与用药目的无关或对动物产生有害的作用,统称为不良反应。大多数药物在发挥治疗作用的同时,都存在程度不同的不良反应。常见的有:

(1)副作用　是指药物在常用治疗剂量内出现的与治疗无关的作用或危害不大的不良反应。它是药物所固有的药理作用,因此是可以预知的,往往很难避免,临床用药时应设法纠正。

(2)毒性反应　是指药物用量过大或用药时间过久导致药理作用的延伸和加重而出现对机体的毒害。大多数药物都有一定的毒性,只不过毒性反应的性质和程度不同而已。一次用量过大而立即发生中毒者,称为急性中毒,常表现为心血管,呼吸功能的损害。因此,为避免急性中毒,应防止盲目地靠增加剂量来增强药物的疗效。长期用药而蓄积后逐渐产生中毒者,称为慢性中毒或称蓄积性中毒,常表现肝、肾、骨髓的损害;少数药物还能产生特殊毒性,即致癌、致畸、致突变反应(简称"三致"作用)。

(3)过敏反应　是指极少数动物个体在应用某药致敏后,再次用该药时发生的一种特殊反应。又称为变态反应。一般表现为皮疹、支气管哮喘,严重的出现过敏性休克,甚至危及生命(如青霉素的过敏性休克),故用药前必须作过敏试验,阳性反应者禁用该药。出现过敏,应立即皮下或静脉注射肾上腺素进行抢救。

(4)继发性反应　是指药物治疗作用引起的不良后果。如成年草食动物胃肠道有许多微生物寄生,正常情况下菌群之间维持平衡的共生状态,如果长期应用四环素类广谱抗生素时,对药物敏感的菌株受到抑制,菌群间相对平衡受到破坏,以致一些不敏感的细菌或抗药的细菌如真菌、葡萄球菌、大肠杆菌等大量繁殖,可引起中毒性肠炎或全身感染。这种继发性感染称为"二重感染"。

(5)后遗效应　指停药后血药浓度已降到阈值以下时的残存药理效应。如长期应用皮质激素,由于负反馈作用,垂体前叶和/或下丘脑受到抑制,即使肾上腺皮质功能恢复至正常水平,但应激反应在停药半年以上时间内可能尚未恢复,这也称为药源性疾病。后遗效应不仅能产生不良反应,有些药物也能产生对机体有利的后遗效应,如抗生素抗菌药后效应,抗生素后白细胞促进效应,可提高吞噬细胞的吞噬能力,使抗生素的给药间隔时间延长。

二、常用药物

兽药按其药理作用可分为:

(1)调节生理功能的药物　包括作用于神经系统、消化系统、血液循环系统、呼吸系统、泌尿生殖系统、影响组织代谢的药物,以及抗应激药和体液补充剂。

(2)影响组织代谢与促生长药物　包括肾上腺皮质激素与促肾上腺皮质激素、维生素、矿物质、抗过敏药、抗应激药、抗痛风药、化学促生长药、酶与微生态制剂、其他营养药。

(3)抗病原体药　包括抗微生物药和抗寄生虫药,抗微生物药包括消毒防腐药、合成抗菌药和抗生素。抗寄生虫药包括抗原虫药、驱虫药、灭虫药等。

(4)饲料药物添加药(剂)　包括抗菌药物添加剂、抗寄生虫药物添加剂等。

(5)其他药物　包括解毒药、制剂用药、生物制品与中兽药。

(一)作用于消化系统的药物

消化系统疾病种类较多,而且是动物的常发病。由于动物种类不同,其消化系统的结构和机能各异,因而发病情况和疾病种类皆不相同。例如,马常发便秘,牛常发前胃疾病,犬的胃肠道疾病较多。因此,充分掌握作用于消化系统的各类药物十分必要。

1.健胃药

凡能促进唾液、胃液等消化液的分泌,加强胃的消化机能,从而提高食欲的药物称为健胃药。根据其作用机理可分为苦味健胃药、芳香健胃药和盐类健胃药三类。

(1)苦味健胃药　多来源于植物,利用它们强烈的苦味,经口给药时刺激味觉感受器,反射地引起胃液分泌增加,缓和地促进胃蠕动,提高食欲中枢兴奋性,增进食欲,改善消化功能,产生健胃作用。这种作用在消化不良、食欲减退时更显著。

常用中药:龙胆、大黄、马钱子等。

(2)芳香性健胃药　是一类含挥发油,具有辛辣性或苦味的中草药。内服后轻度刺激消化道黏膜,引起消化液增加,促进胃肠蠕动,另外,还有轻度抑菌、制止发酵作用。药物吸收后,一部分经呼吸道排出,增加分泌,稀释痰液,呈轻度祛痰作用。因此,本类药物具有健胃、制酵、祛风、祛痰作用。健胃作用强于单纯苦味健胃药,且作用持久。

常用中药:陈皮、桂皮、豆蔻、小茴香、八角茴香、姜、辣椒、蒜等。

(3)盐类健胃药　主要通过盐类药物在胃肠道中的渗透压作用,轻微地刺激消化道黏膜,反射地引起消化液分泌,增进食欲以恢复正常的消化机能;同时还可以补充离子,调节体内离子平衡。

常用药物:复方制剂人工盐,弱碱性盐碳酸氢钠、中性盐氯化钠等。

2. 助消化药

临床上常见的是消化机能减弱。助消化药多是消化液中的主要成分(如稀盐酸、胃蛋白酶、淀粉酶、胰酶等),能补充消化液中某些成分的不足,充分发挥其代替疗法的作用,从而促进消化过程的迅速恢复。临床上常与健胃药配合应用。

常用药物:稀盐酸、稀醋酸、胃蛋白酶、胰酶、乳酶生、干酵母等。

3. 瘤胃兴奋药

(1)瘤胃兴奋药　又称反刍促进药,是能促使瘤胃平滑肌收缩,加强瘤胃运动,促进反刍动作,消除瘤胃积食与气胀的一类药物。

常用药物:10%氯化钠注射液、酒石酸锑钾、甲氯普胺等。

(2)10%氯化钠注射液　氯化钠高渗灭菌水溶液,专供静脉注射用。静注后兴奋前胃,增强胃肠的蠕动和分泌功能;同时能增高血液渗透压,使组织中的水分进入血液,这样,既有利于组织的新陈代谢,又可增加血容量,改善血液循环和许多器官的机能活动。常用于前胃弛缓、瘤胃积食、瓣胃阻塞等。静脉注射时不可稀释,注射速度宜慢,不可漏至血管外。心力衰竭和肾功能不全患畜慎用。

4. 制酵药与消沫药

(1)制酵药　动物采食了大量在胃肠内容易发酵的饲料,由于产生大量气体,机体不能及时在肠内吸收或嗳气排出时,就使胃肠平滑肌过度扩张,导致瘤胃臌胀(牛、羊)或肠臌气(马、骡)。制酵药是能抑制细菌或酶的活动,阻止胃肠内容物发酵,使其不能产生过量气体的药物。

常用药物:甲醛溶液、鱼石脂、大蒜酊等。

(2)消泡药　若牛、羊等采食了大量含皂苷的牧草(如紫云英、紫苜蓿等)之后,在瘤胃内经发酵后,产生的皂苷溶于瘤胃液产生大量的泡沫,泡沫使瘤胃液的表面张力降低且不易破裂,混于饲料团块或瘤胃液中,引起泡沫性臌气。这种泡沫用放气的方法不能排除,必须先使用消泡药后再排气。消泡药是一类表面张力低于"起泡液"(泡沫性臌气瘤胃内的液体),不与起泡液互溶,能迅速破坏起泡液的泡沫,而使泡内气体逸散的药物。

常用药物:二甲基硅油、松节油、各种植物油(如豆油、花生油、菜籽油)等。

5. 泻药

泻药是一类促进粪便顺利排出的药物。按作用机理可分为三类:

(1)容积性泻药(亦称盐类泻药)　容积性泻药属渗透作用的盐类,这类药物是一些不易被肠壁吸收且又易溶于水的盐类离子。内服后在肠腔内能形成高渗溶液,因此能吸收大量水分,并阻止肠道水分被吸收,水分增多,有利于软化粪便,而且使肠内容积增大,对肠黏膜产生机械性刺激作用。另外,解离出的盐类离子及溶液的渗透压对肠黏膜亦有一定的刺激作用。促进肠管蠕动,引起排便。为了促进下泻作用,应适当补充饮水。如硫酸钠、硫酸镁、氯化钠等。

(2)润滑性泻药(亦称油类泻药) 润滑性泻药在肠道内不吸收,润滑肠内容物,阻止肠内水分吸收,加速粪便后移,产生通便作用。如液体石蜡、植物油、动物油等。

(3)刺激性泻药(亦称植物性泻药) 刺激性泻药为内服后,在肠内代谢分解出有效成分,直接或间接刺激胃肠黏膜、促进局部反射而提高肠道蠕动分泌的植物性或油性泻药。如大黄、芦荟、番泻叶、蓖麻油等。

6. 止泻药

止泻药是一类能制止腹泻的药物。包括具有保护肠黏膜、吸附有毒物质和收敛消炎作用的药物。

依据药理作用特点,止泻药分为 3 类:

(1)抑制肠蠕动性止泻药 如苯乙哌啶、复方樟脑酊、颠茄酊等,通过抑制肠道平滑肌蠕动而止泻。

(2)吸附性止泻药 细菌或毒物引起的腹泻可应用吸附作用强的止泻药。这类药物通过表面吸附作用,可吸附水、气、细菌、病毒、毒素及毒物等,减轻对肠黏膜的损害。灌服吸附药后,由于吸附作用是可逆的,吸附后的肠道内毒物或腐败发酵产物必须用盐类泻药促使排出。常用的吸附药有药用炭、白陶土。

(3)保护性止泻药 通过凝固蛋白质形成保护层,使肠道免受有害因素刺激,减少分泌,起收敛保护黏膜作用。常用的保护性止泻药有鞣酸、鞣酸蛋白、碱式硝酸铋等。

(二)作用于呼吸系统的药物

呼吸系统疾病的主要临床表现是咳嗽、气管和支气管分泌物增多、呼吸困难等,在对因治疗的同时,应及时使用镇咳药、祛痰药和平喘药,以缓解症状,防止病情发展,促进病畜的康复。

1. 祛痰药

祛痰药是一类能增加呼吸道分泌,使痰液变稀并易排出的药物。在临床上以达到缓解和减轻症状的目的。祛痰药可分为两类:

(1)刺激性祛痰药 本类药物通过刺激呼吸道黏膜,使气管及支气管的腺体分泌增加,促进痰液稀释,易于咳出。如氯化铵、碘化钾、酒石酸锑钾等。

(2)黏痰溶解药 又称黏痰液化药,是一类使痰液中黏性成分分解、黏度降低、使痰液易于排出的药,如乙酰半胱氨酸、盐酸溴己新等。

常用药物:氯化铵、碘化钾、盐酸溴己新、乙酰半胱氨酸等。

2. 镇咳药

镇咳药是指能抑制咳嗽中枢(称为中枢性镇咳药)或抑制咳嗽反射弧其他环节(称为外周性镇咳药),从而能减轻或制止咳嗽的药物。轻度咳嗽有利于痰或异物排出,清洁呼吸道,咳嗽自然缓解,不必用镇咳药。如无痰干咳或频繁剧烈的咳嗽,将会增加体力消耗或使疾病发展,这时就须用镇咳药。

常用药物:可待因、喷托维林、甘草流浸膏等。

喷托维林(咳必清、维静宁) 中枢性镇咳药,能抑制咳嗽中枢。且有局部麻醉作用和阿托品样作用,能抑制呼吸道感受和扩张支气管,所以兼有外周性镇咳作用。镇咳作用明显。适用于上呼吸道感染所致的无痰干咳或痰少咳嗽。痰多时可配合祛痰药应用。

3.平喘药

平喘药是一类能解除支气管平滑肌痉挛、扩张支气管,达到缓解哮喘的药物,又称支气管扩张药。由于能排出阻塞支气管通路的黏痰或炎症产物,也有缓解喘息的作用。有拟肾上腺素类,如肾上腺素、麻黄碱、异丙肾上腺素;黄嘌呤类,如咖啡因、茶碱;有抗胆碱类,如阿托品;糖皮质激素类,如醋酸可的松、地塞米松;抗组织胺类,如苯海拉明、异丙嗪等。常用药物有氨茶碱等。

氨茶碱:对支气管平滑肌具有直接舒张作用,当支气管平滑肌处于痉挛状态时,氨茶碱的作用更为明显,因而可用于治疗痉挛性支气管炎。氨茶碱作用持久,临床上用于牛、马肺气肿及犬的心性喘息(心力衰竭引起的肺充血),也作小动物支气管哮喘时皮质激素治疗时的辅助药。

应用注意:

(1)氨茶碱的局部刺激性较强,应作深部肌内注射,静脉注射时应用葡萄糖注射液稀释成 2.5% 以下的浓度,缓慢注入;

(2)注射液为碱性溶液,禁与维生素 C 以及盐酸肾上腺素、四环素类盐酸盐等酸性药物配伍,以免发生沉淀。

(三)利尿药与脱水药

1.利尿药

利尿药是作用于肾脏,影响电解质及水的排泄,使尿量增加的药物。兽医临床主要用于水肿和腹水的对症治疗。根据其作用机理的不同,按其作用强度一般可分为下面三类:一类是高效利尿药,包括速尿(呋塞米)、依他尼酸(利尿酸)、布美他尼、吡咯他尼等,能使 Na^+ 重吸收减少 15%～25%。二类是中效利尿药,包括氢氯噻嗪、氯肽酮、苄氟噻嗪等,能使 Na^+ 重吸收减少 5%～10%。三类是低效利尿药,包括螺内酯(安体舒通)、氨苯喋啶、阿米洛利等,能使 Na^+ 重吸收减少 1%～3%。常用利尿药介绍如下。

(1)呋噻米(速尿、呋喃苯胺酸、利尿磺胺) 作用于肾脏髓袢升支的髓质部与皮质部,抑制 Cl^- 的主动重吸收和 Na^+ 的被动重吸收,降低肾对尿液的稀释和浓缩功能,排出大量接近于等渗的尿液。由于 Na^+ 排泄增加,使远曲小管的 K^+-Na^+ 交换加强,导致 K^+ 排泄增加。适用于各种利尿药无效时的严重水肿,一般不宜作常规药应用。应用注意:①长期重复使用可导致低血氯症、低血钾性碱血症及低血钠症、低血容量等水和电解质紊乱,长期应用要注意与补钾或保钾利尿药合用。②本品禁用于无尿症。③本品忌与洋地黄配合使用。

(2)氢氯噻嗪(双氢克尿噻) 主要作用于肾脏髓袢升支皮质部(远曲小管开始部位),抑制氯化钠的重吸收,增加尿量。本品利尿作用较强,适用于轻度及中度的全身性水肿或局部组织水肿及某些急性中毒(食盐、溴化物、巴比妥中毒等)。若长期应用,应配用氯化钾,以防低血钾和低血氯症的出现。本药还能引起或促进糖尿病患畜的高血糖症。

(3)螺内酯(安体舒通) 螺内酯为醛固酮的竞争性对抗剂。主要作用于肾脏远曲小管和集合管,抑制 Na^+-K^+ 交换过程,可拮抗醛固酮的保钠排钾作用,使尿中 Na^+、Cl^- 增多,达到利尿作用。K^+ 排出减少,属保钾性利尿药,其利尿作用缓慢而较持久。本药可与氢氯噻嗪合用,加强其利尿作用,纠正其低血钾症。

2.脱水药

脱水药是指能消除组织水肿的药物。如脑水肿、肺水肿等。

常用药物：甘露醇、山梨醇、尿素和高渗葡萄糖等。

(四)作用于生殖系统药物

1.生殖激素类药物

促性腺激素释放激素、促性腺激素和性激素相互促进，相互制约，协同调节生殖生理，这类激素称为生殖激素。当生殖激素分泌不足或过多时，使机体的激素系统发生紊乱，引发产科疾病或繁殖障碍，这时就需使用药物进行治疗或调节。常用药物介绍如下。

(1)雌激素　雌激素是由成年母畜卵巢卵泡上皮细胞分泌的，又称动情素。由卵泡液中提取的雌激素为雌二醇。雌激素类药物常用天然激素雌二醇；己烯雌酚和己烷雌酚是人工合成品，禁用于所有食品动物。主要应用：①有收缩子宫的作用，可治疗胎衣不下，子宫蓄脓等。治疗马属动物子宫炎时，注射雌二醇，可使子宫口松弛，更有利于冲洗液和内容物的排出。②应用缩宫素促进母畜分娩时，预先注射雌二醇，可提高缩宫素的效果。③雌二醇和孕酮并用可诱导泌乳。④小剂量用于催情。⑤治疗前列腺肥大，老年犬或阉割犬的尿失禁，母畜性器官发育不全，雌犬过度发情，假孕犬的乳房胀痛等。

(2)孕激素　孕激素又称为黄体激素，主要由黄体所分泌，胎盘也能分泌孕激素。从黄体中分离出来的天然孕激素为黄体酮，也称孕酮，目前所用的主要为人工合成的代用品，如醋甲孕酮、醋甲地孕酮、氯地孕酮等。主要应用：①用于预防孕激素不足引起的流产；②用于母畜同期发情，便于人工授精、同期分娩；③治疗牛的卵巢囊肿；④抑制发情。

(3)促卵泡素(FSH)　促卵泡素又称为卵泡雌激素，是从猪、羊脑下垂体前叶提取的一种促性激素。主要应用：①促进母畜发情，治疗卵巢静止，使不发情母畜发情排卵，提高受胎率和同期发情的效果。②用于超数排卵，牛、羊在发情的前几天注射卵泡刺激素，出现超数排卵，可供卵移植或提高产仔率。③治疗持久黄体、卵泡发育停止，多卵泡等卵巢疾病。

(4)促黄体激素(LH)　促黄体激素又称为黄体生成素，是从猪、羊脑下垂体前叶提取的一种糖蛋白。主要应用：①促进排卵，用药后黄体生成素突发性升高，卵巢产生胶原酶，使卵泡壁破坏而排卵。母马注射本品后可提高受胎率。②治疗卵巢囊肿、习惯性流产、幼畜生殖器官发育不全、精子生成障碍、性欲缺乏、产后泌乳不足或缺乏等。

(5)人绒毛膜促性腺激素(HCG)　简称绒促性素，其作用与LH相似，能使成熟的卵泡排卵并形成黄体，延长黄体的持续时间，刺激黄体分泌孕酮。主要应用：①诱导排卵，提高受胎率。②增强同期发情的排卵效果。③对于患卵巢囊肿并伴有慕雄狂的母牛，疗效显著。④治疗公畜性功能减退。

2.子宫收缩药

子宫收缩药是一类能选择性兴奋子宫平滑肌的药物。由于药物作用的强弱和剂量的大小不同，可使子宫产生节律性收缩或强直性收缩，前者可用于催产或引产，后者可用于产后出血或产后子宫复旧。常用药物介绍如下。

(1)垂体后叶素　从猪或羊等动物的脑垂体后叶提取的水溶性成分，内含两种激素，即缩宫素(催产素)和抗利尿素(加压素)。主要应用于：①催产。母畜分娩过程中，如果胎位正常，子宫颈已开放，而产出无力，可用小剂量缩宫素，加快分娩，但剂量不宜过大，以免危及胎儿及母畜生命。②产后子宫出血。③加速胎衣或死胎排出,促进子宫复旧。

(2)缩宫素(催产素) 从猪或牛的垂体后叶中提取,现已人工合成。对子宫的收缩作用同垂体后叶素,主要用于产前子宫收缩无力的引产、治疗产后出血、胎衣不下和子宫复旧不全,在分娩后 24 h 内使用。

(3)麦角新碱 从麦角中提出的生物碱,主要含麦角碱类,包括麦角胺、麦角毒碱和麦角新碱,麦角新碱常用马来酸盐。对子宫平滑肌有很强的选择性兴奋作用,持续时间 2~4 h。与缩宫素的区别,本品对子宫体和子宫颈都有兴奋作用,剂量稍大即引起强直性收缩。故不宜用于催产或引产,否则会使胎儿窒息或子宫破裂。主要用于产后子宫出血、子宫复旧、胎衣不下和子宫蓄脓等。

3.前列腺素类

前列腺素几乎存在于所有动物组织(红细胞除外)与体液中,它具有强大而广泛的生物活性,主要应用于促进家畜发情、排卵及提高受胎率,治疗母牛持久性黄体不育症;人工引产,终止早、中期妊娠,或用于提前分娩。其中与生殖系统有关的是前列腺素 E_1、前列腺素 E_2、前列腺素 F_{2a} 和 15 甲基前列腺素 F_{2a} 等。

(五)作用于血液循环系统的药物

血液循环系统药物的主要作用是能改善心血管和血液的功能。

1.强心苷类

强心苷类是一类选择性地作用于心脏,加强心肌收缩力的药物,临床主要用于治疗慢性心功能不全。我国含有强心苷的植物很多,如洋地黄、毒毛旋花、夹竹桃等。

(1)药理作用 ①加强心肌收缩力(正性肌力作用)。强心苷能选择性地加强心肌收缩力,这是一种对心肌细胞的直接作用。②减慢心率和房室传导。强心苷对心功能不全患畜的心率和节律的主要作用是减慢窦性心率(负性心率作用)和减慢房室冲动传导。③对肾脏具有利尿作用。其具有一定毒性,应用时应注意。

(2)主要应用 用于慢性心功能不全,也用于某些心律失常。

常用药物:洋地黄毒苷、地高辛、毒毛花苷 K。

2.止血药与抗凝血药

(1)止血药(促凝血药) 止血药是指能加速血液凝固或降低毛细血管通透性,使出血停止的药物。止血药主要防治各种出血,如外伤性出血、手术或其他疾病(肝脏疾病、肝素中毒、血液凝固障碍、过敏反应等)所致的出血。本类药物按其作用点的不同可分为以下三类:①影响凝血因子的促凝血药,如维生素 K 和酚磺乙胺。②抗纤维蛋白溶解的促凝血药,如 6-氨基己酸、氨甲苯酸、氨甲环酸。③作用于血管的促凝血药,如安特诺新。

常用药物有安络血、维生素 K_3、止血敏、酚磺乙胺、6-氨基己酸、吸收性明胶海绵等。

(2)抗凝血药 抗凝血药是通过干扰凝血过程中凝血因子,延缓血液凝固时间或防止血栓形成和扩大的药物。一般将其分为 4 类:①主要影响凝血酶和凝血因子形成的药物,如肝素和香豆素类,主要用于体内抗凝。②体外抗凝血药,如枸橼酸钠,用于体外血样检查的抗凝。③促进纤维蛋白溶解药,对已形成的血栓有溶解作用,如链激酶、尿激酶、组织纤溶酶原激活剂等,主要用于急性血栓性疾病。④抗血小板聚集药,如阿司匹林、双嘧达莫(潘生丁)、右旋糖酐等,主要用于预防血栓形成。

常用药物:肝素、枸橼酸钠等。

(3)抗贫血药　抗贫血药是指能增进机体造血机能,补充造血的必需物质,改善贫血状态的药物。单位体积循环血液中红细胞数量和血红蛋白量低于正常值时,就称为贫血。贫血临床上按病因可分为4种类型,即营养性贫血(缺铁,维生素 B_{12}、叶酸的缺乏)、溶血性贫血、出血性贫血和再生障碍性贫血。治疗时应先查明原因,首先进行对因治疗,抗贫血药只是一种补充疗法。

常用药物:硫酸亚铁、枸橼酸铁铵、富马酸亚铁、右旋糖酐铁等。

(4)体液补充药与电解质、酸碱平衡调节药　体液是机体生存所必需的内环境,占成年动物体重的 $60\%\sim70\%$,分为细胞内液(约占体液的 2/3)和细胞外液(约占体液的1/3)。细胞外液又称"内环境",是维持正常生命活动的必要条件。体液是由水及溶于水的电解质、葡萄糖和蛋白质等成分构成,具有运输物质、调节酸碱平衡、维持细胞结构与功能等多方面作用。在很多疾病过程中,尤其是胃肠道疾病、创伤或休克时,体液平衡常被破坏,导致机体脱水、缺盐和酸碱中毒等一系列变化,影响正常机能活动,严重时可危及生命。

①血容量补充药。大量失血、严重创伤、烧伤、高热、呕吐、腹泻等,往往使机体大量丢失血液(或血浆)、体液,造成血容量不足,严重者可导致休克。迅速扩充血容量是抗休克的基本疗法。常用药物:右旋糖酐、羟乙基淀粉、氧化聚明胶。

②水、电解质平衡调节药。是用于补充水和电解质丧失,纠正其紊乱,调节失衡的药物。常用药物:氯化钠、氯化钾、葡萄糖。

③酸碱平衡用药。动物机体在新陈代谢过程中不断地产生大量的酸性物质,如碳酸、乳酸、酮体等,还常由饲料摄入各种酸性或碱性物质。高热、缺氧、剧烈腹泻或某些其他重症疾病,都会引起酸碱平衡紊乱。此时,给予酸碱平衡调节药,可改善病情。常用药物:碳酸氢钠、乳酸钠、氯化铵等。

(六)作用于外周神经系统的药物

外周神经系统可区分为传入神经和传出神经两大类,故外周神经系统药物包括传出神经药物与传入神经药物两大部分。传出神经末梢释放的化学递质有两类:一类是乙酰胆碱;另一类是去甲肾上腺素和少量的肾上腺素。根据传出神经末梢释放的递质不同,又将传出神经分为胆碱能神经和去甲肾上腺素能神经。

1.常用传出神经系统的药物

常用传出神经系统的药物见表 3-1。

表 3-1　常用传出神经系统的药物

类别		药物	作用的主要环节
拟胆碱药	完全拟胆碱药	氨甲酰胆碱	直接作用于 M-受体、N-受体
	节后拟胆碱药	毛果芸香碱等	直接作用于 M-受体
	抗胆碱酯酶药	新斯的明、毒扁豆碱等	抑制胆碱酯酶
抗胆碱药	节后抗胆碱药	阿托品、普鲁本辛等	阻断 M-受体
	神经节阻断药	美加明、阿方纳特等	阻断 N_1-受体
	骨骼肌松弛药	琥珀胆碱、箭毒等	阻断 N_2-受体

续表 3-1

类别		药物	作用的主要环节
拟肾上腺素药	直接作用于肾上腺素受体	去甲肾上腺素	作用于 α-受体
		肾上腺素	作用于 α-受体、β-受体
		异丙肾上腺素	作用于 β-受体
	间接作用于肾上腺素受体	麻黄碱	促使去甲肾上腺素释放,部分可直接作用于 α-受体、β-受体
		间羟胺(阿拉明)	促使去甲肾上腺素释放,部分可直接作用于 α-受体
抗肾上腺素药	α-肾上腺素受体阻断药	酚妥拉明、妥拉唑林	阻断 α-受体
	β-肾上腺素受体阻断药	心得安、心得宁	阻断 β-受体
	去甲肾上腺素能神经阻断药	利血平、胍乙啶	促进去甲肾上腺素耗竭
		溴苄胺	抑制去甲肾上腺素耗竭

(1)拟胆碱药常用药物

毛果芸香碱 M 型拟胆碱药,能直接兴奋 M 胆碱受体。其特点是对多种腺体、胃肠平滑肌有强烈的选择性兴奋作用,而对心血管系统及其他器官的影响相对较小。在腺体中以促进唾液腺、泪腺、支气管腺的分泌作用最明显,其次为胃腺、肠腺及胰腺等。注射或局部点眼,可能使瞳孔缩小,眼内压降低。本品适用于治疗不全阻塞的肠便秘、前胃弛缓、瘤胃不全麻痹、猪食道梗塞等。0.5%~2%溶液可作为缩瞳剂用于虹膜炎或青光眼。

新斯的明 抗胆碱酯酶药,可产生完全拟胆碱效应。兴奋腺体、虹膜和支气管平滑肌以及抑制心血管作用较弱,兴奋胃肠道、膀胱和子宫平滑肌作用较强。兴奋骨骼肌作用最强,因除抑制胆碱酯酶外,尚能直接激动骨骼肌 N_2-胆碱受体和促进运动神经末梢释放乙酰胆碱。无明显中枢作用。临床用于马肠道弛缓、便秘;牛前胃弛缓、子宫复旧不全、胎盘滞留、尿潴留;竞争型骨骼肌松弛药或阿托品过量中毒等。

其他 氨甲酰胆碱、氯化氨甲酰甲胆碱、槟榔碱、毒扁豆碱。

(2)抗胆碱药常用药物

阿托品 M-受体阻断药,小剂量能抑制唾液腺、支气管腺、汗腺等的分泌,松弛内脏平滑肌(但对子宫平滑肌无效),中剂量可松弛虹膜括约肌从而扩大瞳孔、升高眼内压,解除迷走神经对心脏的抑制作用。大剂量阿托品能扩张外周及内脏血管,改善微循环,并有明显的中枢兴奋作用,兴奋呼吸中枢及大脑皮质运动区和感觉区。临床上主要用于:①解痉。治疗支气管痉挛和肠痉挛,可与氨茶碱配合使用。②解毒。能有效地解除有机磷制剂中毒、毛果芸香碱中毒等,迅速缓解 M 样中毒症状。解除有机磷中毒可配合胆碱酯酶复活剂碘解磷定等使用。此外还可用以解除锑剂中毒引起的心动徐缓和传导阻滞。③麻醉前给药。可防止吸入性麻醉剂引起的支气管腺分泌过多。④扩大瞳孔。点眼治疗虹膜炎、周期性眼炎,防止虹膜与晶状体粘连,或作眼底检查时扩瞳。

其他 硝甲阿托品、东莨菪碱、山莨菪碱、苯胺太林、甲胺太林、琥珀胆碱等。

(3)拟肾上腺素药与抗肾上腺素药

肾上腺素 为强大的 α-受体和 β-受体激动剂。主要作用:①对心脏,产生正性肌力和正性心律作用(β_1-受体),增加心输出量;②对血管,产生兴奋性和抑制性两种作用,因不同组织器官的血管而异;③对平滑肌器官的作用:松弛支气管平滑肌,抑制胃肠平滑肌蠕动,收缩虹膜辐射肌,使瞳孔扩大。

临床上主要应用:①抢救心脏骤停。肾上腺素心内注射能使麻醉过度、一氧化碳中毒、溺水等骤停的心脏复活,也可使心脏出现纤维性震颤。②治疗各种过敏反应。肾上腺素能有效治疗各种变态反应和过敏反应,包括血清反应、荨麻疹、花粉热、蚊虫叮咬、血管神经性水肿。③与局麻药合用,延长局麻药吸收和作用的时间。④局部应用于皮肤或黏膜,可止血,但对大血管性出血无效。抢救休克患畜,维持血压,但不能用于外科或创伤的失血性休克(血容量扩充剂是这类休克的首选药)。本品禁与洋地黄、氯化钙配伍。因为肾上腺能增加心肌兴奋性,两药配伍可使心肌极度兴奋而转为抑制,甚至发生心跳停止。

麻黄碱 从中药麻黄中提取的一种生物碱。作用与肾上腺素相似,能兴奋 α-受体和 β-受体,并能促进肾上腺素神经末梢释放递质(去甲肾上腺素)而产生间接的拟肾上腺素作用,其作用强度较肾上腺素弱而持久。在临床应用上可以静脉注射或肌内注射以维持和提高血压。另外,还有显著的中枢兴奋作用。若反复使用,易产生耐药性。本品能有效地松弛支气管平滑肌,扩张支气管通道及减轻过敏反应的症状,但作用比肾上腺素慢。主要用作平喘药。也用作局部血管收缩药和扩瞳药,如治疗鼻炎,消除鼻腔黏膜的充血、肿胀。

其他拟肾上腺素药 去甲肾上腺素、异丙肾上腺素等。

抗肾上腺素药 又称肾上腺素受体阻断药。此类药能与肾上腺素受体结合,阻碍肾上腺素能神经递质或外源性拟肾上腺素药与受体结合,从而产生抗肾上腺素作用。抗肾上腺素药在人医上广泛用于治疗血管性疾病,兽医临床上极少使用。

2.传入神经系统药物

传入神经又称感觉神经,作用于传入神经的药物包括 3 部分:局部麻醉药、保护药、刺激药。

(1)局部麻醉药 又称局麻药,是一类能在用药部位可逆性地阻断神经或神经冲动的传导,并使该神经所支配部位的局部组织感觉暂时消失的药物。常用药物有:

普鲁卡因 对黏膜的穿透力弱,一般不作表面麻醉用。适于浸润、传导、硬膜外麻醉。本品无血管收缩作用,易于吸收,局麻时间仅 30 min,若加入少量肾上腺素,局麻能维持 1.5 h。静脉注射(或滴注)低浓度的普鲁卡因,对中枢神经系统有轻度抑制、镇痛、解痉和抗过敏作用,可解除肠痉挛、缓解外伤、烧伤引起的剧痛,制止全身性瘙痒等。主要作为局部麻醉药;也可用于解痉与镇痛、马疝痛(静注)。

利多卡因 有较强的穿透性和扩散性,适于作表面麻醉。麻醉潜伏期短,约 5 min;持续时间长,一般可维持 1～1.5 h。对组织无刺激性,可用于多种局麻方法。局部血管扩张作用不显著,应用时适量加入盐酸肾上腺素。兽医临床上常用于表面麻醉、传导麻醉、浸润麻醉和硬膜外麻醉。

本品静脉注射能抑制心室自律性,缩短不应期,可用作控制室性心动过速,治疗心律失常。

其他 常用的还有丁卡因、布比卡因、依替卡因等。

(2)保护药与刺激药

①保护药(亦称皮肤黏膜保护药)。是覆盖皮肤、黏膜上,能缓和外界有害因素的刺激,呈现机械性保护作用,减轻炎症和疼痛的一类药物。保护药分为收敛药、吸附药、黏

浆药和润滑药四类。

常用的收敛药有:鞣酸、鞣酸蛋白、明矾。

常用吸附药:药用炭、白陶土、滑石粉等。

常用黏浆药:淀粉、糊精、明胶、阿拉伯胶、火棉胶、甘油等。

常用润滑药:植物油类润滑药有豆油、花生油、棉籽油、麻油、橄榄油等;动物脂类润滑药有豚脂、羊毛脂;矿脂类润滑药有凡士林、液体石蜡等;合成的润滑药有聚乙二醇、吐温-80 等。

②刺激药。是对皮肤黏膜感受器和感觉神经末梢具有选择性刺激作用的一类药物。常用的有松节油、氨溶液。

(七)中枢神经抑制药和兴奋药

1.中枢神经抑制药

是对中枢神经系统具有不同程度抑制作用的一类药物。中枢神经抑制药按其作用特点,可分为:中枢神经系统的全面性抑制药,如全身麻醉药;只作用于中枢神经系统某些部位的选择性抑制药,如镇静药、抗惊厥药和镇痛药。

(1)全身麻醉药 简称全麻药,是一类能可逆性的抑制中枢神经系统功能的药物,表现为意识丧失、感觉(特别是痛觉)减弱或消失、反射活动停止、骨骼肌松弛等。可分为:吸入性麻醉药和非吸入性麻醉药(多作静脉注射,故又称静脉麻醉药)。常用的全身麻醉药有:

水合氯醛 水合氯醛是兽医临床最常用的非吸入性麻醉药。随着剂量的增加,可产生镇静、催眠和麻醉作用,是良好的镇静催眠药。作为麻醉药具有吸收快、兴奋期短、麻醉期长(1~3 h)、无蓄积作用和价廉等优点。在抑制中枢的同时可使体温下降,与氯丙嗪合用时体温降低尤为明显。应注意保温。本品内服及灌肠均易吸收,常用于马、骡的疝痛、脑炎、破伤风、膀胱痉挛、子宫脱出等,但需加入黏浆剂,配成1%~5%的溶液,以减轻对消化道的刺激性。

其他 戊巴比妥、异戊巴比妥、硫喷妥钠、氯胺酮和乙醚等。

(2)镇静药与抗惊厥药

①镇静药。是指对中枢神经有轻度抑制作用,减弱动物对外界刺激的应答性反应,减弱机体活动,从而缓和动物激动、消除躁动、不安,恢复安静。常用的有氯丙嗪、地西泮、溴化钠、溴化钾、溴化铵和水合氯醛等。

氯丙嗪 对中枢神经系统有安定作用。氯丙嗪有良好的安定、镇静作用,可使动物安静和嗜睡。其作用持续时间长;对其他中枢抑制药的协同作用:氯丙嗪能加强麻醉药、镇静药、镇痛药的作用,也能加强抗惊厥药的效应;镇吐作用:小剂量的氯丙嗪能阻断去水吗啡等中枢性催吐药的作用。但对刺激胃肠道或前庭器官反射地兴奋呕吐中枢所引起的呕吐则无作用。氯丙嗪大剂量时亦能抑制呕吐中枢;抑制体温调节中枢,降低体温。主要应用是镇静,用来控制和减弱破伤风毒素、中枢兴奋药等导致的惊厥。

②抗惊厥药。惊厥是全身骨骼肌发生强烈的非自主性收缩,是中枢神经系统在病理状态下出现的一种过度兴奋状态。常见于脑炎、破伤风和士的宁中毒。抗惊厥药(中枢抑制药)多具有不同程度的抗惊厥作用,比较常用的抗惊厥药有苯巴比妥钠、硫酸镁注射液等。

苯巴比妥 是长效巴比妥类药物,也是毒性较小的一种抗惊厥药。对大脑皮层运动区有明显的抑制作用,可用于脑炎、破伤风等疾病的兴奋症状和中枢兴奋药中毒,但只能减轻症状,不能解除病因。用量过大抑制呼吸中枢时,可用安钠咖、尼可刹米等解救。

硫酸镁 注射给药后呈现抗惊厥效应,临床上主要用于缓解破伤风、士的宁中毒等引起的肌肉僵直,治疗膈肌痉挛、胆道痉挛以及牛、羊低镁血症等。镁离子对周围血管有舒张作用,可致血压下降。大剂量可使心肌传导阻滞。静脉注射硫酸镁注射液作用迅速而短暂,安全范围较小,应严格控制剂量和注射速度,一般宜肌内注射。中毒时可迅速静脉注射5%氯化钙进行解救。

(3)镇痛药 镇痛药可选择性地作用于中枢神经系统,消除或缓解痛觉,减轻由疼痛引起的紧张、烦躁不安等,使疼痛易于耐受,但对其他感觉如触觉、味觉、听觉则影响很小,在镇痛时意识清醒。由于反复应用易成瘾,故又称麻醉性镇痛药或成瘾性镇痛药。

麻醉性镇痛药:如吗啡、可待因、哌替啶、美沙酮、埃托啡、双氢埃托啡等。麻醉性镇痛药在兽医临床应用较少。

镇痛性化学保定药有:

赛拉唑 非麻醉性镇静、镇痛和肌肉松弛药。主要应做各种动物的化学保定药,用于马、犬、猫、反刍动物的麻醉前给药,常与氯胺酮配合做全身麻醉;用于马疝痛、犬腹痛的镇痛;用于马、犬、猫中毒时的催吐。使用时应注意,由于该药种属和个体差异大,在家畜中以牛最为敏感,猪的敏感性差,同类动物的个体差异亦很显著,有时加大2~3倍量也不能达到相同的镇静效果。本品对反刍动物最大的副作用是使瘤胃蠕动明显减弱甚至完全停止,牛倒地时体位不佳,瘤胃内容物倒流至口腔,有可能使牛窒息致死。

2.中枢神经兴奋药

(1)中枢兴奋药 是能选择性地兴奋中枢神经系统,提高其机能活动的一类药物。根据药物在治疗剂量时的主要作用部位可以分为:

(2)大脑兴奋药 能提高大脑皮层的兴奋性,促进脑细胞代谢,改善大脑机能,可引起动物觉醒、精神兴奋与运动亢进。如咖啡因、苯丙胺、茶碱等。临床常用于中枢功能抑制。

(3)延髓兴奋药 又称呼吸兴奋药,直接或间接作用于延髓呼吸中枢。主要兴奋延髓呼吸中枢,增加呼吸频率和呼吸深度,改善呼吸功能。如尼可刹米、戊四氮、樟脑等。临床上常用于呼吸中枢抑制。

(4)脊髓兴奋药 能选择性地兴奋脊髓,小剂量提高脊髓反射兴奋性,大剂量导致强直性惊厥。如士的宁、印防己毒素等。临床上常用于神经不全麻痹。

(八)解热镇痛抗炎药

解热镇痛药是一类具有解热、镇痛,多数还有抗炎、抗风湿作用的药物。按照化学结构,解热镇痛抗炎药可分为乙酰苯胺类、吡唑酮类、水杨酸类、吲哚(乙酸)类、苯丙酸(丙酸)类和芬那酸类等。

1.乙酰苯胺类常用药物

扑热息痛:本品的解热作用与阿司匹林相似,镇痛作用比阿司匹林差,作用出现快,且缓和、持久,副作用小。但无抗炎、抗风湿作用。常用作中、小动物的解热镇痛药。不宜用于猫,可引起严重的毒性反应,如结膜发绀、贫血、黄疸、脸部水肿等。

2.吡唑酮类常用药物

氨基比林　氨基比林的解热作用强而持久,内服后 15～30 min 即可出现退热作用,一般可持续 3～8 h,可用于感冒退热和其他热性病。本品与巴比妥类药物合用能增强镇痛作用。复方氨基比林注射液,安痛定注射液用来治疗肌肉痛,神经痛等。氨基比林的抗风湿作用较弱。长期连续用药,可引起颗粒白细胞减少症。

安乃近　安乃近的药理作用与氨基比林基本相同,具有较强的解热镇痛作用和一定的抗炎、抗风湿作用。本品的特点是水溶性高,作用快而强,药效可持续 3～4 h。临床上用作解热和镇痛的同时,还能制止腹痛,而不影响肠蠕动。因此,也常用于肠痉挛和肠臌气等疝痛症状。长期应用可导致白细胞减少,还可抑制凝血酶原的形成而加重出血倾向,与氯丙嗪合用能使体温剧烈下降。

3.水杨酸类常用药物

阿司匹林　具有较强的解热、镇痛、抗炎、抗风湿作用。解热作用与扑热息痛相仿,但又不及安乃近;镇痛作用与扑热息痛、安乃近相仿。可作中小动物的解热镇痛药。此外,本品较大剂量时还有促尿酸排泄作用,可用于痛风症。解热、镇痛效果较好,可用于治疗感冒、神经痛和风湿病。

4.吲哚(乙酸)类

常用药物炎痛静、吲哚美辛等。

5.苯丙酸(丙酸)类

常用药物布洛芬、萘普生、酮洛芬等。

6.芬那酸(灭酸)类

常用药物甲芬那酸、甲氯芬酸等。

7 其他类

常用药物氟尼新葡甲胺等。

(九)调节组织代谢与促生长药物

调节组织代谢与促生长的药物主要包括:糖皮质激素类药物、维生素类药物、常量与微量元素类药物、组胺和抗组胺类药物和化学促生长药物。

1.糖皮质激素类药物

糖皮质激素是肾上腺皮质束状带细胞合成分泌的,以可的松和氢化可的松为代表,主要影响糖和蛋白质代谢,而对水盐代谢影响较小。糖皮质激素在药理上具有很强的抗炎、抗过敏、抗毒素、抗休克等多方面的功能,临床上应用广泛,通常所称皮质激素即指这类激素。

常用的糖皮质激素类药物有醋酸可的松、氢化可的松、醋酸泼尼松、氢化泼尼松、地塞米松、氟轻松、倍他米松等。

2.维生素类药物

维生素是机体维持正常代谢和机能所必需的一类特殊的低分子有机化合物。大多数维生素是构成动物体酶系统的辅酶(或辅基)成分,参与机体物质代谢,但它并不直接供给能量,也不是构成组织或器官的原料。

目前已知的维生素有 20 余种,通常分为脂溶性维生素和水溶性维生素两大类。

(1)脂溶性维生素　常用的有维生素 A、维生素 D、维生素 E。

（2）水溶性维生素　常用的有维生素 B_1、维生素 B_2、维生素 B_6、维生素 C、泛酸钙、烟酰胺和烟酸。

3.常量与微量元素类药物

（1）常量元素　钙、磷、钠和钾等。

（2）微量元素　硒、钴、铁、铜、锌、锰、碘等。

4.组胺和抗组胺类药物

组胺即组织胺，组胺的效应是通过兴奋靶细胞上的组胺受体而发生的。抗组胺药是和组胺竞争体内组胺受体，从而阻断组胺的作用。抗组胺药主要适用于药物、血清等引起的皮肤、黏膜的过敏性反应，如荨麻疹、血管神经性水肿、血清病、过敏性（接触性）皮炎等。常用药物有苯海拉明、异丙嗪、曲吡那敏等。

5.其他调节组织代谢和促生长药物

二氢吡啶、盐酸甜菜碱和氯化胆碱。

（十）抗微生物药

抗微生物药是指能在体内外选择性地杀灭或抑制微生物的药物。

1.抗生素

原称抗菌素，是从某些放线菌、细菌和真菌等微生物培养液中提取得到、能选择性地抑制或杀灭其他病原微生物的一类化学物质。抗生素除可治疗许多病原微生物引起的感染性疾病外，部分品种尚具有抗寄生虫、抗病毒和抗肿瘤的作用，甚至有些抗生素能刺激动物和农作物的生长与增产。

（1）根据抗生素的作用特点分类

①主要抗革兰氏阳性细菌的抗生素，如青霉素类、红霉素、林可霉素等。

②主要抗革兰氏阴性细菌的抗生素，如链霉素、卡那霉素、庆大霉素、新霉素和多黏菌素等。

③广谱抗生素，如四环素类和酰胺醇类。

④抗真菌的抗生素，如制霉菌素、灰黄霉素、两性霉素等。

⑤抗寄生虫的抗生素，如伊维菌素、潮霉素 B、越霉素 A、莫能菌素、马杜米星等。

⑥抗肿瘤的抗生素，如丝裂霉素、放线菌素 D、柔红霉素等。

⑦用做饲料药物添加剂的饲用抗生素，有促进动物生长，提高生长性能的作用，如杆菌肽锌、维吉尼霉素等。

（2）根据化学结构分类

①β-内酰胺环类。包括青霉素类、头孢菌素类等。

②氨基糖苷类。包括链霉素、庆大霉素、卡那霉素、新霉素、大观霉素、小诺霉素、安普霉素等。

③四环素类。包括土霉素、四环素、多西环素等。

④酰胺醇类。包括甲砜霉素、氟苯尼考等。

⑤大环内酯类。包括红霉素、吉他霉素、泰乐菌素等。

⑥林可胺类。包括林可霉素、克林霉素。

⑦多肽类。包括杆菌肽、多黏菌素等。

⑧多烯类。包括两性霉素 B、制霉菌素等。

⑨聚醚类。包括莫能菌素、盐霉素、马杜米星、拉沙洛西等。

⑩含磷多糖类。黄霉素、大碳霉素等,主要用作饲料添加剂。

(3)主要作用于革兰氏阳性细菌的抗生素

①青霉素类。

青霉素 G　又称苄青霉素,其作用机理主要是阻碍细菌细胞壁的基本成分黏肽的合成。青霉素 G 对"三菌一体",即革兰氏阳性和阴性球菌、革兰氏阳性杆菌、放线菌和螺旋体等高度敏感,常作为首选药。临床上主要用于对青霉素 G 敏感的病原菌所引起的各种感染,如马腺疫、坏死杆菌病、炭疽病、破伤风、恶性水肿、气肿疽、猪丹毒、牛肾盂肾炎、各种呼吸道感染、乳腺炎、子宫炎、放线菌病、钩端螺旋体病等,也可用于家禽链球菌病、葡萄球菌病、螺旋体病、禽霍乱、支原体病。

半合成青霉素　是以青霉素 G 结构中的母核为原料,连接不同的侧链而合成的一系列衍生物,它们具有耐酸、耐酶、广谱等特点。耐酸青霉素,如青霉素 V(苯氧青霉素)、苯氧乙青霉素等,可供内服,耐酸但不耐酶。兽医临床应用的主要是青霉素 V。耐酶青霉素是一类青霉素酶(β-内酰胺酶)不能破坏的品种。包括异噁唑类青霉素和乙氧萘青霉素。异噁唑类青霉素包括苯唑青霉素、邻氯青霉素、双氯青霉素以及氟氯青霉素等。除对革兰氏阳性菌有杀菌作用外,广谱青霉素还可穿透革兰氏阴性菌的脂多糖、磷脂外膜和脂蛋白,影响阴性菌细胞壁黏肽的合成,故对阴性菌也有杀菌作用。如氨苄西林、阿莫西林及羧苄西林等。

氨苄西林　又称氨苄青霉素、安比西林。半合成广谱青霉素,毒性极低。对大多数革兰氏阳性菌的抗菌效力与青霉素 G 相似或稍弱,对多数革兰氏阴性菌也有较强的抗菌作用。主要用于对其敏感的细菌所引起的肺部、肠道和尿道感染,如幼驹肺炎、犊牛白痢、仔猪白痢、鸡白痢、禽伤寒、猪胸膜肺炎、猫传染性腹膜炎等。

阿莫西林　又称羟氨苄青霉素。抗菌谱、临床应用与氨苄西林相似,但抗菌作用较氨苄西林快而强。本品不耐青霉素酶,对耐青霉素 G 的金黄色葡萄球菌无效,但可与耐青霉素酶的新青霉素Ⅱ(苯唑西林)合用,以治疗耐药金黄色葡萄球菌感染。细菌对本品与氨苄西林之间有完全的交叉耐药性。本品内服时,血浓度较氨苄西林为高,临床上应用于呼吸道、尿路、皮肤软组织和肝胆系统感染,如与强的松等合用,对治疗牛、猪的乳腺炎-子宫内膜炎-无乳综合征效果极佳。

②头孢菌素类。又称先锋霉素类,是一类广谱半合成抗生素。头孢菌素类具有抗菌谱广、杀菌力强、耐酸、耐青霉素酶、过敏反应少等优点。抗菌谱与广谱青霉素相似,对革兰氏阳性菌、阴性菌及螺旋体有效。

第一代头孢菌素(头孢唑啉、头孢拉定、头孢氨苄、头孢羟氨苄)　对革兰氏阳性菌(包括耐药金黄色葡萄球菌)作用强于第二、第三、第四代,对革兰氏阴性菌作用较差。

第二代头孢菌素(头孢西丁、头孢呋肟)　对革兰氏阳性菌的作用与第一代相似或稍差,对多数革兰氏阴性菌有明显的抗菌活性,强于第一代,但弱于第三代;比较能耐受 β-内酰胺酶,对部分厌氧菌有效。第一、第二代均对绿脓杆菌无效。

第三代头孢菌素(头孢噻呋、头孢噻肟)　对革兰氏阳性菌有抗菌作用,但比第一、第二代弱;对革兰氏阴性菌作用强,尤其对绿脓杆菌、肠杆菌属有较强的杀菌作用。

第四代头孢菌素　除具有第三代对革兰氏阴性菌有较强的抗菌作用外,抗菌谱更广,对 β-内酰胺酶高度稳定,血浆半衰期较长,无肾毒性。

在兽医上,头孢菌素目前仅用于贵重动物,以宠物为主。主要对耐药金黄色葡萄菌及某些革兰氏阴性杆菌如大肠杆菌、沙门氏菌、伤寒杆菌、痢疾杆菌等引起的消化道、呼吸道、泌尿生殖道感染,牛乳腺炎和预防术后败血症等。

③大环内酯类。是一类弱碱性化合物,主要有红霉素、泰乐菌素、替米考星、螺旋霉素、竹桃霉素及北里霉素等,近年来,已研发出两种新的动物专用大环内酯类抗生素,即泰拉霉素和格米霉素。兽医临床常用的是红霉素和泰乐菌素。

红霉素 抗菌谱与青霉素相似,对革兰氏阳性菌如金黄色葡萄球菌、链球菌、肺炎链球菌、炭疽杆菌等有较强的抑制作用(但金黄色葡萄球菌对本品易产生耐药性),对革兰氏阴性菌如流感杆菌、巴氏杆菌、布鲁菌、脑膜炎双球菌等也有效,对某些分枝杆菌、放线菌、立克次氏体、某些螺旋体、阿米巴原虫等也有一定的抑制作用。

临床上主要用于耐药性金黄色葡萄球菌、溶血性链球菌引起的严重感染(如肺炎、败血症、子宫内膜炎等)和鸡的慢性呼吸道感染等。

泰乐菌素 本品是一种畜禽专用抗生素,对革兰氏阳性菌和部分革兰氏阴性菌、螺旋体、立克次氏体和衣原体等有抑制作用,对支原体有特效。对革兰氏阳性菌的作用较红霉素稍弱,与本类抗生素之间有交叉耐药性。

临床上主要用于防治鸡的慢性呼吸道病、传染性鼻炎、气囊炎、滑液性关节炎、猪支原体肺炎,对其他感染如山羊胸膜肺炎、母羊流产、猪的弧菌性痢疾、肠炎、乳腺炎、子宫炎和螺旋体病等,也都有较好的治疗作用;并用作牛、猪、禽的饲料药物添加剂,能促进增重和提高饲料效益。欧盟从1999年开始禁用磷酸泰乐菌素作为促生长添加药物使用。

④林可胺类。主要有林可霉素(洁霉素)和克林霉素(氯洁霉素)。本类抗生素的抗菌谱与红霉素相似,革兰氏阳性菌如金黄色葡萄球菌(包括耐青霉素 G 株)、溶血性链球菌、炭疽杆菌等对本类敏感,而革兰氏阴性需氧菌以及支原体属均耐药,此点有别于红霉素。对厌氧菌有良好的抗菌活性。与红霉素存在部分交叉耐药性。

(4)主要作用于革兰氏阴性细菌的抗生素 作用于革兰氏阴性细菌的抗生素主要有氨基糖苷类和多肽类。

①氨基糖苷类。本类抗生素,化学结构中均有氨基糖分子与甙元结合而成的甙。包括链霉素、庆大霉素、卡那霉素、西索米星以及人工半合成的阿米卡星、妥布霉素、奈替米星和在兽医上应用较多的大观霉素、安普霉素、新霉素等。

链霉素 抗菌谱较青霉素广,主要是对结核杆菌和多种革兰氏阴性菌有强大的杀菌作用。对沙门氏杆菌、大肠杆菌、布鲁菌、巴氏杆菌、鸡痢疾杆菌、鸡副伤寒杆菌、嗜血杆菌、亚利桑那菌均敏感。对鸡败血支原体也有作用;对革兰氏阳性球菌的作用不如青霉素;对钩端螺旋体、放线菌等也有效。

主要用于对本品敏感的细菌所引起的急性感染,如大肠杆菌引起的肠炎、白痢、乳腺炎、子宫炎、败血症和鹅卵黄性腹膜炎等;巴氏杆菌引起的牛出血性败血症、犊肺炎、猪肺疫和禽霍乱等;钩端螺旋体病、放线菌病、伤寒、副伤寒、禽传染性鼻炎、幼禽溃疡性肠炎等。此外,也可用于控制乳牛结核病的急性发作等。

卡那霉素 抗菌谱广,对多种革兰氏阳性菌及阴性菌(包括结核杆菌在内)都具有较好的抗菌作用。革兰氏阳性菌中,以金黄色葡萄球菌(包括耐药性金黄色葡萄球菌)、炭疽杆菌较敏感,链球菌、肺炎链球菌敏感性较差;对金黄色葡萄球菌的作用约与庆大霉素相等。革兰氏阴性菌中,以大肠杆菌最敏感,肺炎杆菌、沙门氏杆菌、巴氏杆菌、变形杆菌等近似,对其他革兰氏阴性菌的作用低于庆大霉素。

主要用于敏感菌引起的各种感染,如禽霍乱、雏白痢、鹅卵黄性腹膜炎、坏死性肠炎、呼吸道感染、泌尿道感染、乳腺炎等。对猪喘气病、猪萎缩性鼻炎也有一定疗效。

庆大霉素　抗菌谱广,对大多数革兰氏阴性菌及阳性菌都具有较强的抑菌或杀菌作用,在阴性菌中,对大肠杆菌、变形杆菌、嗜血杆菌、铜绿假单胞菌、沙门菌和布鲁等均有较强的作用,特别是对肠道菌及铜绿假单胞菌高效。在阳性菌中,对耐药金黄色葡萄球菌的作用最强,对耐药的葡萄球菌、溶血性链球菌、炭疽杆菌等亦有效。此外,对支原体亦有一定作用。

主要用于耐药金黄色葡萄球菌、绿脓杆菌、变形杆菌、大肠杆菌等所引起的各种严重感染,如呼吸道、泌尿道感染,败血症、乳腺炎等。对禽慢性呼吸道病、坏死性皮炎和肉垂水肿等均有效。治疗犊败血症型、毒血症型和肠炎型大肠杆菌病有高效,对大肠杆菌性、金黄色葡萄球菌性或链球菌性的急性、亚急性和慢性乳腺炎也有效。

阿米卡星　本品是抗菌谱最广的氨基糖苷类抗生素,为半合成品。其特点是对庆大霉素、卡那霉素耐药的铜绿假单胞菌、大肠杆菌、变形杆菌、克雷伯菌等仍有效;对金黄色葡萄球菌亦有较好作用。主要以原形经肾排泄。本品的耐酶性能较强,当微生物对其他氨基糖苷类耐药后,对本品还常敏感。

主要用于对卡那霉素或庆大霉素耐药的革兰氏阴性杆菌所致的消化道、尿道、呼吸道、腹腔、软组织、骨和关节、生殖系统等部位的感染以及败血症等。

新霉素　抗菌谱广,抗菌作用与卡那霉素相似,对大多数革兰氏阴性菌及部分阳性菌、放线菌、钩端螺旋体、阿米巴原虫等都有抑制作用。内服后难以吸收,在肠道发挥抗菌作用;肌内注射后吸收良好,但因本品毒性大,一般不作注射给药。

内服用于治疗各种幼畜的大肠杆菌病和沙门杆菌病(幼畜白痢);子宫或乳腺内注入,治疗子宫炎或乳腺炎;外用 0.5%水溶液或软膏,治疗皮肤、创伤、眼、耳等各种感染。此外,也可气雾吸入,用于防治呼吸道感染。

大观霉素　抗菌谱广,对革兰氏阴性菌、阳性菌都有效,主要适用于对青霉素、四环素耐药的病例,对支原体也有效。内服后不吸收,在肠道发挥抗菌作用,肌内注射或皮下注射后吸收良好,全部从尿排泄。用于治疗犊牛暴发性都布林沙门氏菌感染,猪、犊、禽的大肠杆菌感染,禽类各种支原体感染和猪、禽的多杀性巴氏杆菌、沙门氏菌引起的感染。

②多肽类。本类抗生素包括多黏菌素、万古霉素、杆菌肽等。多黏菌素类抗生素有A、B、C、D、E 五种成分。兽医临床上应用的有多黏菌素 A、多黏菌素 E(抗敌素)、多黏菌素 M 3 种,前两种供全身应用,后一种主要外用。

窄谱杀菌药,抗菌作用强,特别是对革兰氏阴性杆菌。主要敏感菌有大肠杆菌、沙门氏菌、巴氏杆菌、布鲁菌、弧菌、痢疾杆菌、绿脓杆菌等,尤其对绿脓杆菌具有强大的杀菌作用。

主要用于控制各种革兰氏阴性菌,特别是绿脓杆菌和大肠杆菌引起的各种感染,主要治疗大肠杆菌性下痢及对其他药物耐药的菌痢。外用于烧伤和外伤引起的铜绿假单胞菌局部感染和眼、耳、鼻等部位敏感菌的感染。同时可促进畜禽的生长和提高饲料利用率。本品与磺胺增效剂、杆菌肽锌等合用时,可产生协同作用。本品易引起对肾脏和神经系统的毒性反应。注射已少用。

（5）广谱抗生素　本类药物抗菌谱极广,除对革兰氏阳性菌和阴性菌有效外,对其他病原菌如立克次氏体、衣原体、支原体、螺旋体以及某些原虫等都有抑制作用,故称广谱抗生素。常用药物有四环素类和酰胺醇类药物。

①四环素类。分天然四环素类(四环素、土霉素、金霉素和去甲金霉素)和人工半合成四环素类(多西环素、美他环素、米诺环素等)。

四环素、土霉素、金霉素、多西环素　抑菌性抗生素,抗菌谱广,对革兰氏阳性菌、阴性菌均有效,对立克次氏体、衣原体、支原体、螺旋体及某些原虫等都有抑制作用。其抗菌作用的特点是:对革兰氏阳性菌的作用较显著,作用强度仅次于青霉素,而且对耐青霉素的金黄色葡萄球菌仍有效;对革兰氏阴性杆菌的抑制作用较链霉素弱,对伤寒、副伤寒杆菌的作用不及氯霉素;但对立克次氏体的作用较氯霉素强。本类药物的抗菌谱基本相同,但对敏感微生物的作用强度各有差异;四环素对大肠杆菌作用较强;土霉素对原虫、立克次氏体作用较好;多西环素对多数细菌的作用强于四环素。

主要应用于治疗全身感染:如支原体引起的牛肺炎、猪气喘病、鸡慢性呼吸道病,巴氏杆菌引起的牛出败、猪肺疫、鸡霍乱,大肠杆菌或沙门氏杆菌引起的下痢等;局部感染:如呼吸道感染、子宫感染;原虫病:如牛焦虫病、边虫病、猪附红体病等。

②酰胺醇类。包括氯霉素、甲砜霉素和氟苯尼考,是一类广谱、高效抗生素。目前兽医临床常用的是氟苯尼考。

氟苯尼考　畜禽专用抗生素。其抗菌活性是氯霉素的5～10倍;对氯霉素、甲砜霉素、阿莫西林、金霉素、土霉素等耐药的菌株仍有效。主要用于预防和治疗畜、禽、宠物和水产动物的各类细菌性疾病,尤其对呼吸道和肠道感染疗效显著,如用于牛的呼吸道感染、乳腺炎,猪的胸膜肺炎、黄痢、白痢,鸡的大肠杆菌病、巴氏杆菌病、传染性鼻炎,鱼、虾、蟹鲍、贝等的烂鳃病、红腿病、甲壳溃疡等。本品不良反应少,但有胚胎毒性,故妊娠动物禁用。

（6）主要抗支原体的抗生素　畜禽支原体感染在世界范围内流行,国内外常以抗生素作为防治畜禽支原体感染的主要措施。常用药物有泰乐菌素、乙酰螺旋霉素、吉他霉素、泰妙菌素等。

泰乐菌素　系从弗氏链霉菌培养液中提取获得,内服可被吸收,但皮下注射的血药浓度一般比内服大2～3倍,有效血药浓度持续时间也长,故临床用药以注射为宜。对革兰氏阳性菌和一些阴性菌、螺旋体、支原体等有抗菌作用,对支原体特别有效。泰乐菌素用于预防和治疗鸡支原体病,对其他敏感病原体所致的各种感染如肠炎、肺炎、乳腺炎、子宫炎和螺旋体病等,也有治疗作用。还可用作猪的饲料添加剂。

（7）抗真菌抗生素　兽医临床常用的抗真菌抗生素有制霉菌素、两性霉素B和克霉唑等。

两性霉素B　抗菌谱广,对隐球菌、球孢子菌、白色念珠菌、芽生菌、曲霉菌等真菌均有抑制作用,是治疗深部真菌感染的首选药。主要用于犬组织胞浆菌病、芽生菌病、球孢子菌病,也可预防白色念珠菌感染及各种真菌引起的局部炎症,如甲或爪的浅表真菌感染、雏鸡嗉囊真菌感染等。其不良反应主要表现为肝、肾损害,贫血和白细胞减少。

制霉菌素　制霉菌素的抗真菌作用与两性霉素B基本相同,但其毒性更大,不宜用于全身感染的治疗。内服用于治疗胃肠道真菌感染,如犊牛真菌性胃炎、禽曲霉菌病、禽念珠菌病;局部应用治疗皮肤、黏膜的真菌感染,如曲霉菌引起的乳腺炎、子宫炎等。

克霉唑 人工合成的广谱抗真菌药。对体表和深部真菌感染均有效,临床用于浅表真菌感染,如耳真菌感染和毛癣,以及深部真菌病,如肺部真菌感染和真菌性败血症。但对严重的深部真菌感染,宜与二性霉素 B 合用。各种真菌对本品不易产生耐药性。

2.合成抗菌药

(1)喹诺酮类 喹诺酮类是人工合成的一类具有 4-喹诺酮环结构的杀菌性抗菌药。目前常用的为第三代,即氟喹诺酮类药物。近 30 年来,氟喹诺酮类药物的研究进展十分迅速,临床常用的已有 10 多种。这类药物具有下列特点:抗菌谱广,对革兰氏阳性菌和革兰氏阴性菌、铜绿假单胞菌、支原体、衣原体等均有作用;杀菌力强,在体外很低的药物浓度即可显示高度的抗菌活性,临床疗效好;吸收快、体内分布广泛,可治疗各个系统或组织的感染性疾病;抗菌机制独特,与其他抗菌药无交叉耐药性;使用方便,不良反应小。喹诺酮类药物是通过抑制细菌 DNA 的合成发挥其抗菌作用的。

常用药物有诺氟沙星、环丙沙星、氧氟沙星、恩诺沙星、单诺沙星、沙拉沙星、氟甲喹等。

(2)磺胺药 是应用最早的一类人工合成抗菌药。磺胺与对氨基苯甲酸(PABA)的结构极为相似,因而可与 PABA 竞争二氢叶酸合成酶,妨碍二氢叶酸的合成;或者形成以磺胺代替 PABA 的伪叶酸,最终使核酸合成受阻,从而影响细菌的生长繁殖,产生抑菌作用。磺胺药抗菌谱广,性质稳定,使用方便,价格较低,但仅能抑菌,且易产生耐药性。1969 年发现甲氧苄啶与磺胺药合用时,抗菌作用显著增强,使磺胺药的应用更加广泛。

临床上主要用于治疗多种革兰氏阳性菌、阴性菌以及某些放线菌、猪痢疾密螺旋体引起的感染性疾病,对某些原虫病(球虫病、弓形虫病)也有效。常用药物有,磺胺嘧啶、磺胺二甲嘧啶、磺胺异噁唑、磺胺甲噁唑、磺胺对甲氧嘧啶、磺胺间甲氧嘧啶、磺胺脒等。

(3)二氨嘧啶类抗菌增效剂 广谱抗菌药,因能显著增强磺胺药和多种抗生素的疗效,又称为抗菌增效剂。常用的有:

甲氧苄啶(TMP)和二甲氧苄啶(DVD) 二氨嘧啶类能抑制二氢叶酸还原酶,使二氢叶酸不能还原成四氢叶酸,妨碍细胞核酸的合成。它与磺胺药分别作用于细菌叶酸合成代谢过程的两个不同阶段(双重阻断作用),因而能增强磺胺药的抗菌作用。二氨嘧啶类对动物二氢叶酸还原酶的作用极弱(仅为敏感菌的 1/60 000~1/50 000),故毒性很小。

(4)其他合成抗菌药

①喹噁啉类。常用药物有乙酰甲喹、喹乙醇。

②硝基呋喃类。常用药物有呋喃唑酮(痢特灵)、呋喃妥因、呋喃西林、硝呋烯腙。

③硝基咪唑类。硝基咪唑类是一类具有抗原虫和抗菌活性的药物,同时还具有抗厌氧菌的作用。常用药物有甲硝唑、地美硝唑。

④有机胂类。有机胂类药物为人工合成的抗菌促生长剂,主要用于促进猪、鸡生长;预防鸡球虫病。常用药物有洛克沙胂、氨苯胂酸。

⑤其他。常用药物有小檗碱、牛至油、乌洛托品。

(十一)消毒防腐药

消毒防腐药是具有杀灭病原微生物或抑制其生长繁殖的一类药物。与抗生素和其他抗菌物不同,这类药物没有明显的抗菌谱和选择性。在临床应用达到有效浓度时,往往亦对机体组织产生损伤作用,一般不作全身给药。消毒药是指能杀灭病原微生物的药物,主要用于环境、厩舍、动物排泄物、用具和器械等非生物表面的消毒。防腐药是指能抑制病原微生物生长繁殖的药物,主要用于局部皮肤、黏膜和创伤等生物体表的微生物感染,也用于食品及生物制品等的防腐。

防腐消毒药按其化学结构和性质不同,可分为酚类、醇类、酸类、碱类、卤素类、氧化剂、染料剂、重金属盐、表面活性剂和醛类等;按其作用和用途分为环境消毒药、皮肤、黏膜消毒药、创伤用消毒药等。常用药物:

(1)酚类 苯酚、复合酚、甲酚皂溶液。

(2)醛类 甲醛溶液、戊二醛液体。

(3)醇类 乙醇。

(4)卤素类 含氯石灰、复合亚氯酸钠、溴氯海因、氯胺 T、二氯异氰尿酸钠、三氯异氰脲酸粉、碘、聚维酮碘。

(5)季铵盐类 苯扎溴铵、醋酸氯己定、癸甲溴铵溶液、辛氨乙甘酸溶液。

(6)氧化剂 过氧乙酸、过氧化氢溶液、高锰酸钾。

(7)酸类 醋酸、硼酸。

(8)碱类 氢氧化钠、氧化钙。

(9)染料类 乳酸依沙吖啶、甲紫。

(十二)抗寄生虫药及灭鼠药

抗寄生虫药是指用来驱除或杀灭动物体内外寄生虫的物质。抗寄生虫药可分为:抗蠕虫药、抗原虫药和杀虫药。

1.抗蠕虫药

是指对动物寄生蠕虫具有驱除、杀灭或抑制其活性的药物,又称驱虫药。危害动物的蠕虫主要有线虫、绦虫、吸虫。常用的驱虫药分为驱线虫药、驱绦虫药和驱吸虫药。

(1)抗线虫药常用药物

①有机磷化合物。用于驱线虫药低毒有机磷化合物主要有敌百虫、哈罗松、敌敌畏、蝇毒磷、灭蠕灵、萘磷等,其中以敌百虫应用最广。

②咪唑并噻唑类。本类药物对畜禽主要消化道寄生线虫和肺线虫有效,驱虫范围较广,主要包括四咪唑(噻咪唑)和左旋咪唑(左噻咪唑)。

左旋咪唑 广谱驱虫药,对多种线虫有效。主要用于畜禽的消化道线虫病,对猪肾虫病、犬猫心丝虫和肺线虫病有效。对鸡蛔虫、异刺线虫和鹅裂口线虫有极好的驱虫作用。也可用于治疗牛乳腺炎和类风湿性疾病。

③四氢嘧啶类。四氢嘧啶类药物也是广谱驱线虫药,主要包括噻嘧啶和甲噻嘧啶,还在羟嘧啶。

噻嘧啶 本品为广谱、高效、低毒的驱线虫药,对各种消化道线虫均有驱除效果。主要用于畜禽的各种消化道线虫病,对未成熟幼虫也有效。

④苯并咪唑类。广谱、高效、低毒的驱线虫药,种类较多。

甲苯咪唑 最常用于马肠道寄生虫和猪鞭虫,也可用于家禽的消化道线虫,对犬钩虫、鞭虫、蛔虫、线虫和带属绦虫也有效。

阿苯达唑 对常见的畜禽胃肠道线虫、肺线虫、肝片吸虫和绦虫均有效,但对线虫、吸虫要使用大剂量。此外,本品杀灭囊尾蚴的作用强,虫体吸收较快,毒副作用小,为治疗囊尾蚴的良好药物。

芬苯达唑　主要用于防治家禽胃肠道线虫、绦虫感染,对牛的瘤胃吸虫、绵羊的双吸虫、大片吸虫也有效。

⑤哌嗪类。哌嗪及其衍生物是窄谱的驱线虫药,其作用范围比较固定,安全可靠。

哌嗪具有抗胆碱作用,能阻断虫体神经肌肉接头处的胆碱受体,阻断冲动的传递,导致虫体肌肉呈松弛性麻痹,不能附着于肠道而排出体外。对马的蛔虫、毛细线虫、蛲虫;猪的蛔虫、食道口线虫;犬和猫的弓首蛔虫;禽蛔虫均有良好的驱除作用。对宿主组织内正在蜕变的幼虫几乎无作用,因此,家禽应于4周后,犬、猫于2周后重复给药。

⑥阿维菌素类。具有广谱抗寄生虫活性的抗生素,主要有阿维菌素、伊维菌素、爱比菌素和多拉菌素。

阿维菌素、伊维菌素　具有广谱、高效、用量小和安全等优点的新型大环内酯类抗寄生虫药,对线虫、昆虫和螨均具有高效驱杀作用。对家畜蛔虫、蛲虫、旋毛虫、钩虫、肾虫、心脏丝虫、肺线虫等均有良好驱虫效果;对犬皮肤蠕形螨虫病和马胃蝇、牛皮蝇、疥螨、痒螨、蝇蚴等外寄生虫也有良好效果。本品制成内服制剂、片剂、注射剂及浇注剂,用于牛、羊的多种线虫和外寄生虫,对成虫、幼虫均有高效;毒、副作用小。

(2)抗绦虫药　常用药物有氯硝柳胺、碘醚柳胺、吡喹酮、硝碘酚腈、硝氯酚、阿苯达唑、三氯苯达唑、槟榔碱等。

(3)抗吸虫药　常用药物有硝氯酚、碘醚柳胺、氯氰碘柳胺、硝碘酚腈、溴酚磷、双酰胺氧醚、硫双二氯酚、三氯苯达唑、阿苯达唑等。

硫双二氯酚　本品具有广谱驱吸虫和驱绦虫作用。对牛和羊的肝片吸虫、前后盘吸虫、莫尼茨绦虫、猪姜片吸虫、绦虫、羊食道口线虫和禽绦虫等有效。此外,对马绦虫和鹿肝片吸虫也有效。一般对成虫效果好而对幼虫效果差。本品有拟胆碱作用,可致腹泻。

硝氯酚　本品对牛、羊肝片吸虫及其未成熟虫体有很好的驱杀作用。具有高效、低毒、用量少等特点,是理想的驱肝片吸虫常用药物药,但对肝片吸虫的幼虫需用较高剂量,且不安全。

(4)抗血吸虫药　常用药物有吡喹酮、硝硫氰胺(7505)、硝硫氰醚等。

吡喹酮　为广谱、高效、低毒的驱虫药。

杀血吸虫成虫作用强而迅速,对其幼虫作用弱。能迅速使虫体失去活性,发生"肝移",并消灭在肝组织内。主要用于耕牛血吸虫病,既可内服,亦可肌内注射和静脉注射,高剂量的杀虫率均在90%以上。

绦虫病高效抗绦虫药,对绦虫的幼虫和成虫都有作用,用药后虫体挛缩、麻痹,最后随粪便排出。对畜禽的多种绦虫,都有显著的驱杀作用,还可杀灭猪囊虫。

其他吸虫病对猪姜片吸虫病、犬华支睾吸虫病、肺吸虫病和肝片吸虫病亦有效。

2.抗原虫药

动物原虫病是由单细胞原生动物——原虫引起的一类寄生虫病,多呈季节性和地区性流行,亦可散在发生。原虫病的防治需采取综合措施,应用抗原虫药是其重要措施之一。抗原虫药主要有抗球虫药、抗锥虫药、抗梨形虫药和抗其他原虫药。

(1)抗球虫药　应用抗球虫药是控制球虫病的重要手段之一,抗球虫药作用于球虫发育的不同阶段,目前所知,几乎所有抗球虫药物发挥作用的最佳时期(作用峰期)都在球虫发育的第一或第二无性繁殖周期,此时,其抗球虫作用最强。抗球虫药根据其来源主要有两大类:聚醚离子载体类抗生素和化学合成的抗球虫药。

盐霉素 广谱抗球虫药,对鸡的堆型、布氏、巨型、变位、毒害、柔嫩艾美耳球虫等均有强大的作用。作用峰期在感染后 1～2 d,即对无性生殖的早期裂殖体有较强的作用。兼具抗菌活性,对于大多数革兰氏阳性菌(包括与鸡球虫病的发生密切相关的梭菌 Clostridum 等革兰氏阳性厌氧菌)有杀灭作用,对某些霉菌也有作用,且有提高饲料报酬、促进生长发育、缓解热应激等作用。

马杜霉素 对鸡的柔嫩、巨型、毒害、堆型、布氏、早熟艾美耳球虫均有很强的作用,且可促进生长、提高饲料效益。其作用峰期在感染后 1～2 d。本品毒性较强,6 mg/kg 以上混饲,对鸡的生长即有明显的抑制作用。

海南霉素 其抗球虫活性与马杜霉素相当,对主要五个种的鸡球虫(柔嫩、毒害、巨型、堆型、变位艾美耳球虫)都有明显的抗球虫效果。蛋鸡产蛋期禁用,休药期 7 d。

离子载体类抗球虫药还有莫能菌素、罗奴霉素、拉沙洛西等。

氨丙啉 本品对各种鸡球虫均有作用,其中对柔嫩和堆型艾美耳球虫的作用最强,对毒害、布氏和巨型艾美耳球虫的作用较弱,所以最好联合用药,以增强其抗球虫药效,与其他抗球虫药合用效果较好。多与乙氧酰胺苯甲酯、磺胺喹噁啉(SQ)等并用,以增强疗效。其作用峰期在感染后第 3 天,即主要作用于第一代裂殖体,阻止其形成裂殖子,且对有性周期和子孢子有一定程度的抑制作用。可用于预防和治疗球虫病,是蛋鸡的主要抗球虫药。

氯苯胍 具有疗效高、毒性小、适口性好等特点,对急性或慢性球虫病均有良好效果。作用峰期在感染后第 2～3 天,即主要对第一期裂殖体有抑制作用,对第二期裂殖体、子孢子亦有作用,并可抑制卵囊发育。但个别球虫在氯苯胍存在情况下仍能继续生长达 14d 之久,因而过早停药易致球虫病复发。

二硝托胺(球痢灵) 对鸡和火鸡的多种艾美耳球虫,如毒害、柔嫩、布氏、堆形、巨型艾美耳球虫均有良好效果,特别是对小肠最有致病性的毒害艾美耳球虫效果最好。其作用峰期在感染后第 3 天,主要是抑制球虫第二个无性周期裂殖芽孢的增殖。主要用于鸡和火鸡的球虫病。

氯羟吡啶 对鸡的 9 种艾美耳球虫均有良效,特别是对柔嫩艾美耳球虫作用最强。其作用峰期在感染后第 1 天,即主要作用于球虫无性繁殖初期,抑制子孢子及第一代裂殖体的发育。因此,可在感染前或感染同时用药作为预防或早期治疗,才能充分发挥其抗球虫作用。本品亦可用于鸡住白细胞原虫病。

尼卡巴嗪 尼卡巴嗪是肉鸡、火鸡球虫病的良好预防药,但不适用于产蛋鸡。对鸡的柔嫩、堆型、巨型、毒害、布氏艾美耳球虫均有良好的预防效果,可广泛用于鸡、火鸡球虫病的预防。其作用峰期在感染后第 4 天,即对第二代裂殖体作用最强,其杀球虫作用比抑制球虫的作用更强。此外,对氨丙啉表现耐药性的球虫用尼卡巴嗪仍然有效。

常山酮 广谱、高效抗球虫药,对鸡、火鸡的多种球虫均有效,对柔嫩、毒害艾美耳球虫作用最强。本品对球虫的子孢子、第一代裂殖体、第二代裂殖体均有明显的抑杀作用。本品与其他抗球虫药无交叉耐药性。

地克珠利 广谱、高效、低毒的抗球虫药。对鸡的柔嫩、堆型艾美耳球虫和鸭球虫的防治效果明显优于其他抗球虫药。本品药效期较短,停药 1 d,抗球虫作用明显减弱、2 d

后作用基本消失,因此必须连续用药以防球虫病再度暴发。其作用峰期可能在子孢子和第一代裂殖体早期阶段。兼具促生长和提高饲料转化率的作用。

(2)抗锥虫药　家畜锥虫病防治。一是及时应用抗锥虫药进行治疗,用药量要充足;二是预防,要加强饲养管理,尽可能地消灭虻、厩蝇等传播媒介,选用合适药物(如喹嘧胺)预防,这样才能杜绝本病发生。常用药物有三氮脒、那加宁、新胂凡纳明、甲硫喹嘧胺、喹嘧胺、锥灭定等。

喹嘧胺　对马伊氏锥虫、马媾疫锥虫、刚果锥虫和活泼锥虫均有效,对牛、骆驼的伊氏锥虫也有效。预防马媾疫时,母马应在配种前 18 d 注射一次,公马应每 3 个月注射一次,可获良好效果。用其甲基硫酸盐 3 份和氯化物 2 份制成混合盐使用可产生良好的预防效果。马属动物对本品较敏感,一般可在 5~6 h 消失。反应严重者可肌内注射硫酸阿托品解救。

三氮脒(贝尼尔)　对家畜的锥虫和焦虫均有治疗效果,还有一定的预防作用。对马焦虫、牛巴贝斯焦虫、双芽焦虫、柯契卡巴贝斯焦虫,羊焦虫等效果好。对马媾疫锥虫病、牛环形泰勒锥虫病和边缘边虫病也有一定的治疗作用。除有治疗效果外,还有一定的预防作用。但如剂量不足,焦虫和锥虫都可产生耐药性。

(3)抗梨形虫药(抗焦虫病)　梨形虫病(旧称焦虫病、血孢子虫病),是由梨形虫纲巴贝斯科或泰勒科原虫引起的血液原虫病的总称。由蜱或其他吸血昆虫为传播媒介引起流行和传染。扑灭蜱和虻、蝇等吸血昆虫,是防止本类疾病的主要环节。常用药物有喹啉脲、青蒿琥酯、双脒苯脲、间脒苯脲等。

(4)抗其他原虫药　其他原虫主要包括侵害禽类的各种住白细胞原虫、禽毛滴虫、火鸡组织滴虫、疟原虫、六鞭毛虫和血变形虫等。

抗住白细胞原虫常用药物:乙胺嘧啶、磺胺甲氧哒嗪、阿的平等。

抗滴虫常用药物:甲硝唑、地美硝唑等。

3.杀虫药和灭鼠药

(1)杀虫药　凡能杀灭动物体外寄生虫的药物称杀虫药。

①有机磷类·敌敌畏、二嗪农、巴胺磷、蝇毒磷、倍硫磷、精制马拉硫磷、辛硫磷、甲基吡啶磷。

②有机氯化合物:氯芬新。

③拟除虫菊酯类:氰戊菊酯、溴氰菊酯。

④其他杀虫药:环丙氨嗪、非波罗尼、双甲脒、升华硫、硫软膏等药物及其制剂。

(2)灭鼠药　指用于防治有害啮齿类动物的化学毒物。

①慢性灭鼠药:敌鼠钠盐、氯敌鼠、杀鼠灵、杀鼠迷、大隆、杀它仗、溴敌隆。

②急性灭鼠药:磷化锌、毒鼠磷、灭鼠宁、灭鼠丹。

③生物毒素灭鼠药:C 型肉毒梭菌毒素。

(十三)特效解毒药

1.有机磷酸酯类中毒的解毒药

有机磷化合物进入体内后与胆碱酯酶结合,形成磷酰化胆碱脂酶,使胆碱酯酶丧失水解乙酰胆碱(Ach)的活性,致使体内乙酰胆碱大量蓄积而中毒。对症解毒剂主要是阿托品,阻断 M-受体,但不能消除 Ach 对骨骼肌的作用,也不能恢复酶活性;对轻度中毒的动物可单独应用,对中度和重度中毒应加用胆碱酯酶复活剂。胆碱酯酶复活剂能使被抑制的胆碱酯酶迅速恢复正常。

常用药物:碘解磷定、氯解磷定、双解磷、双复磷等。

碘解磷定 主要用于有机磷化合物急性中毒。该药静脉注射后数分钟即产生治疗效果,但不能透过血脑屏障,很快被肝脏分解,半衰期短,需反复应用。大剂量静脉注射可直接抑制呼吸中枢,注射过速会产生呕吐、心动过速、运动失调等;组织刺激性强。

2.有机氟中毒的解毒药

有机氟化合物(氟乙酰胺、氟乙酸钠等)主要经消化道,有时也可经损伤的皮肤和呼吸道进入体内,引起人畜中毒。能在体内形成氟柠檬酸而抑制顺乌头酸酶的活性,最终破坏体内三羧酸循环的正常进行。乙酰胺(即解氟灵)的结构与氟乙酰胺结构相似,能竞争性地争夺酰胺酶,阻止氟乙酸的形成。

3.亚硝酸盐中毒的解毒药

亚硝酸盐与血液中的亚铁血红蛋白结合生成高铁血红蛋白(MHb),使血红蛋白不能与氧结合而失去携氧能力,导致组织缺氧,发生呼吸中枢麻痹,造成窒息死亡。用适当的还原剂(如亚甲蓝、维生素 C 等)使高铁血红蛋白还原为亚铁血红蛋白,以恢复其运送氧的功能。常用药物是亚甲蓝,小剂量($1 \sim 2$ mg/kg)起还原作用。

4.氰化物中毒的解毒药

氰化物中的氰离子可与动物体内的多种酶结合,其中最主要的是与细胞线粒体内的氧化型细胞色素氧化酶(呼吸酶)中的 Fe^{3+} 结合,形成氰化细胞色素氧化酶,使其失去活性,不能利用血中的氧,造成组织细胞缺氧而中毒。应用氧化剂(如亚硝酸钠)使部分亚铁血红蛋白被氧化为高铁血红蛋白,后者的 Fe^{3+} 与氰化物有高度的亲和力,结合成氰化高铁血红蛋白,这样一方面阻止 CN^- 与组织的细胞色素氧化酶结合,另一方面还可夺取已经与细胞色素氧化酶结合的 CN^-,恢复酶的活性,从而产生解毒作用。但氰化高铁血红蛋白仍可部分解离出 CN^- 而产生毒性,故用氧化剂后还需要进一步用硫代硫酸钠解毒。

5.金属与类金属中毒的解毒药

多数重金属(如铅、汞、铜、铬、锌、银等)和类金属(如砷、锑、磷等)能与体内的氧化还原酶系统的巯基相结合,抑制酶的活性,从而抑制组织细胞的功能。含有巯基的解毒剂,如二巯基丙醇、二巯基丙磺酸钠、二巯基丁二酸钠、青霉胺等,能与金属或类金属离子结合成环状络合物(低毒或无毒),由尿排出。它们与金属或类金属离子的亲和力大于酶与金属或类金属离子的亲和力,因此不仅可防止金属或类金属离子与含巯基的酶结合,还可夺取已经与酶结合的金属或类金属离子,使酶恢复活性而起解毒作用。

金属络合剂 如依地酸钙钠、依地酸二钠等,是一种强力络合剂,能与多种金属离子形成无毒、稳定、可溶性的络合物从体内排出。但一般不用,因它们可与血中钙离子络合,引起血钙急剧下降。

三、给药方法

(一)兽药的给药方法

1.个体动物给药法

(1)口内投药法 口内灌药和口内投放。

(2)胃管投药法。

(3)注射给药法　肌内注射、皮下注射、静脉注射、腹腔注射、气管注射、乳管注射、嗉囊注射。

(4)种蛋与鸡胚给药法　熏蒸法、浸泡法、注射法。

(5)灌肠给药法。

(6)鼻眼滴药法。

(7)局部涂擦法。

2.群体动物给药法

(1)混水给药。

(2)混料给药。

(3)气雾给药。

(4)药浴。

(二)常用给药途径及其特点

不同的给药途径影响药物的吸收速度、吸收量以及血中的药物浓度,因而也影响药物作用的快慢与强弱。个别药物会因给药途径不同,影响药物作用的性质,因此,临床采取哪一种给药途径则应根据疾病的具体情况和需要而定。

1.内服

药物经口或用胃管灌服后,主要在小肠吸收。药物在胃肠的吸收比其他给药途径为慢,起效也慢,而且易受许多条件如胃肠内食糜的充盈度、酸碱度、排空率、幽门的启闭、药物的相互作用、首过效应以及胃肠病患等因素的影响,致使药物吸收缓慢而不规则。

2.注射法

药物通过皮下、肌内注射或静脉注射进入体内,优点较多,临床上常用。

(1)静脉注射或静脉滴注　是把药液直接输入或滴入静脉内,其优点是作用迅速,剂量准确,效果可靠,可用于急性病例。

(2)肌内注射　常用于兽医临床,对药物吸收速度不如静脉注射快。部位多在感觉神经末梢少、血管丰富的臀部。吸收较皮下注射快,疼痛较轻。

(3)皮下注射　将药液注入皮下疏松结缔组织中,经毛细血管或淋巴管缓慢吸收,其发生作用的速度比肌内注射稍慢,但药效较持久。

(4)腹腔注射　多用于不能内服或不能静脉注射但又必须补充大量营养性液体的病畜。

3.直肠、阴道及乳管内注射

主要目的是在用药局部发挥药物的作用。

4.皮肤、黏膜用药

主要发挥药物的局部作用,以治疗皮肤、黏膜疾病或消灭体表的寄生虫等。

5.呼吸道给药

气体或挥发性药物以及气雾剂可采用呼吸道吸入法给药。此法给药方便易行,发生作用快而短暂。现行的气雾免疫法,在集约化养鸡场或大规模饲养条件下,是很有前途而且值得重视的一种给药方法。

(三)给药时间及其对药效的影响

给药时间也是决定药物作用的重要因素,许多药物在适当的时间应用,可以提高药效。例如,健胃药在动物饲喂前 30 min 内投予,效果较好;驱虫药应在空腹时给予,才能确保药效。一般内服药物在空腹时给予,吸收较快,也比较完全;对胃肠有刺激作用的药物,要求在饲喂前 1 h 或饲喂后 1 h 给予为宜。

(四)用药次数与反复用药

用药的次数取决于病情的需要,给药的间隔时间则须参考药物的血浆半衰期。一般在体内代谢快的药物应增加给药次数,在体内消除慢的药物应延长给药的间隔时间。

(1)疗程　是指为了达到治疗的目的,通常需要反复用药一段时间。反复用药的目的在于维持血中药物的有效浓度,比较彻底地治疗疾病,坚持给药到症状好转或病原体消灭以后,才停止给药。

(2)耐受性　某些药物在连续反复给药后,机体也会产生对药物的反应性逐渐降低或减弱的现象,这种情况称为耐受性。有些药物反复应用后,除了产生耐受性外,还可产生习惯性或成瘾性。

(五)兽药处方

凡是制作任何药剂的书面文件均可称为处方。处方有法定处方、验方、生产处方和兽医师处方等几种。这里特指兽医师处方,其内容分三部分。

(1)前记　包括日期、编号、畜主、地址、电话、患畜的种属、性别、年龄、特征等。

(2)处方头　均以 Rp 起头,有"取下列药品"之意。

(3)正文　包括药名、规格、数量。药名用中文或英文书写。每药一行,逐行书写。同一处方各药物成分,一般按主药、佐药、矫味药、赋形药或稀释剂依序书写。数量一律用阿拉伯数字,小数点应对齐。单位依国家标准用国际单位制,固体通常用 g(克)或 mg(毫克)、液体用 mL(毫升)表示。

(4)配制法　是兽医师对药剂人员指出的药物调配方法。

(5)服用法　指出给药方法、次数及各次剂量。

(6)兽医师签名。

(六)注意事项

1.兽药的贮藏与保管

影响药品稳定性的因素主要有:空气、日光、温度、湿度、时间和生物。大批量药物应有专用仓库保管,小批量药物也应有专用药柜。根据药物的理化性质和影响药物质量的外界因素,采取适宜的保存方法。一般要求避光、干燥、容器密封、常温或低温等,必要时加抗氧化剂、防腐剂、防霉剂。有特殊要求者,按药品说明书规定的条件保管。

2.兽药的有效期

有效期是指药品在规定的贮藏条件下能够保持质量的时间。失效期指药品到此日期即超越安全有效范围。若需延期应用,要经药检部门鉴定认可。我国规定,厂家生产

的药品,都直接标明效期。其表示方法有:

(1)标明有效期　如某药有效期 2007 年 5 月,即可使用到 2007 年 5 月底为止。

(2)标明失效期　如某药失效期 2007 年 5 月,表示可以用到 2007 年 4 月 30 日。

(3)标明批号和效期　厂家在药品生产过程中,将同一次投料、同一生产工艺所生产的药品,用一个批号来表示。例如,某药批号为 070721-3,表示为 2007 年 7 月 21 日第 3 次投料生产的药品。如写有效期 3 年,即可使用到 2010 年 7 月 20 日。在购买和使用药物时,应看清效期,以免误用。

3.危险药品的保管

(1)剧药、毒药的保管　剧药指药理作用强烈,极量与致死量接近,超过极量能引起严重反应的药物,如巴比妥类、盐酸等。毒药的作用更为强烈,超过极量即能引起动物中毒或死亡的药物,如敌百虫、敌敌畏等剧毒药应专柜保管,专人负责,领用记账,标签清晰,包装完整,慎重使用,称量准确。

(2)易燃易爆类药品的保管　氧化剂(如过氧乙酸、高住酸钾)、易燃品(酒精、棒脑等)应密封包装,分类保管,专柜贮藏,注意通风降温,严禁明火,消防安全设施要齐全。

第二节　补液疗法

一、补液方法

补液疗法是液体疗法中一种,液体疗法是通过补充(或限制)某些液体维持体液平衡的治疗方法。广义上包括静脉营养、胶体液的输入、输血或腹膜透析等。

补液常用方法或途径分两类:

(1)胃肠道口服补液　临床上尽量采用口服补液。在口服或吸收液体发生困难时,可采用其他方法;必要时可采用胃管点滴输液。

(2)胃肠道外　静脉输液最常用。

补液疗法中常用液体大致分为两种:

(1)非电解质液　包括饮用白开水及静脉输入 5%～10% 葡萄糖注射液。可补充因呼吸、皮肤蒸发所失水分及排尿丢失的液体;纠正体液高渗状态;不能补充体液丢失。

(2)等渗含钠液　如生理盐水、林格氏液、2:1 溶液(2 份生理盐水,1 份 1.4% 碳酸氢钠或 1/6 mol 乳酸钠溶液)、改良达罗氏液(每升含生理盐水 400 mL、等渗碱性液及葡萄糖液各 300 mL、氯化钾 3 g 等)。

主要功能是:补充体液损失;纠正体液低渗状态及酸碱平衡紊乱;不能用以补充不显性丢失及排稀释尿时所需的液体。临床上常用的是将上述两类溶液按不同比例配制的溶液。

(一)口服补液

胃肠道口服补液是最常用补液方法。

正常动物机体不断通过皮肤蒸发、出汗、呼吸、排尿及排粪丢失一定量水及电解质，这些丢失需及时补充，称为液体的生理需要。液体的生理需要首选是口服补液。在补充生理液量的同时，需补充电解质的丢失。液体疗法时，生理需要液量可按基础代谢热卡计算，并需根据患畜及环境情况作适当调整，如高热、多汗时液量需适当增加；长期雾化吸入，抗利尿激素分泌异常综合征时需减少补液量。

1.口服补液盐

口服补液盐是目前胃肠道口服补液最实用方法。口服补液盐对急性腹泻脱水疗效显著，常作为静脉补液后的维持治疗用，配方是世界卫生组织 1967 年制定的，其成分是氯化钠 3.5 g、碳酸氢钠 2.5 g 和葡萄糖 20 g，加水至 1 000 mL 后饮用，首先用于治疗人类小儿消化不良和秋季腹泻引起的轻度及中度脱水，取得较好效果，后在兽医临床上得到应用。

2.用法及用量

让家畜自由饮用或胃管滴注，轻度脱水每日 30～50 mL/kg，中、重度脱水每日 80～110 mL/kg，于 4～6 h 内服完或滴完。腹泻停止，应立即停服，以防止出现高钠血症。

3.注意事项

(1)口服补液盐应用不当会加重病情，甚至导致不良后果，其原因在于消化不良和急性胃肠炎患者的消化道黏膜有炎性水肿，吸收功能很差，短时间内大量快速服用补液盐，不但难以吸收，而且会促使胃肠蠕动加快，引起吐泻加剧，脱水及电解质紊乱加重。所以，口服补液盐虽有许多优点。因此也不能滥用。

(2)该品虽为口服制剂，但同样强调含量准确、配制方法及使用方法之规范。口服补液盐其含盐类不仅应准确，添加的葡萄糖也应力求准确。口服补液盐配方为：氯化钠3.5 g，碳酸氢钠 2.5 g，氯化钾 1.5 g、无水葡萄糖 20 g，加水 1 000 mL。其内含水电解质为：钠 90 mmol/L，钾 20 mmol/L，氯 80 mmol/L，碳酸氢盐 30 mmol/L，葡萄糖 111 mmol/L。

(二)静脉补液

1.静脉补液的目的和应用

机体出现严重脱水和电解质紊乱，必须通过静脉补液。机体脱水分为高渗性脱水、等渗性脱水和低渗性脱水；根据程度又分为轻、中、重三度。机体脱水时往往伴有电解质紊乱和酸碱平衡紊乱。身体内有很多离子，如钾、钠、氯和钙，其浓度都有一定的范围，过多过少都需要调节，如高钾血症、低钾血症、高钠血症、低钠血症；健康动物血液的酸碱度（即 pH）始终保持在一定的水平，其变动范围很小，疾病可以造成过酸或过碱，必须纠正。因此，静脉补液目的是纠正体内已经存在的水及电解质紊乱，恢复和维持血容量，渗透压，酸碱平衡和电解质成分的稳定，使机体进行正常的生理功能。

静脉补液主要应用：①不能经口摄入或经口摄入不足，难以维持生理需要，如昏迷的病畜、脱水病畜；②需要迅速补充有效血容量，如各种休克、脱水、失血；③危重病畜的抢救治疗；④需要输液维持尿量，防止肾功能衰竭；⑤补充营养和热量；⑥输入治疗药物和促进毒物排出体外等，应用范围很广，是临床上最常用治疗技术。

2.静脉补液基本原则

静脉补液应遵循"一、二、三、四"的基本原则。"一"是指一个计划，即一个 24 h 计划；"二"是指二个步骤，即补充累计损失量和维持补液；"三"是三个确定，即定量、定性、定速度和定步骤;四是指四句话,即先快后慢、先盐后糖、见尿补钾、随时调整。

二、常用补液用液体的种类、成分及配制

(一)非电解质溶液

常用的有5%葡萄糖液(5%GS)和10%葡萄糖液(10%GS),主要供给由呼吸、皮肤所蒸发的(不显性丢失)及排尿丢失的水分和供应部分热量,并可纠正体液高渗状态,但不能用其补充体液丢失。5%GS为等渗溶液,10%GS为高渗溶液,但输入体内后不久葡萄糖被氧化成二氧化碳和水,同时供给能量,或转变成糖原储存于肝、肌细胞内,不起到维持血浆渗透压作用。

(二)电解质溶液

电解质溶液种类较多,主要用于补充损失的液体(体液丢失)、电解质和纠正酸碱失衡,但不能用其补充丢失及排稀释尿时所需的水。

(1)生理盐水(0.9%氯化钠溶液) 为等渗溶液,常与其他液体混合后使用,其含钠和氯量各为154 mmol/L,含钠很接近于血浆浓度142 mmol/L,而含氯比血浆浓度(103 mmol/L)高。输入过多可使血氯过高,尤其在严重脱水酸中毒或肾功能不佳时,有加重酸中毒的危险,故临床常以2份生理盐水和1份1.4%NaHCO₃混合,使其钠与氯之比为3:2,与血浆中钠、氯之比相近。

(2)高渗氯化钠溶液 常用的有3%NaCl和10%NaCl,均为高浓度电解质溶液,3%NaCl主要用以纠正低钠血症,10%NaCl多用以配制各种混合液。

(3)碳酸氢钠溶液 可直接增加缓冲碱,纠正酸中毒作用迅速,是治疗代谢性酸中毒的首选药物,1.4%溶液为等渗液,5%为高渗液。在紧急抢救酸中毒时,亦可不稀释而静脉推注。但多次使用后可使细胞外液渗透压增高。

(4)氯化钾溶液 常用的有10%氯化钾和15%氯化钾溶液两种。均不能直接应用,须稀释成0.2%~0.3%溶液静脉点滴。

(三)混合溶液

渗透压指溶质对水的吸引能力。张力指溶液在体内维持渗透压的能力。稀释定律:稀释前浓度×稀释前体积=稀释后浓度×稀释后体积。即:$C_1 \times V_1 = C_2 \times V_2$。并且强调但凡涉及物质浓度的换算,均遵循此定律。为适应临床不同情况的需要,将几种溶液按一定比例配成不同的混合液,以互补其不足,常用混合液的组成及配制见表3-2。

表3-2 常见混合溶液和简便配制方法

溶液种类	5%(10%)GS	10%NaCl	5%SB	主要用途
1:1液	500	20		用于没有明显碱中毒及酸中毒的呕吐脱水
1:4液	500	10		用于补充生理需要量
2:1液	500	30	47	重度脱水扩容
2:6:1液	500	10	16	高渗性脱水
2:3:1液	500	15	25	等渗性脱水
4:3:2液	500	20	33	低渗性脱水

注:GS指葡萄糖注射液,SB指碳酸氢钠(NaHCO₃)注射液。

三、静脉补液具体操作

1.操作前准备

保定好动物。

2.定量

轻度脱水 20～30 mL/kg;中度脱水 30～50 mL/kg;重度脱水 50～80 mL/kg。

3.定性

根据临床需要确定补液性质。参考表 3-3 确定"三定原则"中"二"定液体性质。

表 3-3　确定补液的标准

体液损失类型	确定补液原则	确定液体浓度
累积损失量	脱水性质	等渗:2∶3∶1 溶液(1/2 张)
		低渗:4∶3∶2 溶液(2/3 张)
		高渗:2∶6∶1 溶液(1/3 张)
继续损失量	丢什么补什么	腹泻 1/3～1/2 张
生理需要量	生理需要	1/4～1/5 张溶液

4.定速

(1)轻度脱水　第一步:补充累积损失量 8～12 h,8～10 mL/(kg·h);第二步:维持补液(继续损失量＋生理需要量)12～16 h,5 mL/(kg·h)。

(2)重度脱水　分三步,第一步:扩容阶段 2∶1 等张含钠液(1.4％碳酸钠液)20 mL/kg(总量＜300 mL),30～60 min 滴完;第二步:补充累积损失量应减去扩容量,余同上;第三步:维持补液同上。

(3)电解质的补充　按钠、钾和钙顺序。

5.静脉注射

最后完成注射。

6.注意事项

(1)补液速度过慢达不到目的,过快可以引起心衰或中毒;累积损失量在第一个 8 h 补足,为 1/2 总量。

(2)注射用水是禁止直接由静脉输入的,因其无渗透张力,输入静脉可使 RBC 膨胀、破裂,引起急性溶血。

(3)含钾溶液不可静脉推注,注入速度过快可发生心肌抑制而死亡。

第三节　洗胃及灌肠

一、洗胃

(一)洗胃

洗胃是将胃内容物冲洗出来的操作。目的是彻底清除误食的毒物、排空胃内食物残渣为切除术作准备、对毒物进行鉴定等。

洗胃是抢救中毒动物生命的关键措施。动物中毒后,除吞服腐蚀剂(强酸、强碱等)者外,一律要在 6 h 内迅速、彻底洗胃,超过 6 h 以上者,也要争取尽可能洗胃。通常根据吞服的毒物,选择 1:5 000 高锰酸钾溶液、2% 碳酸氢钠溶液、生理盐水或温开水,最后加入导泻药(一般为 25%~50% 硫酸镁)以促进毒物排出。

上消化道出血的动物,不宜强行洗胃。

首先抽取胃内容物送检,再接电动洗胃器或洗胃漏斗,注入洗胃液反复冲洗,直到洗出液透明无药味为止。最后注入导泻药,将胃管反折后迅速拔出,清理洗胃器械,将病畜擦洗干净。

(二)注意事项

(1)对于急性中毒,应迅速采用口服催吐法,减少毒物吸收。

(2)毒物不明时,应抽取胃内容物,及时送检,同时选用温开水或生理盐水洗胃,毒物性质明确后,再采用对抗剂洗胃。

(3)强腐蚀性毒物中毒时,禁止洗胃,并按医嘱给予药物及物理性对抗剂,如牛奶、蛋清、米汤、豆浆等保护胃黏膜。

(4)病畜昏迷洗胃时,头应偏向一侧,特别是反刍兽应防止瘤胃内容物返流和分泌物误吸进入气管而引起窒息。

(5)严格掌握每次的灌洗量,即 300~1 500 mL。

(6)洗胃中密切观察病情变化,配合抢救。

(7)电动吸引器洗胃时,应保持吸引器通畅,不漏气,压力适中。

二、灌肠

灌肠法是用导管自肛门经直肠插入结肠灌注液体,以达到通便排气的治疗方法。灌肠法能刺激肠蠕动,软化、清除粪便,并有降温、催产、稀释肠内毒物、减少吸收的作用,此外,亦可达到供给药物、营养、水分等治疗目的。灌肠法分为大量不保留灌肠、小量不保留灌肠、保留灌肠和清洁灌肠。

(一)灌肠的目的

(1)大量不保留灌肠的目的是解除便秘,降温,为某些手术、检查或分娩做准备,稀释并清除肠道内的有害物质,减轻中毒。

(2)小量不保留灌肠目的是软化粪便、解除便秘、排出积气、用于腹部或盆腔手术等。

(3)保留灌肠目的是镇静、催眠及治疗肠道感染。

(4)清洁灌肠的目的是彻底清除滞留在结肠中的粪便,常用于直肠、结肠 X 线摄片和手术前的肠道准备。

(二)操作步骤

(1)操作前准备 保定好动物,评估病畜的病情、肛周情况。

(2)根据医嘱准备灌肠溶液及用物

①大量不保留灌肠的灌肠溶液为 0.1%~0.2% 肥皂水、生理盐水。温度以 39~

41℃为宜,降温时用 28～32℃,中暑病人用 4℃生理盐水。

②关闭门窗,适当遮挡。

③小量不保留灌肠溶液选用"1、2、3"灌肠溶液,即 50％硫酸镁 15 mL 1 份、甘油 30 mL 2 份、温开水 45 mL 3 份(以上剂量是大型宠物犬用量,猪、牛和小型犬酌情增减),或选用油剂,即甘油或液体石蜡 50～100 mL 加等量温开水;或各种植物油 120～500 mL;溶液温度为 38℃。

④保留灌肠溶液。一般镇静催眠用 10％水合氯醛;肠道抗感染用 2％小檗碱、0.5％～1％新霉素或其他抗生素等。灌肠液量 200～500 mL,温度 39～41℃。

⑤清洁灌肠。多用肥皂水灌肠,然后用生理盐水灌肠数次直至排出液清晰无粪便为止。

(3)挂灌肠筒于架上,液面距肛门 40～60 cm,润滑肛管,连接玻璃接管,排气,夹紧肛管。

(4)将肛管轻轻插入直肠,松开夹子,使溶液缓慢灌入。

(5)观察液体灌入情况,如灌入受阻,可稍移动肛管;动物有便意时,适当放低灌肠筒。

(6)液体将流完时,夹紧橡胶管,用卫生纸包住肛管拔出,放弯盘内,擦净肛门。

(7)清理用物,并做好记录,如 1/E 表示灌肠后排粪一次。

(三)注意事项

(1)掌握灌肠的温度、浓度、流速、压力和液量,降温灌肠应保留 30 min 后排出,排便后 30 min 测体温,并记录。

(2)灌肠过程中注意观察病畜反映,若出现苍白、出冷汗、剧烈腹痛、脉速、呼吸急促等,立即停止灌肠并通知兽医进行处理。

(3)禁忌证:急腹症、消化道出血、妊娠、严重心血管疾病等不宜灌肠。

(4)充血性心力衰竭病人或钠水潴留病人禁用生理盐水灌肠。

第四节　其他疗法

一、封闭疗法

封闭疗法是以不同剂量和不同浓度的局部麻醉药注入组织内,利用其局部麻醉作用减少局部病变对神经中枢的刺激并改善局部循环,从而促进疾病痊愈的一种治疗方法。注射局部麻醉药物时加适量青霉素一起注射,治疗效果会更佳。

(一)适应证

适用于全身各部位的肌肉、韧带、筋膜、腱鞘、滑膜的急慢性损伤封闭疗法,骨关节病、脓肿和蜂窝织炎发病初期亦适用。

(二)常用药物

(1)1%～2%普鲁卡因。

(2)0.5%～1%利多卡因。

(3)类固醇类药物　如氢化可的松、地塞米松等。配合药物为青霉素。

(三)注射部位

常用的有痛点封闭、鞘内封闭、硬膜外封闭、神经根封闭。

(四)操作方法

封闭疗法的关键是明确诊断。而压痛点常是病灶所在,因此寻找压痛点非常重要。一般小的较表浅部位的封闭,在压痛点中心进针,注入药物。较深部位的封闭,找准压痛点,刺入皮肤、皮下组织直达病变部位,经抽吸无回血后将药物注入。对脓肿和蜂窝织炎治疗时应在病灶周围作环形封闭,切勿直接注入病灶中央。

二、引流疗法

引流是指将身体内发炎部位的脓液或手术切口内的渗出液排除到体外的方法。

(一)适应症

(1)皮肤和皮下组织切口严重污染,经过清创处理后,仍不能控制感染时,在切口内放置引流物,使切口内渗出液排出,防止感染。

(2)脓肿和蜂窝织炎切开排脓后,放置引流物,可使继续形成的脓液或分泌物不断排出,使脓腔逐渐缩小而愈合。

(3)切口内渗血未能彻底控制,可能继续渗血;创伤愈合缓慢;手术或吻合部位有内容物漏出。

(二)引流种类

(1)纱布条引流　应用防腐灭菌的干纱布条涂布软膏或浸泡防腐消毒液,放置在腔内,利于液体排出。缺点是纱布条引流在几小时内吸附创液、饱和,创液和血凝块沉积在纱布条上,阻止进一步引流。

(2)胶管引流　应用乳胶管,壁薄,管腔直径 0.5～2.0 cm。在插入创腔前用剪刀将引流管剪成许多小孔。优点是引流管对组织无刺激,在组织内不变质,利于液体排出。

①引流方法。创伤缝合时,引流管插入创内深部,创口缝合,引流的外部一端缝到皮肤上。在创内深部一端,由缝线固定。引流管不要由原来切口处通出,而要在其下方单独切开一个小口通出引流管。引流管要每天清洗,以减少发生感染机会。脓肿切开时(先要除毛消毒),要在脓肿波动感最明显部位的最低处开口,开口大小 1～3 cm,切开后排脓、清洗、消毒,然后放置纱布条或胶管引流,每天要冲洗、消毒,置换引流物。

②引流的护理。应该在无菌状态下引流,引流出口应该尽可能向下,有利于排液。出口下部皮肤涂有软膏,防止创液、脓汁等腐蚀被毛和皮肤。每天应该更换引流管或纱布,如果引流排出量较多,更换次数要多些。因为引流的外部已被污染,不应该直接由引

流管外部向创内冲洗,否则要使引流外部细菌和异物进入创内。同时要控制好动物,防止引流物被舔、咬或拉出创外。并根据病情,适当进行全身治疗。

三、穿刺疗法

穿刺是将穿刺针刺入体腔抽取分泌物做化验,向体腔注入气体或造影剂做造影检查,或向体腔内注入药物的一种诊疗技术。常用穿刺术有以下几种:

(1)脑或脊髓腔穿刺术。

(2)胸部体腔穿刺术。

(3)腹部体腔和脏器穿刺术。

(4)骨髓穿刺术。

(5)淋巴结穿刺术。

(6)关节腔穿刺术。

(7)血管穿刺术。

穿刺检查是对动物体的某一体腔、器官或部位,进行实验性穿刺,来证实其中有无病理产物并采取其体腔内液、病理产物或活组织进行检查而诊断疾病的方法。穿刺治疗是利用穿刺术向动物的体腔或器官穿刺,放出其内部的气体、液体、分泌物,或者向内部注入药物,以起到一种治疗作用。穿刺疗法包括以下内容。

(一)瘤胃穿刺放气

(1)适应症　主要是反刍兽在发生急性瘤胃臌气时采取的一种治疗方法。多见于牛和山羊。

(2)保定　动物采取站立保定。

(3)穿刺方法　穿刺部位在左肷窝中央或臌气的最高处。方法是局部剪毛、碘酊消毒,切开皮肤 1~2 cm,将皮肤稍向下移,将套管针头向右侧肘的方向刺透皮肤组织及瘤胃胃壁,左手固定套管针,右手拔出套管针心,使气体缓缓放出。放气完毕,可从套管针孔注入止酵防腐药。最后用左手指压紧皮肤,右手将套管针心再插入套管中,然后迅速拔出套管针,穿刺部位缝合,再用碘酊消毒。

(二)急性胃臌胀穿刺放气

(1)适应症　主要是单室兽因胃内食物发酵异常而引起的急性胃臌胀。多见于猪和犬。

(2)保定　动物采取右侧卧保定。

(3)穿刺方法　穿刺部位在左侧肋弓后臌气的最高处。方法是局部消毒,将套管针头向右侧肘的方向刺透皮肤及胃壁,左手固定套管针,右手拔出套管针心,使气体缓缓放出。放气完毕,可从套管针孔注入止酵防腐药。最后用左手指压紧皮肤,右手将套管针心再插入套管中,然后迅速拔出套管针,针孔部按压片刻,碘酊消毒。

(三)腹水穿刺排出

(1)适应症　因细菌性腹膜炎、胃肠出血、肝病、肝炎、中毒、肾脏疾病及心脏疾病等,引起的腹水增多,腹围增大,导致呼吸困难,急需排出腹水的病症。

（2）保定　大动物采取站立保定；小动物采取右侧卧保定。

（3）穿刺方法　小动物穿刺部位在耻骨前缘与脐之间的腹正中线右侧3～4 cm处或腹正中线上刺入。先右侧卧保定，充分暴露腹部，术部剪毛消毒，用12～20号针头垂直皮肤刺入，当针头透过皮肤后，慢慢推进针头，刺入深度为1.5～3 cm，液体自动流出，如流动不畅，可摆动针头或用注射器抽吸，放完液体后，拔下针头，术部按压消毒。大动物穿刺部位一般在腹下最低点，白线两侧2～3 cm处。马宜在白线左侧，反刍动物宜在右侧。穿刺前剪毛消毒，然后用穿刺套管针或20号针头垂直刺入皮肤，推进深度2～3 cm，放出腹水。术后消毒，必要时包扎。腹腔穿刺根据病因的不同，也可以顺针管向腹腔内注入药物。

（四）膀胱穿刺排尿

（1）适应症　因膀胱炎、膀胱结石、尿道结石、膀胱麻痹等原因，引起的尿液潴留而使膀胱胀大，为防止膀胱破裂而采取暂时穿刺排尿治疗。本病多见于猪、犬和猫。

（2）保定　大动物采取站立保定；小动物采取侧卧保定。

（3）穿刺方法　穿刺部位大动物可从直肠内进行膀胱穿刺，小动物则从下腹壁进行膀胱穿刺。大动物行柱栏内站立保定，手入直肠，掏尽宿粪，灌肠消毒，然后用手带入穿刺针，从直肠内刺入鼓满的膀胱内排尿。在排尿过程中，术者的手要始终固定穿刺针，排尿完毕，马上拔出穿刺针，再次消毒。小动物穿刺时，侧卧保定，皮肤消毒，于耻骨前缘的下腹壁垂直皮肤刺入膀胱内排尿。排尿完毕，进行皮肤消毒。

（五）关节腔穿刺疗法

（1）适应症　主要用于关节炎的治疗，大动物多见，小动物很少发生。

（2）保定　站立或侧卧保定，保定要确实，以免穿刺时损伤关节软骨。

（3）穿刺方法　由于各关节的结构稍有不同，所以各关节腔穿刺方法也略有不同，穿刺时要多加注意。穿刺针用12～16号针头，穿刺前必须严格消毒关节皮肤，以免发生感染。针入关节腔后即有关节液流出，若无液体流出时可压迫关节囊或用注射器抽吸，但不可过深刺入关节腔内。放出关节液后，顺针注入药物，以起到更好的局部治疗作用。穿刺完毕后，皮肤严格消毒。

四、手术疗法

（一）去角术

去角的目的是为了便于饲养管理，防止长角动物在角长成后，因角斗造成人或动物损伤。因此，对有角的动物，特别是公牛、公山羊及乳用山羊，都应在幼龄时去角。犊牛在2～8周龄去角，羔羊应在生后5～10日龄内去角。去角方法有烧烙法和腐蚀法两种。

（1）适应症　主要是犊牛和羔羊等长角动物。

（2）保定　由两人横卧保定（也可站立保定），使头部不能自由活动为宜。

（3）手术方法

①烧烙法。烧烙前先将电热去角器加热，然后在角基周围烧烙，造成角及生发上皮

周围皮肤的灼伤。烧烙时,轻轻按压去角器,并稍稍转动以保证热均匀扩散。在灼伤的组织上留下一个棕色的环,表明烧烙充分,可防止角的继续生长。手术后的前几天要注意保护好术部,避免痂皮被摩擦掉,如痂皮被触掉,可再次烧烙止血。

②腐蚀法。具体方法是先将角基处的毛剪掉,周围涂上凡士林,目的是防止氢氧化钠溶液侵蚀其他部位和流入眼内,取氢氧化钠(烧碱)棒一支,一端用纸包好,以防腐蚀手,另一端沾水后在角的突起部反复研磨,直到微出血为止,但不要摩擦过度,以防出血过多。摩擦后,在角基上撒一层消炎粉,然后将幼畜单独放在隔离栏中,过一段时间后再放出来。

(二)去势术

摘除或破坏动物的睾丸,并消除其生理机能的过程称为去势,亦称阉割。动物去势的主要目的是:选育优良品种,淘汰不良种畜;使性情凶恶的动物变得温顺,便于饲养管理和使役;治疗性腺的炎症、肿瘤、创伤等疾病;提高肉用畜禽的利用价值,牛、羊、猪等动物去势后肥育效果好。

1.牛、羊去势

(1)年龄 犊牛适于 6 月龄以下,公羔适于出生后 18 d 左右,成年牛、羊可以随时去势。

(2)保定 犊牛可站立或侧卧保定;羔羊可侧卧或倒提两后肢保定;成年牛、羊可站立保定。

(3)手术方法

①刀切法。适用于犊牛和羔羊,通常两人合作,一人保定幼畜,另一人进行手术操作。先用碘酒消毒阴囊,一只手握住阴囊上部,防止睾丸缩回腹部,另一只手用灭菌手术刀在阴囊底侧面(离阴囊缝际 1~2 cm)处切口,切口大小以能挤出睾丸为准,把睾丸和精索一同挤出切口外,用手捻断或撕断精索。然后在阴囊中隔膜上切一小口,用同样方法取出另一侧睾丸。手术完毕后用碘酒消毒,刀口不用缝合。

②结扎法。此法适用于新生犊牛和小羔羊。将幼畜睾丸挤进阴囊里,用橡皮筋或细绳紧紧地结扎在阴囊的上部,目的是断绝睾丸的血液供应。约经 15 d,阴囊及睾丸萎缩后会自动脱落。

③药物去势法(又名化学去势法)。适用于成年牛、羊,药物是用一种或几种化学药物配制而成的药液,作用于睾丸、副睾或精索内,使其组织酚伤、萎缩,因而达到去势之目的。如用碘化钾、碘片、乙醇配制的注射液;高锰酸钾配制的注射液;无水氯化钙配制的注射液。注药前,可以先用 2% 普鲁卡因局麻药 5~10 mL 注射到精索内,10 min 后阴囊消毒,用针刺入睾丸,把去势药物均匀注入到睾丸内即可,术毕消毒。

④无血去势法。适用于成年牛羊,是用特制的去势钳,先钳压一侧睾丸精索处,并停留 3~5 min,用手摸睾丸皮肤由热变冷即可。然后用同样的方法,钳压另一侧睾丸精索处。无血去势术的优点是术后好护理,除使役期内不宜手术外,其他任何时候均可施术。

2.小公猪去势术

(1)年龄 适用于 1~2 月龄仔猪,体重 5~10 kg。

(2)保定 左侧卧,背向术者,术者用左脚踩住颈部,右脚踩住尾根。

（3）手术方法　术者用左手腕按压猪右后肢股部，使右肢向上仅靠腹部，充分显露两侧睾丸。用左手捏住阴囊颈部，把睾丸挤入阴囊底部，使阴囊皮肤紧张，固定睾丸，消毒。右手持刀，在阴囊缝际两侧 1～1.5 cm 处切开皮肤和总鞘膜，挤出睾丸，用左手握住，然后用剪刀剪断或用手撕断附睾尾韧带，向上撕开睾丸系膜，左手把韧带和总鞘膜推向腹壁，充分显露精索，用捋断法去掉睾丸，然后用同样方法去掉另一侧睾丸。切口不缝合，用碘酊消毒。

3.犬、猫去势术

（1）年龄　一般在达到犬、猫性成熟之前比较适宜，成年犬、猫可以随时去势。

（2）保定与麻醉　犬仰卧保定，后退外展；猫侧卧保定，后肢向前转位，充分暴露会阴部。犬、猫需全身麻醉。

（3）手术方法　阴囊部剪毛、清洗、消毒。术者用左手拇指和食指自睾丸两侧挤向阴囊底部，使两个睾丸位于阴囊缝际两侧，左手固定。右手持刀，距阴囊缝际 0.5 cm，平行切开皮肤和总鞘膜，露出睾丸，拉出睾丸，剪断阴囊韧带和附睾韧带，露出输精管和血管，用 7 号丝线向深部结扎，在结扎下方 1 cm 处切断。同法摘除另一侧睾丸。切口用碘酊消毒，不用缝合。

（三）断尾术

1.羔羊断尾术

羔羊的断尾主要针对肉用绵羊公羊同本地母绵羊的杂交羔羊、半细毛羊羔羊。这些羊均有一条细长尾巴，为避免粪尿污染羊毛，及防止夏季苍蝇在母羊阴部产卵而感染疾病，便于母羊配种，必须断尾。断尾有热断法和结扎法两种。

（1）年龄　断尾应在羔羊生后 10 d 内进行，此时尾巴较细，出血少。

（2）保定　侧卧保定或站立保定。

（3）手术方法

①热断法。需要一个特制的断尾铲（厚 0.5 cm，宽 7 cm，高 10 cm）和两块边长 20 cm、两面钉上铁皮的木板。一块木板的下方，挖一个半圆形的缺口，断尾时把尾巴正压在这半圆形的缺口里。把烧成暗红色的断尾铲稍微用力在尾巴上往下压，即将尾巴断下。切的速度不宜过快，否则止不住血。断下尾巴后若仍出血，可用热铲再烧烙一下。没有这种特制断尾铲，也可用电烙铁断尾。

②结扎法。原理和结扎去势相同，即用橡皮筋在尾巴第三、第四尾椎之间紧紧缠住，使尾部失去血液和营养供应而萎缩，一般 10 d 左右即可自行脱落。

2.犬断尾术

犬断尾往往是为了美容而进行断尾，当成年犬尾部出现肿瘤、损伤时才采取断尾。

（1）年龄　幼犬在刚出生后或 1 月龄时较适宜，成年犬可随时断尾。

（2）保定与麻醉　侧卧保定。幼犬不麻醉，成年犬需局部麻醉或全身麻醉。

（3）手术方法

①刀切法。适用于 1 月龄犬和成年犬。术部剪毛、消毒，尾根部放置止血带。在预计截断的部位，用剪刀在尾的两侧作两个侧方皮肤瓣。横断尾骨，在截断的断端，对合两侧皮肤瓣，用可吸收缝合线间断缝合皮肤，除去止血带，观察有无出血。术后消毒，防止

舔咬。

②结扎法。适用于刚出生 2 d 内的幼犬。原理和羔羊结扎断尾一致。

思考题

1.什么是药物？药物的作用是什么？

2.有哪些补液方法，如何应用，补液时应注意什么？

3.口服补液盐的成分是什么？如何使用？

4.洗胃的目的是什么？如何进行？需注意什么？

5.常用的手术有哪些？需要注意什么？

第四章 传 染 病

内容提要:

本章主要介绍动物常见多发传染性疾病的病原、流行特点、临床症状及病理变化、诊断及防控的基本知识,从而使学生掌握畜牧业生产实践中动物传染性疾病发生发展的基本规律,掌握动物疫病防控的基本知识和技能。

第一节 概 述

一、传染及传染病的概念

(一)传染的概念

在一定的外界条件下,病原微生物侵入动物机体与之相互斗争,并在一定部位生长、繁殖而引起一系列病理反应,这一过程称为传染(infection)。由于双方斗争力量的不同,传染过程可以有不同的表现形式。如果机体与病原微生物的斗争处于相对平衡状态,称为带菌(毒)现象;如果机体防御力强,或病原微生物毒力弱、数量少,病原微生物虽在体内繁殖,但仅引起机体轻微变化而不显临床症状,称为隐性传染;如果机体抵抗力弱,或病原微生物毒力强、数量多,则动物呈现一定的临床症状,称为显性传染,或称为传染病。所以,传染病只是传染过程中的一种表现形式。传染的概念要比传染病的概念广泛得多,也就是说病原微生物侵入动物机体后,并不一定都以传染病的形式表现出来,但一般都可引起传染,而传染病的发生则必须先有传染。

(二)传染病的概念

凡是由病原微生物引起,具有一定的潜伏期和临床表现,并具有传染性的疾病称为传染病(infectious disease)。传染病和非传染性疾病不同,传染病必须是由一定量活的病原微生物侵入机体,并具有一定的传染性,经过一定的潜伏期后,能引起固有的临床症状;患传染病的动物可产生特异性免疫反应(如变态反应),耐过此病的动物能获得一定特异性免疫,即在该病痊愈后一定期间,机体获得的特异性免疫可抵抗该病再次感染。传染病的这些特点可以与非传染性疾病区别。

(三)传染病的发生和发展条件

传染病的发生和发展必须具备三个条件:①具有一定数量和足够毒力的病原微生物;②具有对该传染病有感受性的动物;③具有可促使病原微生物侵入动物机体内的外界条件。这三个条件是传染病发生的必备条件,如果缺少任何一个条件,传染病就不可能发生与流行。

1.病原微生物

是传染病发生的必要因素。没有病原微生物,传染病就不可能发生。病原微生物具有致病力,即引起传染的潜在能力。同一种病原微生物的不同菌株,其致病力也不一样。病原微生物的致病力程度或大小,谓之毒力。毒力就是指病原微生物在动物机体内生长繁殖、抵抗并抑制机体防卫作用的能力。在自然和人工条件下,毒力可以发生改变。病原微生物侵犯机体时,不仅需要一定的毒力,也需要足够的数量。有时毒力虽强,但数量少,也不能引起传染病。

2.机体状态

对传染病的发生和发展起着决定性作用。因为传染病发生过程是在机体内进行的。如果机体抵抗力强,病原微生物就难以发挥其致病作用。相反,机体抵抗力弱,就成为传染病发生的有利因素。而机体抵抗力的强弱,与年龄、营养、生理机能和免疫状况有密切关系。

3.外界环境条件

对易感动物机体和病原微生物都有影响。它直接影响传染病的发生和发展。在良好的外界条件下,可增强机体的防御机能,降低病原微生物的致病作用,减少易感机体与病原微生物的接触机会,有利于控制和消灭传染病。而在不良的外界条件下,则能降低机体抵抗力,有利于病原微生物的生存,促进易感机体与病原微生物接触,助长传染病的发生和发展。外界条件是可以人为改造的,可使不利的外界条件变为有利条件,以便有效地控制传染病的发生与发展。

(四)传染病的发展阶段

动物传染病的发展过程,一般可分为以下 4 个阶段。

1.潜伏期

从病原微生物侵入动物机体到出现疾病的最初症状为止,这个阶段称为潜伏期。潜伏期长短受以下因素影响。

(1)侵入机体的病原微生物的数量与毒力　病原微生物侵入机体数量越多,毒力越强,则潜伏期越短,反之则越长。

(2)动物机体的生理状况　动物机体抵抗力越强,则潜伏期越长,反之则越短。

(3)病原微生物侵入的途径和部位　如狂犬病毒侵入机体的部位,越靠近中枢神经系统,则潜伏期越短。

了解潜伏期的长短,在采取防疫措施时具有重要的实践意义。因为在某些传染病,处于潜伏期的动物就是传染来源。所以,动物进入牧场的预防检疫期限和发生某种传染病的隔离、封锁期限,都决定于该传染病潜伏期的长短。

2.前驱期

为疾病的前兆阶段。病畜表现体温升高、精神沉郁、食欲减退、呼吸增数、脉搏加快、生产性能降低等一般临床症状,而尚未出现疾病的特征性症状。

3.明显期

为疾病充分发展阶段。明显地表现出某种传染病的典型临床症状,如体温曲线以及某些有诊断意义的特征性症状。

4.转归期

为疾病发展的最后阶段。如果疾病经过良好,病畜可恢复健康。恢复期的特点,是疾病现象逐渐消失,机体内破坏性变化减弱和停止,生理机能逐渐正常化,且体内免疫生物学反应多有增强现象。或者在不良的转归情况下,动物以死亡告终。

应当注意的是,临床上的痊愈并不与生物学的痊愈完全一致。表面上看来已经是恢复健康的动物,常常还可能是带菌或排菌者,这是最危险的传染来源。

(五)传染病的类型

1.根据病程长短分类

(1)最急性型　病程短促(仅数分钟至数小时),往往没有明显的临床症状,突然死亡。如最急性炭疽、绵羊快疫等。

(2)急性型　病程较短,有明显而典型的临床症状,如急性猪瘟。

(3)亚急性型　病程较长,临床症状不如急性明显,介于急性和慢性之间,如亚急性马传染性贫血等。

(4)慢性型　病程发展非常缓慢,临床症状不明显,如乳牛结核病等。

2.按临床表现形式分类

(1)显性型　病畜出现明显的临床症状,如显性鼻疽在鼻腔黏膜上有结节和溃疡、脓样带血鼻汁以及颌下淋巴结肿胀等。

(2)顿挫型　病程缩短,而未表现出主要症状的一种轻微疾患。发病时常像典型的急性传染病一样,但很快停止下来,并以动物痊愈而告终。虽有发生但临床上极为少见。

(3)隐性型　病原微生物虽在动物机体内,但不表现明显的临床症状,多为慢性经过。如结核,用变态反应可以查明传染源。

3.　按发病的严重程度分类

(1)良性　一般常以动物的死亡率作为判定传染病是否为良性的指标。若不引起动物大批死亡,则为良性。如良性口蹄疫死亡率一般不超过2%。

(2)恶性　恶性与良性相反,引起患病动物大批死亡,如恶性口蹄疫死亡率可达50%以上。

二、传染病传播和流行的规律和特点

(一)传染来源和传染媒介

1.传染来源

是指被感染的动物。因为病原微生物在被感染动物体内能够生存繁殖,并不断地从体内排出,感染健康动物。而被病原微生物污染的各种外界环境因素,如饲料、水源、空气、土壤、畜舍、用具等,由于缺乏病原微生物的生活条件,不适于病原微生物长期生存繁殖,亦不能持续排出病原微生物,因此不是传染来源,而称为传染媒介。正确地认识传染来源,能使我们掌握传染病发生和传播的规律,合理地拟订预防和消灭传染病的措施。

2.传染来源的类型

传染的来源一般可分为两种。

(1)发病动物 多数患传染病的动物,在发病期排出的病原微生物数量多、毒力强、传染性大,是主要的传染来源。如急性猪瘟,可随分泌物、排泄物不断排出猪瘟病毒。

(2)带菌(毒)者 是指临床上没有任何症状,但病原微生物能在体内生长繁殖,并向体外排出的动物,一般有以下3种类型:

①潜伏期带菌(毒)。如猪瘟、口蹄疫在潜伏期就能排毒。

②病愈后带菌(毒)。有些传染病在动物临床症状消失后,体内仍有残存病原微生物排出,如牛慢性或隐形结核病。

③健康动物带菌(毒)。是指没有患病史但能排出病原微生物的动物。多见于由条件性病原微生物引起的传染病,如巴氏杆菌病、猪副伤寒、猪丹毒等,经常可见到这种带菌现象。

3.病原体排出的途径

一般病原体随分泌物、排泄物(如粪便、尿液、阴道分泌物、唾液、精液、乳汁、眼分泌物、脓汁等)排出体外,其排出病原体的途径和传染病的性质及病原体存在的部位有密切关系。某些败血性传染病,病原体排出的途径较多,如猪瘟、巴氏杆菌病的病原体,可随所有分泌物、排泄物排出。当病原体局限于一定组织器官时,病原体排出的途径一般比较单纯,如猪气喘病病原体自呼吸道排出;动物患肠结核时,病原体从粪便排出。所以了解传染来源排出病原体的途径,对控制传染病的传播具有重要意义。

(二)传播方式和途径

病原微生物从传染来源侵入健康动物体内的方式及途径,称为传播方式和传播途径。研究传播方式和途径是为了控制病原体的继续扩散,是防治动物传染病最重要的环节之一。

1.传染病的传播方式

(1)直接接触传染 在没有任何外界因素参与的情况下,由发病动物与健康动物直接接触而引起,如狂犬病就是健康动物被病犬咬伤而传染的。

(2)间接接触传染 有外界因素参与。病原体通过媒介物(饲料、饮水、空气、土壤、用具、活的传递者等),间接地使健康动物发生传染病,多数传染病如此。

许多传染病如口蹄疫、猪瘟、鸡新城疫等,既能直接接触也能间接接触而传染,这些传染病往往发生大规模地流行。

2.间接接触传染的传播途径

(1)经饲料、饮水、土壤、空气及饲养用具传播 以消化道为侵入门户的传染病,由于采食污染的饲料、饮水而传染,如猪瘟、鸡新城疫、小鹅瘟等。经土壤传给其他动物的传染病,如炭疽、气肿疽、破伤风、猪丹毒等。通过飞沫和尘埃两种途径引起的传染病,如猪气喘病、猪流行性感冒、牛传染性胸膜肺炎、结核等。通过被病原体污染的用具未经消毒而用于健康动物时,常可引起传染,如对传染性贫血病马使用过的针头,未经消毒,再用于其他健康马匹时,则可引起健康马发病。

(2)经活的传递者传播　活的传递者,如昆虫、啮齿类动物和对该病无感受性的动物,在许多传染病的传递上具有很大的作用,如虻可以传播炭疽、气肿疽;螫蝇可传播马传染性贫血和其他败血性传染病;家蝇常为口蹄疫、猪瘟、沙门氏菌病等的传播者;蚊可以传播马传染性脑脊髓炎、乙型脑炎等;蜱是家畜原虫病特有的传递者。鼠类能传播的动物传染病主要有:伪狂犬病、钩端螺旋体病、李氏杆菌病等。肉食兽能促进炭疽的传播;马、犬、豺狼、狐狸等,能传播口蹄疫、布鲁菌病等。

(3)工作人员　在实际工作中,没有严格遵守和执行兽医卫生制度,可能成为动物传染病的机械传递者。

(三)传染病的流行过程

动物传染病的流行过程,是病原体从传染来源排出,经过一定的传播途径,侵入另一易感动物,形成新的传染并不断传播的过程。

动物传染病流行过程的发生,应具有3个必要的环节,即传染来源、传播途径和易感动物。三者联结起来,就构成动物传染病的流行链锁。只有当这个链锁完整时,传染病的流行才有可能发生。构成这个链锁的3个条件之中,缺少任何一个,传染病的流行均不可能发生,这是动物传染病流行的规律。

动物传染病流行过程的表现形式,根据在一定时间和地区范围内动物发病数量多少,有以下四种。

(1)散发性　发病动物数目不多,在一个较长的时期内都是以零星病例的形式出现,如破伤风呈散发性,这是因为要经过创伤感染才能发病。

(2)地方流行性　局限于一定的地区内发生的传染病,传播范围不大,比散发性数量多,如炭疽,经常出现于炭疽病尸掩埋的地方或被炭疽芽孢污染的场所。

(3)流行性　动物发病数目比较多,且在较短的时间内传播到几个乡、县,甚至省。如口蹄疫,猪传染性水疱病等多以此种形式流行。

(4)大流行性　动物发病数量很大,蔓延地区非常广泛,可传播到一个国家或几个国家。这类传染病都是传染性很强的病毒所引起,如禽流感、口蹄疫等。

必须指出,上述流行形式的区分是相对的,不是固定不变的,如呈地方性或流行性发生的传染病,在某一环节受到限制时,可以出现散发性,例如炭疽。

(四)影响流行的自然因素和社会因素

自然因素和社会因素对动物传染病的流行都有很大影响,主要是对传染来源、传播途径和易感动物这3个环节而影响流行过程。

(1)自然因素的影响　自然因素对传染媒介的作用最为明显。如气候温暖的夏秋季节,虻、蚊等吸血昆虫多,容易发生由吸血昆虫传播的传染病,如乙型脑炎、马传染性贫血等。在寒冷冬季,动物转为舍饲时,则容易发生呼吸道传染的传染病。

(2)社会因素的影响　影响流行过程的社会因素,是社会制度和人的思想觉悟。例如,当动物发生传染病时,传染病能否在动物间继续散播,则决定于畜牧兽医人员是否及时地查明和隔离这些传染来源,并施行其他有效的防疫措施。水、空气、土壤、饲料、昆虫等,能否成为传染媒介,也是由人类的活动决定的。动物对传染病的感受性,更是受人为的饲养管理制度和卫生条件的影响。

三、传染病的诊断

(一)传染病的诊断

传染病的诊断,必须采取综合性诊断方法,主要有以下方面。

1.流行病学诊断

流行病学诊断是在流行病学调查(即疫情调查)的基础上进行的。疫情调查可在临床诊断过程中进行,如通过问诊的方式向饲养员或相关的管理人员询问病情,了解发病特点。流行病学的调查主要是了解以下内容。

(1)调查发病的时间、地点、疫病蔓延的情况,发病动物的种类、数量、年龄、性别等本次发病是否进行过诊断、治疗。此外,还有发病动物的预防免疫、饲养管理情况、气候变化或其他应激因素是否存在等。

(2)调查疫情的来源 看本地是否发生过类似疾病,发生时间、流行情况、有无确诊,采取过何种措施,效果如何;如果本地未发生过,附近地区是否发生过;此外,该地是否新引进动物、动物性产品、饲料,或者有外来人员进行参观、访问或购销等活动。

(3)调查传播途径和方式 包括调查饲养管理制度和方法,使役和放牧情况,卫生防疫,各种市场、交通检疫以及多种传播媒介与疾病发生之间有无关系等。

2.临床症状诊断

临床诊断是最基本的诊断方法。其检查内容主要包括患病动物的精神、食欲、体温、脉搏、体表及被毛变化,分泌物和排泄物的特性,呼吸系统、消化系统、泌尿生殖系统、神经系统、运动系统及五官变化等。由于许多传染病都具有独特的症状,因此对具有特殊症状的病例如破伤风、狂犬病、马立克氏病、口蹄疫等,经仔细检查,一般不难作出诊断。

3.病理学诊断

患传染病而死的动物,机体内多数组织和器官会发生炎症、水肿、出血、变性、坏死、萎缩、肿瘤等异常变化,有些病如猪瘟、猪气喘病、鸡新城疫、禽霍乱、鸡马立克氏病等都具有特征性的病理变化,有很大的诊断价值。因此,病理学检查是诊断传染病的重要方法之一,它既可验证临床诊断结果的正确与否,又可为实验室诊断方法和内容的选择提供参考依据。

4.微生物学诊断

微生物学诊断属于病原学诊断的范畴,是诊断动物传染病的重要方法之一。其正常采用的方法如下。

(1)病料的采集 病料要求新鲜,最好能在濒死时或死后数小时内采取;采集病料的用具、器皿应严格消毒;病料应采取含病原微生物多、病变明显的部位,如无法诊断病变部位时,应采集血液、肝、脾、肺、肾、脑和淋巴结等。如怀疑炭疽,则按规定方法采集。

(2)病料涂片、镜检 通常把显著病变的组织器官涂片数张,染色、镜检。通过观察细菌的形态颜色来判断某些疾病,如炭疽杆菌、巴氏杆菌等病原菌。

(3)分离培养和鉴定 用人工培养的方法将病原体从病料中分离出来,包括用培养基分离细菌,用禽胚、动物或细胞组织培养病毒等。然后用分离到的病原体再进行形态学、培养特性、生化特性、动物接种及免疫学等鉴定。

（4）动物接种试验　选择对病原体最敏感的动物进行人工感染，通过观察病原的致病力、症状和病理变化等特点来帮助诊断。同时还可采取实验动物病料进行涂片检查和分离鉴定。

5.免疫学诊断方法

免疫学诊断是传染病诊断和检疫中最常用、最重要的诊断方法之一，包括变态反应、沉淀反应、凝集反应、中和试验、溶细胞试验、补体结合实验、免疫荧光抗体技术、免疫酶技术、放射免疫测定、单克隆抗体等。此外还有 PCR 技术、核酸探针技术和 DNA 芯片技术。通过这些方法可以准确诊断出传染病。

（二）传染病的鉴别诊断

由于病原体种类不同，在临床上可以引起动物的多种传染病，如猪的病毒性疾病，包括猪瘟、非洲猪瘟、猪口蹄疫、猪水疱病、猪流感、猪伪狂犬病、猪细小病毒病、猪圆环病毒病、猪蓝耳病等等。所以，即使是同一种动物，因病原体的不同也会发生不同的传染病，并且每种传染病的症状和病理变化既有相似之处，又有其各自特征，只要认真检查就能把传染病区别开来，防止误诊，影响疾病的治疗及预防。

传染病的鉴别诊断就是要区别出不同病原引起的疾病。传染病鉴别的方法主要从以下几方面进行：一是从流行病学上鉴别；二是从临床症状上鉴别；三是从病理剖检特征上鉴别；四是从实验室检测结果上鉴别，包括微生物和免疫学的诊断。对于传染病，通过以上的方法完全可以作出准确的鉴别诊断。在没有实验室的条件下，利用前三种方法，对传染病也可以作出初步的诊断，以利于疾病的治疗和防控。

四、传染病的防控

动物传染病的防治措施，通常分为预防措施和扑灭措施两部分。前者是平时经常进行的，以预防动物传染病发生为目的；后者是以消灭已经发生的传染病为目的。实际上两者并无本质上的差别，而是相互联系，互为补充。因此，防控动物传染病，必须贯彻"预防为主"的方针。特别是机械化养猪场、养鸡场，贯彻这一方针，更具有十分重要的意义。

（一）传染病的预防措施

1.加强饲养管理

建立健全合理饲养管理制度。通过合理饲养来提高动物机体抵抗力。贯彻自繁自养原则，减少疾病的发生和传播，是当前规模化养殖的重要措施之一。

2.加强兽医监督

加强兽医监督是防止动物传染病由外地侵入的根本措施。

（1）国境检疫　进行国境检疫的目的，在于保护我国国境不受他国动物传染病的侵入。凡从国外入境的动物及产品，必须经过设在国境的兽医检疫机关检查。认为是健康的动物或非传染病动物产品时，方许进入国境。

（2）国内检疫　目的在于保护国内各省，市、县不受邻近地区动物传染病的侵入。凡从外地引入动物及其产品时，须有《检疫证明书》，并经输入地区兽医机构检查，认为是健康动物或非传染性动物产品时，方许入境，以防动物传染病由疫区传入。

（3）市场检疫　动物交易市场，由于动物大量集中，而增加了传染病的散播机会。因此,加强市场检疫,对防止传染病的散播极为重要。

(4)屠宰检查　肉类联合加工厂或屠宰场进行屠宰检查,对保护人民健康,提高肉品质量和防止动物传染病的散播都有重要意义。

3.定期检疫

做好兽医卫生消毒工作。对健康动物每年都要定期检疫。对新购入的动物,必须进行隔离检疫,观察一定的时间,认为是健康动物,方许并入原有健康群,目的在于及早发现传染来源,防止扩大传染。同时做好外界环境消毒、动物舍内的消毒以及用具和人员的消毒,这是规模化养殖场防止传染病发生的一个重要环节。

4.预防接种

预防接种可使动物获得特异性抗病力,以减少或消除传染病的发生。根据应用时机的不同,可分为预防接种和紧急接种。

在经常发生某些传染病的地区,或有发生该病潜在的可能性的地区,为了防患于未然,在平时有计划地给健康动物群进行疫(菌)苗注射,称为预防接种。为了使预防接种做到有的放矢,要查清本地区传染病的种类和发生季节,并掌握其发生规律、疫情动态、动物种类、数量,以及饲养管理情况,以便制订出相应的预防接种计划。

在发生传染病时,为了迅速扑灭传染病的流行,而对尚未发病的动物临时进行预防接种,称为紧急接种。紧急接种使用免疫血清比较安全,注射后立即生效。而疫(菌)苗一般只作预防接种,用于紧急接种则很不安全。但在实际工作中,常应用某些疫(菌)苗作紧急接种而获得迅速补灭传染病的效果。如猪瘟兔化弱毒疫苗,在猪瘟疫区使用,对迅速扑灭猪瘟起到良好的作用。一般在疫区周围 10 km 左右地带内,给所有受威胁的动物用疫(菌)苗进行紧急接种,建立"免疫带",是把疫情限制在疫区内,就地扑灭的一种有力措施。

(二)传染病的扑灭措施

当发生动物传染病时,应采取以下扑灭措施。

1.查明和消灭传染来源

(1)疫情报告　在发生动物传染病时,应将疫情立即上报领导机关和业务部门,并通知邻近有关单位,以便采取相应措施,迅速予以扑灭。

(2)早期诊断　早期确诊是扑灭动物传染病的一个主要环节。传染病的确诊常有赖于综合的诊断方法,应根据传染病的性质,采用适当的诊断方法,力争在最短时间内获得正确诊断,以便采取有效的扑灭措施。

(3)隔离患病动物　隔离患病动物和可疑病畜(禽)是为了控制传染来源,不使传染扩大,从而中断流行过程,有利于把疫情限制在最小的范围之内就地消灭。为此,当动物发生传染病时,要根据检查诊断结果,将动物分为发病动物、可疑动物和假定健康动物三类,分别进行隔离。

对发病动物应在彻底消毒的情况下,将其单独隔离或送入病舍隔离。要有专人管理,禁止闲杂人员或其他动物出入和接近,在隔离舍出入口设消毒槽,专用的饲养用具要经常消毒,粪便要妥善处理。

对可疑动物应在消毒后转移别处看管,限制其活动,详细观察。有条件时,应立即进行紧急预防接种或用药预防。

对假定健康动物可进行预防接种。

隔离病畜的期限,根据传染病的性质和潜伏期长短而不同,一般急性传染病隔离的时间较短,慢性传染病隔离的时间较长。此外,亦应根据各种传染病愈后带菌(毒)的时间不同,来决定其病畜隔离期限。

(4)封锁疫区 是防止传染病不致从疫区向安全区传播所采取的一种预防措施。根据我国动物防疫条例的规定:当发生严重的或当地新发现的动物传染病时,畜牧兽医人员应立即报告当地人民政府,划定疫区范围,进行封锁。

执行封锁应根据"早、快、严、小"的原则,即报告疫情要早,行动要快,封锁要严,范围要小,这是我国多年实践总结出来的经验。

实施封锁措施时,要做好下列工作:

①在封锁区边缘设立明显的封锁标志,指明绕行路线,设置监督岗哨,禁止易感动物通过封锁线,在必要的交叉路口设检疫站,对必须通过的车辆、人和非易感动物进行消毒或检疫,以期将疫情消灭在疫区之内。

②在封锁区内,对患病动物在严加隔离的基础上,进行必要的处理,如治疗、急宰、扑杀等,对可疑病畜(禽)和假定健畜(禽)及受威胁区的家畜(禽)进行紧急预防接种,必要时在封锁区外建立"免疫带";凡病畜(禽)和可疑病畜(禽)的垫草和粪便、残余饲料及被污染的土壤、用具、畜舍等,进行严格的消毒,病尸妥善处理,被病畜(禽)和可疑病畜(禽)污染过的草场、水源等,禁止给易感动物使用,必要时应暂行封闭,暂停畜禽集市交易活动,做好必要的杀虫灭鼠工作。

③在最后一头病畜痊愈(禽)、急宰或扑杀后,经过一定的封锁期限(根据该病的潜伏期而定),再无疫情发生时,可经过全面的终末消毒后,解除封锁。解除封锁后,尚须根据各种传染病性质,在一定时间内限制病愈家畜(禽)的活动,以防其带菌(毒)传播传染病。

(5)消毒 为消灭被污染的外界环境中的病原体,不使其扩散所采取的一种预防措施。根据消毒目的不同,分为以下 3 种:

①预防性消毒。为了预防传染病的发生,要定期进行消毒。

②临时消毒。在发生传染病时,为了及时消灭动物排出的病原体所进行的不定期消毒。

③终末消毒。为了解除封锁,消灭疫点内可能残留病原体所进行的全面彻底的大消毒。

2. 切断病原体的传播途径

减弱或消灭传染媒介是防治传染病的重要措施。所以在切断传播途径时须采取相应措施。例如经消化道传染的传染病,应防止饲料、饮水的污染,停止使用被污染的牧场和水源,饲喂用具应定期进行消毒,粪便应进行生物热发酵处理;经呼吸道传染的传染病,除采取上述措施外,还应进行动物舍空气消毒;经皮肤、黏膜、伤口传染的传染病,主要是防止动物皮肤、黏膜发生损伤,及时处理伤口,防止与病原体接触;经吸血昆虫传播的传染病,要防止动物不受吸血昆虫的侵袭,并开展杀虫工作。

3. 提高动物对传染病的抵抗力

提高动物对传染病的一般和特异性抵抗力,是防治动物传染病的根本措施。通过加强饲养管理、改善环境卫生、预防接种等是提高动物的非特异性和特异性抵抗力,减少传染病的发生和阻止其蔓延或流行的有力措施。

(三)传染病的一般治疗方法

1.特异疗法

应用高度免疫血清、单克隆抗体、干扰素及转移因子等特异性的生物制剂进行治疗。这种疗法的特异性很高,如抗破伤风血清对治疗破伤风具有特效。

高度免疫血清用于某些急性传染病,如猪瘟、猪丹毒、猪肺疫、犬瘟热、鸡瘟、小鹅瘟等的治疗,一般在发病初期注射足够的数量,可收到良好效果。如果用单克隆抗体再配合干扰素,其治疗效果更佳。

2.抗生素疗法

须按传染病的性质选择使用,如革兰氏阳性细菌引起的炭疽、猪丹毒等,可用青霉素类药物;革兰氏阴性细菌引起的大肠杆菌病、沙门氏杆菌病等,可用庆大霉素和头孢类药物治疗。但应正确使用,开始剂量宜大,以便消灭病原体,以后可按病情酌减用量。疗程则根据传染病的种类和动物的具体情况决定。如果治疗用药选择不当或使用不当,不仅浪费药品,达不到治疗的目的,反而造成种种危害。

3.化学疗法

是用化学药物消灭动物体内病原体的治疗方法。常用有抗菌范围很广的磺胺类药物、抗菌增效剂和喹诺酮类药物,以及治疗结核病的异烟肼(雷米封)、对氨基水杨酸钠等。

4.对症疗法

是按症状性质选择用药的疗法,是减缓或消除某些严重症状,调节和恢复机体的生理机能而进行的一种疗法。如体温升高时,则用氨基比林或安乃近解热,伴发心脏衰弱时,则用樟脑、咖啡因或洋地黄强心,咳嗽时则用氯化铵或远志祛痰止咳等。

5.护理疗法

对病畜加强护理,改善饲养,多给新鲜、柔软、易消化的饲料。若动物无法自食,则用胃管灌服米汤、稀粥等流动性食物,以免动物因饥饿和缺水而死亡。此疗法对疾病的转归影响很大,不可忽视。

6.中兽医疗法

如用承气汤、白头翁汤、乌梅汤等治疗羔羊痢疾,用白龙散治疗仔猪白痢,用千金散配合其他方法治疗早期破伤风等,都有一定的疗效。

五、疫苗的保管使用

凡接种动物后能产生自动免疫和预防疾病作用的一类生物制剂均称为疫苗。疫苗包含细菌性菌苗、病毒性疫苗和寄生虫性疫苗。疫苗是防治动物疫病的主要手段之一,也是保障人和动物健康的必要条件。疫苗根据抗原的性质和制备工艺的不同,可分为活疫苗、死疫苗和基因疫苗。

(一)疫苗的保管

疫苗由于种类不同,在保存过程中,其对温度要求也不相同,根据疫苗制品特性,应储于冷暗处,按性质分类、分批存放在不同的低温下(0~5℃冷库、冰箱、-20~-40℃低温库、低温冰箱、-196℃液氮罐),对各种疫苗的保存,具体情况应仔细阅读各种疫苗的说明书;储存的疫苗应有明显的标识,标签上应标明名称、批号、数量、入库日期等,并由专人管理。如猪瘟兔化疫苗正常保存在－15℃一年,如果在 20～25℃下,只能保存10 d有效。

(二)疫苗的使用

疫苗的使用方法有点眼、滴鼻、饮水、气雾、皮下接种和肌内注射等。疫苗使用前,一定要严格按说明书规定的方法稀释、使用。首先要做疫苗的真空试验,失去真空的疫苗不要用。现配现用,疫苗加水(或稀释液)以后,应放在冷暗处,疫苗应在稀释后 1～2 h 内用完,稀释 1～3 h 内用量要加倍,饮水免疫应在 2 h 内饮完,所以疫苗稀释后应及时使用,最迟当天用完,否则应废弃,具体情况应详细阅读说明书。剩余的活菌苗不可随意丢弃,应深埋或炉火烧掉。使用时,应将疫苗充分摇匀。使用前器具要严格消毒,注射时最好每注射一次换一个针头。用过的疫苗瓶、器具、稀释后剩余的疫苗等污染物必须消毒处理。

第二节　共患传染病

一、口蹄疫

口蹄疫(foot and mouth disease,FMD)是由口蹄疫病毒引起的人兽共患的一种急性热性接触性传染病,临床上以口腔黏膜.四肢下端及乳房等处皮肤形成水疱和烂斑为特征。我国民间称为"蹄癀"、"口疮"。该病传播迅速,流行面广,广泛流行于世界各地,不但对畜牧业的危害非常严重,而且还严重地影响动物及动物产品贸易。

1.病原

口蹄疫病毒(foot and mouth disease virus,FMDV)属于微 RNA 病毒科口蹄疫病毒属,病毒呈球形,无囊膜,是目前发现的最小的 RNA 病毒之一,全基因组约有 8 500 个核酸碱基,编码 4 种主要多肽(即 VP1、VP2、VP3 和 VP4)和 2 种次要多肽。目前 FMD 病毒分为 7 个血清型,即 A、O、C、SAT1、SAT2、SAT3 和 Asia I,各血清型病毒之间没有交叉免疫现象,但感染都引起动物相同的临床表现。每一个血清型内又分若干亚型,目前已确定的血清亚型达 80 个,同一血清型内不同血清亚型之间存在部分交叉免疫性。FMD 病毒在流行过程中以及免疫动物体内均容易变异(称为抗原漂移),所以常有新的亚型出现。

FMD 病毒对外界环境抵抗力很强,耐干燥。自然情况下,在组织、饲料、饲草、皮毛及土壤等中的病毒可保持传染力数日至数周,在50%甘油生理盐水中5℃能存活1年;高温、阳光直射和紫外线照射可灭活 FMD 病毒,阳光直射 60 min 可杀死病毒,FMD 病毒对酸和碱均敏感,pH 5.0 以下和 pH 9.0 以上能迅速灭活病毒。2%～4%氢氧化钠、3%～5%福尔马林、5%氨水、0.2%～0.5%过氧乙酸和5%次氯酸钠均是 FMD 病毒的良好消毒剂。

2.流行病学

自然条件下,FMD病毒可使多种动物感染发病,其中以偶蹄动物易感性最高,易感顺序依次为黄牛、奶牛、牦牛、水牛、猪、羊和骆驼,野生动物和人也可感染。实验动物以豚鼠、乳鼠和家兔敏感;幼龄动物易感性高于老龄动物。

患病动物和带毒动物为主要传染源,发病初期和处于高热期动物是最危险的传染源。动物经水疱破溃、唾液、粪、乳、尿、精液和呼出气体将大量病毒散布于外界环境。

FMD病毒以直接接触和间接接触的方式传播。主要经消化道和呼吸道感染,也可经损伤的皮肤黏膜感染。带毒动物及其产品、物品等的流动运输扩散本病,病畜分泌物、排泄物以及病毒污染的畜产品、车船、水源、牧地、饲养用具、人员和非易感动物(犬、马、某些野生动物、候鸟等)在疾病流行中是传播媒介,空气是一种重要的传播因素。

FMD传播迅速,呈流行性,甚至大流行。一年四季均可发生,但气温高低、日光强弱等会影响口蹄疫的发生和流行,因此FMD发生有一定的季节特点,如牧区常从秋末开始,冬季加剧,春季减轻,夏季基本平息,而农区的季节特点不明显;猪口蹄疫以秋末、冬春为常发季节,夏季较少,但规模化猪场的季节特点不明显。FMD发生具有一定周期性,3年左右大流行1次,近年还呈连续流行。

3.临床症状

(1)牛　潜伏期2～4 d。病初体温升高达40～41℃,闭口而开口时发出吸吮声,大量流出白色泡沫状唾液并挂满嘴边,在唇内、齿龈、舌面和颊部等处黏膜出现蚕豆至核桃大水疱,采食和反刍停止;很快水疱破溃,形成浅表性红色烂斑,而后体温恢复正常,烂斑逐渐愈合,全身症状好转;口腔出现水疱的同时或稍后,趾尖和蹄冠红肿疼痛、水疱和烂斑,病牛跛行或站立困难,甚至卧地不起,没有继发感染可很快愈合,否则蹄匣变形脱落;有时乳头皮肤出现水疱。本病在成年牛多呈良性经过,约1周可痊愈。犊牛感染通常因出血性肠炎和心肌麻痹而突然死亡。

(2)羊　症状与牛大致相同。绵羊水疱多见于蹄部;山羊多见于口腔,呈弥漫性口炎,水疱多发生于硬腭和舌面。羊羔常因出血性肠炎和心肌炎死亡。

(3)猪　潜伏期1～2 d。病初体温升高至40～41℃,精神沉郁,口腔黏膜形成小水疱或烂斑,1 d左右在蹄冠、蹄叉、蹄踵、附蹄和鼻端等部位发红、微热和敏感,不久出现米粒大至蚕豆大的水疱,水疱破裂形成出血性烂斑,病猪跛行甚至卧地不起。如无继发感染,通常1周左右痊愈,若发生继发感染则蹄匣变形脱落,病灶组织坏死化脓;母猪乳头也出现水疱和烂斑。成年猪多良性经过,仔猪常因出血性肠炎和心肌炎突然死亡。

4.病理变化

患病动物口腔、蹄部、乳房、咽喉、气管、支气管和前胃黏膜等出现水疱、烂斑和溃疡,病灶被覆棕黑色痂块;皱胃、大肠、小肠黏膜可见出血性炎症;心包膜弥散性点状出血,心肌松软似煮肉状,心肌外观与心肌切面颜色深浅不一,有灰白色或淡黄色斑点条纹,似老虎体表花纹,称为"虎斑心",这点具有重要的诊断意义。

5.诊断

根据流行特点、临床表现及病理特点可作出初步诊断。确诊须进行实验室检查。实验室检查以水疱皮、水疱液和血清作为病料,进行病毒的分离鉴定,同时配合使用血清学方法和分子生物学检测,这些方法包括病毒中和试验、琼脂扩散试验、补体结合试验、ELISA、RT-PCR等。

6.防控

加强出入境和国内动物检疫;定期对牧场、水源、养殖场及器械设备进行消毒,尤其发生疫情时应加强消毒,认真处理动物废弃物;采用与当地流行病毒血清型和亚型相同的弱毒苗或灭活苗进行免疫接种;发生疫情时,及时诊断并向相关部门通报,确定疫区和疫点,毗邻地区对易感畜群进行同型口蹄疫疫苗紧急预防接种,建立免疫带以防疫情扩散。

按照《中华人民共和国动物防疫法》,发现本病后不进行治疗而应采取扑杀措施。如为贵重动物,确需治疗,应在严格隔离的条件下进行,治疗目标是尽量避免继发感染和减少死亡。用食醋或 0.1% 高锰酸钾冲洗口腔,再涂敷 1%～2% 明矾或碘甘油;蹄部先用消毒药洗涤,再用松节油、鱼石脂软膏或抗生素软膏涂敷包扎;用 2%～3% 硼酸水或其他消毒溶液洗涤乳房,再涂以抗生素软膏。

二、流行性感冒

流行性感冒(influenza)是正黏病毒科各种流感病毒引起的人和各种动物的多种感染和疾病的总称,具有传播迅速、发热和呼吸道症状等特点。

病原为流感病毒(influenza virus),属于正黏病毒科(Orthomyxoviridae),是一类有囊膜的病毒,基因组为单股负链 RNA 分子,共有 8 个独立的片段。流感病毒包括 A 型、B 型和 C 型 3 个血清型,引起各种动物和人感染发病的主要是 A 型流感病毒如禽流感病毒和猪流感病毒,B 型流感病毒仅感染人,C 型流感病毒感染人与猪,但危害较小。

A 型流感病毒呈多形性,为丝状或球形,其囊膜表面有致密的穗状突起物(简称纤突),纤突含有凝集素(HA)和神经氨酸酶(NA),二者都是糖蛋白。HA 和 NA 的抗原性容易变异,目前已知有 16 个 HA 亚型(H_1～H_{16})和 10 个 NA 亚型(N_1～N_{10}),HA 和 NA 组合使 A 型流感病毒有很多血清亚型(如 H_1N_1、H_5N_1、H_5N_2 等),不同亚型毒株的致病性有很大差异,各亚型之间无交互免疫力。HA 的存在使病毒能凝集马、驴、羊、牛、鸡、鸽、豚鼠和人的红细胞,但不凝集家兔红细胞。禽流感病毒可分为高致病性毒株、低致病性毒株和非致病性毒株,目前已有国际公认的标准来确定禽流感病毒的致病力等级。

流感病毒对环境抵抗力相对较弱,高热、低 pH 值、非等渗环境和干燥等可使病毒灭活,如 60℃ 20 min 可使病毒灭活。一般消毒剂对病毒均有灭活作用,尤对碘蒸气和碘溶液敏感。

(一)禽流感

禽流感(avian influenza,AI)是禽流感病毒(AIV)感染引起的禽类各种综合征,从无症状感染到呼吸道症状、产蛋下降,再到近 100% 死亡率。由高致病性流感病毒引起的疾病,过去称为"真性鸡瘟"或"欧洲鸡瘟"。

1.流行病学

几乎所有 A 型流感病毒亚型均能感染家禽和野禽,雁形目和鸽形目禽类是主要的健康带毒者,迄今高致病性 AIV 多是 H_5 和 H_7 亚型的病毒。病禽和带毒禽是主要的传染源,鸭、鹅和野生水禽在本病传播中起重要作用,通过呼出气体、粪便和分泌物排出病毒,污染环境。主要传播途径是呼吸道和消化道。本病一年四季均可发生,但主要发生在冬、春两季,呈流行性,甚至大流行。

2.临床症状和病理变化

因为品种、年龄的不同,禽类的易感性有很大差异,毒株致病力也各有不同,其临床表现多种多样,没有特征性症状,病死率0～100%。

高致病性禽流感常突然暴发,病禽常无症状死亡,临床多见精神沉郁,流泪,颜面浮肿,鼻分泌物增多而常摇头,冠和肉髯肿胀、发绀、出血、坏死,脚跖部紫色或紫红色淤血斑块,下痢,拉黄绿色、黄红色、白色等稀粪,部分表现歪脖、跛行和抽搐等神经症状。剖检可见,头、颈和脚等皮下水肿出血,心外膜、胸肌、十二指肠、肌胃、腺胃的黏膜严重出血,肺充血出血,胰腺、脾脏和心脏见坏死灶。

低致病性禽流感多表现呼吸道症状如咳嗽、喷嚏、啰音、流鼻涕、流泪等,拉稀粪,产蛋下降或停止,有的不表现其他症状,这些可能单独出现,也可能同时出现。剖检可见,呼吸道有各种炎症,鼻窦、眶下窦、气管有浆液性、纤维素样、干酪样的渗出液,气管充血或出血,气囊膜增厚、混浊并附有纤维素样或颗粒样渗出物,部分腹腔积液混有纤维素样物质,脏器粘连,卵巢退化、出血,卵子畸形萎缩及破裂。

(二)猪流感

猪流感(swine influenza,swine flu)最常见的病原是血清亚型为 H_1N_1 和 H_3N_2 的 A 型流感病毒。

1.流行病学

多呈流行性,传播迅速,主要传染源是病猪与带毒猪,主要通过呼吸道传播。该病发生一般与猪只引进有关,容易在深秋、寒冬和早春发生。

2.临床症状与病理变化

潜伏期数小时至数天。突然发病,体温升高达 $40.3\sim41.5℃$,精神委靡,粪便干硬,因肌肉关节疼痛而卧地不起,捕捉时发生尖叫;呼吸急促,呈腹式呼吸,夹杂阵发性痉挛性咳嗽,眼鼻有黏性分泌物。如无并发症,多数 $6\sim7$ d 康复;如继发感染将加重病情,发生纤维素性出血性肺炎或肠炎而死亡。个别可转为慢性,持续咳嗽近 1 个月,消瘦衰弱。

猪流感病变主要在呼吸器官。如无继发感染,剖解见鼻、喉、气管和支气管黏膜出血,有多量泡沫状黏液并杂有血液;肺的病变组织呈紫色或紫红色,如牛肉状,膨胀不全,周围组织气肿苍白,界限分明,病变多出现于心叶和尖叶;支气管淋巴结和纵隔淋巴结充血水肿。如并发感染,病理变化会更加复杂多样。

3.诊断

因为流感的临床症状和眼观病变复杂多样,缺少特征性的临床症状和病理变化,所以很难作出诊断。通常需要借助病原分离和血清学试验确诊。实验室以气管和肛门的棉拭子为材料分离病毒,配合用血凝和血凝抑制试验、琼脂免疫扩散试验等确定病毒的血清型和血清亚型。猪流感应注意与猪肺疫、猪支原体肺炎、猪副嗜血杆菌感染、猪传染性胸膜肺炎等区别,禽流感应与鸡新城疫、传染性支气管炎、传染性喉气管炎、传染性鼻炎、鸡慢性呼吸道疾病等进行鉴别诊断。

4.防控

对禽流感,尤其是高致病性禽流感,首先依靠严格的生物安全措施进行防控。同时加强饲养管理,保持圈舍清洁干燥,减少应激;发生疫情时,流行初期,当疫区疫点比较局限时应果断采取隔离封锁、扑杀销毁等措施;对病毒污染的所有场所、设备器械、排泄物、废弃物等进行严格消毒;如果病原扩散范围大、持续时间久,而又无法通过隔离封锁和扑杀、销毁措施来消灭疫点时,可通过接种疫苗进行预防,自家灭活疫苗有一定的预防效果。

对贵重的患病禽应在严格隔离的条件下进行治疗,目前还无特效治疗药物和方法,通常用抗生素防止细菌并发或继发感染,采用金刚烷胺等进行抗病毒治疗,根据临床表现使用一些对症治疗的药物。

猪流感的防控类似禽流感。在流感发生流行时,应对疫区人群和相关人员采取预防措施,因为流感病毒在猪-人、禽-人的种间传播有时发生,显然对人的生命健康构成威胁。

三、痘病

痘病(variola pox)是由痘病毒引起的各种动物和人类的一种急性热性接触性传染病,在哺乳动物以皮肤痘疹为特征,在禽类以皮肤增生性和肿瘤样病变为特征。动物痘病中,以绵羊和鸡的痘病危害严重,病死率高。

痘病毒科(Poxviridae)中,与痘病有关的有正痘病毒属、山羊痘病毒属、禽痘病毒属、兔痘病毒属、猪痘病毒属和副痘病毒属,不同动物的痘病毒分属于不同的痘病毒属,各种痘病毒在形态、化学组成和抗原特性方面大同小异,同属病毒各成员之间有许多共同抗原。禽痘病毒与哺乳动物痘病毒之间没有交叉感染和免疫,但都具有血细胞凝集特性。

痘病毒呈砖形或椭圆形,基因组为双链DNA,两面凹陷呈盘状,在易感细胞胞浆内复制形成嗜酸性包涵体。痘病毒对温度有高度耐受力,能耐受干燥,在干燥痂块中能存活几年。痘病毒容易被氯化剂或对巯基有作用的化学物质所破坏,对大多数消毒药均较敏感。

(一)羊痘

羊痘是由绵羊痘(sheep pox)病毒和山羊痘病毒分别引起绵羊和山羊的一种热性接触性传染病,其特征是在皮肤和黏膜上形成特异的痘疹,可见斑疹、丘疹、水疱、脓疱和结痂等病理过程,绵羊有较高病死率。本病在世界上主要养羊国家都发生流行过。

1.流行病学

自然条件下,绵羊痘病毒和山羊痘病毒分别感染绵羊和山羊,不交互传播,不同年龄、品种和性别的羊都有易感性。羔羊较成年羊敏感,病死率亦高。病羊是主要传染源,传播迅速,主要经呼吸道感染,也可通过损伤的皮肤黏膜侵入机体。本病在冬末春初多发,寒冷气候、雨季、霜冻和饲养管理不良等可促使发病。

2.临床症状与病理变化

以绵羊为例,潜伏期平均为6~8 d。病初体温升高(41~42℃),结膜潮红,眼睑浮肿,鼻流浆液性、黏性或脓性分泌物,呼吸和脉搏增数,1~4 d后发痘;痘疹多发生于无毛或少毛部位皮肤,如眼、唇、鼻、四肢、尾内侧、乳房和外生殖器等,开始为红斑,后转为丘疹,突起于皮肤表面,为灰白色或淡红色半球状隆起结节,几天后转为水疱,水疱液起初类似淋巴液,而后转为脓性,若无继发感染几天后形成棕色痂块,痂块脱落遗留一个凹陷疤痕。病羊常因继发细菌感染而死于败血症。

特征性病变是在唇、舌、齿龈、食道、胃肠、咽、气管、肺等黏膜先为灰白色扁平痘疹,而后破溃形成烂斑和溃疡,心包膜、肾被膜下形成灰白色扁平或半球形结节,肺组织见干酪样结节和卡他性肺炎。

非典型病例仅出现体温升高和黏膜的卡他性炎症,不出现或少量出现痘疹,也不形成水疱和脓疱,为良性经过。有的见痘疹内出血,呈黑色痘,有的痘疹化脓形成坏疽,恶臭,呈现恶性经过,病死率达 20%～50%。

山羊痘(goat pox)的临床症状和病理变化与绵羊痘类似,但山羊不仅在无毛皮肤部位发生痘疹,有时在头部、背部、腹部毛丛中也出现痘疹。

3.诊断

病羊表现典型症状时,结合流行病学和病理变化,一般可作出诊断。非典型病例不易诊断。须进行实验室检查,通常应用包涵体检查进行诊断。以痘疹组织或水疱液为病料,涂片,吉姆萨或苏木紫-伊红染色,镜下可见胞浆内有球菌样颗粒包涵体,呈紫红色或紫色,可确诊。

4.防控

在羊痘常发地区,每年定期接种疫苗;发生疫病时,隔离病羊,彻底消毒羊舍、饮水、场地和用具,未发病羊只或邻近受威胁羊群紧急接种疫苗。

(二)猪痘

猪痘(swine pox)病原包括猪痘病毒(仅使猪发病)和痘苗病毒(可感染猪和其他动物),以皮肤(偶尔黏膜)发生痘疹为特征。

猪以直接或间接接触方式感染痘病毒。猪痘病毒主要由猪血虱传播,其他昆虫如蚊、蝇等也有传播作用。猪痘多发生于 4～6 周龄仔猪,成年猪有抵抗力。痘苗病毒可使各种年龄猪感染发病,常呈地方流行性,多见于温暖季节。

1.临床症状

潜伏期 4～7 d,病猪体温升高,食欲不振,鼻、眼有浆性分泌物;痘疹多发生于无毛或少毛部位,如鼻盘、眼睑、肢内侧、乳房等,有时背部、体侧和耳廓等部也出现,开始为深红色硬结,呈半球状突出于皮肤表面,常直接转为脓疱,很快形成棕黄色痂块,痂块脱落后留下白色斑块,病程 10～15 d。多为良性经过,饲养管理不当与继发感染常使病死率增高,特别是幼龄仔猪。

2.诊断

根据病猪典型痘疹和流行病学特点可作出初步诊断。确定猪痘由何种病毒引起,需做家兔接种试验,痘苗病毒在接种部位出现痘疹,而猪痘病毒不感染家兔。必要时进行病毒分离与鉴定。

3.防控

本病目前尚无有效疫苗。预防措施包括加强饲养管理,搞好圈舍和环境卫生,定期消毒环境、圈舍、器械设备和饮水,消灭猪血虱和蚊、蝇等,新购入猪只隔离观察 1～2 周。发现病猪要及时隔离治疗,可试用康复猪血清治疗。

(三)禽痘

禽痘(avian pox)是禽痘病毒引起的禽类一种急性接触性传染病,分为皮肤型和黏膜型,前者以皮肤(尤其头部皮肤)出现痘疹,继而结痂脱落为特征,后者以口腔和咽喉黏膜纤维素性坏死性炎症(又名禽白喉)为特征。本病广泛分布于世界各国,对雏鸡造成的危害很大。

1.流行病学

家禽以鸡的易感性最高,不分年龄、性别和品种都可感染发病,以雏鸡和生长鸡最常发病,雏鸡死亡率高,其次是火鸡;鸭、鹅等能感染但不严重;其他鸟类如金丝雀、麻雀、燕雀、鸽等也会发生痘疹。

病禽通过脱落痘痂向外界环境散布病毒,一般经损伤的皮肤或黏膜感染健禽。蚊蝇叮咬与体表寄生虫也可传播本病,且是重要的传播媒介,所以本病以夏秋两季或蚊子活跃的季节和地区最易流行,饲养密度过大、通风不良、阴暗潮湿、维生素缺乏和饲养管理恶劣等可加重病情,如果伴随细菌混合感染会引起大批死亡。

2.临床症状

潜伏期 4~8 d,按侵犯部位可分为皮肤型、黏膜型、混合型,偶有败血型。

(1)皮肤型 以头部皮肤出现特殊痘疹为特征,有时在腿、脚、泄殖腔和翅内侧也出现。常于冠、肉髯、喙角、眼睑和耳球,起初为灰色麸皮样覆盖物,迅速长出结节,结节初呈灰色,后为黄灰色,表面凹凸不平,内含黄脂状糊块。有时结节融合形成大块厚痂,使眼闭合而不能张开,一般无明显全身性症状,但病鸡采食量锐减,体重减轻,产蛋减少或停止。

(2)黏膜型(白喉型) 多发于小鸡,病死率达 50%。病初表现鼻炎症状,而后 2~3 d,口腔、咽喉等处黏膜发生痘疹,初呈黄色圆形斑点,后扩散形成大片附着物(伪膜),随后成棕色痂块,表面凹凸不平,痂块不易剥落,强行撕脱则留下易出血的创面,病鸡吞咽和呼吸困难,迅速消瘦;如蔓延至眼、鼻和眶下窦,眼睑肿胀,眼结膜炎,眼鼻流出浆性脓性分泌物,眼失明。

(3)混合型 皮肤黏膜均被侵害,病情严重,死亡率高。

(4)败血型 少见,多以严重的全身性症状开始,继而发生肠炎,有的迅速死亡,有的转为慢性腹泻。

火鸡痘与鸡痘的症状和病变基本相似,因增重受阻造成的损失比因病死亡者还大。

3.病理变化

病变与临诊所见相似,口腔黏膜的病变有时蔓延到气管、食道和肠,肠黏膜有点状出血,肝、脾和肾常肿大,心肌有时呈实质变性。组织学检查可见病灶上皮细胞有胞浆内包涵体。

4.诊断

皮肤型和混合型禽痘临诊症状很有特征,不难诊断。对单纯黏膜型应注意与传染型鼻炎、新城疫、传染性喉气管炎等区分。可采取病料接种鸡胚或易感鸡,组织学检查见病灶上皮细胞有胞浆内包涵体,即可确诊。此外可用琼脂扩散试验、血凝试验、血清中和试验、PCR 等配合诊断。

5.防控

搞好禽舍及周围环境的清洁卫生,定期消毒;尽量减少或避免蚊虫叮咬,避免各种原因所致啄癖或机械性外伤;有计划地进行预防接种,我国目前多使用鸡痘鹌鹑化弱毒疫苗,尤其疫区或发病场应坚持对每批鸡免疫;一旦发生本病,应隔离病鸡,轻者治疗,重者淘汰,死者深埋或焚烧,健鸡应进行接种疫苗,对禽舍及相关器械设备严格消毒。

四、狂犬病

狂犬病（rabies）又名"恐水病"或"疯狗病"，是狂犬病病毒引起的人和动物共患的、以侵害神经系统为特征的一种传染病，以神经兴奋、意识障碍、局部或全身麻痹、神经细胞内有内基氏小体为特征。

1.病原

病原为狂犬病病毒（rabies virus），属弹状病毒科（Rhabdoviridae）狂犬病病毒属，病毒呈子弹状，基因组为单股 RNA，有囊膜。体内主要存在于中枢神经组织和唾液腺内，自然分离的野毒株对人和动物致病力强，野毒通过兔脑连续传代后成为"固定毒"，固定毒对兔致病力增强，对人和犬致病力大为减弱。

该病毒能抵抗尸体腐败作用，在自溶的脑组织中可存活 7～10 d；对紫外线和一般消毒剂敏感，不耐湿热，56℃经 15～30 min 可使之灭活。

2.流行病学

几乎所有温血动物都对本病易感。在自然界，易感动物主要是犬科、猫科、翼手类和某些啮齿类等动物，人、牛、羊、马、驴、骡、猪等对本病毒均易感，病死率达 100%。

病犬和带毒犬是本病主要传染源，被感染野生动物如狐、狼、蝙蝠、野鼠、鼬鼠等以及家猫和家畜，可成为传染源和贮存宿主。

本病主要以直接接触传播，如患犬咬伤健康动物，或舔舐损伤的皮肤黏膜，有发现本病可经呼吸道、消化道感染。

3.临床症状

狂犬病潜伏期一般 2～8 周，长的达数月数年，人和动物的临床症状相似，分为狂暴型（兴奋型）和沉郁型（麻痹型、瘫痪型），以前者常见。

（1）犬 犬的狂暴型可分为前驱期、兴奋期和麻痹期。前驱期或沉郁期持续半天到 2 d，表现沉郁，喜躲暗处，不愿接近人或不听呼唤，喜食异物，反射亢进，容易兴奋，口流唾液。兴奋期持续 2～4 d，表现兴奋狂暴，攻击人畜或自咬，常在外游荡不归；狂暴与沉郁交替出现，起卧不安，表情惊恐和斜视，以后意识障碍，反射紊乱，狂咬，消瘦，吠声嘶哑，口流唾液，肌肉痉挛，下颌麻痹，散瞳或缩瞳。麻痹期持续 1～2 d，下颌下垂，舌脱出口外，大量流液，不久后躯及四肢麻痹，卧地不起，吞咽困难，见水表情恐怖，终因呼吸麻痹或衰竭而死。整个病程 6～8 d，也有兴奋期短的，甚至由前驱期直接进入麻痹期。

（2）猫 一般呈狂暴型，症状与犬相似，但病程较短，出现症状后 2～4 d 死亡。发病时攻击其他猫、动物和人，因其行动敏捷又常接近人，故危害较大。

（3）其他动物 牛、羊、猪、鹿等发病后表现兴奋不安，攻击人和其他动物，冲撞障碍物，大量流液，最后麻痹而死。马临诊表现与之类似，有时呈破伤风样症状。

狂犬病动物死后剖解无特征性眼观病理变化，病理组织学检查见有非化脓性脑炎的变化。

4.诊断

根据临诊表现（兴奋、麻痹、瘫痪）和有咬伤史，可初步作出诊断。确诊需要进行实验室检查，实验室方法包括内基氏小体检查、荧光抗体检查、ELISA 等。

5.防控

对区域内饲养的犬猫认真登记，实行强制性疫苗接种并登记挂牌；对发病动物、可疑患病动物和被咬伤动物,一旦发现即进行扑杀深埋,通常不治疗;扑杀深埋无主犬、流浪犬猫和野犬。

对刚被咬伤的人和动物,立即扩开伤口,挤出局部污血,用肥皂水冲洗,再用0.1%升汞、70%酒精、3%石炭酸等消毒;立即注射狂犬病疫苗。

五、伪狂犬病

伪狂犬病(pseudorabies)是由伪狂犬病病毒引起的家畜和野生动物共患的一种急性传染病,家畜和野生动物以发热、奇痒为临床特征,繁殖母猪表现流产、死胎与呼吸道症状,新生仔猪高死亡率。本病广泛分布于世界各国,我国也广泛发生该病。

1.病原

病原为伪狂犬病病毒(pseudorabies virus),是疱疹病毒科α-疱疹病毒亚科的成员,基因组为双链线状DNA分子。该病毒只有一个血清型,但不同毒株的毒力和致病力存在很大差异。该病毒对环境抵抗力很强,有蛋白质保护时8℃可存活46 d。

2.流行病学

自然条件下本病可发生于牛、绵羊、猪、犬、猫及鼠,野生动物亦可发生,除成年猪外,其他动物发病均是高度致死性的。多数情况下,成年猪症状表现轻微,很少死亡;实验动物中,兔最敏感,小鼠、大鼠、豚鼠等均能感染发病。

病猪、带毒猪以及带毒鼠类为本病重要传染病,其他动物带毒也可成为传染源之一。其他动物发病与带毒猪、鼠接触有密切关系。

健康猪与病猪、带毒猪直接接触可感染本病,如与伤口接触,交配和哺乳,猪、犬、猫吃死鼠和死猪内脏而经消化道感染。妊娠母猪感染时,病毒侵袭子宫使胎儿感染。本病除猪呈流行性或地方流行性外,其他动物常呈散发性。

3.临床症状和病理变化

潜伏期一般3~6 d。

(1)猪　随年龄和毒株不同,临床症状有很大差异。

2周龄内哺乳仔猪,初期发热、呕吐、下痢,厌食,精神不振,呼吸困难呈腹式呼吸;表现神经症状,发抖,共济失调,间歇性痉挛,后躯麻痹,常呈癫痫样发作,肌肉抽搐。最后衰竭而死,死亡率达100%。

3~4周龄仔猪,临床上主要表现与上类同,病程延长,多便秘,病死率达40%~60%,耐过猪可能表现偏瘫或生长发育受阻。

2月龄以上猪,临床表现轻微,多呈一过性发热,咳嗽,便秘,部分呕吐,多4~8 d内康复。但如体温持续升高,病猪可表现神经症状,如震颤、共济失调、间歇性痉挛等。

妊娠母猪表现咳嗽、发热和沉郁,随之流产、死胎或木乃伊胎、弱仔,多以死胎为主,弱仔于出生后很快呕吐腹泻,运动失调,痉挛,角弓反张,1~2 d即死亡。种母猪可能屡配不孕,公猪睾丸肿胀或萎缩。

(2)牛　高度易感,发病后常于数小时至48 h死亡。

临床上表现为皮肤强烈痒感,即不自主地舔舐患部,或在地面、器物和墙反复摩擦,以致皮肤脱毛、肿胀、出血、撕裂仍不停止,体温升高达40℃以上,可伴发咽麻痹、流涎、呼吸用力、磨牙吼叫等。

(3)犬、猫和兔　感染发病的临床症状与牛类似。

患病动物尸体剖解缺乏特征性眼观病变,主要表现患部皮下水肿、有渗出,严重的则皮肤撕裂,可能见到肺充血水肿,心外膜出血,心包积水,脑膜充血。

4.诊断

除猪以外,其他动物根据高热、奇痒症状可作出初步诊断。

猪则根据妊娠母猪流产、死胎,新生仔猪高死亡率,以及呼吸道症状进行初步诊断。

确诊需进行实验室检查。临床上应注意与李氏杆菌病、猪脑脊髓炎、狂犬病、猪瘟、猪呼吸道繁殖障碍综合征进行鉴别诊断。

采集患病动物患部水肿液或渗出液、脊髓、脑组织、扁桃体等病料,匀浆后进行病毒分离或动物试验可确诊。用 PCR 检测病料中的病毒核酸,可方便快捷诊断;将病料或病毒培养液接种家兔,如家兔出现高热奇痒可确诊;以急性期及恢复期血清为病料,进行血清中和试验、琼脂扩散试验、补体结合试验、荧光抗体试验及酶联免疫测定等有助于确诊本病。

5.防控

本病无特效治疗药物。

预防本病主要是采取综合性兽医卫生措施,即不从疫区或发病场引种,必须引种时应严格检疫,对引进动物隔离观察;重视牧场尤其是猪场的灭鼠工作,避免不同种动物混养,尤其注意避免猪与牛或兔等混养。

在疫区或发病养殖场定期接种疫苗,疫苗接种是控制本病的主要措施。现在使用的疫苗有弱毒活疫苗、野毒或弱毒灭火苗、基因缺失苗等。不论是自然感染或者疫苗接种所产生的抗体,只能防止感染动物不出现临床症状,但不能清除体内病毒,也不能阻止机体排毒,因此病毒可长期潜伏在机体内。

单凭接种疫苗不能消灭或根治本病,还可选用基因缺失苗接种,同时配合相应的血清学检测方法,对血清阳性动物进行淘汰或扑杀,由此循环反复,可培育无伪狂犬病病毒感染的猪群。

六、炭疽

炭疽(anthrax)是由炭疽杆菌引起的一种人兽共患急性、热性、败血性传染病,以败血症、脾脏肿大、皮下和浆膜下胶样浸润、血液凝固不良及局部炭疽痈为特征。

1.病原

炭疽杆菌(*Bacillus anthracis*)为一种粗大的革兰氏阳性杆菌,在病畜血液中呈单个或成对,少数为 3~5 个菌体相连的短链,有荚膜;培养的细菌呈长链状,两端平截,竹节样,一般不形成荚膜,但自病料分离的有毒炭疽杆菌在 50% 血清琼脂上可形成荚膜。体内不形成芽孢,在体外很快形成芽孢,芽孢呈卵圆或圆形,位于菌体中央或略偏一端;需氧和兼性厌氧,普通琼脂上形成灰白色、不透明、扁平粗糙和边缘不整齐的菌落,呈卷发状,但刚分离的有毒炭疽杆菌在 50% 血清琼脂上形成光滑黏稠的菌落,鲜血琼脂上不溶血或是狭窄的溶血带。

炭疽菌体抵抗力不强,但其芽孢抵抗力很强,在干燥状态下可存活 12 年以上,干热条件下 150℃需 60 min,高压蒸气 121℃需 15 min,10% 甲醛在 40℃经 15 min,方能杀灭芽孢。

2.流行病学

多种动物对本病均易感,草食动物(牛、羊、马等)最易感,其次为犬猫等食肉动物,猪有一定抵抗力。

主要传染源是牛、羊、马、骆驼等病畜,濒死期病畜血液、分泌物和排泄物中常含有大量的炭疽杆菌,病畜死后尸体可形成大量芽孢,污染土壤、水源、牧地。此外,鸟类、狐狸、犬、狼等动物食入病畜尸体后,通过粪便散布炭疽芽孢。

本病通过直接接触、消化道、呼吸道及昆虫叮咬等途径传播,一年四季均可发生,但有明显的季节性,夏季雨水多,吸血昆虫亦多,容易传播。常呈地方性流行,有时呈暴发性流行。

3.临床症状

本病潜伏期一般为 1~5 d。

(1)牛 按症状和病程分为 3 类。

①最急性型。发病急剧,突然昏迷倒卧,呼吸急促困难,可视黏膜发绀,全身战栗,心悸,濒死期天然孔出血,病程数分钟至数小时。

②急性型。病程 1~2 d。体温升高达 42℃,精神沉郁,食欲和反刍减弱或停止,呼吸急促,黏膜发绀或有小出血点。初便秘,后腹痛腹泻,粪中带血,尿暗红。濒死期体温下降,呼吸极度困难,痉挛发抖,天然孔流血。

③亚急性型。症状与急性相似,但病程较长(2~15 d)。体温升高,体表多处、直肠、口腔黏膜等发生局限性炎性水肿,初期硬固,发热疼痛,后热痛消失,病灶中央坏死,外周隆起水肿,有时形成溃疡,即炭疽痈。有时经数周痊愈,有时则转为急性。

(2)羊 多表现最急性型,表现脑卒中症状,即突然眩晕摇晃,磨牙,全身痉挛,天然孔有时出血,很快死亡。

(3)猪 猪有一定抵抗力,多表现为局部炭疽,分为咽型炭疽和肠型炭疽。咽炭疽多见,但很少表现明显的临床症状,往往在病畜宰后才发现,咽喉部和邻近淋巴结常明显肿胀,引起呼吸和采食障碍,有时体温升高,精神委顿,严重者窒息而死。肠炭疽表现消化道症状,便秘或腹泻,便血。

4.病理变化

急性炭疽为败血症病变。尸体膨胀明显,尸僵不全且极易腐败,天然孔流出带泡沫黑红色血液,黏膜发绀,血液凝固不良呈煤焦油样;全身多发性出血,皮下、肌间、浆膜下胶冻样浸润;脾脏变形、淤血、出血、水肿,脾髓粥样软化,暗红色、煤焦油样。

死于局部炭疽的,在咽部、肠系膜以及其他淋巴结常见出血、肿胀、坏死,邻近组织出血性胶冻样浸润,还可见扁桃体肿胀、出血、坏死并有黄色痂皮覆盖。

5.诊断

根据流行病学和临床症状可初步诊断。确诊有赖于病原菌分离。采集静脉血、淋巴结以及病变组织水肿液为病料、触片进行碱性美蓝染色,显微镜下见到单个或成对、有荚膜、菌端平直的粗大杆菌,可初步确定;病料接种于血琼脂平板,观察菌落形态颜色,随后取可疑菌落进行鉴别试验(包括噬菌体裂解试验、串珠试验、生化试验等),用于炭疽诊断的免疫学方法有 Ascoli 沉淀实验、琼脂扩散实验、补体结合实验、间接血凝实验等。

6.防治

炭疽发生后应立即报告疫情,封锁疫区,隔离治疗病畜;病畜尸体严禁解剖,应进行焚烧或深埋,现场严格消毒;加强水源和牧场的消毒管理;严格检疫,杜绝病畜产品进入市场;在疫区,对易感动物每年注射疫苗,或者发病季节对易感动物注射抗血清。

对患病、可疑患病以及假定健康动物注射抗炭疽血清,大家畜 100～300 mL/次,中、小家畜 30～60 mL/次,皮下或静脉注射,12 h 后再注射 1 次;可选用磺胺类药物(如磺胺嘧啶钠)和抗生素(如青霉素类)进行治疗,7～10 d 为一疗程;针对所表现的临床症状实施特定的治疗措施,如退烧、缓解呼吸困难等。

七、结核病

结核病(tuberculosis)是由分枝杆菌属细菌所引起的人和多种动物共患的一种慢性传染病,其特点是病程长,进行性消瘦,在组织器官内形成结核结节和干酪样坏死或钙化结节。

本病在世界各地广泛分布,近年来发病率有上升趋势,我国政府和国际组织都将本病作为重点防治的传染病。

1.病原

病原为分枝杆菌属(*Mycobacterium*)细菌,包括结核分枝杆菌、牛分枝杆菌和禽分枝杆菌,其形态因种别不同有些差异。结核分枝杆菌原称为人型结核分枝杆菌,直或微弯,单在、成双、V 形、Y 形排列或呈丛状,呈棒状间有分支状,形似米粒或香蕉样,抗酸染色呈红色或淡红色;牛分枝杆菌稍短粗,着色不均匀,禽分枝杆菌短而小,多形性;不产生芽孢和荚膜,革兰氏染色阳性,但难于着色。分枝杆菌严格厌氧,最适生长温度 37.5℃,培养基生长缓慢,尤其初次分离时需要添加血清或鸡蛋,在固体培养基上 3 周左右才开始生长,禽分枝杆菌较牛和人的要快。

分枝杆菌在自然环境中生存力强,对干燥和湿冷的抵抗力很强,对热抵抗力差。在干燥痰液、病变组织、尘埃、粪便以及土壤内可存活 6～10 个月,禽分枝杆菌在土壤中保持毒力可达 4 年,湿热条件下 60℃ 30 min 失去活力。本菌对磺胺类药物、青霉素和其他广谱抗生素不敏感,对链霉素、异烟肼、对氨基水杨酸和环丝氨酸等敏感。

2.流行病学

许多动物都有易感性,已知 50 多种哺乳动物、25 余种禽类可患本病。家畜中牛最易感,奶牛最常见,其次是猪和家禽,羊极少发病;野生动物中猴、鹿易感性较强。

牛结核病主要由牛分枝杆菌引起,也可由结核分枝杆菌引起,牛分枝杆菌也可感染猪、人和其他动物,禽分枝杆菌主要感染家禽,也可感染牛、猪和人。结核病患病动物和带菌动物是本病传染源,尤其是能向外排菌的开放性患病动物是危害最大的传染源,患病动物的痰液、粪尿、乳汁和生殖道分泌物都可带菌,污染空气、饮水、食物、饲料和环境而扩散。

本病主要经呼吸道、消化道感染,也可通过生殖道感染。本病的发生传播与饲养管理有密切关系。本病多散发,季节性不明显,但一般在冬春发病还是多一些。

3.临床症状

多表现慢性经过,病程长。

(1)牛　主要由牛分枝杆菌引起,常表现肺结核、乳房结核和淋巴结核,尤其肺结核多见。病初症状不明显,短促干咳,随病情发展,咳嗽加重,转为疼痛湿咳,日渐消瘦贫血,泌乳量大减,有的体表淋巴结肿大,多见肩前、股前、腹股沟、颌下、咽和颈等;发生乳房结核时,乳房上淋巴结肿大,泌乳量减少,乳汁稀薄,乳腺中有硬结,无热无痛;肠结核多见于犊牛,表现消化不良,顽固下痢,呈进行性消瘦。有的则表现为生殖器官结核。

(2)猪　可由禽分枝杆菌、牛分枝杆菌和结核分枝杆菌引起。猪对禽分枝杆菌易感性高。多表现为淋巴结核,常于颌下和扁桃体的淋巴结发生病灶。若感染牛分枝杆菌,则表现全身性结核症状,进行性发展,常归于死亡。

(3)禽　主要危害鸡和火鸡,成年鸡和老龄鸡多发,其他禽类和野禽也可感染。临床表现贫血、消瘦、鸡冠萎缩、跛行以及产蛋停止,最终因衰竭而死。

4.病理变化

病理学特点是组织器官发生增生性或渗出性炎症,抵抗力强时以增生性病变为主,形成增生性结节;抵抗力降低时以渗出性炎症为主,组织发生干酪样坏死、化脓或钙化。

(1)牛　病变最常见于肺及肺部淋巴结,其次为肠系膜淋巴结和颈部淋巴结。病变器官散在突起的白色或黄白色结节,切面为干酪样坏死,有的病灶钙化使切开时有沙粒感,有的坏死组织溶解排出后形成空洞;胸膜和腹膜发生密集结核结节,出现粟粒大至豌豆大的半透明灰白色坚硬结节,即所谓的"珍珠病";胃肠黏膜可能出现大小不等的结核结节或溃疡。乳房结核表现为乳房出现大小不等病灶,内含干酪样物质。绵羊病灶多出现于胸肺部淋巴结、肝和脾。

(2)猪　全身性结核不常见,在肝、肺、肾等可能出现一些小的病灶,病灶呈干酪样病变,钙化病变不明显;在颌下、咽、肠系膜淋巴结和扁桃体等发生结核结节。

(3)禽　病灶多出现于肠道、肝、脾、骨骼和关节等处。肠管粗细不均,管壁增厚,表面有麻籽大豌豆大的结核结节,肠道发生溃疡;肝脾肿大,表面或切面有大小不等的干酪样结节病灶,肝外观呈橘红色或灰黄色,质脆;气囊膜、腹膜散在大小不等白色黄白色干酪样结节,俗称"珍珠病";骨髓和骨端可见豌豆大至蚕豆大的干酪样团块。

5.诊断

如果畜禽群体出现原因不明的进行性消瘦,顽固性咳嗽或腹泻,泌乳量长期低下,体表淋巴结肿胀坚硬,可怀疑为本病。病畜死后可根据特异性结核病变进行诊断。或采取病料(病灶、痰液、尿液、粪便或乳汁)抹片镜检和分离病原。目前,接种结核菌素是结核病检疫诊断的主要常规方法,但该法不能全部检出患病畜禽。

6.防控

主要采取综合性防治措施进行预防,加强饲养管理,提高动物机体抗病力;严格引种管理,坚持生产检疫,不断净化畜群,培育健康畜群。本病因为治疗周期长,效果不确定,成本高,通常一旦确诊即淘汰,不进行治疗。

八、布鲁菌病

布鲁菌病(brucellosis)是由布鲁菌引起的人兽共患传染病,其特征是生殖器官和胎膜发炎,临床上表现为流产、不育和关节炎。在家畜中,牛、羊、猪最常发生,可传染人。本病广泛发生于世界各地,几乎所有国家都有疫情存在。

1.病原

布鲁菌(brucella)为布鲁菌属的革兰氏阴性小球杆菌,球杆状或者短杆状,散在分布,呈密集菌丛,成对、单个及短链排列较少见,无鞭毛和芽孢,不利条件下可形成荚膜,难于着色;布鲁菌需氧,营养要求高,生长最佳温度37℃,pH 6.6～7.4,初次分离需在含血清或马铃薯浸液的培养基中才能很好发育,生长缓慢,7~14 d才能长出肉眼可见的圆形菌落,多次继代后生长加快,在血琼脂上形成圆形、灰白色、隆起的不溶血小菌落。

目前,已知布鲁菌有6个种,包括马耳他布鲁菌(羊种菌)、流产布鲁菌(牛种菌)、猪布鲁菌、沙林鼠布鲁菌、绵羊布鲁菌和犬布鲁菌。某些种还分若干生物型,如羊种菌有1~3种生物型,牛种菌1~7种生物型,猪种菌1~5种生物型。布鲁菌不同种型细菌有共同抗原,因此可用一种弱毒或无毒活菌苗预防。本菌对外界环境抵抗力较强,在水和土壤中可存活72~114 d,对湿热敏感,100℃经1~4 min可将其杀死,对常用消毒药均敏感。

2.流行病学

人和多种动物对布鲁菌均有易感性,已知有60余种动物可以自然感染,以牛、羊、猪感染最为常见。

患病动物和带菌动物(包括野生动物)是主要传染源。被感染的妊娠动物是最危险的传染源,流产或分娩时布鲁菌随胎儿、羊水、胎衣排出污染环境,流产后的阴道分泌物、乳汁及受感染公畜精液中含有布鲁菌。牛、羊、猪作为传染源,在人类布鲁菌病流行传播中发挥重要的作用。

主要传播途径是消化道,即通过污染的饲料与饮水而感染,自然交配、人工配种和昆虫叮咬也可传播本病。多见于牧区,一年四季均可发生,但季节性特点也明显,如羊布鲁菌病春季开始发生,夏季达到高峰,秋季下降;牛布鲁菌病夏秋季发病率稍高。母畜较公畜易感,幼畜有一定抵抗力。

3.临床症状

潜伏期2周至6个月。

(1)牛 母牛除流产外,常不表现明显临床症状。流产多于妊娠第6~8个月发生,产死胎或弱仔;流产后多发生胎衣不下,阴道持续排出恶臭液体,有时发生子宫炎、卵巢囊肿和长期不孕;公牛发生睾丸炎和附睾炎。还发生关节炎、乳房炎。

(2)羊 母羊主要表现流产(在妊娠的第3~4个月),有时发生乳房炎、关节炎和滑液囊炎,公羊发生睾丸炎,有的表现发热。

(3)猪 母猪发生流产,多在妊娠第4~12周发生,之后不育,有时伴有腹泻和关节炎;公猪发生睾丸炎、关节炎和淋巴结脓肿。

(4)犬 母犬流产,于妊娠第40~50天发生,流产后阴道持续排出分泌物,淋巴结肿大;公犬发生睾丸炎、附睾炎、前列腺炎,有时表现全身症状。

4.病理变化

胎衣呈黄色胶冻样浸润,胎衣增厚,局部有出血点或为纤维絮片附着;胎儿胃内(特别是皱胃)有淡黄色或白色絮状物,胎儿皮下出血性浆液浸润,淋巴结、脾脏和肝脏不同程度肿胀,有的散在坏死灶。公牛精囊可能有出血点和坏死灶,睾丸和附睾出现坏死性化脓。绵羊和山羊病变与牛类似。

猪的病理变化与牛类似,还有绒毛膜充血水肿或夹有小出血点,有时被覆灰黄色渗出物,部分伴发关节炎和滑液囊炎。

5.诊断

根据临床症状、发病情况和病史可怀疑为本病,确诊须依靠实验室病原菌分离培养。以流产胎儿胃内容物和母畜胎膜、羊水、胎衣以及阴道分泌物、病变部分泌物渗出液等作为病料,涂片镜检,再进行细菌分离,一旦检出该病原菌即可确诊,但细菌分离常出现假阴性。用于本病诊断的免疫学实验主要有凝集试验、补体结合试验、全乳环状试验、变态反应、间接血凝试验、琼脂扩散试验、酶联免疫吸附试验、SPA 协同凝集试验等。

6.防治

不从疫区引进种畜,必需引种时严格检疫,对引入种畜隔离观察;对疫区畜群反复检疫,淘汰阳性病畜培育健康畜群;严格牧场、圈舍和水源的消毒,加强对动物尸体、粪、尿等废弃物的管理,以及屠宰加工企业废弃物和污水的处理;定期接种疫苗。

通常对患病动物不进行治疗而是扑杀或采取其他措施。必须治疗时可用土霉素、四环素、金霉素、合霉素、链霉素、氯霉素及磺胺类药物治疗,最好将两种抗菌药物联合应用,但效果不确定。

九、巴氏杆菌病

巴氏杆菌病(pasteurellosis)是主要由多杀巴氏杆菌引起的多种畜禽、野生动物及人的一类传染病总称,急性病例以败血症和炎性出血为主要特征。本病在不同动物分别简称为"牛出败"、"猪肺疫"和"禽霍乱"。人的病例少见,多呈伤口感染。

1.病原

主要病原多杀巴氏杆菌(*Pasteurella multocida*)系巴氏杆菌属一种细菌,呈短杆状或球杆状,常单个存在,较少成对或短链状,无运动性,有荚膜,不形成芽孢,革兰氏染色阴性,新鲜病料中多呈两极浓染,培养的细菌两极着色不明显。本菌需氧兼性厌氧,在有血清或血液的培养基上生长良好。根据菌株抗原成分的不同,可把多杀巴氏杆菌分为很多血清型,按荚膜(K)抗原可分为 A、B、D、E、F 5 个血清型,按菌体(O)抗原可分为 1、2、…12 个血清型,细菌的血清型用 O:K 表示,如 5:A、6:B、2:D。在我国对猪致病主要为 5:A 和 6:B,对禽的主要为 5:A,家兔为 7:A。除多杀巴氏杆菌外,溶血性巴氏杆菌、鸡巴氏杆菌和嗜肺巴氏杆菌也是本病病原。

本菌对理化因素的抵抗力不强,在自然干燥情况下很快死亡,60℃经 1 min 可将本菌杀死,普通消毒药对本菌都有良好的杀灭作用。

2.流行病学

本菌对多种动物、禽类和人均有易感性,家畜中以牛、猪发病较多,绵羊、兔和家禽也易感。患病动物和带菌动物是本病主要传染源。

本菌存在于各种组织、体液、分泌物和排泄物中,患病动物通过排泄物、分泌物等排出病原菌,污染饲料、饮水、空气、用具和外界环境,扩散病原菌,再经呼吸道和消化道感染健康动物,也可能经损伤的皮肤黏膜以及昆虫叮咬而感染。不同种属动物之间一般不易互相传染本病,但个别情况下猪巴氏杆菌可传给水牛,黄牛和水牛可互相传染。

本病发生一般无明显的季节性,但以冷热交替、季节转换、气候剧变、拥挤闷热、潮湿多雨和运输等时候多发,如牛巴氏杆菌病多发生于秋季和冬季。本病多为散发,动物群体中只有少数动物先后发病,但猪可呈地方流行性。

3.临床症状与病理变化

(1)猪肺疫　潜伏期 1～5 d,临床上分为最急性型、急性型和慢性型。

①最急性型。俗称"锁喉风"。突然发病,迅速死亡。病程稍长、临床症状明显的表现体温升高(41～42℃),食欲废绝,衰弱卧地,心跳加快,呼吸极度困难,常作犬坐姿势,

口鼻流出血样泡沫液体;颈下咽喉部发热、红肿、坚硬,严重延至耳根、胸前;皮肤和可视黏膜发绀,腹侧、耳根和四肢内侧皮肤红斑。病程1~2 d,病死率达100%。

②急性型。是临床上主要和常见的病型,表现为败血症和急性胸膜肺炎。发热(40~41℃),初为痉挛性干咳,呼吸困难,流黏稠鼻液,后变为湿咳,触诊胸部疼痛剧烈,听诊有啰音和摩擦音;随病情发展,呼吸更加困难,张口吐舌,作犬坐姿势,可视黏膜发绀呈蓝紫色,黏脓性结膜炎;初便秘,后腹泻,后期心脏衰弱,皮肤淤血或有小出血点,病程5~8 d。

③慢性型。主要表现为慢性肺炎和慢性胃肠炎。可能出现持续性咳嗽与呼吸困难,鼻流少许黏脓性分泌物;有的出现痂样湿疹;关节肿胀;进行性营养不良,消瘦衰弱,常下痢,多经2周以上衰竭而死。

病理剖检特征是:全身黏膜、浆膜和皮下组织有大量出血点;咽喉部及颈部皮下有胶冻样或纤维素性渗出;全身淋巴结(尤其是颌下、咽后和颈部淋巴结)肿胀、充血、出血,切面红色;胸膜和心包膜小点出血,病程长的见纤维素样物质附着,严重者胸膜与肺粘连,胸腔、腹腔和心包腔液体增多混有纤维素样物质;肺组织淤血肿大,质地坚实,肺小叶间质增宽,颜色深浅不一,呈大理石样,肺组织发生不同程度的肝样变,肝变区暗红色、黄红色,周围伴有水肿和气肿,肝变区内散在坏死灶,外面有结缔组织包囊。

(2)牛出血性败血病　潜伏期2~5 d,临床上分为败血型、浮肿型和肺炎型。

①败血型。体温升高(41~42℃),腹痛下痢,粪便恶臭混有黏膜与血液,结膜潮红,有时鼻孔和尿中带血,最后体温下降,常1 d内衰竭死亡。剖检发现在黏膜、浆膜以及肺、舌、皮下组织和肌肉等有出血点;胸腹腔内有大量渗出液;淋巴结显著水肿,脾脏无变化,或有小出血点。

②浮肿型。除全身性症状外,颈部、咽喉部及胸前皮下组织炎性水肿,初期发热疼痛,触之坚硬,随后疼痛减轻;舌及周围组织肿胀,舌伸出口腔,暗红色,皮肤和可视黏膜发绀,呼吸高度困难,最后窒息而死,病程12~36 h。剖检在咽喉部、会厌软骨和颈部皮下,有时延至肢体皮下呈浆液或胶冻样浸润,间或混有血液,咽后及颈前淋巴结肿胀,上呼吸道黏膜卡他性潮红。

③肺炎型。主要表现纤维素性胸膜肺炎症状,开始病牛呼吸困难,疼痛干咳,流泡沫样或脓性鼻液,叩诊胸部敏感疼痛,有实音区,可听到支气管呼吸音、水泡音和摩擦音;先便秘后腹泻,粪便带血,病程3~7 d。剖检见胸膜炎和大叶性肺炎,胸腔有大量浆液性纤维素渗出液;整个肺呈现不同程度肝样变,间质增宽,组织切面呈大理石样纹理,有的散在有灰色或暗褐色坏死灶;心包膜增厚混浊并附有纤维素样物质,心包积液混浊。

后两种病型是在败血症基础上发展起来的。羊和鹿感染发病的临床表现与牛类似,多发生于羊羔,山羊的发病率较绵羊低。

(3)禽霍乱(fowlcholera)　自然感染潜伏期一般为2~9 d。

鸡霍乱一般分为最急性、急性和慢性3种病型。

①最急性型。常于流行初期发生。病鸡常无前驱症状,突然倒地,抽搐而死,发病至死亡仅几分钟至数小时。

②急性型。最为常见,病鸡沉郁,羽毛松乱,缩颈闭眼,渴欲增加;腹泻,排出黄白色或绿色稀粪;呼吸困难,口鼻分泌物增加,鸡冠和肉髯肿胀呈青紫色,产蛋停止,最后昏迷而死,病程半天至3 d,病死率高。剖检心包膜增厚混浊,心包积液有纤维素样絮状物,心

外膜、心冠脂肪点状或刷状出血,肝脏质地变脆呈棕色或棕黄色,表面散布灰白色针尖大小的坏死点,肌胃出血,肠内容物呈红色或黄红色;腹膜与皮下组织有出血小点。

③慢性型。多见于流行后期,以慢性肺炎、呼吸道炎症和胃肠炎多见。部分病鸡肉髯肿大,可见脓性干酪样物附着;有的关节肿大疼痛,脚趾麻痹,关节附有炎性渗出物或干酪样坏死;鼻流黏性分泌物,鼻窦肿大;产蛋率低下,母鸡卵巢出血,有时卵巢上附有坚实、黄色的干酪样物质。病程可拖至 1 个月,生长发育缓慢。

鸭鹅霍乱的症状与鸡相似,鸭多为大群暴发,常以急性型为主要发病类型,而仔鹅发病较成年鹅严重。

(4)兔出血性败血症 是引起 9 周龄至 6 月龄兔死亡的主要疾病之一。该病潜伏期一般几小时至 5 d,临床上分为:

①鼻炎性。是常见的一种类型。主要表现为流浆液性、黏液性或脓性鼻液,常见兔抓挠鼻孔,还有喷嚏、咳嗽和鼻塞等。

②地方流行性肺炎。表现沉郁,食欲不振,但常没有呼吸困难的明显症状,常因败血症突然死亡。剖检见肺实变,肺膨胀不全,胸膜有纤维素附着,肺组织散在化脓性病灶。

③败血症。常呈急性经过,未见任何症状即突然死亡,病程稍长或与其他病型联合发生可见相应的临床症状。剖检可能因急性死亡而看不到眼观病变,也可能见胸腔、腹腔器官充血,浆膜下和皮下出血。

④中耳炎型。又称斜颈病,斜颈是感染扩散至内耳或大脑的临床表现,一侧或两侧有奶油状渗出物,耳道及耳廓外观发红,严重的采食、饮水困难。

另外还发生结膜炎、脓肿和生殖器官感染如子宫炎、子宫积脓、睾丸炎等。

4.诊断

本病临床表现复杂,病程长短不一,仅根据流行病学和临床症状难以诊断。可以死亡动物的血液、水肿液、咽喉渗出物、肺、淋巴结、脾、肝等作为病料,送实验室进行细菌分离培养,如果涂片镜检,发现两极浓染短杆菌可初步诊断。细菌分离后可采用凝集试验和琼脂扩散沉淀试验确定细菌所属的血清型。

5.防治

首先是加强饲养管理,增强机体抵抗力,消除或减少各种应激因素,定期消毒圈舍及养殖设备器械;保证圈舍通风换气和合理的饲养密度;选用与当地流行病原菌血清型相同的疫苗,定期进行疫苗接种或在发病季节预防性投喂敏感抗生素;对新引进畜禽隔离饲养,避免不同品种、来源和年龄的动物混养;发生疫情时,及时隔离治疗患病动物,妥善处理畜禽尸体和废弃物,避免病原菌的扩散。

主要采用抗生素进行对因治疗,可选用青霉素、氯霉素、红霉素、多黏菌素 B、四环素类、氟喹诺酮类、甲砜霉素、氟苯尼考及磺胺类药物等,发病初期使用抗血清治疗有一定效果,或二者联合可增加疗效;为了避免耐药菌株出现,可分离病原菌进行药敏实验,或者在预防和治疗中经常更换药物。

十、大肠杆菌病

大肠杆菌病(colibacillosis)是由致病性大肠杆菌引起的人和动物共患传染病,主要表现为幼龄动物严重腹泻和败血症。随着集约化养殖业的发展,致病性大肠杆菌对畜牧业所带来的危害日益明显,并受到关注。

1.病原

大肠杆菌（*Escherichiacoli*）是革兰氏阴性的无芽孢杆菌，两端钝圆，单个散在或成对，能运动，多数有周身鞭毛，通常无荚膜；本菌需氧或兼性厌氧，在普通培养基上生长良好，菌落光滑，微隆起，湿润，灰白色，但部分菌株菌落较大，表面粗糙，边缘不整齐，在血琼脂平板上某些菌株可产生 β 溶血。

致病性大肠杆菌和非致病性大肠杆菌在形态、染色、培养特性和生化反应等方面没有区别，但抗原构造不同，目前已明确大肠杆菌有菌体(O)抗原173种，有荚膜(K)抗原80种，有鞭毛(H)抗原56种，通常用 O：K：H 排列表示大肠杆菌菌株所属血清型，如 O_8：K_{25}：H_9，近年来，菌毛(F)抗原也被用于鉴定细菌血清型。

大肠杆菌对外界环境抵抗力不强，其培养物在室温下可生存数周。对高温抵抗力较弱，60℃经 15 min 即可杀死，在干燥环境中容易死亡；对低温有一定耐受力，对氯敏感，对强酸强碱敏感，其能耐受的 pH 值范围是 4.3～9.5，常规消毒药能在数分钟内将其杀死。药物的频繁使用导致耐药大肠杆菌菌株大量产生，不同条件下分离菌株的耐药谱存在很大差异。

2.流行病学

致病性大肠杆菌的许多血清型可引起各种动物、禽类和人发病，尤以猪和鸡的大肠杆菌病危害性大。引起不同种类动物发病的大肠杆菌血清型有一定差异，即使同一种动物在不同地方、不同养殖场引起发病的血清型也会不相同。幼龄动物和幼龄禽类对本病更敏感。

患病动物和带菌动物是本病主要传染源，主要通过粪便排出病菌，进而污染环境如饲料、饮水、空气、器械设备。主要通过消化道、呼吸道感染，也可通过生殖道如交配、人工授精等感染健康动物，此外，病菌可经过子宫、脐带、种蛋使新生动物和雏禽先天感染。

本病一年四季均可发生，但犊牛、羔羊多于冬春季节舍饲期间发生。饲养管理不当、气候突变、阴湿寒冷、饲养条件改变、通风不良等均是本病的诱因，机体抵抗力降低和感染则是本病发生的内因。

3.临床症状和病理变化

(1)猪大肠杆菌病　仔猪年龄与引起发病的血清型不同，使猪大肠杆菌病的临床表现各有不同。

①仔猪黄痢。常发生于 1 周龄内新生仔猪，尤其 1～3 日龄多发。以腹泻为主要症状，粪便呈黄色糊状或水样，混有凝乳块，频泻不止，甚至排粪失禁，迅速消瘦，昏迷，最后衰竭而死。剖检尸体见脱水严重，皮下常有水肿，肠腔膨胀并有多量黄色液状内容物和气体，肠壁变薄，肠黏膜呈急性卡他性炎症变化，尤以十二指肠最严重，肠系膜淋巴结弥漫性小点出血，肝肾有凝固性坏死灶。

②仔猪白痢。多于 10～30 日龄哺乳仔猪发生，尤以 20 日龄左右居多。突然腹泻，排出乳白色、灰白色浆状或糊状粪便，味腥臭，性黏腻，腹泻次数不等。病程 2～7 d,可自行康复。剖检尸体外观脱水消瘦，胃肠黏膜充血出血，肠壁菲薄，肠腔空虚含有大量气体，肠内容物少而稀薄，黄白色酸臭，肠系膜淋巴结水肿。

③猪水肿病。主要发生于断奶不久的仔猪，体况好生长快的容易发病。突然发病，沉郁，体温无明显变化，但心跳加速，常便秘；病猪眼睑、结膜、面部和下颌水肿，有的在颈部和腹部皮下都见到水肿；表现神经症状，病猪兴奋转圈或盲目运动，拱背站立，肌肉震

颤,不时抽搐,触诊敏感,后期四肢麻痹卧地,死前四肢划水样泳动。剖解的特征性病理变化是胃壁、胆囊、喉头、结肠系膜、眼睑、面部和颌下淋巴结等发生水肿,胃壁水肿常见于胃大弯和贲门部,胃黏膜下积聚多量胶冻样渗出液,致使黏膜层与肌肉层分离,结肠系膜呈胶冻样水肿;心包和胸、腹腔积液,暴露空气后凝结为胶冻样。

(2)犊牛大肠杆菌病 潜伏期短仅数小时,根据临床症状分为败血型、肠型和肠毒血症。

①败血型。多见于出生后 2～3 日龄,多无前驱症状突然死亡。病程稍长的病犊发热,沉郁,间有腹泻,发病数小时即死亡,剖检通常不能发现有诊断意义的病变。

②肠型。多见于 7～10 日龄犊牛。体温先升高再恢复正常,下痢,粪便呈黄色粥样或灰白色水样,混有凝乳块及泡沫,有酸败味,严重的排粪失禁,常伴有腹痛表现。死亡犊牛皱胃常有大量凝乳块,胃黏膜充血水肿,被覆有胶状黏液;肠内容物常混有血液和气泡,恶臭,小肠黏膜充血,有的部分黏膜上皮脱落,直肠也可见类似的病理变化,肠系膜淋巴结肿大;肝肾苍白,有时有出血点,胆囊内充满黏稠暗绿色胆汁,心内膜有出血点。

③肠毒血型。常突然死亡。病程稍长的可见中毒性神经症状,先兴奋不安,后来沉郁昏迷直至死亡,死前多腹泻。剖检尸体,通常不能发现有诊断意义的病变。

羔羊大肠杆菌病也表现为肠型和败血型,发病日龄和临床表现与犊牛类似,但其败血型神经症状表现更突出。

(3)禽大肠杆菌病 潜伏期数小时至几天不等。根据禽类年龄、抵抗力、损害器官等不同,禽大肠杆菌病的临诊和病理变化表现多种多样。与成年禽类相比,幼龄禽类较敏感,临诊表现明显,发病率高,病死率高,有的新出壳禽类大批死亡。急性的不表现任何症状突然死亡,或表现沉郁,衰弱,剧烈腹泻,粪便灰白色糊状,死前抽搐或转圈,有的表现呼吸道症状,病程长的表现全眼球炎。成年禽类多隐性或表现局部症状,多表现关节滑膜炎、输卵管炎、卵巢炎和腹膜炎等。剖检见多种类型的病理变化。

①急性败血型。剖检见心包积液混有纤维素样物质,心包膜和心内膜可能有小出血点,心包膜、心内膜、肝被膜和气囊混浊增厚,表面有纤维素样物附着,呈灰白色、浅黄色;肝脏肿大呈青铜色或土灰色,散在出血点和坏死点,脾脏肿大呈斑纹状;腹腔散发腐败味,可见渗出性腹膜炎,卵黄破裂。

②气囊炎。肝被膜和气囊混浊增厚附着有纤维素性膜,肝脾肿大呈青铜色或土灰色,肝脏散在出血点和坏死点;心包膜增厚,心包液增多混浊。

③关节滑膜炎。多见于肩、膝关节,关节肿大,滑膜囊内有灰白色或淡红色渗出物,周围组织充血水肿。

④全眼球炎。临床上差明,流泪,眼睑肿胀。剖检眼结膜充血出血,眼结膜、眼房水和瞳孔灰白混浊,甚至眼眶内有干酪样物质。

⑤脐带炎。许多鸡胚出壳前即死亡,特别是孵化后期,有些雏鸡出壳或出壳后不久死亡,死亡一直延续 3 周,雏鸡表现卵黄吸收不良,腹部膨大下垂,脐孔闭合不全,脐周发红水肿。

⑥输卵管炎和腹膜炎。多发生于成年禽或蛋禽,病禽腹部膨大充满,腹下垂,行走困难,呈"垂腹"现象。剖解输卵管扩张变薄,输卵管黏膜出血,附有纤维素性凝块或干酪样物质,腹腔内有完整或被吸收溶解的卵黄,腹水混浊,严重的腹腔脏器互相粘连。

⑦肉芽肿。生前多无特征性临诊症状,剖检发现肝、十二指肠、盲肠及肠系膜有针头

大至核桃大的肉芽肿结节。

此外,大肠杆菌感染还表现关节炎、肺炎、骨髓炎及脑炎等。

4.诊断

根据流行病学、临床症状和病理变化,不难作出初步诊断。确诊需作细菌分离鉴定及致病性实验,尤其确定分离菌株致病性具有重要的诊断意义。菌检的取材部位是,败血型为血液、内脏组织,肠毒血症和肠型为小肠黏膜。除血清学方法和动物试验外,核酸探针和 PCR 技术也已用于鉴定大肠杆菌的致病性。

5.防治

预防是控制本病的关键环节。改善饲料管理,如稳定饲喂制度,尤其断奶前后,合理控制饲养密度,保持圈舍良好的通风换气;消除发病诱因,减低其他疾病的发生率,尤其是免疫抑制性疾病,降低季节转换、气候骤变、运输等对动物的不良影响;认真做好各环节的消毒工作,减少病原菌对环境的污染;常发大肠杆菌病的养殖场,使用大肠杆菌自家灭活菌苗进行免疫接种有一定效果,或者在应激、特定年龄段或季节预防性饲喂抗生素。

本病的急性病例往往来不及治疗即发生死亡。抗生素是治疗各种动物大肠杆菌病的主要措施,但大肠杆菌对反复使用的抗生素容易产生耐药性,目前耐药现象很普遍。现在用于治疗本病的抗生素有氨基糖苷类(卡那霉素、新霉素、庆大霉素和安普霉素)、氯霉素类(氯霉素、甲砜霉素和氟苯尼考)、氟喹诺酮类(诺氟沙星、环丙沙星、氧氟沙星和恩诺沙星)、头孢菌素类、磺胺类和呋喃类等。在本病预防和治疗中应注意交替或变换用药,有条件的地方和养殖场应经常分离致病菌,开展药敏实验,保证选用针对性药物。

十一、沙门氏菌病

沙门氏菌病(salmonellosis)是由沙门氏菌属细菌引起的人和动物共患的一类疾病。临床上主要表现为败血症、肠炎和妊娠动物流产。本病广泛发生于世界各地,对人类、哺乳动物和禽类的健康构成严重威胁。

1.病原

沙门氏菌属(*Salmonella*)细菌是肠杆菌科中一大属血清学相关的革兰氏阴性杆菌,两端钝圆,除鸡白痢沙门氏菌和鸡伤寒沙门氏菌无鞭毛不能运动外,其余都有周身鞭毛,能运动,不形成荚膜和芽孢;本菌在普通培养基生长良好,需氧兼性厌氧,培养特性与大肠杆菌类似,在肠道杆菌鉴别或选择性培养基上,多数菌株形成无色菌落。

本属细菌现分为肠道沙门氏菌和邦戈尔沙门氏菌两个种,其中前者包括 6 个亚种,种和亚种均属于其对应的 DNA 同源群。沙门氏菌具有菌体(O)、鞭毛(H)、荚膜(K)和菌毛 4 种抗原,前 2 为主要抗原,根据不同抗原成进行血清型分类,现在已知沙门氏菌属细菌有 2 500 种以上的血清型,其中只有不到 10 个血清型属于邦戈尔沙门氏菌,其余均属于肠道沙门氏菌。尽管沙门氏菌属细菌血清型众多,但危害人和各种动物的只有 30 多个血清型。依据沙门氏菌属细菌的宿主感染范围,将其分为宿主适应性血清型和非宿主适应性血清型,前者仅对适应的宿主有致病性,包括伤寒沙门氏菌、副伤寒沙门氏菌、马流产沙门氏菌、羊流产沙门氏菌、鸡沙门氏菌、鸡白痢沙门氏菌,后者则对多种宿主有致病性,包括鼠伤寒沙门氏菌、鸭沙门氏菌、德尔卑沙门氏菌、肠炎沙门氏菌、纽波特沙门氏菌和田纳西沙门氏菌。

本属细菌对干燥、腐败、日光等有一定抵抗力,在水和土壤中可存活数日至数月;对化学消毒剂抵抗力不强,常规消毒药和消毒方法均能将其杀死。通常情况下,对许多抗菌药物均敏感,但容易产生耐药性,现在该菌耐药现象十分普遍。

2.流行病学

沙门氏菌属中许多细菌对人和动物均有致病性。各种年龄动物均可感染,但年幼的比成年的易感,临诊表现也明显严重。

患病和带菌的动物是本病的主要传染源。病菌随粪、尿、乳汁及流产的胎儿、胎衣和羊水排出,污染水源和饲料等。健康动物主要通过消化道感染,也可经呼吸道吸入带菌的飞沫和尘埃感染。另外,还可通过交配、人工授精、种蛋等感染,尤其在禽类,种蛋在本病传播中起着重要的作用。

健康动物的带菌现象相当普遍,病菌可在机体消化道、淋巴组织和胆囊内长期潜伏,当不良因素使机体抵抗力降低时,病菌活化而发生内源性感染,而且连续通过若干易感动物,毒力增强而扩大传染。

本病一年四季均可发生,猪在多雨潮湿的季节地区发生,成年牛于夏季放牧时发生,育成期羔羊于夏季和早秋发病,孕羊主要在晚冬早春。本病一般呈散发性或地方流行性,不同动物的流行特点有些差异。饲养管理不良(如环境污秽、潮湿拥挤、通风不良等)和各种应激因素(如运输、气候恶劣等)可促使本病发生与流行。

3.临床症状

(1)猪副伤寒　多种沙门氏菌感染均可发生,多发生于1~4月龄猪只。急性败血型病例体温突然升高(41~42℃),精神沉郁,后期下痢,在鼻端、两耳、四肢下部皮肤有紫红色斑点,病程多2~4 d,病死率高。

亚急型和慢性型最为常见,病猪体温升高(40.5~41.5℃),寒颤,喜钻垫草或挤堆,眼有黏性或脓性分泌物,初便秘后顽固性下痢,粪便淡黄色或灰绿色,恶臭,迅速消瘦,病程后期皮肤出现弥漫性湿疹,多见于腹部皮肤。病程2~3周或更长,最后衰竭而死,或康复但生长发育不良。

有的发生所谓潜伏性"副伤寒",表现生长发育不良,被毛粗乱污秽,体质较弱,偶尔下痢,体温食欲变化不大。

(2)牛沙门氏菌病　多发生于40日龄以上犊牛,病初体温升高(40~41℃),不食昏迷,呼吸困难,衰竭;很快腹泻,粪便灰黄色液状,带血和纤维素絮片,体温降至正常或略高,腹痛剧烈,迅速脱水消瘦;病程长的见腕、跗关节肿大。怀孕母牛多数发生流产,成年牛有的取顿挫性经过。

(3)羊沙门氏菌病　多发生于断奶前后羊羔,临床上分为下痢型和流产型。下痢型:体温升高达40~41℃,减食,精神委顿、憔悴,腹泻,排黏性带血稀粪,恶臭。经1~5 d死亡,或2周后康复。

怀孕绵羊于妊娠中后期流产或死产,产弱仔,流产前体温升高(40~41℃),部分羊有腹泻症状。

(4)兔沙门氏菌病　以腹泻和流产为特征。腹泻多见于断奶仔兔,顽固性下痢,1~7 d死亡;多发生于妊娠1个月左右的母兔。

(5)禽沙门氏菌病　根据所致病原菌的抗原不同,可分为鸡白痢、禽伤寒和禽副伤寒。

鸡白痢由鸡白痢沙门氏菌引起,各种品种年龄鸡都易感,火鸡也易感,以2~3周龄雏鸡发病率和死亡率高,成年鸡感染呈慢性或隐性。雏鸡多呈急性败血经过,有的无症状死亡,有的表现委顿,绒毛松乱,闭眼嗜睡,拉白色糊状稀粪,肛门周围常被粪便污染,排粪时疼痛尖叫,最后衰竭而死;有的关节肿大跛行,眼结膜炎。成年鸡多不表现明显临床症状,部分因为腹膜炎而表现腹部膨大,走路摇摆,形似企鹅,呈"垂腹"现象,产蛋下降,种蛋受精率降低。

禽伤寒由鸡伤寒沙门氏菌引起,呈急性或慢性经过。常发生于鸡,尤其 6 月龄以内,也可引起火鸡、鸭及其他鸟类发病,鹅鸽不易感,多呈散发性。成年鸡的急性病例表现突然停食,排黄绿色稀粪,冠和肉髯苍白皱缩,通常经 5~10 d 死亡,病死率 10%~50%。雏鸡和雏鸭发病时,其症状与鸡白痢相似。

禽副伤寒多种沙门氏菌均可引起。各种禽类均易感,常在出壳后 2 周内发病,6~10日龄是发病高峰,呈地方性流行,常呈急性败血症,病禽表现嗜睡闭眼,羽毛松乱,喜近热源或相互拥挤,饮水增加,水样下痢,肛周沾有粪便。雏鸭还见颤抖,喘息,眼睑肿胀,常猝然倒地而死。成年禽一般为慢性带菌,常不出现临诊症状,偶尔水样下痢。

4. 病理变化

(1)猪副伤寒 剖检的眼观病变为:脾稍肿大,色暗带蓝,坚韧似橡皮样,切面呈蓝红色;肠系膜淋巴结索状肿,外观似大理石花纹,病程长的见干酪样变;肝肾肿大、充血和出血,肝表面散在黄灰色坏死灶;全身黏膜浆膜有出血斑点,胃肠黏膜见卡他性炎症;盲肠、结肠壁增厚,黏膜上覆盖着一层糠麸样物质,剥开可见红色、边缘不规则的溃疡,此种病变有时波及回肠后段。

(2)牛沙门氏菌病 成年牛剖检见肠黏膜潮红出血,大肠黏膜脱落有局限性坏死,肠系膜淋巴结水肿;肝脂肪变性或灶性坏死,胆囊壁增厚,胆汁混浊呈黄褐色,脾脏肿大充血。犊牛剖检见心壁、腹膜、腺胃、小肠、膀胱黏膜点状出血,肠系膜淋巴结水肿,脾充血肿胀;肝色泽变淡,肝脾可见坏死灶,胆汁浓稠混浊;腱鞘和关节腔内有胶样液体。

(3)羊沙门氏菌病 下痢型病羊腺胃肠管空虚,黏膜充血,肠黏膜附有黏液,黏液中混有血凝块,肠道和胆囊黏膜水肿,肠系膜淋巴结肿大充血,心内外膜点状出血。流产病例胎儿表现败血症病变,母羊子宫肿胀,常混有坏死组织、浆液性渗出物以及滞留的胎盘。

(4)兔沙门氏菌病 剖检见多个脏器淤血,胸腹腔积液,肝脏散在大小不等的坏死灶,脾脏肿大,肠淋巴结肿大,肠黏膜淤血、出血和坏死。流产母兔发生子宫炎,子宫内有脓性分泌物。

(5)禽沙门氏菌病 鸡白痢死亡雏鸡剖检见心肌、肺、肝、盲肠、大肠和肌胃有坏死灶或结节,有的还见出血斑点,盲肠腔有干酪样物填充,胆囊肿大,输尿管充满尿酸盐。成年母鸡见卵巢肿大变形,卵黄性腹膜炎,腹腔脏器粘连,偶尔有心肌炎、心包炎;成年公鸡睾丸萎缩,输精管管腔增大充满黏稠渗出物。

死于禽伤寒的病禽,病变与鸡白痢相似。成年禽见肝、脾、肾充血肿大,肝呈青铜色,肝和心肌有灰白色粟粒大坏死灶,卵巢及腹腔病变类似鸡白痢。

死于禽副伤寒的病禽,肝脾充血,有条纹或针尖大出血和坏死灶,肺及肾出血,心包积液,心包膜增厚混浊,出血性或坏死性肠炎。

5. 诊断

根据流行病学、临床症状和病理变化可作出初步诊断。确诊需采集患病动物血液、病变器官、粪便或流产胎儿胃内容物、肝、脾等病料进行细菌分离和鉴定。

沙门氏菌在各种动物的隐性带菌和无临床感染十分普遍,检出阳性感染动物成为本病控制的重要环节,平板凝集试验、试管凝集试验和琼脂扩散试验等血清学方法广泛用于鸡白痢和鸡伤寒的检疫,近年来 PCR 技术也已被用于沙门氏菌病的诊断。

6.防治

加强饲养管理,提高动物抵抗力,消除发病诱因,注意饲料卫生,对环境、圈舍、孵化房、水源和养殖设备器械要定期消毒;定期进行种鸡群鸡白痢的检疫,建立无鸡白痢的鸡群;疫苗免疫接种,如猪、马和牛的副伤寒菌苗,或自家灭活菌苗。

患病动物可选用敏感抗生素进行治疗,通常选用新霉素、庆大霉素、先锋霉素、卡那霉素、环丙沙星、四环素类、恩诺沙星和磺胺类等,同时根据临床表现采取对症治疗。需注意在预防和治疗用药中,除了保证剂量和疗程足够外,应该经常更换药物,或分离病原菌进行药敏实验,以便针对性用药。

十二、放线菌病

放线菌病(actinomycosis)又称大颌病(lumpy jaw),是放线菌属的一些细菌引起的多种动物和人的慢性传染病,以头颈、颌下和舌出现放线菌肿为特征。

1.病原

放线菌属细菌广泛分布于自然界,多数没有致病性。本病致病菌为牛放线菌、伊氏放线菌、林氏放线菌等。牛放线菌和伊氏放线菌是牛骨骼放线菌病和猪乳房放线菌病的主要病原菌,伊氏放线菌也是人放线菌病主要病原菌,两者革兰氏染色阳性,不运动,不形成芽孢,动物组织中为带有辐射状菌丝的颗粒聚集物——菌芝,外观似硫磺颗粒,质地柔软或坚硬,革兰氏染色后中心菌体呈紫色,周围菌丝呈红色。林氏放线菌是皮肤和柔软器官放线菌病的病原菌,是一种不运动不形成芽孢和荚膜的杆菌,动物组织中也形成菌芝,但无显著辐射状菌丝,革兰氏染色后中心菌体和周围菌丝均呈红色。

2.流行病学

牛、猪、羊、马、鹿和人等均可感染,动物中以牛最常发病,尤其是 2～5 岁的牛。该致病菌不仅存在于自然环境,也寄生于健康动物的口腔和上呼吸道,本病主要经损伤的皮肤和黏膜感染,多散发。

3.临床症状

常见病牛上、下颌骨肿大,界限明显,肿胀进展缓慢,一般经过 6～18 个月才出现小而坚实的硬块,肿胀部位初期疼痛,晚期无痛觉,头、颈、颌部软组织也常发生硬结,不热不痛。有时肿胀发展甚快,涉及整个头骨。病牛可能呼吸、吞咽和咀嚼困难,很快消瘦,有时皮肤化脓破溃,流出脓汁,后形成瘘管。舌和咽部组织僵硬时称为"木舌病",病牛流涎,咀嚼困难。乳房患病时,呈弥散性肿大或局灶性硬结,乳汁黏稠混有脓汁。

猪患本病,乳房肿大、畸形,有大小不一的脓肿,也可见扁桃体肿胀或腭骨肿胀。

4.诊断

放线菌病的临床症状和病变比较特殊,不易与其他传染病混淆,故不难诊断。必要时取脓汁少许,用生理盐水稀释,找出硫磺样颗粒,洗净,置载玻片上加 1 滴 15%氢氧化钾溶液,显微镜下观察可见放射状排列的菌丝;也可以生理盐水替代氢氧化钾,革兰氏染色镜检可见 V 形或 Y 形分支菌丝。

5.防治

避免在低洼潮湿地方放牧,舍饲牛饲喂干草、谷糠等应事先浸软,避免损伤口腔黏膜,皮肤与黏膜损伤时要及时治疗。

主要采取外科手术结合局部用药进行治疗。即硬结用外科手术切除,若有瘘管,则连同瘘管一起切除,切除后新创腔用碘酊纱布填塞,24～48 h更换一次。伤口周围注射10％碘仿醚或2％林格氏液;内服碘化钾,连用2～4周,重症可静脉注射10％碘化钠,隔日1次。可选用青霉素、红霉素、四环素、林可霉素、链霉素和磺胺类药物等进行治疗,需大剂量使用并保证足够长疗程。

十三、钩端螺旋体病

钩端螺旋体病(leptospirosis)(简称钩体病)是由致病性钩端螺旋体(简称钩体)引起的一种人兽共患自然疫源性传染病,临床表现多样,主要以发热、黄疸、血红蛋白尿、出血性素质、水肿、流产、皮肤和黏膜坏死为特征。本病在世界各地都有流行,我国以长江流域及其以南各省区发病较多。

1.病原

为钩端螺旋体科细螺旋体属的似问号钩端螺旋体(*L. interrogans*),细螺旋体属共有6个种,其中似问号钩端螺旋体对人和动物都有致病性。钩端螺旋体很纤细,中央有一根轴丝,螺旋丝从一端绕至另一端,整齐细密,菌体一端或两端呈钩状,暗视野检查呈细小的珠链状,革兰氏阴性但不易着色,常用姬姆萨染色和镀银法染色。

根据钩端螺旋体抗原组成,将具有相关抗原结构的菌体划为一个血清群,将抗原结构一致的菌体划为一个血清型,目前已知的钩端螺旋体有25个血清群,203个血清型,我国分离的钩端螺旋体有18个血清群,70个血清型,不同血清型钩端螺旋体对各种动物致病性存在差异。

钩端螺旋体在一般水田、池塘、沼泽及淤泥中可以生存数月或更长时间,适宜其生存的pH值为7.0～7.6,过酸或过碱均很敏感,故在水呈酸性或过碱的地区,其危害大受限制,常用消毒剂容易将之杀死。

2.流行病学

钩端螺旋体的宿主动物非常广,几乎所有温血动物都可感染,家畜(如猪、牛、水牛、犬、羊、马、兔、猫)、家禽(如鸭、鹅、鸡、鸽)、野生动物和鸟类均可感染带菌,其中猪、水牛、牛和鸭的感染率较高。本病可发生于各种年龄动物,但以幼龄动物发病较多。经济动物中,猪为本病主要贮存宿主,其次为水牛、黄牛和鸭。啮齿目鼠类是最重要的贮存宿主,感染后健康带菌,带菌时间长达1～2年。

现已证明爬行动物、两栖动物、节肢动物、软体动物和蠕虫等亦可自然感染钩端螺旋体,而蛙感染后可持续1个月从尿排出钩端螺旋体。钩端螺旋体侵入机体后,进入血循环,最后定植于肾脏肾小管,间歇性或连续地从尿中排出,污染环境如水源、土壤、饲料等(尤其呈中性和微碱性有水的地方),使动物和人感染,鼠类、动物和人的钩端螺旋体感染常相互交错,构成错综复杂的传染链条。

本病主要经皮肤、黏膜和消化道感染,也可通过交配、人工授精感染,在菌血症期间可通过吸血昆虫(如蜱、蝇等)活动传播。本病有明显的季节性,每年以7～10月为流行高峰期,其他多为散发。

3.临床症状

不同动物对钩端螺旋体的抵抗力各有不同,总体上感染率高,发病率低,多数呈隐性感染,症状表现轻,潜伏期 2~20 d。

(1)猪　急性、亚急性、慢性及流产病例可同时出现于一个猪场。急性黄疸型多发生于大猪和中猪,呈散发。病猪体温升高,皮肤干燥,有时病猪用力在栏栅或墙壁上摩擦,很快皮肤和可视黏膜泛黄,尿浓稠茶色或血尿,几天甚至数小时惊厥而死。

亚急性和慢性多发生于断奶前后或 30 kg 以下的小猪,呈地方流行性。病初体温升高,眼结膜潮红,浆性鼻漏;随后眼结膜浮肿黄染,消瘦,有的上下颌、头颈部甚至全身水肿,俗称"大头瘟",尿液颜色变深呈黄色、茶色、血红蛋白尿或血尿,便秘或腹泻,病程十几天至 1 个月,病死率 50%~90%。康复猪多生长缓慢,甚至成为"僵猪"。

妊娠母猪感染后流产,流产率 20%~70%,流产胎儿有死胎、木乃伊胎和弱仔,母猪可能伴发临床症状,甚至流产后发生急性死亡。

(2)牛　急性型多见于犊牛,常突发高热,黏膜黄染,尿色深暗含有大量白蛋白、血红蛋白和胆色素,皮肤丁裂、溃疡或坏死,常于发病后 3~7 d 内死亡,病死率高。亚急性常见于奶牛,体温升高,结膜黄染,奶量下降或泌乳停止,乳汁颜色变黄如初乳且含有血凝块,较少死亡。母牛流产是牛钩端螺旋体病的临床特征之一。羊的临床症状与牛类似,发病率低。

(3)犬　幼犬发病症状重剧,成年犬多隐性感染。表现高热,嗜睡,呕吐,实质器官、尤其肺和消化道出血,黄疸,尿液浓稠色深暗或血红蛋白尿,严重者归于死亡。

4.病理变化

各种动物钩端螺旋体病的病理变化基本一致。皮肤、皮下组织、黏膜浆膜、肌肉及内脏器官表现不同程度的黄疸,急性病例在肺、心、肾、肝、脾和消化道还有出血病变;肝脏肿大泛黄,散在灰白色病灶,胆囊胆汁浓稠;肾苍白,质地变硬,皮质部有粟粒大至米粒大的灰白色病灶;血液稀薄,凝固不良。

5.诊断

在疫区以及发病季节,根据患病动物 3 周内接触过疫区水源,结合高热、黄疸、血凝不良、肝肾灰白色坏死病灶等临床和病理特点,可初步诊断。再进行微生物学和免疫学检查以确诊本病。

实验室检查以血液、尿液、脊髓液以及肝、肾、脾、脑等作为病料,病料要尽快处理,不要超过 3 h,为了查出病原菌,涂片和接种动物前需浓缩集菌。用于钩端螺旋体检查的血清学试验有凝集溶解试验、补体结合试验、ELISA、炭凝集试验、间接血凝试验、间接荧光抗体等方法。近年来,PCR 技术也被用于钩端螺旋体检查。临床上注意与猪附红细胞体病、衣原体病相区别。

6.防治

本病预防措施包括:消除带菌排菌的各种动物,尤其要重视灭鼠;消除和清理被污染的水源、淤泥、牧地、圈舍、饲料、用地等,严格消毒,防止病原扩散;发生疫情时,对病畜及时隔离治疗或扑杀,对疫区内相关动物紧急注射疫苗,多数可在 2 周内控制疫情;在常发地区,定期接种钩端螺旋体多价疫苗;加强饲养管理,增强机体特异性和非特异性的抵抗力。

本病主要以大剂量抗生素进行治疗,通常选用链霉素、青霉素 G、四环素类(如土霉素、多西环素、强力霉素)、庆大霉素等。针对所表现的临床症状,适时采取对症和支持疗法,如葡萄糖和维生素 C 静脉注射和强心利尿剂应用能有效提高治疗效果,在饲料中添加四环素类抗生素可消除带菌状态或一些轻型症状。

十四、坏死杆菌病

坏死杆菌病(necrobacillosis)是由坏死梭杆菌引起多种动物共患的一种慢性传染病,临床上以多种组织坏死和内脏形成转移性坏死灶为特征。

1.病原

坏死梭杆菌(*Fusobacterium necrophorum*)为一种革兰氏阴性的多形性细菌,呈短杆状、梭状、球杆状或长丝状,培养物在 24 h 内着色均匀,24 h 以上着色不均,石炭酸复红或碱性美蓝染色呈串珠状;严格厌氧,很难从体表病灶中分离,需从动物尸体的肝、脾等器官病灶部分离。本菌在动物饲养场、土壤中均可发现,并存在于健康动物的口腔、肠道、外生殖器等。

本菌对理化因素抵抗力不强,常用消毒剂可将其很快杀死,60℃经 30 min 或煮沸 1 min 即死亡。但在污染土壤中能存活 10～30 d,在粪便中可存活 50 d。

2.流行病学

以羊、牛最易感,马、猪次之,禽更次。患病或带菌动物由粪便排出病原菌,通过损伤的皮肤和黏膜感染。圈舍潮湿,场地泥泞,拥挤,相互撕咬和践踏,饲喂粗硬饲料,营养不良,炎热潮湿等情况容易发病。

3.临床症状与病理变化

潜伏期数小时至 1～2 周,一般 1～3 d,常见病型有腐蹄病、坏死性皮炎、坏死性肝炎、坏死性口炎(白喉)、坏死性乳房炎等。

(1)腐蹄病　多见于成年牛、羊。动物表现跛行,蹄部肿胀、坏死溃烂,蹄壳或指(趾)变形脱落,流出恶臭脓汁,坏死可蔓延至滑液囊、腱、韧带、关节和骨骼,最后动物因脓毒败血症而死。

(2)坏死性口炎　又称"白喉",多见于犊牛、羔羊和仔猪,也见于兔、鸡,病程 4～5 d。病初厌食,体温升高,口腔黏膜红肿升温,流涎,鼻漏,气喘;在齿龈、舌、上腭、颊及咽喉等黏膜出现粗糙污秽的灰褐色或灰白色伪膜,撕脱后露出不规则溃疡面。患病动物可能咽喉肿胀,吞咽和呼吸困难,病变蔓延至肺部或转移他处而引起死亡。

(3)坏死性皮炎　多见于仔猪和架子猪,其他动物也有发生。特征是皮肤及皮下组织坏死溃烂,病灶多出现于体侧、臀部及颈部。开始局部发痒和出现小丘疹,继而脱毛并有渗出液;外观为被干痂覆盖的结节,触之硬固肿胀,实际在皮下形成囊状坏死灶,灶内组织坏死腐烂,积聚灰黄色或灰棕色恶臭创液,这种病灶有时在全身多达十几处,动物可能表现明显的全身性症状,最后因衰竭而死。少数病例病变深达肌肉乃至骨骼,部分病猪耳和尾发生干性坏死而脱落,母猪发生乳房皮肤甚至乳腺坏死。

(4)坏死性肠炎　常与猪瘟、副伤寒等并发或继发,表现严重腹泻,粪便呈脓血样或混有坏死黏膜,剖解大肠小肠黏膜散布大小不等的坏死和溃疡病灶,表面覆盖白色伪膜。

4.诊断

根据多雨、炎热潮湿季节多发,组织坏死尤其内脏有转移性坏死灶,可初步诊断为本病。确诊需进行实验室检查,从病健组织交界处(体表或内脏病灶)取材涂片,用石炭酸复红或美蓝染色,镜检见到着色不均呈串珠样、长丝形或细长菌体,可确诊。如果病料有污染,可将病料制成悬液,经耳静脉注入家兔,家兔8~12 d死亡,可在其内脏发现坏死性病灶,取材涂片和分离病原菌。

5.防治

本病无特异性疫苗预防,通常依赖综合性防治措施,加强饲养管理,保持圈舍场地的清洁干燥,消除发病诱因,避免皮肤黏膜损伤,不饲喂粗硬饲草,发生外伤及时治疗;发生本病时,及时隔离治疗患病动物,对动物粪便和被清除的坏死组织消毒或销毁。

通常采取局部治疗,如对患病部位进行清创、消毒、药浴或外敷,同时配合用磺胺类、氯霉素、氨苄青霉素、土霉素等进行全身治疗。消毒可选用1%高锰酸钾或5%福尔马林等。

十五、莱姆病

莱姆病(lyme disease),又称伯氏疏螺旋体病,是由若干不同基因种的伯氏疏螺旋体引起人和多种动物共患的一种自然疫源性传染病,临诊以发热、皮肤损伤、关节炎、脑炎、心肌炎为特征。

本病1974年最先发生于美国康涅狄格州莱姆镇,因而命名为莱姆病。在美洲和欧洲很多国家都有发生,对人类健康和畜牧业发展构成了较大威胁,我国1986年首先在黑龙江省被证实,迄今有19个省区发生过。

1.病原

病原为伯氏疏螺旋体(borrelia burgeorferi),革兰氏阴性,姬姆萨染色良好,呈弯曲螺旋状,有7个螺旋弯曲,末端常尖锐,有多根鞭毛,暗视野下可见菌体作扭曲和翻转运动;微需氧,最适培养温度为33℃,常用含牛或兔血清的培养基分离培养,一般从硬体蜱内容易分离,从动物体内分离较难。本菌在潮湿、低温情况下抵抗力较强,高热、干燥和一般消毒剂均能将其灭活,对青霉素、红霉素敏感,能耐受新霉素、庆大霉素和丁胺卡那。

2.流行病学

人、多种动物(牛、马、犬、猫、羊、鹿、兔等)、野生动物和鸟类对本病均易感,可成为宿主。啮齿动物、尤其是鼠类是伯氏疏螺旋体的主要贮存宿主,由于其数量多、分布广、感染率高而成为本病的主要传染源之一。蜱类昆虫是本病主要传播媒介,其流行特点与蜱类昆虫生活习性密切相关。因此,本病发生具有明显的地区性,同时还具有明显的季节性,多发生于温暖季节,一般多发生于夏季6~9月份。主要通过硬蜱叮咬而感染。

3.临床症状

(1)牛 发热,沉郁,消瘦,倦怠懒动,关节肿胀疼痛,跛行,妊娠牛发生流产,奶牛产奶量下降。剖解病变时心、肾表面见花白色斑点,腕关节关节囊有较多渗出液,绒毛增生性滑膜炎,淋巴结肿胀。

(2)马 嗜眠,低热,触摸叮咬部位高度敏感,被叮咬部位皮肤脱毛脱落,关节肿胀、疼痛,跛行。有的出现脑炎症状,大量出汗,头颈歪斜,尾巴弛缓麻痹,吞咽困难,常无目标地运动。妊娠马流产死产。

(3)犬 发热,厌食,嗜眠,关节肿痛,跛行,局部淋巴结肿大,心肌炎,有的病例可见肾衰竭症状如氮血症、蛋白尿、脓尿和血尿等,有的出现神经症状。

(4)猫 主要表现厌食、疲劳、关节肿胀疼痛、跛行等症状。

4.诊断

根据本病的流行特点和临床表现难作出诊断。确诊需进行实验室检查。因为病原难于分离培养和观察,目前主要通过血清学方法检测血清抗体来诊断。用于诊断的血清学方法有免疫荧光抗体试验、ELISA、免疫组化、免疫印迹法,最近 PCR 方法也被用于诊断本病。

5.防治

目前尚未研制出本病有效的预防措施。避免动物进入蜱类昆虫隐匿的灌木丛地区;必须进入这些地区时应采取必要的保护措施,防止人和动物被蜱叮咬;发病地区和受威胁地区定期检疫,发现病例及早治疗;采取有效措施灭蜱和灭鼠。

本病治疗常用药物有青霉素、红霉素、强力霉素、先锋霉素等,大剂量使用并结合对症治疗,可收到较好效果。

十六、李氏杆菌病

李氏杆菌病(listeriosis)是产单核细胞李氏杆菌所引起人和多种动物共患的一种散发性传染病,家畜以表现脑膜炎、败血症和妊畜流产为特征,家禽和啮齿动物以表现坏死性肝炎和心肌炎为特征。

1.病原

产单核细胞李氏杆菌,革兰氏阳性小杆菌,无荚膜和芽孢,单个分散,两菌呈"V"形或并列,兼性厌氧,低温冷藏(4℃)时能缓慢生长繁殖。根据凝集素吸收试验,将本菌抗原分为 15 种 O 抗原和 4 种 H 抗原,现已知有 7 个血清型、16 个血清变种。

本菌不耐酸,只能在 pH 5.0 以上才能繁殖,至 pH 9.6 仍能生长;对食盐耐受性强,在含 10% 食盐的培养基中仍能生长;对热的耐受性比大多数无芽孢杆菌强,巴氏消毒法不能将之杀灭,65℃需 30～40 min 才能杀灭;一般消毒药即容易将其灭活。

2.流行病学

自然发病多见于绵羊、猪、家兔,牛、山羊次之,马、犬、猫很少见;在禽类以鸡、火鸡、鹅较多,鸭较少;许多野生动物、鸟类和啮齿动物都易感染,特别是鼠类常为本菌的储存宿主;各种年龄动物都可感染发病,妊娠动物和幼龄动物更易感。

患病和带菌的人和动物是主要传染源。由患病动物的粪、尿、乳汁、精液以及眼、鼻、生殖道分泌物都曾分离到本菌。目前还不完全了解本病的传播途径,可能通过消化道、呼吸道、眼结膜以及损伤皮肤感染。

本病为散发性,一般只有少数发病,但病死率很高。有些地区牛、羊发病多在冬季和早季。青饲料缺乏、天气骤变、内寄生虫或沙门氏菌感染可成为本病的诱因。

3.临床症状

(1)反刍动物　病初体温升高 1～2℃,不久降至常温。败血症主要发生于幼龄动物,表现精神沉郁,轻热,流涎,流泪,流鼻液,咀嚼吞咽迟缓;较大的动物发生脑膜脑炎,主要表现为头颈一侧麻痹而弯向对侧,该侧耳下垂,眼半闭,以至视力丧失,沿头一侧方向旋转或做圆圈运动等,后期卧地不起,昏迷,病程 1～3 周或更长。妊娠母畜发生流产。

(2)猪　主要表现败血症和神经症状。病初低热,意识障碍,运动失常,作圆圈运动或无目的地行走,肌肉震颤强硬,颈部和颊部尤为明显;有阵发性痉挛,口吐白沫,侧卧地上,四肢泳动,两前肢或四肢麻痹不能站立,一般经 1～4 d 死亡。

仔猪多发生败血症,体温显著上升,沉郁,厌食,口渴,有的衰弱、僵硬、咳嗽、腹泻和呼吸困难。耳和腹部皮肤发绀。妊娠母猪常发生流产。

(3)兔 常急性死亡,病程长的表现精神委顿,口流白沫,神志不清,间歇性地表现神经症状,表现无目的地向前冲撞,或转圈运动,倒地抽搐而死。

(4)家禽 主要为败血症,表现精神沉郁,下痢,短时间内死亡,病程较长的可能表现痉挛、斜颈等神经症状。

4.诊断

病畜如表现神经症状、孕畜流产、血液中单核细胞增多,可怀疑为本病。确诊需进行细菌分离鉴定,并结合血清学试验进行检查,如凝集试验和补体结合反应。

5.防治

避免从发病地区引进畜禽,必需引进时对引入动物严格隔离观察;平时重视驱除鼠类和其他啮齿动物,避免不同种类动物混养;发病地区和发病场重视环境消毒。

患病动物可用青霉素与其他广谱抗生素联合治疗,病初可加大用药剂量。

十七、衣原体病

衣原体病(chlamydiosis)是由衣原体所引起的人和多种动物共患的传染病,以流产、肺炎、肠炎、结膜炎、多发性关节炎、脑炎等多种临床症状为特征。

1.病原

衣原体是衣原体科衣原体属的微生物,目前已知的有4个种,即沙眼衣原体、鹦鹉热衣原体、肺炎衣原体、反刍动物衣原体,其中鹦鹉热衣原体和反刍动物衣原体是动物衣原体病的主要致病菌。鹦鹉热衣原体以鸟类和哺乳动物为其天然宿主,可致肺炎、流产、睾丸及附睾炎、关节炎等,在人,可引起鹦鹉热和Reiter综合征;反刍动物衣原体是1992年确立的一个新种,引起牛和绵羊的多发性关节炎、肠炎和结膜炎。

衣原体属微生物细小,呈球状,有细胞壁,含有DNA和RNA,系专性细胞内寄生,在细胞胞质内形成包涵体,易被嗜碱性染料着色,革兰氏染色阴性。衣原体有其特定的发育史,即从较小的原生小体形成较大的有外膜的中间体,再长大形成初体,初体二分裂而转为原生小体,初体为繁殖型,无传染性,姬姆萨染色蓝色,原生小体有传染性,姬姆萨染色紫色。

衣原体对青霉素、四环素类和红霉素等敏感,对高温抵抗力不强,低温可存活较长时间,如0℃可存活数周,0.1%福尔马林在24 h内,70%酒精数分钟,3%双氧水十几分钟,季铵盐类消毒药数分钟内均可将其杀死,季铵盐类是该微生物的有效消毒剂。

2.流行病学

衣原体具有广泛的宿主,家畜中以羊、牛、猪较易感,禽类以鹦鹉、鸽子易感。各种年龄均可感染,但不同年龄感染所表现的症状有很大差异,如幼羊(1～8月龄)多表现为关节炎和结膜炎,犊牛(6月龄以前)、仔猪多表现为肺炎和肠炎,成年牛表现脑炎症状,怀孕牛、羊、猪多发生流产,幼禽发病较成年严重。

患病动物和带菌者是主要传染源,它们可由粪便、尿、乳汁以及流产胎儿、胎衣和羊水排出病原菌。经消化道、呼吸道和眼结膜感染健康动物,交配或人工授精也可使健康动物感染。

本病流行形式多种多样,季节性特点不明显,但犊牛肺炎肠炎病例冬季多于夏季,羔羊关节炎和结膜炎常见于夏秋。密集饲养、运输、营养不良等是本病的诱因。

3.临床症状

潜伏期因动物种类和临诊表现而异,短则几天,长则可达数周,甚至数月。

(1)家畜

①流产型。又名地方流行性流产,主要发生于羊、牛和猪。临诊表现流产、死产和产弱仔,流产多于妊娠后期发生,初次怀孕的动物容易流产;阴户持续排出分泌物,胎衣滞留;体温升高持续数天;公畜发生睾丸及附睾炎症。

②肺炎肠炎型。主要见于 6 月龄以前犊牛,临诊表现轻重不一,有的呈隐性经过。仔猪也常发生,常并发胸膜炎或心包炎;体温升高到 40.6℃,精神沉郁,流泪,腹泻,鼻流浆性或黏性分泌物,咳嗽,表现支气管肺炎症状。

③关节炎型。又称多发性关节炎,主要发生于羔羊,病程 1～2 周。病初体温升高至 41～42℃,食欲废绝;肌肉僵硬并表现疼痛跛行,四肢关节触摸疼痛,随跛行加重,弓背而立,甚至长期卧地不起。几乎关节炎患羊都伴发结膜炎,但结膜炎病羔不一定发生关节炎。犊牛也常发生,症状与羔羊类似。

④结膜炎型。又称滤泡性结膜炎,主要发生于绵羊,尤其是肥育羔和哺乳羔。眼结膜充血水肿,流泪,角膜出现混浊、血管翳、糜烂、溃疡和穿孔,混浊和血管形成先开始于角膜上缘,之后在下缘出现,最后扩展至中心。

⑤脑脊髓炎型。又名伯斯病。主要发生于牛,尤以 2 岁以下牛最易感。病初体温升高 40.5～41.5℃,发热持续 7～10 d,食欲下降或不食,体重迅速减轻;流涎和咳嗽明显,有的有鼻漏或腹泻;四肢关节肿胀疼痛,行走摇摆,常呈高跷样步伐,有的表现转圈或盲目运动,有时角弓反张和痉挛。病死率 30% 左右,耐过则获得持久免疫力。断奶仔猪也会有类似的临床表现。

(2)禽类　又称鹦鹉热(发生于鹦鹉鸟类)或鸟疫(发生于非鹦鹉鸟类)。禽类感染多呈隐性,尤其如鸡、鹅、野鸡等,仅能发现抗体存在;鹦鹉、鸽、鸭、火鸡等可呈显性感染。病禽精神委顿,减食或不食,眼和鼻有黏性或脓性分泌物,腹泻,排绿色水样便,脱水消瘦,震颤,步态不稳,常惊厥而死亡。幼禽常归于死亡,成年的症状轻微,长期带菌。

4.病理变化

(1)家畜

①流产型。流产母羊胎膜水肿,血染,子叶呈黑红、黏土色,胎膜周围渗出物呈棕色;流产胎儿水肿,腹腔积液,血管充血,气管有淤血点。

②肺炎肠炎型。可见结膜炎、浆液卡他性鼻炎以及卡他性胃肠炎。肠系膜和纵隔淋巴结肿胀充血,有时可见纤维素性腹膜炎,如肝与横膈、肠与腹膜发生纤维素性粘连;肺有灰红病灶,常见肺组织经膨胀不全,有时见胸膜炎,心内外膜出血;肝、肾和心肌营养不良,肾被膜下出血;脾常增大,髋关节、膝关节和跗关节浆性发炎。

③关节炎型。眼观病变见于关节内及周围、腱鞘、眼和肺部。大的肢关节和寰枕关节关节囊扩张,内有大量琥珀色液体,滑膜附有疏松的纤维素絮片,从纤维层到邻近肌肉出现水肿、充血和小点出血,关节滑膜层因为增生而变得粗糙;肺组织有粉红色萎陷和实变区;两眼呈滤泡性结膜炎。

④结膜炎型。病变限于结膜囊和角膜,初期角膜充血水肿明显,而后角膜出现水肿、糜烂和溃疡。

⑤脑脊髓炎型。动物尸体消瘦脱水,腹腔、胸腔和心包腔内有浆性渗出物,病程长的在腹膜、胸膜和心包膜上常有纤维素性物质附着,甚至与附近脏器粘连,脾和淋巴结增大,脑膜和脑组织血管充血。

(2)禽类　鹦鹉常见脾肿大,其余各种禽类则见肝脏肿大并散在坏死灶,气囊呈云雾样混浊或干酪样渗出物附着,心包膜混浊有纤维素样附着。

5.诊断

根据流行特点、临床特征和病理变化仅能怀疑为本病,确诊需进行病原分离鉴定和血清学试验。严重感染病例,如绵羊地方性流产,子宫子叶涂片用姬姆萨法染色,镜检可确诊,对于其他大多数病例,需进行病原分离鉴定结合血清学试验才能确诊。血清学检测方法包括补体结合试验、间接血凝试验、血清中和试验、ELISA、毒素中和试验和空斑减数试验。

6.防治

目前本病尚无特异性的预防措施,需采取综合性防治措施。加强检疫,防止携带病原菌的动物通过各种途径进入养殖场或地区;已感染动物则视病情轻重进行扑杀或隔离治疗,被污染场所必须彻底消毒;在疫区,对易感动物定期接种疫苗,目前,国内外已研制出了用于羊、牛、猪衣原体病的疫苗,但没有用于禽类衣原体病的疫苗。

治疗首选药物是四环素、土霉素,其次是红霉素。用药剂量要大,疗程要长(退热后至少再用 10 d),否则易复发,根据临床症状可适当进行支持治疗和对症治疗。

第三节　猪的传染病

一、猪瘟

猪瘟(classical swine fever,CSF;hog chorera,HC)是一种急性、热性、高度接触性、败血性传染病,其特征性病变是出血、梗死和坏死,由猪瘟病毒引起,具有高的发病率与死亡率,是严重威胁养猪业发展的传染病之一。

1.病原

猪瘟病毒属于黄病毒科、瘟病毒属,是单股正链 RNA 病毒,有囊膜。目前,已证明瘟病毒属有五个种。目前,猪瘟只有一个血清型,瘟病毒基因组为 12.5~16.5 kb,编码一个独立的多聚蛋白,大多数瘟病毒对培养的细胞不会引起细胞病变。

病毒株的毒力有强弱之分,强毒株可引起高病死率的急性猪瘟;温和毒株产生亚急性或慢性猪瘟;低毒株对出生后的仔猪造成轻度病变,因而,临床表现多样。

2.流行病学

猪是猪瘟病毒唯一的自然宿主。不同品种、性别、年龄的猪均易感染,一年四季均可发病,但春秋季节多发。病猪和隐性感染者是最主要的传染源,感染猪可从口、鼻、泪腺、尿和粪便中排毒,并延续整个病程。带毒母猪或妊娠期感染的母猪以产带毒的仔猪进行传播。主要通过直接接触或间接经过口鼻进入机体,带毒母猪可进行垂直感染,人和动物也能机械性传播病毒。感染途径主要是消化道,也可通过呼吸道、损伤的皮肤、眼结膜、生殖道黏膜和胎盘垂直感染。在饲养管理不良、猪群拥挤、接触频繁、缺少兽医卫生措施时，常引起本病流行。近年来猪瘟主要表现为非典型和温和型猪瘟，以散发、症状和剖检不明显或轻微等为特征。

3.临床症状

一般潜伏期 5～10 d。按病程长短，分为最急性、急性、亚急性和慢性四型，近年来多表现出温和型和迟发型。一般情况下，白细胞数量明显减少（减少到正常的 1/3 以下）是猪瘟病毒感染的重要证据之一。

最急性型：突然出现 41～42℃的高热稽留，随后腹部皮肤和可视黏膜有针尖状、大量密集出血点，多数感染后 1～4 d 内死亡。

急性型：此型最为常见。早期精神倦怠、嗜睡，稍后出现减食或停食，呕吐也时有发生；病猪体温升高，一般在 41℃左右，出现畏寒怕冷，白细胞减少至 9×10^9/L（正常为 10.0×10^9/L～22×10^9/L，平均 16.0×10^9/L）；眼结膜潮红，有多量黏性或脓性分泌物；初期粪便干硬呈球状，带脓液或血液，后期拉稀，呈灰黄色水样，有特殊的恶臭气味；病至后期，四肢内侧、胸腹部、会阴等处皮肤有针尖大小密集的出血点或红斑，指压不褪色。仔猪可出现局部麻痹、运动失调、昏迷和惊厥等神经症状；病程一般为 10～20 d，病死率达 90%～95%。

亚急性型：介于急性和慢性之间，发病较缓，体温呈不规则热型，怀孕的母猪可发生流产；公猪包皮积尿，可挤出黄白色混浊恶臭的尿液。皮肤出血点明显，喜饮冷水或脏水。病猪后期常并发肺炎或坏死性肠炎。病程 15～30 d，未死亡病猪转为慢性。

慢性型：此型多发生于流行的后期或猪瘟流行的老疫区。病毒长期在体内存在引起持续性病毒血症表现慢性型，临床表现为消瘦、贫血，精神不振、食欲不佳，轻度发热、便秘和腹泻交替出现，皮肤有紫斑或坏死痂，多见局部掉毛，死亡率较低。

温和型（非典型猪瘟）：是由低毒力的猪瘟病毒引起的，症状轻、无典型病变表现，体温一般略高，皮肤很少有出血点，部分病猪耳、尾、四肢末端皮肤有干性坏疽而脱落，新生斑痕无色素而呈现"花皮猪"。发病率和病死率均较低，大猪一般可以耐过，幼猪可致死。

迟发型：是先天感染猪瘟病毒的结果。母猪妊娠时感染猪瘟病毒弱毒株，导致流产、畸形、胎儿死亡和木乃伊化，也可产出貌似正常而含有高水平病毒的仔猪，在出生后几个月内表现正常，随后发生轻度的食欲不振、结膜炎、皮炎、下痢和运动障碍，体温正常，大多数能存活 6 个月左右，但最终死亡。

4.病理变化

最急性猪瘟常无特征性剖检病变。急性型和亚急性型多以多发性败血性出血为特征。以淋巴结和肾脏的出血和肿胀具有重要的参考意义。淋巴结肿大、出血，暗红色，特别是耳、颈、胸、腹部、四肢内侧明显，切面上坏死与出血象间，呈"大理石样"花纹；肾脏肾实质苍白、贫血，被膜下有针尖大小的出血点，外观似"麻雀卵样"；猪瘟的特征性病变是脾脏的边缘有黑红色、微微隆起的、多个或单个出血性梗死灶，检出率为 30%～60%，有诊断意义。有时扁桃体和肺也有梗死。

慢性型猪瘟，侵害肠道滤泡，引起淋巴滤泡肿胀、溃疡、坏死，主要表现在回肠末端、盲肠及结肠形成中央凹陷、周边肿胀坏死的特有性溃疡灶，即"纽扣肿"，具有特征性、诊断性价值。断奶仔猪的肋骨末端与软骨交界处发生钙化的黄色骨化线，在诊断慢性猪瘟上也有一定的价值。

迟发型猪瘟的突出变化为淋巴器官和肾脏发育不良,胸腺萎缩,外周淋巴器官缺乏淋巴细胞和淋巴滤泡。

5.诊断

典型的急性、亚急性和慢性猪瘟可根据临床症状和剖检变化较易确诊。但对温和型和迟发型猪瘟,需进行实验室病毒检查才可作出确诊,其中,白细胞减少是重要的参考指标。从病死猪的脾、淋巴结或扁桃体、肾脏等收集病毒,做直接荧光抗体试验(FAT)或酶联免疫吸附试验(ELISA)也是检测病毒存在进行疾病确诊的有效方法。

6.防治

目前尚无有效的药物进行治疗,对经济价值高的种畜可用高免血清治疗,每千克体重1~2 mL,皮下、肌肉或静脉注射。也可用猪干扰素进行治疗,临床上多采用对症治疗和控制继发感染的原则。对发生猪瘟的病猪要彻底扑杀,严格消毒,并紧急接种猪瘟疫苗,以控制疫情发展。

主要的预防措施是加强饲养管理,搞好综合防疫措施,提高猪群的免疫水平,广泛而持久地开展猪瘟疫苗的预防接种,猪瘟的免疫程序是仔猪21日龄首免,2头份;60日龄二免,4头份,种公猪春秋两季各免疫1次,4头份;母猪在配种前7~10 d免疫,4头份。目前常用的兔化弱毒疫苗免疫效果相当好。

二、猪繁殖与呼吸综合征

猪繁殖与呼吸综合征(porcine reproductive and respiratory syndrome,PRRS),亦称蓝耳病、蓝眼病、蓝色流产病,主要由猪繁殖与呼吸综合征病毒所引起的一种急性、高度传染性的综合征,该病毒主要侵害免疫系统,导致多种病原侵入而并发其他疾病。临床上母猪主要以厌食、发热及流产、死产、弱仔和产木乃伊胎儿的繁殖障碍为主,仔猪主要以呼吸道症状和高死亡率为特征。自1995年在我国发生以来,给养猪业带来了巨大的损失。

1.病原

猪繁殖呼吸综合征病毒(PRRSV)属于动脉炎病毒科、动脉炎病毒属,是一种小RNA病毒,有囊膜。该病毒具有高度的宿主依赖性,只能在猪肺泡的巨噬细胞及其他组织的巨噬细胞上生长,并产生有规律的细胞病变。病毒存在于病猪肺和脾脏中,病毒全基因组约15kb,含有8个开放型阅读框。目前,有两个血清型:美洲型和欧洲型。PRRSV通过内吞作用进入宿主细胞,以出芽方式进入滑面内质网、高尔基体而完成装配过程,形成的囊泡内聚集并迁移到细胞膜处,融合后释放,具有很强的免疫抑制作用。

2.流行病学

猪是唯一的易感动物,各种年龄的猪均可感染,以妊娠母猪和仔猪症状较为严重,仔猪病死率可达80%~100%。病猪和带毒猪是主要传染源,病毒可通过唾液、鼻液、粪尿、精液及乳汁等多种方式向外排放,通过直接或间接接触、胎盘和交配等方式传播,也可通过空气传播。感染公猪的精液中含有病毒,通过人工授精或交配引起母猪发病,母猪在怀孕中后期更易传染给胎儿,引起流产、死胎或木乃伊胎儿。该病暴发呈地方暴发与流行,冬、春季节多发,随着主风向呈明显的"跳跃式"传播,距离可达20 km以上。另外,猪群的规模、卫生条件、引进猪群的数量、密度、空气质量、健康状况等也能促进本病传播。大流行后隐性感染病例增多,无临诊症状的猪也传播本病,并持续数月,因此,猪场一旦发生该病,很难净化。

3.临床症状

自然感染条件下,潜伏期约为 14 d。临床表现的共同点是:发病猪高热、拒食、嗜睡,母猪流产,死胎率和仔猪死亡率极高,仔猪出生后呼吸困难。初次暴发往往呈急性经过,急性期后出现慢性和亚临床感染。

猪群所有的猪都易感,最初表现厌食、发热、昏睡、精神不振等症状,持续 1 周左右进入发病高峰,陆续出现呼吸困难、咳嗽,严重者双耳背部、边缘及尾部、外阴、腹部和四肢内侧等处皮肤出现深青紫色红斑疹块,高峰期持续 2~3 个月。繁殖母猪妊娠早期出现流产或早产,妊娠后期出现流产、早产或死产,死产胎儿出现木乃伊化,后者常自溶、水肿、皮肤呈棕褐色。新生仔猪较弱,常呈八字腿,食欲不佳,出生后第 1 周死亡率超过 24%。1 月龄内的仔猪表现体温升高(39.5~41℃),食欲减退或废绝,呼吸困难(表现快速的腹式呼吸),眼睑水肿,结膜炎,打喷嚏,顽固性腹泻,个别出现神经症状,肌肉震颤、共济失调,渐进消瘦,死亡率高达 80% 以上。公猪发病率低,感染后可造成性欲下降、精液品质下降,无发热现象,育肥猪发病较温和,呈现暂时性厌食和轻度呼吸困难。PRRS 发病猪群常继发嗜血杆菌、链球菌、沙门氏菌、猪流感病毒、圆环病毒、伪狂犬病毒等多种病原微生物感染,从而加重病情发展。

4.诊断

可根据周围地区的流行情况,结合猪群的临床症状进行初步判断,尤其是急性型的母猪流产和仔猪死亡的统计数字对该病诊断具有重要意义:妊娠母猪死产 20% 以上,母猪流产至少 8%,断奶前仔猪死亡率 26% 以上。PRRS 的实验室诊断首先采用配对血清学检查,鉴别、排除与本病具有类似症状的呼吸及生殖疾病,如细小病毒病、伪狂犬病、非洲猪瘟、猪流感等;其次,主要依靠实验室的病毒分离、鉴定进行确诊,目前,采用 ELISA 抗体检测试剂盒,具有操作简便、快速、准确的特点。

5.防控

目前尚无特效的治疗措施,对 PRRS 的防控应采取综合防治对策:加强猪群的饲养管理,精细养猪,减少应激因素;坚持自繁自养,防止 PRRSV 传入;PRRS 阳性猪场应彻底实现养猪生产各阶段的全进全出,严格执行卫生消毒措施;最大限度地控制 PRRSV 感染猪群的继发感染;科学使用 PRRS 灭活苗和弱毒活疫苗,防止弱毒苗返祖毒力增强。

三、猪圆环病毒病

猪圆环病毒病(porcine circovirus disease,PCVD)由Ⅱ型圆环病毒引起仔猪发生的一种多系统功能障碍性病毒病,其特征为体质下降、消瘦、腹泻、呼吸道症状及黄疸。临床表现为多种疾病:断奶仔猪发生的多系统消耗性综合征(porcine multi-waste syndrome,PMWS)、猪皮炎肾病综合征(porcine dermatitis and nephropathy syndrome,PDNS)、新生仔猪先天性震颤(congenital tremors,CT)、繁殖障碍症、猪呼吸系统混合疾病(porcine respiratory disease complex,PRDC)、猪增生性和坏死性肺炎(porcine prolifer-ative and necrotizing pneumonia,PNP),本病毒主要侵害免疫细胞,引起一定程度的免疫抑制,易继发其他疾病,造成患猪生产性能降低,给生产和疫病防治造成巨大损失。

1.病原

猪圆环病毒属于圆环病毒科、圆环病毒属,是目前已知脊椎动物病毒中最小的单股、环状 DNA 病毒,无囊膜。病毒分为 2 个型:PCV-1 和 PCV-2。PCV-1 在猪群中普遍存在,能在 PK15 细胞上长期生长不产生细胞病变,对猪无致病性,但能产生血清抗体;PCV-2 有致病力,含 1 767~1 768 个核苷酸,在全世界范围内同源性达 93%以上。与 PRRSV 共同感染,可复制出典型的 PMWS 症状及病变。

2. 流行病学

猪是 PCV-2 的天然宿主,各种年龄、不同性别的猪只均可感染,断奶后 2~3 周龄和 5~8 周龄的仔猪感染后发病。PCV-2 病毒在自然界广泛存在,感染后的成年猪呈亚临床状态,成为重要的传染源。PCV-2 可通过消化道(粪便)、呼吸道(鼻涕)传播,也可经胎盘或精液传播。该病发病率高,发病期常持续一年或更长,易诱发蓝耳病、猪瘟、伪狂犬病、流感、细小病毒病、气喘病等疾病,发生混合感染。与 PRRSV 混合感染发生典型的 PM-WS,致死率常达 50%~100%。

3. 临床症状

与 PCV-2 感染有关的猪病主要表现为以下几种:

(1)仔猪断奶后多系统衰竭综合征(PMWS) 主要感染 8~12 周龄的仔猪,潜伏期很长。病猪表现精神、食欲不振、被毛粗乱、进行性消瘦、生长迟缓、呼吸困难、咳嗽、喘气、贫血、皮肤苍白、体表淋巴结肿大。有的出现皮肤及可视黏膜发黄、腹泻、胃溃疡等症状,临床上约有 20%的病猪呈现贫血与黄疸症状,具有诊断意义。发病率可达 50%以上,死亡率为 5%~70%,如继发其他疾病感染,如副嗜血杆菌病,可大大增加死亡率。存活的猪生长发育不良,成为僵猪而失去饲养价值。

(2)猪皮炎和肾病综合征(PDNS) 主要发生于仔猪、育肥猪和成年猪。感染后,患畜出现食欲减退、精神不振、轻度发热、四肢和眼睑周围水肿等症状,特征性病变是在会阴部、四肢、胸腹部及耳朵等处出现圆形或不规则的红紫色斑点或斑块,明显隆起融合成条带状,不易消失,随着病程延长,病变区域会被黑色结痂覆盖,留下疤痕。全身表现为特征性坏死性脉管炎,通常病猪在 3 d 内死亡,死亡率在 15%以上。

(3)传染性先天性震颤(CT) 主要发生在断奶前后的仔猪。临床症状变化很大,由轻变重,发病仔猪站立时震颤,卧下或睡觉时震颤消失,受外界刺激时,可引发或加重震颤,严重时影响吃奶,以致死亡。发病率一般为 1%~3%,有的可达 20%。

(4)母猪繁殖障碍 发病母猪主要表现为体温升高达 41~42℃,食欲减退,出现弱仔、流产、死产、胎儿木乃伊化增多。后备母猪发病率达 80%,母猪病后不孕或受胎率低,断奶前仔猪死亡率也上升达 11%。

在实际生产中,单独的 PCV-2 感染,不足以引起疾病的典型临床表现,通常与蓝耳病病毒、猪流感病毒、猪链球菌和猪肺炎支原体等并发或继发感染后,可使死亡率大大增加。混合感染与 PCV-2 导致免疫抑制有关,目前可导致猪群发生免疫抑制的病原还有猪瘟病毒(CSFV)、蓝耳病病毒(PRRSV)、猪伪狂犬病病毒(PRV)及猪肺炎支原体(MH)等。

4. 诊断

由于 PCV-2 感染所导致的各种疾病的临床表现不是特有的典型病变,因此,需要对引起渐进性消瘦、腹股沟淋巴结肿大、脾肾肿大、肝萎缩等症状的病因进行鉴别诊断。确诊必须借助实验室检测手段才可以进行,常用原位杂交(ISH)及免疫组织化学(IHC)的方法进行 PCVD 的诊断。

（1）病毒分离鉴定 采取急性死亡猪的脾淋巴结制成细胞悬液接种于 PK15 细胞上，同时用特异性抗体检测，进行抗原、抗体两方面检测病毒。

（2）间接荧光抗体技术和 ELISA 等免疫学方法检测病毒。

5.防控

迄今为止，该病无有效的防治药物，主要采用控制继发感染、减少猪只死亡等措施，降低经济损失。可用抗生素防止细菌的继发感染，用抗病毒的中药适当缓解症状。世界上研发的圆环病毒疫苗主要有 PCV-2 全病毒灭活疫苗、PCV-1、PCV-2 嵌合病毒灭活疫苗以及杆状病毒表达多肽 PCV-2 基因工程疫苗。PMWS 的控制措施可通过综合防治措施，加强饲养管理、完善生物安全工作（包括引种、检疫、隔离、消毒和无害化处理等）、做好猪群基础病的免疫接种等进行综合防治。

四、猪传染性胃肠炎

猪传染性胃肠炎（transmissible gastroenteritis of pigs，TGE）是一种由猪传染性胃肠炎病毒引起的急性、高度接触性肠道传染病，主要引起 2 周龄以下的仔猪呕吐、严重腹泻和脱水，仔猪的致死率可达 100%。本病在世界各国均有发生和流行，多以暴发性、地方性、周期性流行，严重影响仔猪的成活率。

1.病原

猪传染性胃肠炎病毒属于冠状病毒科、冠状病毒属的单股 RNA 病毒，有囊膜，病毒存在于发病仔猪的各器官、体液和排泄物中，但以空肠、十二指肠及肠系膜淋巴结中含毒量最高，病早期，呼吸系统及肾脏中含毒量也很高。至今世界范围内分离的毒株均属于同一血清型。

2.流行病学

TGE 仅引起猪发病，各年龄猪均可感染，而 10 日龄以内的猪发病率高，死亡率为 100%。病猪和带毒猪是本病的主要传染源，从其粪便、呕吐物、乳汁、鼻分泌物以及呼出的气体中排出病毒，污染饲料、饮水、空气、土壤和用具等，通过消化道和呼吸道传染给易感猪，断奶仔猪、育肥猪和成年猪发病较轻，当体质下降或受到刺激时，可重新排毒，导致大批猪感染。本病全年均可发生，但以冬春季节发病为多，在密闭式猪舍中，更易发生，呈流行性。

3.临床症状

本病的潜伏期很短，一般仔猪为 12～24 h，成猪 2～3 d。仔猪突然发病，表现短暂呕吐之后发生水样腹泻，呈喷射状，粪便黄色、绿色或白色，常带有未消化的凝乳块，气味腥臭，病猪很快脱水、食欲减退或拒食、消瘦，病程 2～7 d，日龄越小，病程越短，病死率可高达 100%。随着猪龄的增大，病死率逐渐降低，育肥猪和公猪的临床症状表现轻，出现减食、腹泻，或呕吐症状，经 3～7 d 后逐步康复，很少出现死亡。泌乳母猪出现体温升高，厌食、呕吐和腹泻，泌乳减少或停止，5～8 d 后腹泻停止，康复，也极少死亡。

4.病理变化

主要病变在消化道，尤其胃和小肠。胃黏膜充血或出血，小肠胀满，肠壁菲薄呈半透明，内充满黄色或灰白色、透明泡沫状液体，含有凝乳块。回肠、空肠肠绒毛萎缩、变短是本病的特征性病变。肾脏浊肿和脂肪变性，并含有白色尿酸盐类物质，有的仔猪并发肺炎病变。

5.诊断

根据发病多在寒冷季节、发病仔猪的日龄、出现典型的黄绿色水样腹泻和呕吐等临床症状及其死亡率,可初步确诊,但应进行病原检查,最常用的是免疫荧光染色、免疫酶技术检测、琼脂扩散试验和对流免疫电泳检查小肠浸出液中的病毒抗原。

注意与猪大肠杆菌病、猪流行性腹泻、轮状病毒病等相区别。本病特征是多发生在冬春寒冷季节,传播迅速,病猪表现呕吐、水样腹泻,仔猪死亡率高,成年猪几乎不死亡,剖检小肠壁菲薄透明,肠管扩张充满液状内容物,肠绒毛萎缩等。

6.防控

目前尚无特效的治疗方法,发生疾病可采取对症治疗:迅速补充体液、防止脱水和酸中毒。为了防止继发感染,对猪投放肠道抗菌、抗病毒药,加强饲养管理,搞好清洁卫生和消毒工作。另外,可给妊娠母猪产前 20～30 d 接种猪传染性胃肠炎弱毒疫苗,对 3 日龄哺乳仔猪的保护率可达 95% 以上。

五、猪流行性腹泻

猪流行性腹泻(porcine epidemic diarrhea,PED)是由猪流行性腹泻病毒引起仔猪和育肥猪发生的一种高度接触性肠道传染病,以呕吐、腹泻、脱水和食欲下降为特征,发病率和死亡率都较高。目前世界各地多有本病流行,给养猪业带来极大的经济损失。

1.病原

猪流行腹泻病毒属于冠状病毒科、冠状病毒属,为多形性、略呈球形,有囊膜的单股线性正链 RNA 病毒,基因组长为 27 000～33 000 个核苷酸。该病毒只能在肠上皮组织培养物内生长,至今还没有发现不同的血清型。与猪传染性胃肠炎病毒没有共同的抗原性。对外界环境的抵抗力不强。

2.流行病学

本病只发生于猪,各种年龄的猪都易感,以寒冷季节多发。常常是大猪舍首发,随后诱发全群腹泻,继而波及相邻猪舍,4～6 d 引起全场或某一地区相继传染发病,呈流行性,1 个月左右自行停止。哺乳仔猪、架子猪和育肥猪的发病率可达 100%,尤其以哺乳仔猪严重,母猪发病率变动很大,为 15%～90%。病猪是主要传染源。病毒主要存在于肠绒毛上皮细胞和肠系膜淋巴结,随粪便排出病毒,污染环境、饲料、饮水、交通工具及用具等而传播。主要感染途径是消化道,病毒直接进入小肠,损伤肠壁细胞引起肠绒毛萎缩,造成吸收表面积减少,小肠黏膜碱性磷酸酶的活性显著降低,引起营养物质吸收障碍,渗透性腹泻是引起腹泻的主要原因。猪流行性腹泻病可单一发生或与猪传染性胃肠炎、猪圆环病毒混合感染,呈地方流行性,造成 5～8 周龄仔猪的断奶期顽固性腹泻。

3.临床症状

潜伏期一般为 5～8 d,临床症状与典型的猪传染性胃肠炎十分相似。哺乳仔猪发病明显,体温正常或稍偏高,主要表现为暴发性水样腹泻,粪稀先开始呈黄色黏稠状,后为水样,含黄白色凝乳块,如水呈喷射状排出,酸性恶臭味,为灰黄色或灰色,内混有多量小气泡。或者在腹泻之间伴随呕吐,呕吐多发生于哺乳或吃食后,同时伴有精神沉郁、厌食、消瘦及衰竭。症状的轻重随年龄的大小有差异,年龄越小,症状越重。一周龄以内新生仔猪常于腹泻后 2～4 d 内因脱水死亡,病死率约 50%。断奶猪、育成猪发病率几乎达 100%,但症状较轻,仅表现沉郁、厌食、呕吐、持续性腹泻等症状,4～7 d 耐过后,逐渐恢复正常,很少发生死亡。

4.诊断

本病在流行病学和临床症状方面与猪传染性胃肠炎无显著差别,只是水样腹泻更严重,多发生在寒冷季节,病死率比猪传染性胃肠炎稍低,在猪群中传播的速度也略缓慢些,因此,兽医临床上有人把症状为严重呕吐并腹泻的称为猪传染性胃肠炎,把严重水泻伴有个别呕吐的称为猪流行性腹泻。确诊主要依靠血清学诊断。常用直接免疫荧光法(FAT)、酶联免疫吸附试验(ELISA)、免疫电镜、间接血凝试验、人工感染试验方法,前两种方法应用最为广泛。

5.防控

本病无特效药物治疗,通常采用对症疗法,在腹泻最初的 24～72 h 内,及时补水和补盐,用肠道抗生素防止继发感染,用止泻剂和降低肠蠕动的药物有利于疾病的康复,减少仔猪死亡。同时,通过隔离、消毒、注意防寒保暖、加强饲养管理、减少人员流动、采用全进全出制等措施进行预防和控制。在本病流行地区可对怀孕母猪在分娩前 2 周,以病猪粪便或小肠内容物进行人工感染,以刺激其产生乳源抗体,或通过初乳可使仔猪获得被动免疫,以缩短本病的流行。我国已研制出 PEDV 灭活疫苗,还有 PEDV 和 TGE 的二联灭活苗,用于免疫妊娠母猪,保护率达 85%,可用于预防本病。

六、猪细小病毒病

猪细小病毒病(porcine parvovirus infection,PPI)是由猪细小病毒感染引起母猪繁殖机能障碍的一种传染病,又称猪繁殖障碍病。以胚胎和胎儿感染及死亡为特征,主要表现为受到感染的妊娠母猪流产、胚胎死亡、木乃伊化胎儿、产死胎和产弱仔、母猪发情不正常、久配不孕等繁殖机能障碍,而母猪本身无明显病症,该病在我国乃至世界范围内广泛分布,严重影响生猪生产,应引起足够的重视。

1.病原

猪细小病毒为细小病毒科、细小病毒属自主型细小病毒。基因组为单股 DNA,无囊膜,病毒具有血凝性,能采用血凝反应诊断本病。易在猪肾细胞上培养,在细胞内可生成核内包涵体。本病毒只有一个血清型,很少发生变异。

2.流行病学

本病无明显季节性,各种不同年龄、性别的家猪和野猪均易感,后备母猪比经产母猪更易感,一般呈地方流行性或散发。传染源主要来自感染细小病毒的母猪和带毒的公猪,病毒能通过胎盘垂直传播,感染母猪所产的死胎、仔猪及子宫内的排泄物中均含有很高滴度的病毒,而带毒仔猪可能终生带毒、排毒。种公猪通过配种传染给易感母猪,并使该病传播扩散。本病一般经口、鼻和交配感染,出生前经胎盘垂直感染。本病具有很高的感染性,病毒一旦传入易感的健康猪群,3月内几乎可导致猪群 100% 感染。病毒的感染率与动物年龄呈正比。母猪在怀孕期的前 30～40 d 最易感,胚胎、胎猪死亡率可高达 80%～100%。孕期不同时间感染分别会造成死胎、流产、木乃伊、产弱仔猪和母猪久配不孕等不同症状。该病主要在春秋产仔季节多发,猪群初次感染可呈急性暴发性发生。

3.临床症状

本病主要引起母猪、特别是初产母猪发生繁殖机能障碍,产死胎、木乃伊胎或流产等,其他年龄的猪感染,症状不明显。患病母猪反复发情,久配不孕或空怀,主要是由于早期胚胎感染死亡率可达 80%~100%,迅速被母体吸收造成不孕和重复发情;患畜怀孕中后期感染,妊娠母猪流产,或正常分娩时产出死胎、木乃伊胎、畸形胎或仔猪衰弱,产期延长。产出带毒的仔猪,终身带毒而成为重要的传染源。公猪感染对精子形成、受精率和性欲无明显影响。

4.诊断

根据发病多为初产母畜出现繁殖机能障碍,临床症状多为多次发情,或久配不孕,或流产、死胎、木乃伊胎儿等作出初步诊断。确诊需进一步做实验室诊断。一般采集木乃伊胎、死产仔猪和初生仔猪的心血或组织浸出液,用血凝抑制试验测定抗体。对感染猪用中和试验测定中和抗体。用 PPV 荧光抗体直接染色法,若发现接种的细胞片中细胞核不着染,即可确诊该细胞中含有病毒抗原。用 PPV 酶标抗体直接染色法:在普通生物显微镜下观察染色情况,若接种 PPV 的细胞片中,细胞核着染,即可确诊该细胞中含有病毒。本病应与猪繁殖与呼吸综合征、猪伪狂犬病、猪乙型脑炎、猪布鲁氏病和猪衣原体病等相区别。

5.防控

本病目前尚无有效治疗方法,主要采取预防措施:严格控制带毒猪入场;采用自繁自养;对引入猪应隔离 14 d 以上、2 次检疫,无可疑病变,才可混群饲养;严禁用带毒公猪配种;一旦发现病猪,坚决淘汰,对用具严格消毒,用血清学方法全群普查,当 HI 滴度在 1:256 以下或阴性时,为阴性安全猪群。淘汰阳性猪,净化猪群。对种猪,特别是后备种猪在配种前一个月进行疫苗接种预防本病。

七、猪水疱病

猪水疱病(swine vesicular disease,SVD)是由猪水疱病病毒引起的一种急性、热性、高度接触性传染病。其特征是在猪的蹄部、口腔和鼻端黏膜、母猪乳头周围皮肤发生水疱,又称猪传染性水疱病。由于本病传染速度快、发病率高,对猪的生长产生严重影响,国际兽疫局将其列为 A 类动物疫病,我国将其列为一类动物疫病。

1.病原

猪水疱病病毒(swine vesicular disease virus,SVDV)属于小 RNA 病毒科、肠道病毒属的柯萨奇 B 型病毒,由裸露的二十面体对称的衣壳和含有单股正链 RNA 的核心组成。无囊膜,不能凝集人和动物的红细胞,在猪肾细胞和金田鼠肾细胞上生长并形成蚀斑,病毒呈晶格状排列。目前只有一个血清型。

病毒经损伤的皮肤和黏膜侵入体内,经 2~4 d 在入侵部形成水疱,以后发展为病毒血症,皮肤、淋巴结和咽后淋巴结可发生早期感染。本病毒对舌、鼻盘、唇、蹄的上皮、心肌、扁桃体的淋巴组织和脑干均有很强的亲和力。病毒到达口腔黏膜和其他处皮肤形成次发性水疱。上皮病变的发生可分为两个过程,一是细胞死亡和棘细胞层松懈丧失了亲和力;二是细胞内水肿导致上皮细胞的网状变性。

2.流行病学

在自然流行中,本病仅发生于猪,各种年龄、性别、品种的猪均易感,牛、羊等家畜感染、散毒但不发病,人类也有一定易感性,感染后出现类似人类柯萨奇病毒感染的症状。病猪、潜伏期的猪和病愈带毒猪是本病的主要传染来源,通过粪尿、鼻液、口腔分泌物、水疱皮、水疱液、乳汁等形式排出病毒,污染饲料、垫草、运动场和用具及饲养员等,健康猪通过与病猪或带病毒的用具等直接接触或食入含病毒的饲料、泔水等感染,造成本病的传播。病猪肉盐渍(腊肉)须经110 d后才能灭活病毒。该病一年四季均可发生,以寒冷季节流行性较高。猪群高度集中、调运频繁的猪仓库、屠宰场、铁路沿线等处发病频繁、传播快,发病率高达70%~80%,往往呈地方性流行。很少发生于散养的农户。

3.临床症状

潜伏期为2~6 d。首先,体温升高至40~42℃,观察到猪群中个别猪发生跛行,损伤一般发生在蹄冠、趾间、蹄踵,出现一个或几个黄豆至蚕虫大小的水疱,继而水疱融合扩大,充满水疱液,经1~2 d后水疱破裂形成溃疡,体温下降至正常,真皮暴露,颜色鲜红,水疱与破溃扩展到蹄底部,有的伴有蹄壳松动,甚至脱壳。由于蹄部受到损害,病猪行走出现跛行,在硬质地面上行走较明显,常弓背行走,有疼痛反应,或卧地不起,体格越大的猪症状越明显。水泡及继发性溃疡也能发生在鼻镜和口腔(5%~10%)及乳头上(约8%的哺乳母猪),一般接触感染经2~4 d的潜伏期出现原发性水泡,5~6 d出现继发性水泡,水疱破裂后体温下降。病猪精神沉郁、食欲减退,如无并发症一般10 d左右可自愈,发病率为10%~100%,约有2%的患猪发生中枢神经系统紊乱,表现向前冲、转圈运动、强直性痉挛、用鼻摩擦猪舍用具等,一般死亡率很低,但哺育仔猪的发病率和死亡率均很高。

4.诊断

该病主要在蹄部、口腔、鼻盘和母猪乳头周围发生水疱,体温升高。临诊症状与口蹄疫、猪水疱性口炎、猪水疱性疹、猪痘等很难区分开来,必须进行实验室诊断加以区别。取病猪的水疱液或处理水疱皮后的上清液接种于牛、羊、猪、豚鼠和1~2日龄小鼠,若仅猪和1~2日龄小鼠发病,则是猪水疱病;若接种动物都发病,则是口蹄疫;若仅猪发病而其他动物不发病,则是猪水疱性疹。SVDV具有良好且稳定的免疫原性,可采用中和试验、琼脂免疫扩散试验及补体结合试验等检测猪水疱病毒进行确诊。

5.防治

对患猪按口蹄疫治疗方法处置,待水疱破后,用0.1%高锰酸钾或2%明矾水洗净,涂布紫药水或碘甘油,数日可治愈。

加强预防的重要措施是在引进猪和猪产品时,必须严格检疫,特别注意监督牲畜交易和转运的畜产品,防止本病传入;做好日常消毒工作,对猪舍、环境、运输工具进行定期、有效地消毒。在常发地区使用弱毒疫苗进行免疫预防,免疫期可达6个月;或用猪水疱病高免血清和康复血清进行被动免疫也有良好效果,免疫期达1个月以上。

八、猪丹毒

猪丹毒(swine erysipelas)由猪丹毒杆菌引起猪的一种急性、热性、败血性人畜共患传染病。急性型呈高热败血症症状;亚急性型出现皮肤紫红色疹块;慢性型呈疣状心内膜炎、皮肤坏死与非化脓性关节炎。

1.病原

猪丹毒杆菌又称猪红斑丹毒丝菌,为平直或微弯杆菌,单个或成对存在,在白细胞中成丛存在,无运动性,不形成芽孢和荚膜,为革兰氏阳性,在自然界分布甚广,主要存在于健康猪扁桃体和回盲瓣等处。对青霉素敏感,迄今发现29个血清型。由于菌体外具有蜡样被覆物,猪丹毒杆菌对外界的抵抗力很强。

2.流行病学

不同年龄的猪均易感。以3~6月的生长猪最易感,人也可感染。病猪、康复猪及健康带菌猪都是传染源。病原体随粪、尿、唾液和鼻分泌物等排出体外,污染饲料、饮水、猪舍和用具,经消化道和损伤的皮肤或蚊虫传播给其他动物或人,带菌猪在抵抗力降低时,细菌也可侵入血液,引起自体传染而发病。猪丹毒一年四季均可发病,以夏秋季发生较多,呈地方性流行或散发。

3.临床症状

潜伏期多为3~5 d。一般从临床表现分为急性败血型、亚急性疹块型和慢性型。

流行初期多见急性败血型,严重者不见任何症状突然死亡。其余的表现体温突然升至42℃以上,高热稽留,恶寒颤抖,食欲废绝,并有干呕或呕吐,但有渴感。行走时步态僵硬或跛行,病初便秘,后有腹泻,混有血液,发病1~2 d后,皮肤上出现大小和形状不一的红色或红紫色斑块,以耳、颈、胸腹部、腿外侧较多见,指压褪色,病程3~4 d,病死率70%~80%,不死者转为疹块型或慢性。哺乳或刚断乳仔猪往往有神经症状,抽搐,很快死亡,病程不超过1 d。

亚急性型(疹块型)通常症状轻微,食欲减退、精神不振,体温升高,便秘、呕吐,其特征是在胸、腹、肩、背及四肢外侧皮肤上出现大小不等、边界凸起的方形、菱形或圆形疹块,故俗称"打火印",先呈淡红,后变为紫红甚至黑紫色,形成痂皮,脱落后自愈,死亡率低,病程为8~12 d。

慢性型多表现浆液性纤维素性关节炎、疣状心内膜炎和皮肤坏死3种。关节炎常发生于腕关节和跗关节,关节肿胀、增粗、热痛,步态强拘,甚至发生跛行;疣状心内膜炎表现为消瘦、贫血,呼吸困难,心跳加快,可突然倒地死亡;皮肤坏死常发生于背、肩、耳及尾部,局部皮肤变黑、干硬如皮革,逐渐脱落,遗留无毛而色淡的斑痕。经1~2个月后,因体质高度衰竭而死亡。

4.病理变化

急性型猪丹毒主要以急性败血症和体表出现红斑为特征。全身淋巴结肿大、发红,切面出血;脾肿大充血,呈樱桃红色,质地柔软,切面外翻;肾体积增大,呈弥漫性暗红色,有"大红肾"之称;肺淤血、水肿。慢性心内膜炎型表现房室瓣膜常有菜花状、灰白色疣状增生物,其次是关节炎型关节肿大,关节囊肥厚增生,关节腔内有纤维素渗出物,黏稠或带红色,关节软骨溃疡呈蚕食样,后期滑膜肉芽增生。

5.诊断

可根据流行病学、临床症状及尸体解剖等资料进行综合分析作出诊断。多发生于夏秋多雨季节,皮肤上有红斑等典型表现。必要时进行病原菌检查确诊,也可进行免疫荧光和血清培养凝集试验。注意急性败血症与猪瘟、猪肺疫等相区别。

6.防治

治疗首选青霉素,按每千克体重用8万~10万 IU。其他广谱抗菌素也有较好的疗效。也可用阳性血清治疗,仔猪用5~10 mL,3~10月龄的猪注射30~50 mL,成年猪用50~70 mL,经24 h后再注射1次。

接种猪丹毒弱毒疫苗,免疫程序为:2月龄时接种1次,皮下或肌内注射,每头1 mL。接种后7~9 d产生免疫力,免疫期6个月,6个月后再接种1次。平时要加强饲养管理和猪舍及用具消毒保洁,提倡自繁自养,发现病猪,立即隔离治疗。

九、猪副嗜血杆菌病

猪副嗜血杆菌病(haemophilus parasuis,HPS)由猪副嗜血杆菌引起猪的一种多发性浆膜炎与关节炎的细菌性传染病,又称多发性纤维素性浆膜炎和关节炎,也称格拉泽氏病。主要引起肺、心包、腹腔和四肢关节浆膜的纤维素性炎为特征的呼吸系统综合征,其高感染率、高死亡率给规模化养猪场造成了严重的经济损失。

近年来,免疫抑制性疾病——蓝耳病、圆环病毒病等对猪群的侵袭,加之支原体病对免疫抑制作用,使猪群的免疫力、抵抗力严重下降,疾病的混合感染现象十分普遍,猪副嗜血杆菌病常常作为继发、并发感染的细菌性疾病,使各种疾病的症状复杂,猪群的死淘率增加,给猪场造成巨大损失。

1.病原

副嗜血杆菌暂定为巴氏杆菌科嗜血杆菌属,为 G‾ 短小杆菌,形态多变,有杆状、球状甚至丝状,大小不等,无鞭毛,无芽孢,两极着染。有 15 个以上血清型,其中血清型 4、5、13 最常见(约占 70%以上),其中,1、5、10、12、13、14 为强毒株,不同血清型之间无交叉保护。该菌生长严格需要烟酰胺腺嘌呤二核苷酸(NAD 或 V 因子),一般条件下难以分离和培养,尤其是应用抗生素治疗过的病猪组织,给诊断带来困难,据分析猪副嗜血杆菌的真实发病率可能为实际确诊数的 10 倍之多。该菌属于条件性致病菌,是猪体上呼吸道黏膜的正常菌群,饲养环境不良时多发,断奶、转群、混群或运输等应激也是诱发该病发生的常见诱因。在目前多种病毒性、细菌性疾病高发中,与猪繁殖与呼吸综合征病毒、圆环病毒、猪流感病毒和猪呼吸道冠状病毒、支原体等结合在一起协同引发多种疾病。

2.流行病学

猪副嗜血杆菌只感染猪,主要影响断奶前后和保育阶段的幼猪,多见于 5~8 周龄的猪,发病率一般在 10%~15%,严重时死亡率可达 50%。猪副嗜血杆菌一年四季均可发生,但以 10 月份至第二年 3 月份易发病。患猪或带菌猪主要通过空气、直接接触、或消化道等方式传播给健康猪,在猪场发生过蓝耳病、支原体肺炎、猪流感、伪狂犬病和猪呼吸道冠状病毒感染疾病后,抵抗力下降时,副嗜血杆菌易乘虚而入,加剧病情,使病情复杂化,可导致高发病率和高死亡率的全身性疾病。

3.临床症状

没有典型的特征性,包括发热、呼吸困难、关节肿胀、跛行、皮肤及黏膜发绀、站立困难甚至瘫痪、死亡。母猪发病可流产,公猪有跛行。仔猪可成为僵猪。

急性型:同舍猪突然同时发病,往往首先发生于膘情良好的猪,体温升高至 40.5~42.0℃,病猪精神沉郁、食欲下降或厌食不吃,典型的短咳(每次只咳 2~3 下)为特征性表现。呼吸困难、腹式呼吸、心跳加快,体表皮肤发红或苍白,耳梢、肢端、腹部皮肤发绀,指压不褪色,眼睑皮下水肿,部分病猪出现流脓性鼻液,行走缓慢或不愿站立,腕关节、跗关节肿大,起立困难,出现跛行或一侧性跛行,驱赶时,因疼痛尖叫,后肢共济失调,临死前侧卧或四肢呈划水样。严重时母猪表现流产。有时也会有无明显症状而突然死亡的。病程 1~2 d 内死亡,不死的转为慢性。

慢性病例多见于保育猪,主要是食欲下降、咳嗽,呼吸困难,皮毛粗乱,四肢无力或跛行,生长不良,直至衰竭而死亡。

猪群若存在其他呼吸道疾病,如支原体肺炎、猪繁殖与呼吸综合征、圆环病毒病、猪流感、伪狂犬病和猪呼吸道冠状病毒感染时,猪副嗜血杆菌病的危害会加大,加剧各种疾病的临床表现。

4.病理变化

剖检可见全身多发性浆膜炎,如胸膜炎、腹膜炎、脑膜炎、心包炎、关节炎等,尤以心包炎、胸膜肺炎的发生率最高,常以不同组合出现,较少单独存在。可见大量淡黄色透明或混浊的心包液、胸腔液,肺脏和心脏表面布满一层灰白色或黄色的纤维蛋白绒毛,胸腔粘连,严重者整个腹腔粘连,肝脏、脾脏、肠道等脏器也布满黄色的纤维蛋白,关节(尤其是跗关节和腕关节)液增多、混浊,有纤维蛋白渗出,使关节液黏稠。肺脏出血、充血或水肿,脑部大量积液,有的充血、淤血或轻度出血。全身淋巴结肿胀,尤其肺门淋巴结充血、肿胀、甚至出血。慢性型最特殊的病理变化是纤维性化脓性支气管炎,兼有纤维性胸膜炎。

5.诊断

根据流行情况、临床症状和剖检病变即可初步诊断;确诊需进行细菌分离鉴定或血清学检查。接种病料在 NAD 培养基上,生长的菌落通过各种生化试验进行细菌分离和鉴定;主要通过琼脂扩散试验、补体结合试验和间接血凝试验等血清学试验进行诊断。本病要与传染性胸膜肺炎进行鉴别区分:副嗜血杆菌引起多发性纤维素性浆膜炎,而胸膜肺炎主要引起胸膜炎和心包炎,并局限于胸腔内。

6.防治

猪场一旦确诊或已出现明显临床症状时,必须大量应用高敏抗生素进行治疗,同时,对全群猪进行药物预防,会有一定的疗效。对发病猪场采取综合消毒防疫措施:①隔离病猪、淘汰僵猪或重病猪,对隔离的病猪,能吃料者喂药,不吃料者,饮水或肌内注射;②将猪舍冲洗干净,严格消毒,改善猪舍通风条件,疏散猪群,降低密度,严禁混养;③消除各种诱因,改善饲养管理,减少各种应激,要做好常发病毒性疾病的预防免疫工作;④采用灭活苗免疫母猪,受本病严重威胁的猪场,小猪也要进行免疫;⑤也可分离、制备自家多价灭活苗,取得较好预防治疗效果。

十、猪传染性萎缩性鼻炎

猪传染性萎缩性鼻炎(porcine infectious atrophic rhinitis,AR)是由支气管败血波氏杆菌或(和)产毒素多杀性巴氏杆菌共同作用所引起猪的一种慢性呼吸道传染病。以泪斑、鼻甲骨萎缩或消失、鼻骨扭曲变形和生长缓慢等为特征,临诊表现为打喷嚏、流鼻血、颜面变形、鼻部歪斜和生长迟滞,在损害呼吸道的正常结构和功能的同时,还引起全身钙代谢障碍,使猪抵抗力降低,极易感染其他病原。引起呼吸系统综合征,降低饲料转化率、增加猪的死淘率,给集约化养猪业造成较大经济损失。

1.病原

支气管败血波氏杆菌 I 相菌(简写 Bb)和多杀性巴氏杆菌毒素源性菌株(简写 Pm)联合感染。研究证明,仅支气管败血波氏杆菌 I 相菌单独不能引起渐进性猪传染性鼻缩性鼻炎发生,但与多杀性巴氏杆菌毒素源菌株荚膜血清型 A 或 D 株联合感染时,能引起SPF 猪和无菌猪鼻甲骨严重损害和鼻吻变短。而用多杀性巴氏杆菌 D 型或 A 型株毒素,单独给健康猪接种,可以发生猪传染病性萎缩性鼻炎和严重病变。多种应激因素、营养成分缺乏、管理不良和继发的微生物如绿脓杆菌、嗜血杆菌及毛滴虫等,可加重病情。

引起的猪传染性萎缩性鼻炎的多杀性巴氏杆菌,是两端钝圆、中央微凸的 G⁻ 短杆菌,不产生芽孢,也无运动。根据特异性荚膜抗原,将多杀性巴氏杆菌分为 A、B、D、E 四型,绝大多数 D 型菌,能产生一种耐热的外毒素,毒力较强:可致豚鼠皮肤坏死及小鼠死亡。用此毒素接种猪,可复制出典型的猪萎缩性鼻炎(AR)。少数 A 型菌,为弱毒株。不同型毒株的毒素有抗原交叉性,其抗毒素也有交叉保护性。本菌对外界环境的抵抗力不强,一般消毒药均可杀死病菌。在液体中,58℃ 15 min 可将其杀灭。

支气管败血波氏杆菌为 G⁻ 球杆菌,呈两极染色,散在或成对排列,偶见短链。不产生芽孢,有周鞭毛,能运动,为需氧菌,最适生长温度 35～37℃,培养基中加入血液或血清能产生 β 溶血,在葡萄糖中性红琼脂平板上呈烟灰色透明的中等大小菌落。在肉汤培养基中呈轻度均匀混浊生长,不形成菌膜,有腐霉气味。在马铃薯培养基上使马铃薯变黑,菌落黄棕而带绿色。不发酵糖类,使石蕊牛乳变碱,但不凝固。能利用柠檬酸盐、分解尿素。过氧化氢酶、氧化酶试验阳性。甲基红试验、VP 试验和吲哚试验阴性。

2. 流行病学

本病在自然条件下只有猪发生,各种年龄的猪都可感染,最常见于 2～5 月龄的猪,发病率随着年龄增长而下降。1 周内乳猪感染后,可引发原发性肺炎,全窝死亡。出生后不久感染的仔猪发病,多引起鼻甲骨萎缩;年龄较大的猪感染只产生轻微的鼻甲骨萎缩。多发生在春秋两季。病猪和带菌猪是主要的传染来源。存在于上呼吸道的病菌主要通过飞沫传播给健康仔猪,再感染同群不同月龄的猪只,再水平传播扩大到全群,昆虫、污染物品及饲养管理人员也能传播疾病。因此,本病在猪群中传播速度较慢,多为散发或呈地方流行性。饲养管理条件不好,猪圈潮湿,寒冷,通风不良,猪只饲养密度大、拥挤、缺乏运动,饲料单纯及缺乏钙、磷等矿物质等,常易诱发本病,加重病的演变过程。不引进带病猪一般不会发生本病。

3. 临床症状

本病多见于 6～8 周龄仔猪,病猪表现为鼻炎,常因鼻腔刺激而出现摇头、拱地、搔抓或摩擦鼻部,出现不停地打喷嚏、流涕和吸气困难、张口呼吸而出现呼吸的鼾声。鼻部分泌物先是透明黏液样,继之为黏液或脓性物,甚至流出血样分泌物。由于鼻泪管阻塞,常常继发结膜炎,羞明流泪,在眼角皮肤上形成弯月形的湿润区"泪斑",为特征性症状。病程持续 3 周以上,仍有打喷嚏、流浆液性、脓性鼻液的症状,因喷嚏用力鼻黏膜破损而流血,甚至喷出鼻甲骨碎片,出现鼻甲骨萎缩,致使鼻腔和面部变形,故称"歪鼻子"。则鼻腔变短小,鼻端向上翘起,下颌伸长,上下门齿错开,不能正常咬合,俗称"短鼻子"。鼻炎症状消退后成为带菌猪。个别猪通过筛板感染大脑,引起脑炎症状。病猪一般体温正常,生长停滞,有的成为僵猪。

4. 病理变化

发生传染病萎缩性鼻炎的病猪,其特征性病变是鼻腔软骨和鼻甲骨的软化和萎缩,尤其是下鼻甲骨的下卷曲最为常见。筛骨和上鼻甲骨也有萎缩的,严重者鼻甲骨完全萎缩,鼻中隔部分或完全弯曲,鼻腔可能呈现一个鼻腔空洞,只留下小块黏膜皱褶附在鼻腔外侧壁上。

5. 诊断

根据临床上病猪经常打喷嚏、摩擦鼻部;从鼻孔流出黏脓性分泌物、有血迹;眼角皮肤有明显的半月形"泪斑";鼻腔弯曲或歪向一侧,或下颌伸长,上下门齿不能正常咬合等症状基本上可以确诊。有条件者,可用 X 射线作早期诊断。早期或症状较轻时,须借助实验室的细菌学检查,分离致病菌,或通过血清学凝集反应确诊。

6.防治

本病的主要感染途径是通过呼吸和飞沫传染,因此,要想有效控制本病,必须制定和执行综合性兽医卫生措施。

(1)加强检疫防止引进,坚决执行淘汰和净化措施。

(2)无病的健康猪场要自繁自养,必须引进种猪时,要到非疫区购买,并在购入后隔离观察 2～3 个月,确认无病后再合群饲养。

(3)淘汰病猪、隔离饲养可疑猪只,不断培育新的健康猪群。

(4)采取全进全出饲养制度,降低饲养密度,改善通风条件,保持猪舍清洁、干燥,防止各种应激因素的发生,严格执行消毒卫生防疫制度。

(5)用支气管败血波氏杆菌和 D 型产毒素巴氏杆菌二联油佐剂灭活疫苗在母猪产仔前 2 个月及 1 个月接种,提供母源抗体保护仔猪,也可以给 1～3 周龄仔猪免疫接种,间隔 1 周进行二免。

(6)为了控制母猪传染,可在母猪妊娠最后 1 个月内给予预防性药物,常用磺胺嘧啶 100 g/t 饲料和土霉素 400 g/t 饲料喂母猪;乳猪出生 3 周内,选用敏感的抗生素注射或鼻内喷雾,直到断乳;育成猪也可用磺胺或抗生素类药物防治。连用 4～5 周,育肥猪宰前应停药。对早期已患有鼻炎的病猪,定期向鼻腔内注入卢格氏液、1%～2%硼酸液、0.1%高锰酸钾液等消毒收敛剂,对促进治疗有好处。

十一、猪链球菌病

链球菌病(swine streptococcosis diseases,SSD)是由链球菌属中致病性链球菌所致的一类人和动物共患的多型性、急性、热性传染病,急性型常为出血性败血症心内膜炎和脑炎,慢性型以关节炎、淋巴结化脓及组织化脓等为特征,近年来,在我国发病率、死亡率均有升高,对猪的危害也更加严重。

1.病原

链球菌是一种 G^+ 圆形或椭圆形细菌,种类很多,现已分离出 35 种血清型,其中 2 型是致病力最强的血清型,呈单个、短链或串珠状长链排列,在血清肉汤液体培养基中呈长链,链越长致病性越强。在幼龄培养物中可见到透明质酸形成的荚膜,不形成芽孢,无鞭毛,不运动,需氧或兼性厌氧菌,对培养条件要求较严格,需加血液或血清生长才能较好,菌落细小、光滑、圆形、灰白透明小菌落。生化反应相对活泼,能发酵乳糖、蔗糖、海藻糖、棉籽糖,不发酵甘露糖、阿拉伯糖等,产酸不产气。根据溶血现象把链球菌分为三大类:呈草绿色 α 溶血的草绿色链球菌,为条件致病菌,引起局部脓肿;呈界限分明、完全透明的 β 溶血的溶血性链球菌,致病性强,引起多种疾病;不产生溶血素的 γ 溶血链球菌,一般无致病性。本菌对外界环境抵抗力较强,对一般消毒剂敏感。

2.流行病学

在自然界中,链球菌广泛存在于健康动物及人呼吸道、生殖道等部位。链球菌种类多,属条件性致病菌,所有年龄的猪都有易感性,但以 30～60 kg 体重(60～140 日龄)的架子猪多发,尤其以新生仔猪、断奶仔猪的发病率和病死率较高,偶见怀孕母猪发病,成年猪发病较少。病猪和带菌猪是主要的传染源。猪链球菌主要存在于猪的上呼吸道(尤其是鼻腔和扁桃体)、生殖道、消化道、血液、尿液和分泌物中,主要经伤口、呼吸道感染,也可经消化道或分娩时垂直感染,新生仔猪常经脐带感染。混群、免疫接种、高温高湿、气候变化、圈舍卫生条件差、蚊虫叮咬等应激因素使动物的抵抗力降低时,可诱发猪链球菌病,经常成为一些病毒性疾病如猪瘟、猪繁殖与呼吸综合征、猪圆环病毒 2 型感染等的继发病。而且,常与一些疾病如附红细胞体病、巴氏杆菌病、副猪嗜血杆菌病、传染性胸膜肺炎等混合感染。集约化密集饲养的猪场易发生链球菌病流行,呈地方流行性,在新疫区呈暴发性发生,多数为急性败血型,老疫区通常呈慢性散发性。本病一旦传入猪群,可连年发生,无明显的季节性,一年四季均可发生,但以 5～11 月份潮湿闷热的天气多发。

3. 临床症状

本病的潜伏期 1～4 d,长者 6 d 以上,下面几种类型常常混合存在或先后发生。

急性出血性败血型:主要由 C 群兽疫链球菌和类马链球菌、D 群链球菌及 L 群链球菌引起全身性急性、热性、败血性症状。最急性型往往未见任何异常而突然倒地死亡。病程稍长的病猪体温升至 41～43℃,食欲废绝、卧地不起、喜饮脏水、眼结膜潮红、流泪、流灰白色或脓性黏稠鼻液,便秘或腹泻,粪便表面带有血液或黏液。在耳尖、颈下、腹下皮肤及四肢末端出现紫红色出血斑。个别猪(15% 左右)出现多发性关节炎,跛行或不能站立,有的病猪出现共济失调、磨牙、空嚼或昏睡。后期呼吸困难,1～4 d 内死亡,死亡率可高达 95% 以上,多发生于架子猪(生长育肥猪)、育肥猪和怀孕母猪,呈暴发性流行,是本病中危害最严重的类型。

脑膜炎型:多见于哺乳仔猪和断奶仔猪,与母猪带菌有关。病初体温升高达 40.5～42.5℃,不吃,呈现明显的腹式呼吸、全身肌肉发抖,有浆液性或黏液性鼻液,继而出现神经症状,颈部发硬,头偏向一侧,转圈倒地再起,转圈倒地不起,仰卧,四肢呈游泳状,后肢麻痹、跛行,部分病猪出现关节炎,耳尖、腹下及四肢内侧充血,不及时用药或用药不当,发病后数小时至 2 d 内死亡,死亡率可高达 95% 以上。

心内膜炎型:多发于仔猪,突然死亡或呼吸困难,皮肤苍白或体表发绀,很快死亡。生前不容易发现和诊断。往往与脑膜炎型并发。

关节炎型:由急性败血型和脑膜炎型转化而来。一个肢体或几个肢体关节肿胀、疼痛,跛行,重者不能站立,体温升高,被毛粗乱,精神和食欲时好时坏,或逐渐恢复或衰弱死亡,通常先出现于 1～3 日龄的幼猪,由于抢不上吃奶而逐渐消瘦。仔猪也可发生,病程 2～3 周,耐过猪成为僵猪。

淋巴结脓肿型:多见于颌下淋巴结、有时见于咽部、耳下和颈部淋巴结肿胀,受害淋巴结肿胀、坚硬,有热痛感,影响采食、咀嚼、吞咽和呼吸,有的咳嗽、流鼻液,淋巴结逐渐肿胀成熟,自行破溃流出脓汁,以后全身状况好转,局部治愈,病程持续 2～3 周。

4. 诊断

根据流行特点。仔猪发病,典型的败血症、神经症状及关节炎等多种症状,常可作出初步诊断。本病症状易与猪瘟、急性猪丹毒、李氏杆菌病和猪肺疫相混淆,因此确诊要进行实验室诊断。

(1)镜检 取病猪的脏器或体液作涂片,染色、镜检,可发现单个或双个,或呈短链的 G+ 球菌,无芽孢,即可确诊,但应注意与两极浓染的李氏杆菌相区别。

（2）分离培养 取上述病料先接种于硫乙醇酸盐肉汤增菌培养,再接种于血琼脂平皿,37℃培养24～48 h,可见β溶血的细小、无色、黏稠、露珠状菌落,取单个的纯菌落进行生化试验和生长特性鉴定。

（3）动物接种 将病料制成5～10倍乳剂,家兔皮下或腹腔注射1～2 mL,或小鼠皮下注射0.2～0.4 mL,接种动物死亡后,从心血、脾脏抹片或分菌培养,进行确诊。

5.防治

仔猪发病后,可在饲料中添加敏感药物进行全群防治。以防造成更大的损失。一般青霉素类、头孢类、小诺霉素和磺胺类药物都是敏感药物,早期、大剂量治疗有一定的疗效。死亡病猪要深埋或无害化处理,严禁食用。被污染的圈舍、猪栏、墙壁、地面、通道、用具、工具等要彻底消毒。

猪场建筑要科学合理,空气流通。加强饲养管理,注意保持营养的均衡,尽量减少各种应激因素,提高猪群健康水平,使猪群获得较高的抵抗能力。搞好猪舍环境及用具的卫生消毒工作。新生仔猪在剪牙、断尾、断脐带等时注意消毒,防止感染。目前已有商品猪链球菌疫苗,必要时可用。但由于链球菌血清型较多,疫苗效果不理想,如能分离自家菌苗,效果最佳。

十二、仔猪红痢

仔猪红痢(clostridial enteritis of piglets,CEP),又称仔猪传染性坏死性肠炎,或称猪梭菌性肠炎,主要由C型魏氏杆菌引起1～3日龄的初生仔猪的高度致死性肠毒败血病,其特征是排水样红色血便,小肠黏膜出血、坏死,该病病程短、病死率高,严重危害仔猪生产。

1.病原

病原体主要为C型产气荚膜魏氏梭菌。魏氏梭菌是肠道常在菌之一,为革兰氏阳性、有荚膜、无鞭毛、不能运动的厌氧大杆菌,在不良的条件下可形成芽孢,位于菌体中央或近端,呈卵圆形,使菌体成梭形而有"梭菌"之称。魏氏梭菌在一定条件下,可产生多种外毒素和致死毒素,根据产生毒素的不同,将魏氏梭菌分为A、B、C、D、E这5个血清型。其中C型菌株主要产生α毒素和β毒素,特别是β毒素,是引起仔猪肠毒血症、坏死性肠炎的主要致病因子。梭菌繁殖体的抵抗力并不强,一旦形成芽孢后,对热力、干燥和消毒药的抵抗力就显著增强。

2.流行病学

本病主要发生于1周龄左右的仔猪,以1～3 d的新生仔猪最多见,1周龄以上的仔猪很少发病。魏氏梭菌广泛存在于自然环境中,在饲养管理不良时诱发此病发生。病猪和带菌猪是主要的传染源,病菌随粪便排出体外,直接污染饲料、哺乳母猪的乳头、饮水、用具和周围环境等,消化道侵入是本病最常见的传播途径,当初生仔猪吸吮母乳或吞入污染物后,细菌进入小肠、侵入绒毛上皮细胞中繁殖增生,产生大量毒素,使肠道充血、出血和坏死,肠壁吸收毒素而引起毒血症,致使仔猪发病和死亡。同一猪群内各窝仔猪的发病率相差很大,最低为9%,最高达100%。病死率为5%～59%,平均为26%。本菌一旦侵入猪群形成芽孢,对外界环境的抵抗力增强,常在产仔季节引起发病和死亡,呈地方性流行。

3. 临床症状

一般根据病程和症状不同,分为最急性、急性、亚急性和慢性型几种类型。

(1)最急性 发病快、病程短,通常于初生后数小时至 1 d 内发病,症状不明显即昏倒而死亡。或表现突然下血痢、粪便恶臭,乳猪后躯或全身沾满血样粪便,病猪虚弱,很快濒临死亡,于发病当天或第 2 天死亡。

(2)急性型 发病急剧、病程短促、死亡率极高。可见病仔猪不吃奶、精神沉郁,怕冷、四肢无力、行走摇摆,腹泻,病猪排出含有组织碎片的浅红色或红褐色水样粪便,有特殊腥臭味,粪中带有灰色坏死组织碎片及多量小气泡。很快脱水并虚脱,病程多为 2 d,一般第 3 天死亡。大多数病仔猪死亡,极少部分仔猪耐过后可恢复健康。

(3)亚急性型 初期病猪食欲减弱、精神沉郁,开始排黄色软粪,后持续腹泻,粪便呈淘米水样,含有灰色坏死组织碎片,病猪明显脱水、逐渐消瘦、衰竭,多于 5～7 d 死亡。

(4)慢性型 病猪呈间歇性或持续性下痢,排灰黄色黏液便,在阴部、尾部粘有粪痂。病猪精神尚好,但生长缓慢,病程 10 d 以上,最后死亡或被淘汰。

4. 诊断

根据发病年龄、临床症状,结合流行特点,如 1 周龄内的仔猪发病、病程短、严重血痢、坏死性肠炎等,可作出初步诊断。确诊需进行实验室检查。①外毒素的确定:采取最急性病例小肠内血样或红色腹水,加等量生理盐水,离心取上清液,给第一组小鼠静脉注射;再将滤液与 C 型产气荚膜梭菌抗毒素血清作用 40 min 后,给第二组小鼠注射。如果第一组小鼠迅速死亡,而第二组小鼠无死亡,即可确诊为本病。②细菌培养:采集病变组织直接涂片染色,以镜检发现 G^+、两端钝圆、有荚膜的粗大杆菌为阳性。再进行肉肝汤培养及石蕊牛奶培养,以肉肝汤变混浊并产生大量气体,石蕊牛奶培养中牛乳凝集成多孔的海绵状凝块为阳性反应。

5. 防治

由于仔猪红痢发病急、病程短、死亡高,因此该病应以预防为主。首先要加强对猪舍和环境的清洁卫生和消毒工作,产房和分娩母猪的乳房应于临产前彻底消毒。在发病猪群,母猪分娩前 1 个月和半个月,肌内注射 C 型魏氏梭菌氢氧化铝菌苗或仔猪红痢干粉菌苗各 1 次,使仔猪通过哺乳获得母源抗体。另外,仔猪出生后,全窝进行肌内注射抗仔猪红痢血清,或口服高敏抗菌药物如氯霉素进行预防性口服,有一定效果。

十三、猪痢疾

猪痢疾(swine dysentery,SD)是由致病性猪痢疾蛇形螺旋体引起猪特有的一种危害严重的肠道传染病。其特征为大肠黏膜发生卡他性出血性及坏死性炎症,急性型为出血性腹泻为主,亚急性和慢性以黏液性腹泻为主,又称猪血痢、黑痢、黏液出血性下痢等。该病一旦侵入,常不易根除,造成仔猪相当高的发病率和死亡率,经济损失严重。

1. 病原

本病的病原体为蛇形螺旋体属的成员,菌体长 6～8.5 μm,宽 0.3～0.37 μm,多为4～6 个弯曲,两端尖锐,呈螺旋线状,能活泼运动,革兰氏染色阴性,为严格的厌氧菌,对培养条件要求较严格,一般培养,常用酪蛋白胰酶消化大豆鲜血琼脂或酪蛋白胰酶大豆汤、含牛血清白蛋白和胆固醇的无血清培养基,37～42℃培养 6 d,在鲜血琼脂上,在明显的 β 溶血带的边缘,有云雾状薄层生长物或针尖状透明菌落。目前已知 4 个血清型,需有大肠内固有的厌氧菌协助螺旋体才能定居,产生溶血素和有毒性的脂多糖,引起疾病。

2.流行病学

猪痢疾蛇形螺旋体只感染猪,各种品种和年龄的猪均易感染,以 2～4 月龄断奶后正在生长发育的猪最常见,小猪的发病率和死亡率比大猪高,一般发病率可达 90%,病死率为 25%～50%。病猪、带菌猪和临床康复猪是主要传染源,经粪便排菌。消化道是唯一的感染途径,污染的饲料、饮水、用具、人员、动物及环境等引起间接传染。本病流行无明显季节性,传播缓慢,流行期长,可长期危害猪群。各种应激因素,如阴雨潮湿、气候多变、猪舍积粪、拥挤、饥饿、运输及饲料变更等,均可促进本病发生和流行。大群病猪经治疗症状消除后,3～4 周可复发,因此,一旦传入不易根除,可反复不断发生。

3.临床症状

本病潜伏期为 2 d 至 3 个月,平均为 1～2 周。以拉稀,粪便呈粥样或水样,内含黏液、黏膜或血液为特征,有体温升高和腹痛现象,病程长的还表现脱水、消瘦和共济失调。暴发初期多呈急性型,随后以亚急性和慢性为主。急性病猪体温升高到 40～40.5℃,精神沉郁、食欲减少、喜饮水。腹泻,开始排黄色至灰色的软便,再排含有大量黏液带血丝的稀便,后排水样便,并含有血液、黏液和白色黏性纤维素性渗出物的碎片,呈胶冻样,有腥臭味,有时带有很多小气泡。病猪腹部卷缩、行走摇摆、用后肢踢腹,被毛粗乱无光,迅速消瘦,后期排粪失禁。肛门周围及尾根被粪便沾污,起立无力,病程 1～3 周,极度衰弱死亡。病猪血液黏稠,白细胞数增加,嗜中性粒细胞核左移。大肠出血,严重的发生贫血。亚急性和慢性病情较轻,下痢,粪呈黑色,带黏液和血液,进行性消瘦,病死率低5%～25%,生长发育不良。部分康复猪经一定时间后还可复发,病程在两周以上。

4.诊断

根据本病多发生于 2～4 月龄的猪,且以排黏液性血性粪便、死亡率高为主要临床症状,可作出初步诊断。确诊需进一步做实验室诊断。病原检查:用棉拭子采取猪血样、大肠黏膜或粪便抹片,染色镜检病原体:两端尖锐的是致病的蛇形螺旋菌体,只有一个弯曲、两边钝圆的是非致病螺旋体,本法对急性后期、慢性隐性及用药后的病例,检出率低;分离鉴定:采用选择性厌氧培养基培养,镜检螺旋体或进一步做肠致病性试验和血清学试验进行鉴定;血清学检查:做各种凝集试验、免疫荧光试验、间接血凝试验、酶联免疫吸附试验,其中凝集试验和酶联免疫吸附试验具有较好应用价值。注意与仔猪副伤寒、猪瘟、传染性胃肠炎、流行性腹泻等疾病相区别。

5.防治

建立严格的卫生防疫制度,严格隔离、检疫引进猪,确保无致病菌污染;用过氧乙酸消毒猪场及加强清洁卫生是防止本病的重要措施。加强猪群饲养管理以及饲料营养均衡且充足,以增加猪群自身抵抗力。目前尚无预防用菌苗。在饲料中添加痢菌净、氯霉素或痢特灵等药物,轮换持续用药,有短期预防作用,但不能彻底消灭。发生本病时,应全群淘汰、彻底消毒。

十四、猪气喘病

猪气喘病(swine asthma disease)是由猪肺炎支原体引起的猪的一种高度接触性、慢性呼吸道传染病,主要特征是支气管肺炎,表现为咳嗽和气喘,又称猪地方流行性肺炎(enzootic pneumonia of swine,EPS)或猪支原体肺炎(mycoplasma pneumoniae of swine,

MPS），本病广泛分布于世界各地，如有继发性病原体感染，可造成大批死亡，是目前造成养猪业经济损失最严重的疾病之一。

1.病原

猪肺炎支原体，是多形态微生物，呈球形、环形、两极形等，猪肺炎支原体能在细胞培养基上生长。对外界抵抗力不强，在外界环境中存活不超过 36 h，常用化学消毒剂均能杀灭，对青霉素及磺胺类药物不敏感。

2.流行病学

猪气喘病仅发生于猪或野猪，不同品种、年龄、性别的猪均能感染，以哺乳仔猪和幼猪最易感，发病率和死亡率较高，妊娠后期及哺乳母猪次之。传染源是发病猪或隐性感染的带菌猪。病原体可以长期存在于患畜的呼吸道及分泌物中，不断随咳嗽、气喘和打喷嚏排出体外，形成飞沫传染，通过接触和呼吸道感染其他健康猪，病原一旦存在，就很难根除。猪气喘病的发生并无严格的季节性，在冬春季和天气剧烈变化时容易多发，寒冷潮湿、饲养密度大、猪舍条件差、猪只营养不良及某些应激因素都可能加大该病的发病率，若继发感染了其他的病原微生物，则病情加重。

3.临床症状

一般潜伏期为 11～16 d，是一种发病率高、病死率低、病程较长的慢性疾病。

首次发病的新疫区主要表现急性症状，咳嗽和气喘，病猪精神不振，呼吸困难，严重者张口呼吸、呈犬坐姿势，口鼻流出泡沫样液体，随后出现明显的腹式呼吸，听诊肺部有啰音，体温一般正常，有继发感染时体温升高。急性型后期转为慢性型，主要特征是频咳，早晨驱赶、饲喂、剧烈运动后更为明显，咳嗽时病猪站立不动，弓背伸颈，头下垂，直至呼吸道的分泌物咳出或咽下为止，继续发展为痉挛性咳嗽，出现呼吸困难、腹式呼吸，并逐渐消瘦，易继发致病菌感染，病猪的症状随饲养管理和气候的改变而改变，饲养管理和环境条件改善时，病情可有所好转，当继发感染时，则增加病死率。成年猪（肥猪和公猪）呈隐性型发病，仅发生轻微的咳嗽，但猪都有病变，一般病程 15～30 d，最长达 6 个月以上。

4.病理变化

病变主要局限于肺脏和胸腔淋巴结，肺的心叶、尖叶、中间叶和膈叶的前下部发生"肉变"（呈"肉样"或"虾肉样"实变），肺脏硬度增加，呈灰红色或灰黄色，与健康部分界限明显，一般两侧呈对称性发病。支气管淋巴结和纵隔淋巴结肿大，肺支气管内可挤出灰白色、混浊、黏稠的液体。急性病例可见肺严重水肿、充血，支气管内有泡沫样的渗出物，病变部呈"胰变"或"虾肉样变"。继发感染时，可见肺和胸膜纤维素性、化脓性和坏死性病变。

5.诊断

根据临床仅出现咳嗽、气喘症状，其他无明显变化，可作出初步诊断。如需进一步确诊，应做 X 线检查或特异性血清学检查，如间接血凝试验、微量补体结合试验和免疫荧光试验等。

6.防治

治疗的关键在于早期采用有效药物治疗，喹喏酮抗菌药对本病有良好的疗效，也可用中药平喘、止咳增加疗效。加强猪场的饲养管理、采取综合防治措施能很好地降低和控制该病的发生和蔓延。良好的疫苗免疫可减少该病的发病及感染压力，从而提高经济效益。

第四节 禽的主要传染病

一、鸡新城疫

鸡新城疫（newcastle disease，ND），又称亚洲鸡瘟，俗称鸡瘟。是由新城疫病毒（newcastle disease virus，NDV）引起的一种急性、高度接触性传染病。典型 ND 临床上以发热、呼吸困难、严重腹泻、神经机能紊乱，腺胃乳头、十二指肠出血，泄殖腔出血、坏死等为特征。非典型 ND 临床上常伴有呼吸道症状、蛋鸡产蛋率下降、种蛋受精率和孵化率下降等。ND 于 1926 年首次暴发于印度尼西亚的爪哇和英国的新城，Doyle 于 1927 年首次证实并命名该病，我国 ND 的报道最早见于 1935 年。目前，ND 仍广泛存在于亚洲、非洲、美洲的许多国家，该病时有暴发，使养禽业蒙受巨大的经济损失。

1. 病原

NDV 属副黏病毒科、副黏病毒亚科、腮腺炎病毒属的禽副黏病毒。禽副黏病毒目前已鉴定了 9 个血清型，NDV 属 I 型禽副黏病毒，而其他血清型的禽副黏病毒中，II 型和 III 型病毒也侵害家禽并造成经济损失。NDV 能凝集两栖动物、爬行动物、禽类、豚鼠和人的 O 型红细胞。NDV 可分成若干个基因型，但各个基因型的病毒之间，至今尚未发现有重大的抗原性差异，所有的 NDV 仍属于同一血清型。NDV 不同毒株之间在毒力方面却有很大的差异。NDV 对化学消毒药物抵抗力不强，常用的消毒药物，如氢氧化钠、苯酚、福尔马林、二氯异氰尿酸钠、漂白粉等在推荐的使用浓度下 5～15 min 可将其灭活；对热敏感，但在低温下可长时间保留其感染性。

2. 流行病学

200 多种禽类均为 NDV 的天然易感宿主，不同日龄的鸡均易感，但以 2～8 周龄的鸡多见。传染来源主要是病禽或带毒的表面健康禽类。NDV 主要经消化道和呼吸道接触传播，带毒种禽、野生鸟类、观赏鸟、赛鸽的流动，受病毒污染的人、设备、空气、尘埃、粪便、饮水、垫料及其他杂物均可以使 NDV 不断传播。尚未发现 NDV 可以经蛋垂直传播。ND 一年四季均可发生，但以冬季最为严重。人类感染 NDV 后，偶尔出现眼结膜炎、发热、头痛等症状。

3. 临床症状

ND 的潜伏期 3～5 d，临床上可分为最急性型、急性型、亚急性型和慢性型。最急性型：常无明显症状而突然死亡。急性型：病初体温升高到 43～44℃，精神委顿，食欲减少至废绝，病鸡呆立，闭目缩颈，翅、尾下垂，冠、髯发紫，呼吸困难，常发出"咯咯"的喘鸣声，口、鼻流酸臭味液体，拉黄绿色或黄白色稀粪。成年鸡产蛋急剧下降或停止，产软壳、白壳蛋等。鸡群发病率和死亡率均可接近 100%，病程 2～5 d。亚急性和慢性型：初期症状与急性相似，不久后逐渐减轻，出现神经症状（如翅、腿麻痹，跛行或站立不稳，头颈向后或扭转，伏地旋转，瘫痪），病程一般为 20 d。

4. 病理变化

患鸡主要见到口腔内有多量灰白色黏液；嗉囊积液，带有酸臭味；喉头和气管充血或出血;腺胃黏膜水肿,乳头出血;小肠黏膜有枣核形的出血区,略突出于黏膜表面;盲肠扁桃体肿大、出血和溃疡;直肠黏膜呈条纹状出血;泄殖腔充血、出血、坏死、糜烂;心冠沟脂肪出血;输卵管充血、水肿。

5.诊断

(1)临床诊断　根据流行病学特点、临床特征和剖检病变等可作出初步诊断。

(2)实验室诊断　病毒的分离和鉴定,血清学检测(红细胞凝集/凝集抑制试验(HA/HI)、血清中和试验、免疫荧光抗体技术、ELISA、单克隆抗体技术),分子生物学诊断(核酸探针技术)等。注意,由于目前鸡群已普遍接种 ND 疫苗,血清学方法如未能区分抗体来自疫苗还是野外病毒之前,必须比较感染前后的抗体滴度是否有明显上升,才具有诊断意义。

(3)类症鉴别诊断　临诊上由于急性、典型 ND 的症状和病变与高致病力禽流感十分相似,可参考鸡群的免疫程序和血凝抑制抗体滴度作出判断,如已有明显的 ND 临床症状和病理变化,而又有 ND 免疫失败、抗体滴度很低的记录,则可初步判断为 ND。至于非典型 ND,由于其呼吸道症状与传染性支气管炎、传染性喉气管炎、支原体感染和低致病性禽流感相似;其产蛋下降表现与减蛋综合征、低致病性禽流感等疾病相似,应注意区别诊断。

6.防控

(1)未发病禽场的预防措施

①疫苗免疫接种。目前使用的疫苗品种有 ND Ⅱ 系活疫苗(B_1 株),ND Ⅳ 系活疫苗(LaSota 株),NDC_{30} 活疫苗,NDN_{79} 活疫苗,NDV_4 株活疫苗,NDVH 株活疫苗,VG/GA 株活疫苗、C_{45} 株活疫苗等;ND 中等毒力 Ⅰ 系苗,ND 中等毒力 Ⅰ 系克隆苗;ND 油乳剂灭活疫苗。免疫程序应根据鸡群的实际情况来确定,但要特别注意加强鸡群的局部免疫力。蛋/种鸡参考免疫程序如下:首免,3～10 日龄均可(污染严重的场可提前至 1 日龄),一般在 6～7 日龄断喙,7～9 日龄首免,可用Ⅳ系、Ⅱ系、C_{30}、N_{79}、新支二联苗(C_{30}＋H_{120}等),或新支二联三价苗(C_{30}＋H_{120}＋肾传支等)滴眼/滴鼻免疫;19～21 日龄进行二免,于颈中部皮下或胸肌内注射 ND 油乳剂疫苗(0.3～0.5 mL/羽),同时Ⅳ系、C_{30}、N_{79}等疫苗滴眼/滴鼻。60～65 日龄进行三免,可用Ⅳ系、C_{30}等低毒力苗肌内注射或饮水,也可用Ⅰ系克隆苗肌内注射或饮水(注意瓶签说明)。100～110 日龄进行四免,一般用Ⅰ系克隆苗或普通Ⅰ系苗或Ⅳ系、C_{30}等肌内注射,同时用新城疫-传支-减蛋综合征三联油乳苗肌内注射。四免之后,还要适时(40 周龄前后)对鸡群进行 ND 的加强免疫。肉仔鸡参考免疫程序:首免:3～10 日龄均可,一般在 6～8 日龄进行。可用Ⅳ系、Ⅱ系、C_{30}、N_{79}、新支肾三价苗(C_{30}＋H_{120}＋肾传支)等滴眼/滴鼻,同时也可用新城疫油乳苗(0.2 mL/羽)于颈中部皮下注射;19～21 日龄进行二免,一般用单纯的Ⅳ系、C_{30}等低毒力苗饮水,在肾型传支流行地区,也可结合肾传支二免,用新支肾三价苗饮水。33～34 日龄进行三免,用Ⅳ系、C_{30}等低毒力苗饮水。

②平时其他预防措施。饲喂全价日粮;实行严格的环境卫生和消毒措施(0.3% 过氧乙酸、2% 火碱水溶液、漂白粉水溶液等);鸡场、鸡舍要尽可能与外界隔离;由于健康鸡也有个别的隐性感染 ND 强毒并通过排泄物散播,要十分重视日常的带鸡喷雾消毒;严格检疫,建立卫生检疫制度;引进鸡不从 ND 疫区进鸡,如要引进,需要检疫无病后并至少隔离观察 2 周以上,确保无疫后才可混群放养。防止健康鸡接触具有传染性的病鸡、病

鸽、饲料、用具等。采取"全进全出"的饲养方式,控制疫情发生。

(2)发病禽场的处理措施 在中华人民共和国农业部第 1125 号公告,即《一、二、三类动物疫病病种名录》中已经将 ND 列为一类动物疫病。按规定,怀疑为 ND 时,应及时报告当地兽医部门,确诊后立即由当地政府部门划定疫区,进行扑杀、封锁、隔离和消毒等严格的防疫措施。具体按《中华人民共和国动物防疫法》的要求进行。对假定健康的鸡群及受威胁的鸡群应立即进行紧急预防接种,一般可用 5~10 倍 IV 系、C₃₀ 等疫苗做肌内注射接种。对于非典型新城疫宜采取抗体疗法,同时配合抗病毒、抗感染、提高机体抵抗力等辅助疗法。

二、传染性支气管炎

传染性支气管炎(infectious bronchitis,IB)是由鸡传染性支气管炎病毒(infectious bronchitis virus,IBV)引起的急性、高度接触性的呼吸道、消化道和泌尿生殖道疾病。临床上呼吸型以咳嗽、气管啰音、流鼻液、呼吸困难等为特征;肾病型以肾脏肿大、肾小管和输尿管内有尿酸盐沉积等为特征;腺胃型以腺胃肿大等为特征。IB 于 1930 年在美国北达科他州首先发现,1931 年由 Sehalk 和 Hawn 正式报道,我国于 1972 年由邝荣禄首先报道了 IB 的存在。现 IB 已蔓延至我国大部分地区,给养鸡业造成了巨大的经济损失。

1. 病原

IBV 属于冠状病毒科冠状病毒属。由于 IBV 的基因组核酸在复制过程中易发生突变和高频重组,其血清型众多,已至少发现 27 个血清型,而且新的血清型和变异株还在不断出现,这就给 IB 的预防带来很大困难。IBV 对一般消毒剂敏感,在 1% 来苏儿溶液、0.01% 高锰酸钾溶液、1% 福尔马林溶液、2% 氢氧化钠溶液及 70% 乙醇中 3~5 min 即被灭活。

2. 流行病学

IBV 的自然宿主是鸡,各种龄期的鸡均易感,但以 40 日龄以内的雏鸡和产蛋鸡发病较多。IBV 的主要传播方式是病鸡从呼吸道排毒,经空气传给易感鸡;也可从泄殖腔排毒,通过饲料、饮水等媒介,经消化道传染。IB 在鸡群中传播速度快,发病率高,但死亡率不高(雏鸡约 5%,成年鸡 1.2%~1.4%),但病鸡康复后仍可排毒 49 d。IB 一年四季流行,但以冬、春寒冷季节最为严重。过热、拥挤、温度过低、通风不良、饲料中的营养成分配比失当、缺乏维生素和矿物质及其他应激因素都会促进 IB 的发生。

3. 临床症状

IB 的潜伏期 3 d 左右,临床上常见呼吸型、肾病型和腺胃型。呼吸型,鸡群往往发病突然,4 周龄以下的雏鸡常表现为伸颈、张嘴呼吸,有啰音和喘息音,打喷嚏和流鼻液,2 周龄以内的鸡,还常见鼻窦肿胀、流鼻液、流泪、频频甩头等;出现呼吸道症状 2~3 d 后,精神、食欲大受影响;5~6 周龄以上的鸡发病症状与雏鸡相似,但因气管内滞留大量分泌物而造成的异常呼吸音"咕噜"声更明显,尤以夜间最清晰,这种呼吸道症状可持续 7~14 d,较少见到流鼻液现象,同时有黄白色或绿色下痢;康复雏鸡则大多发育不良,蛋雏鸡还会因输卵管损伤而严重影响或完全丧失产蛋能力;成年鸡感染 IB 后的呼吸道症状较轻微,主要表现为开产期推迟,产蛋量明显下降,降幅在 25%~50%,可持续 4~8 周,同时畸形蛋、软壳蛋、粗壳蛋增多;蛋的品质也下降,蛋清稀薄如水,蛋黄与蛋清分离;康复后的蛋鸡产蛋量很难恢复到患病前的水平。肾病型,主要发生于 2~4 周龄的鸡,最初表现 1～4 d 的轻微呼吸道症状,包括啰音、喷嚏、咳嗽等;呼吸道症状消失后不久,鸡群会突然大量发病,出现厌食、口渴、精神不振、弓背扎堆等症状,同时排出水样白色稀粪,内含大量尿酸盐,肛门周围羽毛污浊;病鸡因脱水而体重减轻、胸肌发绀,重者鸡冠、面部及全身皮肤颜色发暗;发病 10～12 d 达到死亡高峰,21 d 后死亡停止,死亡率约 30%;产蛋鸡感染后也会引起产蛋量下降、产异常蛋和死胚率增加,但死亡不多。腺胃型,主要发生于 20～80 日龄,以 20～40 日龄为发病高峰;病鸡初期生长缓慢,继而精神不振,闭目,饮食减少,拉稀,有呼吸道症状;中后期高度沉郁,闭目,耷翅,羽毛蓬乱;咳嗽,张口呼吸,消瘦,最后衰竭死亡;发病率 10%～95%,死亡率为 10%～95%。

4.病理变化

呼吸型,可见气管、支气管、鼻道和窦内有水样或黏稠的黄白色渗出物,黏膜肥厚;气囊轻度混浊,有黄白色干酪样渗出物;产蛋鸡则多表现为卵泡充血、出血、变形、破裂,甚至发生卵黄性腹膜炎;若在雏鸡阶段感染过 IB,则成年后鸡的输卵管发育不全,长度不及正常的 1/2,管腔狭小、闭塞。肾型,见肾脏苍白、肿大、小叶突出;肾小管和输尿管扩张,沉积大量尿酸盐,使整个肾脏外观呈斑驳的白色网线状,俗称"花斑肾";有的病鸡输尿管扩张,内有砂粒状结石。腺胃型,见腺胃肿大。

5.诊断

(1)临床诊断　根据流行病学特点、临床特征和主要剖检病变等可作出初步诊断。

(2)实验室诊　断病毒的分离和鉴定(干扰试验等),血清学检测(病毒中和试验、琼脂扩散试验、血凝抑制试验、ELISA 等),分子生物学诊断(RT-PCR 检测),人工发病等。

(3)类症鉴别诊断　呼吸型 IB 在流行初期,要注意与新城疫、禽流感、传染性喉气管炎、支原体病、传染性鼻炎、大肠杆菌病、雏鸡曲霉菌病、维生素 A 缺乏症等引起呼吸道症状相区别。肾病型 IB 应注意与鸡传染性法氏囊病和痛风等相区别。腺胃型 IB 要注意与鸡马立克氏病的区别。

6.防治

(1)未发病禽场的预防措施

①免疫接种 IB 疫苗的种类有 H_{120} 活疫苗,H_{52} 活疫苗,MASS 株活疫苗,肾型传支活疫苗,Ma_5 活疫苗,传支油乳剂灭活苗。蛋/种鸡参考免疫程序,7～9 日龄,新支二联苗(如 $C_{30}+H_{120}$),或新支肾三价苗($C_{30}+H_{120}$+肾传支),滴眼或滴鼻;20～22 日龄,肾型传支流行地区再用上述新支肾三价苗滴眼鼻,一般地区可以不用;35 日龄前后,H_{52} 疫苗饮水;75～80 日龄,H_{52} 苗饮水;100～115 日龄,新城疫-传支-减蛋综合征三联油乳剂灭活苗肌内注射;125～130 日龄,H_{52} 苗饮水。在呼吸型传支流行地区,可从 280～300 日龄开始,每 3 个月用 H_{52} 苗饮水一次。肉鸡参考免疫程序,一般地区 3 日龄或 7～9 日龄用新支肾三价苗(如 $C_{30}+H_{120}$+肾传支)滴眼或滴鼻,只此一次即可;肾型传支流行地区19～21日龄再用该苗二免,体型小的鸡如乌骨鸡等应滴眼或滴鼻,快大型白羽肉鸡如艾维茵等可采取饮水免疫。

②平时的预防措施除搞好日常卫生消毒工作外,要注意防范发病诱因。雏鸡发病诱因主要是室内温度偏低或忽高忽低,鸡群稠密拥挤,通风不良,空气污浊等。成年鸡发病诱因主要是秋末至早春天气骤变时,门窗防护疏漏,鸡群受到寒风侵袭,这种情况大多是引起呼吸道综合征,但也能诱发传支。

（2）发病禽场的预防措施

①加强隔离和消毒禁止病鸡向外流通和上市销售。隔离病鸡和同群鸡。鸡舍、周围农户鸡舍进行彻底消毒，可选用0.3%过氧乙酸、2%火碱水溶液、漂白粉水溶液等分别对鸡、过道、水源等每天消毒1次，连续消毒1周。对重症病鸡应立即扑杀，并连同病死鸡、粪便、污水、羽毛及垫料等进行无害化处理。

②对病鸡群改善饲养和管理环境提高育雏室温度2～3℃，防止应激因素，保持鸡群安静。在饲料或饮水中适当添加抗菌药物，控制大肠杆菌、支原体等病原的继发感染或混合感染。对肾脏病变明显的鸡群要注意降低饲料中的蛋白含量，并适当补充电解多维，这些措施将有助于缓解病情，减少损失。由于IBV可造成生殖系统的永久损伤，因此对幼龄时发生过传染性支气管炎的种鸡或蛋鸡群需慎重处理，必要时及早淘汰。

三、鸡传染性喉气管炎

传染性喉气管炎（infectious laryngotracheitis，ILT）是由传染性喉气管炎病毒（infectious laryngotracheitis virus，ILTV）引起的育成鸡和成年产蛋鸡的一种急性、高度接触性上呼吸道传染病。临床上以呼吸困难、咳嗽、咳出血样渗出物，喉头和气管黏膜肿胀、糜烂、坏死和大面积出血为特征。ILT首次报道于1925年，我国于1986年检测出ILTV抗体阳性病例。目前该病在大多数国家中存在，是危害养鸡业的重要呼吸道传染病之一。

1.病原

ILTV属于疱疹病毒科，α型疱疹病毒亚科、疱疹病毒Ⅰ型。ILTV只有一个血清型。ILTV对氯仿和乙醚等脂溶剂敏感，对外界环境的抵抗力不强。5%的石炭酸1min、3%的来苏儿和1%的氢氧化钠溶液30 s即可灭活ILTV。

2.流行病学

ILT主要侵害鸡，各种龄期及品种的鸡均可感染，但以育成鸡和成年产蛋鸡多发，发病症状也最典型。病鸡、康复后的带毒鸡以及无症状的带毒鸡是ILT的主要传染源。ILT主要通过呼吸道及眼感染，也可经消化道感染。由呼吸器官和鼻腔分泌物污染的垫草、饲料、饮水及用具可成为本病的传播媒介，人和野生动物的活动也可机械传播病毒。种蛋蛋内及蛋壳上的病毒不能经鸡胚传播，因为被感染的鸡胚在出壳前即死亡。ILT一年四季均可发生，尤以秋、冬、春季多发。鸡群密度过大、拥挤、鸡舍通风不良、维生素缺乏、存在寄生虫感染等，都可促进ILT的发生和传播。ILT传播快，死亡率较高，易感鸡群的感染率可达90%，病死率为5%～70%，一般为10%～20%。产蛋鸡群感染后产蛋下降可达35%或完全停产。

3.临床症状

ILT自然感染的潜伏期为6～12 d。急性型（喉气管型）由高致病性的ILTV毒株引起，发病初期，常有数只鸡突然死亡，其他患鸡开始流泪，流出半透明的鼻液。经1～2 d后，病鸡出现特征性的呼吸道症状，包括伸颈、张嘴、喘气、打喷嚏，不时发出"咯、咯"声，并伴有啰音和喘鸣声，咳嗽，甩头并咳出血痰和带血液的黏性分泌物；多数病鸡体温升高43℃以上，间有下痢；最后病鸡往往因窒息而死亡；产蛋鸡发病时除上述症状外，产蛋率下降10%～35%或停产；ILT的病程不长，通常为7 d左右，但大群笼养蛋鸡感染时，需要4～5周；产蛋量约1个月后恢复正常，但有的鸡群很难恢复正常。温和型，由低致病性 ILTV 毒株引起,发病率较低;病鸡表现为眼结膜充血,眼睑肿胀,1～2 d 后流眼泪及鼻液,分泌黏性或干酪样物,上下眼睑被分泌物粘连,眶下窦肿胀,有的病鸡失明;病程较长,长的可达 1 个月,死亡率低,大约 2％,绝大部分鸡可以耐过;产蛋鸡产蛋率下降,畸形蛋增多,但呼吸道症状较轻。

4.病理变化

急性型特征性的病变为喉头和气管黏膜肿胀、充血、出血、甚至坏死,气管内有血凝块、黏液,淡黄色干酪样渗出物,有时喉头和气管完全被黄色干酪样渗出物堵塞,干酪样物易剥离。温和型表现为浆液性结膜炎,结膜充血、水肿,伴发点状出血,眶下窦肿胀以及鼻腔有多量黏液。

5.诊断

(1)临床诊断　根据流行病学特点、临床特征和剖检病理等可作出初步诊断。

(2)实验室诊断　病毒的分离和鉴定(鸡胚接种、包涵体的检查、细胞培养、病毒中和试验等),动物接种,血清学检测(间接荧光抗体技术、琼脂扩散试验、病毒中和试验、ELISA 等),分子生物学诊断(核酸探针技术、PCR 检测、DNA 酶切图谱分析)等。

(3)类症鉴别诊断　临诊上应注意与黏膜型鸡痘、维生素 A 缺乏症等相区分,如呼吸困难,口腔检查亦见喉头处被干酪样物所堵塞,病死鸡剖检可见气管栓塞极为相似,但黏膜型鸡痘在喉头气管处黏膜可见隆起的单个或融合在一起的灰白色痘斑,一般不见气管的急性出血性炎症;维生素 A 缺乏症口腔、咽喉黏膜上散布有白色小结或覆盖有一层白色的豆腐渣样的薄膜,剥离后黏膜完整,没有出血和溃疡。同时还应与传染性支气管炎、鸡慢性呼吸道病、传染性鼻炎、鸡新城疫进行区别。

6.防治

(1)未发病禽场的预防措施

①免疫接种　疫苗的种类有鸡 ILT 弱毒疫苗、鸡 ILT 油乳剂灭活疫苗(较少使用)。参考免疫程序为:首免在 35～45 日龄,二免可安排在 80～100 日龄,用鸡 ILT 弱毒疫苗进行滴鼻、点眼免疫。

②平时其他预防措施　请参考鸡新城疫条目的相关内容。

(2)发病禽场的预防措施

①加强隔离和消毒　请参考鸡传染性支气管炎条目的相关内容。

②紧急免疫接种　一个鸡场有一幢鸡舍发病时,对其余各幢的鸡群用活疫苗紧急免疫,一般来得及阻止发病。隔离病鸡和同群鸡早期用清热败毒、通喉利咽的中药制剂辅以西药饮服,必要时加用干扰素,可缓解症状、缩短病程、减少死亡。耐过的康复鸡在一定时间内可带毒和排毒,因此需严格控制康复鸡与易感鸡群的接触,最好将病愈鸡只做淘汰处理。

四、鸡传染性法氏囊病

传染性法氏囊病(infectious bursal disease,IBD),又称甘/冈保罗病,是由传染性法氏囊病毒(infectious bursal disease virus,IBDV)引起的鸡的一种高度接触性、免疫抑制性传染病。临床上以法氏囊显著肿大并出血,胸肌和腿肌呈斑块状出血,排石灰水样稀粪为特征。1957 年 IBD 首次在美国特拉华州甘保罗镇(Gumboro)的肉鸡群中暴发,在我国,1979 年邝荣禄首先报道该病。目前 IBD 呈世界性流行,变异株和超强毒株的出现及其引起的免疫抑制给世界养鸡业造成了严重的危害。

1.病原

IBDV属于双RNA病毒科,禽双RNA病毒属。IBDV有两种血清型,即血清Ⅰ型和血清Ⅱ型。其中血清Ⅰ型为鸡源毒株,只对鸡致病,研究表明它还可以分为6个不同的亚型;血清Ⅱ型为火鸡源性,一般对鸡和火鸡无致病性。IBDV无红细胞凝集特性。在致病性方面,IBDV变异株与经典的Ⅰ型强毒株不同,主要以亚临床感染的免疫抑制为主,引起法氏囊的迅速萎缩。IBDV超强毒株能够突破高母源抗体而感染鸡只。IBDV在外界环境下极为稳定,耐热、耐阳光及紫外线照射,在鸡舍内可存活2～4个月。IBDV对胰酶、乙醚、氯仿有耐受性,酚制剂、甲醛、强碱、过氧化氢、氯胺、复合碘胺类消毒药可杀灭IBDV。

2.流行病学

IBDV的自然宿主是鸡和火鸡,其他禽类未见感染。所有品系的鸡均可发病,3～6周龄的鸡对本病最易感,随着日龄的增长易感性降低。小于3周龄的鸡感染后会发生严重的免疫抑制。成年鸡/火鸡法氏囊已经退化而呈现隐性感染。病鸡和带毒鸡是本病的主要传染源。IBD可通过直接接触传播,也可通过IBDV污染的各种媒介物如饲料、饮水、尘土、器具、垫料、人员、衣物、昆虫、车辆等间接传播。传播途径包括消化道、呼吸道和眼结膜等。近年来,在IBDV污染地区,单纯用弱毒疫苗难以控制IBD的发生,多表现散发或鸡场内轻度暴发;IBDV超强毒株感染,鸡群的死亡率可高达70%以上。

3.临床症状

IBD的潜伏期一般为2～3 d,根据临床表现可分为典型感染和非典型感染。典型感染多见于新疫区和高度易感鸡群。病初可见个别鸡突然发病,1～2 d内可波及全群。病鸡表现为精神不振,采食下降,翅膀下垂,羽毛蓬松,怕冷,打堆。有时病鸡频频啄肛,严重者尾部被啄出血。很快出现腹泻,排白色石灰水样粪便,趾爪干枯,眼窝凹陷,最后衰竭而死。发病后1～2 d病鸡死亡率明显增多且呈直线上升,5～7 d内死亡达到高峰并很快减少,呈尖峰形死亡曲线。发病1周后,病、死鸡数逐渐减少,迅速康复。非典型感染主要见于老疫区和有一定免疫力的鸡群,常常是由于感染低毒力的IBDV变异毒株而引起,该病型感染率高,发病率低(一般在3%以下),症状不典型,主要表现为少数鸡精神不振,食欲减退,轻度腹泻,病程和鸡群的整个流行期都较长,并可在一个鸡群中反复发生。

4.病理变化

病死鸡尸体脱水现象明显,胸肌、腿肌有不同程度的条状或斑点状出血。特征性病变为法氏囊肿大、出血和水肿,体积增大,重量增加,是正常的2～3倍,囊壁增厚3～4倍,质地变硬,外形变圆,黏膜皱褶上有出血点或出血斑,渗出液呈淡粉红色。IBD超强毒株可引起法氏囊的严重出血,呈"紫葡萄样"外观,而变异毒株感染可引起法氏囊的迅速萎缩,无法氏囊的炎性肿胀和出血病变,但可见到脾脏肿大。腺胃和肌胃交界处常有横向出血斑点或溃疡。肾脏有不同程度的肿大,呈花斑样,输尿管扩张,内有尿酸盐沉积。

5.诊断

(1)临床诊断　根据流行病学特点、临床特征和剖检病变,如鸡群突然发病、发病率高、有明显的死亡高峰和迅速康复的特点,法氏囊水肿和出血,体积增大等可作出初步诊断。

(2)实验室诊断 病毒的分离和鉴定,易感鸡感染试验,血清学检测(琼脂扩散试验、荧光抗体技术、双抗体夹心 ELISA、病毒中和试验等),分子生物学诊断(核酸探针技术、PCR 检测)等。

(3)类症鉴别诊断 临诊上其肾脏病变应注意与肾型传染性支气管炎、禽痛风进行区别。

6.防控

(1)未发病禽场的预防措施

①免疫接种。目前使用的疫苗品种有:鸡 IBD 弱毒力苗,制苗毒株有 PBG$_{98}$、LKT、Bu$_2$ 等,现在临床上已很少应用;中等毒力苗,制苗毒株有 CU-1M、B$_{87}$、BJ$_{836}$ 等,该类疫苗在我国被广泛应用;中等偏强毒力苗,如荷兰的 228E、法国的法倍灵等;二价苗、多价苗,所用毒株以中等毒力为主;鸡 IBD 油乳剂灭活疫苗;囊组织灭活苗等。商品蛋/种鸡参考免疫程序,用中等毒力苗于 13～15 日龄首免,最好滴口腔,其次为饮水;26～28 日龄二免,用饮水免疫。父母代蛋/种鸡参考免疫程序,育雏及后备期免疫程序与商品蛋/种鸡相同;18 周龄注射法氏囊病油乳剂灭活疫苗,40 周龄再注射一次。肉仔鸡参考免疫程序,用中等毒力苗,12～13 日龄首免,最好滴口腔,其次为饮水;25～27 日龄二免,用饮水免疫。

②平时其他预防措施。由于法氏囊炎疫苗对野毒的作用是交叉免疫,一般不能提供十分坚强的保护,卫生消毒工作就非常重要。最重要的是育雏之前,对育雏室要严格消毒。消毒不严会带来两个问题,一是雏鸡早期感染发病,二是轻度感染虽未致病,但野毒抢先占领了法氏囊等靶器官和靶细胞,随后再接种疫苗,效果就比较差。在育雏期间,频繁接种多种活疫苗,几乎每周一次,从接种后第 4 天到下次接种前 2 d,应抓住时机,每天进行一次带鸡喷雾消毒。在附近发生法氏囊病疫情、鸡群受到威胁时,可于饮水中加消毒剂,一般用氯制剂,持续一段时期,有一定的预防作用。此外,还要注意防范各种诱发因素,如天气突变、气温骤降、寒风侵袭时,要加强保暖并兼顾通风,防止鸡群受凉和空气污浊。

(2)发病禽场的处理措施

①加强隔离和消毒。请参考鸡传染性支气管炎条目的相关内容。

②紧急预防接种。发病鸡群用 IBD 中等毒力活疫苗对全群鸡进行肌内注射或饮水免疫紧急接种,可减少死亡。

③治疗。对病鸡采取抗体疗法(发病初期,20 日龄以下 0.5 mL/只,21～40 日龄 1.0 mL/只,41 日龄以上 1.5 mL/只),同时配合抗病毒(利巴韦林、复方病毒唑、干扰素、抗病毒中草药等)、调节水盐及酸碱平衡(在饮水中加入肾肿解毒药、肾肿消、益肾舒、激活、肾宝舒等)、提高机体的抗病能力(黄芪多糖等)等辅助疗法;若有细菌继发或混合感染,加入敏感抗生素则效果更佳。

五、减蛋综合征

减蛋综合征(egg drop syndrome,EDS)是由腺病毒引起的产蛋鸡在饲养管理条件正常的情况下,当蛋鸡群产蛋量达到高峰时突然急剧下降,同时在短期内出现大量的无壳软蛋、薄壳或蛋壳不整的畸形蛋为特征的一种急性传染病。该病在 1976 年由荷兰学者

VanEck 首先报道,并于 1977 年分离到病毒。我国王锡堃等在 1986 年用血凝抑制试验和琼脂扩散试验方法从国外引进的鸡群和鸭群检测到该病的阳性率为 30%～60%,随后国内很多地区也都有分离到病毒的报道,目前已经成为造成蛋鸡养殖业重要损失的疾病之一。

1. 病原

EDS 的致病因子属于腺病毒科、禽腺病毒属 III 群。EDS 病毒是一种无囊膜的双股 DNA 病毒,仅有一个血清型。EDS 病毒能凝集鸡、鸭、鹅及火鸡的红细胞。EDS 病毒对外界因素的抵抗力较强,对乙醚、氯仿不敏感;在 pH 为 3～7 的范围内稳定;对热也有一定的抵抗力。

2. 流行病学

EDS 的易感动物主要是鸡。鸡的品种不同易感性也有差异,产褐壳蛋的肉用种母鸡最易感。除鸡以外,鸭、鹅、野鸡、珠鸡等也可感染并带毒、排毒。该病毒主要经卵垂直传播,种公鸡的精液也可传播;其次是鸡与鸡之间缓慢水平传播;第三是家养或野生的鸭、鹅或其他水禽,通过粪便污染饮水而将病毒传播给鸡。在性成熟前 EDS 病毒的感染性不表现出来,也不易检测。性成熟后,在产蛋初期因应激因素而使病毒活化,使产蛋鸡在 28～35 周龄时通过卵黄排出病毒并使蛋壳形成机能发生紊乱而发病。

3. 临床症状

EDS 的人工感染潜伏期为 4～6 d,自然感染主要发生在 25～35 周龄的鸡群中。病初有一短暂的病毒血症过程,可能出现一过性的绿色水样腹泻。EDS 的特征性症状是产蛋量急剧下降,其幅度可在 10%～50%,一般在 30% 左右。同时还出现大量的无壳软蛋、薄壳变形蛋及表面有灰白、灰黄粉末状物质的变形蛋,且所有异常蛋均失去棕色素。蛋的破损可达 20%～40%,蛋的重量减轻,体积明显变小。种鸡群发生本病时,种蛋的孵出率降低,同时出现大量弱雏。若开产前感染本病,开产期可推后 4～10 周或更长。EDS 的死亡率非常低,只有重症时才能达到 3% 左右。病程长,常延续 50 余天。流行期过后,产蛋量或许能恢复到正常水平,但大多数情况下很难恢复,发病周龄越晚,恢复的可能性就越小。EDS 患鸡的无壳蛋、软蛋或薄壳蛋蛋清的 pH 只有 7.2～8.0(正常蛋清 pH 为 8.5～8.8),同时蛋清的透明度、黏稠性也发生变化,蛋清往往在蛋黄周围形成浓稠的混浊区,而其余蛋清呈水样稀薄、透明、无黏稠性。

4. 病理变化

重症死亡者可发现卵泡充血,变形或脱落,或发育不全,卵巢萎缩或出血。子宫和输卵管管壁明显增厚、水肿,其表面有大量白色渗出物或干酪样分泌物。肝脏肿大,胆囊明显增大,充满淡绿色胆汁。

5. 诊断

(1)临床诊断　根据产蛋鸡群产蛋量突然下降,同时出现无壳软蛋、薄壳蛋及蛋壳失去褐色素的异常蛋,根据鸡群发病的年龄、发病前后产蛋量的统计,并结合临床特征和病理剖检变化,排除其他因素之后,可作出初步诊断。

(2)实验室诊断　病毒的分离和鉴定(鹅/鸭胚接种、细胞培养等),血清学检测(病毒中和试验、琼脂扩散试验、血凝抑制试验、免疫荧光技术、ELISA),分子生物学诊断(基因探针技术、PCR 检测)等。

(3)类症鉴别诊断　应注意蛋鸡产蛋量下降的原因非常复杂。鸡的一些传染病,如鸡新城疫、传染性支气管炎、传染性喉气管炎和禽流感等、禽传染性脑脊髓炎、腺病毒感染、沙门氏菌病、支原体感染等；寄生虫性疾病，如球虫病、禽白细胞原虫病及鸡羽虱等；非传染性因素，如维生素、矿物质缺乏、饲料中碘盐比例偏高等；以及经营管理、饲料质量、药物/霉菌毒素中毒等因素均能使产蛋量下降，同时也会出现畸形、无壳、软壳等异常蛋，应注意鉴别诊断。

6.防控

（1）未发病禽场的预防措施

①免疫接种。目前主要有三种油乳剂灭活苗，即减蛋综合征单苗、新城疫＋减蛋综合征二联苗、新城疫＋传支＋减蛋综合征三联苗，应用最多的是新支减三联苗。参考免疫程序：商品蛋鸡，可于 100～120 日龄肌内注射新支减三联或新减二联油乳苗，只此一次即可，免疫力能维持到 40 周龄；蛋鸡父母代，一般地区可以同商品蛋鸡一样免疫一次，在本病流行地区最好免疫两次，即 70 日龄肌内注射减蛋综合征单苗，100～120 日龄再肌内注射新支减三联或新减二联苗；肉鸡父母代，一般地区在 135～145 日龄肌内注射新支减三联或新减二联苗一次即可，而在本病流行地区最好免疫两次，即 100 日龄肌内注射单苗，再于 135～145 日龄肌内注射联苗。

②其他预防措施。本病主要是经蛋垂直传播，所以应从非感染鸡群引入种蛋或鸡苗。为防止疫苗传播病毒，使用各种活毒苗应尽可能选用 SPF 苗。加强鸡场和孵化室的消毒工作，日粮配合时要注意营养平衡，注意对各种用具、人员、饮水和粪便的消毒。鸭对本病易感性很高，本身不发病而带毒散毒，故鸡、鸭不能混养。

（2）发病禽场的预防措施

①隔离病鸡和同群鸡，禁止病鸡向外流通和上市销售。

②在本病发生时，用减蛋综合征油乳剂单苗，每鸡紧急肌内注射 0.7～0.8 mL，对缩短产蛋下降时间有较好效果。同时在饲料中适当增加多维素与微量元素用量，或在饲料中添加一些增蛋灵之类的中药制剂，对恢复产蛋能力也有一定作用。

六、马立克氏病

马立克氏病（Marek's disease, MD）是由马立克氏病病毒（Marek's disease virus, MDV）引起的一种具有高度传染性的肿瘤性疾病。临床上以外周神经、虹膜、各种内脏器官、性腺、虹膜肌肉和皮肤出现单独或多发的肿瘤样病变为特征。MD 最初由 Joseph-Marek 于 1907 年报道，目前 MD 呈世界性分布，是一种免疫抑制性疾病，常造成免疫失败，给养禽业造成巨大经济损失。

1.病原

MDV 属于疱疹病毒科、α 疱疹病毒亚科。MDV 分为 3 个血清型，血清Ⅰ型包括强毒株及其致弱毒株；血清Ⅱ型，在自然情况下存在于鸡体内，但不致瘤；血清Ⅲ型为火鸡疱疹病毒。MDV 基因可分为 3 类，即致癌相关基因、糖蛋白基因和其他基因。

2.流行病学

MDV 的自然宿主以鸡、鹌鹑为主，此外，还有火鸡、野鸡、鸽、鸭、鹅、金丝雀、小鹦鹉和天鹅感染的报道。MDV 可通过直接或间接接触传播，也可通过空气传播；目前尚无 MD 垂直传播的报道；此外，进出育雏室的人员、昆虫（甲虫）、鼠类可成为传播媒介。MD 发病率和死亡率的变动范围很大，通常为 5％～60％，这取决于病原、宿主和环境三者之间的相互作用,如1日龄的雏鸡比14月龄和26月龄鸡易感性高出1 000～10 000倍。肉鸡多在40～60日龄发病,蛋鸡发病多在60～120日龄,170日龄之后仅偶有个别鸡发病;群体的应激、快速生长鸡的选育均可提高鸡对MDV的易感性;隐孢子虫的混合感染、免疫抑制病毒(如鸡传染性贫血病毒等)的混合感染,亦可增加MD的发生及其严重程度。

3.临床症状和病理变化

感染本病的鸡4周龄以上才会表现症状,8～9周龄的鸡发病严重。因病变发生的主要部位不同其临床表现和剖检病变也有较大差异,通常分为4型,但同一病鸡可能同时表现其中的几种类型。

(1)内脏型 病鸡食欲减退、消瘦、鸡冠发白、精神不振、离群独处于角落,发病后几天内死亡;剖检见卵巢、肺脏、脾脏、肾脏、腺胃、肠壁、胰腺、睾丸、肌肉、心和肝脏等器官有针尖大小或米粒大小或黄豆大小,有的如鸡蛋黄大小的肿瘤生长在实质脏器内或突出于脏器表面。

(2)神经型 病鸡极度消瘦、体重下降、鸡冠发白,根据病变部位的不同,可见到脖子斜向一侧、翅膀或腿的不对称麻痹或完全瘫痪,典型症状为一腿向前伸,一腿向后伸,呈现"劈叉"姿势;剖检见坐骨神经、臂神经和迷走神经肿大、粗细不均,呈灰色或淡黄色,有时水肿。如将颈部迷走神经固定一端,用手摸可以感觉到有结节。

(3)皮肤型 病鸡皮肤上(尤其在颈部、翅膀和大腿)有淡白色或淡黄色肿瘤结节,突出于皮肤表面,有时破溃。

(4)眼型 病鸡一侧或两侧眼睛失明,呈灰白色;剖检见病鸡一侧或两侧的虹膜有肿瘤生长。

4.诊断

(1)临床诊断 主要根据流行病学、临床特征和病理剖检变化:如多发生在4～16周龄,"劈叉"等神经症状,皮肤肿瘤、虹膜褪色和瞳孔不规则等可作出初步诊断。

(2)实验室诊断 病毒的分离,血清特异抗体检测(琼脂扩散试验、ELISA)等。用单克隆抗体做间接荧光检测、PCR和基因探针可区分MDV的三种血清型毒株。

(3)类症鉴别诊断 应注意与禽白血病做鉴别诊断。禽白血病的发病日龄较迟,一般在16周龄以后才出现病例,而马立克氏病则在6周龄前便出现症状,如"劈叉"姿势和"灰眼"等特异性症状;禽白血病的病鸡在触诊其泄殖腔时,常能发现法氏囊的结节性肿瘤;而马立克氏病的结节性淋巴细胞的皮肤病变以及骨骼肌的淋巴细胞性瘤则在禽白血病中不会发生。

5.防控

(1)免疫接种 MDV的疫苗为弱毒活疫苗,不用灭活疫苗。可选用血清Ⅰ型疫苗(经鸡肾细胞多次传代后致弱毒力株CVI-988和814疫苗)、血清Ⅱ型疫苗(为MD的自然弱毒株SB-1,301B/301A/1,Z_4)、血清Ⅲ型疫苗(为一株火鸡疱疹病毒HVT,主要用FC_{126}株制成)或多价疫苗(含血清型Ⅰ、Ⅱ、Ⅲ型疫苗毒的联苗,如SB-1＋FC_{126},301B/1＋FC_{126})在1日龄颈部皮下或18～19日龄时鸡胚接种,疫苗必须用专用稀释液稀释,疫苗稀释后仍要放在冰瓶内,并要在2 h内用完。对可能存在超强毒株的高发鸡群使用814＋SB-1二价苗或814＋SB-1＋FC_{126}三价苗,可获得较好的免疫效果。

(2)做好平时的预防工作 防止雏鸡早期感染,是因为雏鸡的日龄越小,对MD的易感性越大。即使正确有效地接种疫苗,最少也需7 d后才能产生足够的免疫力。为此,种蛋入孵前对外壳进行消毒;注意育雏室、孵化室、孵化箱和其他笼具应彻底消毒;雏鸡最好在严格隔离的条件下饲养;采用全进全出的饲养制度,防止不同日龄的鸡混养于同一鸡舍。加强鸡群饲养管理,防止应激因素,改善鸡群的生活条件,增强鸡体的抵抗力,对预防 MD 有很大的作用。坚持自繁自养,防止因购入鸡苗将病毒带入鸡舍。加强对其他免疫抑制性疫病的检测和防治。做好抗病育种工作。养鸡场一旦发生本病,应将病鸡快速淘汰。淘汰后,将鸡舍进行彻底清扫和消毒。

七、禽白血病

禽白血病(leukosis)是由白血病/肉瘤病毒群中的病毒引起的禽类多种肿瘤性疾病的总称。临床上有多种表现形式,包括淋巴细胞白血病、成红细胞白血病、成髓细胞白血病、骨髓细胞瘤、结缔组织瘤、骨细胞瘤、血管瘤、骨硬化病等,其中以淋巴细胞白血病最为常见。本病几乎波及所有商品鸡群,鸡呈现渐进性发生和持续的低死亡率(1%～2%),偶尔出现高达 20%或以上的死亡率;很多感染鸡群的生产性能下降,尤其是产蛋率和蛋的品质下降。Roloff 于 1868 年首先报道本病,目前世界各地都有存在,控制和消灭本病是我国养禽业面临的一项重要任务。

1.病原

是禽白血病/肉瘤病毒群中的病毒,属反转录病毒科,禽 C 群反录病毒群,俗称 C 型肿瘤病毒。本病毒分为 A、B、C、D、E 和 J 等亚群。A 亚群和 B 亚群病毒为临床上常见的外源性病毒,E 亚群为极普遍的致瘤性内源性病毒,而 C 亚群和 D 亚群在临床上罕见,J 亚群病毒则是 20 世纪 90 年代从肉用型鸡中分离到的一种新的致病性白血病病毒。此外,从其他禽类中分离到的病毒亚群包括 F、G、H 和 I 等。除 B 亚群和 D 亚群之间存在部分交叉中和作用外,不同亚群的病毒之间无交叉中和反应。本群病毒对脂溶剂和去污剂敏感,对热的抵抗力弱,对紫外线抵抗力较强。病毒在 pH 5～9 稳定,冻融会引起裂解。

2.流行病学

本群所有病毒的自然宿主是鸡,不同品种或品系的鸡对病毒感染和肿瘤发生的抵抗力差异很大。该病毒主要是经蛋垂直传播,也可通过直接或间接接触进行水平传播。在自然情况下,14 周龄以下的鸡很少发病。14 周龄以后的任何时间都可发病,多发生在 18 周龄以上的成鸡。公鸡发病率比母鸡低得多,芦花鸡比来航鸡多发,发病率一般比较低,通常为 5%,死亡率为 5%～6%。大多数鸡呈亚临床感染。死亡率低,一般情况下为 1%～2%,很少超过 10%。

3.临床症状和病理变化

其潜伏期较长,为 14～16 周。其临床表现和剖检变化有很多类型。

(1)淋巴性白血病型 在鸡白血病中最常见,病鸡表现为食欲不振,进行性消瘦,冠和肉髯苍白、皱缩、偶见发绀,后期腹部增大,可触诊出肝脏肿瘤结节;隐性感染的母鸡,性成熟推迟,蛋小且壳薄,受精率和孵化率降低;剖检时可见到肝脏、脾脏、法氏囊、心脏、肺、肠壁、卵巢和睾丸等不同器官有大小不一、数量不等的肿瘤,肿瘤有结节型、粟粒型、弥散型和混合型等。

(2)成红细胞性白血病型 较少见,有增生型和贫血型两种;病鸡表现为冠轻度苍白或变成淡黄色,消瘦,腹泻,一个或多个羽毛囊可能发生大量出血,病程从数天到数月不等;剖检时,增生型肝脏和脾脏显著肿大,肾轻度肿胀,上述器官呈樱红色到曙红色,质脆而柔软,骨髓增生呈水样,颜色为暗红色到樱红色;贫血型病变为内脏器官萎缩,骨髓苍白呈胶冻样。

(3)成髓细胞性白血病型 病鸡表现为嗜睡、贫血、消瘦、下痢和部分毛囊出血;剖检时可见肝脏呈粒状或斑纹状,有灰色斑点,骨髓增生呈苍白色。骨髓细胞瘤病型:在病鸡的骨髓上可见到由骨髓细胞增生所形成的肿瘤,因而病鸡头部、胸和肋骨会出现异常突起;剖检可见在骨髓的表面靠近肋骨处发生肿瘤,骨髓细胞瘤呈淡黄色、柔软、质脆或似干酪样,呈弥漫状或结节状,常散发,两侧对称发生。

(4)骨石化病型 多发于育成期的公鸡,呈散发性,特征是长骨,尤其(跖骨)变粗,外观似穿长靴样,病变常两侧对称,病鸡一般发育不良,苍白,行走拘谨或跛行;剖检见骨膜增厚,疏松骨质增生呈海绵状,易被折断,后期骨质变成石灰样,骨髓腔可被完全阻塞,骨质比正常坚硬。

4.诊断

(1)临床诊断 主要根据流行病学和病理学检查,如 16 周龄以上的鸡渐进性消瘦、低死亡率,法氏囊组织成淋巴细胞浸润等可作出初步诊断。

(2)实验室诊断 病毒的分离和鉴定(抵抗力诱导因子试验、补体结合试验和 ELISA、非产毒细胞激活试验、表型混合试验等),血清特异抗体检测(琼脂扩散试验)等。

(3)类症鉴别诊断 应注意与马立克氏病作鉴别诊断(见马立克氏病条目)。

5.防控

目前,本病尚无有效的治疗方法和可用的疫苗,所以减少种鸡群的感染率、建立无本病的种鸡群是预防本病的最有效措施。

目前通常的做法是:通过检测和淘汰带毒母鸡,减少垂直传染源;每批鸡出壳后孵化器、出雏器和育雏室进行彻底清扫消毒,有助于减少刚出壳的小鸡接触感染本病毒;鸡群发现病鸡要及时淘汰,同时对病鸡粪便和分泌物等污染的饲料、饮水和饲养用具等彻底消毒,防止直接或间接接触的水平传播;每批蛋鸡经过 3～4 代淘汰后,鸡群的白血病会显著降低,并逐渐消灭;做好抗病遗传育种工作。

八、鸭瘟

鸭瘟(duck plague,DP),又名鸭病毒性肠炎(duck virus enteritis,DVE),俗称"大头瘟"。是由鸭瘟病毒(duck plague virus,DPV)引起的鸭、鹅和其他雁形目禽类一种急性、热性、败血性传染病。临床上以肿头、流泪、排绿色稀便、体温升高、两脚瘫软,剖检见口腔或食道黏膜有黄褐色坏死假膜或溃疡、泄殖腔黏膜出血或坏死、肝脏有不规则的大小不等的坏死点和出血点等为特征。DP 于 1923 年首次在荷兰报道,1949 年定名,在我国黄引贤等于 1959 年首先发现 DP 的存在。本病流行范围广,是目前严重威胁养鸭业的主要疫病之一。

1.病原

DPV 属疱疹病毒科。DPV 无血凝活性和血细胞吸附作用,只有一个血清型,但各毒株之间的毒力明显不同,存在所谓的变异现象。DPV 是一种泛嗜性病毒,病鸭的分泌物、排泄物、内脏器官、血液、骨髓、肌肉等均含有病毒,其中以肝、脾、脑等组织的含毒量最高。DPV 对热和干燥及普通消毒药都很敏感,但对低温抵抗力较强。DPV 对常用消药抵抗力不强,如 0.1%升汞 10～20 min、75%酒精 5～30 min、0.5%石炭酸 60 min、0.5%漂白粉、5%生石灰 30 min 都可致弱和杀灭 DPV。

2.流行病学

在自然情况下,只有雁形目的鸭科成员(鸭、鹅、天鹅)对 DP 敏感。不同品种、日龄和性别的鸭均可感染,绍鸭、番鸭、绵鸭、麻鸭及其杂交鸭等更为易感,而北京鸭、半番鸭(骡鸭)和樱桃谷鸭等易感性次之。在自然流行中以成年鸭的发病和死亡较为严重,可高达90%以上;1月龄以内的雏鸭发病较少,而在人工感染时雏鸭较成年鸭易感,死亡率亦高。DP 的传染源是(购入)病鸭、潜伏期感染鸭和病愈后带毒鸭(至少带 3 个月)。DP 传播途径主要是消化道,其次生殖道、眼结膜和呼吸道,吸血昆虫,针头也可成为传播媒介。此外,鹅和某些野生水禽及水生动物也可能成为病毒的传递者。本病一年四季均可发生,通常以春夏之际和购销旺季流行严重。

3.临床症状

自然感染的潜伏期 3～5 d,人工感染的潜伏期为 2～4 d。病初病鸭精神委顿,缩颈垂翅,食欲减少或停食,体温升高达 43℃以上,呈稽留热型。两脚麻痹无力,走动困难而静卧,且不愿下水,驱赶入水后也很快挣扎回岸。病鸭的一个典型症状是流泪和眼睑水肿,初为浆液性分泌物,沾湿周围羽毛,之后变成脓性,黏住上下眼睑不能张开。眼睑水肿或翻于眼眶外,眼结膜有充血、出血甚至溃疡。部分病例见有头颈肿胀,俗称"大头瘟"。鼻腔有浆液性或黏液性分泌物,呼吸困难,叫声嘶哑。腹泻,排绿色或灰白色稀粪,有腥臭味,肛门周围的羽毛沾污并结块。泄殖腔黏膜可因水肿而外翻,可见黏膜表面有绿色假膜,剥离后可留下溃疡。倒提病鸭时从口腔流出污褐色液体,发病后期体温下降,衰竭死亡。DP 一般呈急性经过,病程 2～5 d,少数病例呈亚急性过程,拖延数天,也有部分(不到 1%)转为慢性经过,病程达 2 周以上。呈慢性经过的病鸭表现消瘦、生长发育不良,产蛋减少,有的可见角膜混浊,甚至出现一侧性溃疡,并因采食困难而引起死亡。鹅感染鸭瘟的临床症状与鸭感染时相似。

4.病理变化

在"大头瘟"典型病例中,病鸭的皮下组织发生不同程度的炎性水肿,头和颈部皮肤肿胀,切开时流出淡黄色的透明液体,同时皮下结缔组织及胸腔、腹腔的浆膜也常见有淡黄色胶样浸润物。食道和泄殖腔病变具有特征性诊断意义,食道黏膜有纵行排列的灰黄色假膜覆盖或小出血斑点,假膜剥离后为鲜红色,可见出血点和不规则形态的浅溃疡斑;泄殖腔黏膜亦为结痂覆盖,颜色为灰褐色或绿色,不易剥离,黏膜上有出血斑点和水肿;肝脏稍肿大,表面和切面有灰黄或灰白色坏死点,针尖状坏死灶,少数坏死点中间有小出血点;有些病例腺胃与食道膨大部交界处有一条黄色坏死带或出血带;肠黏膜充血出血,以十二指肠和直肠最为严重;小肠的外、内表面可见有 4 个出血性的小肠环状带(即前、后空肠环状带和前、后回肠环状带),并散在针尖大小的黄色病灶,后期转为深棕色,与黏膜分界明显。法氏囊黏膜变成紫红色,上有针尖大的黄色病灶,到了后期,囊壁变薄,囊腔中充满白色的干酪样渗出物。产蛋母鸭的卵巢充血、变形或变色,滤泡增大,卵泡的形态不整齐,有的皱缩、充血、出血,有的发生破裂而引起卵黄性腹膜炎。成年公鸭的睾丸也可能出血或充血。鹅感染鸭瘟病毒后的病变与鸭感染时相似。

5.诊断

(1)临床诊断 根据流行特点、临床特征和病理剖检变化,如肿头、流泪、下痢、体温升高、口腔或食道黏膜有黄褐色坏死假膜或溃疡、泄殖腔黏膜出血或坏死、肝脏有不规则的大小不等的坏死点和出血点可以作出初步诊断。

（2）实验室诊断　病毒的分离、鉴定，血清学检测（中和试验、琼脂凝胶沉淀试验、ELISA 和 Dot-ELISA 等），分子生物学检测（PCR 检测）等。

（3）类症鉴别诊断　在临床上应注意与鸭巴氏杆菌病（鸭出败）、禽流感、禽副黏病毒感染、鸭病毒性肝炎、小鹅瘟、种鸭坏死性肠炎、鸭维生素 A 缺乏症等相区别。

6.防控

（1）未发病鸭场的预防措施

①免疫接种。目前使用的疫苗有 DP 弱毒疫苗。鸭、鹅均应接种 DP 弱毒疫苗。一般鸭于 20 日龄免疫 1 次，免疫期可达 6 个月，4～5 月龄后加强免疫 1 次；成年鸭 1 年免疫 1 次即可，免疫期可达 1 年。一般来说 3 月龄以上鸭 1 年免疫 1 次即可。

②平时其他预防措施。请参考鸡新城疫条目的相关内容。

（2）发病鸭场的处理措施

①加强隔离和消毒。请参考鸡传染性支气管炎条目的相关内容。

②紧急预防接种。在 DP 疫区或疫群应必须对所有受到传染威胁的鸭群进行详细观察和检查。对临床表现正常的鸭进行 2 倍剂量的 DP 弱毒疫苗紧急接种，紧急接种过程中必须做到一只鸭换一个注射针头，同时做到注射部位准，剂量足，免疫密度达到 100%。

③治疗。宜采取抗体疗法，同时配合抗病毒、抗感染辅助疗法。

九、鸭病毒性肝炎

鸭病毒性肝炎（duck viral hepatitis，DVH）是由鸭肝炎病毒（duck viral hepatitis virus，DVHV）引起雏鸭的一种急性、高度致死性传染病。临床上以发病急，传播快，出现角弓反张，剖检见肝肿大和大量的出血性斑点等为特征。DVH 最先在 1949 年由美国长岛研究所报道，我国于 1963 年首次在上海报道了 DVH 的流行情况，于 1980 年在北京分离到病毒。是目前鸭育雏阶段最为重要的疾病之一。

1.病原

鸭病毒性肝炎病毒，属小 RNA 病毒科，目前有 3 个血清型，即 Ⅰ、Ⅱ、Ⅲ型。Ⅰ型在世界各国养鸭的地区多有发生，能抵抗乙醚和氯仿，主要发生于 1～4 周龄雏鸭，死亡率为 50%～90%；Ⅱ型主要发生于英国，对乙醚和氯仿敏感，发生于 2～6 周龄雏鸭，死亡率为 25%～50%；Ⅲ型目前只局限于美国和中国，发生于 2 周龄以内雏鸭，死亡率不超过 30%。3 个血清型之间无抗原相关性，没有交叉保护和交叉中和作用。

2.流行病学

DVH 在自然条件下只发生于鸭，且只引起雏鸭出现症状和死亡，成年鸭即使在病原污染的环境中也不会发病，并且不影响其产蛋率。该病主要通过消化道和呼吸道而发生感染，常因从发病场或有发病史的鸭场购入带毒雏鸭而传入，也可通过外来人员的参观、饲养人员串舍，污染的用具和车辆以及鼠类（棕色大鼠）等进行传播，但本病不会经蛋传播。DVH 一年四季均有发生，但以冬春两季多见。鸭群一旦发病，疫情则迅速蔓延，未施行免疫接种计划的鸭场发病率高达 100%，病死率与鸭舍卫生环境条件及应激因素有关，多为 20%～60%，有的鸭群病死率可高达 95%。

3. 临床症状

Ⅰ型 DVHV 自然感染的潜伏期一般为 1~2 d,人工感染雏鸭可在 24 h 内出现部分死亡。临床上表现为发病急,死亡快。感染鸭表现精神沉郁、行动迟缓、跟不上群,蹲伏或侧卧,随后出现阵发性抽搐,大部分感染鸭在数分钟或数小时内死亡。多数鸭在临死之前,头颈背向,呈角弓反张状,故有"背脖病"之称。鸭群往往表现尖峰式死亡,疾病暴发后,死亡率迅速上升,2~3 d 内达到高峰,然后迅速下降,甚至停息。有少数病鸭腹泻,排黄白色或灰绿色稀粪。严重病鸭的喙部和爪尖呈紫红色。Ⅱ、Ⅲ型 DVHV 感染的临床特征与Ⅰ型相似。

4. 病理变化

病(死)鸭主要表现为肝脏明显肿大,质地柔嫩,色泽暗淡或稍黄,肝脏表面有明显的出血点或出血斑,有时可见有条状或刷状出血带。胆囊肿胀呈长卵圆形,充满胆汁,胆汁显茶褐色或淡绿色。肾脏轻度肿胀和出血。脾脏有时肿大,表面有斑驳状花纹。胰腺肿大。

5. 诊断

(1)临床诊断 根据流行病学、临床特征和病理剖检变化:发病急、死亡快、发病日龄明显、肝脏有明显的出血点或出血斑等即可作出初步诊断。

(2)实验室诊断 病毒的分离,鉴定(中和试验、血清保护试验);雏鸭接种试验及血清学检测(ELISA 和 Dot-ELISA、胶体金免疫电镜技术、SPA 协同凝集试验)等。

(3)类症鉴别诊断 临床上对 DVH 的诊断应注意与鸭瘟、鸭巴氏杆菌病、禽流感、鸭出血症、鸭副黏病毒病、鸭疫里氏杆菌病等类似疫病以及黄曲霉毒素中毒症、雏鸭煤气(一氧化碳)中毒、急性药物中毒等相区别。

6. 防控

(1)未发病鸭场的预防措施

①免疫接种。目前使用的疫苗有 DVH 鸡胚化弱毒疫苗(多为 QL_{79}、E_{52}、CE_{81} 和 Fc 等弱毒疫苗株)和鸭胚组织灭活油剂苗,但生产实践中,因灭活疫苗的价格贵和产生免疫力所需时间长而很少使用,而广泛使用弱毒疫苗。弱毒疫苗免疫参考程序:种鸭于开产前 1 个月皮下或肌内注射 2 次,间隔 2 周,每次 1 mL,开产后 3 个月再强化免疫 1 次,免疫期一般为 6 个月,5~6 个月后应考虑进行第二次免疫;雏鸭,对于无母源抗体的雏鸭(种鸭在开产前未接种过疫苗或没有接触过 DVH),在 1~3 日龄接种一次 DVH 弱毒疫苗(颈背皮下注射 0.2~0.5 mL),若种母鸭曾接种过 DVH 弱毒疫苗,则雏鸭应于 3~4 周龄左右接种疫苗一次。灭活疫苗免疫:在部分 DVH 流行严重地区和鸭场,种鸭开产前 1 个月,先用弱毒疫苗免疫,1 周后再用油佐剂灭活疫苗加强免疫,可使下一代雏鸭获得更高滴度母源抗体。

②抗体被动免疫。对于受到 DVH 威胁的雏鸭群或病毒污染比较严重的鸭场(10 日龄以后的雏鸭仍有部分可能被感染),每只鸭皮下注射 0.5~1.0 mL 高免血清或高免卵黄液,可有效预防 DHV 的发生和蔓延。

③平时其他预防措施。对 4 周龄以内的雏鸭隔离饲养,可有效防止 DHV 感染;饲喂全价日粮;实行严格的环境卫生和消毒措施,孵化过程中做好种蛋、人员、雏鸭、用具等消毒和出雏间隔消毒(选用 0.1%高锰酸钾、0.3%过氧乙酸、2%火碱水溶液、漂白粉水溶液等);做好育雏舍进鸭前消毒和进鸭后的带鸭消毒;水源消毒;进出人员消毒等。

（2）发病鸭场的处理措施　一旦暴发本病，应立即隔离并对鸭舍彻底消毒。对临床表现正常的鸭进行 2 倍剂量的 DVH 弱毒疫苗紧急接种。对病鸭采取抗体疗法（暴发初期，每只鸭皮下注射 1.5～3 mL 高免血清或高免蛋黄液），同时配合抗病毒（利巴韦林、复方病毒唑、干扰素、抗病毒中草药等）、保肝和护肝（鸭肝毒清液）、提高机体的抗病能力（黄芪多糖等）等辅助疗法；若有细菌继发或混合感染，加入敏感抗生素则效果更佳。

十、小鹅瘟

小鹅瘟（goslingplague，GP），又称鹅细小病毒感染、雏鹅病毒性肠炎，是由小鹅瘟病毒（goslingplague virus，GPV）引起的雏鹅和雏番鸭的一种急性或亚急性败血性传染病。临床上以传染快、高发病率、高死亡率、严重下痢以及渗出性肠炎为特征。GP 于 1956 年由方定一等在江苏省扬州地区首先发现，1965 年以后欧洲和亚洲的许多国家均报道了GP 的存在，是目前严重危害养鹅业的重要传染病。

1. 病原

GPV 为细小病毒科细小病毒属成员，迄今为止国内、外分离到的 GPV 毒株抗原性几乎相同，均为同一个血清型，无血凝活性。GPV 对环境的抵抗力较强，65℃加热30 min、56℃加热 3 h 其毒力无明显变化；能抵抗氯仿、乙醚、胰酶和 pH3.0 的环境等。

2. 流行病学

在自然情况下，GPV 能感染各种鹅及番鸭，主要侵害 3～20 日龄小鹅。但近年来有报道称，GPV 可引起 60 日龄雏鹅发病，病毒人工感染 60 日龄雏鹅能引起 100% 发病和100% 死亡，这可能是由于病毒毒力增强所致。GP 的传播途径是消化道，往往经过病鹅直接接触或接触病鹅的排泄物污染的饲料、饮水、用具和场地而传染，此外，GP 能通过种蛋传播，被带毒的种蛋（常常是蛋壳被污染的种蛋）污染的孵房和孵化器对疾病的水平传播起重要的作用。GP 发病及死亡率的高低与母鹅的免疫状况有关。该病在每年更换部分种鹅饲养方式的地区的流行并不出现周期性，每年都有流行发生，死亡率为 20%～50%。易感雏鹅进入有 GP 存在的疫区后常导致该病的暴发。

3. 临床症状

GP 的潜伏期与感染雏鹅的日龄密切相关，通常情况下日龄愈小的潜伏期愈短，出壳即感染者其潜伏期为 2～3 d，1 周龄以上的雏鸭潜伏期为 4～7 d。易感的育成鹅、成年鹅自然感染 GPV 后往往不表现明显的临床症状。临床上分为最急性型、急性型和亚急性型。最急性型，多见于 1 周龄内的雏鹅或雏番鸭，发病突然，死亡和传播迅速，常在出现精神沉郁后数小时内即表现衰弱，倒地两腿划动并迅速死亡，或在昏睡中衰竭死亡；死亡雏鹅喙端、爪尖发绀；易感雏发病率可达 100%，病死率高达 95% 以上。急性型，多见于1～2 周龄内的雏鹅，表现为精神委顿，食欲减退或废绝，但渴欲增强，不愿活动，出现严重下痢，排灰白色或青绿色稀粪，粪中带有纤维碎片或未消化的饲料等，临死前头多触地，两腿麻痹或抽搐，病程 2～4 d。亚急性型，多见于 2 周龄以上的雏鹅，常见于流行后期或低母源抗体的雏鹅，以精神沉郁、拉稀和消瘦为主要症状；少量幸存者则出现生长发育不良；病程一般为 5～7 d 或更长；有些病鹅可以自然康复。

4. 病理变化

主要集中在肠道。GPV 感染后 1～2 d 见部分肠段轻度充血肿胀，第 3 天开始小肠各段充血和明显肿胀，黏液增多，黏膜上出现少量黄白色蛋花样的纤维素性渗出物。4～

5 d 时这种渗出物明显增多,并在中、下肠段形成淡黄色的假膜或直径 0.3 cm、长 20 cm 左右细条状的凝固物,黏膜明显充血发红,并见小点出血。6～9 d 病鹅处于濒死期或发生死亡,肠内的纤维素性渗出物和坏死组织增多,此期病鹅最典型的变化是在小肠出现富有特征性的凝固性栓子。盲肠和直肠早期可见充血、发红、肿胀、出血,后期有较多的黏液附着,泄殖腔扩张,发红、肿胀,有黄褐色稀薄的内容物。其他组织器官早期无明显变化,后期可见皮下充血、出血;全身肌肉暗红;腺胃黏膜肿胀,附有较多黏性分泌物;胰腺充血发红;脾暗红,多数表面可见针尖大灰白色坏死点;肾暗红,混浊肿胀,质脆;脑膜血管充血。

5. 诊断

(1)临床诊断　根据流行病学特点、临床特征和剖检所见肠内纤维素渗出物等可作出初步诊断。

(2)实验室诊断　病毒的分离和鉴定(鹅/番鸭胚接种、细胞培养、易感雏鹅接种试验、血清保护试验等),血清学检测(病毒中和试验、琼脂扩散试验、SPA 协同凝集试验、反向间接血凝试验、免疫过氧化物酶染技术、免疫荧光技术、ELISA),分子生物学诊断(核酸探针技术、PCR 检测)等。

(3)类症鉴别诊断　临诊上对小鹅瘟的诊断应注意与雏鹅新型病毒性肠炎、鸭瘟、鹅球虫病等相区别。

6. 防控

(1)未发病禽场的预防措施

①加强兽医卫生管理措施。严禁从 GP 正在流行地区购进种蛋、种苗及种鹅,对入孵的种蛋应严格进行药液冲洗和福尔马林熏蒸消毒,以防止病毒经种蛋传播;孵化场必须定期应用消毒剂进行彻底消毒,孵房一旦发现被污染,应立即停止孵化,在进行严密的消毒后方能继续进行孵化;新购进的雏鹅,应隔离饲养 3 周以上,在确认无小鹅瘟发生时,才能与其他雏鹅合群。

②疫苗免疫接种。目前国内多采用鸭胚化弱毒疫苗在产蛋前 1 个月注射接种母鹅(流行严重地区免疫两次),使雏鹅获得坚强的被动免疫。另外,也可采用直接接种 1 日龄的雏鹅,具有一定效果。

③抗体被动免疫。刚出壳后每只雏鹅肌内注射 0.5～1 mL,可防止 GP 的暴发流行。抗小鹅瘟卵黄抗体的用途同抗血清。

(2)发病禽场的处理措施　一旦暴发 GP,应立即隔离病鹅/鸭,对病毒污染的场地进行彻底消毒,严禁病鹅/鸭外调或出售,对病死的雏鹅/鸭应焚烧深埋,对受病毒威胁的雏鹅群及大鹅群一律 2 倍剂量注射 GP 弱毒疫苗。对病鹅/鸭采取抗体疗法(每只鹅/鸭皮下注射 2～3 mL 高免血清或高免蛋黄液),同时配合抗病毒(利巴韦林、复方病毒唑、干扰素、抗病毒中草药等)、提高机体的抗病能力(黄芪多糖等)等辅助疗法;若有细菌继发或混合感染,加入敏感抗生素则效果更佳。

十一、鸭疫里默氏杆菌病

鸭疫里默氏杆菌病(riemerella anatipestifer infection)又名鸭传染性浆膜炎、新鸭病、鸭败血症、鸭疫综合征、鸭疫败血症、鸭疫巴氏杆菌病等,而鹅的鸭疫里默氏杆菌病曾被称为鹅流感或鹅渗出性败血症。是由鸭疫里默氏杆菌引起的一种严重危害雏鸭、雏火鸡和雏鹅等多种禽类的高致病性、接触性传染病,呈急性或慢性败血症,病变以纤维素性心包炎、肝周炎、气囊炎、脑膜炎以及部分病例出现干酪性输卵管炎、结膜炎、关节炎为特征。该病最早由 Riemer 于 1904 年报道在鹅群中发生,1932 年美国学者 Henderickson 和 Hilbert 在纽约鸭场的白色北京鸭中发现。在我国,1975 年邝荣禄等首次报道本病在广州存在,1982 年郭玉璞等首次成功分离鉴定出鸭疫里默氏杆菌。由于该病的高死亡率、高淘汰率,已成为当前危害养鸭业的重要疫病之一。

1.病原

为黄杆菌属或里默氏杆菌属的鸭疫里默氏杆菌。现有 21 个血清型,各血清型之间无或少交叉保护。鸭疫里默氏杆菌为革兰氏阴性杆状菌,不能在普通琼脂和麦康凯琼脂上生长,需氧兼厌氧,对营养要求苛刻,能在血液琼脂、巧克力琼脂、胰蛋白酶大豆琼脂以及马丁肉汤琼脂等固体培养基和胰蛋白酶大豆肉汤、马丁肉汤、胰蛋白肉汤以及胰蛋白葡萄糖硫胺素肉汤等液体培养基上生长。该菌发酵糖的能力弱,少数菌株只发酵葡萄糖、麦芽糖、肌醇和果糖,产酸不产气;不产生吲哚和 H_2S,不利用柠檬酸盐,M. R. 和 V-P 试验均为阴性,不能将硝酸盐还原为亚硝酸盐,不水解淀粉,氧化酶和过氧化氢酶阳性。本菌对理化因素的抵抗力不强,对多数抗菌药物敏感,但对卡那霉素和多黏菌素不敏感,对庆大霉素有一定抗性。

2.流行病学

各品种鸭均易感,2~7 周龄鸭多发,尤以 2~3 周龄雏鸭最严重,一般在状出现后1~2 d 死亡。对鹅、火鸡、水禽等也有致病性,其中以雏鹅易感性较强。病鸭是主要源。本病可通过污染的饲料、饮水、飞沫、尘土经呼吸道、消化道、损伤的皮肤等多种途径传播。本病一年四季均有发生,但以低温、阴雨潮湿的季节较为多见。由于受不同菌株毒力差异、其他病原微生物的继发或并发感染、环境条件的改变、饲养管理水平以及应激等因素的影响,其发病率和死亡率相差较大,发病率在 5%~100%,死亡率通常为 5%~70%或更高。

3.临床症状

根据病程的长短可分为最急性型、急性型和慢性型。最急性型常无任何症状突然死亡。急性型病精神沉郁、伏食、缩颈闭眼、昏睡,眼鼻有浆液或黏液性分泌物,常因鼻孔分泌物干涸堵塞,引起打喷嚏,眼周围羽毛黏结形成"眼圈";腹泻,粪便稀薄呈淡黄白色、绿色或黄绿色;疾病后期病鸭表现病鸭脚软无力、不愿走动,头颈震颤、转圈、不自主地点头或摇头、头颈歪斜等神经症状;多数病鸭死前可见抽搐,死后常呈角弓反张姿势。慢性型常发生于老疫区的鸭场或由急性型转变而来,其表现和病变与急性型相似,只是症状较轻,病程更长,死亡率较低。

4.病理变化

广泛性纤维素渗出性炎症是本病的特征性病理变化,可见心外膜与胸骨相连,心包膜增厚,心外膜与心包膜粘连,不易剥离;肝脏表面覆盖一层灰白色或淡黄色的纤维素性薄膜,病程短的易剥离,病程长的不易剥离;气囊混浊增厚,有纤维素性渗出物;脾肿大,表面有灰白色坏死点,呈斑驳状;脑膜充血、出血,脑膜上也有纤维素渗出物附着;鼻窦内充满分泌物。少数日龄较大的鸭见有输卵管发炎、膨大,内有干酪样物。皮肤常发生慢性局部感染,表现为后背部或肛周围呈坏死性皮炎病变,在皮肤和脂肪层之间有淡黄色渗出物。

5.诊断

(1)临床诊断 根据流行病学特点、临床特征和剖检所见广泛性纤维素渗出性炎症变化可作出初步诊断。

(2)实验室诊断 细菌的分离、鉴定(免疫荧光法、PCR 检测、细菌生化试验等),雏鸭接种试验及血清学检测(间接血凝试验、ELISA)等。

(3)类症鉴别诊断 临诊上对鸭疫里氏杆菌病的诊断应注意与鸭大肠杆菌病、鸭沙门氏菌病、鸭衣原体病等引起败血症的疾病相区别。

6.防控

(1)未发病鸭场的预防措施

①平时预防措施。由于鸭疫里默氏杆菌病的发生和流行与应激因素密切相关,因此在将雏鸭转舍、舍内迁至舍外以及下塘饲养时,应特别注意气候和温度的变化,减少运输和驱赶等应激因素对鸭群的影响。平时,应注意环境卫生,及时清除粪便,饲养密度不能过高,注意鸭舍的通风及温、湿度,防止尖刺物刺伤脚蹼。尽量不从本病流行的鸭场引进种蛋和雏鸭,采用全进全出的饲养管理制度。必要时应当全场停养 2～3 周。曾受本病污染的鸭场,可在其易感日龄前 2～3 d 用敏感药物(如磺胺喹沙啉等)进行预防。

②免疫接种。在养鸭生产中应考虑使用自家灭活疫苗或多价灭活疫苗。目前已研制成功 1、2 和 5 型鸭疫里默氏杆菌的活菌苗,1 日龄雏鸭气雾或饮水免疫后对人工或野外强毒感染有明显的保护作用,一次免疫后,其保护作用至少可持续 42 d。

(2)发病鸭场的处理措施

①加强隔离和消毒。请参考鸡传染性支气管炎条目的相关内容。

②治疗。鸭疫里默氏杆菌敏感的药物不多,且易产生耐药性,因此在临床治疗时,应根据所分离细菌的药敏试验结果选择高敏药物,可根据各地的具体情况选用头孢菌素类药物、磺胺类药物、氟苯尼考、青霉素和链霉素、利高霉素、环丙沙星、部分中草药制剂等,但最好要定期更换用药或几种药物交替使用。

十二、禽支原体病

禽支原体病(mycoplasma disease)是由鸡毒支原体(mycoplasma gallisepticum,MG)和鸡滑液囊支原体(mycoplasma synoviae,MS)引起鸡的一种接触性、慢性呼吸道传染病。前者通常称为慢性呼吸道病(chronic respiratory disease,CRD),临床上以呼吸道发生啰音、咳嗽、流鼻液和窦部肿胀为特征;后者主要损害关节的滑液囊膜及腱鞘,引起渗出性滑膜炎、腱鞘炎及滑液囊炎。MG 由 Dodd 于 1905 年在美国最先报道,MS 由 Olson 等最早报道。目前,世界各国均有此病流行,并且是造成许多地区鸡和火鸡饲养业经济损失最大的一种疾病。

1.病原

目前已从各种禽类分离到近 30 种支原体,其中明显具有致病性的有 3 种,即 MG、MS 和火鸡支原体,另外还有鸭支原体和鹅支原体。MG 菌体细小,圆形或卵圆形,大小为 $0.25～0.5\ \mu m$,姬姆萨氏染色着色良好。MG 需要在培养基中加入动物血清(如马血清)、乳蛋白水解物和新鲜酵母浸出液等才能生长。在低倍显微镜下观察,菌落表面光滑、透明,边缘整齐,中心稍为突起且颜色较深,呈"油煎荷包蛋"状或乳头状。新鲜培养物的菌落能吸附鸡的红细胞。MG 对外界环境的抵抗力不强,一般常用的消毒剂均能将其杀死。MS 菌体直径约 0.2 μm,呈多形态球状体,革兰氏染色阴性。MS 能凝集鸡或火鸡的红细胞。MS 发酵葡萄糖及麦芽糖产酸不产气,不发酵乳糖、卫矛醇、杨苷或蕈糖,还原四唑盐的能力有限,膜斑试验阳性。MS 在 pH6.9 或更低时不稳定,耐冰冻。

2.流行病学

MG 自然感染主要发生于鸡和火鸡,各种龄期的鸡和火鸡均可感染,尤以雏禽易感。4～8 周龄的肉用仔鸡和 5～16 周龄的火鸡最易暴发本病。发病时,全部或大部分被感染,发病后病程很长。成年鸡大多数呈隐性感染,死亡率虽然不高,但可使产蛋率始终处于最高水平之下。病鸡和隐性感染鸡是主要的传染源,可通过直接接触传播或经卵垂直传播。MG 的蛋传递率以感染后 3～4 周为高峰,可达 35%,其后逐渐下降,3 个月后约降至 1%,并维持很长一段时间。感染 MG 的母禽,产出带菌蛋,使胚胎易在 14～21 d 死亡,或成为不能破壳的弱雏。单纯 MG 感染死亡率不高,一般为 10%～30%,若有其他病原协同感染(如副鸡嗜血杆菌、传染性支气管炎病毒等)或有某些应激因素存在,死亡率可达 30% 以上。MS 与 MG 的流行特点相似。

3.临床症状

MG 人工感染潜伏期 4～21 d,病程长达 1～6 个月或更长。易感鸡群感染 MG 后,呼吸道症状一般较轻微,若有应激因素或混合感染其他病原体时,呼吸道症状明显。雏鸡感染后主要表现呼吸道的症状,病初流鼻液、咳嗽、喷嚏、呼吸时有啰音,到后期呼吸困难时常张口呼吸,病鸡眼部和脸部肿胀,鼻腔和眶下窦积有干酪样渗出物,随时间延长,窦内渗出物挤压眼球,引起眼炎甚至失明。产蛋鸡感染呼吸道症状不明显,主要表现为产蛋率和蛋的孵化率明显降低,弱雏率上升。MS 感染病鸡最初表现为冠苍白,生长迟缓,羽毛松乱,冠萎缩;继而跛行,跗关节及趾跖部肿胀,肿胀部有热感和波动感,但有些鸡偶见全身性感染却无明显的关节肿胀。病鸡不安、脱水和消瘦,常有胸部囊肿。火鸡的临床症状通常与鸡相似。鸭支原体病常引起雏鸭的传染性窦炎。鹅支原体常引起种公鹅的阴茎炎。

4.病理变化

MG 患鸡/火鸡主要可见到在鼻腔、眶下窦、气管、支气管和气囊内含有稍混浊的黏稠渗出物,其黏膜面外观呈念珠状。严重的,炎症可波及气囊,使气囊混浊,含有黄色泡沫样黏液或干酪样物;纤维蛋白性或纤维蛋白性-化脓性肝被膜炎和心包炎、输卵管炎。MS 患鸡可见其关节滑液囊膜及腱鞘上有黏稠的乳白色或干酪样渗出物。慢性病例其关节面常呈黄色或橘黄色,约有 50% 的早期病例有脾、肝、肾肿大,这种病变随疾病加重而越加明显。火鸡的关节肿胀不常见,但切开跗关节时可见少量脓性分泌物。

5.诊断

(1)临床诊断 根据流行病学特点、临床特征和剖检所见广泛性纤维素渗出性炎症、渗出性滑膜炎、腱鞘炎及滑液囊炎等变化可作出初步诊断。

(2)实验室诊断 细菌的分离、鉴定(支原体染色镜检、菌落红细胞吸附试验、菌落染色法及与"L"型菌的鉴别、细菌生化试验等),血清学检测(平板凝集试验、试管凝集反应、血凝抑制试验)等。

(3)类症鉴别诊断 临诊上 MG 引起的呼吸道感染,与其他病原引起的呼吸道疾病症状和病变很相似,如新城疫、传染性支气管炎、传染性喉气管炎、大肠杆菌病、传染性鼻炎、曲霉菌病等,在临床诊断时容易混淆,应该注意鉴别。此外,MS 引起的运动障碍应与葡萄球菌、链球菌、大肠杆菌等引起的关节炎以及病毒性关节炎相区别。

6.防控

(1)未发病禽场的预防

①免疫接种。目前国内、外已育成一些毒力较弱的活菌疫苗,如美国先灵葆雅公司"F株鸡毒支原体弱毒疫苗"在雏鸡7～14日龄滴眼接种,只此一次即可,无需二免。灭活苗的用法也要依具体产品而定,如德国"特力威104鸡败血支原体灭能疫苗",要求在6～8周龄注射一次,最好16周龄再注射一次,都是每只鸡注射0.5 mL。

②平时的预防措施。必须从安全地区或鸡场引进苗鸡或种蛋,消毒隔离措施,防止病原传入,定期作血清学检验,做到全进全出;新引进的种鸡必须隔离观察2个月,在此期间进行血清学检查,并在半年中复检2次,如果发现阳性鸡,应坚决予以淘汰;要定期对鸡群进行检疫,一般在2、4、6月龄时各进行一次血清学检验,淘汰阳性鸡;尽量减少应激,如避免饲养密度过大,育雏期注意保温和通风,防止受寒和氨气浓度过高所造成的不良应激;饲喂全价日粮,补充维生素特别是A类维生素,以增强整个机体特别是呼吸道黏膜上皮细胞的抵抗力;接种弱毒疫苗时,要注意鸡群的健康状态,如幼鸡群已感染或潜伏本病,不宜用气雾法接种新城疫和传染性支气管炎疫苗,否则极易暴发本病;预防和减少其他传染病,如新城疫、传染性支气管炎、传染性喉气管炎、传染性鼻炎的发生。

(2)发病禽场的处理措施 对可能被支原体感染的种鸡群的种蛋,应进行药物处理(将孵化前的种蛋加温到37℃而后立即放入4～5℃的抑制支原体的抗生素(四环素、链霉素、枝原净、红霉素等)溶液中15～20 min,然后沥干水分再入孵)或加热处理(应用45℃的恒温处理种蛋14 h,而后转入正常孵化),尽可能降低后代的感染率,雏鸡出壳后,可用普杀平、福乐星、红霉素、洁霉素等进行饮水,连用5～7 d。对病禽进行药物治疗,常用的药物有泰乐菌素、泰妙菌素、支原净、红霉素、硫氰酸红霉素、吉他霉素、阿米卡星、替米考星、大观霉素、大观霉素-林可霉素、金霉素、盐酸多西环素、土霉素、二氟沙星、氧氟沙星、恩诺沙星、罗红霉素、硫酸链霉素庆大霉素、氟苯尼考、安普霉素、磺胺甲基异恶唑、新诺明、新明磺、SMZ、消炎磺、磺胺-5-甲氧嘧啶、SMD等。

第五节 反刍动物的主要传染病

一、气肿疽

气肿疽(gangraena emphysematosa),俗称黑腿病或鸣疽,是一种由气肿疽梭菌引起的反刍动物的急性、败血性传染病。病的特征为肌肉丰厚部位发生出血坏死性炎性肿胀,压之呈捻发音,并多伴发跛行,治疗不及时死亡率较高。呈地方性流行。

1.病原

气肿疽梭菌(clostridium chauvoei)为两端钝圆的粗大杆菌,长2～8 μm,宽0.5～0.6 μm;严格厌氧,革兰氏阳性大杆菌,无荚膜,有鞭毛,能运动,在体内外均可形成芽孢,芽孢位于菌体中央或稍偏向一侧。在病料中一般为直行,单在或成对排列。能产生不耐热的外毒素。

本菌繁殖体抵抗力不强,但芽孢有很强抵抗力,在土壤中能保持 5 年,在腐败的尸体中可生存 3 个月,胃液不影响芽孢毒力。在液体或组织内的芽孢经煮沸 20 min、3%福尔马林 15 min 才能杀死。

2.流行病学

自然感染多发于黄牛,水牛、奶牛、牦牛、犏牛易感染性较小。发病年龄为 0.5～5 岁,尤以 1～2 岁多发,死亡居多。羊、猪少见,骆驼偶有感染。马、骡、驴、犬和猫一般不感染。实验动物以豚鼠最易感染。

病牛的排泄物、分泌物及尸体处理不当,污染饲料、水源及土壤,特别是土壤被污染后,芽孢能长期生存,成为持久的传染来源。通过被芽孢污染的饲料、水等经消化道传染,也可经皮肤伤口或吸血昆虫传播。多见于潮湿的山谷牧场和低湿的沼泽地区。放牧牛群夏季多发。此与虻、蝇、蚊活动有关。舍饲牛可见于一年四季,偶尔可因食入污染饲料而发病。

绵羊患病者少见,多由创伤感染引起,也有因吸血昆虫叮咬引起感染。

3.临床症状

潜伏期 3～5 d。病畜突然发生,体温升高到 41～42℃,食欲大减或废绝,反刍停止,磨牙,眼结膜潮红。病牛焦躁不安,轻度跛行。不久,在肩、臀、颈、臂、胸、腰、腹等肌肉丰满处发生炎性肿胀,初期热而痛,后期变凉而失去痛觉,触诊肿胀部分有捻发音。肿胀部皮肤干硬而呈暗色或黑色,有时坏死,穿刺或切开有黑红色液体流出,内含气泡,腐败气味,肉质黑红而松脆,周围组织水肿,局部淋巴肿大。后期呼吸困难,体温下降,结膜发绀,心力衰竭而死亡。病程 1～2 d。绵羊经局部感染的部位肿胀,其他途径感染的症状类似于黄牛。

4.病理变化

尸体迅速腐败和膨胀,四肢伸直,天然孔常有带泡沫血样的液体流出,胸腹腔及心包积有暗红色液体。患部肌肉黑红色,肌间充满气体,呈疏松多孔海绵状,有酸败气味。肝、脾、肾呈暗黑色,常充血稍肿大,有豆粒大至核桃大的坏死灶;切开有大量有带气泡的血液流出,切面呈多孔海绵状。局部淋巴结充血、水肿或出血。有时心肌受损。其他器官常呈败血症样变化。

5.诊断

根据流行病学、典型症状及病理剖检可作出初步诊断。本病多发于 2 岁以下黄牛;发病急,体温高,死亡快,肌肉丰满处肿胀,按之有捻发音。其病理诊断要点为:①丰厚肌肉的气性坏疽和水肿,有捻发音;②丰厚肌肉切面呈海绵状,且有暗红色坏死灶;③丰厚肌肉切面有含泡沫的红色液体流出,并散发酸臭味。根据上述特点一般可以作出诊断。

若需进一步确诊,应进行细菌学检查,取病牛肿胀部肌肉、水肿液或死牛肝脏表面涂片、染色镜检,发现气肿疽梭菌而确诊。也可进行动物接种实验,这对于新发病地区更有必要。其方法是将病料(肌肉、肝和渗出液等)制成 5～10 倍乳液,以 0.5～1 mL 注入豚鼠股部肌肉(如认为病料中的细菌毒力弱,可在乳液中加入 20%的乳酸液 1～2 滴),于 24～48 h 死亡。剖检肌肉呈黑红色,且干燥,腹股沟部通常可见少量气泡。

炭疽、巴氏杆菌病及恶性水肿也有皮下结缔组织的水肿变化,临床上要加以区别诊断。

6.防治

基本治疗原则是疫区的易感动物接种疫苗,病疑畜隔离消毒,抗血清或敏感抗生素治疗,死畜焚烧深埋。在本病流行地区及其周围牛群,每年春秋两季进行气肿疽甲醛菌苗预防注射,大、小牛一律皮下注射 5 mL,小牛长到 6 个月时再加强免疫一次,免疫期 6 个月。若病已发生,要进行病疑畜隔离,畜舍、场地、用具等用 3% 甲醛或 0.2% 升汞溶液进行消毒等卫生措施。条件许可时,另换牧场,同时注意水源清洁。死畜不可剥皮食肉,应连同污染饲料、粪尿一并深埋或烧毁。

全身治疗,早期可皮下或静脉注射抗气肿疽血清 150~200 mL,若重病可隔 8~12 h 再重复一次。在病的最初阶段应用抗生素(青霉素、四环素等)有良好作用。青霉素每天每千克体重 10 000~20 000 IU,每天 2~3 次,肌内注射;或四环素,2~3 g/次,1~2 次/d,溶于 5% 葡萄糖 2 000 mL,静脉注射。对于肿胀周围分点行皮下或肌内注射适量 1%~2% 高锰酸钾溶液或 3% 双氧水;或用青霉素 80 万~120 万 IU 溶解于 0.25%~0.5% 普鲁卡因溶液 10~20 mL 病灶周围分点注射。再根据病情进行强心、解毒、补液等对症疗法,可收到良好效果。病的后期如卧地不起,食欲、反刍停止,严重的局部肿胀等,一般治疗无多大效果。

二、蓝舌病

蓝舌病(bluetongue,BT)是以吸血昆虫为传染媒介,由蓝舌病病毒引起的一种以发热、消瘦、舌黏膜青紫色、口、鼻和胃黏膜的溃疡、乳房及蹄部发炎、跛行、孕羊流产、畸胎、病愈羊脱毛等为特征的绵羊等反刍动物的恶性传染病。

1.病原

蓝舌病毒(bluetongue virus,BTV)属于呼肠孤病毒科(reoviridae)的环状病毒属(Orbivirus)。为一种双股 RNA 病毒,呈 20 面体对称。核衣壳的直径为 53~60 nm。但因衣壳外面还有一个细绒毛状外层,故病毒粒子的总直径为 70~80 nm。病毒的衣壳由 32 个大型颗粒组成。壳粒直径为 8~11 nm,呈中空的短圆柱状。本病毒易在鸡胚卵黄囊或血管内繁殖。培养温度应不超过 33.5℃;乳小鼠和仓鼠脑内接种也能增殖。羊肾、胎牛肾、犊牛肾、小鼠肾原代细胞和继代细胞(BHK-21)均可培养增殖并产生蚀斑和细胞病变。

本病毒存在于病畜血液和各种器官中,在康复畜体内能存在 4~5 个月之久。病毒抵抗力很强,在 50% 甘油中可存活多年,对 20% 酒精和 3% 氢氧化钠、3% 甲醛溶液很敏感。60℃经 30 min 以上灭活,75~90℃使其迅速灭活。已知本病毒有 24 种血清型,各型之间无交互免疫力,故只有制成多价疫苗,才能获得可靠的保护作用。

2.流行病学

绵羊为主要的易感动物,纯种美利奴羊更为敏感,不分品种、性别和年龄,以 1 岁左右的绵羊最易感,吃奶的羔羊有一定的抵抗力。病羊和病愈后带毒羊为传染源。牛和山羊的易感性较低,症状轻缓或无明显症状,成为隐性带毒者。野生动物中鹿和羚羊易感,其中以鹿的易感性较高,可以造成死亡。

该病主要通过媒介昆虫库蠓叮咬传播,也可经胎盘垂直感染;本病的发生具有严格的季节性,其发病与库蠓的分布、习性和生活史密切相关,故多发于湿热的晚春、夏季、早秋及池塘、河流分布广的潮湿低洼地区,即媒介昆虫大量孳生的季节和区域。当昆虫吸吮患畜的带毒血液后,病毒在虫体内繁殖。传染媒介库蠓喜好叮咬牛,把病毒传染给牛,牛出现急性感染或不显症状,但牛体内存在蓝舌病毒,然而,如果没有牛,则媒介库蠓也叮咬绵羊,并把病毒传染给绵羊。对本病来说,牛是宿主,库蠓是传播媒介,而绵羊是临床症状表现最严重的动物。

3.临床症状

潜伏期为 3~10 d。病初体温升高达 40.5~41.5℃,稽留 5~6 d。表现厌食、委顿、离群、流涎、口唇水肿,水肿可蔓延到面部和耳部,甚至颈部、腹部。口腔黏膜充血、发绀,呈青紫色。在发热几天后,口腔连同唇、龈、颊、舌黏膜糜烂,致使吞咽困难;随着病程发展,在溃疡损伤部位渗出血液,流涎呈红色,口腔发臭。鼻分泌物初为浆液性,后为粘脓性,常带血,结痂于鼻孔四周,引起呼吸困难和鼾声,鼻黏膜和鼻镜糜烂出血。有时头部症状好转时,乳房及蹄部上皮脱落,蹄冠蹄叶发炎,疼痛而跛行,甚至膝行或卧地不动。病羊消瘦、衰弱。有时下痢带血,早期有白细胞减少症。病程一般为 6~14 d,发病率 30%~40%,病死率 2%~3%,有时可高达 90%,患病不死的经 10~15 d 症状消失,6~8 周后蹄部也恢复。某些病羊痊愈后出现被毛脱落现象。怀孕 4~8 周的母羊感染时,会引起流产,其分娩的羔羊中约有 20%发育缺陷,如脑积水、小脑发育不足、回沟过多等。

山羊的症状与绵羊相似,但一般比较轻微。

牛通常缺乏症状。约有 5%的病例显示轻微症状,主要为一种过敏反应,症状为体温升高到 40.5~41.5℃,肢体僵硬或跛行,呼吸加快,流泪,唾液增多,口唇与舌肿胀,口腔黏膜溃疡。

4.病理变化

主要见于口腔、瘤胃、心脏、骨骼肌、皮肤和蹄部。口腔糜烂和深红色区,舌、齿龈、硬腭、颊黏膜和唇充血、水肿与出血。瘤胃乳头、瘤胃肉柱、网胃皱褶与瓣胃后 1/3 黏膜充血,食管沟黏膜与幽门周围的浆膜下出血,瘤胃乳头表面有空泡变性和坏死。肺泡和肺间质严重水肿,整个支气管树充满泡沫,肺严重充血,胸膜下广泛出血,胸腔积满红色液体。皮肤尤其是裸露皮肤真皮充血、出血和水肿。颈颌部皮下胶冻样浸润;肌肉出血,肌纤维变性,有时肌间有浆液和胶冻样浸润,14 d 后死亡的动物,骨骼肌严重变性与坏死。呼吸道、消化道和泌尿道黏膜及心肌心内外膜均有小点出血。严重病例,消化道黏膜有坏死和溃疡。脾脏通常稍肿大,被膜下出血;肾和淋巴结水肿,颜色苍白。乳房和蹄冠等部位上皮脱落,但不发生水疱;蹄叶发炎,并常出现溃烂。

5.诊断

根据本病主要发生在库蠓等媒介昆虫的活动季节与地区;呈现体温升高,呈稽留热型,口鼻黏膜充血、水肿、溃疡与分泌增多,吞咽与呼吸困难;舌发绀呈蓝紫色;蹄部炎症与跛行等典型症状;与主要剖检病变是口鼻黏膜、消化道、呼吸道、泌尿道、皮肤、胸膜腔及心包腔的充血、出血、渗出、水肿与溃疡,可以作出初步临床诊断。

蓝舌病的确诊需要通过实验室方法,采集发热期的血液或病尸肠系膜淋巴结、脾脏,接种于易感绵羊、鸡胚、乳鼠和乳仓鼠分离病毒;也可用特异性阳性血清做补体结合反应或琼脂扩散试验以鉴定病毒。用分型血清做中和试验以进一步确定病毒型别。也常用荧光抗体技术检查病料中的特异性病毒颗粒。也可经细胞培养制备抗原,用上述试验方法检测发病期与病后 1 个月的双份血清,比较其抗体滴度的增减。以抗体滴度增高 4 倍以上者作为阳性判定标准。其他血清学诊断方法有琼脂扩散试验、酶标记抗体法、核酸电泳分析与核酸探针检测等,其中以琼脂扩散试验较为常用。

牛羊蓝舌病与口蹄疫、牛病毒性腹泻-黏膜病、恶性卡他热、牛传染性鼻气管炎、水泡性口炎、茨城病等有相似之处,应注意鉴别。

6. 防控

基本原则是严格检疫,隔离疫源,扑杀消毒,接种疫苗;病畜加强营养,精心护理,对症治疗,预防继发感染。

预防应加强海关检疫和运输检疫,严禁从有该病的国家或地区引进牛羊或冻精。非疫区一旦传入该病,应立即采取紧急措施,扑杀发病羊群和与其接触过的所有羊群及其他易感动物,并彻底消毒。疫区定期消毒,动物体进行药浴、驱虫,控制和消灭本病的媒介昆虫库蠓,做好牧场的排水等工作,防止本病传播。提倡在高地放牧和驱赶畜群回圈舍过夜。在流行区域,每年用鸡胚化弱毒疫菌和牛胎肾细胞致弱的组织苗进行预防接种,有预防效果。有条件的地区或单位,发现病畜或分离出病毒的阳性畜予以扑杀;血清学阳性畜,要定期复检,限制其流动,就地饲养使用,不能留作种用。

目前尚无有效治疗方法。对病畜应加强营养,精心护理,对症治疗。严格避免烈日风雨,给以易消化的饲料,口腔先用生理盐水、食醋或 0.1% 高锰酸钾液冲洗;再用 1%~3% 硫酸铜液、1%~2% 明矾液或 2% 碘甘油液涂糜烂面,或撒布冰硼散治疗。蹄部患病时可先用 3% 来苏儿洗涤,再用松馏油凡士林(1:1)、碘甘油或土霉素软膏涂拭,以绷带包扎。预防继发感染可用磺胺药和抗生素。

三、牛传染性胸膜肺炎

牛传染性胸膜肺炎(pleuropneumonia contagiosa bovum),又称牛肺疫,是一种由支原体引起牛的以稽留热型,呼吸极度困难,呈腹式呼吸,常发吭声或短痛咳,喜前肢开张站立,前胸及颈垂水肿,肺部啰音,胸腔积水混浊,肺及其淋巴结与胸膜的浆液性纤维素性炎症,肺部大理石样变为特征的接触性传染病。本病是发病率和死亡都较高的一种传染病。

1. 病原

为丝状支原体丝状亚种(mycoplasma mycoides),是属于支原体科(mycoplasmataceae)支原体属(mycoplasma)的微生物,或叫牛肺疫丝状支原体,过去称星球丝菌。细小、多形,常见球状,革兰氏阴性。存在于病畜的肺组织、胸腔渗出液和气管分泌物中。本菌需氧,发育适温为 36~38℃,pH 为 7.8~8.0,能在含有 8%~10% 动物血清的肉汤琼脂培养基长成典型菌落,也可在牛乳、腹水及鸡胚的尿囊液中生长。

本支原体对外界环境因素抵抗力不强,日光、干燥和热力均不利于本菌的生存。对苯胺染料、青霉素、磺胺类药物、龙胆紫与醋酸铊等具有抵抗力。但 1% 来苏儿、5% 漂白粉、1%~2% 氢氧化钠溶液和 0.2% 升汞溶液,都能迅速将其杀死。0.001% 硫柳汞,0.001% "914"(新肿凡纳明:neosalvarsan)或 $2×10^7$~$10×10^7$ IU/L 链霉素,均能抑制本菌。

2. 流行病学

在自然条件下主要侵害牛类,包括黄牛、牦牛、犏牛、奶牛等,其中 3~7 岁多发,犊牛少见。本病在我国西北、东北、内蒙古和西藏部分地区曾有过流行,造成很大损失;目前在亚洲、非洲和拉丁美洲仍有流行。人工接种可使绵羊、山羊和骆驼等偶蹄兽发病。但人工感染时,无论对牛或其他动物均不发生典型的胸膜肺炎,而在注射培养物之后数天内只发生弥漫性水肿与四肢关节炎。实验动物兔胸腔接种可发病。

病牛和带菌牛为本病的主要传染源,通过呼吸道感染,也可经消化道或生殖道感染。

非疫区常因引进带菌牛,发生暴发性流行,而老疫区因牛对本病具有不同程度的抵抗力,发病缓慢,通常呈亚急性或慢性经过,呈散发性流行。畜舍拥挤、饲养管理不良,畜群移动或集聚是促使本病发生的诱因。本病常年都有发生,但以冬、春两季多发。

3.临床症状

潜伏期一般2~4周,最短7 d,最长可达4个月之久。

急性型:症状明显而典型。病初体温升高40~42℃,呈稽留热型,鼻孔扩张,鼻翼扇动,有浆液性或脓性鼻漏。呼吸极度困难,呈腹式呼吸,常发吭声,或出现痛性短咳。喜站立,前肢开张,不愿躺卧。可视黏膜发绀,反刍迟缓或消失,泌乳下降,臀部和肩胛部肌肉震颤。心机能衰弱,脉细而快,80~120次/min。前胸下部及颈垂水肿。胸部叩诊有实音,痛感;听诊肺泡音减弱或消失,有时听到胸膜摩擦音,如肺部病变面积很大并有大量胸水时,听诊有浊音或水平浊音。瘤胃慢性臌胀,若病情恶化,则呼吸高度困难,呻吟,有时口流白沫,俯卧,伸颈,体温下降,最后窒息而死。病程5~8 d。

亚急性型:其症状与急性型相似,但病程较长,症状较缓和,不如急性型明显与典型。

慢性型:病牛消瘦,不时发出短促的干咳。肺部听诊有啰音,叩诊胸部有实音区且敏感。在老疫区多见牛使役能力或泌乳量下降,消化机能紊乱,食欲反复无常,有的无临床症状,但长期带毒,因此易与结核病相混,注意鉴别。病程2~4周,有时延续到半年以上。

4.病理变化

主要特征性病变在呼吸系统,尤其是肺脏和胸腔。常见于一侧肺发病,不同阶段病变不一,初期以小叶性肺炎为特征,小叶间质炎性浸润;中期表现为浆液性纤维素性胸膜肺炎,病肺呈紫红色、红色、灰红色、黄色或灰色等不同时期的肝变而变硬,切面呈现大理石状,间质增宽,其中淋巴管舒张呈现蜂窝状。病肺与胸膜粘连,胸膜显著增厚有纤维素附着。纵膈水肿,胸腔有不等量的淡黄色混有纤维块的渗出物。支气管淋巴结和纵膈淋巴结肿大、出血。心包液增多、混浊。末期肺部病灶形成有结缔组织包囊的坏死灶,严重病例整个病灶全部瘢痕化。

5.诊断

可以根据流行病学资料、临床症状及病理变化各方面综合判断。若引进牛只在数周内出现高热,持续不退,呈稽留热,咳嗽、肺部有啰音;浆液纤维素性胸膜肺炎,肺间质明显增宽、水肿,肺组织坏死,肺部出现大理石样病理变化,胸腔积有混浊液体,可作出初步诊断。进一步确诊可做补体结合反应,此法是我国广泛用于诊断本病的一种手段,特异性较高。但如果在3个月内牛群注射过疫苗,补体结合反应往往呈现阳性或可疑反应,需综合诊断。反复检查。

本病应与牛巴氏杆菌病和结核病鉴别诊断。牛肺疫与牛巴氏杆菌病鉴别:后者发病急、病程短,有败血症表现,组织和内脏有出血点;肺病变部大理石样变及间质增宽不明显。早期牛肺疫与结核病鉴别:结核病畜极度消瘦,两侧肺部听诊有不同的啰音,短促干咳。肺部粟粒大或鸡蛋大的结节可以初步确诊,应通过变态反应及血清学试验等区别。

6.防治

基本原则是严格检疫,定期预防接种,疫区封锁隔离,卫生消毒,淘汰病疑牛或紧急用抗菌药物与对症治疗。

预防应严格检疫制度,勿从疫区引入牛只。老疫区应每年定期用牛肺疫兔化弱毒菌苗预防注射;发现病牛时,应立即封锁、隔离,必要时宰杀病牛或淘汰病牛接触过的牛。污染的牛舍、屠宰场,用3%来苏儿或20%石灰乳消毒。

本病早期治疗可达到治愈目的。治疗用四环素或土霉素2～3 g,静脉注射,每天一次,连用5～7 d;或链霉素3～6 g,肌内注射,连用5～7 d。近年来用卡那霉素、红霉素、泰乐菌素、北里霉素等也有显著效果。也可用"914"疗法,3～4g"914"溶于5%葡萄糖盐水或生理盐水100～500 mL中,一次静脉注射,间隔5 d一次,连用2～4次,现用现配。还应根据病情,施行强心、健胃等对症治疗。

四、牛流行热

牛流行热(bovine epizootic fever),又名三日热或暂时热,俗称"牛流感",是由吸血昆虫叮咬,感染牛流行热病毒,引起以突然高热,流泪,泡沫样流涎与鼻漏,呼吸迫促,后躯僵硬、跛行或瘫痪,产乳量急剧下降为特征的一种急性热性全身性传染病。多发生于雨量多和气候炎热的6～10月份。病势猛,多取良性经过,但部分病牛因瘫痪而淘汰。无继发病时死亡率为1%～3%。

1.病原

牛流行热病毒(bovine epizootic fever virus)也称暂时热病毒(bovine ephemeral fever virus,BEFV)或弹状病毒(rhabdoviriadae),暂时热病毒属(ephemerovirus),形似子弹或圆锥形,存在于病牛血液中,对氯仿、乙醚敏感。成熟病毒粒子长160～180 nm,宽60～90 nm,病毒粒子有囊膜,厚10～12 nm,表面有纤突。

本病毒可在牛肾、牛睾丸及牛胎肾细胞上繁殖。在牛胎肾细胞上产生病变。也可在地鼠肾原代细胞以及传代细胞(如BHK21)培养物上繁殖并产生细胞病变。病毒经反复冻融无明显影响,滴度不下降。pH 7.4及pH 8.0作用3 h(20℃)不发生灭活现象,而pH 3.0则完全灭活。含毒血冻干后在−40℃贮存958 d后,仍具有致病力。

2.流行病学

本病主要感染奶牛、黄牛,水牛较少感染。本病在青壮年(1～8岁)多发,犊牛及9岁以上牛少发。高产乳牛症状较严重,南非大羚羊、猊羚可感染并产生中和抗体,但无临床症状。其他家畜不感染。

病牛为传染源,其高热期血液中含有病毒。传播媒介为吸血昆虫。本病发生具有明显的季节性,主要于蚊蝇多的季节流行。多雨潮湿容易流行本病。

3.临床症状

潜伏期3～8 d。病牛突然发病,开始1～2头,很快波及全群,病势凶猛,高热40～42℃,稽留3 d,故称三日热。病牛精神委顿,皮温不整,眼结膜充血浮肿,畏光,流泪;食欲减退或废绝,反刍停止。可见鼻腔有透明浆液性分泌物流出,呈线状,口边沾有泡沫,口角流涎呈线形黏液。继而呼吸急促,头颈僵直,鼻孔开张,鼻干燥,张口伸舌,呼吸次数每分钟可达80次以上,多呈腹式呼吸,病初发生苦闷的呻吟声。肺部听诊,肺泡音高亢,支气管音粗糙,重症病牛气喘声似拉风箱,发病后很快形成皮下气肿,触诊有捻发音。病初期粪便干燥,粪表面或粪中带有黏液,后期发生重度肠炎,表现腹痛努责,剧烈拉稀,粪便中带有大量黏液和血液。发热期尿少,排出暗褐色混浊尿。怀孕后期母牛常发生流产或死胎。产乳量急剧下降或停止,待体温下降到正常后再逐渐恢复。阵发生肌肉震颤,肌肉和关节疼痛,不愿活动,喜卧,强迫行走,步态不稳,尤其后肢抬起困难,常擦地而行。严重病例,甚至卧地不起,四肢尤其后肢出现麻痹现象。

多数病牛取良性经过,若能及时治疗,一般预后良好。急性病例可于发病后 20 h 死亡,大部分死亡病例呈明显的肺炎、肺水肿、肺气肿,败血症症状。也有病牛死亡前呈现脑炎症状,如兴奋不安,痉挛倒地,昏迷不醒,或卧地呈瘫痪状态。部分牛可因长期瘫痪被淘汰或因继发其他疾病而死亡。

4.病理变化

多数急性死亡的自然病例,上呼吸道黏膜充血肿胀和点状出血,气管内有大量泡沫状黏液存在;肺显著肿大,有不同程度的水肿和间质气肿,间质增宽,内有气泡,压之呈捻发音。肺水肿的病例,胸腔内积有多量暗紫红色液,两肺肿胀,间质增宽,内为胶冻样浸润,肺切面流出大量暗紫红色液体。淋巴结检查:充血、肿胀和出血。检查骨骼肌、心内外膜、肾脏有不同程度的充血。胃肠道有卡他性炎症和渗出性出血。严重病例肠管中积有大量红色稀粪。

5.诊断

依据本病多发于蚊、蝇蠓等吸血昆虫旺盛时期,雨量较多、气候炎热的 7～10 月份;大群发生,传播迅速,发病率高,死亡率低及结合高热稽留,呼吸困难,肺气肿,跛行瘫痪等临床表现等特点,血液检查,红细胞数增多,嗜中性粒细胞常超过正常值 62% 以上,明显核左移;淋巴球减少;不难作出诊断。将发热期病牛抗凝血液离心沉淀,获得的高热期病牛血液中的白细胞及血小板层连续继代人工接种新生小鼠的脑内 3 d 后发病率 100%,1～1.5 d 死亡。但确诊本病,要分离病原,用已知血清做中和试验,或用补体结合试验、琼脂扩散试验、免疫荧光等进行试验。

6.防控

基本原则是消灭吸血昆虫,定期预防接种,加强饲养管理,平时卫生消毒,及时发现治疗病畜,清热解毒,抗病毒抗菌。

预防:根据流行规律,在流行区域每年的蚊蝇蠓滋生前半个月到一个月,及时颈部皮下预防接种牛流感油佐剂灭活疫苗 2 次,间隔 3 周,每次每头牛 4 mL,犊牛剂量减半。平时必须加强饲养管理,增强牛的体质,防止牛过于疲劳;保持牛舍清洁卫生,宽敞透明,通风良好;采取必要的遮阳措施,如种树、设置遮阳棚等,防止奶牛体温突然升高或中暑;定期用生石灰、草木灰进行圈舍消毒,并做好消灭蚊、蠓等吸血昆虫工作。对未感染本病的疑似健康乳牛灌服清瘟败毒散加减、麻杏石膏汤加减,以预防本病的蔓延。

病初发热时可根据情况酌用清热解毒及退热药,用 2% 氨基比林,30% 安乃近,柴胡注射液,10 mL 含 750 mg 的对乙酰氨基酚注射液、柴胡注射液、鱼腥草注射液;抗病毒药物常用利巴韦林注射液、病毒灵注射液 2 种。若结合强心、补液、解毒等对症治疗效果更好。停食时间长的可适当补充生理盐水和葡萄糖溶液;呼吸困难时可以皮下或肌内注射尼可刹米注射液,或用新开瓶的 3% 双氧水补氧,大牛每次 40～60 mL,小牛每次 5～15 mL,加到 5% 葡萄糖注射液中缓慢静脉注射(稀释浓度为 1 mL 3% 双氧水加100 mL 5% 葡萄糖注射液);有条件的可以输氧,缓解缺氧症状。间质性肺气肿时用细胞呼吸激活剂如细胞色素 C 和三磷酸腺苷、辅酶 A；肺水肿时，可静脉注射 20％甘露醇注射液 1 000 mL；四肢肌肉关节疼痛时可以静脉注射水杨酸钠制剂；其他对症疗法常用安钠咖注射液、促反刍液、葡萄糖酸钙注射液、维生素 K_3 注射液、酚磺乙胺注射液、肾上腺色腙注射液等药物。抗菌药物常用 160 万 IU 青霉素，1 g 链霉素，或 20 万 IU 卡那霉素，或 0.5 g 土霉素。疾病恢复期应当调理胃肠功能，加强护理。

五、牛病毒性腹泻

牛病毒性腹泻（bovine viral diarrhea；BVD-MD），又叫黏膜病（mucosal disease；MD）是由牛病毒性腹泻病毒引起的一种以双峰热型、腹泻、战栗抽搐、角弓反张、蹄部炎症与跛行、颈部耳后皮肤脱屑、新生犊牛的先天性畸形、失明、抽搐、共济失调及消化道黏膜发炎、糜烂、坏死为特征的传染病。

1.病原

牛病毒性腹泻病毒（bovine viral diarrhea virus），又名黏膜病病毒（mucosal disease virus），是黄病毒科（Flaviviridea），瘟病毒属（*Pestivirus*）的成员。为一种有囊膜，螺旋形，单股 RNA 病毒，大小为 50～80 nm，呈圆形。本病毒对乙醚、氯仿、胰酶等敏感，pH3 以下易被破坏；50℃氯化镁中不稳定，56℃很快被灭活；血液和组织中的病毒在冻干状态（－70℃）可存活多年。

本病毒能在胎牛肾、睾丸、肺、皮肤、肌肉、鼻甲、气管、胎羊睾丸、猪肾等细胞培养物中增值传代，也适应于牛胎肾传代细胞系。

2.流行病学

本病的易感动物是黄牛、水牛、牦牛、绵羊、山羊、猪、鹿及小袋鼠，家兔可以实验感染。本病的流行特点是各种年龄的牛只均可发病，尤其是 6～18 月龄牛多发。本病冬末与春季多发，其他季节也有发生。放牧与舍饲牛均可发生，封闭的牛群发病往往呈暴发性。新疫区多呈急性发病，一般发病率为 5％，死亡率为 90％～100％；老疫区发病率与死亡率很低，多为慢性，且半数以上为隐性感染。

本病的传染源主要是患病动物与带毒动物。病畜的分泌物和代谢物中含有病毒。康复牛可带毒 6 个月；感染的猪只与隐性感染的绵羊及其流产胎儿、畸形羔羊均带毒成为疫源。感染途径主要是消化道与呼吸道，胎儿及新生畜主要是通过胎盘感染。

一般认为，发病机理是病毒侵入牛的呼吸道及消化道黏膜上皮细胞进行复制，再进入血液形成病毒血症，又经血液和淋巴管进入淋巴组织。病毒血症一般结束于中和抗体的形成。在不给初乳的犊牛实验感染中，以循环系统中的淋巴细胞坏死，继而脾脏、集合淋巴结组织损害为特征。由于上皮细胞变性坏死及黏膜脱落而形成黏膜糜烂也是本病的特征。本病毒能通过胎盘屏障而使其胎儿感染，妊娠牛感染可导致其后代产生高滴度抗体并出现本病的特征性损害。

3.临床症状

潜伏期 7～14 d。以其临床症状可分为急性和慢性过程。

急性病牛多见于新疫区，突然发病，体温升高至 40～42℃，持续 4～7 d，体温有下降再升高的双峰热型特点。病牛精神沉郁，厌食，反刍停止；目光无神，眼窝凹陷，消瘦明显；鼻眼有浆液性分泌物，2～3 d 内可能有鼻镜及口腔黏膜表面糜烂，舌面上皮坏死，流涎增多，呼气恶臭；呼吸 50 次/min 以上，心跳增速，心音微弱，第一、二心音模糊。通常在口内损害之后常发生严重腹泻,开始水泻,以后带有黏液和血。颈伸直,头抬高,颤栗,抽搐。病后期体温下降至35.4～37℃,全身无力,卧地不起,眼球突出,结膜外翻,呼吸微弱,头弯向背侧,呈角弓反张样,四肢直伸,划动,反应微弱至消失。随体温升高,白细胞减少,持续1～6 d。继而又有白细胞微量增多,有的可发生第二次白细胞减少。有些病牛常有蹄叶炎及趾间皮肤糜烂坏死,从而导致跛行。急性病例多死于发病后1～2周,少数病程可拖延1个月。妊娠母牛感染时常发生提前1～1.5个月早产,小脑发育不全、腕跗关节弯曲等畸胎,生后犊牛运动失调或瞎眼。

慢性牛多见于老疫区,发热症状不明显。主要表现是鼻镜糜烂,往往全鼻镜上连成一片。眼常有浆液分泌物。口腔内很少有糜烂,门齿齿龈发红。蹄叶炎及趾间皮肤糜烂坏死而导致跛行。颈部及耳后皮肤有明显脱屑现象。有的病牛出现间歇性腹泻。大多数病牛2～6个月内死亡或被淘汰。

绵羊一般呈隐形感染,妊娠12～80 d绵羊可能导致流产、死胎或弱胎。

4.病理变化

剖检尸体消瘦、脱水。在消化道和肠系膜淋巴结的充血、出血、肿胀与坏死。鼻镜、鼻孔黏膜、齿龈、上腭两侧及颊部黏膜有糜烂及浅溃疡,严重病例在咽与喉头黏膜有溃疡及弥散性坏死。特征性损害时食道黏膜糜烂,大小不等病灶呈直线排列。瘤胃黏膜偶见出血和糜烂,皱胃弥漫性出血、肿胀与糜烂,肠壁水肿增厚;小肠黏膜弥漫性充血、出血、肿胀、坏死与溃疡,空肠,回肠较为严重;盲肠、结肠、直肠有不同程度的卡他性、出血性、溃疡性以及坏死性炎症。肠系膜淋巴结肿大;心内外膜出血;在流产胎儿的口腔、食道、皱胃及气管内有出血斑及溃疡。运动失调的新生犊牛,脑膜充血,脑膜下及两侧脑室积水,有严重的小脑发育不全。蹄部的损害是在趾间皮肤及全蹄冠急性糜烂性炎症、溃疡及坏死病灶。

组织学检查,可见鳞状上皮细胞空泡变性、肿胀与坏死。皱胃黏膜的腺上皮细胞坏死,腺腔出血并扩张,固有层黏膜下水肿,有白细胞浸润和出血。小肠黏膜的上皮细胞坏死,腺体形成囊腔;淋巴组织出血与生发中心坏死,成熟的淋巴细胞消失。

5.诊断

在本病严重暴发流行时,可根据其发病史,病牛的双峰热,腹泻、战栗抽搐、角弓反张,蹄部炎症与跛行,颈部耳后皮肤脱屑,消化道、上呼吸道的充血、出血、肿胀与坏死溃疡,犊牛的先天性畸形、失明、抽搐、共济失调等症状作出初步诊断。最后确诊需依赖病毒的分离鉴定及血清学检查。

本病应注意与牛瘟、口蹄疫、牛传染性鼻气管炎、恶性卡他热、维生素 A 缺乏症、水疱性口炎,牛蓝舌病等相区别。

6.防控

基本原则是以平时预防为主,病疑畜早隔离,早对症治疗,抗病毒与防止感染。

预防:坚持自繁自养;定期接种弱毒疫苗或灭活疫苗来预防和控制本病;平时预防要加强口岸检疫,从国外引进种牛、种羊、种猪时必须进行血清学检查,防止引入带毒动物;国内在进行牛只调拨或交易时要加强检疫,防止本病的扩大和蔓延;禁用带病毒的公牛精液授精;定期对全群牛进行血清学检查,发现抗体阳性病牛,及时淘汰;病牛场与健牛场严格隔离,严禁病场人员进入带毒;平时加强饲养管理、牛群的牛场及圈舍的卫生与消毒管理,保证牛体健康,增强抗病力和对本病的耐受性,以防止疾病发生与蔓延。近年来,猪对本病病毒的感染率日趋上升,本病病毒与猪瘟病毒在分类上同属于瘟病毒属,有共同的抗原关系,使猪瘟的防治工作变得复杂化,因此在本病的防治计划中对猪的检疫也不可忽视。

已感染牛场,目前尚无有效的防治措施。病牛群应进行病毒分离,间隔 4 周进行两次血清抗体检查以划分病牛与健康牛,带毒牛屠杀;健康牛与血清抗体阳性牛应分场隔离饲养,当抗体阳性牛妊娠及产犊均正常时,表示已经康复。

溃疡部用收敛剂、防腐消炎药物,全身应用抗病毒药物,及抗菌消炎药物与补液疗法可缩短恢复期,减少损失。

六、牛海绵状脑病

牛海绵状脑病(bovine spongiform encephalopathy;BSE),亦称"疯牛病",是由朊病毒引起的一种潜伏期长,以表现惊恐、感觉过敏、运动失调、轻瘫、痴呆、体重减轻、脑灰质海绵状水肿和神经元空泡形成为特征的一种严重的传染病。病牛终归死亡。

1985 年苏格兰首次发现本病,以后欧洲及加拿大等国家都报道发生了大量的牛海绵状脑病。由于同时还发现了一些由于食用病牛肉奶产品而被感染的人类海绵状脑病(即新型早老性痴呆症,又叫新型克-雅氏病)患者,因而引发了一场震动世界的渲染大波。

1. 病原

目前认为牛海绵状脑病的病原为痒病样纤维(scrapie-associated fibrils,简称 SAF),1986 年 Well 首次从 BSE 病牛脑乳剂中分离出并经过氨基酸分析,确认其与来源于痒病羊的 PrPsc(正常宿主编码蛋白)是同一性的。这种纤维大小像病毒,但又有许多与病毒不一致的地方。一般认为,BSE 是因"痒病相似病原"跨越了"种属屏障"引起牛感染所致。痒病是绵羊所患的一种致命的慢性神经性机能病,至今已有 200 多年的历史。德国康斯坦茨大学研究人员发现,朊病毒蛋白实际是一种胶合元素,它将细胞聚合在一起并使它们保持联络,交换影响身体组织功能的重要信号;它能在胚胎发育期间帮助细胞之间进行交流,缺乏朊病毒蛋白可明显造成动物生理上的异常。发生朊病毒疾病的原因是它的化学结构发生了改变,使正常的朊病毒蛋白转变为对生命有威胁的物质。朊病毒还具有将异常结构传给健康朊病毒蛋白的复制能力而产生新的致病体。朊病毒蛋白的异常功能是神经退行性疾病发生的根源。又研究表明,疯牛病等海绵状脑病都与锯蛋白(又称普里昂蛋白)有关。生物体内都存在正常形态的锯蛋白,但无论是人还是动物患上海绵状脑病,大脑中都会大量充斥异常的锯蛋白,往往导致脑部组织形成海绵状空洞,病人随之出现健忘、精神错乱等症状,重者甚至死亡。正常锯蛋白接触异常锯蛋白后会发生变异。BSE 朊病毒在病牛体内的分布仅局限于病牛脑、颈部脊髓、脊髓末端和视网膜等处。

朊病毒的特点:它没有核酸,能使正常的蛋白质由良性转为恶性,由没有感染性转化为感染性;它也没有病毒的形态,呈纤维状;它还对所有杀灭病毒的物理化学因素均有抵抗力,多种消毒方法都无效,如热、电离、紫外线、甲醛溶液、强酸强碱等有很强的抵抗力,pH 2.1~10.5 时,用 2% 的次氯酸钠或 90% 的石炭酸经 2 h 以上才可灭活病原。在 121℃ 中能耐热 30 min 以上,只有在 136℃ 高温和 2 h 的高压下才能灭活;病毒潜伏期也长,从感染到发病平均 28 年,一旦出现症状半年到一年 100% 死亡;再者本病诊断困难,动物与正常人的细胞内都有朊蛋白存在,不明原因作用下它的立体结构发生变化,变成有传染性的蛋白,患者体内不产生免疫反应和抗体,因此无法监测。很长的潜伏期、异常的稳定和缺乏免疫应答反应等特性是人们把这类病原体称为"非常规致病因子"的原因。

2.流行病学

本病可以感染哺乳动物、鸟类和宠物等,也可传染给多种野生动物和人。患病的绵羊、种牛及带毒牛粪是本病的传染源。动物主要是由于摄入混有痒病病羊或病牛尸体加工成的骨肉粉或其粪便污染饲草而经过消化道感染的。食粪虫等可以将病牛粪便到处搬移。病牛粪便中传播疯牛病的锯蛋白在土壤中可以存活数年。如果健康牛群恰巧在被病牛粪便污染过的牧场吃草,便可能被传染上疯牛病。

BSE 的平均潜伏期约为 5 年,发病年龄为 3~11 岁,但多集中于 4~6 岁青壮年牛,2 岁以下和 12 岁以上的牛很少发生。大多肉用牛于 2~3 岁即被屠宰食用,故实际感染 BSE 的牛数应远多于临诊病例数。据统计 1985—1995 年有 70 多万头潜伏期 BSE 病牛进入人的食物链,这构成了严重的公共卫生问题。人感染 SAF 后称为新型克-雅综合征,简称 CJD,是一种罕见的致命性海绵状脑病。朊病毒还能够引起 20 多种人与动物共患的疾病。人的朊病毒病已发现有 4 种:库鲁病(Ku-rmm)、克-雅综合征(CJD)、格斯特曼综合征(GSS)及致死性家庭性失眠征(FFI)。人患克-雅综合征的主要感染途径有食源性、医源性、化妆品源性三方面。

3.临床症状

病程一般为 14~180 d,平均为 1~2 个月被淘汰。其临诊症状主要表现为精神亢进,姿势与运动异常和感觉过敏。多数病例表现出恐惧、暴怒或烦躁不安;常由于恐惧、狂躁而表现出攻击性,共济失调,步态不稳,常乱踢乱蹬以致摔倒,病牛的反复摔倒而出现损伤和不可想象的行为;行为反常,对声音和触摸过分敏感,尤其是对头部触摸过分敏感。少数病牛可见头部和肩部肌肉颤抖和抽搐。后期出现强直性痉挛,两耳对称活动较困难,常一只伸向前,另一只向后或保持正常。多数病牛食欲良好,泌乳减少,粪便坚硬,体温偏高,心搏缓慢(平均 50 次/min),呼吸频率增快,体质下降、体重减轻,极度消瘦,以至死亡。

4 病理变化

牛海绵状脑病无肉眼可见的病理变化,也无生物学和血液学异常变化。典型的组织病理学和分子学变化都集中在中枢神经系统。组织学检查时脑灰质部分组织形成空泡化呈海绵样外观,脑干灰质发生双侧对称性海绵状变性,在神经纤维网和神经细胞中含有数量不等的不连续的卵形和球形的空泡。星型细胞肥大常伴随于空泡的形成;神经细胞肿胀成气球状,细胞质变窄,另外,还有明显的神经细胞变性及坏死。痒病病牛大脑也会出现空泡样变与淀粉样病变。分子病理学变化是牛脑组织提取液中含有大量的异常纤维(SAF),可用电镜负染技术观察到,这对牛感染牛海绵状脑病的确诊非常重要。

5.诊断

根据特征的临床症状和流行病学特征可以作出 BSE 的初步诊断。由于本病既无炎症反应,又不产生免疫应答,迄今尚难以进行血清学诊断。所以目前定性诊断以大脑组织病理学检查为主。据 Well 等(1989)报道,脑干区的空泡变化,特别是延髓孤束核和三叉神经脊束核的空泡变化,诊断 BSE 的准确率高达 99.6%。脑干神经元及神经纤维网空泡化具有示病性意义。

为确诊需进行的实验室诊断,如动物感染试验、PrPsc 的免疫学检测和 SAF 检查等。

目前科学家已经研究出患病动物或人的活体检查方法。德国格丁根大学动物医学研究所的贝尔特拉姆·布雷尼希教授等研究人员发明了通过检测活牛血清中的一种独特的遗传物质来诊断牛是否染上了疯牛病的方法。瑞士瑟罗诺医药学研究中心的科学家们研制出了通过简单的验血过程就能检测出变异的蛋白质数量。以色列科学家能很快获得人类疯牛症的实际感染率。耶路撒冷哈达萨大学神经学系等研究人员测定尿中的"普里昂蛋白"（PRION）可查出牛、鼠等动物及人类是否罹患疯牛症或"变异型库贾氏症"。

痒病和牛海绵状脑病在临诊上有许多相似的地方,最大的区别是牛海绵状脑病很少出现瘙痒症状。

6.防控

基本原则是严格检疫,杜绝疫源,焚烧深埋病疑动物及其污染物,严禁屠宰、储运、销售与使用病疑动物的产品、副产品及其制成的药品与化妆品等。预防:首先加强口岸检疫与邮检工作,禁止从疯牛病国家进口所有活牛、牛胚胎、牛精液、牛肉、牛组织、脏器等为原料生产制成的食品、药品及化妆品等,防止疫区病疑动物及其产品流入我国;进口商或生产销售商对已进口或销售的来自发生疯牛病的国家的上述产品,应立即停止生产和销售,并公告收回,作销毁或退货处理,处理结果应及时报告当地卫生行政部门;各地卫生行政部门要监督企业做好市场清理工作,宣传"疯牛病"防控知识,正确引导消费;严禁对病疑动物,包括所有哺乳动物、鸟类和宠物等的捕杀、储运、销售或制成人或动物的食品、饲料、药品、化妆品等;加强朊病毒研究,建立传染性海绵状脑病国家研究平台以寻求新型克-雅综合症的早期诊断及治疗办法,并研究预防战略;建立疯牛病检测系统,对疯牛病采取强直性检疫和报告制度。一旦发现可疑病例连同接触过的动物全部进行尸体焚毁或深埋3 m以下。政府可以对病疑动物养殖场与饲养户实行适当的经济补偿政策,以减轻他们的经济损失。加快疯牛病疫苗研究,争取尽早投入生产应用。

将病牛置于安静和其所熟悉的环境中,有些症状可得到减轻。对患病动物或人可以采用抗疟疾药阿的平、"奎纳克林"（quinacrine）进行治疗。通过基因工程小鼠产生正常朊病毒的抗体,阻断了导致疾病的异常朊病毒的合成。新实验结果表明将实验鼠体内控制大脑神经细胞中正常锯蛋白产生的一个基因"关闭",神经细胞中的正常锯蛋白随之被清除,转基因鼠发病进程终止,症状好转。也有科学家在治疗中尝试使用一种名为"CρG寡脱氧核苷酸（CρGODN）"的人造基因物质,以有效刺激生命机体的免疫系统,从而发挥了抵抗病毒的作用。

七、羔羊痢疾

羔羊痢疾（lamb dysentery）是由B型魏氏梭菌引起初生羔羊的一种以剧烈腹泻、小肠溃疡与毒血症为特征的急性传染病。常引起羔羊大批死亡,给养羊业带来大量损失。

1.病原

病原为B型魏氏梭菌,即B型产气荚膜梭菌。

2.流行病学

该病主要发生于7日龄内的羔羊,其中又以2～3日龄羊发病最多。纯种羊和杂种羊均较土种羊易于患病;杂种羊代数越高,越接近纯种,则发病率与死亡率越高。一般在产羔初期零星散发,产羔盛期发病最多。孕羊草料不足,羔羊体弱、冬季受寒、哺乳不当、脐带消毒不严,羊舍潮湿、通风不良等,都是发病的诱因。

病羊及带菌母羊为重要传染来源,经消化道、脐带或伤口感染,或子宫内感染。呈地方性流行。羔羊在生后数日内,魏氏梭菌通过羔羊吮乳、饲养员的手及病羊粪便污染乳汁进入羔羊的消化道,或断脐消毒不良,或外伤感染,或孕母羊子宫感染,病原菌进入羔羊体内,尤其在小肠内或血液内大量繁殖,产生毒素,引起发病。

3.临床症状

潜伏期 1～2 d,有的为几小时。初期病羔精神沉郁,头垂背弓,停止吸吮,不久发生腹泻,粪便呈粥样或水样,颜色有绿、黄绿、灰白等,并有恶臭味,体温升高 39.5℃,后期肛门失禁,粪中带血。眼窝下陷,被毛粗乱,身体震颤、哀叫,卧地不起,若不及时治疗,常在 1～2 d 衰竭而死。病轻者可以自愈。

有的羔羊仅排少量稀便,主要以腹胀、四肢瘫痪、卧地不起、呼吸急促、口流白沫,最后昏迷、头向后仰、体温下降为特征。病情重,发展快,若不及时救治,常常在几小时到十几小时死亡。

4.病理变化

尸体严重脱水;小肠黏膜充血、溃疡及其周边有出血带,甚至坏死,肠内容物带血;皱胃内有未消化凝乳块,肠系膜淋巴结充血、肿胀或出血。心内膜有出血点,心包积液。肺有充血和淤血病灶。

5.诊断

在常发生地区,依据流行病学、临床症状和病理变化可以作出初步诊断。确诊需要进行实验室诊断。应采刚死亡的病羔肠内容物,肠系膜淋巴结、心血等,做微生物学检查,以鉴定病原菌及其毒素。

6.防控

基本原则是秋季预防接种,母羊抓膘,冬季保暖,平时卫生消毒,新生羔羊及时吃初乳,流行期配合药物预防;发病羔羊早诊断、早抗菌与对症治疗。预防:每年秋季给母羊注射羔羊痢疾疫苗或厌气菌七联干粉苗,或产前 14～20 d 接种厌气性五联菌苗,皮下或肌内注射 5 mL,以使羔羊获得充足母源抗体;母羊草料充足抓好膘;寒冷季节注意保暖,保持干燥,避免潮湿;搞好羊舍卫生,定期有 10%～20%石灰乳或 5%～10%漂白粉溶液喷洒羊舍及周围环境;羔羊产后脐带碘酊浸泡消毒,及时吃足初乳,避免饥饱不均;羔羊生后 12 h 内喂服土霉素 0.15～0.2 g,每日 1 次,连服 3 d,有利于预防本病发生。

主要采用抗菌药与对症治疗。抗菌药物用土霉素 0.2～0.3 g,或呋喃西林为 5 g、磺胺脒 2.5 g 等灌服治疗,每日 2～3 次,3 日一个疗程。对症治疗可以选用胃蛋白酶 0.2～0.3 g,鞣酸蛋白 0.2 g,碳酸氢钠 0.2 g,次硝酸铋 6 g,加水 100 mL,混匀,每次灌 4～5 mL;6%硫酸镁溶液(内含 0.5%福尔马林)30～60 mL,6～8 h 后,再灌服 1%高锰酸钾溶液 1～2 次;每日 3 次。中药可内服泻痢宁,每次 3～5 mL,每日 3 次,3 日为一疗程;或乌梅散加减,煎药灌服。

八、羊快疫

羊快疫(braxy,bradsot)是由腐败梭菌引起羊突然发病,病程极短,死亡迅速,皱胃出血、溃疡、坏死,肠内容物有气泡为特征的一种急性传染病。羊快疫常常与羊猝击(struck)发生混合感染,症状更为严重。

1.病原

为腐败梭菌(clostridium septicum),一种革兰氏染色阳性的较大的厌气杆菌,长 3～8 μm,宽 0.6～0.8 μm。在培养基上生长,常单独或成链状;在机体渗出液中则成链。体内外均能产生芽孢,呈椭圆形,位于菌体中央或偏向菌端,使菌体呈梭形,不形成荚膜。芽孢对各种消毒药抵抗力很强,只有 20%的漂白粉、3%福尔马林、0.2%升汞和 35%氢氧化钠可以短时间内杀灭。煮沸 120 min 才能杀死。

腐败梭菌可产生四种毒素:α、β、γ、δ,使消化道黏膜,特别使皱胃黏膜发生出血和坏死,进入血液,刺激中枢神经系统,引起急性休克。

2.流行病学

绵羊易感,以 6～18 月龄、营养膘度多在中等以上的绵羊发病较多。山羊少见,鹿也可感染。

本病一般经消化道感染。于低洼地、潮湿地、熟耕地及沼泽地放牧的羊只易患本病。一般呈地方性流行,多见于秋、冬和早春,此时气候变化大,阴雨连绵季节;当羊只受寒感冒或采食冰冻带霜的草料及体内寄生虫危害时,能促使本病发生。注意:如腐败梭菌经伤口感染则发生恶性水肿。

腐败梭菌常以芽孢形式分布于低洼草地、熟耕地及沼泽地。羊食了被污染的饲料与饮水后,菌芽孢随着进入消化道。当羊受到不良因素影响致使机体抵抗能力下降时,腐败梭菌即大量繁殖,产生外毒素损害消化道黏膜,引起中毒性休克,羊迅速死亡。

3.临床症状

临床上常见最急性型与急性型两种。最急性型:一般见于流行病初期。由于病程常呈闪电型经过,故成为"快疫"。病程 2～6 h。病羊往往突然停食,精神不振,体温不高,弓背,四肢叉开,头向后仰,磨牙,腹痛、口鼻流带泡沫或带血的液体;最后呼吸困难,痉挛倒地就突然死亡。

急性型:常见于流行后期。病情约 1 d,极少数可以延长数日。病羊离群卧地,不愿走动,强迫行走时,运动失调;腹部膨胀,有痛感,排粪困难,里急后重,粪团变大,色黑而软,混杂有黏液或脱落的黏膜;也有排黑色稀粪,间或带血丝,或排蛋清样恶臭稀粪;有的表现食欲废绝,口流带血色的泡沫,病羊头、喉及舌肿大;后期表现衰竭、磨牙、呼吸困难和昏迷;有的病羊结膜潮红呈红眼样。有时体温可升高到 41℃,数小时内痉挛或昏迷而死。

4.病理变化

病理解剖应在病羊死亡后立即进行,以防时间过长出现腐败,无法正常检查。尸体迅速腐败、腹围迅速胀大;皮下胶样浸润,并夹有气泡。天然孔流出血样液体,可视黏膜充血呈蓝紫色。皱胃及十二指肠黏膜肿胀、潮红,并散布大小不同的出血点,间有糜烂和形成溃疡。肝肿大,质脆,呈土黄色,煮熟样。胆囊多肿大,充满胆汁。心内外膜、肠道与肺浆膜下有出血点。肺水肿,胸腹腔及心包大量积液或带血,暴露于空气易于凝固。

5.诊断

秋冬季节低洼放牧,多雨时间发病,突然死亡,伴有腹胀、腹痛、口鼻流出带泡沫或血色的液体,粪色黑且恶臭带血,伴有神经症状;病羊死后腹围迅速肿大,尸体很快腐败,快速剖检皱胃及十二指肠可见急性出血性炎,溃疡坏死,肠内容物混有气泡,胸腹腔及心包积液带血等,由此可作出初步诊断。肝被膜触片染色镜检,可发现革兰氏染色阳性,两端钝圆,无关节丝状长链或单个或短链的大杆菌。必要时,进行病原体的分离培养,用葡萄糖鲜血琼脂或熟肉培养基培养。或做接种小鼠或豚鼠感染实验,取病畜的血液或组织乳剂,处理后接种小鼠或豚鼠,动物常于 24 h 内死亡。荧光抗体技术等可以用于本病的快速诊断。

鉴别诊断羊快疫与羊猝击、羊肠毒血症、羊黑疫、巴氏杆菌病、羊链球菌病及炭疽症状容易混淆,应当区别诊断。

6.防控

基本原则是定期预防接种,受威胁羊群紧急预防接种,不到低洼潮湿地区及多雨时间放牧,及时隔离病羊,病死羊及排泄物、垫草深埋或焚烧,圈舍场地用具等严格消毒;病疑羊紧急抗菌消炎与对症治疗。预防:疫区每年注射羊快疫苗,或羊快疫与羊猝击二联苗,或羊快疫、羊肠毒素及羊猝击三联苗,或再加上羊黑疫、羔羊痢疾五联苗,也可接种再加上肉毒梭菌、破伤风七联苗,不论大小羊,均皮下或肌内注射 5 mL,2 周后就可产生免疫力,免疫期为 5 个月以上;当本病严重发生时,转移放牧草场,可收到减弱和停止发病的效果,羊群选择干燥地区放牧,避免采食霜冻冰露的牧草,早上不宜太早出放;及时隔离病羊;对病死羊严禁剥皮利用,尸体及排泄物应深埋;被污染的圈舍和场地、用具、用3%的氢氧化钠溶液,或 20%的漂白粉溶液消毒。

本病发病急、病程短、死亡快,往往来不及治疗就已死亡。发现病羊应当紧急治疗,力争抢救。病疑羊紧急用抗菌消炎,清理肠道与对症治疗。疫情紧急时全群羊进行紧急预防接种;对病羊、同群羊或受威胁羊群可普遍投服 2%硫酸铜,每只羊 100 mL,或 10%生石灰溶液,每只羊 100~150 mL,可在短期内显著降低发病数;病程稍缓的病羊应及早使用抗生素、磺胺类,进行肠道消毒、排毒治疗,可配合强心输液解毒治疗,对病羊有一定的疗效。

九、羊肠毒血症

羊肠毒血症(enterotoxaemia),又名软肾病或过食病,主要是由 D 型产气荚膜梭菌引起绵羊的一种以腹泻、惊厥、麻痹、突然死亡与肾组织软化如泥为特征的急性传染病。本病的临床症状与羊快疫相类似,故又称为"类快疫"。

1.病原

病原体为魏氏梭菌(Cl. Welchii),又称产气荚膜杆菌(colstridiamp erfringens)D 型菌,为革兰氏染色阳性、厌氧、两端稍钝圆的粗大杆菌,长 4~8 μm,宽 1~1.5 μm,无运动性,在体内能形成荚膜是本菌的主要特点,体外能形成芽孢,芽孢为卵圆形,位于菌体中央或稍偏于一侧,直径大于菌体宽度。本菌在陈旧的培养物中,一部分可以变成革兰氏阴性。

本菌广泛分布在土壤或污水中,经常可从肠内容物中分离到。一般消毒均易杀死本菌繁殖体,但芽孢抵抗力强,能耐 80~90 min。本菌可产生 α、β、γ、δ、ε、η、θ、ι 等 12 种外毒素和酶类,依据主要致死性毒素(α、β、ε、ι)的差异与抗毒素中和试验可将魏氏梭菌分为 A,B,C,D,E 5 个毒素型。羊肠毒血症由 D 型魏氏梭菌所引起。本菌所产生强烈的外毒素,能引起溶血、坏死和致死作用。

2.流行病学

本病多散发,绵羊多发,山羊较少发生。通常以 1~12 月龄、膘情较好的羊只为主。

以4～8周龄哺乳羔羊最多发生,2岁以上的绵羊很少发病。实验动物以豚鼠、小鼠、鸽和幼猫最敏感。

本病成地方流行或散发,具有明显的季节性和条件性,多在春末夏初青草萌发期或秋末冬初牧草结籽后期发生。且与下列因素有关:在牧区由缺草或枯草的草场转至青草丰盛的草场,羊只采食过量;在农区,多发生于收菜与收庄稼季节,羊过食菜叶菜根或抢食大量谷物所致;多雨季节、气候骤变、地势低洼等,都易于诱发本病。

3.临床症状

最急性型病例很少见到症状,或一看到发病就很快死亡。急性病例症状可见两种类型:一类以抽搐为特征,发病突然,或独自奔跑,全身颤抖,磨牙,眼球转动,口鼻流沫,有腹痛、腹胀症状,随后倒地抽搐,头颈后仰,四肢强烈划动,2～4 h内死亡。另一类以昏迷和安静死亡为特征,病羊离群呆立,步态不稳,以后卧地,并有感觉过敏,流涎,上下颌"咯咯"作响,继而昏迷,角膜反射消失,有的可见腹泻,3～4 h内昏迷死去。有的病羊濒死期发生肠鸣或腹泻,排出黄褐色水样稀血粪。病羊体温一般不高,血、尿常规检查有血糖、尿糖升高现象。

4.病理变化

最急性型病例突然倒毙的病羊无可见特征病变,通常尸体营养良好,死后迅速发生腐败。急性型病例的病变常见于消化道、呼吸道、心血管系统的出血性炎。最特征性病变为肾表面充血、略肿、质脆软如泥。皱胃内有未消化的饲料;皱胃和十二指肠黏膜常充血与急性出血性炎,故有"血肠子病"之称。腹膜、隔膜和腹肌有大的斑点状出血,胸腹腔有多量渗出液,心脏扩张,心包积淡黄色液体并含有纤维素性凝固块,心内外膜有出血点。肝肿大,质脆;胆囊肿大,胆汁黏稠。肺脏出血、水肿;全身淋巴结肿大充血。组织学检查,可见肾皮质坏死,脑膜及脑实质血管周围水肿,脑膜出血,脑组织液化坏死。

5.诊断

根据病史、体况、病程短促和死亡剖检的特征性病变,可作出初步诊断。确诊有赖于细菌的分离和病毒的鉴定。

病原学检查:采集小肠内容物、肾脏及淋巴结等作为病料;染色镜检,可于肠道发现大量的有荚膜的革兰氏阳性大杆菌,同时于肾脏等脏器也可检出魏氏梭菌。常用厌气肉肝汤和鲜血琼脂分离培养。纯分离物进行生化试验以便鉴定。

毒素检查利用小肠内容物滤液接种小鼠或豚鼠进行毒素检查和中和试验,以确定毒素的存在和菌型。

类症鉴别本病应与炭疽、巴氏杆菌病和羊快疫等相鉴别。

6.防控

基本原则是疫区定期预防接种,受威胁羊群紧急预防接种,加强饲养管理,及时隔离病羊,病死羊及排泄物、污染物深埋或焚烧,注意平时卫生消毒;病疑羊紧急抗菌消炎与对症治疗。预防:疫区应在每年发病季节前,注射羊肠毒血症菌苗或羊肠毒血症、羊快疫、羊猝击三联菌苗,6月龄以下的羊一次皮下5～8 mL,6月龄以上8～10 mL;或羊肠毒血症、羊快疫、羊猝击、羔羊痢疾、羊黑疫五联菌苗,大小羊均注射5 mL;对疫群中尚未发病的羊只,可用三联菌苗做紧急预防注射。注射疫苗后2周产生免疫力,保护期达半年。加强饲养管理,牧区春夏之际抢青、抢茬,秋季避免采食过量结籽饲草;在农区要减少投喂菜根菜叶等多汁饲料。发病时及时转移至高燥牧地草场。平时防止过食,精、粗、青料合理搭配,适当运动等。当疫情发生时,及时隔离病羊,病死羊及排泄物、污染物深埋或焚烧,注意平时卫生消毒,更换污染草场和用5%来苏儿消毒草场。

最急性病例无法医治。急性病例可试用D型产气荚膜梭菌抗毒素免疫血清,或用抗生素或磺胺药结合强心、镇静、对症治疗,也能收到一定效果。羊群出现病例多时,对于发病羊只可灌服10%～20%石灰乳,大羊200 mL,小羊50～80 mL进行预防。中药黄连散(黄连10 g,川芎2 g,黄芩10 g,石膏2 g,地榆15 g,诃子12 g,当归10 g,生地12 g,甘草3 g,木通6 g,白芍10 g,乌梅5个,共研成细末,开水冲服,病轻的服一剂,病重的服2～3剂)可治疗本病,效果显著。

第六节　其他动物传染病

一、马传染性贫血

马传染性贫血,简称马传贫(EIA),是由马传染性贫血病毒(equine infectious anemia virus,EIAV)引起马属动物的一种慢性传染病,且可人畜互传,一旦发生很难消灭,曾给世界养马业造成重大损失,至今仍是全世界重点检疫的对象,被国家列为二类动物疫病加以控制消灭。目前在我国已呈消灭状态。

1.病原

马传染性贫血病毒是反转录病毒科慢病毒属成员。该病毒对外界的抵抗力较强。在粪便中能存活70 d左右,粪便堆积发酵处理,经30 min即可死亡。2%～4%氢氧化钠液和福尔马林液,均可在5～10 min内将其杀死,3%来苏儿可在20 min内杀死。日光照射1～4 h死亡。在−20℃左右病毒可保存毒力达6个月至2年。病毒对热的抵抗力较弱,煮沸立即死亡。

2.流行病学

病马和带毒马是传染源,其血液、肝、脾、淋巴结等均有病毒存在,发热期病马的分泌物和排泄物也含有病毒。传播途径主要通过吸血昆虫(虻类、蚊类、刺蝇及蠓类等)叮咬而传染,也可经消化道、呼吸道、交配、胎盘传染。仅马属动物易感,其中以马最易感,驴、骡次之,且无品种、年龄和性别差异。其他家畜及野生动物均无自然感染的报道。

本病发生无严格的季节性,但以吸血昆虫活动的夏秋季节(7～9月)及森林、沼泽地带多发。主要呈地方性流行或散发。新疫区多呈急性经过,在老疫区主要呈慢性或隐性感染。

3.临床症状

本病以反复发热、贫血、出血、黄疸、浮肿、心机能紊乱、血象变化和进行性消瘦为特征。自然感染潜伏期一般为20～40 d,人工感染平均为10～30 d,短的5 d,长的达90 d。

发热:发热类型有稽留热、间歇热和不规则热。稽留热表现为体温升高40℃以上,稽留3～5 d,有时达10 d以上,直到死亡。间歇热表现有热期与无热期交替出现,多见于亚急性及部分慢性病例。慢性病例以不规则热为主,常有上午体温高、下午体温低的逆温差现象。

贫血、出血和黄疸:发热初期,可视黏膜潮红,随着病情加重,表现为苍白或黄染。在眼结膜、舌底面、口腔、鼻腔、阴道等黏膜等处,常见鲜红色或暗红色出血点(斑)。

心脏机能紊乱:心搏亢进,心音分裂,心律不齐等;脉搏增数,减弱,$60\sim100$ 次/min 以上。

浮肿:出现心源性、贫血性浮肿,即常在四肢下端、胸前、腹下、包皮、阴囊、乳房等处出现无热、无痛的浮肿。

血象变化:红细胞显著减少,常减少到 5×10^{12}/L,甚至 3×10^{12}/L 以下;红细胞沉降速度加快,15 min 血沉值可达 60 以上,若无热期血沉加快是再度发热的先兆,有热期血沉加快是预后不良的表现;血红蛋白降低,常减少到 5.8 g/L 以下。白细胞常减少到 (4×10^{9})/L~(5×10^{9})/L,单核细胞增加到 5%~10%,丙种球蛋白增高,外周血液中出现吞铁细胞。在发热期,嗜酸性粒细胞减少或消失,退热后,淋巴细胞增多。

根据临床表现,可分为急性、亚急性、慢性和隐性四种病型。急性型多见于新疫区流行初期,主要呈高热稽留,病程短,病死率高。亚急性型多见于流行中期,特征为反复发作的间歇热,有的还出现逆温差现象。慢性型常见于老疫区,病程较长,其特征与亚急性型相似,但逆温差现象更明显。

4.病理变化

急性型主要出现全身败血症变化,有一定诊断意义的是槟榔肝,脾白髓颗粒状增生,肾肿大、皮质出血点,心水煮状。亚急性和慢性型主要是脾、肝、肾、心脏及淋巴结等的网状内皮细胞增生,肝脏内见有多量吞铁细胞。长骨的骨髓红区扩大,黄髓内有红髓增生灶,慢性严重病例骨髓呈乳白色胶冻状。

5.诊断

根据流行特点、临床特征、主要病变,结合血清学检查可确诊。临床综合诊断中,在综合了症状、血象指标、剖检变化后,镜检肝脏中的吞铁细胞具有确诊意义。血清学检查有补体结合反应、琼脂扩散反应、酶联免疫吸附试验、斑点酶联免疫吸附试验等,不仅方便准确,而且可以区分疫苗接种马与传贫病马。

6.防控

本病以预防为主,发病后无治疗意义。为了预防和消灭马贫血,兽医相关部门应认真贯彻农业部颁发的《马传染性贫血试行办法》。做好检疫工作,不从疫区引进马驴。发现病马应马上捕杀,按扑灭疫情综合措施处理。对病马栏舍场地,用具严格用 2%~4% 热氢氧化钠溶液消毒。粪便经发酵 3 月以上方可利用。死亡病马尸体应深埋或烧毁。消灭蚊虻、蝇等吸血昆虫,做好外科器械及注射针头的消毒。在疫区,要对所有马属动物进行疫苗接种,可采用哈尔滨兽医研究所研制的马传贫弱毒疫苗,对马、驴接种后免疫力的产生虽较缓慢,但免疫持续期较长,免疫保护率较高。在非清净地区,可对幼驹进行疫苗接种,在清净地区应停止免疫,进行检疫监测。

二、马鼻疽

马鼻疽是由鼻疽伯氏菌(burkholderia mallei)引起的一种人畜共患传染病,但主要流行于马、骡、驴等马属动物中,马多呈慢性经过,骡、驴多为急性经过。以在鼻腔、喉头、气管黏膜或皮肤上形成特异性鼻疽结节、溃疡或斑痕,在肺、淋巴结或其他实质器官发生鼻疽性结节为特征。我国将其列为二类动物疫病。

1.病原

过去称为假单胞菌科假单胞菌属的鼻疽假单胞菌,现列入伯氏菌属,改称为鼻疽伯氏菌。菌体长 $2\sim5\ \mu m$、宽 $0.3\sim0.8\ \mu m$,两端钝圆、不能运动、不产生芽孢和荚膜,幼龄培养物大半是形态一致呈交叉状排列的杆菌,老龄菌有棒状、分枝状和长丝状等多形态,组织抹片菌体着色不均匀时,浓淡相间,呈颗粒状,酷似双球菌或链球菌形状。革兰氏染色阴性,常用苯胺染料可以着色,以稀释的石炭酸复红或碱性美蓝染色时,能染出颗粒状特征。电镜观察,在胞浆内见网状似的包含物,与其他革兰氏阴性菌有所区别。本菌对外界抵抗力不强,在腐败的污水中能生存 $2\sim4$ 周,日光照射 24 h 死亡,加热 80℃5 min 或氢氧化钠等消毒药能将其杀灭。

2.流行病学

病马,尤其是开放性鼻疽马是主要传染来源。主要经消化道或经损伤的皮肤黏膜而感染。因此同槽马匹易于暴发本病。病菌存在于鼻疽结节和溃疡中,主要随鼻涕、皮肤的溃疡分泌物等排出体外,污染饲养管理用具、草料、饮水、厩舍等。

马鼻疽以马、骡、驴易感;驴、骡最易感,感染后常取急性经过,但感染率比马低,马多呈慢性经过。自然条件下,牛、羊、猪和禽类不感染,骆驼、犬、猫、羊及野生食肉动物也可感染,人也能感染,多呈急性经过。本病主要经消化道传染,多由摄入受污染的饲料、饮水而发生,也可经损伤的皮肤、黏膜传染。人主要是经受伤的皮肤、黏膜感染。本病一年四季都可发生。新发地区常呈暴发流行,多呈急性经过;常发地区,马鼻疽多呈慢性经过。

3.临床症状

本病潜伏期长短不一,自然感染为数周或更长时间,人工感染为 $2\sim5$ d。《陆生动物卫生法典》规定为 6 个月。

临床上分急性和慢性两种类型,根据病菌侵害的部位不同,又分肺鼻疽、鼻腔鼻疽、皮肤鼻疽。鼻腔鼻疽和皮肤鼻疽可经常向外排菌,因此又称之为开放性鼻疽。

急性鼻疽体温升高 $39\sim41℃$,呈弛张热型。呼吸迫促,颌下淋巴结肿痛(常为一侧性),表面凹凸不平。可视黏膜潮红。慢性型临床症状不明显,有的可见一侧或两侧鼻孔流出灰黄色脓性鼻汁,在鼻腔黏膜常见有糜烂性溃疡,有的在鼻中隔形成放射状斑痕。

当肺部出现大量病变时,称为肺鼻疽。肺鼻疽表现干咳,流鼻液,呼吸增数呈腹式呼吸。病重时病马可突然发生鼻衄血,或咳出带血的黏液,叩诊肺部有浊音,听诊有湿啰音和支气管呼吸音。鼻腔鼻疽表现鼻黏膜红肿,并出现粟粒大黄色小结节,边缘红晕,随后中心坏死,破溃形成溃疡。流灰黄脓性或带血鼻涕。重者可致鼻中隔和鼻甲壁黏膜坏死脱,甚至鼻中隔穿孔。皮肤鼻疽主要发生于四肢、胸侧及腹下,以后肢多见。开始见有结节,结节破溃后形成边缘不整齐、易出血、中央凹陷、不易愈合的溃疡,排灰黄色或混有血液的脓液。病灶附近淋巴结呈索状肿胀,沿索状肿有许多串珠样结节,结节破溃又形成新的溃疡。由于病灶扩大蔓延、淋巴管肿胀和皮下组织增生,导致皮肤高度肥厚,使后肢变粗变大,俗称"橡皮腿"。

4.病理变化

鼻疽的特异性病变,多见于肺脏,约占 95% 以上;其次见于鼻腔、皮肤、淋巴结、肝及脾等处。在鼻腔、喉头、气管等黏膜及皮肤上可见到鼻疽结节、溃疡或疤痕;有时可见鼻中隔穿孔。肺脏的鼻疽病变主要是鼻疽结节和鼻疽性肺炎的病理变化。

5.诊断

根据临床症状和病理变化可作出初步诊断。确诊需进一步做实验室诊断。在国际贸易中,指定诊断方法为 Mallein 试验和补体结合试验,无替代诊断方法。

鼻疽的病情复杂,须用临床、细菌学、变态反应、血清学及流行病学等进行综合诊断。但在大规模鼻疽检疫或对个别可疑鼻疽马诊断时,通常以临床检查和鼻疽菌素点眼为主,配合进行补体结合反应进行诊断。

6.防控

我国基本消灭马鼻疽,因此对开放性病马,或检疫呈阳性的马,应采取扑杀销毁的措施。

疫区每年进行1～2次临床检查和鼻疽菌素检疫。

三、马腺疫

马腺疫(adenitis eguorum),俗称"喷喉",是由马链球菌马亚种引起马属动物的一种急性接触性传染病。以发热、上呼吸道黏膜发炎、颌下淋巴结肿胀化脓为特征。我国将其列为三类动物疫病。

1.病原

马链球菌马亚种旧称马腺疫链球菌,为链球菌属 C 群成员。菌体呈球形或椭圆形,革兰氏染色阳性,无运动性,不形成芽孢,但能形成荚膜。在病灶中呈长链,几十个甚至几百个菌体相互连接呈串珠状;在培养物和鼻液中的为短链,短的只有几个甚至两个相连。本菌对外界环境抵抗力较强,在水中可存活6～9 d,脓汁中的细菌在干燥条件下可生存数周。但菌体对热的抵抗力不强,煮沸则立即死亡。对一般消毒药敏感。

2.流行病学

传染源为病畜和病愈后的带菌动物。主要经消化道和呼吸道感染。也可通过创伤和交配感染。易感动物为马属动物,以马最易感,骡和驴次之。4 月龄至 4 岁的马最易感,尤其1～2岁马发病最多,1～2月龄的幼驹和5岁以上的马感染性较低。本病多发生于春、秋季节,一般9月份开始,至次年3、4月,其他季节多呈散发。

3.临床症状

本病潜伏期为1～8 d。临床上常见有3种病型:一过型腺疫、典型腺疫和恶性腺疫。

一过型腺疫:鼻黏膜炎性卡他,流浆液性或黏液性鼻汁,体温稍高,颌下淋巴结肿胀。多见于流行后期。

典型腺疫:以发热、鼻黏膜急性卡他和颌下淋巴结急性炎性肿胀为特征。表现病畜体温突然升高(39～41℃),表面凹凸不平,触之硬实,界限清楚,如鸡蛋大甚至拳头大,周围发生炎症时,肿胀加剧,充满于整个下颌间隙,界限不清,热痛明显,随着炎症的发展,局部组织肿胀化脓,肿胀完全成熟,自行破溃,流出大量黄白色黏稠脓汁,创内肉芽组织新生,逐渐愈合,体温恢复正常。鼻黏膜潮红、干燥、发热,流水样浆液性黏性鼻汁,后变为黄白色脓性鼻汁。颌下淋巴结急性炎性肿胀,起初较硬,触之有热痛感,之后化脓变软,破溃后流出大量黄白色黏稠脓汁。病程2～3周,愈后一般良好。

恶性腺疫:病原菌由颌下淋巴结的化脓灶经淋巴管或血液转移到其他淋巴结及内脏器官,造成全身性脓毒败血症,致使动物死亡。比较常见的有喉性卡他、额窦性卡他、咽部淋巴结化脓、颈部淋巴结化脓、纵隔淋巴结化脓、肠系膜淋巴结化脓。

4.病理变化

鼻、咽黏膜有出血斑点和黏液脓性分泌物。颌下淋巴结显著肿大和炎性充血,后期形成核桃至拳头大的脓肿。有时可见到化脓性心包炎、胸膜炎、腹膜炎及在肝、肾、脾、脑、脊髓、乳房、睾丸、骨骼肌及心肌等有大小不等的化脓灶和出血点,体温多稽留不降,常因极度衰弱或继发脓毒败血症死亡。

5.诊断

根据临床症状和病理变化可作出初步诊断。确诊需进一步做实验室诊断。以脓汁涂片染色镜检可检查病原菌。应注意和马传染性贫血病鉴别诊断。

马传染性贫血病病马的黏膜可能有出血点,心脏机能紊乱,白细胞数接近正常或略减少,马传染性贫血抗体检测阳性。

6.防治

一般可用马腺疫灭活苗或毒素注射预防。发生本病时,病马隔离治疗。污染的厩舍,运动场及用具等彻底消毒。

发现病马立即用青霉素或磺胺类药物治疗。如能合并使用,连用一个疗程(5 d)即会见效。颌下淋巴结肿硬时可热敷涂碘酊。肿胀波动时可切开排脓,用高锰酸钾水冲洗。如病马面颊部出现炎性肿胀,可用白芨拔毒散:白芨 30 g、白矾 30 g、明雄 30 g、木鳖子 15 g、黄连 15 g、大黄 12 g、黄柏 9 g、姜黄 10 g、青黛 15 g、龙骨 15 g,共研为细末,过筛,加适量面粉,用鸡蛋清 5 枚,冷水适量调敷颌下及面颊患部,每日换药一次。

四、犬瘟热

犬瘟热(canine distemper)是由犬瘟热病毒引起的一种高度接触性传染病。主要发生于幼犬,以早期表现双相热、出现呼吸道症状(眼鼻有浆液性或脓性分泌物)、胃肠道症状以及中、后期神经损害(发生肌肉痉挛、抽搐等)或瘫痪为特征,少数病犬的鼻和足垫可发生过度角化,有的后期出现非化脓性脑炎症状。本病致死率极高,感染幼犬的死亡率高达 80% 以上。

1.病原

犬瘟热病毒(canine distemper virus,CDV),属副黏病毒科,麻疹病毒属,是一种单链 RNA 病毒。在室温下,该病毒相对不稳定,尤其对紫外线、干燥、碱性溶液及 $50\sim60℃$ ($122\sim140$ ℉)以上的高温敏感,临床上可用 3% 氢氧化钠(火碱)、漂白粉作为消毒剂。在冷冻条件下,该病毒可存活数周。

2.流行病学

主要通过呼吸道和消化道传染,也可通过眼结膜途径感染。传染源主要是患犬和带毒犬,许多大型饲养场因购入带毒犬引起本病流行。患犬和带毒犬可通过泪液、鼻液、唾液、尿液及呼出的气体排出病毒,从而造成食物、饮水、用具及周围空气等的污染。易感动物主要是犬科、鼬科和浣熊科动物,各种年龄、性别和品种的犬均可感染,但以 1 岁龄内特别是 $3\sim12$ 月龄的幼犬最易感,往往是成窝发病,本病的发生年龄与断奶后母源抗体的消失有关。病愈犬可获得坚强免疫力,持续数年以至终生。

3.临床症状

犬瘟热的临床特征主要表现在以下几个方面:

(1)双相热 本病潜伏期 $3\sim6$ d。多数患犬于感染后第 4 天、少数于第 5 天体温升高达 39.8～41℃,持续 1～2 d,接着有 2～3 d 的缓解期(体温趋于 38.9～39.2℃)。随着体温再度升高,出现呼吸系统和消化系统明显感染症状,甚至神经系统感染,病程长达数周。

(2)呼吸系统症状　本病的主要症状是眼、鼻流出水样分泌物,打喷嚏,肺部听诊呼吸音粗粝。继发细菌感染病犬症状加重,持续发热,精神沉郁,食欲废绝,可视黏膜发绀,两侧性结膜炎、角膜炎或角膜混浊,流脓性眼屎;后期往往发展为严重的肺炎,患犬鼻端干燥(裂),有多量脓性鼻液,严重者流铁锈色鼻液,甚至带血。

(3)消化系统症状　本病初、中期常有呕吐表现,但次数不多,食欲减退或废绝,对本病具有一定的示病意义。幼犬通常排出深咖啡色混有黏液或血液的稀便,而成犬一般数日无便。患犬因呕吐、腹泻以及食欲废绝,逐渐脱水、衰竭。

(4)神经系统症状　神经症状多在发病中、后期(3～4 周),少数于病初出现,对本病具有重要的示病意义。轻者口唇、眼睑、耳根抽动,重者踏脚、转圈或翻滚、运动共济失调,后肢麻痹,特别是咬肌或侧卧时四肢反复有节律的抽搐是本病的特征表现,多呈周期性发作。

(5)其他典型症状　在发病初期或末期,部分患犬四肢足垫增厚、角质化过度、变硬甚至龟裂。幼年患犬常在腹下和股内侧皮薄处出现米粒或豆粒大小的红斑、水疱或脓疱。部分患犬表现出本病特有的化脓性结膜炎外观:即脓性眼屎附着于内、外眼角与上、下眼睑,眼角和眼睑周边脱毛、光秃,似戴一副眼镜。

4.病理变化

急性死亡患犬以出血性胃炎、肠炎、脾脏红色梗死及肺部严重出血变化为主,有时因肠过度蠕动出现肠套叠。慢性死亡患犬剖检,以肺部发生突变、心包大量积液、肝脏肿大易碎、胆囊充盈等变化为主,个别患犬因心力衰竭、血液循环障碍,心脏内形成白色血栓。

5.诊断

当患犬出现本病典型症状后,不难作出诊断。然而在发病初期,须与普通感冒进行鉴别。据临床观察,犬瘟热患犬病初双眼一般多因流泪而呈所谓"泪汪汪"现象,或上下眼睑黏附多量黏脓性分泌物,而普通感冒一般没这种现象。

目前许多宠物诊所或医院使用进口犬瘟热快速诊断试纸,取患犬眼、鼻分泌物、唾液或尿液、血清等为检测样品,可在 5～10 min 内作出诊断。尤其对病初症状不典型的病例,采用快速诊断试纸检测较为准确可靠。

6.防治

在严密隔离的条件下,对病犬立即注射犬瘟单克隆抗体、抗犬瘟热血清、犬用干扰素,每日 1～2 次,3 d 为一个疗程。同时还要配合综合疗法,病犬才有可能康复。防止继发感染选用抗生素如氨苄青霉素、头孢唑啉钠等。针对病犬出现的症状应用止吐剂、止血剂、退烧剂、止泻剂、镇静剂(解痉),同时强心补液、补充 B 族维生素和维生素 C,纠正酸中毒。

本病最有效的措施是按免疫程序接种犬瘟热疫苗。每年两次,接种后 1～2 周产生抗体,4 周后达到高峰。

五、犬细小病毒病

犬细小病毒病(canine parvovirus disease)是犬的一种具有高度接触性传染、高致死性的烈性传染病。临床上以出血性肠炎或非化脓性心肌炎为特征,以频繁呕吐、出血性腹泻和迅速脱水为典型症状。感染幼犬的死亡率可达 100%。

1.病原

犬细小病毒(canine parvovirus,CPV)属细小病毒科,细小病毒属。CPV 对多种理化因素和常用消毒剂具有较强的抵抗力,在 4～10℃存活 6 个月,37℃存活 2 周,56℃存活 24 h,80℃存活 15 min,在室温下保存 3 个月感染性仅轻度下降,在粪便中可存活数月至数年。该病毒对乙醚、氯仿、醇类有抵抗力,对紫外线、福尔马林、次氯酸钠、氧化剂敏感。

2.发病机理

健康犬经消化道感染病毒后,病毒主要攻击两种细胞,一种是肠上皮细胞,一种是心肌细胞,分别表现胃肠道症状和心肌炎症状,心肌炎以幼犬多见。

3.流行病学

本病对各种年龄、性别和品种的犬易感,多发于 2～6 月龄幼犬,纯种犬易感性最高,并具有同窝暴发的特点。一年四季均可发病,以冬、春多发。饲养管理条件骤变、长途运输、寒冷、拥挤均可促使本病发生。病犬是主要传染源,呕吐物、唾液、粪便中均有大量病毒。康复犬仍可长期通过粪便向外排毒,极易造成食物、饮水和用具的污染,成为传播媒介。病愈犬可获得坚强免疫力。研究表明,临床表现为呕吐、腹泻(或出血性腹泻)的患犬中,CPV 感染阳性犬可以占到 29.8%～46.2%。其中 6 月龄以下犬最为易感,占 CPV 感染犬总数的比例可高达 75%,且此日龄段感染犬死亡率较大于 6 月龄患犬高;大于 12 月龄犬发病率则相对较低。

4.临床症状

肠炎型细小病毒病发病率极高,多见于 3～4 月龄幼犬。主要表现为出血性腹泻、呕吐。剧烈的腹泻呈喷射状,病初粪便呈黄色或灰黄色,混有大量白色黏液和黏膜,中期粪便呈煤焦油样,随后粪便呈番茄汁样,有特殊的腥臭味。迅速脱水,眼球凹陷,皮肤弹性降低。病犬精神沉郁、昏睡不愿站立、喜卧阴凉处、被毛粗乱、无光泽、机体瘦弱、肋骨突出、不食、喜饮水、饮后即吐。体温 39.6～41℃。

心肌炎型多见于 4～6 周龄幼犬,常无先兆性症状,或仅表现轻微腹泻,继而突然衰弱,呻吟,黏膜发绀,呼吸极度困难,脉搏快而弱,心脏听诊出现杂音,常在数小时内死亡。

5.病理变化

心肌炎型病变主要见于肺和心脏。肠炎型病变主要见于空肠、回肠即小肠中后段。病犬肠道各段黏膜上皮细胞均坏死、脱落,固有膜暴露。肠腺上皮细胞也有不同程度的坏死、脱落。心肌细胞变细、变长,局部断裂、崩解,间质水肿,心肌毛细管扩张、充血。脾脏和淋巴结中淋巴细胞数量减少。其他各器官都有不同程度的充血、出血以及炎性细胞浸润。

6.诊断

依据患犬频繁呕吐、出血性腹泻、脱水等临床特点,结合典型的流行病学及病理变化特征,可初步诊断。

采用快速检测诊断试纸是简单快捷的诊断方法。通过电镜观察细小病毒离子可准确诊断。

7.防治

治疗犬细小病毒性肠炎没有特效药物,临床上应采取对症疗法、支持疗法、特异疗法、中药疗法相结合综合治疗措施。

（1）对症疗法　应抓住呕吐、腹泻、便血这3个关键。止吐可选用爱茂尔、胃复安、维生素 B$_6$、阿托品、氯丙嗪等药物。临床上应首选爱茂尔肌内注射，必要时使用阿托品，胃肠道出血者忌用胃复安。止泻可使用鞣酸蛋白、斯密达。因病犬呕吐，不宜口服给药，最好采用深部灌肠。为防止和治疗肠道出血，可选用肾上腺素、安甲苯酸、安甲环酸、安络血、止血敏、维生素 K$_3$、维生素 K$_1$。若肌内注射效果不理想，可以联合肌内注射或静脉滴注立止血、卡络磺钠等。

（2）支持疗法　主要效用是维持心脏功能、调节酸碱平衡、尽快恢复体况，最常用的办法就是强心补液。输液可应用 0.9% 氯化钠液、林格氏液、5% 糖盐水。用于 4 月龄以下的幼犬时，应加大葡萄糖溶液的输入量。每天应至少输液 1 次。轻微呕吐者，可使用口服补液盐自饮（口服补液盐配方：氯化钠 3.5 g、氯化钾 1.5 g、碳酸氢钠 2.5 g、葡萄糖 20 g，加水至 1 000 mL）。

在输液的同时，应注意补钾、补钙、补碳酸氢钠。凡禁食 3 日以上者，均应补钾，用量为每日每千克体重 0.1～0.2 g，分 2～3 次补充；单纯补钾时，浓度应不超过 3%；若浓度过高，可以使用 5%～10% 葡萄糖溶液稀释。补钙常能防止低钙抽搐，可静脉滴注 10% 葡萄糖酸钙溶液，剂量为每千克体重 1～2 mg。补充碳酸氢钠溶液可以制止酸中毒，可使用 5% 碳酸氢钠溶液，用量为每千克体重 5 mL，用 2 倍量的 5% 葡萄糖或 10% 葡萄糖溶液稀释，使其成为等渗溶液后，静脉滴注。为了保肝、强心，在静脉注射液中应加入 ATP20～40 mg，乙酰辅酶 A100～200 IU，或单独静脉注射 10% 葡萄糖酸钙溶液。

（3）特异疗法　本病无特异治疗药物，临床上可选用头孢噻肟钠（每千克体重 15～20 mg）、庆大霉素（2 万～8 万 IU）等抗生素及地塞米松（2～20 mg）、诺氟沙星等。若诊断准确、及时，在该病的早期，使用高免血清、细小病毒单克隆抗体、干扰素、免疫球蛋白等特异性生物制品效果更佳。

（4）中药疗法　可选用黄连 20 g、黄柏 30 g、黄芩 50 g、木香 35 g、白芍 40 g、葛根 20 g、地榆 30 g、板蓝根 40 g、郁金 30 g、栀子 20 g、千里光 30 g、大蓟 25 g、小蓟 25 g、甘草 15 g，水煎服，日服 3 次，2 日 1 剂；呕吐严重时，可选择直肠深部给药。或选用郁金 15 g、白头翁 20 g、黄连 10 g、黄柏 10 g、黄芩 10 g、白芍 10 g、诃子 15 g、甘草 20 g，水煎服，每日 1 剂，服 3～5 剂。幼犬及小型犬酌减。

CPV 对外界的抵抗力强，存活时间长，故其传染性极强。一旦发病，应迅速隔离病犬，对病犬污染的犬舍饲具、用具、运输工具进行严格的消毒，消毒剂可采用 2% 的氢氧化钠、漂白粉、次氯酸钾等。消毒可采用紫外线照射。并停用 2 周。对饲养员应该严格消毒，并限制流动，避免间接感染。

疫苗免疫是预防本病的根本措施。但有可能出现免疫失败的情况，这和疫苗品质及免疫干扰有关，主要是疫苗毒株选取不当和母源抗体的干扰。免疫程序一般为：出生后 6 周龄时注射小犬二联疫苗（此疫苗可突破母源抗体的干扰），10 周龄时注射六联苗，以后每隔 3 周注射 1 次六联苗，连续 2～3 次。建立基础免疫后，每年免疫一次即可。

六、兔病毒性败血症

兔病毒性败血症（rabbit virogenic septiecmia disease）俗称兔瘟，是由兔出血症病毒引起兔的一种急性、烈性、高度接触性、病毒性传染病。以全身组织器官出现败血症状、潜伏期及病程短促、传播速度快、传染性强、流行面广、发病率及死亡率高为主要特征,对养兔生产危害极大。

1.病原

兔出血症病毒(rabbit haemorrhagic disease virus,RHDV)属于嵌杯状病毒科,无囊膜,为二十面立体对称结构,外径为30~40 nm,具有凝集人的红细胞的能力。能抵抗乙醚、氯仿等有机溶剂,可被1%氢氧化钠灭活。0.4%甲醛溶液在40℃或37℃条件下能够杀死全部病毒,但仍能保持病毒的免疫原性。

2.流行病学

病兔、死兔和隐性传染兔为主要传染源。本病可通过病兔与健兔接触而传播,病兔的排泄物、分泌物等污染饲料、饮水、用具、兔毛以及往来人员,亦可间接传播本病。本病只发生于兔,2月龄以上的兔最易感。本病的发生没有严格的季节性,北方以冬、春季节多发。本病一旦发生,往往迅速流行,常给兔场带来毁灭性后果。

3.临床症状

最急性型病兔不出现任何症状,突然尖叫跳跃倒地,四肢抽搐,呈游泳状急速划动,头向后仰,角弓反张,很快死亡,多数病兔耳根发紫,可视黏膜发绀,鼻孔流出泡沫样血液。

急性型病兔精神委顿,食欲减少,体温升至40℃以上,而后急剧下降,眼结膜起初潮红,后变为暗红色,呼吸急促,心跳加快,心律不齐。病兔在笼内狂奔,全身颤抖,惊厥,最后倒地抽搐,惨叫死亡。部分患兔鼻中流出泡沫状血液,肛门周围附有胶冻样排泄物,并附有血丝。

慢性型病情比较缓和,多发生于流行后期,少数患兔体温可升至41℃,精神欠佳,食欲减少或废绝。被毛蓬乱、无光泽,迅速消瘦。一般3 d左右死亡。

4.病理变化

特征性变化为呼吸系统出血及肝、肾、心脏有小点出血。多数死兔鼻孔、口腔周围和门齿牙龈可见血迹;气管黏膜有小点出血,气管环之间呈弥漫性出血,并在气管内存有大量的淡红色含泡沫的液体,切开后呈"红气管"外观;肺出血,出血点从针尖大到玉米粒大不等,严重的肺尖部呈现弥漫性出血,肺充血水肿,呈花斑状外观;心脏冠状沟、心内膜乳头肌均有出血点;肝脏淤血肿大,间质增厚;胆囊增大,并积有酱油色浓厚胆汁;脾淤血肿大,颜色变深,呈紫红色,质脆;肾淤血肿大,呈"大红肾"外观,肾外膜有少量出血点。

5.诊断

根据流行特点及临床特征可作出初步诊断。实验室诊断方法主要有:

(1)电镜检查 将新鲜病兔尸体或采病死兔肝、脾、肾和淋巴结等材料制成10%悬液,应用超声波处理,经差速离心或密度梯度离心纯化后,制备电镜标本,用2%磷钨酸染色,电镜观察。若检出本病毒,可初步确诊。

(2)血凝试验 取症状典型的病死兔肝组织,剪碎,按1∶10的比例加入生理盐水研磨,离心取上清液加等量1%人的"O"型红细胞,做血凝试验,结果病兔呈强凝集型,凝集价为256。

(3)动物接种 无菌采取病死兔肝、脾组织,剪碎,按1∶10的比例加入生理盐水研磨,加"双抗"处理(每毫升加青霉素、链霉素各100 IU),接种4只从非疫区购买的健康兔,取2只每只注射3 mL,另2只注射等量生理盐水进行对照,接种后实验兔26~40 h

全部发病,68~87 h全部死亡,对照兔全部健活,从而证明该病是一种病毒性传染病,可在同种动物间复制。

根据本病来势猛、死亡率高、断奶前仔兔不易感染等流行特点和突然死亡、死前尖叫、蹦跳,死后口鼻、齿龈出血等典型临床症状以及"红气管"、"花斑肺"、"大红肾"等特征性病变,病兔肝组织悬液凝集人"O"型红细胞的特异性反应(据资料介绍,目前已知能凝集人红细胞的来自兔的病毒仅有兔败血症病毒),确诊为兔病毒性败血症。

6.防治

(1)治疗

①发病后划定疫区,隔离病兔。病死兔一律深埋或销毁,用具消毒。

②疫区和受威胁区可用兔瘟灭活苗进行紧急接种,按兔大小每只注射2 mL。

③发病初期的兔肌内注射高免血清或阳性血清,成年兔每千克体重3 mL,60日龄前的兔每千克体重2 mL。待病情稳定后,再注射兔瘟组织灭活苗。

④病兔静脉或腹腔注射20%葡萄糖盐水10~20 mL,庆大霉素4万IU,并肌内注射板蓝根注射液2 mL及维生素C注射液2 mL,也有一定效果。

⑤中药处方兔瘟散:板蓝根、大青叶、金银花、连翘、黄芪等份混合后粉碎成细末,幼兔每次服1~2 g,日服2次,连用5~7 d;成年兔每次服2~3 g,日服2次,连用5~7 d。也可拌料喂食。

(2)预防

用兔瘟组织灭活苗,对家兔进行免疫接种,40日龄进行第一次接种,间隔20~30 d第二次接种,间隔2~3个月再第三次接种,免疫期可达6个月,以后每隔4个月接种一次。

思考题

1.简述什么是传染? 什么是传染病?

2.简述传染病传播和流行的规律和特点。

3.如何诊断和防控动物传染病?

4.使用疫苗应注意什么?

5.熟悉、掌握口蹄疫的流行特点、临床表现及诊断。

6.禽流感的特点是什么? 如何防控?

7.熟悉、掌握布鲁菌病的症状特点。

8.熟悉、掌握猪、禽大肠杆菌病的临床及病理特征。

9.猪瘟、猪繁殖与呼吸障碍综合征、猪丹毒、猪肺疫、仔猪副伤寒的临床及病理学特点。

10.引起猪腹泻的疾病有哪些? 如何鉴别和防控?

11.鸡新城疫、马立克氏病、禽白血病、传染性支气管炎、传染性法氏囊病的流行病学、临床及病理特征是什么?

12.熟悉、掌握牛传染性胸膜肺炎的临床病理学及预防措施。

13.熟悉、掌握犬瘟热、犬细小病毒病的诊断及防控。

第五章 寄生虫病

内容提要:

　　寄生虫病是危害动物健康、引起重大经济损失的重要流行病。本章通过介绍动物寄生虫的特点及寄生虫病的流行规律,使学生获得识别、防控动物常见寄生虫病的基本知识和能力。

第一节 概 述

　　动物寄生虫病的病原种类甚多,分布很广,一般引起慢性、消耗性的疾病,不仅影响动物的生长、发育,降低产品质量,甚至造成大批死亡,对畜牧业发展的影响较大,所以对寄生虫病的防治受到广泛的重视。

一、寄生虫及寄生虫病

(一)寄生虫与寄生虫病

　　在两种生物之间, 一种生物以另一种生物体为居住条件,夺取其营养,并造成其不同程度危害的现象,称为"寄生生活",过着这种寄生生活的动物,称为"寄生虫"(parasite)。被寄生虫寄生的人和动物,称为这种寄生虫的"宿主"(host)。由寄生虫所引起的疾病,称为"寄生虫病"(parasitesis)。

(二)寄生虫的类型

　　根据寄生虫与宿主之间的相互关系、相互适应性和寄生的特定部位,将寄生虫分为以下类型。

　　(1)单宿主寄生虫与多宿主寄生虫 有些寄生虫只寄生于一个特定的宿主,不寄生于其他宿主,即对宿主有严格的特异性,称为"单宿主寄生虫",如虱等;有一些寄生虫的宿主范围广泛,可以寄生于多种宿主,称为"多宿主寄生虫",如肝片吸虫等。

　　(2)固需寄生虫与兼性寄生虫 有些寄生虫已完全适应寄生生活,并依赖于寄生生活,不能离开宿主,称为"固需寄生虫",如旋毛虫等;有些寄生虫还没有完全适应寄生生活,它可以营寄生生活,也可以营自由生活,称为"兼性寄生虫",如类圆线虫等。

　　(3)暂时性寄生虫与永久性寄生虫 凡是只在需求营养物质时,才与其宿主相接触,营暂短的寄生生活,待吸取营养物质后就离去,称为"暂时性寄生虫",如吸血昆虫类的蚊、虻等;而长期地并往往是终身居留在宿主体上营寄生生活的寄生虫,则称为"永久性寄生虫",如猪旋毛虫等。

(4)内寄生虫与外寄生虫　寄生在宿主体内某些器官、组织的虫体,称为"内寄生虫",如蛔虫等大多数的蠕虫类;暂时地或长久地寄生在其宿主的皮肤表面或皮内的虫体,称为"外寄生虫",如虱、疥螨等。

(三)宿主的类型

各种寄生虫的发育过程比较复杂。有些寄生虫完成整个发育过程只需要一个宿主,有些需要两个或三个宿主,而且都是固定不变的。根据各种寄生虫的发育特性及对寄生生活的适应性,将宿主分为以下类型。

(1)终末宿主　被寄生虫的成虫期或有性繁殖阶段所寄生的宿主,称为"终末宿主",如牛、羊为肝片吸虫的终末宿主。

(2)中间宿主　被寄生虫的幼虫期或无性繁殖阶段所寄生的宿主,称为"中间宿主",如椎实螺为肝片吸虫的中间宿主。

(3)补充宿主(第二中间宿主)　有的寄生虫幼虫期有几个发育阶段,不同的发育阶段寄生于不同的宿主体内,所以中间宿主有一个以上,则早期幼虫寄生的宿主称为第一中间宿主,而后期幼虫寄生的宿主称为"补充宿主"(又称第二中间宿主),如华支睾吸虫,其早期幼虫寄生于淡水螺,后期幼虫寄生于淡水鱼和虾,因此,淡水螺是华支睾吸虫的第一中间宿主,而淡水鱼和虾是补充宿主。

(4)保虫宿主　有的寄生虫因宿主范围广泛,可以寄生多种宿主体内,但其中必有一部分是惯常寄生的宿主,还有一部分宿主虽也能寄生,但不惯常、不普通,则这部分宿主就称为该寄生虫的"保虫宿主",如肝片吸虫惯常寄生于牛、羊等反刍动物体内,但也可寄生于野生动物体内,则野生动物就是肝片吸虫的保虫宿主。

(5)延续宿主(转换宿主)　有的寄生虫的感染性幼虫进入不适合发育的动物体内后,幼虫不发育、形态不改变,但仍能保持对宿主的感染力,这种动物就称为该寄生虫的"延续宿主"或"转换宿主",如含有裂头蚴的蛙,被蛇、猪、人食入后,在全身各处仍发育为裂头蚴,则蛇、猪、人是裂头蚴的延续宿主或转换宿主。

(四)寄生虫与宿主的相互关系

寄生虫与其宿主之间的相互关系是十分复杂的,研究其相互关系的目的,就是要创造条件,消灭寄生虫,以保护动物的健康。

1.寄生虫对宿主的危害

宿主在遭受寄生虫侵害时,由于各种寄生虫的生物学特性及其寄生部位的不同,致病的作用和程度也不同,其危害和影响主要有以下几个方面。

(1)机械性损害　寄生虫侵入宿主机体之后,在移行过程中和到达特定寄生部位后的机械性刺激,可使宿主的组织、脏器受到不同程度的损害。如创伤、发炎、出血、堵塞、挤压、萎缩、穿孔和破裂等。

(2)掠夺营养物质　寄生虫在宿主体内寄生时,常常以经口吞食或由体表吸收的方式,将宿主体内的各种营养物质变为虫体自身的营养,有的则直接吸取宿主的血液、淋巴液作为营养,从而造成宿主的营养不良、消瘦、贫血和抵抗力降低等。

(3)毒素的作用　寄生虫在生长发育过程中产生有毒的分泌物和代谢产物,易被宿主吸收,特别是对神经系统和血液循环系统的毒害作用较为严重。

(4)引入病原性寄生物　寄生虫侵害宿主的同时,可能将某些病原性细菌、病毒和原生动物等带入宿主体内,使宿主遭受感染而发病。

2.宿主对寄生虫的反应和防御

寄生虫的病害作用,不同程度地影响着宿主的生长和发育,甚至致死;但另一方面,宿主的抵抗能力也影响着寄生虫的存亡。

(1)宿主的防御适应能力　当宿主机体遭受寄生虫侵害时,局部组织表现出一系列应答性反应,即发炎、充血、白细胞游出,并对虫体进行吞噬、溶解,或形成包囊以至钙化。若宿主的防御适应机能较强,而寄生虫的发育、繁殖的数量不多,毒素作用也较弱时,虫体虽能生存,但宿主不呈现明显的临床症状,这种情况常称为"带虫现象"。

某些寄生虫,作为一种异体蛋白,能刺激宿主产生特异抗体,从而对同种类虫体的再度感染产生免疫能力,表现为能够抑制虫体的发育并降低其繁殖能力,缩短其生命期限。

寄生虫病的免疫,多半属于"带虫免疫",即这种免疫能力只有在虫体居留于宿主体内时才能产生;如果宿主体内的虫体被消灭,其免疫能力也随之减弱或消失。

(2)营养因素　宿主的营养状况,直接影响着对寄生虫的抵抗能力。良好的营养有助于对抗寄生虫的侵袭及其毒害作用。

(3)年龄因素　宿主的年龄与寄生虫的侵害程度也有关系。许多种寄生虫在幼龄动物体内发育较快,而在成年动物体内,则发育迟缓或不能发育,这是因为动物的防御适应能力随着年龄的增长而有所提高的缘故。因此,许多种寄生虫主要是使幼龄动物受害较重。

(五)外界环境因素与寄生虫的关系

寄生虫都在一定的外界环境中生存,各种环境因素,必然对它们产生不同的影响。有些环境可能适宜于某种寄生虫的生存,而另一些环境条件则可能抑制其生命活动,甚至能将其杀灭。

外界环境条件及饲养管理情况,对动物的生理机能和抗病能力,也有很大影响。如不合理的饲养、过度使役或缺乏运动、圈舍通风换气不良、过于潮湿和拥挤、粪尿不经常清除,缺乏阳光照射等,都会降低动物的抵抗力,而有利于寄生虫的生存和传播。因此,加强饲养管理、改善环境卫生条件,对控制和消灭动物寄生虫病是十分必要的。

二、畜禽寄生虫病的流行规律

动物寄生虫病的传播和流行,必须具备传染来源、传播途径和易感动物三个方面的条件,但还要受到自然因素和社会因素的影响与制约。

(一)寄生虫的生活史

寄生虫的生长、发育和繁殖的全部过程称为生活史。在动物体内寄生的各种寄生虫,常常是通过动物的血液、粪、尿及其他分泌物、排泄物,将寄生虫的某一个阶段(如虫体、虫卵或幼虫),带到外界环境中,再经过一定的途径,侵入另一个宿主体内寄生,并不断地循环下去。

(二)寄生虫病发生和流行条件

(1)易感动物的存在　各种寄生虫均有自己的易感动物,如鸡球虫只感染鸡,犊牛新蛔虫仅感染牛。

(2)传染源的存在　包括发病动物、带虫者、保虫宿主、延续宿主等,在其体内有成虫、幼虫或虫卵,并要有一定的毒力和数量。

(3)相应的外界环境条件　包括温度、湿度、光线、土壤、植被、饲料、饮水、卫生条件、饲养管理,宿主的体质、年龄,中间宿主和保虫宿主的存在等,都有密切的关系。

以上 3 个条件构成寄生虫病流行的锁链,三者缺一不可,预防中若能打破其中的一个环节,就能控制某种寄生虫病的发生和流行。

(三)寄生虫病的感染途径

(1)经口感染　这是一条主要途径,大多数蠕虫都是通过这条途径感染的,如猪蛔虫病是猪吃了感染性蛔虫卵而感染的。

(2)经皮感染　某些寄生虫的感染性幼虫,主动地钻入动物的健康皮肤或者借助于吸血昆虫在吸血、刺螫时,将幼虫传入动物体内而引起感染。如日本血吸虫的尾蚴,能主动钻入动物皮肤,蜱吸血传播牛双芽巴贝斯虫。

(3)接触感染　患病动物和健康动物之间,通过体表或生殖器官的直接接触而使健康动物遭受感染。如螨虫通过皮肤接触,牛胎毛滴虫通过生殖道交配感染。

(4)胎盘感染　有些寄生虫在母体内移行时,可以通过胎盘进入胎儿体内而使胎儿遭到感染。如猪蛔虫病、日本血吸虫病、先天性弓形虫病等。

三、畜禽寄生虫病的诊断

寄生虫病的诊断,必须采取综合性诊断方法,主要有以下几个方面。

(1)临床症状观察　临床检查可查明患病动物的营养状况、临床表现和疾病程度,为寄生虫病的诊断奠定基础。动物在患寄生虫病时,一般表现消瘦、贫血、黄疸、水肿、营养不良、发育受阻和消化障碍等慢性、消耗性疾病的症状。虽不具有特异性,但可作为早期发现疫病的参考。但有些寄生虫病还表现出特异症状,如螨虫病,表现有皮肤出现红点、脱毛、瘙痒等特异症状,可达到基本确诊的目的。

(2)流行病学调查　当发生寄生虫病时,一定要结合当地的具体情况,进行深入细致调查,掌握流行病学资料,调查当地的自然条件、动物饲养管理水平、动物生产性能、发病率、死亡率、中间宿主及传播媒介的存在与分布等。

寄生虫病的发生与当地的地理、气候条件有着极为密切的关系,与饲养管理分不开。如肝片吸虫主要流行于多雨年份,牛、羊多放牧在低洼潮湿牧地上。

(3)剖检诊断　对死亡或患病动物进行剖检,来发现动物体内的寄生虫,是病原诊断的重要方法之一。根据不同的需要,有时对全身各脏器进行检查,有时只对某一器官或某一寄生虫进行检查。

(4)实验室诊断　实验室诊断对确诊某些寄生虫病可以起到决定性的作用。许多患寄生虫病动物可以通过粪、尿、血液及痰等物质排出虫体、幼虫或虫卵,经采用涂片、浮集和沉淀等方法,观察到病原体时,即可确诊。

(5)治疗性诊断 在初步怀疑某寄生虫病的基础上,采用某寄生虫的特效药物进行驱虫试验,然后观察动物是否好转。如螨虫病。

(6)免疫学诊断方法 寄生虫免疫学诊断方法很多,包括变态反应、沉淀反应、凝集反应、补体结合实验、免疫荧光抗体技术、免疫酶技术、放射免疫分析技术和免疫印记技术等。通过这些方法可以准确诊断出寄生虫病。

四、畜禽寄生虫病的防控

防控动物寄生虫病是一项复杂的工作,必须贯彻"预防为主,防重于治"的原则,采取综合性的防治措施,才能收到较好的效果。

其原则是:①控制和消灭感染源;②切断传播途径;③增强动物抵抗力,保护易感动物。

(一)控制和消灭感染源

控制和消灭传染源的最有效途径就是驱虫。驱虫可分为治疗性驱虫和预防性驱虫。前者指在动物发生寄生虫病,并在确诊的基础上进行驱虫,来治愈动物;后者又称计划性驱虫,目的是不受或少受寄生虫的侵害。这项措施必须根据当地寄生虫病的流行情况而定,一般大多数蠕虫病应每年预防性驱虫2次,即春、秋各一次,春季放牧之前和秋季舍饲之后。

(二)切断传播途径

在了解寄生虫是如何传播流行的基础上,因地制宜、有针对性地阻断它的传播途径。

(1)搞好动物舍的清洁卫生 每天应认真清扫动物舍,清除粪便及其他脏物。粪便集中在远离动物舍的固定地点进行生物热发酵处理,防止病原的传播。注意饲养用具、饲槽、饮水池的清洁,定期消毒,保持饲料及水源不被粪便和传染源污染。

(2)合理利用牧地,实行有计划的轮牧 如某些绵羊线虫的幼虫在夏季牧场上需要10 d发育到感染阶段,那么便让羊群在第9天之前离开,转移到新牧场。这样既减少了寄生虫的传染,又有利于牧草的再生。

(3)注意消灭某些寄生虫的中间宿主或传播者 在发育中需要有中间宿主或传播者参与的寄生虫,如不存在中间宿主或传播者,就不能完成其全部发育,动物就不会被感染。因此,应设法消灭中间宿主或传播者。

(三)增加动物抗病力,保护易感动物

改善饲养管理,增加动物体质,提高动物的抗病力,也是预防措施中极为重要的一个环节。

另外,对于从外地新引进的动物,必须依据兽医法规的有关规定严格地进行检疫,隔离饲养,经一定时间后,混群饲养。并防止从疫区购入动物。

第二节　共患寄生虫病

一、弓形虫病

弓形虫病(toxoplasmosis)又称弓形体病、弓浆虫病,是由刚地弓形虫所引起的人畜共患病。本病几乎在世界范围内流行。

1.病原

本病的病原体是刚地弓形虫,属于真球虫目、艾美亚目、弓形虫属,细胞内寄生性原虫,因其滋养体多呈弓形而得名。其生活史中出现 5 种形态,即滋养体(速殖子)、包囊、裂殖体、配子体和卵囊。前 3 期为无性生殖,后 2 期为有性生殖。其中滋养体、包囊和卵囊与传播和致病有关。

(1)滋养体　指在中间宿主细胞内营分裂繁殖的虫体。游离的速殖子呈香蕉形或半月形,一端较尖,一端钝圆;一边扁平,另一边较膨隆。经姬氏染剂染色后可见胞浆呈蓝色,胞核呈紫红色,位于虫体中央。细胞内寄生的虫体呈纺锤形或椭圆形,以内二芽殖法不断繁殖,一般含数个至 20 多个虫体。

(2)包囊　圆形或椭圆形,具有一层富有弹性的坚韧囊壁,可长期存活于组织内,破裂后可释出缓殖子。

(3)卵囊　圆形或椭圆形,具两层光滑透明的囊壁,其内充满均匀小颗粒。成熟卵囊内含 2 个孢子囊,分别含有 4 个新月形的子孢子。

(4)裂殖体　在猫科动物小肠绒毛上皮细胞内发育增殖,成熟的裂殖体为长椭圆形,内含 4~29 个裂殖子,一般为 10~15 个,呈扇状排列,裂殖子形如新月状,前尖后钝,较滋养体为小。

(5)配子体　配子体有雌雄之分,雌配子体积可达 $10\sim20\ \mu m$,核染成深红色,较大,胞质深蓝色;雄配子体量较少,成熟后形成 12~32 个雄配子,其两端尖细,长约 $3\ \mu m$。雌雄配子受精结合发育为合子,而后发育成卵囊。

2.流行病学

弓形虫完成生活史需 2 个宿主,中间宿主是家畜、家禽、人类及鸟类、鱼类,其体内有滋养体和包囊 2 种形态,进行无性生殖,并可造成全身感染。终末宿主为猫及猫科动物。猫和猫科动物体内五种形态俱存,为主要传染源,在其肠黏膜上皮细胞内完成有性生殖,造成局部感染,最终形成卵囊,卵囊随猫粪排出后污染环境,感染人体。其他家畜、家禽体内可带有包囊和滋养体,作为传染源的意义也很大。本病可经消化道、直接接触、呼吸道、节肢动物及胎盘垂直传播。

3.临床症状

大多数为隐性感染,各种动物出现症状的程度也不相同。

(1)犬　症状类似犬瘟热,发热、咳嗽、呼吸困难、精神委顿、眼和鼻有分泌物等,剖检可见有肺炎病灶、淋巴结炎等。

(2)猫　症状与犬相似,急性病例有持续高热、呼吸困难及脑炎症状。

（3）猪　症状酷似猪瘟，呈稽留高热，下痢或便秘，吃入卵囊的猪还排暗红色焦油状血便，体表出现紫红色斑块，咳嗽，体表淋巴结显著肿大。

（4）绵羊　多有神经症状（转圈运动），最后陷于昏迷，呼吸困难，有鼻涕。怀孕母羊多发生流产。

（5）牛　犊牛有呼吸困难、咳嗽、发热、头震颤、虚弱等症状，常于 2～6 d 内死亡；成年牛病初极度兴奋，其他症状与犊牛相似。

（6）家禽　主要为中枢神经症状、肺炎、心包炎、溃疡性胃肠炎、坏死性肝炎等。

4. 诊断

主要靠实验室检查确诊。

（1）病原体检查　取患者或动物的血液、脑脊液、眼房水、淋巴结、肝、脑、肾及粪便等材料，制成涂片，用姬姆萨染色，在镜下寻找弓形虫。亦可将受检材料接种于小鼠腹腔内，进行分离培养。

（2）免疫学诊断　常用的方法有：美蓝染色试验（DT）、补体结合试验、间接血凝试验、琼脂扩散试验、中和试验、皮内试验、直接凝集试验、乳凝试验、ELISA、免疫酶染色试验、免疫细胞黏着试验及荧光抗体技术等，如 DT（美蓝染色试验）和免疫荧光均为强阳性，则为新近感染，如为阴性，则可排除本病。近年来建立的生物素-亲和素酶联免疫吸附试验敏感性高，比间接血凝法敏感约 25 倍，特异性和稳定性较好，是一种较理想的方法。

（3）动物接种　以患者或病畜血、肝、脾、脑组织等制成 1∶10 乳剂，0.2 mL 给小鼠或豚鼠腹腔注射，可产生感染并找到病原体，第一代接种阴性时，应盲目传代 3 次。

5. 防治

磺胺类药物合并乙胺嘧啶为治疗本病最常用的方法，两药协同可抑制弓形虫滋养体的繁殖，但对包囊无作用。复方磺胺甲噁唑和螺旋霉素对本病也有一定的疗效。

预防要防鼠灭鼠，防止鼠、家畜和家禽粪便污染饲草、饲料、环境和水源，应在指定地点堆肥发酵后再施肥；禁止用未经煮熟的屠宰废弃物和厨房垃圾来喂家畜；对猫粪进行病原体检查，如为阳性，应及时处理病猫；加强环境卫生与消毒，由于卵囊能抗酸碱和普通消毒剂，可选用火焰、3% 氢氧化钠溶液、1% 来苏儿、0.5% 氨水、日光下暴晒等进行消毒。

二、日本血吸虫病

日本血吸虫病（schistosomiasis japonica）是由扁形动物门、吸虫纲、复殖目、分体科的日本血吸虫所引起的人畜共患病。该病呈地方性流行，是发展中国家最为重要的寄生虫病之一，严重影响人的健康和畜牧业的生产。

1. 病原

日本血吸虫又称日本裂体吸虫，属裂体科裂体属，雌雄异体。雄虫较短，雌虫较细长，在生活时，雌雄虫体呈合抱状态，雌虫常处在雄虫的抱雌沟内。虫卵圆形，淡黄色，卵壳薄，无盖，在其侧方有一小刺，成熟的卵内含毛蚴。毛蚴呈长椭圆形，卵内毛蚴在水中孵出，侵入钉螺，在其体内经母胞蚴、子胞蚴、尾蚴 3 个阶段的发育和繁殖，尾蚴从螺体逸出至水中，宿主因下水接触尾蚴而感染。

2.流行病学

本病的传播需具备 3 个条件:即带虫卵的粪便入水;钉螺的存在、滋生;以及接触疫水。

(1)粪便入水。

(2)钉螺滋生　钉螺是日本血吸虫唯一的中间宿主,水陆两栖,最易生长在土质肥沃、杂草丛生、潮湿的环境中。所以日本血吸虫病的流行地理分布和钉螺的地理分布相一致,有一定的地方性。野生动物中褐家鼠发病率最高,在家畜中以黄牛、水牛和猪发病率高。

(3)接触疫水　本病感染途径主要是经皮肤感染,还可通过吞食含尾蚴的水、草经口腔黏膜感染,以及经胎盘感染。尾蚴接触宿主侵入皮肤,最终移行在肠系膜静脉定居并发育成熟。该虫雌虫产卵于肠壁血管末梢。成熟卵释放破坏组织的物质,使其虫卵随溃破灼肠组织进入肠腔,然后,随粪排出体外。

3.临床症状

感染该病后表现的症状与感染的时间、重复感染次数以及侵袭的程度等有关。此外,还和动物的种类、年龄、营养状况以及免疫性有关。

(1)急性血吸虫病　多见于初次重度感染。表现为高热、食欲不振、腹痛、腹泻、黏液血便。肝脾肿大,血中白细胞及嗜酸性粒细胞增多,粪检虫卵阳性。可伴有荨麻疹,淋巴结肿大,关节疼痛。重症患者可出现消瘦、贫血、水肿、甚至死亡。

(2)慢性血吸虫病　反复接触疫水,经少量、多次感染后,获得部分免疫力,或急性病畜经治疗未愈转变为慢性。缺乏明显的临床症状,只出现奶产量减少、不发情、不孕、流产等较为普遍的现象。

(3)晚期血吸虫病　临床分为巨脾、腹水和侏儒三型。患畜出现肝硬化、门静脉高压,可造成消化道出血、腹水、脾肿大、甚至肝昏迷。幼龄动物往往发育迟缓,而出现侏儒症。粪检不易查到虫卵。直肠黏膜活检阳性率高。

4.诊断

(1)流行病史　有血吸虫疫水接触史是诊断的必要条件,应仔细追问。

(2)临床特点　具有急性或慢性、晚期血吸虫病的症状体征,如发热、皮炎、荨麻疹、腹痛、腹泻、肝脾大等。

(3)实验室检查　结合寄生虫学与免疫学检查指标进行诊断。

①生前检查　一般采用粪便检查法和活体组织检查法。在粪便中或活体组织内找到虫卵,或由虫卵出毛蚴便可确诊。作粪便检查时,常用的沉淀换水法、尼龙筛淘洗法、塑料瓶顶管法、棉析法和湿育法等。活组织检查法主要是直肠黏膜检查。

②免疫学方法　可用作虫体成熟产卵之前的早期诊断,目前应用的有环卵沉淀试验、间接血凝试验和酶联免疫吸附试验。

③死后诊断　用剖检法,采取肝组织和直肠黏膜压片检出虫卵,或从门脉和肠系膜静脉冲洗出虫体。

5.防治

对日本血吸虫病的治疗,以往多用锑剂、血防-846(六氯对二甲苯)等。近年来应用敌百虫口服治疗水牛血吸虫病;硝硫氰胺口服和静脉注射治疗水牛、黄牛血吸虫病;吡喹酮口服或肌肉、静脉注射治疗黄牛血吸虫病;吡喹酮治疗人体日本血吸虫病等。除一般治

疗外,应采取一定的对症治疗和全身支持疗法。预防注意:

(1)控制传染源　在流行区,对病畜进行普查和同步治疗。耕牛可用硝硫氰胺(2%混悬液)一次静脉注射,水牛剂量为 1.5 mg/kg,黄牛剂量为 2 mg/kg。

(2)消灭钉螺　灭螺是控制血吸虫病的重要措施 在水网地区可采取改造钉螺孳生环境的物理灭螺法,如土埋法等。在湖沼地区可采用垦种、筑坝的方法,在居民点周围建立防螺带等。还可结合水利、水产养殖水淹灭螺,适用于湖沼地区和山区。化学灭螺可结合物理灭螺进行,采用氯硝柳胺等药物,该药对皮肤无刺激,对人畜毒性低,不损害农作物,但对水生动物毒性大,故不可在鱼塘内施药。氯硝柳胺杀螺效力大,持效长,但作用缓慢,对螺卵、尾蚴也有杀灭作用。

(3)粪便管理与保护水源　粪便须经无害化处理后方可使用。如采用粪尿 1∶5 混合后密封、沉淀发酵,夏季贮存 3~5 d,冬季 7~10 d,可杀死虫卵。农村应推广应用沼气池。对家畜的粪便亦应加管理。在流行区提倡用井水,或将河水贮存 3 d,必要时每担水加漂白粉 1 g 或漂白粉精 1 片,15 min 后即可安全使用。

三、旋毛虫病

旋毛虫病(trichinosis,trichinellosis)是由旋毛线虫引起的人畜共患的寄生虫病,流行于哺乳类动物间,人因生吃或半熟食含旋毛虫包囊的猪肉等而感染。主要临床表现为胃肠道症状、发热、肌痛、水肿和血液嗜酸粒细胞增多等。

1.病原

旋毛虫又称旋毛形线虫,属线形动物门,线虫纲,咀刺目,毛形线虫科,毛形线虫属。形细长,雌虫长 3~5 mm,前端较细,雄虫仅及雌虫之半。卵胎生,虫卵在雌虫子宫内发育,于近阴道处孵出幼虫。

2.流行病学

旋毛虫通常寄生于十二指肠及空肠上段肠壁,雌雄虫交配后雌虫潜入黏膜或达肠系膜淋巴结,排出幼虫。后者由淋巴管或血管经肝、肺入体循环散布全身,但仅到达横纹肌者能继续生存。以膈肌、腓肠肌、颊肌、三角肌、二头肌、腰肌最易受累,其次为腹肌、眼肌、胸肌、项肌、臀肌等,亦可波及呼吸肌、舌肌、咀嚼肌、吞咽肌等。于感染后 5 周,幼虫在纤维间形成橄榄形包囊,3 个月内发育成熟(为感染性幼虫),6 个月至 2 年内钙化。钙化包囊内幼虫可活 3 年(在猪体内者可活 11 年)。成熟包囊被动物吞食后,幼虫在小肠上段自包囊内逸出,钻入肠黏膜,经四次脱皮后发育为成虫,感染后一周内开始排出幼虫。成虫与幼虫寄生于同一宿主体内(该寄主既是终寄主,又是中间寄主),但幼虫必须被另一寄主吞食后,才能在新的寄主体内完成其生活史而发育为成虫。

猪为主要传染源,其他肉食动物如鼠、猫、犬、羊以及多种野生动物如熊、野猪、狼、狐等亦可感染并通过相互残杀吞食或吃了含有旋毛虫囊包的动物尸体而感染。

3.临床症状

旋毛虫对猪的致病力轻微,几乎无任何可见的症状,但对人危害较大,不但影响健康,还可造成死亡。当猪感染量大时,感染后 3~7 d,有食欲减退、呕吐和腹泻症状。感染后 2 周幼虫进入肌肉引起肌炎,可见疼痛或麻痹、运动障碍、声音嘶哑、咀嚼与吞咽障碍、体温上升和消瘦。有时眼睑和四肢水肿。死亡较少,多于 4~6 周康复。

4.诊断

旋毛虫所产幼虫不随粪便排出。生前诊断主要是采用变态反应和血清学反应。死后最确实的诊断方法是在肌肉中发现旋毛虫幼虫。

我国目前肉品卫生检验所采用的方法是:从猪的左右膈肌切小块肉样,撕去肌膜与脂肪,先做肉眼观察,细看有无可疑的旋毛虫病灶,然后从肉样的不同部位剪取 24 个肉粒(麦粒大小),压片镜检或用旋毛虫摄影器检查。肉眼观察旋毛虫包囊,只有一个细针尖大小,未钙化的包囊呈半透明,较肌肉的色泽淡,随着包囊形成时间的增加,色泽逐渐变淡而为乳白色、灰白色或黄白色。

5.防治

(1)治疗 阿苯达唑(亦称丙硫咪唑)为首选病原治疗药物。对各期旋毛虫均有较好的杀虫作用,且副作用少而轻。噻苯哒唑疗效较好,能抑制雌虫产幼虫,并可驱除肠道内的早期幼虫和杀死肌纤维间的幼虫;兼有镇痛、退热和抗炎作用。近年来应用丙硫苯咪唑治疗,有良好疗效。若体温过高或出现心脏和中枢神经系统症状时,可辅以肾上腺皮质激素治疗,利用其非特异性的消炎和抗变态反应的作用以缓解症状。

(2)预防

①加强卫生宣教,不吃生的或未煮熟的猪肉及其他哺乳类动物肉或肉制品是最简单而有效的预防措施。

②搞好卫生,消灭鼠类,将尸体烧毁或深埋。禁止随意抛弃动物尸体和内脏。对检出旋毛虫的尸体,应按规定处理。

③一定要将肉烧熟后再吃,切肉、切凉拌菜的刀、砧板要生熟分开。

④提倡生猪圈养,饲料最好经加热处理;加强肉类检疫。

四、囊尾蚴病

囊尾蚴病(cysticercosis cellulosae)是由猪带绦虫的幼虫猪囊尾蚴和牛带绦虫的幼虫牛囊尾蚴寄生在猪和牛的肌肉及其他组织器官引起的一种严重的人畜共患寄生虫病。该病呈全球性分布,但在非洲、墨西哥和中、南美洲各地最为普遍,也是印度、泰国及我国一些地区的重要的人畜共患寄生虫病。

1.病原

(1)猪囊尾蚴 猪囊尾蚴的成虫猪带绦虫属于圆叶目、带科、带属。猪带绦虫的幼虫叫猪囊尾蚴,一般称为猪囊虫。外形椭圆,约黄豆大小[(6~10) mm×5 mm],囊内充满液体,囊壁为一层薄膜,壁上有 1 个圆形黍粒大的乳白色小结,其内有 1 个内翻的头节,所以整个外形像石榴子。头节上有 4 个圆形的吸盘,最前端的顶突上有多个角质小钩(25~50),分为两圈排列。

(2)牛囊尾蚴 牛囊尾蚴的成虫牛带绦虫属于圆叶目、带科、带属。牛带绦虫的幼虫称牛囊尾蚴,一般称为牛囊虫,也是一个透明的椭圆形囊泡,较猪囊尾蚴稍小[(5~9) mm×(3~6) mm],头节上没有顶突和钩,这是与猪囊尾蚴的主要区别。

2.流行病学

尾蚴病呈全球性分布,流行具有明显的地方性特点,主要流行于亚洲、非洲、拉丁美洲的一些国家和地区。在我国主要于流行于东北、华北和西北地区及云南和广西部分地区。造成囊尾蚴病发生和流行的重要因素是猪、牛的管理不善,圈舍兼厕所(即所谓"连茅圈")以及生食或半生食猪肉或牛肉的不良习惯。猪(牛)带绦虫的成虫寄生在人的小肠内,成熟的节片随人的粪便排出体外,猪(或牛、犬、猫、羊)吞食了孕节(多因食人粪便)或虫卵(经饲料、饮水),虫卵经胃肠消化液及六钩蚴本身的作用,六钩蚴从卵内逸出,在1~2 d内钻入肠壁,进入淋巴管及血管内,最后随血流带到猪(牛)体的各部组织中去,在到达横纹肌组织(有时也能在各器官组织)后,就停留下来,开始发育,约经 10 周发育为成熟的囊尾蚴。人若生食或半生食了这种带活囊尾蚴的肉(主要是猪肉)后,囊尾蚴进入消化道,在肠中受胆汁的刺激作用,头节翻出,用吸盘和小钩附着在肠壁上,吸取营养,生长发育。经 2~3 个月发育为成虫,随粪便排出孕节和虫卵。

3.临床特征

(1)猪囊尾蚴病　患猪多不出现症状,只有当猪在严重感染时才呈现症状,多表现为营养不良、生长受阻、贫血、水肿等。具体临床表现因虫体寄生不同而有差异。寄生在肌肉,猪的肌肉僵硬,肩部肌肉水肿,两肩增宽,臀部隆起,显得异常肥胖,而身体中部窄细,成"狮状体"或"哑铃状";寄生在舌部,则咀嚼、吞咽困难;寄生在咽喉,则声音嘶哑;寄生在眼球,则视力模糊;寄生在大脑,则出现痉挛,或因急性脑炎而突然死亡。

(2)牛囊尾蚴病　感染初期症状显著,最初几天体温可升高到 40~41℃,表现虚弱、腹泻,甚至反刍停止,长时间躺卧,严重时可引起死亡,但由于囊尾蚴病诊断困难,通常误认为是其他疾病而不能引起注意。只要耐过最初 8~10 d,幼虫到达肌肉后症状即告消失。

4.诊断

生前诊断比较困难,除有时在舌肌和眼部肌可看见囊尾蚴突出外,一般在屠宰后检验时才能发现。生前诊断可用间接血凝试验、乳胶凝集试验、酶联免疫吸附试验、卡红试验、环状沉淀试验、炭凝试验等,但这些方法还没有被普遍采用,实践中仍以宰后剖检为主。

5.防治

本病目前尚无有效治疗方法。可手术摘除囊尾蚴。吡喹酮、丙硫咪唑和甲苯咪唑可使囊尾蚴变性和死亡,特别是前者具有疗效高、药量小、给药方便等优点,但均有不同程度的头痛、呕吐、发热、头晕、皮疹等毒副作用。

预防做到猪有圈,不放养;人有厕所,革除连茅圈;人粪便不新鲜施用,须经过堆肥发酵处理。认真进行肉品卫生检验,查出有囊尾蚴的猪肉、牛肉,应按国家现行规定处理,不准上市销售。

五、棘球蚴病

棘球蚴病(echinococcosis,hydatidosis,hydatid disease)亦称包虫病,是由数种棘球绦虫的幼虫——棘球蚴寄生于绵羊、山羊、马、猪、骆驼及人的肝、肺等脏器组织中所引起的一种严重的人兽共患疾病。其成虫则寄生于犬、狼、豺、狐和狮、虎、豹等食肉兽小肠内。该病在我国分布较广,严重威胁着人类生命安全,给畜牧业发展造成严重的损失。

1.病原

棘球蚴又称包虫,是棘球绦虫的中绦期。我国常见的棘球绦虫有:细粒棘球绦虫和多房棘球绦虫。

细粒棘球绦虫很小,仅有 2~7 mm 长,由头节和 3~4 个节片组成。头节上有 4 个吸盘,顶突钩 36～40 个,排成两圈。成节内含一套雌雄同体的生殖器官。生殖孔位于节片侧缘的后半部。孕节的长度约占全虫长的一半,子宫侧枝为 12～15 对,内充满虫卵。

多房棘球绦虫较细粒棘球绦虫略小,成虫长 1.3～3.0 mm。由头节和 4～5 个节片组成。头节有吸盘四个,顶突上有两圈小钩。子宫弯曲,末端膨大为袋状,或球形,不分侧支。孕节子宫无侧囊,内含虫卵。生殖孔均在中横线前的侧缘,多为不规则交错开口,也可见一侧性开口。

2.流行病学

细粒棘球绦虫以狗、狼为终宿主,羊、猪、骆驼、牛为中间宿主。多房棘球绦虫以狼、狐狸、狗为终宿主,啮齿动物,主要是田鼠为中间宿主,它是一种动物源疾病。在牧区犬吞食棘球蚴的家畜脏器而感染,虫卵随狗的粪便排出污染周围环境,这些卵对低温和化学药物都有很强的抵抗力。虫卵可经手、食物、饮料进入人或家畜体内,经过消化道作用,幼虫脱壳而出,孵出的六钩蚴穿过胃及十二指肠壁随血流或淋巴液进入门静脉系统,然后到达各器官,大部分停留在肝,部分到肺、肾、脑、皮下组织、肌肉和骨骼,经 3～5 月发育为直径 10～30 mm 的棘球蚴,大者可达数百毫米,一个 100 mm 直径大的棘球蚴内可有原头蚴 10 万个左右。

3.临床症状

棘球蚴对动物和人的危害程度,主要取决于棘球蚴的大小、数量和寄生部位。绵羊对棘球蚴比较敏感,死亡率也较高。严重感染羊表现消瘦,被毛脱落,咳嗽,倒地不起。牛严重感染者常见消瘦、衰弱、呼吸困难或轻度咳嗽,剧烈运动时症状加重。听诊时在不同部位有局限性的半浊音灶,在病灶处肺泡呼吸音减弱或消失;若棘球蚴破裂,则全身症状迅速恶化,体力极为虚弱,通常会窒息死亡。

剖检病变主要表现在虫体经常寄生的肝脏和肺脏。可见肝肺表面凹凸不平,重量增大,表面有数量不等的棘球蚴囊泡突起;肝脏实质中亦有数量不等、大小不一的棘球蚴囊泡。

4.诊断

动物棘球蚴的生前诊断比较困难,往往在尸体剖检时发现。在疫区内怀疑为本病时,可利用 X 光或超声波检查;也可用变态反应诊断,即用新鲜棘球蚴囊液,无菌过滤,在牛(羊)颈部皮内注射 0.1～0.2 mL,同时用生理盐水在另一部位注射(相距应在 10 cm 以外)作为对照。注射后 5～10 min 观察,若皮肤出现红斑,并有肿胀或水肿者即为阳性。

5.防控

该病目前尚无有效治疗药物,口服吡喹酮对内脏棘球蚴病有一定的效果。皮肤或肌肉棘球蚴病可在确证后手术切除,但术中切勿弄破囊壁,术前也禁忌穿刺,以防囊液外溢引起变态反应。

主要应做好预防:①避免犬、狼、豺、狐狸等终末宿主吞食含有棘球蚴的内脏。②疫区经常定期驱虫,常用氢溴酸槟榔碱或吡喹酮。③保持畜舍、饲草、饮水的卫生,防止粪便污染。

六、肉孢子虫病

肉孢子虫病(sarcosporidiasis,sarcocystosis)是一种广泛寄生于人类和哺乳动物、鸟类、爬行动物等细胞内的寄生虫病。其所产生的肉孢子虫毒素能严重地损害宿主的中枢神经系统和其他重要器官,因而是一种重要的,甚至是致死性的人畜共患寄生虫病。本病在世界各地均有流行。

1.病原

肉孢子虫属真球虫目、肉孢子虫科,本虫最早于 1882 年在猪肉中发现,到 20 世纪初才被确认为一种常见于食草动物(如牛、羊、马和猪等)的寄生虫。

(1)猪肉孢子虫(*S. miescheriana*) 大小为(2~3) mm×(0.1~0.3) mm,寄生于猪腹部及膈膜肌的肌纤维内,虫体周围无结缔组织膜,只有内部分割的间壁,并充满了芽孢。猪肉孢子虫外形的变化较多,有椭圆形、伸长形、弯曲形,在高倍镜下甚易发现镰形芽孢。心肌切片可发现很多肉孢子虫,阳性率高于膈肌。在肌肉纤维内出现淡灰白色的纹条或斑点。钙化的猪肉孢子虫是猪肉发现钙化现象中最普通的一种,如不注意观察及检查,可与钙化的旋毛虫相混淆。

(2)牛肉孢子虫(*S. blanchardi*) 寄生于水牛肌肉内,纺锤形,长 10~40 mm,呈黄色,在全身肌肉内寄生,食道壁肌最多。

(3)羊肉孢子虫(*S. tenella*) 寄生在绵羊、山羊的食管结缔组织中,舌、咽、膈肌、骨骼肌等部位。在羊体不同部位,所寄生的肉孢子虫的大小有很大差别,据观察,迈氏管在食道的结缔组织中可见小米粒至白豆般大;在心内膜下有时大如芝麻;在肌肉中则需显微镜才能观察。

肉孢子虫囊呈卵圆柱形或纺锤形,大小差别很大;长径 1~5 cm,横径 0.1~1 cm,囊壁内有许多间隔把囊内虫体——缓殖子分隔成簇。成熟卵囊长椭圆形,内含 2 个孢子囊,因囊壁膜而柔嫩,常在肠内自行破裂,孢子囊即脱出。孢子囊呈现椭圆形或卵圆形,壁双层而透明,内含 4 个子孢子,大小为(13.6~16.4) μm×(8.3~10.6) μm。

2.流行病学

肉孢子虫的生活史要通过中间寄土和终寄主才能完成。人、猕猴和猩猩等食肉类动物为人肠肉孢子虫的终宿主,牛、猪分别为人肉孢子虫和猪人肉孢子虫的中间宿主。终宿主粪便中的孢子囊或卵囊被中间宿主(食草类)食入后,子孢子在其小肠内逸出,穿过肠壁进入血液,在多数器官的血管壁内皮细胞中形成裂殖体,进行几代裂体增殖后,裂殖子进入肌肉组织中发育为肉孢子虫囊,横纹肌及心肌多见。肉孢子虫囊内滋养母细胞或称母细胞,增殖生成缓殖子。中间宿主肌肉中的肉孢子虫囊被终宿主吞食后,缓殖子释出并侵入小肠固有层,无需经过裂体增殖就直接形成配子,雌雄配子结合成为卵囊,卵囊在小肠固有层逐渐发育成熟,随粪便排出体外。此外,孢子囊尚可通过鸟类、蝇等传播。

3.临床症状

由猪肉孢子虫引起的,可发生腹泻、肌炎、跛行、衰弱等;由猪人住肉孢子虫引起的,可出现急性症状:高热、贫血、全身出血、流产等。剖检时可见病畜肌肉色淡,上有白色小点,老的病灶,可发现虫体钙化结节。显微检查时可见到肌肉中有完整的包囊。

4.诊断

生前诊断比较困难,须通过临床症状、流行病学资料,结合血清学方法进行确诊。死后则主要靠剖检发现肌肉组织中存在住肉孢子虫包囊而作出确诊。目前血清学诊断方法有间接血凝试验、酶联免疫吸附试验等。

5.防控

目前尚无特效治疗药物,但磺胺嘧啶、复方新诺明、吡喹酮等有一定疗效;主要是预防。对有肉孢子虫的肌肉、脏器和组织剔除烧毁,不使肉食动物有食入的机会。畜场、圈舍、饲料、饮水处及垫草不能让犬、猫进入并接触,以免受污染。必须用熟肉喂狗和猫,捕杀野狗、野猫。

第三节　猪寄生虫病

一、蛔虫病

猪蛔虫病(ascaris suum disease)是由猪蛔虫引起的一种肠道线虫病,主要感染仔猪,分布广泛,感染普遍,对养猪业的危害极为严重;特别是在卫生条件不好的猪场或营养不良的猪群中,感染率很高,通常可达 50% 以上。感染本病的仔猪,生长发育不良,增重往往比健康仔猪降低 30% 左右;病情严重者,不仅生长发育停滞,而且引起死亡。因此,本病是造成养猪业损失最大的寄生虫之一。

1. 病原

猪蛔虫病的病原为线形动物门、蛔目、蛔科、蛔属的猪蛔虫。蛔虫是一种大型线虫,在猪的寄生线虫中个体最大。新鲜虫体为淡红色或淡黄色,固定后侧为苍白色。虫体呈中间稍粗,两端较细的圆柱形。体表有横纹,体两侧纵线明显。口位顶端,有 3 个唇瓣,内缘具细齿,还有感觉乳突和头感受器。雄虫尾端稍钝向腹面弯曲,形似钓鱼钩;肛门前后多乳突,单管型生殖器,有 1 对交合刺。雌虫尾端钝圆,肛门位于末端,双管型生殖器,阴门在虫体腹侧中间之前。虫卵多为椭圆形,呈棕黄色,卵壳表面凹凸不平。未受精和受精卵有所不同,受精卵为短椭圆形,黄褐色,内含一个圆形卵细胞;未受精卵呈长椭圆形,灰色,内含大小不等的卵黄颗粒合空泡。

2. 流行病学

猪蛔虫病广泛流行,主要与猪蛔虫的生活史简单、产卵量大(每条雌虫一生可产卵 3 000 万个)和虫卵的抵抗力强大有关。本病虽然可发生于各年龄的猪,但以 3～5 月龄的仔猪最易感染,可成流行性发生。病猪和带虫猪是本病的主要传染源。饲养管理不善,卫生条件差,营养缺乏,饲料中缺少维生素和矿物质,猪只过于拥挤的猪场发病更加严重。由于病猪死亡率低,畜主往往忽视驱虫,这也是造成本病广泛流行的原因之一。

猪蛔虫的成虫寄生在猪的小肠里,雌虫产出大量的虫卵(1 条雌虫一昼夜可产 10 万～20 万个虫卵),虫卵随粪便排出,在适宜的外界环境下,经 11～12 d 发育成含有感染性幼虫的卵,这种虫卵随同饲料或饮水被猪吞食后,在小肠中孵出幼虫,并进入肠壁的血管,随血流被带到肝脏,再继续沿腔静脉、右心室和肺动脉而移行至肺脏。幼虫由肺毛细血管进入肺泡,在这里度过一定的发育阶段,此后再沿支气管、气管上行,后随黏液进入会厌,经食道而至小肠。从感染时起到再次回到小肠发育为成虫,共需 2～2.5 个月。虫体以黏膜表层物质及肠内容物为食。在猪体内寄生 7～10 个月后,即随粪便排出。

3. 临床症状

猪蛔虫病的临床症状随着猪只的年龄大小、猪体质的好坏、感染的数量以及蛔虫的发育阶段的不同而有所不同。一般仔猪发生后的病情重,症状明显;而成年猪能抵抗一定数量虫体的侵害,感染后的症状常不明显。

仔猪轻度感染时,体温升高至40℃,有轻微的湿咳,有并发症时,则易引起肺炎。感染较重时,病猪精神沉郁,被毛粗乱,呼吸和心跳加快,食欲时好时坏,营养不良,有异食、消瘦、贫血等表现,有的还出现全身黄疸等症状。生长发育明显受阻,部分变为僵猪。感染严重时,病猪的呼吸困难,急促而不规律,常伴发声音低沉而粗粝的咳嗽;还出现口渴、流涎、呕吐、腹泻等症状。病猪喜卧地,不愿走动,逐渐消瘦而死亡。当病猪的肠道有大量蛔虫寄生时,常引起蛔虫性肠梗阻,随梗阻程度的不同,病猪可出现不同的腹痛症状;严重时,病猪的四肢乱蹬或卧地呻吟。蛔虫进入胆管时,可引起胆管梗阻。此时,病猪除有剧烈的腹痛症状外,还出现体温升高、食欲废绝、腹泻和黄疸等症状。

成年猪感染蛔虫后,如寄生虫的数量不多,病猪的营养良好,常无明显的症状;但感染较严重时,常因胃肠机能遭受破坏,病猪则出现食欲不振、磨牙、轻度贫血和生长缓慢等症状;严重的感染,也可出现类似仔猪感染的种种症状。

4.病理变化

发病初期,小肠黏膜出血,轻度水肿,浆液性渗出,嗜中性粒细胞和嗜酸性粒细胞浸润,肝脏出现出血点,肝组织混浊肿胀,脂肪变性,有时出现肝脏局灶性坏死,有时在肝组织中,发现暗红色的幼虫移行后的虫道。幼虫进入肺泡时,造成肺组织小点出血,肺表面有大量出血点和暗红色斑点,肺泡内充满水肿液,肺病变组织沉于水,此时,在肺组织中常可发现大量虫体。后期,肝表面有许多大小不等的白色斑纹,小肠中可发现数量不等的虫体。寄生数量少时,肠道无明显的变化。寄生数量多时,可见有卡他性肠炎,肠黏膜散在出血点或者出血斑,甚至可见溃疡病灶。肠破裂的可见腹膜炎,肠和肠系膜以及腹膜粘连。偶尔可见虫体钻入胆道。虫体钻入胰管,则造成胰管炎。

5.诊断

幼虫移行期诊断较难,可结合流行病学和临床上暴发哮喘、咳嗽等症状综合分析。成虫期诊断主要根据临床症状和粪便检查发现虫卵及病理剖检确诊。

(1)直接涂片查虫卵　一般1 g粪便中虫卵数量≥1 000个时可以诊断为蛔虫病。蛔虫的繁殖力很强,用直接涂片法很容易发现虫卵。

(2)饱和盐水漂浮法　首先配制饱和盐水,将380 g的氯化钠(或食用盐)溶解于1 L热水中,冷却至室温备用。取10 g粪便加饱和盐水100 mL,混合均匀,通过60目铜筛过滤,滤液收集于三角瓶或烧杯中,静置沉淀20~40 min,则虫卵上浮于水面,用一直径5~10 mm的铁丝圈,与液面平等以蘸取表面的液膜,抖落于载玻片上,盖上盖破片于显微镜下检查。

(3)蛔虫幼虫检查法　在肝和肺组织有蛔虫病变和幼虫,可以采用贝尔曼法检查幼虫。具体方法为:将病变的肝组织或者肺组织撕碎,放于铁丝网筛上(网筛事先置于漏斗上,漏斗下用胶管连接一个小试管),随后加入40℃的温水,放置1~2 h,随后,取试管底部沉渣检查,可以发现幼虫。

6.防治

(1)治疗　可使用下列药物驱虫,均有很好的治疗效果。

①甲苯咪唑。每千克体重10~20 mg,拌料。

②氟苯咪唑。每千克体重30 mg,拌料。

③左咪唑。每千克体重10 mg,拌料;每千克体重4~6 mg,肌内注射。

④噻嘧啶(抗虫灵)。每千克体重 20～30 mg,拌料。

⑤丙硫苯咪唑。每千克体重 10～20 mg,一次内服。

⑥阿维菌素。每千克体重 0.3 mg,皮下注射或内服。

⑦伊维菌素。每千克体重 0.3 mg,皮下注射或内服。

⑧多拉菌素。每千克体重 0.3 mg,皮下或肌内注射。

⑨哌嗪化合物疗法。常用的有枸橼酸哌嗪和磷酸哌嗪,每千克体重 20～25 mg,拌料。本药无毒副作用,故安全可靠。

(2)预防 本病的预防,必须采取综合性的措施。

①未发病的猪场,重点在"防",要搞好环境卫生,加强饲养管理,防治仔猪感染;已发病的猪场,重点在"净",即要净化猪场,消灭病猪和带虫猪,建立无虫猪场。

②定期驱虫。在规模化猪场,首先要对全群猪驱虫;以后公猪每年驱虫 2 次;母猪产前 1～2 周驱虫 1 次;仔猪转入新圈时驱虫 1 次;新引进的猪需驱虫后再和其他猪并群。产房和猪舍在进群前应彻底清洗和消毒。母猪转入产房前要用肥皂清洗全身。在散养的育肥猪场,对断奶仔猪进行第一次驱虫,4～6 周后再驱一次虫。在广大农村散养的猪群,建议在 3 月龄和 5 月龄各驱虫一次。驱虫时应首选阿维菌素类药物。

③加强饲养管理。搞好环境卫生,保持饲料和饮水的清洁,减少感染机会;给仔猪多补充维生素和矿物质;保持猪舍清洁卫生,通风良好,阳光充足,避免潮湿阴冷,垫草勤扫,减少虫卵污染;定期给猪舍及环境消毒,粪便进行无害化处理。另外,引进种猪时,应先隔离饲养,并进行粪便检查,无本病或其他疾病时才可放入猪群饲养。

④紧急预防。对暴发本病的猪场,应立即将病猪和无病猪,成猪和仔猪分离饲养,并用上述治疗药物进行治疗和药物预防。发生蛔虫后的猪场,每年应进行两次全群驱虫,并于春末或秋初深翻猪舍周围的土壤,或铲除一层表土,换上新土,并用生石灰消毒;对 2～6 月龄的仔猪,在断乳时驱虫一次,以后间隔 1.5～2 个月再进行一次预防性驱虫。

二、细颈囊尾蚴病

猪细颈囊尾蚴病(cysticercosis tenuicollis),俗称猪细颈囊虫病,它是由泡状带绦虫的幼虫——细颈囊尾蚴(俗称"水铃铛")寄生于猪的肝脏、浆膜、网膜及肠系膜等处所引起的一种寄生虫病,主要影响幼龄及青年猪的生长和增重,严重感染可导致急性死亡。

1.病原

本病的病原体为带科、带属、泡状带绦虫的幼虫细颈囊尾蚴。细颈囊尾蚴俗称水铃铛、水泡虫,主要寄生在猪的肝脏和腹腔内,呈囊泡状,由黄豆大到鸡蛋大囊壁乳白色、半透明,内含透明囊液,囊壁的一端有一白点,即为头节。成虫为泡状绦虫,呈白色或稍带黄色,长 75～500 cm,由 250～300 个节片组成。

2.流行病学

细颈囊尾蚴在世界上分布很广,凡是有猪的地方,均有此病发生。幼虫寄生在猪、牛、羊等家畜的肠系膜、网膜和肝等处。成虫寄生于犬的小肠,孕卵节片随粪便排出,虫卵抵抗力很强,在外界环境中长期存在,导致本病广泛散布。猪吞食了随病犬粪排出的虫卵而被感染,虫卵中的六钩蚴在肠内逸出,钻入肠壁血管,随血流到肠系膜和网膜、肝实质,以后逐渐移行到肝脏表面或从肝表面落入腹腔而附着于网膜或肠系膜上,经 3 个月发育成具有感染性的细颈囊尾蚴。犬由于食入带有细颈囊尾蚴的脏器而受感染。潜隐期为 51 d,成虫在犬体内可生活 1 年之久。

3.临床症状

本病多呈慢性,感染早期,成年猪一般无明显症状,幼猪可能出现急性出血性肝炎和腹膜炎症状。患猪表现为咳嗽、贫血、消瘦、虚弱,可视黏膜黄疸,生长发育停滞,严重病例可因腹水或腹腔内出血而发生急性死亡。肺部的蚴虫可引起支气管炎、肺炎。

4.病理变化

剖检时可见肝脏肿大,表面有很多小结节和小出血点,肝脏呈灰褐色和黑红色。慢性病例,肝脏及肠系膜寄生有大量、大小不等的卵泡状细颈囊尾蚴。

5.诊断

该病生前诊断比较困难,可采用血清学方法诊断。尸体剖检或肉检时发现虫体即可确诊。细颈囊尾蚴呈乳白色,囊泡状,只有 1 个头节,囊壁薄而透明,大小如鸡蛋或更大。在肝脏中发现细颈囊尾蚴时,应与棘球蚴相鉴别,棘球蚴囊壁厚而不透明,囊内有多个头节。

6.防治

吡喹酮和丙硫咪唑等对细颈囊尾蚴有一定的杀灭作用。

(1)吡喹酮 每千克体重 50 mg,以液体石蜡配成 20%溶液,颈部深层肌内注射,2 d 后重复 1 次。

(2)丙硫苯咪唑 每千克体重 20 mg,1 次口服,隔日 1 次,连服 3 次。

预防主要是防止犬进入猪舍内散布虫卵,污染饲料和饮水;勿用猪、羊屠宰的废弃物喂犬。对犬应进行定期驱虫,常用药物有吡喹酮,每千克体重剂量为 5 mg;氯硝柳胺每千克体重为 100~150 mg,喂服驱虫。

三、肺线虫病

猪肺线虫病(metastrongylosis),又称猪后圆线虫病或寄生性支气管肺炎,主要是由后圆线虫寄生于支气管和细支气管内引起的一种寄生虫病。该病主要危害仔猪,引起支气管炎和支气管肺炎,临床表现为阵发性咳嗽、流鼻液、呼吸困难。轻者生长发育迟缓,饲料报酬降低,重者可造成仔猪的大批死亡,该病遍及全国各地,呈地方性流行。

1.病原

本病的病原体主要为后圆科属的后圆线虫。虫体呈白色或灰白色,口囊小,口缘具有 1 对三叶侧唇。食道呈棍棒状。交合伞有一定的退化,背叶小,肋有某种程度的融合。交合刺 1 对,细小。雌虫阴门紧靠肛门,前方覆有一角质盖。随粪便排出的虫卵内含有幼虫。根据宿主、寄生部位和虫体大小足以鉴定后圆属线虫。猪的后圆线虫有野猪后圆线虫、复阴后圆线虫和萨氏后圆线虫 3 种,前两者我国比较常见。

2.流行病学

猪肺线虫需要蚯蚓作为中间宿主。猪后圆线虫的成虫寄生在猪的支气管里,雌虫所产虫卵随气管中的分泌物进入咽部,进入消化道,后随粪便排出。该虫卵的卵壳厚,表面有细小的乳突状隆起,稍带暗灰色,卵在润湿的土地中可吸水而膨胀破裂,孵化出第一期幼虫。虫卵被蚯蚓吞食后,在其体内孵化出第一期幼虫(有时虫卵在外界孵出幼虫,而被蚯蚓吞食),在蚯蚓体内,经 10~20 d 蜕皮两次后发育成感染性幼虫。猪吞食了此种蚯蚓而被感染,也有的蚯蚓在损伤或死之后,在其体内的幼虫逸出,进入土壤,猪吞食了这种污染了幼虫的泥土也可被感染。感染性幼虫进入猪体后,侵入肠壁,钻到肠系膜淋巴结种发育,又经两次蜕皮后,循淋巴系统进入心脏、肺脏。在肺实质、小支气管及支气管内成熟。自感染后约经 24 d 发育为成虫,排卵、成虫寄生寿命约为 1 年。

本病主要感染仔猪和育肥猪,据报道,6～12 月龄的猪最易感。病猪和带虫猪是本病的主要传染源,而被猪肺虫卵污染并有蚯蚓的牧场、运动场、饲料种植场以及有感染性幼虫的水源等均可能为猪感染的重要场所。本病主要是经消化道传播,是猪吞噬了含有感染性幼虫的蚯蚓而引起的。因此,本病的发生与蚯蚓的滋生和猪采食蚯蚓的机会有密切的关系;主要发生在夏季和秋季,而冬季很少发生。

3. 临床症状

轻度感染猪的症状不明显。重度感染后可引起支气管炎和肺炎,在早、晚和运动时或遇到冷空气时出现阵发性咳嗽,有时鼻孔流出脓性黏稠液体,并呈现呼吸困难。病猪虽然有食欲,但常表现进行性消瘦,便秘或下痢,贫血,发育迟缓等,常成为僵猪。本病还易于并发猪肺疫。

本病的主要病变是寄生虫性支气管肺炎。肺膈叶后缘,形成一些灰白色隆起的气肿区,寄生部位的支气管变粗、变硬,剪开以后,用手按压可见从支气管中有大量的虫体逸出。

4. 诊断

生前可根据临诊症状(咳嗽、消瘦及生长发育停滞等)和当地流行病学资料作出初步诊断,确诊须用硫酸镁(或硫代硫酸钠)饱和溶液漂浮法检查粪便(尤其是检查含黏液部分)。必要时进行剖检,病猪的虫体多寄生在肺膈叶后缘,形成一些灰白色、隆起而呈肌肉样硬变的病灶,切开后从支气管流出黏稠分泌物及白色丝状虫体。另外,还可用变态反应诊断法进行检测。

5. 防治

(1)治疗　用于本病的治疗药物,均有程度不同的毒副作用,一般情况下,随着药量的增多而毒副作用增大。因此,在用药时一定要注意用量。现介绍几种常用的治疗药物。

①驱虫净(噻咪唑,四咪唑)。每千克体重 20～25 mg,内服或拌入少量饲料中喂服;或按每千克体重 10～15 mg 肌内注射。本药对各期幼虫均有很好的疗效(几乎 100%),但有些猪于服药后 10～30 min 出现咳嗽、呕吐、颤抖和兴奋不安等中毒反应,多于 1～1.5 h 后自动消失。

②左咪唑(左噻咪唑)。每千克体重 8 mg 置于饮水或饲料中服用;或按每千克体重 15 mg 一次肌内注射。该药对 15 日龄幼虫和成虫均有较好的疗效。

③氰乙酰肼。每千克体重 17.5 mg 口服或肌内注射,但用药的总剂量每千克体重不得超过 1 g,连服 3 d。

④丙硫咪唑。每千克体重 10～20 mg,混入饲料喂服。

⑤阿福丁(阿维菌素,虫克星)。每千克体重 0.3 mg,皮下注射或内服。

预防主要是减少蚯蚓的孳生,同时做好定期消毒等工作。

(2)预防

①防止猪吃到蚯蚓。猪场应建于高地干燥处,应铺水泥地面或木板猪床,注重排水,保持干燥,创造无蚯蚓孳生的条件,避免猪只在低洼潮湿有蚯蚓分布的地带放牧。

②定期驱虫。在猪肺线虫病流行地区,每年春、秋两季应在粪检的基础上,用左旋咪唑(每千克体重 8 mg,混入饲料或饮水中)各进行 1 次预防性驱虫。

③处理粪便。经常清扫粪便,运到离猪舍较远地方堆积进行生物热发酵,猪圈舍和运动场经常用 1%烧碱水或 30%草木灰水消毒,既能杀灭虫卵,又能促使蚯蚓爬出,便于消灭。

四、胃线虫病

猪胃线虫病(stomach nematode disease)是由旋尾目吸吮科似蛔属的圆形蛔状线虫(螺咽胃虫)、有齿蛔状线虫、泡首属六翼泡线虫、西蒙属的奇异西蒙线虫和颚口科颚口属的刚刺颚口线虫、陶氏颚口线虫(致病颚口线虫)寄生于胃内而引起的一种线虫病。本病呈地方性流行。

1.病原

圆形蛔状线虫,虫体纤细,淡红色,咽壁为螺旋形崤状角质增厚,故又称螺咽胃虫,雄虫长 10~15 mm,雌虫长 16~22 mm。

六翼泡首线虫雄虫长 6~13 mm,雌虫长 13~22.5 mm。

奇异西蒙线虫雄虫长 12~15 mm,线状、后部螺旋状卷起;雌虫长 15 mm,前部长后部膨大呈球形。

刚刺鄂口线虫,新鲜虫体淡红色,皮菲薄,可透见体内白色生殖器官,头部膨大呈球状,虫体全身长有小棘,雄虫长 15~25 mm,雌虫长 22~45 mm。

陶氏颚口线虫长 10~12 mm,雌虫长 16~20 mm,全身有小棘。

2.流行病学

圆形蛔状线虫、六翼泡首线虫的虫卵随粪排出体外后,被中间宿主食粪甲虫(蜉金龟属、金龟子属、显壳属、地孔属)吞食后,约经 20、36 d 以上发育到感染期,猪吞食有感染性的甲虫后(六翼泡首线虫的幼虫在其他动物或鸟粪、爬虫类体内形成包囊)或含有包囊的贮藏宿主(颚口线虫的中间宿主是剑水蚤、鱼类),感染性幼虫进入猪胃内,头部钻进胃壁黏膜,逐渐发育(约 6 周)为成虫。颚口线虫的幼虫也可移行至肝及其他器官,但不能继续发育而死亡。

本病各种年龄的猪都可以感染,但主要是仔猪、架子猪。哺乳母猪较非哺乳母猪易感。公猪感染性和非哺乳母猪相似。乳猪由于接触感染性幼虫的机会不多,受感也较少。感染主要发生于受污染的潮湿的牧场、饮水处、运动场和圈舍。果园、林地、低湿地区都可以成为感染源。猪饲养在干燥环境里,不易发生感染。

3.临床症状

虫体侵入胃黏膜吸血,少数寄生时无异常,多数寄生或由于其他原因而并发胃炎时,患猪精神不振,贫血,营养状况衰退,发育不良,排混血黑便。食欲不减而增加,有时下痢。患病猪中,尤其是幼猪,多数寄生时,胃黏膜发炎,食欲减少,渴欲增加,腹疼、呕吐、消瘦、贫血、有急、慢性胃炎症状。精神不振、营养障碍、发育生长受阻、排粪发黑或混有血色。剖检时可见胃黏膜尤其是胃底黏膜红肿,有时覆有假膜。假膜下的组织明显发红,并有溃疡。

4.诊断

该病生前诊断比较困难。结合临床症状、剖检变化和检查粪便(漂浮法)所得结果,即可确诊。还可以将粪便中的虫卵培育为第三期幼虫,再行鉴定。诊断时应与猪胃溃疡病、急、慢性胃炎、钩头虫病、鞭虫病等注意鉴别。

5.防治

(1)治疗　可参照猪蛔虫病的治疗药物进行驱虫。

①左咪唑。每千克体重 7.5 mg,内服或肌内注射。

②丙硫咪唑(抗蠕敏)。每千克体重 10～20 mg,1 次内服。

③酒石酸噻嘧啶。每千克体重 22 mg(每头猪不得超过 2 g)混入饲料喂服。

④噻苯咪唑片。每千克体重 50 mg/次,每日 1 次,连用 3 次。

⑤磺苯咪唑。每千克体重 3 mg,1 次内服。

⑥芬苯达唑。每千克体重 5～7.5 mg,拌料。

⑦伊维菌素。每千克体重 0.3 mg,内服或皮下注射。

⑧阿维菌素。每千克体重 0.3 mg,内服或皮下注射。

⑨多拉菌素。每千克体重 0.3 mg,皮下或肌内注射。

⑩敌敌畏缓释剂。每千克体重按 10～20 mg 用药,1 次内服。

(2)预防　主要是每日需清扫猪舍,粪便堆集发酵;防止猪吃到中间宿主。

①改善饲养管理,给予全价饲料,清扫和消毒猪舍、运动场,妥善处理粪便,保持饮水清洁,进行预防性和治疗性驱虫。

②猪舍及放猪地附近不要种植白杨,以免金龟子采食树叶时落下被猪吞食,或猪拱地吞食金龟子的幼虫蛴螬而发病,不让猪到有剑水蚤、甲虫等中间宿主的场所活动以免感染。

五、毛尾线虫病

猪毛尾线虫病(*Trichuris trichura* Linnaeus),又称猪鞭虫病,是毛尾线虫寄生于猪盲肠而引起的体内寄生虫病。本病分布广泛,一年四季均可发生,仔猪尤为易受鞭虫的危害,感染重者往往导致死亡,每年养猪业因此病均遭受巨大的损失,是长期以来一直影响养猪业的普遍问题。

1.病原

毛尾线虫呈乳白色,长度 30～60 mm,虫体外形像鞭子,故称鞭虫。前部细长,为食道部,食道由一串单细胞围绕着;后部短粗,为体部,内有消化、生殖器官。雄虫尾部弯曲,泄殖腔在虫体末端,交合刺一根,包在交合刺鞘内。雌虫尾部不弯曲,阴门位于虫体粗细部交界处。虫卵腰鼓形,两端有卵塞,卵呈棕黄色,卵壳厚,刚排出时含一个卵细胞。

2.流行病学

猪鞭虫的成虫在盲肠中产卵,虫卵随粪便排出,在适宜的温度和湿度下,约经 3 周发育成感染性虫卵(内含感染性幼虫),感染性长达 6 年。虫卵随饲料及饮水被宿主吞食,幼虫在小肠内脱壳而出,第 8 天后移行到盲肠和结肠并固着在肠黏膜上,经 1 个月左右发育为成虫。成虫的寿命为 4～5 个月。

本病主要发生于幼畜,1.5 月龄的仔猪即可检出虫卵,4 月龄的猪,粪便中虫卵数和感染率均很高;而且 14 月龄以上的猪很少感染。由于厚厚的卵壳保护,虫卵的抵抗力极强,可在土壤中存活 5 年。本病一年四季均可感染,夏季发病率最高。

3.临床症状

极轻者没有明显症状。轻者精神倦怠,体温略升高,被毛无光泽,消瘦,饲料转化率低。严重感染时,病猪身体极度衰竭,弓背,行走摇摆,体温高达41℃,食欲减退,全身苍白,脱水,顽固性下血痢,脱落的肠黏膜随粪便排出,5~6 d后因呼吸困难衰竭而死。剖检可见大量虫体粘在盲肠黏膜上,虫体钻入处炎性渗出物形成纤维性坏死性薄膜,并聚集成圆形的囊状结节,肠黏膜层溃疡状坏死(主要是盲肠和结肠),并有充血、出血和水肿现象。

4.诊断

从临床症状上诊断猪是否患鞭虫病时,应与猪痢疾相鉴别,若用抗生素治疗无效,并结合剖检病理变化则应考虑是鞭虫感染。确诊可进行虫卵检查,称取10 g左右病猪粪便,加入适量饱和盐水,混匀过滤静置半小时后,蘸取表面液膜放于载玻片上,进行镜检。若观察到很多腰鼓形、棕黄色、两端有卵塞的虫卵,便可以确诊是鞭虫感染。

5.防治

一般来说,左咪唑、丙硫咪唑、羟嘧啶等均对鞭虫有一定效果。常用药物如下:

(1)左咪唑 每千克体重10~20 mg,混饲或混饮。

(2)丙硫咪唑 每千克体重10~20 mg,内服。

(3)驱虫净(噻咪唑) 每千克体重25 mg,内服;或每千克体重15~20 mg,配成3%~5%溶液,肌内注射。

(4)羟嘧啶 每千克体重2~4 mg,混饲或混饮(严禁注射给药)。

(5)敌敌畏 每千克体重11.2~21.6 mg,与1/3的日粮混饲。

(6)预防应加强饲养管理,仔猪断乳时应驱虫1次,经1.5~2个月再驱虫1次。搞好栏舍卫生,定期消毒,或铲去 层表土,粪便应沤制发酵,以便消灭虫卵。

六、棘头虫病

猪棘头虫病(macracanthorhynchosis)是由少棘科巨吻属的蛭形巨吻棘头虫寄生于猪的小肠内引起的寄生虫病,以空肠为最多。也感染野猪、狗和猫,偶见于人。

1.病原

巨吻棘头虫是一种大型虫体,呈灰白色或淡红色。雄虫长7~15 cm,雌虫长30~80 cm。前端粗大,后端较细,体表有明显的环状皱纹。身体的前端有一个棒状的吻突,吻突上有许多向后弯曲的小钩。寄生时,吻突插入黏膜,甚至穿透黏膜层。虫卵呈椭圆形,暗棕色,卵壳上布满着斑点状的小穴,颇似桃核。虫卵大小为(89~100) μm×(42~56) μm。

2.流行特点

中间宿主是金龟子及其幼虫。雌虫在小肠中产卵,每条雌虫每天可排卵25万个以上,并持续排卵10个月。虫卵卵壳厚,对外界环境中各种不利因素的抵抗力很强,在高温、低湿及干燥的气候条件下均可长时间存活。虫卵被金龟子及其他甲虫的幼虫吞食后,棘头蚴即在中间宿主的肠内孵化,然后穿过肠壁进入体腔,发育为棘头体(如6月前感染需经3.5~4个月发育为棘头体,若7月后感染,则经过12~13个月才能发育为棘头体)并形成棘头囊。当中间宿主甲虫发育为蛹和成虫时,棘头囊仍留在体内,终宿主猪吞食带有棘头囊的甲虫幼虫、蛹和成虫即可引起感染。棘头囊进入猪体内,棘头体从囊中逸出,以吻突叮在小肠壁上,经3~4月发育为成虫。棘头虫在猪体内可存活10~

24 个月。

本病主要感染 8～10 月龄猪,常呈地方性流行。本病有一定的季节性,春夏季多发(与中间宿主金龟子的活动季节是一致的。金龟子一般出现在早春至 6～7 月份)。放牧猪比舍饲猪感染率高,后备猪较仔猪感染率高。

3.临床症状

轻度感染(虫体数量少于 15 条)时不显症状。重度感染时可见消化障碍、腹痛、食欲减退、下痢和粪中带血等症状。猪只生长发育停滞、消瘦和贫血。当患猪由于肠穿孔而继发腹膜炎时体温上升、不食,可卧地抽搐而死。

剖检时在小肠壁可见叮附着成虫及被虫体造成的炎性病灶,肠黏膜发炎,肠壁灰黄或暗红色豆大结节,周围红晕,甚至结节周围吸收、钙化,边缘不整。

4.诊断

根据临床症状、病理剖检变化以及粪便检查可确诊。

(1)生前可用反复沉淀法或硫代硫酸钠饱和溶液漂浮法进行粪检,找到虫卵。其中以反复沉淀法效果较好。

(2)死后剖检可在小肠壁上找到虫体。在实际工作中棘头虫和猪蛔虫易混淆,要注意区别。蛔虫体表光滑,游离在肠腔中,虫体多时常聚集成团;而棘头虫体表有环状皱纹,以吻突深深地固着在肠壁上,不聚集成团。

5.防治

(1)治疗　本病尚无特效药,可试用以下药品:

①左咪唑。每千克体重 25～30 mg,内服;或每千克体重 10 mg,肌内注射,1 次/d,连用 2 d。

②丙硫咪唑。每千克体重 20 mg,内服。

③敌百虫。每千克体重 0.1～0.12 g,内服。

(2)预防

①消灭中间宿主,在猪场以外的适宜地点设置虫灯,捕杀金龟子等。

②流行地区的猪,改放养为圈养,尤其在 6～7 月份甲虫类活跃季节,尽量减少食入蛴螬或金龟子的机会。

③流行地区的猪应定期驱虫,每年春秋各 1 次,以减少传染源。

④病猪粪便应堆集发酵,以杀灭虫卵。

第四节　禽寄生虫病

一、鸡球虫病

鸡球虫病(coccidiosis)是由寄生于鸡肠道中的多种球虫引起的一种原虫病,是对鸡危害最为严重的寄生虫病。尤其是以集约化养鸡业最为多发,且防治困难的疾病之一。本病除引起雏鸡大批死亡外,还可使成年鸡的增重和产蛋受到严重影响。目前已被美国农业部列为对禽类危害最严重的五大疾病之一。

1. 病原

鸡球虫病常为7种球虫混合感染，均属于孢子虫纲（Sporozoa）、艾美耳球虫科（Eimeriidea）、艾美耳属（*Eimeia*）。球虫的卵囊，一般呈卵圆形，平均大小为$(15\sim30)$ $\mu m\times(11\sim20)$ μm。艾美耳属球虫卵囊内有4个孢子囊，每个囊内含2个子孢子，主要寄生于宿主肠道，为细胞内寄生。感染性卵囊被鸡吞食后，子孢子侵入肠黏膜上皮细胞，进行裂体增殖，产生的大量裂殖子使鸡的肠壁黏膜受到极大的损害。经过几代无性繁殖的裂殖增殖后，进入有性生殖阶段-配子生殖，在肠腔中形成卵囊，随粪便排出体外，造成新的感染。

2. 流行病学

鸡球虫具有很强的宿主特异性和寄生部位特异性，鸡是各种球虫的唯一宿主，所有日龄和品种的鸡都有易感性。而公认的7种鸡球虫中以柔嫩艾美耳球虫致病性最强，其次为毒害艾美耳球虫，且各自的致病性和寄生部位均不相同。

本病唯一的感染途径是经口感染，鸡感染球虫的途径是啄食球虫卵（囊），病鸡是主要传染源，凡被带虫鸡污染过的饲料、饮水、土壤和用具等都有卵囊存在，人及其衣服、用具等以及某些昆虫都可成为机械传播者。球虫病一般暴发于3～6周龄的雏鸡，2周龄以内的雏鸡很少发病。饲养管理条件不良和营养缺乏能促使本病的发生。拥挤、潮湿或卫生条件恶劣的鸡舍最易发病。本病多发于温暖潮湿的4～7月份，5～8月份最严重，尤其在多雨、闷热潮湿季节更易发生。而舍饲的鸡场中，一年四季均可发病。

3. 临床症状

急性型球虫病病程多为2～3周，多见于雏鸡。病雏羽毛松乱，翅膀下垂，拥挤成堆，全身战栗。不食，渴欲增加。发病初期排水样稀便，并带有少量血液。若是由柔嫩艾美耳球虫引起的盲肠球虫病则粪便呈棕红色，以后变成血便。随着盲肠损伤的加重，最终由于肠道炎症、肠细胞崩解等原因造成的有毒物质被机体吸收，导致自体中毒死亡。严重感染时，死亡率高达80%。

慢性型球虫病多见于2～4月龄的鸡。症状类似急性型，但不大明显，病程也较长，拖至数周或数月。病鸡逐渐消瘦，产蛋减少，间歇性下痢，但较少死亡。

4. 病理变化

本病的病理变化一般集中在肠道，其他器官无多大变化。不同种类的球虫侵害所造成的病变程度和部位亦不同。

致病力最强的柔嫩艾美耳球虫主要侵害盲肠，急性型时两侧盲肠显著肿大，是正常的3～5倍，肠内充满凝固的或新鲜的暗红色血液。肠上皮变厚并有糜烂。直肠黏膜可见有出血斑。到感染后6～7 d，盲肠中的血液和脱落黏膜逐渐变硬，形成红色或红、白相间的肠芯，在感染后8 d从黏膜上脱落下来。毒害艾美耳球虫致病力仅次于柔嫩艾美耳球虫，损害小肠中段，这部分肠管扩张、肠壁增厚、变粗，肠黏膜上有出血点，涂片可见直径达66 μm 的巨大的第二代裂殖体，这是本虫的特征。

5. 诊断

球虫病的确诊应根据粪便检查、临床症状、流行病学材料的分析，结合病理变化等多方面的情况综合判定。由于鸡球虫的带虫现象非常普遍，所以仅在粪便和肠壁刮取物中检查获卵囊来确诊是远远不够的。此外，粪便检查不一定能发现卵囊，而要到感染的5～7 d才能发现卵囊；肠管病变部刮取物涂片或肠黏膜触片查到裂殖体、裂殖子或配子体，均可确诊为球虫感染。

6.防治

对球虫病的防治应从以下几个方面考虑。

(1)加强饲养管理　成鸡与雏鸡分开喂养,以免带虫的成年鸡散播病原导致雏鸡暴发球虫病。鸡舍要保持清洁干燥,通风良好,及时清除粪便和潮湿的垫草。饲槽、饮水器、用具和栖架,要经常洗刷和消毒,减少感染机会。饲料中应保持有足够的维生素 A 和维生素 K,以增强抵抗力,降低发病率。

(2)免疫预防　为了避免药物残留对人类健康的危害和球虫的抗药性问题,现已研制了数种球虫活疫苗,一种是利用少量强毒的活卵囊制成的活虫苗(商品名:Coccivac 或 Immucox),包装在藻珠中,混入饲料或饮水中;第二种是连续传代选育的早熟虫株制成的弱毒虫苗(如 Paracox),并已在生产上推广应用,第三种是活卵囊和弱毒卵囊混合制成的虫苗。

(3)药物治疗　鸡场一旦暴发球虫病,应立即进行治疗。常用的治疗药如下:

①氯苯胍。预防按 30～33 mg/kg 混饲,连用 1～2 个月,治疗按 60～66 mg/kg 混饲 3～7 d,后改预防量予以控制。

②硝苯酰胺(球痢灵)。混饲预防浓度为 125 mg/kg,治疗浓度为 250～300 mg/kg,连用 3～5 d。

③磺胺二甲基嘧啶(SM2)。预防按 2 500 mg/kg 混饲或按 500～1 000 mg/kg 饮水,治疗以 4 000～5 000 mg/kg 混饲或 1 000～2 000 mg/kg 饮水,连用 3 d,停药 2 d,再用 3 d。16 周龄以上鸡限用。

④杀球灵。主要作预防用药,按 1 mg/kg 混饲连用。

⑤百球清。主要作治疗用药,按 25～30 mg/kg 饮水,连用 2 d。

二、鸡绦虫病

鸡体内寄生的绦虫多属于戴文科中的赖利属(*Raillietina*)和戴文属(*Davdinea*)。由这些绦虫所引起的鸡绦虫病在我国分布很广,对养鸡业威胁很大。

1.病原

常见的鸡绦虫病病原体有赖利属的四角赖利绦虫(*R. tetragoma*)、棘沟赖利绦虫(*R. echinobothrida*)和有轮赖利绦虫(*R. cesticillus*)以及戴文属的节片戴文绦虫(*D. proglottina*)4 种。赖利属绦虫体长一般在 10～25 cm,宽 1～4 cm。头节上有 4 个吸盘和顶突,除四角赖利绦虫吸盘上无小钩外,本属绦虫的吸盘和顶突上均有 1～3 圈数量不等的小钩。戴文属的节片戴文绦虫是寄生于鸡小肠内较小的一类绦虫,体长仅有 0.5～3.0 mm,由 4～9 个节片组成。头节上的吸盘和顶突上均有小钩。

2.流行病学

各种年龄的鸡均能感染此病,其他如火鸡、雉鸡、珠鸡、孔雀等也可感染,17～40 日龄的雏鸡易感性最强,死亡率也最高。戴文科绦虫寄生于鸡小肠前段,孕卵节片或卵囊随粪便排到外界,被中间宿主蚂蚁、甲虫和陆地螺吞食,在中间宿主体内发育为似囊尾蚴。由于中间宿主在鸡宿内的普遍存在,从而使鸡的感染机会增加。也为此病的防治增加了难度。

3.临床症状

赖利绦虫由于虫体较大,感染量大时,虫体聚积导致肠阻塞,甚至肠破裂而引起腹膜炎;戴文绦虫虽然较小、但虫体头节钻入肠黏膜较深,引起肠炎。戴文科的绦虫对鸡的损害主要以机械性损伤为主。但由于大量虫体对宿主的营养过多吸收并产生大量代谢物,患鸡常营养不良,有时也出现神经中毒症状。病鸡常见食欲下降,行动迟缓,羽毛松乱,产蛋量下降或停产,最后衰竭而死。剖检可见肠道黏膜增厚,出血以及黏膜上附着的大量虫体。

4.诊断

本病无特征性症状,通过粪便检查,死后剖检,再结合流行病学资料,发现虫卵和虫体可确诊。

5.防治

治疗:丙硫咪唑,按每千克体重 10～20 mg,一次性口服;硫双二氯酚,按每千克体重 80～100 mg,一次性口服;氯硝柳胺,按每千克体重 80～100 mg,一次性内服。

预防:鸡舍内外中间宿主进行扑杀;对雏鸡进行定期驱虫,粪便及时清理并做无害化处理;定期检查鸡群,治疗病禽,新购入的鸡应驱虫后再合群。

三、鸡蛔虫病

鸡蛔虫病是鸡的一种线虫病。鸡蛔虫分布广,感染率高,对雏鸡危害性最大,严重感染时常发生大批死亡。

1.病原

为禽蛔科禽蛔属的鸡蛔虫(*Ascaridiagalli*),是鸡体内最大的寄生线虫,寄生于肠道中。虫体淡黄色,头端有一个背唇和两个亚腹唇呈"品"字形排列。雄虫长 58～62 mm,尾部的泄殖孔前方具有一个近似椭圆形的肛前吸盘,吸盘上有明显的角质环。而尾端有明显的尾翼和尾乳突和 1 对等长的交合刺。雌虫长 65～80 mm。阴门位于虫体的中部,肛门位于虫体的亚末端。虫卵呈椭圆形,大小为(70～90) $\mu m \times$(45～60) μm。

2.流行病学

鸡蛔虫属于直接发育型寄生虫,即在其生活史中无需中间宿主的参与只需在鸡体内就可完成整个发育过程。鸡主要是由于吞食了感染性虫卵而发病,蚯蚓可作为保虫宿主传播鸡蛔虫。虫卵进入鸡肠道后,不需要移行,直接在肠道内发育为成虫此过程约需50 d。雏鸡易遭受侵害,危害较大,但随着年龄的增大,其易感性则逐渐降低,成年鸡往往成为带虫者。

3.临床症状

成虫和幼虫均可对宿主造成危害。幼虫的危害主要是由于其在侵入肠黏膜过程中,造成肠黏膜出血、发炎等损伤。成虫大量寄生时,由于相互缠绕打结,极易发生肠阻塞,甚至引起肠破裂和腹膜炎,而其释放的代谢产物会使雏鸡发育迟缓,成鸡产蛋量下降。临床表现为雏鸡生长发育不良、精神委靡、羽毛松乱、鸡冠苍白、贫血、消化不良,最后可衰竭而死。

4.诊断

采集鸡粪用饱和盐水漂浮法检查虫卵或结合剖检病(或死)鸡,在粪便中发现虫卵或剖检时发现虫体可确诊。

5.防治

可选用丙硫苯咪唑、左旋咪唑、噻苯唑和伊维菌素等进行药物驱虫。

预防应注意:定期清洁禽舍,定期消毒,对鸡粪进行堆积发酵处理,杀灭虫卵。对易感鸡群定期驱虫,成年鸡应在冬季 10～11 月驱虫一次,在春季产蛋前应再驱虫一次;幼鸡在 2 月龄开始,每隔一个月驱虫一次。雏鸡与成年鸡分开饲养,避免互相感染。

四、鸡住白细胞虫病

鸡住白细胞虫病(Leucocytozoonosis)是由住白细胞虫属的多种住白细胞虫寄生于鸡的白细胞和红细胞引起的一种急性血孢子原虫病。病鸡因红细胞被破坏而广泛性出血,鸡冠呈苍白色,故又名白冠病。本病对蛋鸡和育成鸡危害严重,影响生长发育及产蛋性能,严重时可引起大批死亡。

1.病原

住白细胞虫属于孢子虫纲(Sporozoa)疟原虫科(Plasmodiidae)。与鸡相关的两种住白细胞虫是住白细胞虫属(*Leucocytozoon*)的卡氏住白细胞虫(*L. caulleryi*)和沙氏住白细胞虫(*L. sabrazesi*)。

卡氏住白细胞虫(*L.caulleryi*)在鸡体内的配子生殖阶段可分为 5 个时期。

第一期:在血液涂片或组织印片上,虫体游离于血液中,呈紫红色圆点状或似巴氏杆菌两极着色状,也有 3～7 个或更多成堆排列者,大小为 0.89～1.45 μm。

第二期:其大小、形状与第一期虫体相似,不同之处在于虫体已侵入宿主细胞内,多位于宿主细胞一端的胞浆内,每个红细胞有 1～2 个虫体。

第三期:常见于组织印片中,虫体明显增大,其大小为 10.87 μm×9.43 μm。呈深蓝色,近似圆形,充满于宿主细胞的整个胞浆,将细胞核挤在一边,虫体核的大小为 7.97 μm×6.53 μm,中间有一深红色的核仁,偶见有 2～4 个核仁。

第四期:可区分出大配子体和小配子体。大配子体呈圆形或椭圆形,大小为 13.05 μm×11.6 μm;细胞质呈深蓝色,核居中呈肾形、菱形、梨形、椭圆形,大小为 5.8 μm×2.9 μm,核仁为圆点状。小配子体呈不规则圆形,大小为 10.9 μm×9.42 μm;细胞质少呈浅蓝色,核几乎占去虫体的全部体积,大小为 8.9 μm×9.35 μm,较透明,呈哑铃状、梨状;核仁紫红色,呈杆状或圆点状。被寄生的细胞也随之增大,其大小为 17.1 μm×20.9 μm,呈圆形,细胞核被挤压成扁平状。

第五期:其大小及染色情况与第四期虫体基本相似,不同之处在于宿主细胞核与胞浆均消失。本期虫体容易在末梢血液涂片中见到。

沙氏住白细胞虫成熟的配子体为长形,宿主细胞呈纺锤形,细胞核呈深色狭长的带状,围绕着虫体的一侧。大配子体的大小为 22 μm×6.5 μm,呈深蓝色,色素颗粒密集,褐红色的核仁明显。小配子体的大小为 20 μm×6 μm,呈淡蓝色,色素颗粒稀疏,核仁不明显。

2.流行病学

住白细胞虫的传播媒介为蠓和蚋。卡氏住白细胞虫的传播媒介是库蠓;沙氏住白细胞虫的传播媒介是蚋。住白细胞虫的发育包括裂殖生殖、配子生殖、孢子生殖三个阶段。裂殖生殖和配子生殖的大部分在鸡体内完成,而配子生殖的一部分及孢子生殖则在库蠓和蚋体内完成。

因此本病发生有一定的季节性,这与库蠓和蚋活动的季节性相一致。当气温在20℃以上时,库蠓和蚋繁殖快,活力强,而分别由它们传播的卡氏住白细胞原虫和沙氏住白细胞原虫的发生和流行也就严重。卡氏住白细胞虫的分布地区为东南亚、北美和中国等地;沙氏住白细胞虫的分布地区有东南亚、印度和中国。本病在我国南方的福建、广东相当普遍,常呈地方性流行,多在4~10月份发病,发病的高峰季节在5月份。鸡的年龄与住白细胞虫病的感染率成正比例,而和发病率却成反比例。子鸡(2~4月龄)和中鸡(5~7月龄)的感染率和发病率一般较高,而8~12月龄的成年鸡或1年以上的种鸡,虽感染率高,但发病率不高,血液里的虫体也较少,大多数为带虫者。土种鸡对住白细胞虫病的抵抗力较强。

3.临床症状

自然感染时的潜伏期为6~10 d。3~6月龄鸡发病严重,症状明显,死亡率高。病初发烧,食欲不振,精神沉郁,流口涎,下痢,粪便呈绿色,贫血,鸡冠和肉垂苍白,生长发育迟缓,两肢轻瘫,活动困难。感染12~14 d,病鸡突然因咯血、呼吸困难而发生死亡。中年鸡和成年鸡感染后病情较轻,死亡率也较低,病鸡鸡冠苍白,消瘦,拉水样的白色或绿色稀粪,中鸡发育受阻,成年鸡产蛋率下降,甚至停止产蛋。

4.病理变化

死后剖检的主要特征是:全身性出血,白冠,肝脾肿大。全身皮下出血,肌肉(尤其是胸肌、腿肌、心肌)有大小不等的出血点;各内脏器官大出血,尤其是肾、肺出血最严重。各内脏器官上有灰白色或稍带黄色的、针尖至粟粒大的、与周围组织有明显界限的白色小结节,将这些小结节挑出并制成压片,染色后可见到有许多裂殖子散出。

5.诊断

根据流行病学、临床症状和剖检病变可作出初步诊断。病原学诊断采用血片检查法。取病鸡外周血1滴,涂片,姬氏或瑞氏染色、镜检,在显微镜下发现虫体,即可确诊。

6.防治

本病尚无有效的治疗药物,重点在于预防。鸡住白细胞虫的传播与库蠓和蚋的活动密切相关,因此消灭这些昆虫媒介是防治本病的重要环节。防止库蠓和蚋进入鸡舍,可用杀虫剂将它们杀灭在鸡舍及周围环境中,这对减少本病所造成的经济损失具有十分重要的意义。每隔6~7 d用杀虫药进行喷雾,可收到很好的预防效果。当使用药物进行治疗时,一定要注意及时用药,治疗越早越好。目前认为较有效的药物有以下几种:

泰灭净:为目前普遍认为治疗住白细胞虫病的特效药,其成分为磺胺间甲氧嘧啶,预防时用25~75 mg/kg拌料,连用5 d停2 d为一疗程。治疗时可按100 mg/kg拌料连用2周或0.5%连用3 d再0.05%连用2周,视病情选用。

呋喃唑酮(furazolidonum,痢特灵):预防用$1×10^{-4}$混于饲料,治疗用$(1~1.5)×10^{-4}$混于饲料连续服用5 d。

克球粉:预防用125~250 mg/kg混于饲料。治疗用250 mg/kg混于饲料连续服用。

乙胺嘧啶:预防用1 mg/kg混于饲料。治疗时用乙胺嘧啶4 mg/kg,配合磺胺二甲氧嘧啶40 mg/kg,混于饲料连续服用1周后改用预防剂量。

第五节　反刍动物寄生虫病

一、片形吸虫病

片形吸虫病(fascioliasis)是牛羊最主要的寄生虫病之一。它是由肝片形吸虫和大片形吸虫所引起。猪、马属动物及野生动物也可寄生发病,并且可寄生于人。该病能引起急性或慢性的肝炎和胆管炎,并继发全身性的中毒和营养障碍,常引起犊牛和绵羊大批死亡。

1.病原

本病病原有两种,即肝片形吸虫和大片形吸虫。

肝片形吸虫:虫体外观呈扁平叶状,体长 20～35 mm,宽 5～13 mm。从胆管取出的鲜活虫体为棕红色,固定后呈灰白色,其前端有一三角形的锥状,前宽后窄,体表有刺。虫卵呈长卵圆形,颜色为黄褐色,长 107～158 mm,宽 70～100 mm。

大片形吸虫:其形态和肝片吸虫基本相似,长 33～76 mm,宽 5～12 mm。虫卵呈深黄色,长 150～190 μm,宽 70～90 μm。

2.流行病学

本病呈地方性流行,多发生在低洼、潮湿的放牧地区。终末宿主主要为反刍动物,中间宿主为淡水螺。牛羊吞食囊蚴到粪中出现虫卵需 2～3 个月,成虫寄生期 3～5 年。温度和阳光对肝片形吸虫的发育与毛蚴的孵化有促进作用,因而这些季节是肝片形吸虫毛蚴大量繁殖的重要季节。流行感染多在夏秋两季。夏、秋两季,气候温暖,雨量充沛,可使大量尾蚴孳浮,广泛在草叶上形成囊蚴,感染牲畜、造成肝片吸虫病的普遍流行。同时,由于囊蚴生活力极强,在湿润的自然环境下,能保持相当久的感染力。

3.临床症状

片形吸虫病的临床表现因感染强度和家畜机体的抵抗力、年龄、饲养管理条件等不同而有差异。轻度感染时患畜常不表现症状,感染数量多时(牛约 250 条成虫,羊约 50 条成虫)即可表现症状,但幼龄家畜轻度感染也能表现症状。

急性型片形吸虫病主要发生于羊,感染季节多发生于夏末和秋季,当羊在短时间内吞食了大量的囊蚴时,幼虫在体内的移行使羊在临床上表现为精神沉郁,体温升高,食欲降低至废绝,偶尔可见腹泻。随后患畜出现黏膜苍白,红细胞数及血红素显著降低等一系列贫血现象。严重病例在几天内即可死亡。

慢性型羊片形吸虫病则是由寄生于肝胆管中的成虫引起的。患羊表现逐渐消瘦,黏膜苍白、贫血,被毛粗乱易脱落,眼睑、颌下,胸腹皮下出现水肿。食欲减退,便秘下痢交替发生,随着病程的延长,羊的体质逐渐降低,最后因恶病质而死亡,一般病程可达 1～2 个月。

牛的片形吸虫病则多呈慢性经过。但犊牛(1.5～2 岁)的症状较明显,成年牛只有大量感染且患畜体质状况较差时,才会出现明显的症状和引起死亡。

虫体的不同发育阶段导致该病的病理变化不一致。

幼虫期:虫体移行可产生机械性损害和带入其他病原引起急性肝炎,肝肿大,包膜上有纤维素沉积、出血和虫道,虫道内有凝血块和童虫。有的可见腹膜炎。

成虫期:虫体的机械性刺激和毒素作用,引起慢性肝胆管炎,肝硬化、萎缩,胆管扩张,呈黄白色绳索样突出于肝表面;胆管壁增厚,内壁有磷酸钙、镁盐类沉积,粗糙,刀切有沙沙声;胆管管腔变窄甚至堵塞。胆囊亦肿大。胆管和胆囊内胆汁污浊浓稠,切开可见内有灰绿色虫体。尸体消瘦、贫血、水肿。

4.诊断

主要根据临床症状、流行病资料、虫卵检查及病理剖检结果作综合判断。

(1)虫卵检查以水洗沉淀法较好。

(2)羊的急性片形吸虫病的诊断则主要以病理剖检为主,把羊的肝脏撕碎后可以在水中查找片形吸虫的幼虫。

(3)目前较常用的免疫学检查是一血三检技术,即斑点酶标三联诊断及间接血凝诊断技术。

5.防治

片型吸虫病的治疗原则是在早期诊断的基础上,及时驱虫和对症治疗同时进行,尤其对体弱的患畜更应注意。常用的治疗药物有:硫双二氯酚(粉剂:羊每千克体重80~100 mg,牛每千克体重40 mg,内服,隔天一次;针剂:牛每千克体重0.5~1.0 mg,羊每千克体重0.75~1.0 mg,深部肌内注射)。硝氯酚(牛每千克体重4~7 mg,羊每千克体重6~8 mg,内服),该药对成虫有效。丙硫苯咪唑,为广谱驱虫药,对成虫有良效,剂量为10~15 mg,灌服。

必须采取综合性防治措施。

(1)定期驱虫　驱虫是预防和治疗的重要方法之一。驱虫的次数和时间必须与当地的实际情况及条件相结合。通常情况下,可每年进行一次驱虫,一般在秋末冬初进行(急性病例一般在9月下旬幼虫期驱虫,慢性病例一般在10月成虫期驱虫);如进行2次驱虫,另一次驱虫可在来年的春季进行。理想的驱虫药物是硝氯酚,按3~5 mg,空腹1次灌服,1次/d,连用3 d。另外,还有联氨酚噻、肝蛭净、蛭得净、丙硫咪唑、硫双二氯酚等药物,可选择服用。

(2)粪便处理　圈舍内的粪便,每天清除后进行堆肥,利用粪便发酵产热而杀死虫卵。对驱虫后排出的粪便,要严格管理,不能乱丢,集中起来堆积发酵处理,防止污染畜舍和草场。

(3)放牧场地的选择　不要在低洼、潮湿、多囊蚴的地方放牧,应尽量选择地势高而干燥的牧场,条件许可时轮牧也是很必要的措施。

(4)加强饲草和饮水的来源和卫生管理　不要饮用停滞不流的沟渠、池塘有椎实螺及囊蚴滋生的水,将低洼潮湿地的牧草割后晒干再喂牛羊等。

(5)消灭中间宿主　消灭中间宿主淡水螺是预防片形吸虫病的重要措施。在放牧地区,通过兴修水利、填平改造低洼沼泽地,来改变椎实螺的生活条件,达到灭螺的目的。

二、双腔吸虫病

双腔吸虫病(dicroceliasis)是由矛形双腔吸虫(矛形复腔吸虫、枝歧腔吸虫)和中华双腔吸虫(东方双腔吸虫)所引起的一种寄生虫病,主要发生于牛、羊、骆驼等反刍动物,其病理特征是慢性卡他性胆管炎及胆囊炎。

1.病原

两种双腔吸虫都为背腹扁平、菲薄、半透明状。虫卵椭圆形暗褐色,卵壳厚,两侧稍不对称,有明显的卵盖,内含毛蚴。矛形双腔吸虫前端尖削,后端钝圆呈矛形。中华双腔吸虫稍宽大,头端往后也形成扁状突起。

2.流行病学

本病发生有明显地区性,常流行于潮湿的放牧场所,有明显的季节性,一般夏、秋季感染,冬、春季发病。双腔吸虫的发育需要两个中间宿主,第一中间宿主为多种陆地螺(包括蜗牛),第二中间宿主为蚂蚁。当易感反刍动物吃草时,食入含有囊蚴的蚂蚁而感染,幼虫在肠道脱囊,由十二指肠经总胆管到达胆管和胆囊,在此发育为成虫。

3.临床症状

双腔吸虫寄生于胆管和胆囊内,由于虫体刺激、夺取营养和毒素作用,使病畜表现出慢性消耗性疾病的临床特征,如精神沉郁、食欲不振、渐进性消瘦、溶血性贫血、下颌水肿、轻度结膜黄染、消化不良、腹泻、腹胀、腹水、情神疲倦、行动迟缓、喜卧等临床症状。有临床症状的病畜剖检后可见到各脏器出现明显的慢性消耗性疾病的病理变化,其中,具有特征性病变的脏器主要是肝脏。肝脏色泽变淡黄色或出现肿胀,表面粗糙,胆管显露,特别在肝脏的边缘部更明显。

4.诊断

可用水洗沉淀法进行粪便检查虫卵,结合症状和尸体剖检发现大量虫体即可确诊。

5.防治

目前,治疗该病常选用的药物有:吡喹酮,牛、羊每千克体重 10~20 mg,内服。海涛林(三氯苯丙酰嗪),牛每千克体重 30~40 mg,羊每千克体重 40~50 mg,内服。六氯对二甲苯(血防 846),牛每千克体重 300 mg,羊每千克体重 400~600 mg,内服。丙硫咪唑,绵羊每千克体重 30~40 mg 配成 5%混悬液,牛每千克体重 10~15 mg,灌服。

6.预防

(1)定期驱虫　对同一牧地的所有家畜,每年秋后和冬季进行定期驱虫,驱虫后将粪便集中进行堆制处理,利用发酵产热杀死虫卵。

(2)灭螺、灭蚁　因地制宜,结合改良牧地开荒种草,除去灌木丛或烧荒等措施杀灭宿主。该病严重流行的牧场,可按 20~25 g/m^2 氯化钾灭螺。

(3)合理放牧　感染季节,选择开阔干燥的牧场放牧,尽量避免在中间宿主多的潮湿低洼地上放牧。

三、泰勒虫病

由泰勒科(Theileriidae)泰勒属 (Theileria)的原虫所引起的一种梨形寄生虫病。以侵袭、羊和其他野生动物的网状内皮系统细胞和红细胞为特征。流行于中国西北、东北、华北等地,对牛的危害最大。

1.病原

引起该病的病原体主要为环形泰勒虫(Theileria annulata),少数地区有瑟氏泰勒虫(T. serenti)。环形泰勒虫寄生于红细胞内的虫体称为血液型虫体(配子体),虫体很小,形态多样,其中以圆环形和卵圆形为主,占总数的 70%~80%。

2.流行病学

泰勒虫的发育过程较复杂。感染蜱在吸血时向畜体内注入子孢子,在脾、淋巴结、肝等网状内皮系统细胞内进行裂体生殖,形成大裂殖体,破裂后放出许多大裂殖子,又侵入新的网状内皮细胞重复无性繁殖(一般认为可进行6代)。有的大裂殖子发育成小裂殖体,为有性繁殖虫体,破裂后里面的许多小裂殖子就进入红细胞内发育为配子体,即上述血液内各种形态的虫体。它们在进入蜱体内后进行繁殖,形成许多子孢子而行传播。牛环形泰勒虫的传播者主要为璃眼蜱属的各种蜱,6~8月份多发,7月份达高峰,以1~3岁牛发病为多。羊泰勒虫病的传播者主要为血蜱属的青海血蜱。4~6月份多发,5月份达高潮,尤以1~6月龄羔羊发病较多,死亡率也高。

3.临床症状

潜伏期14~20 d。病初体温升高到40~42℃,呈稽留热,少数病畜呈弛张热或间歇热。随病情的发展表现精神沉郁,行走无力;脉弱而快,心音亢进有杂音;呼吸快,咳嗽,流涕。眼结膜充血肿胀,流泪,以后贫血黄染,有绿豆大小的溢血斑。可视黏膜及尾根、肛门周围、阴囊等薄的皮肤上出现粟粒乃至扁豆大的、深红色、略高出皮肤的溢血斑点。体表淋巴结肿胀为本病的特征。病畜迅速消瘦,血液稀薄。病后期食欲、反刍完全停止,溢血点增多变大,濒死前体温下降,卧地不起,衰竭死亡。耐过的病畜成为带虫动物。

4.诊断

主要通过血片检出虫体或从淋巴结穿刺物中检出裂殖体来诊断,也可用酶联免疫吸附试验进行诊断。

5.防控

本病尚无理想治疗药物。但如能早期应用比较有效的杀虫药,再配合对症治疗,特别是输血疗法以及加强饲养管理可以大大降低病死率。

(1)磷酸伯氨喹啉　剂量为0.75~1.5 mg,每日内服一剂,连服3剂。

(2)三氮脒　剂量为7 mg,配成7%溶液肌内注射,每日一次,连用3 d;如果红细胞染虫率不下降,还可继续治疗2次。

(3)苯脒咪唑　3~4 mg,肌内注射,每日一次,连用2 d。

(4)对红细胞数、血红蛋白量显著下降的牛可进行输血。输血量:犊牛不少于500~2 000 mL/d,成年牛不少于1 500~2 000 mL/d,每日或隔2日输血一次。

预防的关键是消灭畜舍内和畜体上的璃眼蜱。在本病流行区可应用牛泰勒虫病裂殖体胶冻细胞苗对牛进行预防接种。接种后20 d产生免疫力,免疫期为一年以上。

四、绦虫病

反刍动物绦虫病(taeniasis)是由莫尼茨绦虫、曲子宫绦虫和无卵黄腺绦虫寄生于反刍动物包括绵羊、山羊、黄牛、水牛、牦牛、鹿和骆驼的小肠中引起的疾病。这几种绦虫经常混合感染。分布于世界各地,我国各地均有报道,多呈地方性流行,该病是最常见的牛羊蠕虫病之一。主要危害羔羊和犊牛,影响幼畜生长发育,严重感染时,可导致死亡。

1.病原

该病的病原体为裸头科(Anoplocephalidae)的莫尼茨绦虫、曲子宫绦虫和无卵黄腺绦虫。

(1)莫尼茨绦虫　在我国常见的莫尼茨绦虫病原为扩展莫尼茨绦虫($M.\,expansa$)和贝氏莫尼茨绦虫(*M. benedeni*)。扩展莫尼茨绦虫和贝氏莫尼茨绦虫在外观上颇相似,头节小,近似球形,上有 4 个吸盘,无顶突和小钩。体节宽而短,成节内有两套生殖器官,每侧一套,生殖孔开口于节片的两侧。两种虫体各节片的后缘均有横列的节间腺,扩展莫尼茨绦虫的节间腺为一列小圆囊状物,沿节片后缘分布;而贝氏莫尼茨绦虫的呈带状,位于节片后缘的中央。

(2)曲子宫绦虫　常见的虫种为盖氏曲子宫绦虫(*H. giardi*),寄生于牛、羊的小肠内。成虫乳白色,带状,头节小,直径不到 1 mm,有 4 个吸盘,无顶突。节片较短,每节内含有一套生殖器官,生殖孔位于节片的侧缘,左右不规则地交替排列。雄茎经常伸出,睾丸为小圆点状,分布于纵排泄管的外侧;子宫管状横行,呈波状弯曲,几乎横贯节片的全部。虫卵呈椭圆形,包在副子宫器内。

(3)无卵黄腺绦虫(*Avitellina*)　常见的虫种为中点无卵黄腺绦虫(*A. centripuncta-ta*),寄生于绵羊和山羊的小肠中。虫体长而窄,头节上无顶突和钩,有 4 个吸盘,节片极短,且分节不明显。成节内有一套生殖器官,生殖孔左右不规则地交替排列在节片的边缘。卵巢位于生殖孔一侧。子宫在节片中央。无卵黄腺和梅氏腺。睾丸位于纵排泄管两侧。虫卵被包在副子宫器内。

2.流行病学

莫尼茨绦虫为世界性分布,在我国的东北、西北和内蒙古的牧区流行广泛;在华北、华东、中南及西南各地也经常发生。农区牛、羊感染率较低。莫尼茨绦虫主要危害 1.5～8 个月的羔羊和当年生的犊牛。

动物感染莫尼茨绦虫是由于吞食了含似囊尾蚴的地螨。地螨种类繁多,现已查明有 20 余种地螨可作为莫尼茨绦虫的中间宿主,其中以肋甲螨和腹翼甲螨受染率较高。感染季节多在 4～6 月份或 5～8 月份。在终宿主体内经 45～60 d 发育为成虫,在牛羊体内寄生期限一般为 3 个月。

3.临床症状

该病主要侵害幼畜,成年动物一般无临床症状。幼畜最初的表现是精神不振,消瘦,离群,粪便变软,后发展为腹泻,粪中含黏液和孕节片,进而症状加剧,动物衰弱,贫血。有时有明显的神经症状,如无目的地运动,步样蹒跚,有时有震颤。神经型的莫尼茨绦虫病畜往往以死亡告终。幼畜扩展莫尼茨绦虫病多发于夏、秋季节,而贝氏莫尼茨绦虫病多在秋后发病。绵羊无卵黄腺绦虫病的发生具有明显的季节性,多发于秋季与初冬季节,且常见于 6 个月以上的绵羊和山羊。有的突然发病,放牧中离群,不食,垂头,几小时后死亡。剖检见有急性卡他性肠炎并有许多出血点,死亡羊只一般膘情均好。

4.诊断

在患畜粪球表面有黄白色的孕节片,形似煮熟的米粒,将孕节作涂片检查时,可见到大量灰白色、特征性的虫卵。用饱和盐水浮集法检查粪便时,可发现虫卵。结合临床症状和流行病学资料分析即可确诊。

5.防治

常用的驱虫药物有(mg/kg 体重):

(1)硫双二氯酚,绵羊 100、牛 50,一次内服。

(2)氯硝柳胺,绵羊 75～80、牛 60～70,作成 10%水悬液灌服。

(3)丙硫咪唑,牛、羊 10～20,作成 1%水悬液灌服。

(4)吡喹酮,牛、羊 10～15,疗效均好。

(5)甲苯咪唑,牛 10、羊 15,一次内服。

预防注意:定期驱虫,管好粪便。应在放牧后 4～5 周时进行"成虫期前驱虫",第一次驱虫后 2～3 周,最好再进行第二次驱虫。杀灭土壤螨。污染的牧地,特别是潮湿和森林牧地空闲两年后可以净化。不在清晨或傍晚放牧,不割喂露水草。

五、牛皮蝇蛆病

牛皮蝇蛆病(hypodermosis)是由狂蝇科皮蝇属的牛皮蝇和纹皮蝇的幼虫,寄生于牛背部皮下组织内所引起的一种慢性寄生虫病,其临床特征是寄生部位形成肿瘤、突起。

1.病原

该病病原为牛皮蝇或纹皮蝇,二者形态大同小异,成蝇形似蜜蜂。其中牛皮蝇腹部绒毛为白、黑、橙色相间的花纹,纹皮蝇腹部颜色灰白、黑、橙黄,牛皮蝇胸部颜色为前后端淡黄,中间黑色,纹皮蝇胸部全淡黄色,胸背部除有灰白色绒毛外,还有光亮的四条黑色纵纹,纹上无毛,极为清晰。一、二、三期幼虫也大同小异,其中三期幼虫体粗壮,棕褐色,体分 11 节,体表满是疣状带刺的结节。

2.流行病学

成蝇夏季在牛毛上产卵(纹皮蝇在 4～6 月,牛皮蝇在 5～8 月),卵需 4～7 d 孵出第一期幼虫,在腰骶部椎管或食道黏膜下发育约 5 个月。然后变为二期幼虫移行至背部皮下,在背部皮下蜕变为三期幼虫,三期幼种虫发育成熟后,溶解皮肤,钻孔蹦出,在背部皮下停留 2～3 个月。三期幼中落入土壤后经 3～4 d 的蛹化。蛹经 1～2 个月羽化为成蝇。成蝇不采食,在外界只能生活 5～6 d,飞翔攻击牛,在其身上产卵。幼虫在牛体内寄生 10～11个月,整个生活史约一年左右。

3.临床症状

成虫产卵时,常常引起牛烦躁不安,影响休息和采食。幼虫移形、寄生至背部皮下时,牛背部形成结节,局部增大成小的肿瘤,突起于皮肤表面,从中可挤出幼虫,使牛疼痛、发痒;严重者引起奶牛贫血、消瘦、奶产量下降。

4.诊断

根据三期幼虫寄生在牛背部造成的肿瘤易于确诊,也可在食道等部位解剖发现虫体,结合流行病学情况对群体进行诊断。

5.防治

治疗应从控制蝇着手,以减少有利于蝇繁殖的环境因素。草场上的小牛应用驱蝇药治疗以减少蝇的刺激。乳用小母牛应用全身性杀虫剂进行常规治疗。浇泼药如蝇毒和氨磺磷,可用于乳用小母牛,但要注意按时停药。伊维菌素产品对控制皮蝇幼虫很有效,有浇泼剂、针剂等剂型。正在泌乳的奶牛或将要产犊的小母牛应不予治疗。

预防关键是消灭成虫,防止在牛体上产卵;消灭寄生于牛体内的幼虫,切断变为成虫而继续传播的途径。

(1)加强灭蝇工作 夏季对牛舍、运动场定期用除虫菊酯、滴滴涕等灭蝇剂喷雾。也可用 4%～5%滴滴涕或 2%敌百虫对牛体喷洒,每隔 10 d 喷洒 1 次,可杀死产卵的成虫。

(2)保持牛体卫生 经常刷拭牛体,保持牛体卫生。当发现背部有肿瘤时,可用 2%敌百虫溶液洗擦背部,隔 10～20 d 洗擦一次;如肿瘤较软,可用手指从结节内挤出幼虫,用亚胺硫磷乳油(每千克体重用 30 mL)洗擦背部。

(3)消灭进入体内的幼虫 当怀疑有本病时,为预防幼虫在体内寄生,可选用倍硫磷(4~10 mg/kg),肌内注射;蝇毒磷(4 mg/kg,配成 15%丙酮溶液),臀部肌内注射;或 10%~15%敌百虫溶液(0.1~0.2 mL/kg),肌内注射。

六、多头蚴病

多头蚴病(coenurosis)是由寄生于狗、狼的带科多头绦虫的幼虫——多头蚴所引起的一种绦虫病,俗称脑包虫病。主要寄生于绵羊、山羊、黄牛、牦牛,尤以两岁以下的绵羊易感。偶见于骆驼,猪、马以及其他野生反刍动物的脑和脊髓中,极少见于人。是危害羔羊和犊牛的一种重要的寄生虫病。因能引起明显的转圈运动,故亦称转圈病。本病呈世界性分布,多呈地方性流行,可引起动物死亡。

1.病原

脑多头蚴呈囊泡状,囊内充满透明的液体,外层为一层角质膜;囊的内膜上有 100~250 个头节。多头绦虫成虫呈扁平带状,有 200~250 个节片;头节上有 4 个吸盘,顶突上有两圈角质小钩(22~32 个小钩);成熟节片呈方形;孕卵节片内含有充满虫卵的子宫,子宫两侧各有 18~26 个侧支。

2.流行病学

多头绦虫成虫寄生在犬等肉食动物小肠后,其成熟的孕卵节片或者虫卵随犬粪便排出,污染牛羊的饲草或者饲料而被牛羊吃入后,虫卵内的六钩蚴随血液进入脑内,经 7~8 个月发育为多头蚴而导致牛患脑多头蚴病。犬等肉食动物因为吞食患脑多头蚴病的牛羊脑而感染多头绦虫,一般在小肠内经过 1~2 个月发育为成虫。本病为全球性分布。欧洲、美洲及非洲绵羊的脑多头蚴均极为常见,我国各地均有报道,多呈地方性流行,在内蒙古、东北、西北等地多发。

3.临床症状

前期症状为急性型,体温升高,呼吸和心跳加快,强烈兴奋甚至急性死亡。后期症状为慢性型,体温多正常或者略高,病畜将头倾向脑多头蚴寄生侧做圆圈运动。具体临床表现取决于虫体的寄生部位:寄生于大脑额骨区时,患畜多出现头下垂,向前直线奔跑或呆立不动,常将头抵在任何物体上;寄生于大脑颞骨区时,常向患侧作转圈运动,所以叫回旋病。多数病例对侧视力减弱或全部消失;寄生于枕骨区时,头高举,后腿可能倒地不起,颈部肌肉强直性痉挛或角弓反张,对侧眼失明;寄生于小脑时,表现知觉过敏,容易悸恐,行走时出现急促步样或步样蹒跚,磨牙,流涎,平衡失调,痉挛;寄生于腰部脊髓时,引起渐进性后躯及盆腔脏器麻痹,最后死于高度消瘦或因重要神经中枢受害而死。如果寄生多个虫体而又位于不同部位时,则出现综合症状。

4.诊断

一般根据临床症状(转圈运动是判定牛多头蚴病的主要依据)和牛场有散养护卫犬并且犬粪便有污染饲料、饲草的可能即可确诊,如有必要也可进行实验室诊断。可切开病变部囊肿,制片镜检发现脑多头蚴即可确诊。以脑多头蚴的囊壁及原头蚴制成乳剂抗原,注射于病畜的上眼睑内,1 h 后出现皮肤肥厚肿胀,厚度为 1.7~4.2 cm 即为阳性。

由于多头蚴病的症状相对特殊,因此在临床上容易和其他疾病区别,但仍须与莫尼茨绦虫病、脑部肿瘤或炎症相鉴别。莫尼茨绦虫病与脑多头蚴区别:前者在粪便中可以查到虫卵,患牛应用驱虫药后症状立即消失。脑部肿瘤或炎症与脑多头蚴区别:脑部肿瘤或炎症一般不会出现头骨变薄、变软和皮肤隆起的现象,叩诊时头部无半浊音区,转圈运动不明显。脑炎多发生于蚊蝇等吸血昆虫猖獗的季节,并且临床症状表现多较剧烈,如体温急剧升高、食欲废绝,严重的神经症状甚至昏迷休克,多数急性死亡。而本病的发作无明显的季节性,症状表现多比较温和,病程相对较长(可达3~6个月)。

5.防治

治疗可选用吡喹酮(内服50 mg/kg)、丙硫咪唑(内服15 mg/kg),每隔5~10 d用药一次,连续应用3~6次即可。用驱虫药后,部分患牛可能会因为虫体死亡,囊壁破裂,囊液流出而使患畜出现症状加剧,出现精神沉郁或者其他神经症状、体温升高、食欲减退甚至废绝等症状,严重者如果抢救不及时甚至会很快死亡。抢救措施为强心、利尿降低颅内压可选用安钠咖2~5 g和甘露醇1 000~2 000 mL。防止继发感染可选用磺胺嘧啶钠(70 mg/kg,2次/d)或者其他容易透过血脑屏障的广谱类抗生素肌内注射或者静脉注射。后期多头蚴发育增大神经症状明显时,可借助X线或超声波诊断确定寄生部位,然后用外科手术将头骨开一圆口,先用注射器吸去囊中液体使囊体缩小,然后摘除之。手术摘除脑表面的多头蚴效果尚好;若多头蚴过多或在深部不能取出时,可囊腔内注射酒精等杀死多头蚴。

预防应加强卫生检验,不用患脑多头蚴的牛羊脑及脊髓喂犬。加强犬的管理,做好定期预防性驱虫(用药及用量同治疗)并且无害化处理犬粪,防止其中的孕卵节片或者虫卵污染人、畜的食物、草料和饮水。

七、胃肠道线虫病

胃肠道线虫病(gastrointestinal nematodiasis)是毛圆科、圆线科、钩口科的多种线虫寄生在牛、羊胃肠道而引起的以腹泻、便血、持续消瘦和生产性能下降为主要特征的寄生虫病,严重时可引起羊只大批死亡,造成巨大的经济损失。

1.病原

该病的病原体主要有线虫纲尾感器亚纲圆线目的毛圆科、食道口科、钩口科、圆线科,蛔目的弓首科和旋尾目的筒线科,以及无尾感器亚纲、毛尾目毛尾科的部分线虫,现介绍重要属的典型特征。

(1)捻转血矛线虫(*Haemonchus contortus*) 属于毛圆科,血矛属。寄生在羊的第四胃及小肠(牛体内虽有寄生,但不严重)。虫体呈毛发状,体表皮上有横纹和纵脊,颈乳突非常显著。虫体头端尖细,口囊小,口囊内有一个矛形角质齿,雌虫体由于白色的生殖器官与含血的红色的肠管相互环绕,形成红白相间的外观,所以称之为捻转胃虫。

(2)指形长刺线虫(*Mecistoirrus digitatus*) 隶属于毛圆科,长刺属。寄生于牛第四胃。虫体呈淡红色,表皮有纵脊,口囊内有一个小的背矛。

(3)羊仰口线虫(*Bunostomum trigonocephalum*) 又叫羊钩虫,分类属于钩口科,仰口属。寄生在羊的小肠。虫体呈乳白色或淡红色,头端向背面弯曲,口囊大,在口囊的底部背侧有1个大背齿,背沟由此生出,口囊底部的腹侧有1对小的亚腹侧齿。虫卵圆钝,卵内含有黑色颗粒。

(4)牛仰口线虫(*B. phlebotonum*) 又叫牛钩虫,寄生在牛的小肠。牛仰口线虫的形态与羊仰口线虫相似,但口囊底部腹侧有两对亚腹侧齿。虫卵两端圆钝,内含黑色卵胚细胞。

(5)哥伦比亚食道口线虫(*Oesophagostomum columbianum*) 分类属于盅口科(毛线科),食道口属。成虫寄生在结肠,而它的幼虫寄生在肠壁形成结节,故又叫它结节虫。虫体口囊小而浅,有发达的侧翼膜,致使虫体前部弯曲。口领很高,围有内外叶冠。颈沟明显,颈乳突紧靠颈沟之后,其尖端突出于侧翼膜之外。虫卵椭圆形。

(6)辐射食道口线虫(*Oesophagostomum radiatum*) 属于毛线科,食道口属。寄生于牛的结肠。虫体的侧翼膜发达,因此前端弯曲。没有外叶冠。头囊膨大,上有一横沟,将头囊区分为前后两部分。颈乳突位于颈沟稍后方。

2.流行病学

牛羊胃肠道线虫的发育,从虫卵发育到第三期幼虫的过程基本上相类似,即虫卵从宿主体内随同粪便一起被排到体外,在适宜的温度条件下,经过一阶段的发育,孵出第一期幼虫,然后经过两次蜕化变为第三期幼虫。第三期幼虫具有感染宿主的能力,因此把第三期幼虫又叫做感染性幼虫,牛、羊等反刍动物通过被污染的牧草或饮水而感染,感染性幼虫在宿主体内脱鞘,经4期和5期幼虫阶段,发育为成虫。第三期幼虫对终末宿主的感染方式基本上相似,大多数是经口感染。只有个别种,如牛羊钩虫,除能经口感染而外,还能直接钻入健康皮肤而感染。

3.临床症状

牛羊消化道线虫感染的临床症状以贫血、消瘦、腹泻便秘交替和生产性能降低为主要特征。表现为患病动物结膜苍白、下颌间和下腹部水肿,便稀或便秘,体质瘦弱,严重时造成死亡。剖检时除有一般营养不良性变化外,常可见寄生部位或幼虫移行道的卡他或出血、坏死。

4.诊断

由于缺乏特异性症状,牛羊胃肠道线虫病的生前诊断比较困难,需采用综合性的诊断方法。即在本病的流行地区,于流行季节,注意观察在正常饲养条件下所表现的临床症状,结合当地的既往病史,详细了解分析流行病学资料。在此基础上,进行尸体剖检,于寄生部位找出虫体,为进一步确诊提供可靠的依据,还可以做粪便检查检出虫卵。但要注意,这类线虫卵都很相似,不能通过虫卵检查来确定种属。但是通过检出虫卵数量的多少,大体上可以判断这类线虫感染的程度,以便采取防治措施,为要确切地判断出是哪一种虫体寄生,可将虫卵收集起来进行培养,使其发育成为第三期幼虫,而通过对第三期幼虫的形态特点的鉴别即可加以区分。

5.防治

用来治疗牛羊消化道线虫病药物很多,可用左咪唑(牛羊每千克体重8 mg)、丙硫苯咪唑(每千克体重5~15 mg)、伊维菌素(每千克体重0.2 mg)等药物驱虫,并辅以对症治疗。

预防可采取加强饲养管理、定期轮牧和计划驱虫相结合的综合防治措施。

(1)预防性驱虫 一般在春秋两季各进行1~2次驱虫,可取的较好的预防效果。如在羔羊和犊牛断乳时用广谱抗虫药进行一次驱虫,可有效降低幼畜的发病率。

(2)放牧及放牧地的利用 根据病原的生物学特点,牛羊应避免在低洼潮湿的牧地上放牧,也不应在清晨、傍晚和雨后放牧,这样可以避开第三期幼虫活动的时间,从而减少感染机会。放牧时,尽量不要让家畜在低洼积水和死水塘饮水。对于放牧地应有计划地应用,可以轮牧和改良牧地,实行牧草和农作物有计划的轮做,尽量有效利用草场,减少寄生虫感染。

（3）改善饲养管理　合理补充精料，进行全价饲养以增强机体的抗病力。畜舍要通风干燥，经常保持清洁卫生。畜舍、运动场和牧地经常清扫，加强粪便管理，防止污染饲料及水源。畜粪应放置在远离畜舍的固定地点堆肥发酵，以消灭虫卵和幼虫。

八、肺线虫病

肺线虫病（dictyocaulosis）又叫网尾线虫病，是由网尾虫属的丝状网尾线虫和胎生网尾线虫引起的一种寄生性线虫病。本病在世界各地均有流行，我国的反刍动物肺线虫分布较广，危害较大，不仅造成家畜发育障碍，畜产品质量降低，严重者可引起家畜死亡。

1.病原

此病的病原体是丝状网尾线虫和胎生网尾线虫。

丝状网尾线虫的虫体呈细线状，乳白色。虫卵呈椭圆形，其大小为(120～130)μm×(70～90)μm。排到体外时卵内已经含有已发育好的幼虫。

胎生网尾线虫的虫体呈线形，淡黄色，雄虫的头端和雌虫的两端尖细。口腔小且退化，后通食道。虫卵呈椭圆形，内含幼虫大小为(82～88)μm×(33～38)μm。第一期幼虫长0.31～0.36 mm，头端钝圆，无扣状结节，尾部较短而尖，体被有一层薄的角质膜。

2.流行病学

胎生网尾线虫和丝状网尾线虫在发育中基本相似。

雌虫在气管和支气管内产卵（系卵胎生），同时孵出幼虫。卵或幼虫随宿主的咳嗽进入口腔，绝大部分进入胃肠道孵化为幼虫，再随粪便排出体外，即为第一期幼虫。在适宜条件下蜕变两次，变为第三期幼虫，即为感染期幼虫。当易感动物饮水或吃草时吞食感染期幼虫，进入肠系膜淋巴结即造成感染，沿淋巴和血流经心脏到达肺。幼虫穿出毛细血管进入肺泡并移行至细支气管、支气管以至气管。最后经第四次蜕皮发育成成虫，再继续下一代繁殖。最初感染至发育成熟大约需22 d。潮湿和气温较低有利于虫体发育和存活，而干热则可使其迅速死亡。故本病多见于潮湿地区，常呈地方性流行。

3.临床症状

感染本病的宿主，主要症状是咳嗽。在驱赶时和夜间休息时咳嗽最为明显，在圈舍附近可听到畜群咳嗽声和拉风箱似的呼吸声。阵发性咳嗽发作时，常常咳出黏液性团块。镜检时团块中有虫卵和幼虫，患畜常从鼻孔排出脓性分泌物，干涸后在鼻孔周围形成痂皮。患畜常打喷嚏，逐渐消瘦，被毛粗刚，贫血，头、胸部和四肢水肿，呼吸加快或呼吸困难，体温一般不升高。如不及时治疗，死亡率较高。剖检时，肺部可见有不同程度的肺膨胀不全和肺气肿，肺表面隆起，呈灰白色，触摸时有坚硬感；支气管中有黏性或脓性混有血丝的分泌团块。

4.诊断

根据临床症状，特别是畜群咳嗽、发病的季节，考虑是否有肺线虫感染的可能。用幼虫检查法，利用贝尔曼氏法，如在粪便、唾液或鼻腔分泌物中发现第一期幼虫，即可确诊。剖检时，在支气管或气管中发现一定数量的虫体和相应的病变时，也可确认为本病。

5.防治

（1）治疗

①碘化钾溶液。用碘片1 g，碘化钾1.5 g，蒸馏水1 500 mL，混合制成溶液，灭菌后

使用。药液最好当天配当天应用,用时需加温至 20～37℃。羔羊 8 mL,一岁羊 10 mL,成年羊 12～15 mL。牛一般按体重 50～100 kg 用 40～50 mL,体重 150～200 kg 用 60～80 mL,体重 200～300 kg 用 100～120 mL 一侧气管给药。在第二天或第三天对牛再以同样剂量,另一侧气管注射效果更佳。

②海群生。牛每千克体重 50 mg,羊每千克体重 100 mg,配成 30％的溶液,内服或皮下注射。

③左旋咪唑。牛每千克体重 3～4 mg,羊每千克体重 4～5 mg,配制成 5％的水溶液,作肌内或气管注射。

④丙硫咪唑。牛每千克体重 5～10 mg,羊每千克体重 10～15 mg,一次性内服。

(2)预防

①在本病流行地区,应规定每年春秋两季进行两次预防性驱虫,驱虫后对牛要圈养 1 周,并将粪便进行生物热处理以防止疫源扩散。

②改善饲养管理,避免在低洼沼泽地区放牧;冬季应予适当补饲;注意饮水卫生,严禁饮死水,饮流水或井水保持水源卫生清洁;将畜舍及其附近的粪便及时集中起来,进行堆积发酵杀灭虫卵。

九、羊狂蝇蛆病

羊狂蝇蛆病(oestriasis of sheep)又称羊鼻蝇蛆病或羊鼻蝇幼虫病,是由羊狂蝇幼虫寄生于羊鼻腔及其附近腔窦而引起的慢性炎症,主要特征是羊只流鼻和不安。本病在我国西北地区危害严重,在内蒙古、华北及东北分布也广,对养羊业造成的损失很大。由于引起绵羊不安静,在英国俗称为绵羊发情(oestrus ovis)。

1.病原

本病是由狂蝇科(Oestridae)狂蝇属(Oestrus)的羊狂蝇幼虫所引起的。羊狂蝇又名羊鼻蝇。成虫体长 10～12 mm,色淡灰,形似蜜蜂,头大色黄,体表密生短细毛,有黑斑纹,翅透明,口器退化,在羊的体外飞翔。幼虫寄生在羊的鼻腔和附近腔窦内,第 1 期幼虫长 1 mm,色淡白,体表丛生小刺;第 2 期幼虫长 20～25 mm,形椭圆,体表刺不明显;第 3 期幼虫(成熟幼虫)长 28～30 mm,色棕褐,前端尖,有两个黑色口前钩;背面隆起,无刺,各节上具有深棕色横带;腹面扁平,各节前缘具有数列小刺、后端齐平。

2.流行病学

羊狂蝇喜在羊的鼻孔四周产幼虫,以后幼虫自动爬进鼻腔或与鼻腔相通的各处(如额窦)内生长发育。经两次蜕化,发育为第 3 期幼虫。幼虫在鼻腔寄生的时间为 1～10 个月。幼虫长成后,一般在春末夏初由鼻腔深部爬出,或由羊鼻喷出,落地入土变为蛹,在土中约经 3 周到 2 个月(随温度而变异),待完全羽化,即破蛹壳而飞出成蝇。成虫的生命很短,普通为 4～5 d,最多可活 2 周,在夏季特别活跃,尤其是在白天最热的时候,雌蝇追逐羊只,在羊鼻孔周围生产幼虫。

3.临床症状

病羊体温高达 40～42℃或更高,呈稽留热,稽留 3～10 d,有的达 13 d 以上。随体温升高而出现流鼻液,呼吸、心跳加快,精神沉郁,反刍及胃肠蠕动减弱或停止;部分病羊排出恶臭糊状粪便并混有黏液或血液;结膜初期潮红,随之出现贫血或黄疸;体表淋巴结肿大,肩前和股前淋巴结最为显著;肢体有僵硬感,行走困难。有时个别幼虫深入颅腔,使脑膜发炎或受损,出现运动失调和痉挛等神经症状,严重的极度衰竭而死亡。

4.诊断

根据临床症状、流行病学和剖检找寻幼虫可作出初步诊断。虫体在浅部易检出,易于诊断。在血液涂片中查到虫体以及在淋巴结和脾脏涂片或切片中发现柯赫氏蓝体即可确诊。

5.防治

(1)治疗

①伊维菌素(每千克体重 0.2 mg),静脉注射。

②20%碘硝酚(每千克体重 10~20 mg),皮下注射。

③在羊鼻蝇幼虫尚未钻入鼻腔深处时,3%来苏儿溶液进行鼻腔喷入。广泛进行困难较大,不如口服或注射药物。

④在羊鼻蝇幼虫从羊鼻孔排出的季节,给地上撒以石灰,把羊头下压,让鼻端接触石灰,使羊打喷嚏,亦可喷出幼虫,然后消灭之。

(2)预防　应根据不同季节鼻蝇的活动规律,采取不同的预防措施。

①夏季尽量避免在中午放牧。夏季羊舍墙壁常有大批成虫,在初飞出时,翅膀软弱,不太活动,此时可进行捕捉,消灭成虫。连续进行三年,可以收到显著效果。

②冬春季应注意杀死从羊鼻内喷出的幼虫,同时在春季从羊圈的墙角挖蛹,将其杀灭。

十、前后盘吸虫病

前后盘吸虫病(paramphistomosis)又名同端吸盘虫病、胃吸虫病或瘤胃吸虫病(rumen fluke infestation),是由前后盘科的各属吸虫寄生于瘤胃所引起的疾病。成虫寄生在羊牛等反刍兽的瘤胃和网胃壁上,危害不大,幼虫则因在发育过程中移行于皱胃、小肠、胆管和胆囊,可造成较严重的疾病,甚至导致死亡。该病遍及全国各地,南方较北方更为多见。

1.病原

前后盘吸虫种属很多,虫体大小互有差异,有的仅长数毫米,有的则长达 20 余毫米;颜色可呈深红色、淡红色或乳白色;虫体在形态结构上亦有不同程度的差异。其主要的共同特征为:虫体柱状呈长椭圆形、梨形或圆锥形,两个吸盘中,腹吸盘位于虫体后端,并显著大于口吸盘,因口、腹吸盘位于虫体两端,好似两个口,所以称为双口吸虫。

2.流行病学

该病主要发生于夏秋两季。前后盘吸虫的虫体分布遍及全国,需淡水螺蛳(小椎实螺或尖口圆扁螺)作为中间宿主。牛羊等反刍动物吃草或饮水时吞入囊蚴,囊蚴在小肠、胆管、胆囊和皱胃内移行、寄生数十天,附着在瘤胃和网胃壁上发育为成虫,成虫所产卵随粪便排出体外并孵化出毛蚴,毛蚴钻入水中之淡水螺体内发育繁殖成大量的尾蚴,尾蚴离开螺体后形成囊蚴,囊蚴被易感动物吞入体内。

3.临床症状

成虫危害不大,但大量幼虫的移行和寄生时可引起严重症状,甚至大批死亡。病畜食欲不振,消化不良,顽固性腹泻,粪便呈粥样或水样,常有腥味。病畜迅速消瘦,颌下水肿,严重时水肿可发展到整个头部以至全身。随病程的延长,病牛高度贫血,黏膜苍白、血样稀薄。后期极度消瘦衰竭死亡。

剖检可见成虫造成的损害轻微,但幼虫移行可使小肠、皱胃黏膜水肿,有出血点,发生出血性肠炎,黏膜发生坏死和纤维素性炎症;盲肠、结肠淋巴滤泡肿胀,坏死,有的形成溃疡;小肠内可有很少幼虫,肠内充满腥臭的稀粪;胆管、胆囊膨胀,内有童虫。

4.诊断

成虫寄生时难以诊断,幼虫寄生时可结合临床症状并分析流行特点初步诊断。确诊尚需进行病畜粪便的虫卵检查或剖检见到虫体。

生前诊断:幼虫引起的疾病,主要是根据临床症状,结合流行病学资料分析来判断。还可进行试验性驱虫,如果粪便中找到相当数量的幼虫或症状好转,即可作出诊断;对成虫可用沉淀法在粪便中找出虫卵加以确诊。

死后诊断:对尸体进行剖检,在瘤胃内发现成虫或在其他器官找到幼小虫体,即可确诊。

5.防治

治疗可选用以下药物:①氯硝柳胺(灭绦灵,每千克体重60～80 mg)内服,该药对驱幼虫疗效良好。②硫双二氯酚(每千克体重80～100 mg)内服,驱成虫疗效显著,驱童虫亦有较好的效果。③溴羟替苯胺(每千克体重65 mg)制成悬浮液,灌服。对成虫、幼虫均有较好的疗效。

预防应根据该病的流行病学特点,制定出适合于本地区的综合性预防措施。驱虫灭源;管粪灭卵,防止病原散布;管水管草,防止感染;管水灭螺,消灭中间宿主;加强饲养管理,合理使役,提高机体抗病力。

第六节　其他动物寄生虫病

一、马裸头绦虫病

马裸头绦虫病是由裸头科(Anoplocephalidae)裸头属(*Anoplocephala*)的大裸头绦虫(*Anoplocephala magna*)、叶状裸头绦虫(*A. perfoliata*)和侏儒副裸头绦虫(*Paranoplocephala mamillana*)寄生于马属动物小肠引起的一种蠕虫病。我国各地均有发生,对幼马驹危害严重。

1.病原

裸头科绦虫一般为大、中型虫体,头节上无顶突和小钩,幼虫为似囊尾蚴。马属动物体内寄生的几种绦虫以叶状裸头绦虫和大裸头绦虫最为常见。

(1)叶状裸头绦虫　虫体呈乳白色,短而厚,大小为(2.5～5.2) cm×(0.8～1.4) cm,头节小,上有4个吸盘,每个吸盘后方各有一个特征性的耳垂状附属物。体节短而宽,成节有一套生殖器,生殖孔开口于体节侧缘。虫卵直径为65～80 μm,内有梨形器,含有六钩蚴。寄生于马、驴小肠的后半部和盲肠。

(2)大裸头绦虫　虫体可达1 m以上,最宽处可达2.8 cm。头节宽大,上有4个吸盘,无顶突和小钩。体节短而宽,成节有一套生殖器官。虫卵内有梨形器,内含六钩蚴,

虫卵直径为 $50\sim60~\mu m$。寄生于马、驴的小肠,特别是空肠,偶见于胃中。

2.流行病学

马裸头绦虫的中间宿主为地螨,地螨吞食虫卵后,卵内的六钩蚴在地螨的体内经 $2\sim$ 4 个月发育成具有感染性的似囊尾蚴,马、牛、羊等终末宿主采食草时吞食了含似囊尾蚴的地螨而遭感染,似囊尾蚴附着在肠壁上,经 $6\sim10$ 周发育为成虫。本病在我国西北和内蒙古等地的牧区的流行常呈地方性和季节性。以 2 岁以下的幼驹易感。马匹多在夏末秋初感染,至冬季和翌年春季出现病状。

3.临床症状

马裸头绦虫病的临床症状主要表现为慢性消耗性的症候群,如消化不良、间歇性疝痛和下痢等。叶状裸头绦虫有在回盲口的狭小部位群集寄生的特性,常达数十条或数百条之多,其吸盘吸附着肠黏膜,而造成黏膜炎症、水肿、损伤,形成组织增生的环形出血性溃疡。在急性大量感染的病例,可致回肠、盲肠、结肠大面积溃疡,发生急性卡他性肠炎和黏膜脱落。此类病例仅见于幼驹,往往导致死亡。

4.临床症状

根据流行病学、临床症状结合粪检进行诊断。

(1)马匹多在夏末秋初时感染,冬季和翌年春季出现症状,两岁以下的幼驹对马绦虫最易感。

(2)剖检主要病变是肠道炎症。肠黏膜发炎、水肿、损伤,形成增生性的出血性溃疡,甚至引起组织增生以致肠道堵塞。在消化道可找到大小不等的乳白色的分节虫体。

(3)主要症状为消化不良、间歇性疝痛和腹泻等。病畜消瘦和贫血。粪便表面常带有血样黏液。

(4)用饱和盐水漂浮法找到虫卵,或在粪便中查到绦虫节片即可确诊。

5.防治

(1)药物驱虫:①硫双二氯酚按 $50~mg/kg$,一次内服。②氯硝柳胺按 $88~mg/kg$,一次内服。③新鲜槟榔粉成年马一次 $40~g$,装入胶囊投服。

(2)预防:在本病流行的牧区,要进行预防性驱虫,驱虫后排出的粪便应作堆集发酵处理,以杀灭虫卵。最好在人工种植的草场上放牧,勿将马匹在地螨孳生地段放牧,以减少感染的机会。

二、马胃蝇蛆病

马胃蝇蛆病是由于双翅目(Diptera)环裂亚目胃蝇科(Gasterophilidae)胃蝇属(*Gasterophilus*)的各种胃蝇幼虫寄生于马属动物胃肠道内所引起的一种慢性寄生虫病。患畜由于幼虫寄生,使胃的消化、吸收机能破坏,加之幼虫分泌的毒素作用,使宿主高度贫血、消瘦、中毒,使役能力降低,严重感染时可使马匹衰竭死亡。此病在我国各地普遍存在,尤其是东北、西北、内蒙古等地草原马感染率高达 100%,常给养马业带来很大的损失。马胃蝇幼虫(蛆)除寄生于马、骡、驴等单蹄兽外,偶尔也寄生于兔、犬、猪和人胃内。

1.病原

在我国常见的马胃蝇有 4 种,即肠胃蝇(*G. intestinalis*)(马胃蝇)、鼻胃蝇(*G. nasalis*)(烦扰胃蝇)、兽胃蝇(*G. pecorum*)(穿孔胃蝇、东方胃蝇、牛胃蝇、黑腹胃蝇)和红尾胃蝇(*G. haemorrhoidalis*)。各种胃蝇产卵部位不同。肠胃蝇产卵于前肢球节及前肢上部,肩等处;鼻胃蝇产卵于下颌间隙;红尾胃蝇产卵于口唇周围和颊部;兽胃蝇产卵于地面草上。

2.流行病学

马胃蝇成虫全身密布绒毛,形似蜜蜂。发育属完全变态,全部发育期长约一年,雌蝇交配后到马匹的背部、腹侧、四肢下部的被毛上产卵。夏、秋季卵孵化幼虫后,刺激驴的皮肤引起发痒,马匹啃咬时食入而感染,幼虫进入胃内发育为第 3 期幼虫。到翌年春季幼虫发育成熟,随粪便排至外界化蛹后羽化为成蝇。成蝇活动季节多在 5～9 月份,以 8～9 月份最盛。干旱、炎热的气候和管理不良以及马匹消瘦等有利于本病流行。本病在我国各地普遍存在,尤其是东北、西北、内蒙古等地感染率最高。

3.临床症状

马胃蝇幼虫在其整个寄生期间均有致病作用,但病的轻重与马匹的体质和幼虫的数量以及虫体寄生部位有关。成虫产卵时,骚扰马匹休息和采食;早期幼虫在口腔、舌或咽部黏膜下移行时,可能损伤黏膜,引起炎症、水肿或溃疡,并伴有咀嚼吞咽困难、咳嗽、流涎、打喷嚏等现象;幼虫寄生于胃和十二指肠,常引起胃黏膜炎症和溃疡。此外,由于幼虫吸血和虫体毒素作用,使患马呈现营养障碍和胃肠炎症状,常常出现周期性疝痛,精神委顿、出汗增多,使役能力降低,甚至逐渐衰竭死亡。幼虫叮着部位呈火山口状,伴以组织的慢性炎症和嗜酸性细胞浸润,甚至胃穿孔和较大血管损伤及继发细菌感染。如果寄生于直肠时可引起充血、发炎,表现排粪频繁或努责。

4.诊断

因为本病无特殊症状,许多症状又与消化系统其他疾病相类似,所以在诊断本病时,应更注重结合流行病学特点进行诊断。比如,春季注意观察马粪中有无幼虫,夏、秋季如果发现马匹有咀嚼、吞咽困难等症状,应及时检查口腔、齿龈、舌、咽喉黏膜有无幼虫寄生。发现尾毛逆立,频频排粪的马匹,详细检查肛门和直肠上有无幼虫寄生。此外,要检查既往病史,马匹是否从流行地区引进等情况,必要时进行诊断性驱虫。

5.防治

防治本病应注意灭蝇,应于每年蚊虫活动季节结束时,驱除寄生于马体内的胃蝇蛆。驱虫药物有:①精制敌百虫,按 30～50 mg/kg,配成 5% 温水溶液内服,用药后 4 h 内禁饮。②甲苯,绝食 2～4 h 后,按 0.2～0.4 mL/kg 内服。③伊维菌素,按 0.2 mg/kg 内服。

三、马伊氏锥虫病

伊氏锥虫病,是马属动物、牛、骆驼的血液内的一种原虫病。本病由吸血昆虫吸血时进行传播,其完全属于机械性传播。病原体是锥虫科(Trypanosomatidae)、锥虫属(*Trypanosoma*)的伊氏锥虫(*Trypanosoma evansi*),最早发现于印度,当地人称为苏拉,因此本病又叫苏拉病。主要寄生于病畜的血浆内(包括淋巴液),随血液侵入全身各种组织脏器,病的后期可侵入脑脊髓液中。马、骡最易患病,驴次之。常呈急性发作,体温可高达 40℃以上。

1.病原

伊氏锥虫一般为单细胞原生动物。平均长 25 μm,宽 2 μm。虫体前端尖,后端钝圆,细长呈柳叶状。细胞核位于虫体中后部,为椭圆形。位于后端的动基体和一个毛基体均呈小点状,由毛基体发出一条鞭毛,沿体表延伸到前方,最后游离。鞭毛与虫体之间有一层薄膜相连,此膜在鞭毛运动时随之波动因此也叫波动膜。在压滴标本中,可以看到虫体借波动膜的流动而使虫体活泼运动(图5-1)。

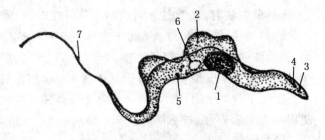

图5-1　伊氏锥虫形态模式图
1.核　2.波动膜　3.副基体　4.毛基体　5.颗粒
6.空泡　7.游离鞭毛

伊氏锥虫寄生在宿主体的血液中(包括淋巴液)以纵二分裂法进行繁殖。常由叮咬过病畜或带虫宿主的虻类和吸血蝇类(螫蝇和血蝇)作机械性传播。即虻等在吸病畜血时将虫体带入体内,在虻体内不经任何发育,虻再吸其他动物血时,将虫体传入健畜体内。

2.流行病学

本病的流行主要有以下几方面因素,一是病原的伊氏锥虫的宿主范围广泛。除马、驴、骡、犬易感性最强外,猪、鹿、象、虎、兔、豚鼠、大鼠、小鼠均能感染。二是由于伊氏锥虫的传播方式简单。主要以吸血昆虫为传播媒介,且无须在媒介体内经任何发育,完全属于机械性地传播。三是各种带虫动物和保虫宿主的广泛存在,也为本病的流行提供了条件。隐性感染和临床治愈的病畜均可成为伊氏锥虫病的带虫动物,在我国南方主要是黄牛和水牛,北方为骆驼,一般带虫可达2～5年之久。而犬、猪、某些野兽和啮齿类动物等都可以作为保虫宿主。

由于受传播媒介的影响,本病的发病季节和流行地区与吸血昆虫的出现时间和活动范围是一致的。以热带和亚热带地区为主要流行地区,我国南方气候温暖,吸血昆虫几乎四季都有,但以7～9月最多。

3.临床症状

病马常呈急性发作,潜伏期5～11 d,体温高达40℃以上,呈稽留热型或弛张热型,数天后恢复常温;间隔短期后病马再度高烧。这一体温变化是本病的重要标志。经过数次反复高烧以后,病马消瘦,食欲减退,体表水肿,贫血,眼结膜苍白或黄染,有时结膜出现出血斑。重病马会出现反应迟钝,或神经质地向前猛冲,或圆圈运动,后躯麻痹等神经症状,最后衰竭死亡。

4.诊断

根据流行病学和典型症状怀疑为本病时,应采血进行虫体检查进行确诊。在进行虫体检查时由于锥虫的出现似有周期性,且与体温的变化有一定关系,因此病畜在高烧期间,尤其在初次发病时作血液抹片显微镜检查,容易检出虫体。在体温下降后的间歇期间虫体数量减少,甚或消失。也可采用血液涂片染色用油镜观察。当虫体较少时利用集虫法进行检查。此外,也常用间接血凝试验、琼脂扩散沉淀反应、补体结合反应和酶联免疫吸附试验等血清学方法进行诊断。

5.防治

(1)本病的治疗应抓住"三要一防"(治疗要早,药量要足,观察时间要长,防止过早使役),以免引起复发。治疗本病可选用下列特效药。

①贝尼尔。按每千克体重3.5～4.0 mg,用注射用水配成5%水溶液,待充分溶解

后,深部肌内注射。1 次注射后病情未见好转时,间隔 5～12 d 可重复用药 2～3 次。

②纳加诺(拜耳 205)。按每千克体重 7～10 mg,用注射用水或生理盐水配成 10％溶液,静脉注射,一般 1 次即可收效。

③硫酸甲基安锥赛。按每千克体重 3 mg,用注射用水配成 10％溶液,肌内注射。

④异甲脒氯化物(锥灭定)。按每千克体重 0.5 mg,使用 20％溶液深部肌内注射,或使用 0.5％溶液缓慢静脉注射。

(2)预防

①杀灭吸血昆虫,防止虻类、厩螫蝇和其他吸血昆虫叮咬家畜。

②采血、注射器械严格消毒。

③加强饲养管理,提高机体抗病力。

④发现病畜,尽早确诊,及时治疗。

四、马媾疫

马媾疫是马媾疫锥虫(*Trypanosomaequiperdum*)寄生于马属动物的生殖器官引起的一种寄生虫病。以外生殖器炎症、水肿、皮肤轮状丘疹和后躯麻痹为特征。本病主要以马匹在交配时相互传染。世界上许多国家和地区均有流行。我国的西北、内蒙古、陕西、河南、安徽、河北等省区也有发生。

1.病原

马媾疫锥虫属于锥体科(Trypanosomatidae)锥虫属(*Trypanosoma*),为鞭毛虫的一种。虫体呈柳叶状,一根鞭毛通过波动膜与身体相连。在形态上与伊氏锥虫无明显区别。

2.流行病学

本病马属动物有易感性,其他家畜不感染。马媾疫锥虫主要在生殖器官黏膜寄生,短暂地寄生于血液及其他组织器官。虫体以纵二分裂法进行无性繁殖。本病主要通过病马与健康马交配而传播。但也有可能通过未经严格消毒的人工授精器械、用具等途径传染,或者经哺乳使幼畜遭受感染,所以本病在配种季节后发生的较多。马媾疫锥虫侵入马体后,如机体抵抗力强,则不出现临床症状,而成为带虫者。带虫马是马媾疫的主要传染源。

3.临床症状与病理变化

马媾疫锥虫侵入公马尿道或母马阴道黏膜后,在黏膜上进行繁殖,产生毒素。马匹在虫体及毒素的刺激下出现一系列临床症状,特别是神经系统症状最为明显,因此认为马媾疫是一种多发性神经炎。本病的潜伏期一般为 8～28 d,但也有长达 3 个月的,主要症状如下:

生殖器官症状公马一般先从包皮前端发生水肿,逐渐蔓延到阴囊、包皮、腹下及股内侧。触诊水肿区,无热无痛,呈面团样硬度。尿道黏膜潮红肿胀,排出少量混浊的液体,尿频,性欲旺盛。有的病马阴茎脱出或半脱出,性欲亢进,精液质量降低。母马阴唇肿胀,阴道黏膜潮红,不时排出少量脓性分泌物,频频排尿,呈发情状态,逐渐波及乳房、下腹部和股内侧。在阴门、阴道黏膜不断出现小结节和水泡,破溃后成为糜烂面。病马屡配不孕,或妊娠后容易流产。

皮肤轮状丘疹在生殖器症状出现后的 1 个多月,病马胸腹和臀部等处的皮肤上出现无热、无痛的扁平丘疹,直径 5～15 cm,呈圆形或马蹄形,中央凹陷,周边隆起,界限明显的"银元疹"。其特点是突然出现,迅速消失(数小时到一昼夜),然后再出现。

神经症状病的后期,随全身症状的加重,病马的某些运动神经被侵害,出现腰神经与后肢神经麻痹,表现步样强拘,后躯摇晃和跛行等,少数病马有面神经麻痹,如唇歪斜,一侧耳及眼睑下垂。

随着病势加重病马精神沉郁,食欲减退,逐渐消瘦,最后可因极度衰竭而死亡。

4.诊断

如有以上特征性临床症状和病理变化可作出初步诊断。为了确诊,应进行虫体检查或血清学检查或动物接种试验。

实验室诊断中的病原检查采取尿道或阴道黏膜刮取物做压滴标本和涂片标本进行虫体检查,或将上述病料注射于兔睾丸实质内进行动物接种试验。家兔接种后出现阴囊和阴茎浮肿、发炎及睾丸实质炎和眼结膜炎。从睾丸穿刺液、浮肿液和眼泪中可以发现锥虫。血清学检查:琼脂扩散、间接血凝试验和补体结合反应。

5.防治

治疗原则和方法同于伊氏锥虫病。治疗伊氏锥虫的药物增均可用于此病。用贝尼尔治疗时,按每千克体重 4 mg,用无菌蒸馏水配成 5%溶液,臀部深层肌内注射,疗效很好,且对妊娠母马很安全。锥虫胺按每千克体重 0.05 g 内服,连用两次也有良效。经过治疗的马匹要观察 1 年,即在治疗后 10、11、12 个月用各种诊断方法检查 3 次而无复发征象时,便可认为已治愈。在疫区,配种季节前,应对公马和繁殖母马进行检疫。对健康公马和采精用的种马,在配种前用喹嘧胺进行预防。在未发生过本病的马场,对新调入的种公马和母马,要严格进行隔离检疫。大力发展人工授精,减少或杜绝感染的机会。

五、犬食道虫病

犬食道虫病又称犬血色食道虫病、犬尾旋线虫病,病原为狼尾旋线虫(*Spirocercalupi*),本病是由狼尾旋线虫寄生于食道壁、主动脉壁,形成肿瘤状的结节,引起患犬吞咽和呼吸困难,并可继发大出血的一种热带、亚热带的重要寄生虫病。多发于我国南方各地。

1.病原

狼尾旋线虫属于旋尾目(Spirurida)尾旋科(Spirocercidae)线虫,成虫浅红色,呈卷曲状。雄虫长 30～54 mm,尾部有 2 根不等长的交合刺。雌虫长 54～84 mm,生殖孔在食道后端开口,产含有幼虫的虫卵。

2.流行病学

血色食道虫虫卵自宿主体随粪便排出后,被中间宿主——食粪甲虫所吞食,幼虫破壳而出,钻进甲虫腹腔经过蜕皮发育,形成侵袭性幼虫,终宿主吞食甲虫后即可感染。幼虫穿过犬、狐等终末宿主的胃壁,经门脉循环而至心脏,然后在肺动脉壁或主动脉壁形成结节,或穿过主动脉壁及附近之组织进入食道壁形成结节,结节有一小孔开口于食道内,虫卵由此随粪便排出体外。从宿主感染到粪便中查到卵需 5 个月。

自 1809 年 Rudolphi 初次发现犬食道线虫以来,此后,世界各地都有相应的报道。在我国,不仅南方地区多有发生,北方许多地区也有本病的存在。

3.临床症状

犬感染本病初期或轻度感染时,临床上一般无明显症状。严重感染时,随着食道壁、胃壁等寄生部位肿瘤结节的形成、增大，会出现食道梗阻、吞咽困难、呕吐等症状。如果虫体寄生于肺部和支气管壁时，可呈现激烈而断续的咳嗽、呼吸困难等症状。个别犬只因虫体寄生于主动脉壁，形成动脉瘤，引起血管壁破裂导致大出血而急性死亡。

4. 病理变化

病变主要出现在两个阶段，一是幼虫在移行过程中，造成相应组织器官出血、炎症、坏死等。二是在成虫寄生部位如食道壁、胃壁、支气管壁和主动脉壁等可形成肿瘤结节，并由此形成大小不等的结节病灶，有的已成为钙化性病灶。

5. 诊断

根据临床症状和寄生病变部位的触诊、X射线、食道镜检查，即可作出初步诊断。要确诊则需要进行实验室粪便检查或呕吐物检查，以找出虫卵和虫体为依据。

6. 防治

治疗本病应从根本上驱除虫体和清除其形成的肿瘤结节。一般采用手术和药物疗法相结合，此外，还应进行对症治疗。驱虫治疗用二碘硝基酚，剂量按每千克体重7.7 mg，皮下注射，1周后重复给药1次。丙硫咪唑每千克体重50 mg，内服，1次/d，连用5～7 d为一疗程。左旋咪唑每千克体重5～10 mg，内服，1次/d，连用3～7 d为一疗程。

预防本病应注意切断或消除虫体发育、生长过程中的每个环节，防止犬与中间宿主或转运宿主接触。

六、犬心丝虫病

犬心丝虫病（dirofilariosis），又称犬恶丝虫病，俗称"狗心脏虫病"，是由丝虫科的犬恶丝虫（*Dirofilariaimmitis*）的成虫寄生于犬的右心室及肺动脉，造成患犬血液循环障碍、呼吸困难及贫血等症状的一种寄生线虫病。本病广泛分布于亚洲、大洋洲、中东、非洲、南欧和美洲等蚊子生息较多的地区。

1. 病原

犬恶丝虫虫体呈黄白色细长粉丝状。雄虫长12～18 cm，尾部短而钝，有两根不等长的交合刺。整个尾部呈螺旋形弯曲。雌虫长25～30 cm，尾部直，阴门开口于食道后端。胎生的幼虫叫微丝蚴，寄生于血液内，体细长，无鞘，体长307～322 μm。

2. 流行病学

犬心丝虫病的感染途径，主要是由蚊子叮咬所感染。犬恶丝虫的雌虫产出的幼虫——微丝蚴（microfilaria）进入并寄生在患犬的外周血液循环中。当犬蚤、蚊子叮咬吸血时，微丝蚴进入中间宿主体内，经两次蜕皮发育为侵袭性幼虫，之后当含有微丝蚴的蚊子叮咬健康犬时，幼虫从喙逸出钻入终末宿主（犬）的皮内，经血液或淋巴循环到达心脏和肺动脉，经6个月后成为成虫，继而造成心脏的伤害，成虫在犬体内可生存数年。本病为人畜共患寄生虫病，近10年来，在美国、日本、中国台湾等地发现人感染的病例，1993年，在欧洲和美国分别召开了心丝虫病的国际会议，提示心丝虫病作为一种人畜共患病的重要性正日益受到重视。随着我国经济的快速增长和人民生活水平的日益提高，饲养宠物犬的人越来越多，尤其在大中城市这种情况更为明显，人与犬的密切接触给该病的传播提供了潜在的可能。

3.临床症状与病理变化

早期病犬或感染少量虫体时,一般不表现临床症状。随着病情的发展以及寄生虫虫体波及肺动脉内膜增生时会出现运动后突发性咳嗽,会出现呼吸困难、腹水、四肢浮肿、胸水、心包积液、肺水肿等症状。有的病犬发生癫痫样神经症状,当丝虫堵塞主要脏器动脉血管时(如脑、心、肾)可发生急性死亡。死亡剖检,可在右心室和肺动脉中见有大量的心丝虫。此外,患心丝虫病的犬常伴发结节性皮肤病,以瘙痒和倾向破溃的多发性灶状结节为特征,皮肤结节显示血管中心的化脓性肉芽肿炎症,在化脓性肉芽肿周围的血管内常见有微丝蚴,皮肤病变可以治愈。

诊断首先应根据症状,借助 X 光检查、超声波检查进行初诊。然后再对有特征的皮肤病变的病灶中心采血以及用外周血液涂片在显微镜下检查,查找微丝蚴,如发现蚴虫即可确诊。有条件的可进行血清学诊断。

4.防治

治疗本病时应将成虫和微丝蚴分别对待进行治疗。但防止犬只患心丝虫病的最好方法是早发现早治疗。在感染性幼虫侵入犬体内,但还未经血管到达心脏之前,即感染后 2～2.5 个月应及时用预防药物对微丝蚴进行驱除杀灭。一旦幼虫进入血管或心脏后,预防用药效果较差,必须用外科手术或使用药物除虫,由于犬恶丝虫寄生部位的特殊性,药物驱虫具有一定的危险性。

(1)驱微丝蚴　用左嘧啶每千克体重 10 mg,内服,连用 15 d,治疗 6 d 后检验血液,当血液中检不出微丝蚴时,停止治疗。或用伊维菌素,用量为每千克体重 0.05～0.1 mg,1 次皮内注射。或用倍硫磷,每千克体重皮下注射7%溶液 0.2 mL,必要时间隔2周重复1～2 次.还应根据病情,进行对症治疗。

(2)驱杀成虫　用硫胂酰胺钠每千克体重 2.2 mg,静脉注射,2 次/d,连用 2 d。静脉注射时应缓缓注入,药液不可漏出血管外,以免引起组织发炎及坏死。或用盐酸二氯苯胂每千克体重 2.5 mg,静脉注射,每隔 4～5 d 一次,该药驱虫作用较强,毒性小。

此外,防止和消灭中间宿主叮咬犬只的措施对预防本病发生也必不可少。

七、兔球虫病

兔球虫病是家兔最常见且危害最严重的寄生虫病之一。它是由艾美耳属的多种兔球虫寄生于兔肝脏胆管上皮细胞和肠上皮细胞内引起的一种寄生原虫病。兔球虫以断乳至 3 个月的幼兔最易感染,且发病重剧,死亡率高。成年兔一般隐性感染。

1.病原

兔球虫属于孢子虫纲(*Sporozoea leuckart*)艾美耳科(Eimeriidea)艾美耳属(*Eimeria schneider*,1875),其子孢子化卵囊的特点是每个卵囊有 4 个孢子囊,每个孢子囊内含 2 个子孢子。目前已发现可寄生于兔的球虫达 16 种之多。除斯氏艾美耳球虫寄生于胆管上皮细胞之内,其余的均寄生于肠黏膜上皮细胞内。

2.流行病学

兔球虫的发育与鸡球虫相似,都需要经过裂殖生殖、配子生殖和孢子生殖 3 阶段才能完成。前两阶段是在胆管上皮和肠上皮细胞内进行,后一发育阶段在外界环境中进行。卵囊在温度 20℃,湿度 55%～75%的外界环境中,经 2～3 d 即可发育成为具有感染性的孢子化卵囊。兔因各种因素食入孢子化卵囊而感染。在外界的球虫卵囊对环境抵抗力极强,在潮湿的土壤中可存活多年,并能抵抗一般的化学消毒剂。

兔球虫病流行于世界各地。全国各地均有发生。病兔及其粪便污染的环境一切用具物品都是主要的感染源。尤其是成年兔,感染后不表现临床症状,成为隐性感染带虫者。本病的传播途径是经消化道感染。各种品种及年龄的家兔对兔球虫均易感,以3月龄内的仔兔最易感,且发病重,而成年兔则多呈隐性感染。球虫病的流行与否,取决于饲养管理条件和外界环境,一般多发于夏季多雨季节。

3. 临床症状

球虫病的潜伏期为2～3 d或更长。

按病程长短分为:急性,病程3～6 d,多发于2～3月龄幼兔,病兔常突然倒地,四肢划动,头向后仰,有的死前惨叫;亚急性,病程1～3周,多发于20～60日龄幼兔,病兔精神沉郁,食欲不振,腹泻或腹泻与便秘交替发生。腹围增大,结膜苍白,后期多呈神经症状,角弓反张,衰竭而死。病程3～6 d;慢性,病程1～3个月,多发于成年兔,病兔排出灰白色胶样黏液将粪球粘连在一起,粪便腥臭。病兔消瘦、食欲不振。病程1周到数月,最后衰竭而死。

按球虫的种类和寄生的部位分为:①肠型。多发生20～60日龄的小兔,大多呈急性经过。主要表现为不同程度的腹泻,从间歇性腹泻至混有黏液和血液的大量水泻,常因脱水、中毒及继发细菌感染而死。②肝型。30～90日龄的小兔多发,多为慢性经过。肝球虫病症状为精神委顿、食欲减退,发育停滞、贫血、消瘦,肝区有压痛,可视黏膜苍白,部分出现黄疸。除幼兔严重感染外,很少死亡。③混合型。病初食欲降低,后废绝。腹泻或腹泻与便秘交替出现,病兔尿频或常呈排尿姿势,腹围增大,肝区触诊疼痛。结膜苍白,有时黄染。有的病兔呈神经症状,尤其是幼兔,痉挛或麻痹,由于极度衰竭而死。多数病例则在肠炎症状之下4～8 d死亡,死亡率可达90%以上。

4. 病理变化

肝型球虫病剖检可见肝脏明显肿大,上有黄白色小结节,内有大量卵囊;胆囊胀大,胆汁浓稠,在胆管、胆囊黏膜上取样涂片,能检出卵囊。肠型的病理变化主要在肠道,肠壁血管充血,肠腔臌气,肠黏膜充血或出血,十二指肠扩张、肥厚,黏膜有充血或出血性炎症,小肠内充满气体和大量黏液。急性病例有时肉眼不能发现病变。慢性时,肠壁呈淡灰色,有许多针帽大的黄白色结节和小的化脓性、坏死性病灶,结节内含大量球虫卵囊。

5. 诊断

一般生前诊断可依据流行特点、临床症状和解剖后病理变化作初步诊断。确诊则需要利用饱和盐水漂浮法、直接涂片法或肠黏膜及肝病灶刮取物制片等实验室诊断方法,检出粪便和病灶中的卵囊、裂殖体或裂殖子作为依据。

6. 防治

预防兔球虫病应采取综合防治措施。一是注意搞好环境卫生。如兔舍应选在干燥、通风、向阳处建造,及时清扫兔粪,定期对于地面、笼具、食槽等的消毒等。二是加强饲养管理。引进兔先隔离,幼兔与成兔分笼饲养,发现病兔应立即隔离治疗,用全价料饲喂兔子,以提高兔的抗病能力,流行季节断奶仔兔可在饲料中拌药预防等。三是及时用药物治疗。药物治疗关键是要掌握好用药时机和合理使用。目前使用的抗球虫药多数是作用于球虫早期发育阶段,所以用药宜早不宜迟。另外,在应用抗球虫药时,一定要注意不可长期使用单一药物,必须经常更换、交替使用。防治球虫病常用药物有氯苯胍、磺胺喹嘧啶、磺胺二甲氧嘧啶、磺胺氯吡嗪、磺胺二甲嘧啶、磺胺间甲氧嘧啶、长效磺胺、抗菌增效剂、氨丙啉、球痢灵、球虫净、克球多、盐霉素等。

八、犬、猫皮肤寄生虫病

犬、猫皮肤寄生虫病主要是指由一些节肢动物门,昆虫纲和蛛形纲的寄生虫引起的体表寄生虫病。按照病原体分类,犬、猫易患的体外寄生虫病可分为三大类:螨病、虱病、蚤病。

(一)螨虫病

犬、猫最常见的螨虫病有疥螨(*Sarcopticmite*)、蠕形螨(*Demodex*)和耳痒螨(*Otodectes*)病。

1.病原

疥螨体型小,呈宽卵圆形,雌虫平均大小约为 $380 \mu m \times 270 \mu m$,半透明,白色。雄虫体平均约为 $220 \mu m \times 170 \mu m$,其外形同雌虫相似。寄生在表皮中,可引起剧痒,使犬、猫持续搔抓、啃咬、摩擦患部皮肤。蠕形螨虫体呈半透明乳白色,虫体狭长如蠕虫样,体长为 $0.25 \sim 0.3$ mm,宽约 0.04 mm,从外形上可区分为前、中、后 3 个部分。口器位于前部呈蹄铁状,中部有 4 对很短的足,各足由 5 节组成;后部细长,表面密布横纹。通常寄生于皮脂腺和毛囊中。因此,蠕形螨病又称毛囊虫病或脂螨病。耳痒螨是寄生于动物皮肤表面的一种螨虫,以脱落的上皮细胞为食。常会引起局部瘙痒,因动物的爪挠而造成耳部出血。

2.流行病学

犬猫的三种螨终生寄生在宿主的体表,大多通过动物之间的直接接触相互传播。疥螨虽在动物的表皮中寄生,但交配却在皮肤表面进行。雌雄虫交配后,雌虫在皮内掘穴,并在穴内产卵。卵经 $3 \sim 8$ d 后孵化,孵出的幼虫移至皮肤表面蜕皮,相继发育为 1 期若虫,2 期若虫和成虫。整个生活史需 $10 \sim 14$ d。犬疥螨可以暂时地侵袭人,引起皮肤瘙痒以及丘疹性皮炎,但虫体不能在人身上繁殖,因此很快便可自愈。

蠕形螨在皮肤的毛囊和皮脂腺内完成其发育,整个生活史约需 24 d。一般正常的犬、猫体表有少量蠕形螨存在,当机体应激或抵抗力下降时,大量繁殖,引发疾病。耳痒螨的生活史同痒螨,其发育也经过卵、幼螨、若螨和成螨四个阶段。仅寄生于动物的皮肤表面。整个生活史约需 3 周。犬、猫之间也可相互传播。

3.临床症状

犬、猫螨虫大多寄生于动物的眼、唇、耳和前腿内侧的无毛处,因此,一般动物此处的症状比较明显,表现为脱毛、红斑、丘疹、皮肤增厚和结痂等症状。由于剧烈瘙痒,动物比以前更喜欢擦挠。因此,造成病变处常继发细菌感染,常出现体表淋巴结肿大,也可出现发热、精神沉郁、厌食等全身症状。

4.诊断

根据病史和临床症状建立初步诊断。如有无接触其他患犬、动物体表有无脱毛、结痂、丘疹以及表现出奇痒等症状。

皮肤刮取物检查:在宿主皮肤患部与健康部交界处,用外科凸刃小刀,在酒精灯上消毒,使刀刃与皮肤表面垂直,反复刮取表皮,直到稍微出血为止。取皮肤刮取物于载玻片上,滴 50％甘油 1 滴,加盖玻片,显微镜下检查,见活螨或螨卵即可确诊。或取较多的病料置于试管中,加入 10％氯化钠溶液。浸泡过夜(如急待检查可在酒精灯上煮数分钟),使皮屑溶解消化后,虫体自皮屑中分离出来。而后待其自然沉淀(或以 2 000 r/min 离心沉淀 5 min),弃去上层液,吸取沉渣检查。

5.防治

本病采取的防治措施为隔离治疗病犬,并用杀螨药对被污染的场所及用具进行消毒。选用下述药物进行治疗:双甲醚,应用浓度为每千克体重 250 mg,体表浴洗。伊维菌素每千克体重 200 μg,一次皮下注射,间隔 10 d,再注射 1 次。局部病变可在局部应用鱼藤酮、苯甲酸苄酯等杀螨剂涂抹,擦拭,一直用到长出新毛为止。对重症病犬除局部应用杀虫剂外,还应全身应用抗菌药物,防止继发感染。此外,保持犬舍的通风和干燥,注意环境卫生,提高犬、猫抵抗力也是预防本病所必需的。

(二)蚤病

引起犬、猫常见蚤病的病原是属于节肢动物门蚤目(Siphonaptera)栉首蚤属(*Ctenocephalides*)中的犬栉首蚤(*Ctenocephalidescanis*)和猫栉首蚤(*C. felis*)。多寄生于犬腰背部、尾根部、腹后部和四肢内侧。叮咬吸血液,分泌毒素,引起犬剧烈瘙痒、搔抓、啃咬、皮炎、贫血。两者均为世界分布。犬、猫的跳蚤还可以传播人的复孔绦虫和缩小膜壳绦虫,而且还可以咬人、吸血,因此在公共卫生上有一定的重要性。

1.病原

蚤为小型无翅昆虫。虫体一般左右扁平,体表覆盖有较厚的几丁质,刺吸式口器,棕黑色,长 1～4 mm,有粗长善于跳跃的足。

2.流行病学

蚤的发育属完全变态,即经过卵、幼虫、蛹、成虫四个阶段。各期的发育受客观因素影响较大。一般卵在温度与湿度适宜时,5 d 内就可以孵出幼虫。幼虫经 2～3 周发育,2 次蜕皮即变成熟幼虫,成熟幼虫结茧成蛹。后者一般经过 1～2 周便可羽化变为成虫。不过蛹的羽化的时间受外界环境影响很大。如遇不良环境,常可延迟至数周及至一、二年以上。羽化后成熟的成虫可立即交配产卵。蚤的寿命为 1～2 年,雌蚤一生可产卵数百个。蚤的寿命与温度和湿度密切相关。温度高、湿度低时,蚤很快死亡;而温度低湿度高时,则蚤寿命就比较长。此外,蚤抗饥饿力非常高,几个月不食仍能继续生存。

值得注意的是,蚤不仅自身能给动物造成病害,而其也是鼠疫、绦虫病(犬复孔绦虫和长膜壳)的传播者。因此,蚤的防治在公共卫生上有一定的重要意义。

3.临床症状

蚤在宿主身上叮咬皮肤,吸血分泌唾液刺激宿主,引起过敏性强烈瘙痒及不安。犬、猫蹭痒引起皮肤擦伤;一般可见脱毛,被毛上有跳蚤的排泄物,皮肤破溃,引发过敏性皮炎及皮肤上有粟粒大小的结痂。

4.诊断

结合临床症状,对犬、猫进行仔细检查。在头部、臀部和尾尖部附近的被毛间发现跳蚤或跳蚤的排泄物即可确诊。

5.防治

蚤病的治疗用跳蚤粉和一般的杀虫剂,如除虫菊、0.75%鱼藤酮,均可杀灭跳蚤的成虫,但跳蚤卵具有很强的抗药性,很难杀死。必须连续喷洒数次,一般是每周1次,连续1个多月才行。皮肤有擦伤的犬要清创、消毒和防感染。可用肤克新、福来恩,安全无毒副作用。剧痒不止的犬,可注射地塞米松和苯海拉明止痒。

预防应做好以下几个方面:

(1)平时注意搞好犬体卫生,常洗澡,勤梳理,多晒太阳,是防止蚤的有效办法。

(2)注意对犬猫活动区域,特别是犬、猫的用具进行彻底的消毒,0.5%～1%来苏儿或滴滴涕,喷洒犬舍及犬尿。犬窝的铺垫物全部更换,更换下来的物品要烧毁。

(3)保持犬、猫舍的通风、干燥,对周围环境喷洒杀虫剂。

(4)目前药物性除虫项圈可用于蚤病的预防。

(三)虱病

虱目是由两个亚目——血虱亚目和食毛亚目组成。引起犬、猫虱病的犬啮毛虱(*Trichodectescanis*)和近状猫毛虱(*Felicolasubrostatus*)属于食毛亚目。猫虱病一般只引起一些老猫、病猫和野猫发病。

1.病原

犬毛虱呈淡黄褐色;具褐色斑纹,咀嚼式口器,头扁圆宽于胸部,腹大于胸,触角1对,足3对,较细小。雄虱长1.74 mm,雌虱长1.92 mm。不吸血,以毛、皮屑等为食。寄生于猫的虱主要是猫毛虱,虫体呈淡黄色,腹部白色,并具鲜明的黄褐色带纹,咀嚼式口器,头呈五角形,较犬毛虱要尖些,胸较宽,有触角1对,足3对。

2.流行病学

虱为不完全变态,其发育过程包括卵、若虫和成虫。成虫雌雄交配后雄虱即死亡,雌虱于2～3 d后开始产卵,每只雌虱一昼夜产卵1～4枚,一生可共产卵50～80枚,卵产完后即死亡,卵黄白色,(0.8～1.0)mm×0.3 mm,长椭圆形,黏附于犬被毛上。卵经9～20 d孵化出若虫,若虫分3龄,每隔4～6 d蜕化1次,3次蜕化后变为成虫。

犬、猫虱的发病通常和不注意管理、动物衰弱和卫生条件差有关;犬、猫通过接触患病动物或被虱污染的房舍、用具、垫草等物体而被感染。圈舍拥挤,卫生条件差,营养不良及身体衰弱的犬、猫易患虱病。冬春季节,犬、猫的绒毛增厚,体表湿度增加,造成有利于虱生存的条件,更有利虱的生存繁殖而易于流行本病。

3.临床症状

虱一般栖身活动于体表被毛之间。由于虱在吸血时还分泌含毒素的唾液,刺激皮肤神经末梢,从而使犬、猫剧烈瘙痒,引起不安,常啃咬搔抓痒处而出现脱毛或创伤,常继发湿疹、丘疹、水泡及化脓性皮炎。此外,犬和猫的毛虱还是犬复殖孔绦虫的中间宿主。

4.诊断

根据动物表现出不安、瘙痒、皮肤发炎、脱毛等临床症状,再对虱习惯寄生于犬、猫的颈部、耳翼及胸等避光部位做仔细检查,易于发现虱和虱卵,即可作出诊断。

5.防治

治疗应先隔离病犬、病猫。在病患局部涂抹杀虫剂,每周用药1次,共用4周。也可用灭虱、蚤项圈戴在颈部。对同养的所有动物要进行灭虱处理,改善卫生条件及犬猫营养状况。保持犬舍、猫舍干燥及清洁卫生,并搞好定期消毒工作,常给犬、猫梳刷洗澡;由于虱会在阴暗潮湿的地方繁殖,所以主人要注意家居清洁。

思考题

1. 什么是寄生虫和寄生虫病?

3. 寄生虫及其与宿主的关系是什么? 寄生虫对宿主的危害有哪些?

4. 弓形虫病的流行特点、临床及病理学变化以及对动物机体的影响是什么?

5. 猪的寄生虫病有哪些? 猪蛔虫病的流行病学及其危害是什么?

6. 了解、掌握鸡球虫病的流行特点、临床表现、诊断及防控措施。

7. 反刍动物常见的寄生虫病有哪些? 其流行病学、临床特点是什么?

8. 了解和掌握犬、猫皮肤寄生虫病的表现及防控。

第六章 营养代谢病

内容提要：

随着规模化集约化畜牧业生产的发展，由于追求最大限度地满足人类对畜产品的需要，从而使得在人为限定条件下动物与其生存环境不相适应的疾病越来越多，特别是营养代谢紊乱常常导致畜牧业生产的重大损失、甚至危及到动物生命。本章将从引起动物营养代谢病的原因、代谢病的临床及病理学特征、诊治等方面介绍常见多发的代谢性疾病。

第一节 概　述

营养代谢病(nutrition metabolic diseases)是营养紊乱与代谢失调引起疾病的总称。营养代谢病常常导致动物机体生长发育迟滞、生产繁殖能力和抗病能力下降，严重者危及生命活动。

一、营养代谢病的病因

广义地讲，营养代谢病包括营养物质的缺乏、机体代谢紊乱以及营养物质的摄入过剩等，通常把营养物质的过剩列入中毒病部分，而在代谢病部分仅介绍营养物质的缺乏及代谢紊乱。归纳起来，有如下几个方面。

(1)营养物质的摄入不足　常见于日粮供给不足或日粮中某些营养物质缺乏，饲料中抗营养物质使得某些营养物质被破坏或其利用率降低。

(2)营养物质的需要增多　某些生理病理情况下，营养物质的需要增加。诸如，公畜配种期、母畜妊娠及产乳期、幼龄动物生长期；动物疾病期的体内营养物质过多消耗及疾病恢复期需要增加等。

(3)营养物质的消化、吸收、利用障碍　动物罹患某些疾病时，机体对营养物质的消化、吸收机体内合成代谢发生障碍而出现营养代谢病。如消化道疾病、肝脏疾病、胰腺疾病等。

(4)营养物质之间的平衡失调　动物对于营养物质的应用存在复杂的关系，营养物质之间具有依赖、转化、拮抗作用，通过这些作用，动物机体维持各种营养物质的平衡关系。如钙的吸收和利用需要维生素 D 的存在，钴影响维生素 B_{12} 的合成，硒和维生素 E 协同完成机体的抗氧化功能；氨基酸可以转化为糖或脂肪，糖和脂肪可以转化为部分非必需氨基酸;锌和铁充足可以防止铜中毒,铜充足则可以防止钼中毒,钠和钾能拮抗钙的吸收,过多的钙会引起猪的锌缺乏。

(5)动物机体的机能减退　老龄动物、久病动物常常会因其机能衰退而影响营养物质的消化、吸收和利用,引起营养缺乏。

(6)遗传性因素　某些遗传缺陷会导致营养障碍,如某些动物的先天性卟啉症等。

二、营养代谢病的分类

一般地,动物营养代谢病,按其病因可分为如下几种类型。

(1)能量物质代谢性紊乱性疾病　如乳牛酮病、脂肪肝综合征、营养衰竭症、痛风、低血糖症等。

(2)矿物质代谢性紊乱性疾病　常见的有常量矿物质缺乏症,如 Ca、P、Mg、K、Na 等缺乏引起的骨软症、水牛血红蛋白尿症、低血钾症等;微量元素缺乏症,如 Fe、Zn、Cu、Se、Mn、Co、I 等缺乏引起的相应疾病。

(3)维生素缺乏症　如脂溶性维生素 A、维生素 D、维生素 E、维生素 K 及水溶性维生素 B 族与维生素 C 缺乏引起的若干疾病。

(4)原因不确定的代谢紊乱性病　在目前研究水平上,有些疾病具有营养代谢病的特点,但病因病机尚未确定,如肉鸡腹水症、啄癖等。

三、营养代谢病的诊断

1.临床症状及病理学变化

生长发育迟缓或停滞;毛粗乱,骨棱外露,母畜低产,死胎;动物跛行,骨质关节变形;脱毛,异嗜,充血;母畜卧地不起;或视力降低,运动失调,均是与某些营养缺乏相关的症状。多数营养代谢病没有特征性剖检变化。

2.群发、常呈地域性发生,无传染性

由于动物、特别是草食动物,主要食当地牧草或植物,故地域性某种元素缺乏,就可能使动物发生相应缺乏症,这类疾病即所谓地方病(endemia)。这类疾病一般体温不高;无传染性。

3.与围产期相关

许多营养代谢病,如酮症、乳热、卧地不起综合征等与围产期有关。

4.实验室检验

在上述症状与流行病学资料的基础上,应进行如下检查。

(1)饲料分析　对于怀疑某种或某些营养素缺乏症,在上述工作的基础上,要进行饲料分析。根据症状结合初步诊断与治疗体会,对饲料中的一些针对性营养素进行分析,如矿物质、微量元素或维生素。特别是对于矿质元素及微量元素,不但要分析怀疑的个体,还要分析数种相关元素之间是否平衡,是否存在明显拮抗元素。如钙过量则影响锌的利用,铜过量又影响铜的利用。

(2)实验室检测及亚临床监测病畜群的相关指标　在分析饲料的基础上,或临床上根据观察到的症状特点,可直接对病畜禽的血液、肝、肾等组织进行相关项目生化分析,以反应动物当时的营养状态。测定的指标有血糖、总蛋白、白蛋白、球蛋白、Hb、BUN、PCV、血清 Ca^{2+}、P^{5+}、Mg^{2+}、K^+、Na^+ 以及 Fe^{2+}、Cu^{2+}、Se^{2+} 等,此外还有一些相关的血

清酶,如 ALP 等。

①蛋白质摄入与血液 BUN 在健康机体内有直接关系。低 BUN 说明蛋白摄入不足或吸收不足。若不增加蛋白质,可能在泌乳后期出现低蛋白血症。自然病例低血蛋白及低 Hb 是长期缺乏蛋白的指标。

②PCV,Hb 及 Fe^{2+} 在非泌乳牛要比泌乳牛高,总蛋白随年龄增加,而无机磷、白蛋白、镁、钠等随年龄下降。

③血钙变化范围很小。对于营养供给与产出之间的平衡不太敏感,但怀孕后期血钙太低,则是十分危险的。

④奶牛的血液指标受季节,产奶量及泌乳阶段影响。尿素、Hb、PCV 在多方面,无论泌乳、非泌乳均是如此。而镁则在冬季特别低。

⑤泌乳早期及冬季血糖较低。主要是泌乳早期对糖需要量大,而冬季采食不足。

四、营养代谢病的防治措施

营养代谢病的防治要点在于加强饲养管理,合理调配日粮,保证全价饲养;开展营养代谢病的监测,定期对禽群进行抽样调查,了解各种营养物质代谢的变动,正确估价或预测禽的营养需要,早期发现病禽;做好饲料收藏、贮存、加工,防止霉败变质;实施综合防治措施,如地区性矿物元素缺乏,可采用改良植被、土壤施肥、植物喷洒、饲料调换等方法,提高饲料中相关元素的含量。

第二节　糖、脂肪、蛋白质代谢障碍疾病

一、酮病

酮病(ketosis)是由于动物体内碳水化合物及挥发性脂肪酸代谢紊乱,导致酮血症、酮尿症、酮乳症和低糖血症的代谢障碍性临床综合征。临床上表现以昏睡或兴奋、产乳量下降、机体失水、偶尔发生运动失调为特征。高产乳牛(尤其在舍饲条件下)在产后 6 周内发病最多,其次是乳山羊,绵羊、兔和豚鼠。猫、犬和人在糖尿病时,也可发生类似症状。在高产牛群中,本病亚临床发病率可高达产后牛群的 $10\%\sim30\%$,虽然临床症状不明显,但血液酮体浓度增高 $10\%\sim20\%$。

1.病因

饲料中碳水化合物供给不足,或精料过多,粗纤维不足而导致酮病称原发性酮病。

创伤性网胃炎,前胃弛缓,皱胃溃疡,子宫内膜炎,胎衣滞留,产后瘫痪及饲料中毒等均可导致消化机能减退,诱发酮病。动物缺盐时可影响前胃消化功能,导致酮病产生。肝脏原发性或继发性疾病,亦可诱发酮病。

2.临床症状

临床型多在产后几天至几周出现症状,突然不愿吃精料,喜舔食垫草和污物,粪便干燥,表面被覆黏液。精神沉郁,凝视,步样不稳并伴有轻瘫症状,体重、显著下降,产奶量降低,但非无乳。乳汁形成泡沫,有与呼吸、排尿相同的烂苹果(酮)气味。尿显淡黄色,

易形成泡沫。多数病牛嗜睡,少数病牛可发生狂躁和激动,但还能饮水,表现为转圈、摇摆、舐、嚼和吼叫,感觉过敏,强迫运动。这些症状反复间断地多次发生。呼吸减慢,心跳徐缓。

亚临床型(隐性型)无明显上述症状,但呼出气体有酮味。

病牛血糖降低到 1.12～2.24 mmol/L(正常 2.8 mmol/L),继发性酮病牛血糖浓度下降不明显。母牛血液中酮体浓度升高到 1.72～17.2 mmol/L(正常 0～1.72 mmol/L),继发性酮病牛血酮浓度多在 8.6 mmol/L 以下。尿液酮体多在 13.76～223.6 mmol/L。乳酮浓度可从正常时 0.516 mmol/L 升高到 6.88 mmol/L。瘤胃液中丁酸浓度大幅升高。血中 β-羟丁酸浓度大大升高,血液 pH 从正常时的 7.43±0.01 降为 7.38±0.02。嗜酸性粒细胞增多,淋巴细胞比例可达 60%～80%,嗜中性白细胞减少至 10%。

3. 诊断

根据临床症状,并结合病史可作出初步诊断,具有可靠诊断意义的是血酮、乳酮及尿酮含量的测定。一般地,把血清酮体含量在 1.7～3.4 mmol/L 作为亚临床酮病的指标,在 3.4 mmol/L 以上为临床酮病指标。乳酮超过 0.516 mmol/L,应注意酮症可能。

4. 防治

治疗原则补糖抗酮。解除酸中毒、补充体内葡萄糖不足及提高酮体利用率为主,配合调整瘤胃机能。继发性酮病则以根治原发病为主。多数病例经合理治疗可以痊愈,但对有些牛效果不明显甚至无效。

为预防酮病,在妊娠期、尤其是妊娠后期增加能量供给,但又不致使母牛过肥。在催乳期间,或产前 4～5 周应逐步增加能量供给,并维持到产犊和泌乳高峰期。随乳产量增加,应逐渐供给生产性日粮,并保持粗粮与精料有一定比例,其中蛋白质含量不超过 16%～18%。此外,还可饲喂丙酸钠(120 g,2 次/d,内服,连用 10 d)。注意及时治疗前胃疾病,子宫疾病等。

二、禽脂肪肝综合征

禽脂肪肝综合征(poultry fatty liver syndrome)常散发于产蛋母鸡,尤其是笼养蛋鸡群,多数情况是鸡体况良好,突然死亡。死亡鸡以腹腔及皮下大量脂肪蓄积,肝被膜下有血凝块为特征。公鸡极少发生。填鸭、填鹅因食入大量高能饲料以使生产肥肝(fatty liver),实际上也呈现脂肪肝综合征。

1. 病因

(1)能量摄入过多 长期饲喂过量饲料会导致脂肪量增加;肝脏脂肪变性程度的不同,受不同谷物类型的影响,从碳水化合物获得能量比从饲料脂肪中获得能量危害更大。

(2)鸡的品系,笼养和环境与本病发生有关 高产蛋量品系鸡对脂肪肝综合征较为敏感,由于高产蛋量是与高雌激素活性相关的,而雌激素可刺激肝脏合成脂肪,笼养鸡活动空间缺少,再加上采食量过高,B 族维生素缺乏,可刺激脂肪肝综合征的发生。

(3)环境高温 可使代谢温度过大,以至失去应有的平衡,所以本病在温度高时多发。

(4)环境的突然改变、受惊可诱发本病的发生。

(5)料中胆碱含量不足,维生素 B、维生素 E 及蛋氨酸含量不足,可促使本病发生。饲料中真菌毒素可致肝机能损伤,油菜籽制品中的芥子酸也可引起肝脏变性,促使本病发生。

家禽肝脏是合成体内脂肪的最主要场所,合成后的脂肪以极低密度脂蛋白形式被输送到血液。其中载脂蛋白的合成需蛋氨酸、丝氨酸、维生素 E、B 族维生素等的参与。在脂肪转运过程中,胆碱起重要作用。母禽在产蛋期,为了维持生产力(1 个鸡蛋大约含 6 g脂肪,其中的大部分是由饲料中的碳水化合物转化而来),肝脏合成脂肪的能力增加,肝脂也相应提高。若合成蛋脂的原料不足,或肝脏合成的脂肪太多,超出了脂蛋白的运输能力,可产生肝内脂肪蓄积,使肝脏呈淡黄色或淡粉红色,质地变脆。在受到应激时,若鸡突然剧烈运动,肝脏小血管破裂,血液流入肝被膜下,形成血凝块,继发出血性脂肪肝综合征,病鸡最终死于肝破裂。

2.临床症状

本病主要发生于重型鸡及肥胖的鸡。病鸡生前肥胖,超过正常体重的 25%,产蛋率波动较大,可从 75%～85% 突然下降到 35%～55%,在下腹部可以摸到厚实的脂肪组织。往往突然暴发,病鸡喜卧、鸡冠肉髯褪色乃至苍白。严重的嗜睡,瘫痪,体温 41.5～42.8℃。进而鸡冠、肉髯及脚变冷,可在数小时内死亡。一般从发病到死亡 1～2 d,当拥挤、驱赶、捕捉或抓提方法错误,引起强烈挣扎时可突然死亡。

血液检验,病鸡血清胆固醇由正常的 2.90～8.17 mmol/L 增高到 35.45～29.69 mmol/L 以上;血钙由正常的 3.75～6.50 mmol/L 增高到 7～18.5 mmol/L;血浆雌激素、肾上腺皮质固醇升高,肝糖原和生物素含量很少、丙酮酸脱羧酶的活性降低。

3.病理变化

病死鸡的皮下、腹腔及肠系膜均有多量的脂肪沉积。肝肿大边缘钝圆,呈油灰色,质脆易碎,用力切时,在刀表面有脂肪滴附着。肝表面有出血点,在肝被膜下或腹腔内往往有大的血凝块。组织学检查为重度脂肪变性。有的鸡心肌变性呈黄白色,有时肾略变黄,脾、心、肠道有程度不同的小出血点。

4.诊断

根据病因、发病特点、临床症状和血液化验指标,以及病理变化特征即可确诊,其特征性病变为肥胖母鸡腹腔内或肝被膜下有凝血块。本病应注意与鸡脂肪肝和肾综合征的鉴别诊断。

5.防治

本病应以预防为主,一旦发现有该病发生的倾向,要及时找出影响鸡群产蛋率和脂肪代谢平衡失调的具体原因,采取针对性的防治措施。

(1)调整日粮的配方,以适应变化了的环境下鸡群的需要。由于摄入能量过度是一个重要病因,因此可以考虑实行限饲和(或)降低饲料代谢能摄入量,如在饲料中增加一些富含亚油酸的脂肪而减少碳水化合物则可降低本病的发生。饲料中代谢能与蛋白质的比值(ME/P)因温度和产蛋率的不同而不同。温暖时,ME/P 减少 10%,低温时增加 10%。我国产蛋鸡的蛋能比值是以产蛋率为依据,产蛋率大于 80%,日粮中蛋能比取 60(11.5 kJ/kg,16.5%);产蛋率为 65%～80% 时,取 54(11.5 kJ/kg,15%),产蛋率小于40%,取 51(11.5 kJ/kg,14%)。有研究表明:蛋鸡在采食缺乏含硫氨基酸日粮时,要发挥更高的产蛋率和饲料效率,日采食胆碱量应不少于 115 mg,在基础日粮含604.12 mg/kg 的基础上,0.3%氯化胆碱的添加剂量,预防效果较好。

(2)调整饲养管理,适当限制饲料的喂量,使体重适当,鸡群产蛋高峰前限量要小,高峰后限量应大,小型鸡种可在 120 日龄后开始限喂,一般限喂 8%~12%。

(3)已发病鸡群,日粮中补加胆碱 22~110 mg/kg,连用 1 周。亦可每千克日粮中补加氯化胆碱 1 g,维生素 E 10 IU,维生素 B₁ 0.212 mg 和肌醇 0.9 g,连续饲喂。或每只鸡喂服氯化胆碱 0.1~0.2 g,连续 10 d。

三、低糖血症

低糖血症(hypoglycemia)多发于初生仔猪和仔犬,在乳猪,又称乳猪病(baby pig disease)或憔悴病(fading pig disease),临床上表现虚弱,平衡失调,体温下降,肌肉不自主运动,甚至惊厥死亡。鸽也有发生,犊牛、羔羊理论上也会产生低血糖症,但自然发病的报道很少。

1.病因

仔猪在生后 1 周内尚无良好的糖异生能力,主要靠肝内糖原的贮备和从母乳中获取。这期间如吮乳受限制,或能量过度消耗,糖贮备被迅速耗竭,血糖浓度迅速下降。最后导致低糖血症的发生。哺乳量不足是本病的主要原因。

(1)母猪营养水平低,泌乳和乳产量低。

(2)母猪患有疾病,如乳房炎、传染性胃肠炎、子宫内膜炎、链球菌感染、母猪子宫炎-乳房炎-无乳综合征(MMA),麦角素中毒引起的无乳和乳头发炎坏死。

(3)小猪始终吃不到奶。窝猪头数比母猪奶头数多,在小猪固定奶头后,有的小猪始终吃不到奶;由于仔猪无法正常吃乳,如仔猪患有先天性肌痉挛、溶血症、脑室积水等影响吃乳;母猪栏设计不合理,仔猪挤压而行动不便,或者产仔栏的下横档位置不适当,使小猪不能接近母猪乳房。

(4)猪舍保温条件差,仔猪为维持体温而需消耗更多葡萄糖,可诱发本病发生;也有人认为仔猪吸吮初乳后引起过敏反应,可引起低血糖症。

(5)仔猪胃肠内因缺乏乳杆菌,对乳汁消化障碍,可引发本病。

(6)犊牛、羔羊生后丧母,又未及时人工哺乳者,可发生与该病类似症状。

(7)遗传性低血糖症常见于妊娠期过长,胎儿过大,肾上腺发育不良的新生仔畜,可见于犊牛、仔猪。

2.临床症状

本病大多于仔猪出生后 1~3 d 内发生。开始在窝猪中个体小的猪一头或数头不吃乳,四肢软弱无力,卧地不起。个别患猪带着抖动的步伐,低弱的叫声,盲目地游走。患猪憔悴状,带有皮肤冷厥、苍白、体温低,肌肉紧张性下降,并对外界刺激无反应。当运动失调加剧时小猪歪腿站立,并用鼻唇部抵在地上维持这种站立姿势。最后呈现惊厥,伴有空口咀嚼、流涎、角弓反张、眼球震颤、前、后肢收缩、昏迷、死亡。

血糖浓度极度下降,由正常的 4.995~7.215 mmol/L 下降到 0.278~0.833 mmol/L,血中非蛋白氮、尿素氮浓度升高。

剖检一般不显异常,少数猪胃内缺乏凝乳块,但许多病例胃内仍有部分食物,部分猪颈、胸、腹下有不同程度水肿。

3.诊断

根据病史、临床症状、血糖浓度明显下降及对葡萄糖治疗反应迅速且良好而诊断。但应与新生仔猪其他疾病、如细菌性败血症、病毒性脑炎、伪狂犬病、李氏杆菌病、链球菌感染等相区别。其中血糖浓度降低、体温下降两项,与上述疾病完全不同。

4.防治

5%～10%的葡萄糖 10～15 mL,配合维生素 C 0.1 mL,混合后腹腔注射,4～6 h 一次,直至仔猪可以用人工哺乳或喝到继母猪乳汁为止。在治疗时应注意保暖防寒,仔猪最适环境温度为 27～32℃。

妊娠后期应注意母猪的营养管理与保健,防止产后无乳或缺乳。仔猪生后应精心照料,保暖防寒,必要时可行人工哺乳。

四、肥胖母牛综合征

肥胖母牛综合征(fatty cow syndrome),又称牛妊娠毒血症(pregnancy toxemia in cattle)或牛的脂肪肝病(fatty liver disease of cattle),是因母牛怀孕期间过度肥胖,常于分娩前(肉用母牛)或分娩后(乳用母牛)发生以厌食、抑郁、虚弱为特征的代谢性疾病,与绵羊的妊娠毒血症类似,死亡率很高。因主要发生于肥胖母牛,故称肥胖母牛综合征。

1.病因

饲养管理不合理,致使妊娠后期肥胖都可诱发本病。在泌乳后期或干乳期能量物质摄入过多(如饲料中谷物或青贮玉米太多),引起妊娠后期肥胖,若有毒羽扇豆类饲草饲喂,可加速本病的发生。妊娠后期母牛未及时与正在泌乳的牛分开饲养,仍喂给泌乳期日粮,可促使本病发生。怀双犊母牛,同时伴有缺钙,或受多量内寄生虫感染,可使发病增多。

妊娠后期,胎儿发育加快,同时受到分娩泌乳等应激作用,使母牛对能量需求剧增,这时能量从摄食中得不到满足时还需用糖原异生或动员体脂。若母牛体脂沉积过多,当能量摄入不足时,体脂动员过多,脂肪分解使游离脂肪酸大量增多,并引起肝细胞脂肪变性和脂肪沉着,妨碍肝脏其他功能(如糖异生,合成蛋白质)的发挥,致使体脂分解更剧,呈恶性循环,导致酮血症和低糖血症。后期因血糖转化为肝糖原受阻,呈现高糖血症。有毒羽扇豆、四氯化碳、四环素等可损伤肝细胞,蛋氨酸、丝氨酸缺乏可影响脂蛋白的合成,胆碱缺乏可影响脂肪从肝脏向脂肪组织运送,所有这些因素,都可诱发脂肪肝生成。而妊娠期间过肥,分娩前后体脂消耗过多,肝细胞变性是构成脂肪肝综合征的主要因素。

2.临床症状

患畜异常肥胖,产后几天内呈现食欲下降并逐渐停食;虚弱、躺卧,体内酮体增多,有酮尿;部分病牛还可出现神经症状,如举头、头颈部肌肉震颤,最后昏迷、心动过速。肥胖肉母牛于产犊前两个月发生时,患牛有较长时间(10～14 d)停食,精神抑郁、躺卧、粪稀少恶臭,死亡率高,病程 10～14 d,最后昏迷并在安静中死亡。幸免一死的病牛休情期延长,不孕症的可能性增高。患牛按酮病治疗几乎无效,常伴有皱胃扭转,前胃弛缓,胎衣不下,难产现象。

患牛常有低钙血症 1.5～2.0 mmol/L,血清无机磷浓度升高达 6.46 mmol/L。开始时呈现低糖血症,但后期呈高糖血症。血液中酮体、谷草转氨酶(GOT)、鸟氨酰基转移酶(OCT)和山梨醇脱氢酶(SDH)活性升高,明显的酮尿和蛋白尿,白细胞总数升高。

3.病理变化

剖检可见肝脏轻度肿大,呈黄白色,脆而油润。肾小管上皮脂肪沉着,肾上腺扩大,色黄,皱胃内常呈寄生虫侵袭性炎症霉菌性胃炎和灶性霉菌性肺炎等。

4.诊断

本病的发生有其自身特点,均发生于肥胖母牛,肉牛于产犊前,奶牛于产犊后突然停食,躺卧时应怀疑为本病。应注意与以下疾病鉴别。

(1)皱胃变位 于肋弓下叩诊,在相应的同侧肷部可听到金属音调。

(2)生产瘫痪 常在分娩后立即发生,但对钙剂,ACTH 及乳房送风治疗,收效明显。

(3)卧倒不起综合征 牛多不出现过度肥胖。而肥胖母牛综合征因妊娠期饲喂大量谷物,过度肥胖为主。

(4)分娩综合征 除以上病理特征外,还包括胎衣滞留、子宫内膜炎、卵巢功能不全、低钙血症、低镁血症、酮体增多性低糖血症和乳房炎等症状。尤其是高产乳牛奶产量下降,尽管疾病呈慢性经过,但用通常治疗方法收效甚差。

5.防治

治疗效果通常不佳,若食欲完全丧失,常归于死亡。对尚能维持一定食欲者,应采取综合治疗措施,即反复静脉滴注葡萄糖、钙制剂、镁制剂。用 ACTH、糖皮质激素,维生素 B_{12} 并配合钴盐,后期体况好转后注射丙酸睾丸酮以促进同化作用,这些措施对病况虽有改善,但效果并不太满意。灌服健康牛瘤胃液 5~10 L,或喂给健康牛反刍食团,喂给丙二酸促进生糖作用。后期用胰岛素(鱼精蛋白锌)200~300 IU 皮下注射,一天两次,可促进糖向外周组织转移。多给优质干草和水的同时,给予含钴盐砖;用氯化胆碱,每 4 h 一次,每次 24 g,内服或皮下注射;硒-维生素 E 制剂内服等,均有一定治疗作用,但效果均不令人满意。

本病应以预防为主,原则是保持妊娠期间良好体况,防止过度肥胖,及时治疗产前、产后的其他常发病。具体做法,建议对妊娠后期母牛分群饲养,并密切观察牛体重的变化;经常监测血液中葡萄糖及酮体浓度;对血酮升高、血液葡萄糖浓度下降的病牛,除应作酮病治疗外,还应千方百计地使动物有一定食欲,防止体脂过度动用。

五、反刍动物过食豆谷综合征

反刍动物过食豆谷综合征因采食过量含碳水化合物丰富的谷物、豆类食物引起瘤胃内异常发酵,产酸增多,瘤胃微生物区系破坏和严重消化不良,临床上以严重毒血症、脱水、pH 值下降、瘤胃弛缓、精神兴奋或沉郁,后期躺卧和急性死亡为特征。亦称乳酸中毒(lactic acidosis)、碳水化合物过食症(carbohydrate engorgement)、谷物过食症(grain overload)或瘤胃食滞(rumen overload)等。

各种反刍动物均可发生,但高产乳牛、育肥牛群发病最多。山羊、野鹿亦有发生。

1.病因

主要是过食或偷食大量含碳水化合物的谷物,如小麦、大麦、玉米、水稻、高粱、白薯及其副产品,如牛房与仓库紧挨、牛绳挣脱,一次饱食小麦,或水牛夜间去稻田偷食连秸稻等均可发生。国外尚有因过食苹果、葡萄、面包屑、糖渣、醋渣、啤酒糟等所引起。

本病常在过食后不久发生,但饲料种类,动物对谷物适应性,动物营养状况,菌丛的性质对疾病发生有一定影响。磨碎的小麦、玉米饱食后易发病;过食黄豆、豆饼,因在瘤胃内产生大量氨、引起全身氨中毒进一步导致糖代谢受阻,产生酸中毒。江苏农学院(现扬州大学畜牧兽医学院)曾对 162 例过食黄豆、豆饼,32 例过食稻、麦的耕牛病例总结:均系管理不善,牛挣脱缰绳后偷吃或在打谷场上任意采食所致。

由于贪食大量含碳水化合物饲料，瘤胃中革兰氏阳性菌大量增多，而其他一些微生物和纤毛虫崩解、死亡，释放出大量内毒素（endotoxin）等有毒有害物质，导致内毒素血症。由于碳水化合物迅速发酵，产生大量乳酸，瘤胃 pH 降至 5 以下。瘤胃运动完全停止，与此同时，乳酸杆菌大量增值，并产生过多的乳酸，吸氧减少，细胞呼吸障碍，产生的乳酸进一步增多。由于瘤胃内环境改变，正常微生物区系严重破坏，过多的酸性产物刺激胃肠黏膜，肥大细胞和血液内嗜碱性细胞释放有毒的胺（如组织胺等），瘤胃内乳酸含量增高，达 165 mmol/L。因而呈现毒血症，并发蹄叶炎、瘤胃炎等。

而当过食豆类食物时，蛋白质在细菌分解下产生大量氨，当产氨速度超过了氨在体内转化为谷氨酰胺或尿素的速度时，或超过肝、肾对氨的解毒能力时，则可引起氨中毒。造成三羧酸循环不能正常进行（因 α-酮戊二酸大量耗竭转化为谷氨酰胺），ATP 生成减少，糖的无氧酵解作用增强，乳酸及酮体产生增多，导致代谢性酸中毒。大量氨可直接作用于中枢神经系统，引起脑血管充血、兴奋性增高、视觉扰乱和目盲，瘤胃内不仅乳酸增多，而且挥发性脂肪酸增多，氨增多的同时，氢、氮、对甲苯酚、酚、吲哚、粪臭素亦增多，最终引起内毒素、氨、乳酸中毒综合征。

2.临床症状

过食粒状谷物，24 h 内不出现任何症状，食入过多者（牛 15 kg 以上）有轻度瘤胃积食。24 h 后，不食、不反刍、胃肠弛缓，并有脱水现象。48 h 后出现胃肠炎，排出稀而恶臭的粪便。少数呈进行性脱水，并伴有心率过速。过食粉状谷物如小麦粉、大麦粉在 36 h 发生泡沫状臌气，并有胃肠炎。过食稻谷者易发生肠梗阻，小肠或盲肠阻塞，其余症状与过食谷物颗粒类似。

过食豆类饲料，包括黄豆、豆饼，基本症状与过食谷粒相似，但神经症状明显，俗称"豆疯"，食入豆饼后发病更快，12 h 后即出现双眼睁大，头抵墙，转圈，盲目行走，甚至失明、角弓反张。过食黄豆者发病较慢，一般食后 24～48 h，出现上述症状。兴奋后即转入抑制，动物卧地不起，双目呆滞，牙关紧闭，食欲废绝，反刍停止。粪先干后软，内有膨胀的豆粒，并有腐臭味。后期动物对外反射消失，陷于昏迷、肢端发凉、体温下降至 35℃ 以下。心音亢进或低沉，第二音消失，胃肠蠕动完全停止，常在昏迷中死去。

实验室检查，红细胞压积（PCV）升高达 50%～60%，尿 pH 降至 5 以下（过食豆类中毒时，pH 可能正常或偏高），尿浓缩，最后无尿。血液乳酸盐和无机磷浓度升高，血液 pH 及重碳酸盐浓度下降（过食豆类中毒时，pH 可能正常或偏高）。瘤胃液中纤毛虫消失，革兰氏阳性细菌增多，革兰氏阴性菌大多为链球菌和乳酸杆菌。

剖检可见，皱胃炎和肠炎；瘤胃黏膜脱落，瘤胃上皮细胞浆内空泡形成，巨核细胞浸润；肝坏死、中毒性肾病及非化脓性脑炎。

3.诊断

本病主要依过食豆、谷类饲料、神经症状、胃肠炎及瘤胃 pH 和纤毛虫变化，血液乳酸含量测定等指标易于诊断。

4.防治

本病治疗原则是纠正酸碱平衡紊乱，解除内毒素血症；维持血容量，补充电解质；恢复胃、肠功能；对症治疗。必要时施行瘤胃切开术，更换瘤胃内容物。

病初即应给牛饮水，同时应输给葡萄糖氯化钠溶液 3～5 L，5% 碳酸氢钠或 11.2% 乳酸钠 200～500 mL。补液，同时给予维生素 E、维生素 B_{12} 及氢化可的松等。

瘤胃注入碳酸钠或碳酸氢钠,有利于纠正酸中毒;投以油类泻剂或盐类泻剂,芒硝用量最大为 1 500 g,石蜡油 1 000 mL,对贪食谷物者有一定效果,但对过食豆类食物者收效不明显。当瘤胃内容物已开始向后移除,可静脉注射高渗盐水(10%氯化钠 300～500 mL),适当灌服肠道消炎药。当有神经症状时适当给予镇静剂如氯丙嗪肌内注射,每千克体重 1 mg。亦可在病刚开始、动物精神状态良好时采用瘤胃切开手术,更换瘤胃内容物。或用铡碎的稻草经用 1%热碳酸氢钠液浸泡 30 min,填入瘤胃并连续 3 d 灌服健康牛的瘤胃液,接种纤毛虫和瘤胃微生物,痊愈率较高。

对泡沫性膨气的牛,可灌服鱼石脂酒精或松节油,洗胃后再灌服碳酸氢钠;当瘤胃内环境改善后可灌服瘤胃液,以接种纤毛虫和瘤胃微生物。

预防主要是加强管理,防止过食,乳牛和肉牛应控制精料供给量,并使增量有一过程。开始少给,逐日增多。即使这样,仍应保持精、粗饲料比例,防止酸中毒。

六、痛风

痛风(gout)是指血液中蓄积过量的尿酸盐(urate)不能被迅速排出体外,形成尿酸血症,进而尿酸盐沉积在关节囊、关节软骨、软骨周围、胸腹腔及各种脏器表面和其他间质组织中。临床上表现运动迟缓,腿、翅关节肿胀,厌食、衰竭和腹泻,因粪尿中尿酸盐增多,常引起肛门周围羽毛为白色尿酸盐黏附。禽痛风分为内脏型和关节型两种,前者指尿酸盐沉着在内脏表面,后者指尿酸沉着在关节囊和关节软骨周围。

痛风主要发生在鸡,火鸡、鹅、雉、鸽等亦可发生痛风。在集约化饲养的鸡群,饲料生产饲养管理水平低下可诱发禽痛风的发生,是常见禽病之一。

此外,老年犬、鳄鱼、蛇等都可患痛风。

1.病因

家禽痛风发生的原因目前尚不完全清楚。

可引起禽痛风的原因有 20 多种,可归纳为两类,即是体内尿酸生成过多和尿酸排泄障碍。后者可能为尿酸盐沉着症中更重要的原因。

(1)尿酸生成过多

①饲料中蛋白质比例过高。尤其是动物性蛋白质含量过高。如用动物内脏、胸腺、肝、肾、头肉、肉屑、鱼粉或大豆粉、豌豆作为蛋白质源,且比例太高。如鱼粉超过 8%时、粗蛋白含量超过 28%时,则鸡的含氮物(蛋白质、核酸)代谢终产物尿酸生成过多,生成速率大于排泄速率,则可产生痛风。

②动物极度饥饿又得不到能量补充。体蛋白大量分解,产生尿酸的速度增加,如患白血病的鸡、蓝冠病的鸡,易患痛风。

③某些品种鸡易发生痛风。特别是关节型痛风与高蛋白饲料和遗传因素有密切关系,高蛋白饲料可促进这些鸡发生痛风。

(2)尿酸排泄障碍　分为传染性和非传染性两大类因素。

①传染性因素。凡具有嗜肾性,能引起肾机能损伤的病原微生物,如传染性支气管炎病毒、传染性法氏囊病毒、败血支原体、雏白痢、艾美耳球虫、传染性盲肠-肝炎病毒等都可引起痛风。

②非传染性因素。包括营养性和中毒性因素两类。

营养性因素包括维生素 A 缺乏引起;食盐过多、饮水不足;含钙过多,含磷不足或钙、磷比例失调。

中毒性因素包括嗜肾性化学毒物、药物和霉菌毒素；饲料中某些重金属如铬、镉、铊、汞、铅等蓄积在肾脏内引起的肾损伤；草酸盐含量过多的饲料如菠菜、莴苣等饲料中草酸盐可堵塞肾小管或损伤肾小管；霉菌毒素如棕色曲霉素、黄曲霉毒素等。

其他如饲养在潮湿和阴暗的畜舍、密集的管理、运动不足和衰老等因素皆可能成为促进本病发生的诱因。

核蛋白是动植物细胞核的主要成分，是由蛋白质和核酸组成的一种结合蛋白。核蛋白水解时产生蛋白质和核酸，组成核酸的嘌呤化合物有腺嘌呤和鸟嘌呤两种，它们在家禽体内代谢产物是黄嘌呤，只要体内含钼的黄嘌呤氧化酶充足，生成的尿酸就越多。因此，饲料中蛋白质越多，尤其是核蛋白越多，体内形成的尿酸就越多。因为家禽体内缺乏精氨酸酶，蛋白质在代谢过程中产生的氨不能被合成尿素，而是先合成嘌呤、次黄嘌呤、黄嘌呤，再形成尿酸，最终经肾排泄。

若尿酸盐的生成速度大于泌尿器官的排泄能力，就引发尿酸盐血症。当肾、输尿管等发生炎症、阻塞时，尿酸排泄受阻，尿酸很容易与钠或钙结合形成尿酸钠和尿酸钙，难溶于水的尿酸盐就积蓄在血液中并沉着在胸膜腔、腹膜腔、肝、肾、脾、肠系膜、肠等脏器表面。

尿酸盐经肾排泄时可刺激并损伤肾脏，发生尿酸盐阻滞，反过来又促使血液尿酸盐进一步升高，造成恶性循环。

2. 临床症状

两种类型的痛风发病率，临床表现有较大的差异。生产中多以内脏型痛风为主，关节型痛风较少见。

（1）内脏型痛风　散发或成批发生，多因肾功能衰竭而死亡。病禽开始表现身体不适，消化紊乱和腹泻。6～9 d 鸡群中症状完全展现，多为慢性经过，如食欲下降、鸡冠泛白、贫血、脱羽、生长缓慢、粪便呈白色稀水样，多数鸡有明显症状，或突然死亡。因致病原因不同，原发性症状也不一样。由传染性支气管炎病毒引起的，有呼吸加快、咳嗽、打喷嚏等症状，维生素 A 缺乏所致者，伴有干眼、鼻孔易堵塞等症状；高钙、低磷引起者，还可出现骨代谢障碍。

（2）关节型痛风　腿、翅关节软性肿胀，特别是趾跗关节、翅关节肿胀、疼痛、运动迟缓跛行、不能站立，切开关节腔有稠厚的白色黏性液体流出。有时脊柱，甚至肉垂皮肤中也可形成结节性肿胀。

实验室检验　红细胞压积（PCV）、血清非蛋白氮（NPN）升高，血沉减慢；血液尿酸盐浓度从正常的 6.09～0.18 mmol/L 升高到 0.89 mmol/L 以上。尿液 pH、尿钙升高。

3. 病理变化

（1）内脏型痛风　内脏浆膜如心包膜、胸膜、腹膜、肝、脾、胃等器官表面覆盖一层白色、石灰样尿酸盐沉淀物，肾肿大，色苍白，表面呈雪花样花纹，肾实质中也可见到。输尿管增粗，内有尿酸盐结晶，因而又称禽尿石症。组织学检查，肾组织内因尿酸盐沉着，形成以痛风石为特征的肾炎-肾病综合征。痛风石是一种特殊的肉芽肿，由分散或成团的尿酸盐结晶沉积在坏死组织中，周围聚集着炎性细胞、吞噬细胞、巨细胞、成纤维细胞等，有肾小管上皮细胞肿胀、变性、坏死、脱落等肾病症状。管腔扩张，由细胞碎片和尿酸盐结晶形成管型。肾小球变化一般不明显。肾小管管腔堵塞，可导致囊腔生成间质纤维化。

(2)关节型痛风　关节,切开关节囊,内有膏状白色黏稠液体流出,关节周围软组织以至整个腿部肌肉组织中,都见白色尿酸盐沉着,因尿酸盐结晶有刺激性,常可引起关节面溃疡及关节囊坏死。组织学变化主要是在受害关节腔内有尿酸盐结晶,滑膜表面急性炎症,周围组织中痛风石形成,甚至扩散到肌肉中也有通风石,在其周围有巨细胞围绕。

4.诊断

根据跛行、跗关节、肩关节软性肿胀,粪便色白而稀,可作出初步诊断。确诊需依赖于血液尿酸盐的测定,剖检见内脏表面有尿酸盐沉着,关节腔液呈白色混浊及痛风石形成等特征性变化。但应与关节型结核、沙门氏菌和小球菌引起的传染性滑膜炎相区别。检查关节液中是否有针状或放射状晶粒可作出鉴别诊断。

5.防治

控制鸡饲料中粗蛋白质含量在 20% 左右,减少动物性下脚料的供应,禁止用动物腺体组织(胸腺、甲状腺)和淋巴结组织进行饲喂。增加维生素 A 及维生素 B_{12} 的供给,可防止痛风的发生。严格控制各生理阶段中钙、磷供给量及其比例。肉用仔鸡饲料中含钙不应超过 1%,小母鸡饲料中含钙不超过 1.2%,磷不超过 1.8%。

犬的痛风石,可行手术切除。对禽痛风治疗确实有效的方法不多,除珍贵禽类外,治疗意义不大。关键应从预防着手,改善鸡群饲料供给,饲养管理才是积极的措施。

第三节　矿物质和维生素缺乏性疾病

一、佝偻病

佝偻病(rickets)是生长期幼畜维生素 D 缺乏引起体内钙、磷代谢紊乱,而使骨骼钙化不良、发育异常的一种营养性骨病,故又称软骨病。以骨组织(软骨的骨基质)钙化不全,软骨肥厚,骨骺增大为病理特征。临床表现为顽固性消化紊乱,运动障碍和长骨弯曲、变形。犊牛、羔羊、幼驹、仔犬、雏禽等各种幼龄动物均可发生,仔猪最为多发。

1.病因

先天性佝偻病起因于妊娠母畜体内维生素 D 或矿物质(钙、磷)缺乏,影响胎儿骨组织的正常发育。

后天性佝偻病主要病因是幼畜断奶后,日粮钙和/或磷含量不足或比例失衡,维生素 D 缺乏,运动缺乏,阳光照射不足。

(1)日粮钙、磷缺乏或比例失衡　单一饲喂缺钙乏磷饲料(马铃薯、甜菜等块根类)或长期饲喂高磷、低钙谷类(高粱、小麦、麦麸、米糠、豆饼等),其中 PO_4^{3-} 与 Ca^{2+} 结合形成难溶的磷酸钙$[Ca_3(PO_4)_2]$复合物排出体外,以致体内的钙大量丧失。相反,长期饲以富含钙的干草类粗饲料时,则引起体内磷的大量丧失。

(2)饲料和/或动物体维生素 D 缺乏　维生素 D 主要来源于母乳和饲料(麦角骨化醇),其次是通过阳光照射使皮肤中固有的 7-脱氢胆固醇(维生素 D_3 元)转化为胆骨化醇(维生素 D_3)。

(3)断奶过早或罹患胃肠、肝、肾疾病　影响钙、磷和维生素 D 的吸收、利用。

(4)日粮中蛋白(或脂肪)性饲料过多。

(5)甲状旁腺机能代偿性亢进 甲状旁腺激素大量分泌,磷经肾排出增加,引起低磷血症而继发佝偻病。

2.临床症状

先天性佝偻病幼畜出生后即衰弱无力,经过数天仍不能自行起立。扶助站立时,腰背拱起,四肢不能伸直而向一侧扭转,前肢系关节弯曲,躺卧呈现不自然姿势。

后天性佝偻病发病缓慢。病初精神不振,行动迟缓,食欲减退,异嗜,消化不良。随病势发展,关节部位肿胀、肥厚,触诊疼痛敏感(主要是掌和跖关节),不愿起立和走动。强迫站立时,拱背屈腿,痛苦呻吟。走动时,步态僵硬,仔猪多弯腕站立或以腕关节爬行,后肢则以跗关节着地。神经肌肉兴奋性增强,出现低血钙性搐搦。

病至后期,骨骼软化、弯曲、变形。面骨膨隆,下颌增厚,鼻骨肿胀,硬腭突出,口腔不能完全闭合,采食和咀嚼困难。肋骨变为平直以致胸廓狭窄,胸骨向前下方膨隆呈鸡胸样。肋骨与肋软骨连接部肿大呈串珠状(念珠状肿)。四肢关节肿大,形态改变。肢骨弯曲,多呈弧形(O形)、外展(X形)、前屈等异常姿势。脊椎骨软化变形,向下方(凹背)、上方(凸背)、侧方(侧弯)弯曲。

骨骼硬度显著降低,脆性增加,易骨折。

实验室检验,血钙、无机磷含量降低,血清碱性磷酸酶活性增高。骨骼中无机物(灰分)与有机物比率由正常的3∶2降至1∶2或1∶3。

X线影像显现骨密度减低,骨皮质变薄,长骨端凹陷,骨骺界限增宽,形状不规整,边缘模糊不清。

3.诊断

在临床上根据动物的年龄、饲养管理条件、呈慢性经过、生长发育迟缓、异嗜癖、运动困难以及牙齿和骨骼变化等特征可作出初步诊断。雏鸡患佝偻病时,腿无力,喙爪变软乃至弯曲。但需注意与传染性多发性关节炎鉴别,其鉴别要点是在佝偻病经过中,体温不高,无传染性,且肿胀的关节无热无痛,无重度的跛行。血清钙、磷水平及碱性磷酸酶活性的变化,也有参考意义。骨的X射线检查及骨的组织学检查,可以帮助确诊。

4.防治

治疗原则是补充维生素D,调整日粮中钙、磷的含量及比例,增喂矿物性补料(骨粉、鱼粉、贝壳粉、钙制剂)。可用维生素D制剂维生素D_2 2～5 mL(80万～100万IU),肌内注射;或维生素D_3 5 000～10 000 IU,每天一次,连用1个月;或8万～20万IU,2～3 d一次,连用2～3周。或骨化醇胶性钙1～4 mL,皮下或肌内注射。亦可应用浓缩维生素AD(浓缩鱼肝油),犊、驹2～4 mL,羔羊、仔猪0.5～1 mL,肌内注射,或混于饲料中喂予。

对未出现明显骨和关节变形的病畜,应尽早实施药物治疗。

钙制剂一般均与维生素D配合应用。碳酸钙5～10 g,或磷酸钙2～5 g,乳酸钙5～10 g,或甘油磷酸钙2～5 g内服。亦可应用10%～20%氯化钙液或10%葡萄糖酸钙液20～50 mL,静脉注射。

饲料中补加鱼肝油或经紫外线照射过的酵母。将患畜移于光线充足、温暖、清洁、宽敞、通风良好的畜舍,适当进行舍外运动。冬季可行紫外线(汞石英灯)照射,每天20～30 min。

二、骨软病

骨软病(osteomalacia),是指成年动物发生的一种以骨质进行性脱钙,未钙化的骨基质过剩为病理学特征的慢性代谢性骨质疏松症。临床上以运动障碍和骨骼变形为特征。本病主要发生于牛,有一定的地区性,主要发生于土壤严重缺磷的地区,干旱年份之后尤多。

1.病因

主要是日粮中磷含量绝对或相对缺乏。由于钙磷代谢紊乱,为满足妊娠、泌乳及内源性代谢对钙、磷的需要,骨骼发生进行性脱钙,未钙化骨质过度形成,结果骨骼变得疏松、柔嫩,常常变形,易发骨折。

在成年动物,骨骼中的矿物质总量约占 26%,其中钙占 38%,磷占 17%,钙磷比例约为 2:1。因此,要求日粮中的钙磷比例基本上要与骨骼中的比例相适应。但不同动物对日粮中钙磷比例的要求不尽一致。日粮中合理的钙磷比:黄牛为 2.5:1;泌乳牛为 0.8:0.7;猪为 1:1。日粮中磷缺乏或钙过剩时,这种正常比例关系即发生改变。

草料中的含磷量,不但与土壤含磷量有关,而且受气候因素的影响。在干旱年份,植物茎叶含磷量可减少 7%~49%,种子含磷量可减少 4%~26%。

我国安徽省淮北地区和山西省晋中东部山区属严重贫磷地区,土壤平均含磷量为 470~1 200 mg/kg,有的甚至在 20 mg/kg 以下。在这些地区,尤其干旱年份,常有大批耕牛暴发骨软病。

2.临床症状

病初,表现为异嗜为主的消化机能紊乱。病畜舐墙吃土,啃槽嚼布,前胃弛缓,常因异嗜而发生食管阻塞、创伤性网胃炎等继发症。

随后,出现运动障碍。表现为腰腿僵硬,拱背站立,运步强拘,一肢或数肢跛行,或各肢交替出现跛行,经常卧地而不愿起立。

病情进一步发展,则出现骨骼肿胀变形。四肢关节肿大疼痛,尾椎骨移位变软,肋骨与肋软骨结合部肿胀。发生骨折和肌腱附着部撕脱。额骨穿刺阳性。

尾椎骨 X 线检查:显示骨密度降低,皮质变薄,髓腔增宽,骨小梁结构紊乱,骨关节变形,椎体移位、萎缩,尾端椎体消失。

实验室检验:血清钙含量多无明显变化,多数病牛血清磷含量显著降低。正常牛的血清磷水平是 1.615~2.261 mmol/L,骨软病时,可下降至 0.904~1.389 mmol/L。血清碱性磷酸酶水平显著升高。

3.诊断

依据异嗜、跛行和骨骼肿大变形,以及尾椎骨 X 线影像等特征性临床表现,结合流行病学调查和饲料成分分析结果,不难作出诊断。磷制剂治疗有效可作为验证诊断。

应注意与慢性氟中毒鉴别,后者具有典型的釉斑齿和骨脆症,饮水中氟含量高。

4.防治

调整不合理的日粮结构,满足磷的需要。

补充磷剂,病牛每天混饲骨粉 250 g,5~7 d 为一疗程,轻症病例多可治愈。重症病例,除补饲骨粉外,配合应用无机磷酸盐,如 20%磷酸二氢钠液 300~500 mL,或 3%次磷酸钙液 1 000 mL,静脉注射,每天 1 次,连用 3~5 d,多可获得满意疗效。绵羊的用药剂量为牛的 1/5。

调整日粮,在骨软病流行区,可增喂麦麸、米糠、豆饼等富磷饲料,减少南京石粉的添加量(不宜超过 2%)。

采用牧地施加磷肥以提高牧草磷含量,或饮水中添加磷酸盐,以防治群发性骨软病。

三、生产瘫痪

生产瘫痪(parturient paresis),又称乳热(milk fever),是母畜在分娩前后突然发生以轻瘫、昏迷和低钙血症为特征的一种代谢病。主要发生于奶牛,也发生于肉牛、水牛、绵羊、山羊及母猪。

本病遍布于世界各地,英国、芬兰、瑞典及挪威的年均发病率为 7.5%~10%,澳大利亚为 35%。个别牛场发病率可达 25%~30%,甚至高达 60%。英国每年约有 30 余万头奶牛患病,直接经济损失逾千万英镑。

本病的发生与年龄、胎次、产奶量及品种等因素有关。青年母牛很少发病,以 5~9 岁或第 3~7 胎经产母牛为多发,约占患病牛总数的 95%。病牛的产乳量均高于平均产乳量,有的达未发病牛的 2~3 倍。娟姗牛最易感,发病率可达 33%,其次是荷兰牛,高地和草原品种较少发病。产后 72 h 内发病的约占 90% 以上,分娩前和产后数日或数周发病的极少。成年母羊发病与分娩关系不大,多发生于妊娠最后 1 个月至泌乳的头 6 周。

1.病因

一般认为与钙吸收减少和/或排泄增多所致的钙代谢急剧失衡有关。

血钙降低是各种反刍兽生产瘫痪的共同特征。母牛在临近分娩尤其泌乳开始时,血钙含量下降,只是降低的幅度不大,且能通过调节机制自行恢复至正常水平。如血钙含量显著降低,钙平衡机制失调或延缓,血钙不能恢复到正常水平,即发生生产瘫痪。

正常反刍兽血浆(清)钙含量为 2.2~2.6 mmol/L,血钙保持恒定有赖于钙进出血液的速率。

血钙的来源:一是肠道吸收的钙,二是动员的骨骼贮存钙。肠吸收钙,因动物对钙的需要量和饲料中可利用钙的水平而异。

肠吸收钙和骨钙动员均受甲状旁腺激素、降钙素、维生素 D 及其代谢产物的调节。

血钙的去路:①随粪便和尿液排泄;②供应妊娠期间胎儿骨骼和胎盘发育所需;③保持泌乳期间乳计中所含钙量(12 mg/L);④保证母畜自身骨骼钙沉积。

妊娠后期,粪便和尿液排泄的内源性钙为 10 g/d,胎儿生长需要的钙可达 10 g/d。分娩之后,内源性钙随粪尿的排泄保持不变,但初乳分泌的钙达到 30 g/d,远远超过妊娠后期保证胎儿生长所需的钙量。

在产后数小时内,机体对钙的需要量至少增加 2 倍。机体为维持钙的平衡,必须加强肠道对钙的吸收和骨钙的动员,这种适应性的调节是在甲状旁腺和 1,25-二羟钙化醇的介导下实现的。血钙降低时,刺激甲状旁腺的分泌,促使肾脏 1,25-二羟钙化醇合成增多,肠钙吸收和骨钙动员增加。骨钙的动员虽然极为迅速,但所动员的钙量仅在 10~20 g,仍不及日需要量的 50%。

业已证明,生产瘫痪时,小肠吸收钙的能力下降。上述适应性调节不能维持钙的平衡,血钙降低,组织中的钙水平也降低,从而影响神经肌肉的正常机能。

除甲状旁腺激素和 1,25-二羟钙化醇外,可能还有其他因素影响低钙血症应答反应的速度和强度。如前所述,本病很少发生于青年牛,但随年龄和胎次的增加,发病率亦增加。研究表明,随着胎次的增加,产乳量逐渐提高,而胃钙动员能力逐渐降低。

再者,分娩时雌激素分泌增多,亦可降低肠道对钙的吸收,抑制骨钙的动员。低镁血症同样可使骨钙的动员减少。

2. 临床症状

因畜种和病程而不同。

(1)牛 依据血钙降低的程度,可分为 3 个阶段。

第一阶段,病牛食欲不振,反应迟钝,呈嗜睡状态,体温不高,耳发凉。有的瞳孔散大。

第二阶段,后肢僵硬,站立时飞节挺直、不稳,两后肢频频交替负重,肌肉震颤,头部和四肢尤为明显。有的磨牙,表现短时间的兴奋不安,感觉过敏,大量出汗。

第三阶段,呈昏睡状态,卧地不起,出现轻瘫。先取伏卧姿势,头颈弯曲抵于胸腹壁,有时挣扎试图站起,尔后取侧卧姿势,陷入昏迷状态,瞳孔散大,对光反应消失。体温低下,心音减弱,心率不快,维持在 60～80 次/min,呼吸缓慢而浅表。鼻镜干燥,前胃弛缓,瘤胃臌气,瘤胃内容物返流,肛门松弛,肛门反射消失,排粪排尿停止。如不及时治疗,往往因瘤胃臌气或吸入瘤胃内容物而死于呼吸衰竭。

产前发病的,则可因子宫收缩无力,分娩阵缩停止,胎儿产出延迟。分娩后,往往因严重的低血钙,发生子宫弛缓、复旧不全以至脱出。

(2)羊 大多于妊娠后期或泌乳初期起病,症状与牛相似。病初运步不稳,高跷步样,肌肉震颤。随后伏卧,头触地,四肢或聚于腹下或伸向后方。精神沉郁或昏睡,反射减弱。脉搏细速,呼吸加快。

(3)猪 多发生于产后数小时至 2～5 d。病初表现不安,食欲减退,体温正常。随即卧地不起,处于昏睡状态,反射消失,泌乳大减或停止。

实验室检查血钙含量低下。正常血清钙含量为 2.2～2.6 mmol/L,临近分娩时略有下降。病牛血钙含量大都低于 1.5 mmol/L,有的则降至 0.25 mmol/L。

血磷含量降低。正常血清磷含量为 1.40～2.48 mmol/L,病牛血磷低于 10 mmol/L。血清镁含量略有升高,但放牧牛的血镁可能降低。血糖含量可升高达 8.96 mmol/L,但伴发酮病的,血糖含量降低。

正常分娩牛和病牛的白细胞象呈现应激和/或肾上腺皮质机能亢进相似的改变,即中性粒细胞减少,嗜酸性粒细胞和淋巴细胞减少。

死后尸体剖检,不认特征性病理学改变,有的肝、肾、心等实质器官发生脂肪浸润。

3. 诊断

根据分娩前后数日内突然发生轻瘫、昏迷等特征性临床症状,以及钙剂治疗迅速而确实的效果,不难建立诊断。血钙含量低于 1.5 mmol/L,即可确定诊断。

母牛倒地不起综合征、低镁血症、母牛肥胖综合征等疾病也可呈现与生产瘫痪类似的临床症状,而且这些疾病又常作为生产瘫痪的继发或并发病,应注意鉴别。

(1)母牛卧倒不起综合征 通常发生于生产瘫痪之后,躺卧时间超过 24 h,钙疗效果不佳,血清磷酸肌酸激酶和门冬氨酸氨基转移酶活性显著升高,剖检可认后肢肌肉和神经出血、变性、缺血性坏死等病变。

(2)低镁血症 发病与妊娠和泌乳无关,不受年龄限制,临床表现为兴奋、感觉过敏及强直性痉挛,血镁含量低于 0.8 mmol/L。

(3)母牛肥胖综合征 干乳期饲喂过度,以致妊娠后期和分娩时体躯过于肥胖,可并发生产瘫痪和其他围产期疾病,钙疗无效,并常兼有严重的酮病。

(4)表现产后卧地不起的疾病还有产后截瘫、产后毒血症及后肢骨折、脱臼等只要多加斟酌,容易鉴别。

4.防治

尽早实施钙疗是提高治愈率,降低复发率,防止并发症的有效措施。

(1)钙疗法 牛常用 40% 葡萄糖酸钙 400~600 mL 静脉注射(5~10 min 内注完);抑或 10% 葡萄糖酸钙 800~1 400 mL 或 5% 葡萄糖氯化钙 800~1 500 mL 静脉注射。绵羊和猪常用 10% 葡萄糖酸钙 200 mL,静脉注射。

在钙疗中,如何根据不同个体确定钙的最适量至关重要。钙剂量不足,病牛不能站起而发生母牛倒地不起综合征等其他疾病,或再度复发。钙剂量过大,可使心率加快,心律失常,甚至造成死亡。为此注射钙剂时应严密地监听心脏,尤其是在注射最后的 1/3 用量时。通常是注射到一定剂量时,心跳次数开始减少,其后又逐渐回升至原来的心率,此时表明用量最佳,应停止注射。对原来心率改变不大的,如注射中发现心跳明显加快,心搏动变得有力且开始出现心律不齐时,即应停止注射。

钙疗的良好反应是:嗳气,肌肉震颤尤以腹胁部为明显,并常扩展全身,脉搏减慢,心音增强,鼻镜湿润,排干硬粪便,表面被覆黏液或少量血液,多数病牛 4 h 内可站起。

对注射后 5~8 h 仍不见好转或再度复发的,则应进行全面检查,查无其他原因的,可重复注射钙剂,但最多不超过 3 次。如依然无效或再度复发,即应改用乳房送风等其他疗法。

(2)乳房进风 作用原理是,通过向乳房内注入空气,可刺激乳腺末梢神经,提高大脑皮质的兴奋性,从而解除抑制状态。此外,还可提高乳房内压,减少乳房血流量,以制止血钙的进一步减少,并通过反射作用使血压回升。

具体方法:缓慢将导乳管插入乳头管直至乳池内,先注入青霉素 40 万 IU,以防感染,再连接乳房送风器或大容量注射器向乳房注气。充气顺序,一般先下部乳区,后上部乳区。充气不足,无治疗效果,充气过量则易使乳泡破裂。通常以用手轻叩呈鼓音为度,然后用宽纱布轻轻扎住乳头,经 1~2 h 后解开。一般在注入空气后半小时,病牛即可恢复。

乳房送风时消毒不严易引起乳腺感染,充气过量会造成乳腺损伤。但此法至今仍不失为一种有价值的治疗方法,注射钙剂无效时尤为适用,配合钙剂效果更佳。

(3)对症疗法 对伴有低磷血症和低镁血症的,可用 15% 磷酸二氢钠 200 mL,15% 硫酸镁 200 mL,静脉注射或皮下注射,瘤胃臌气时,应行瘤胃穿刺,并注入制酵剂。

(4)护理 加强护理,厚垫褥草,防止并发症。侧卧的病牛,应设法让其伏卧,以利嗳气,防止瘤胃内容物返流而引起吸入性肺炎。每隔数小时,改换 1 次伏卧姿势,每天不得少于 4~5 次,以免长期压迫一侧后肢而引起麻痹。对试图站立或站立不稳的,应予扶持,以免摔伤。

尚无有效的预防办法,下述预防措施有一定作用。

①在干乳期应避免钙摄入过多,防止镁摄入不足。据报道,在分娩前 1 个月饲以高钙低磷饲料(Ca、P 比为 3:1),生产瘫痪的发病率增加,钙日摄取量超过 110 g 时尤为明显,而饲以低钙高磷饲料(Ca、P 比为 1:3),则发病率显著降低。

钙日摄入量小于 20 g 时,预防效果最佳。推荐的方法是,在分娩前 1 个月将钙日摄入量控制在 30~40 g,钙磷比例保持在(1.5~1.1):1。据认为,干乳期饲以低钙日粮,可刺激甲状旁腺激素的分泌,促进肾脏 1,25-二羟钙化醇的合成,从而提高分娩时骨钙动员和肠钙吸收的能力,防止血钙急剧降低。

②干乳期母牛血浆镁浓度应维持在 0.85 mmol/L 以上。低于该值的即可视为亚临床性低镁血症。北半球放牧的干乳母牛在春、秋两季易患低镁血症,而南半球多于秋季或冬季发生。至少应在产前 4 周至产后 4 周内,每日补喂氯化镁 60 g。

③使母牛在分娩前后保持旺盛的食欲尤为重要,最好于分娩前 1 d 和产后数天内,每天投服 150 g 氯化钙,以增加钙的摄入。有人建议,产犊前 4 周在饲料中加氯化钙、硫酸铝、硫酸镁,使饲料变为酸性,以促进饲料中钙的吸收。

④在分娩前后应用维生素 D 及其代谢产物提高钙的吸收,纠正钙的负平衡。产前 3~4 d 起每天喂饲维生素 D_3 2 000 万~3 000 万 IU,可降低生产瘫痪的发病率,一般用药不超过 7 d。亦可于分娩前 10 d,一次肌内注射维生素 D_3 1 000 万 IU(250 mg)。产前 24 h 和 5~7 d 肌内注射 1-羟钙化醇和 1,25-二羟钙化醇 350~500 mg,也可有效地降低发病率。

四、母牛卧地不起综合征

母牛卧地不起综合征(downer cow syndrome)是泌乳母牛临近分娩或分娩后发生的一种以"倒地不起"为特征的临床病征,病因比较复杂,或为顽固性生产瘫痪不全治愈,或为继发后肢有关肌肉、神经损伤,或为并发某种(些)代谢性并发症。

最常发生于产犊后 2~3 d 的高产母牛。据调查,多数(66.4%)病例与生产瘫痪同时发生,其中有代谢性并发症的占病例总数的 7%~25%。

1.病因

高产母牛分娩阶段的内环境代谢过程极不稳定,不仅可发生以急性低钙血症为特征的生产瘫痪,而且常伴发低磷酸盐血症、轻度低镁血症和低钾血症。因此,常因生产瘫痪诊疗延误而不全治愈,或因存在代谢性并发症而后遗倒地不起。倒地不起超过 6~12 h,就可能导致后肢有关肌肉、神经的外伤性损伤而使"倒地不起"复杂化。

据报道,倒卧在水泥地面上的体大母牛,由于不能自动翻转,短时间内就可使坐骨区肌肉(如股薄肌、耻骨肌、内收肌等)发生坏死,大腿内侧肌肉、髋关节周围组织和闭锁孔肌亦可发生严重损伤。后肢肌肉损伤常伴有坐骨神经和闭神经的压迫性损伤及四肢浅层神经(如桡神经、腓神经等)的麻痹。部分病例(约 10%)还伴有急性局灶性心肌炎。

目前,多数学者特别关注生产瘫痪经常伴有的低镁血症、低磷酸盐血症和低钾血症。

2.临床症状

一般都有生产瘫痪病史。大多经过两次钙剂治疗,精神高度抑制及昏迷等特征症状消失,而后遗"倒地不起"。病牛常反复挣扎而不能起立。通常精神尚可,有一些食欲和饮欲,体温正常,呼吸和心率亦少有变化。不食的母牛,可伴有轻度至中度的酮尿。卧地日久的母牛,可有明显的蛋白尿。心搏动超过 100 次/min 时,在反复搬移牛体或再度注射钙剂时可突然引起死亡。

有些病牛,精神状态正常,前肢跪地,后肢半屈曲或向后伸,呈"青蛙腿"姿势,匍匐"爬行"。

有些病牛,常喜侧身躺卧,头弯向后方,人工给予纠正,很快即回复原状。严重病例,一旦侧卧,就出现感觉过敏和四肢强直及抽搐。但也有一种所谓"非机敏性倒地不起母牛",不吃不喝,可能伴有脑部损伤。

有些病例,两后肢前伸,蹄尖直抵肘部,致使大腿内侧和耻骨联合前缘的肌肉遭受压迫,而造成缺血性坏死。倒地不起经 18～24 h 的,血清肌酸磷酸激酶高于 500 U/L,血清谷草转氨酶高于 1 000 U/L。由于反复起卧,还可发生髋关节脱臼及髋关节周围组织损伤。

3. 诊断

病因诊断很困难。要首先确定"倒地不起"与生产瘫痪的关系。然后用腹带吊立牛体,对后肢骨骼、肌肉、神经进行系统检查,包括直肠检查及 X 线检查,并检验血清钙、磷、镁、钾,查找病因。

侧身躺卧,头后弯,感觉过敏,四肢强直和抽搐,血镁浓度低至 0.4 mmol/L 时,可怀疑为低镁血症。

精神、食欲尚佳,单纯钙疗无效,血磷浓度在 0.97 mmol/L 以下时,可怀疑为低磷酸盐血症。

反应机敏,但四肢肌无力,前肢跪地"爬行",血钾浓度在 3.5 mmol/L 以下时,可怀疑为低钾血症。

最后通过药物治疗,验证诊断。

4. 防治

根据可疑病因,采用相应疗法。如怀疑低镁血症,可静脉注射 25% 硼葡萄糖酸镁溶液 400 mL;怀疑低磷酸盐血症,可皮下或静脉注射 20% 磷酸二氢钠溶液 300 mL;怀疑低钾血症,则以 10% 氯化钾溶液 80～150 mL,加入 2 000～3 000 mL 葡萄糖生理盐水中静脉滴注。以上治疗每天 1 次,必要时重复 1～2 次。

有人推荐静脉注射复方钙、磷、镁溶液,但效果不确实。凡血钙浓度不低于 2.25 mmol/L,且无精神高度抑制、昏迷等症状,就不应再注射钙剂。凡呈现心动过速和心律失常的,亦不应注射钙剂。

其他尚有皮质类固醇、兴奋剂、维生素 E 和硒等治疗方法,必要时可以试用。

五、母牛产后血红蛋白尿

母牛产后血红蛋白尿(bovine post-parturient haemoglobinuria,简称 PPH),是一种发生于高产乳牛的营养代谢病。临床上以低磷酸盐血症、急性溶血性贫血和血红蛋白尿为特征。本病 1853 年首报于苏格兰,以后非、亚、澳、欧、北美相继见有报道,分别称之为产后"血红蛋白尿"、"红水病"或"营养性血红蛋白尿"等。在国外,本病主要发生于 3～6 胎次的高产母牛,病死率高达 50%,被列为乳牛重要代谢病之一。印度某些地区水牛发病亦较多,病死率高达 70%。国内陈振旅(1964)首先报道,但病死率不高(10%)。前苏联学者报告该病可见于产前 1～20 d,但主要见于产后(占 86.19%)。

1. 病因

低磷酸盐血症是本病的一个重要因素,不论产后发病的乳牛或是产前发病的乳牛,这一点都无例外。

美国最先发现乳牛 PPH 病例的血清无机磷含量显著降低。澳大利亚某些严重缺磷地区的母牛产后常发生 PPH，且都伴有低磷酸盐血症。

在中国江苏水牛、埃及水牛和印度水牛血红蛋白尿病例中，都显示血清无机磷水平降低，只是埃及水牛发生于妊娠后期，而印度水牛发生于产后。

再者，并非所有低磷酸盐血症的母牛都发生临床血红蛋白尿，但发生临床血红蛋白尿的母牛恒伴有低磷酸盐血症。

低磷酸盐血症性乳牛 PPH 的溶血机制，长期以来曾引起过一些学者的关注与兴趣。国内外学者认为，磷缺乏致使红细胞糖酵解过程紊乱，三磷酸腺苷（ATP）值降低，是造成溶血的主要发病环节。

2. 临床症状

红尿是本病最突出的临床特征，几乎是早期唯一的病征。

最初 1～3 d 内尿液逐渐由淡红变为红色、暗红色直至紫红色和棕褐色，以后又逐渐消退。这种尿液做潜血试验，呈强阳性反应，而尿沉渣中很少或不见红细胞。

病牛产乳量下降，但几乎所有病牛的体温、呼吸、食欲均无明显变化。

随着病程进展，贫血加剧，可视黏膜和皮肤变为淡红色以至苍白，并黄染，血液稀薄，不易凝固，血浆或血清呈樱桃红色（血红蛋白血症）。循环和呼吸也出现相应的贫血体征。

临床病理学改变包括 PCV、RBC、Hb 等红细胞参数值降低、黄疸指数升高、血红蛋白血症、血红蛋白尿症等急性血管内溶血和溶血性黄疸的各项检验指征以及低磷酸盐血症。

大多数学者报告本病溶血危象阶段的血磷水平很低（0.13～0.48 mmol/L）。Caple（1986）指出，缺磷地区正常泌乳牛血磷为 0.65～0.97 mmol/L，而 PPH 病牛只有 0.10～0.33 mmol/L。印度水牛血磷正常值为（1.86±0.07）mmol/L，PPH 病牛只有（0.63±0.18）mmol/L。埃及 PPH 病牛血磷低下，为 0.16～0.65 mmol/L。我国 PPH 水牛血磷值由正常的 2.26 mmol/L 降为 0.96 mmol/L。

急性病例可于 3～5 d 内死亡，或者转入 2～8 周的康复期。有的后遗末端部（趾、尾、耳和乳头）皮肤坏疽。及时用磷制剂治疗，绝大多数 PPH 乳牛和水牛可望痊愈。

3. 诊断

本病的发生常与分娩有关，可依据围产期发病，红尿、贫血、低磷酸盐血症等临床症状和检验所见，并结合饲料中磷缺乏或不足，以及磷制剂的显著疗效，建立诊断。

但应注意鉴别其他溶血性疾病，如细菌性血红蛋白尿病、巴贝斯虫病、钩端螺旋体病、急性溶血发作的慢性铜中毒、酚噻嗪中毒、洋葱中毒等。

4. 防治

应用磷制剂有良好效果，也可补饲含磷丰富的饲料，如豆饼、麸皮、米糠、骨粉等。

磷酸二氢钠 60 g，溶于 300 mL 馏水中，静脉注射；输入新鲜血液；静脉输液，以维持体液平衡。

六、维生素 A 缺乏症

维生素 A 缺乏症（hypoviaminosis A）是维生素 A 长期摄入不足或吸收障碍所引起的一种慢性营养缺乏病，以夜盲、干眼病、角膜角化、生长缓慢、繁殖机能障碍及脑和脊髓受压为特征。各种动物均可发生,常发于牛和禽,幼畜和妊娠、泌乳母畜多见。

1.病因

(1)原发性　主要有以下 4 个方面原因。

①饲料中维生素 A 原或维生素 A 含量不足。舍饲家畜长期单一喂饲稿秆、劣质干草、米糠、麸皮、玉米以外的谷物以及棉籽饼、亚麻籽饼、甜菜渣、萝卜等维生素 A 原含量贫乏的饲料。牧畜一般不易发生本病,但在严重干旱的年份,牧草质地不良,胡萝卜素含量不足,长期放牧而不补饲,也可使体内维生素 A 贮备枯竭。成畜喂饲低维生素 A 饲料,牛 5~18 个月,羊 12~18 个月,猪 4~5 个月,鸡 2~3 个月,才有可能显现临床症状。

幼畜肝脏维生素 A 的贮备较少,对低维生素 A 饲料较为敏感,犊牛、羔羊、仔猪 2~3 个月,雏鸡 4~7 周,即可发病。

②饲料加工、贮存不当。饲料中胡萝卜素的性质多不稳定,加工不当或贮存过久,即可使其氧化破坏。如自然干燥或雨天收割的青草,经日光长时间照射或植物内酶的作用,所含胡萝卜素可损失 50% 以上。煮沸过的饲料不及时饲喂,长时间暴露,胡萝卜素可发生氧化而遭到破坏。

配合饲料存放时间过长,其中不饱和脂酸氧化酸败产生的过氧化物能破坏包括维生素 A 在内的脂溶性及水溶性维生素的活性。饲料青贮时胡萝卜素由反式异构体转变为顺式异构体,在体内转化为维生素 A 的效率显著降低。

③饲料中存在干扰维生素 A 代谢的因素。磷酸盐含量过多可影响维生素 A 在体内的贮存;硝酸盐及亚硝酸盐过多,可促进维生素 A 和 A 原分解,并影响维生素 A 原的转化和吸收;中性脂肪和蛋白质不足,则脂溶性维生素 A、维生素 D、维生素 E 和胡萝卜素吸收不完全,参与维生素 A 转运的血浆蛋白合成减少。

④机体对维生素 A 的需要增加。见于妊娠、泌乳、生长过快,以及热性病和传染病的过程中。

(2)继发性　缺乏胆汁中的胆酸盐可乳化脂类形成微粒,有利于脂溶性维生素的溶解和吸收。胆酸盐还可增强胡萝卜素加氧酶的活性,促进胡萝卜素转化为维生素 A。

慢性消化不良和肝胆疾病时,胆汁生成减少和排泄障碍,可影响维生素 A 的吸收。肝脏机能紊乱,也不利于胡萝卜素的转化和维生素 A 的贮存。

体内维生素 A 和胡萝卜素的 90% 贮存于肝脏,并不断释放入血,以维持血浆中维生素 A 的相对恒定(0.88 $\mu mol/L$)。血浆维生素 A 降至 0.35 $\mu mol/L$ 以下,可造成肝脏病理性损伤;降至 0.18 $\mu mol/L$,则表现临床症状。维生素 A 缺乏时,视黄醛不足,视紫红质减少,暗视觉障碍,而发生夜盲。维生素 A 缺乏时,黏多糖合成受阻,上皮角化过度,尤以眼、呼吸道、消化道、泌尿生殖道的上皮组织为甚。由于上皮屏障机能减退,易发感染。维生素 A 参与骨骼改建,并有促进骨骼生长的作用,当维生素 A 缺乏时,颅骨生长成形失调,骨质过于肥厚,头骨变形,以致压迫脑和脊髓。维生素 A 参与类固醇合成,当维生素 A 缺乏时,肾上腺、性腺及胎盘中类固醇合成减少,因而母畜不孕、流产、胎儿畸形、死产及产后胎盘停滞。

2.临床症状

因动物种类而不同。

(1)马　母马实验性发病需经 1 年至 1 年半的时间。最初表现为夜盲,而后角膜混浊、角化,严重缺乏时,繁殖机能障碍,不孕或流产。新生驹衰弱。公马性欲减退或丧失,睾丸松软,精细管减少,间质细胞增多。幼龄马生长停滞,身体矮小,体重减轻,食欲减退,流泪,多尿,抽搐,脑脊液压力升高至 5.39 kPa。

(2)牛、羊　牛突出的临床症状是夜盲、干眼病、失明和惊厥发作。干眼病仅见于犊牛,角膜和结膜干燥,角膜肥厚、混浊。有的流泪,结膜炎,角膜软化,腹泻。

由于脑脊液压力升高,表现步样蹒跚,运动失调。惊厥发作多见于 6～8 月龄的肉用牛。母牛不孕,壮牛先天性缺陷。羊表现为肺炎、尿道结石、角膜结膜炎及夜盲等。

(3)猪　幼猪呈现明显的神经症状,头颈向一侧歪斜,步样蹒跚,共济失调,不久即倒地并发出尖叫声。目光凝视,瞬膜外露,继之发生抽搐,角弓反张,四肢作游泳样动作,持续 2～3 min 后缓解,间隔一定时间可再度发作。

有的表现皮脂溢出,周身表皮分泌褐色渗出物,还可见有夜盲症、视神经萎缩及继发性肺炎,成年猪后躯麻痹,行走步样不稳,后躯摇晃,两后肢交叉,后期不能站立,针刺反应减退或丧失。

母猪发情异常,流产或死产,胎儿畸形,如无眼、独眼、小眼、一眼大一眼小、腭裂、兔唇、副耳、后肢畸形、隐睾等。公猪睾丸退化缩小,精液质量差。

(4)犬、猫　夜盲、干眼病,角膜混浊,眼底异常及神经症状。

(5)禽　幼禽饲以低维生素 A 日粮,2～3 周内即出现症状。主要表现生长停滞,消瘦,羽毛蓬乱,第三眼睑角化,结膜炎,结膜附干酪样白色分泌物,窦炎。由于黏膜腺管鳞状化生而发生脓疱性咽炎和食管炎。气管上皮角化脱落,黏膜表现覆有易剥离的白色膜状物,剥离后留有光滑的黏膜或上皮缺损,还可见有运动失调、反复发作性痉挛等神经症状。产蛋率和孵化率大幅度下降。

(6)野生动物　反刍兽表现为消瘦,生长缓慢,全身性水肿,被毛粗刚,角膜混浊,大量流泪,不孕,幼畜衰弱或畸形。啮齿类,上皮组织鳞状化生,骨骼发育停滞,生长缓慢,干眼病,角膜混浊。共济失调,泌尿生殖器官畸形,膈疝、腭裂。鼬科动物,生长缓慢,被毛粗刚,不孕,先天性缺陷,全身性水肿。灵长类动物,生长停滞,干眼病,角膜炎,皮炎,死胎或先天性畸形。

实验室检查,血浆、肝脏维生素 A 含量降低。血浆维生素 A 正常值为 0.88 μmol/L,临界值为 0.25～0.28 μmol/L,低于 0.18 μmol/L,可表现临床异常。肝脏维生素 A 和胡萝卜素正常含量分别为 60 μg/g 和 4 μg/g 以上,临界值分别 2 μg/g 和 0.5 μg/g,低于临界值即可呈现临床症状。

测定肝脏维生素 A 比血清更能准确地评价体内维生素 A 的状态。

脑脊液压力测定:犊牛、绵羊和猪脑脊液压力正常值分别为 0.981 kPa、0.54～0.64 kPa 和 0.78～1.48 kPa。

维生素 A 缺乏时,分别升高至 1.96 kPa、0.69～1.47 kPa 和 1.96 kPa 以上,病马可达 5.39 kPa。

3.诊断

根据长期缺乏青绿饲料的生活史,夜盲、干眼病、共济失调、麻痹及抽搐等临床症状,维生素 A 治疗有效等,可建立诊断。

应注意与狂犬病、伪狂犬病、李氏杆菌病、病毒性脑炎、低镁血症、急性铅中毒、食盐中毒等类症进行鉴别。

4.防治

应用维生素 A 制剂。内服鱼肝油,马牛 50～100 mL,猪、羊、犊牛、幼驹 20～50 mL 仔猪、羔羊 5～10 mL,1 次/d,连用数日。鸡可在饲料中添加鱼肝油,按鸡大小每天 0.5～2 mL。肌内注射维生素 A,马、牛 5 万～10 万 IU,猪、羊、犊牛、幼驹 2 万～5 万 IU, 1 次/d,连用 5～10 d。也可肌肉或皮下分点注射经 80℃ 2 次灭菌的精制鱼肝油,马、牛 10～20 mL,猪、羊 5～10 mL。

预防主要在于保证饲料中含有足够的维生素 A 或 A 原,多喂青绿饲料、优质干草及 胡萝卜等。也可每千克体重肌内注射维生素 A 3 000～6 000 IU,每隔 50～60 d 一次。 妊娠母畜须在分娩前 40～50 d 注射。青饲料要及时收割,迅速干燥,以保持青绿色。谷 物饲料贮藏时间不宜过长,配合饲料要及时喂用,不要存放。

七、B 族维生素缺乏症

B 族维生素包括维生素 B_1、维生素 B_2、维生素 B_6、维生素 B_{12}、菸酰胺、叶酸、泛酸、肌 醇、胆碱及生物素等。反刍兽瘤胃内的微生物能合成 B 族维生素,可满足机体营养的需 要,这也是反刍兽很少发生 B 族维生素缺乏的原因所在。马属动物、杂食兽(猪)及肉食 兽(犬、猫)大肠内的微生物也能合成一定量的 B 族维生素,但还必须由饲料中补充供应。

有的饲料可能缺乏一种或多种 B 族维生素,如玉米中维生素 B_1、维生素 B_2、烟酸、泛 酸、胆碱、生物素等 B 族维生素含量低或极低,长期饲用可引起不足或缺乏。

(一)维生素 B_1 缺乏症(vitamin B_1 deficiency)

维生素 B_1 又称硫胺素,维生素 B_1 缺乏症是由于饲料中硫胺素不足或饲料中含有干 扰硫胺素作用的物质所引起的一组营养缺乏病,临床症状以神经症状为特征。

本病多发生于雏鸡和猪,其他动物也有发生。

1.病因

(1)饲料中硫胺素含量不足 硫胺素广泛存在于饲料中,谷物、米糠、麦麸及青绿牧 草含有丰富的硫胺素,成年反刍兽的瘤胃和其他动物的大肠微生物也可合成硫胺素,动 物通常不易发生缺乏,但除猪外。动物体内不能贮存硫胺素,需经常由饲料供给,长期缺 乏青绿饲料而谷类饲料又不足,可引起硫胺素缺乏。

(2)瘤胃内合成硫胺素减少 成年反刍兽长时间食欲废绝,或饲喂低纤维高糖饲料, 或蛋白质饲料严重短缺,使瘤胃内微生物区系紊乱,硫胺素合成障碍。幼龄反刍兽由于 瘤胃功能尚不健全,合成硫胺素能力较差,断乳后易发生不足或缺乏。

(3)肠吸收不良 急、慢性腹泻均可影响小肠吸收硫胺素,如习惯饲喂米糠、麦麸的 猪,长期腹泻后常继发硫胺素缺乏。

(4)机体需要增加 母畜泌乳、妊娠、幼畜生长发育、剧烈使役、慢性消耗性疾病及发 热等生理或病理过程,机体对硫胺素需要量增加,而发生相对性供给不足或缺乏。

(5)干扰硫胺素作用的物质 硫胺酶可分解硫胺素,而使其丧失生物活性。业已证 实,产芽孢梭状芽孢杆菌(Clostridiums sporogenes)和芽孢杆菌属的细菌能产生硫胺酶。 异叶猩猩木(Rochia scoparia)含有硫胺酶,牛大量采食后可引起硫胺素缺乏。

马采食问荆、蕨类植物可表现硫胺素缺乏的症状,过去认为蕨类植物含有硫胺酶,但 近来报道其致病因子是一种非酶性的硫胺素拮抗物。

　　抗球虫药氨丙嘧吡啶(amprolium)的化学结构与硫胺素相似,能竞争性拮抗硫胺素的吸收,健康羊每千克体重服用 880 mg 或 1.0 g,4～6 周或 3～5 周后可发生硫胺素缺乏。生鱼中也含有硫胺酶,貂以及动物园饲养的企鹅、海豚和海豹大量食用生鱼,可发生本病。每千克胡爪鱼(Smelt)能使 26 mg 硫胺素失活。咖啡酸及棉籽也有拮抗硫胺素的作用。

　　硫胺素主要参与糖代谢,硫胺素在肝脏经磷酸化为硫胺素焦磷酸脂,后者是 α-酮酸氧化脱羧酶系的辅酶,参与糖代谢过程中 α-酮酸,如丙酮酸及酮戊二酸的脱羧反应。硫胺素缺乏时,糖代谢的中间产物,如丙酮酸和乳酸不能进一步氧化而积聚,能量供应障碍,损害全身组织,神经组织尤为敏感。丙酮酸和乳酸堆积还可刺激外周神经末梢,引起多发性神经炎。

　　2.临床症状

　　因畜种而不尽相同。

　　(1)马　饲喂低硫胺素饲料或含有硫胺素拮抗物的日粮,可实验性发病,其血糖降低和丙酮酸升高先于临床症状。主要表现为心动过缓,心动间歇,肌肉自发性收缩,共济失调,步态跟跄,行走缓慢,后躯摇晃,转圈时前肢交叉,后退不能。后期多取犬坐姿势。蹄、耳、鼻端周期性发凉。有的病马体重减轻,腹泻及失明。

　　(2)牛、羊　自然病例少见。实验发病的犊牛主要表现衰竭,共济失调,惊厥及头回缩,有的食欲减退,剧烈腹泻,脱水明显。羔羊先呈现嗜睡,食欲减退,体重减轻等症状,后发生强直性痉挛。采食异叶猩猩木的牛,可发生脑灰质软化。

　　(3)猪　猪体内有足够的贮存硫胺素,人工发病至少需 56 d。病初断乳仔猪表现腹泻,呕吐,食欲减退,生长停滞,行走摇晃,虚弱无力,心动过缓,心肌肥大;后期,体温低下,心搏亢进,呼吸促迫,最终死亡。

　　(4)犬、猫　常因喂熟食而发病。食欲和消化功能减退,便秘,体重减轻,虚弱无力,后躯无力乃至麻痹,发作性抽搐。

　　(5)禽　雏鸡多于 2 周龄前发病,食欲减退,生长缓慢,体重减轻,羽毛蓬松。步样不稳,双腿叉开,不能站立,双翅下垂,或瘫倒在地。随着病情进展,呈现全身强直性痉挛,头向后仰,呈观星姿势。

　　(6)野生动物　反刍兽,食欲减退,脱水,体重减轻,腹泻,头震颤,抽搐,角弓反张及心动过缓;尸检胸腔积液,心包积液,脑灰质软化,右心室扩张。啮齿类动物,表现食欲减退,体重减轻,圆圈运动,抽搐及腹泻;尸检两侧性脑灰质软化,有髓鞘神经脱髓鞘,心脏扩张。犬科动物,食欲减退,流涎,共济失调,瞳孔散大,体重减轻,中枢神经系统,特别是室周灰质水肿,血管扩张、出血及坏死。猫科动物,食欲减退,呕吐,体重减轻,多发性神经炎,心功能异常,抽搐,共济失调,麻痹,衰竭。鼬科动物,以查斯特克麻痹为特征,即食欲减退,流涎,共济失调,瞳孔散大,反射迟钝。灵长类动物,表现为笼养麻痹综合征、肠炎,右心室扩张,截瘫,跖行动物步样。鲸目类(鲸鱼、海豚等)的特征为食欲减退,体重减轻,继发细菌感染,心脏扩张,有髓鞘神经脱髓鞘。

　　3.诊断

　　依据缺乏谷物饲料或青饲料,临床表现食欲减退和麻痹、运动障碍等神经症状,及硫胺素治疗效果卓著,建立诊断。

　　测定血中丙酮酸和硫胺素含量,有助于确定诊断。马血中丙酮酸由正常的 227.12～

340.68 μmol/L 增至 681.36～908.48 mmol/L,硫胺素由正常的 750.75～900.9 μmol/L 降至 180.18～240.24 μmol/L。

4.防治

采用皮下、肌肉或静脉注射维生素 B_1:马、牛 0.25～0.5 g,猪、羊 25～50 mg,犬 10～25 mg,直至症状消退。

内服或注射丙硫硫胺或呋喃硫胺:用量与维生素 B_1 相同。

呋喃硫胺:马、牛 0.1～0.2 g,羊、猪 10～30 mg。鸡可于饲料中添加硫胺素或酵母。

硫胺素用量过大,有一定副作用:可能出现外周血管扩张,心律失常,伴有窒息性惊厥的呼吸抑制,甚至可因呼吸衰竭而死亡。

5.预防

主要是加强饲养管理,增喂富含硫胺素的饲料,如青饲料、谷物饲料及麸皮等。喂饲生鱼的动物,应在饲料中添加或补充硫胺素,每千克生鱼补加硫胺素 20～30 mg。

(二)维生素 B_2 缺乏症(vitamin B_2 deficiency)

维生素 B_2 又称核黄素,是生物体内黄酶的辅酶,黄酶在生物氧化中起着递氢体的作用,广泛分布于酵母、干草、麦类、大豆和青饲料中。动物消化道内的细菌可以合成维生素 B_2,特别是反刍兽无需额外补给,亦不易发生缺乏。仅在青饲料不足或单喂谷物饲料及稿秆时,才有可能发生缺乏。

1.临床症状

因动物种类而异。

(1)马 实验发病后表现为生长缓慢,食欲减退,羞明流泪,角膜血管形成,结膜炎等类似于周期性眼炎的症状。

(2)犊牛 实验发病呈现生长缓慢,食欲减退,腹泻,大量流泪和流涎,被毛脱落,口唇边缘及脐周皮肤充血。

(3)猪 生长阶段脱毛,食欲减退,生长缓慢,腹泻、溃疡性结肠炎,肛门黏膜炎,呕吐,光敏感,晶状体混浊,行动不稳等;后备母猪在繁殖和泌乳期,食欲废绝或不定,体重减轻,早产,死产,新生仔猪衰弱死亡,有的仔猪无毛。

(4)雏鸡 生长缓慢,表现腹泻,腿麻痹及特征性的趾卷曲性瘫痪,跗关节着地行走,趾向内弯曲,有的发生腹泻;母鸡产蛋率和孵化率下降,胚胎死亡率增加。

(5)野生动物 反刍兽,食欲减退,贫血,流泪,腹泻,口连合糜烂,脱毛。啮齿类,生长停滞,被毛粗糙、蹄、鼻、耳发白、贫血、鳞屑性皮炎,脱毛,白内障。犬科动物,妊娠早期发病时,子代发生先天性畸形,如并指(趾)、短肢、腭裂等;慢性缺乏时,后肢、胸腹部发生鳞屑性皮炎,贫血,肌肉无力,脓性眼分泌物,有的突发虚脱。猫科动物,食欲减退,体重减轻,头部被毛脱落,偶见白内障。

2.防治

维生素 B_2,口服或肌内注射:马、牛 0.1～0.15 g,羊、猪 0.02～0.3 g。

禽每千克饲料添加 2～5 mg 核黄素,可预防本病的发生。

(三)维生素 B_6 缺乏症(vitamin B_6 deficiency)

维生素 B_6 系吡哆醇、吡哆胺和吡哆醛的总称。在体内变成具有生物活性的磷酸吡哆醛和磷酸吡哆胺,是转氨酶、氨基脱羧酶的辅酶。酵母、谷物种子的外皮、青绿饲料、肉类、肝脏中均含有维生素 B_6。动物很少发生单纯维生素 B_6 缺乏。

1.临床症状

(1)猪 实验发病的幼猪表现食欲减退,小细胞低色素性贫血,运动失调,步态强拘,生长停滞,脂肪肝,癫痫样发作,昏迷,视力减退,尿中吡哆醇排出减少,而黄尿烯酸增加。禽食欲减退,增重缓慢,骨短粗,持续性吱吱鸣叫,兴奋抽搐,产蛋减少,孵化率降低。

(2)野生动物 啮齿类动物,食欲减退,生长缓慢,共济失调,被毛稀疏,抽搐,在笼内作快速旋转运动,易兴奋,截瘫。犬科动物,生长缓慢,皮肤病,小细胞低色素性贫血,血浆铁增加 $2\sim4$ 倍,肝、脾、骨髓含铁血红素沉积。猫科动物,贫血、血中草酸盐含量升高,以致发生尿石症。灵长类动物,低色素性贫血,皮炎和抽搐。鸟类,生长停滞,兴奋,抽搐,无目的奔跑,肢体在空中划动,颈部卷曲,多发性神经炎,多于抽搐后衰竭而死亡。

2.防治

应用维生素 B_6,日注射剂量:禽 5 mg/kg,犬 0.005 mg/kg。啮齿类动物日粮中维生素 B_6 含量不得少于 $6\sim14$ mg/kg。

(四)维生素 B_{12} 缺乏症(vitamin B_{12} deficiency)

维生素 B_{12} 又称氰钴胺(cyanocobalamin),参与一碳基团的代谢,通过增加叶酸的利用影响核酸和蛋白质的生物合成,从而促进红细胞的发育和成熟。此外,维生素 B_{12} 是甲基丙二酰辅酶 A 异构酶的辅酶,在糖和丙酸代谢中起重要作用。

维生素 B_{12} 主要来源于动物性饲料、肝脏、海产品饲料中,植物性饲料中不含维生素 B_{12}。

反刍兽瘤胃和其他草食兽(马)肠道内的细菌可利用钴合成维生素 B_{12},只要日粮中含有足够的钴,就不会发生缺乏。

猪和鸡不能利用下部肠道内细菌合成的维生素 B_{12},日粮中添加钴对维持体内维生素 B_{12} 的营养状态没有多大作用,故主张在饲料中直接添加维生素 B_{12}。

在犬还发现有遗传性 B_{12} 缺乏症,即选择性钴胺素吸收不良。

1.临床症状

猪在生长阶段发生 B_{12} 缺乏时,表现为生长缓慢,被毛粗糙,皮炎,向一侧或向后滚转,后躯运动失调,声音沙哑,应激敏感,轻度正细胞性贫血;母猪生殖力下降。

鸡生长缓慢,蛋孵化率降低,子代雏鸡死亡率增加,肝、心、肾脂肪浸润。

啮齿类动物,食欲减退,生长停滞,肾萎缩,贫血,畸形。

犬科动物,妊娠期缺乏可引起致死性积水性脑突出。猫科动物,主要表现为贫血。灵长类动物,贫血,被毛柔嫩,精神抑制,共济失调。

2.防治

可肌内注射维生素 B_{12}:马、牛 $1\sim2$ mg,羊、猪 $0.3\sim0.4$ mg,犬 100 μg,鸡 $2\sim4$ μg。

(五)烟酸缺乏症(vitamin PP deficiency, pellagra)

烟酸又称维生素 PP,包括尼克酸和尼克酰胺,前者在体内转变为后者,与核酸、磷酸、腺嘌呤组成脱氢酶的辅酶(辅酶Ⅰ和辅酶Ⅱ),在生物氧化过程中使底物脱氢并传递氢。

酵母、米糠、麦麸和肉类中含有丰富的烟酸。

动物体内可由色氨酸合成烟酸，但合成的数量不能满足营养需要，需由饲料中补充供应。

玉米中色氨酸及烟酸含量极低，且还含有抗烟酰胺作用的乙酰嘧啶，因此长期单用玉米作为精饲料，便可能发生烟酸缺乏。低蛋白日粮可加剧烟酸缺乏。

1.临床症状

断乳仔猪实验发病表现食欲减退，生长缓慢，偶发呕吐，表皮脱落性皮炎，脱毛，正细胞性贫血，腹泻，结肠和盲肠有坏死性病变，有的后肢肌肉痉挛，唇、舌溃烂。

鸡发生舌炎和口炎，生长缓慢，羽毛发育不全。幼龄火鸡表现骨短粗样疾患。

野生动物鸟类，舌及口腔黏膜发黑，生长缓慢，食欲减退，羽毛发育不良，爪和皮肤鳞屑样皮炎。啮齿类，生长缓慢，食欲减退，流涎，腹泻，沫稍发白，压容降低，鼻孔周围被覆卟啉性结痂。犬科动物，发生糙皮病，条件反射异常，食欲减退，体重减轻，口黏膜发红，持续腹泻。猫科动物，实验发病表现为腹泻，体重减轻，新生仔死亡，口腔溃疡，大量流黏稠唾液，呼吸恶臭。灵长类，角化过度，舌炎，肠炎，精神抑郁。

2.防治

治疗采用口服烟酸：猪 100～200 mg。禽可于每千克饲料中添加 40 mg 烟酸。

每千克饲料中添加 10～20 mg 烟酸有预防作用。

(六)泛酸缺乏症(pantothenic acid deficiency)

泛酸在体内与三磷酸腺苷和半胱氨酸合成辅酶 A，对糖、脂肪和蛋白质代谢过程中的乙酰基转移有重要作用。苜蓿粉、肝粉、花生饼、乳清粉、干啤酒酵母、麦麸中含泛酸。动物肠内细胞能合成泛酸，很少发生缺乏。玉米和豆饼中泛酸含量较少，长期单一饲喂有可能发生泛酸缺乏。

1.临床症状

(1)猪　生长期病猪表现食欲减退，生长缓慢，流泪、咳嗽、流鼻液，被毛粗糙，脱毛，皮炎，因后躯运动障碍而呈鹅步，腹泻，直肠出血，溃疡性结肠炎，尿中泛酸含量下降，轻度正细胞性贫血；繁殖及泌乳期病猪，食欲废绝，饮水减少，鹅步，腹泻，直肠出血，繁殖力丧失，尸检可见出血性盲结肠炎和胃炎。

(2)犊牛　实验发病犊牛，食欲减退，生长缓慢，皮炎，流鼻液，尸检见有继发性肺炎，有髓鞘神经脱髓鞘，大脑软化，出血。

(3)鸡　生长停滞，羽毛发育不全，孵化率降低。

(4)野生动物　鸟类羽毛生长缓慢，广泛性上皮脱屑，眼睑和嘴连合痂样表皮脱落。啮齿类，体重减轻，脂肪肝，腹泻，口周卟啉性结痂，被毛褪色，表皮脱落性皮炎，共济失调，脱毛，畸形形成。犬科动物，在生长期血中非蛋白氮、葡萄糖及氯化物含量降低，严重缺乏时皮肤和被毛异常，胃肠炎，虚脱乃至昏迷。猫科动物，主要表现脂肪肝。灵长类，体重减轻，蹄部触痛，皮炎，兴奋，抽搐。

2.防治

治疗采用注射泛酸，鸡每千克体重 20 mg，犬每千克体重 0.1 mg。

为预防本病，每千克体重饲料中泛酸含量应保持(mg)：鸡 4.6～35.2，猪生长阶段 11～13.2，繁殖泌乳阶段 13.2～16.5。

(七)生物素缺乏症(vitamin H deficiency, biotin deficiency)

生物素又称维生素 H,是羧化酶的辅酶,参与体内固定或脱去 CO_2 的过程,起 CO_2 载体的作用。

生物素广泛分布于大豆、豌豆、奶汁和蛋黄中,动物肠内细菌亦可合成,本不该发生缺乏或很少发生缺乏,但近年来有些猪群的发病率高达 10%～20%,主要原因在于饲料中生物素的利用率低及饲料中存在生物素拮抗物。不同饲料间生物素的利用率有相当大的差异,许多饲料中的生物素利用率不足 50%。已从链球菌中分离出链球菌抗生物素蛋白,可妨碍生物素的利用。生蛋清中也含有抗生物素蛋白。此外,饲料酸败也可使生物素发生破坏。连续服用磺胺或其他抗生素可引起生物素缺乏。

1.临床症状

患病仔猪表现脱毛,后肢痉挛,蹄底及蹄面皲裂,口腔黏膜发炎,以及以皮肤干裂、粗糙、褐色分泌物和皮肤溃疡为特征的皮肤病变。

病鸡生长缓慢,皮炎,滑腱症,羽毛易折,卵孵化率降低。牛、羊发生皮脂溢,皮肤出血,脱毛,后肢麻痹。

野生动物鸟类,表皮脱落性皮炎,尤以脚底侧面为甚,爪坏死、脱落,脚背和腿磷屑样皮炎。啮齿类,皮炎,脱毛,共济失调,被毛退色。犬科动物,鳞屑样皮炎。猫科动物,主要表现贫血。鼬科动物,呈现进行性麻痹。灵长类动物,脱毛,皮炎,消瘦,兴奋性增高。

2.防治

可内服或注射生物素:每千克体重鸡 3～5 mg,犬 0.5～1.0 mg。

8 周龄仔猪,饲料含生物素 2 mg/kg,或每日注射生物素 100 μg,可预防本病的发生。

(八)叶酸缺乏症(vitamin B_{11} deficiency, folate deficiency)

叶酸,又称维生素 B_{11},在体内转变为具有生物活性的四氢叶酸,作为一碳基团代谢的辅酶,参与嘌呤、嘧啶及甲基的合成等代谢过程。

肝脏、花生、大豆等富含叶酸,动物肠内细菌也可合成叶酸,很少发生缺乏。但长期服用磺胺或其他抗菌药,或长期单一饲喂谷物性饲料,可发生叶酸缺乏。

1.临床症状

哺乳仔猪表现为生长缓慢,被毛稀少和贫血。

雏鸡羽毛发育不良和贫血。雏火鸡神经质,双翅下垂,有的颈麻痹。蛋鸡产蛋率和孵化率降低。

野生动物鸟类,生长缓慢,羽毛发育不良,羽毛褪色,无色红细胞性(achromcytic)贫血,跗关节病。啮齿类,在妊娠早期发生胚胎中毒,先天性畸形。猫科动物,主要表现贫血。灵长类动物,神经管缺陷,肠炎,大细胞性贫血。

2.防治

每千克饲料中叶酸含量:鸡 0.8～1.25 mg,仔猪 0.5～1.0 mg,母猪 2.0 mg,可防止本病的发生。

(九)胆碱缺乏症(choline deficiency)

胆碱具有多种重要生理机能,构成神经介质乙酰胆碱及结构磷脂、卵磷脂和神经磷脂,并在一碳基团转移过程中提供甲基。

肝脏、小麦胚、棉籽饼、大豆饼、花生饼、肉骨粉和鱼粉含有丰富的胆碱,玉米中含量很少。一般情况下,猪日粮中无需添加胆碱。但在母猪日粮中添加胆碱,能明显增加产仔数。

1.临床症状

仔猪实验发病后,表现为腿短肚大,运动失调,特异性肾小球闭锁和肾上皮坏死。断奶体重低于正常,发生脂肪肝,有的两后肢叉开,呈劈叉姿势。

鸡生长缓慢,骨短粗,脂肪肝,产蛋率和孵化率降低,雏鸡死亡率增加。

野生动物啮齿类,表现为体重减轻,红细胞参数低于正常。犬科动物,生长停滞和脂肪肝。

2.防治

每千克饲料胆碱含量:鸡 $1.3\sim1.9$ g,猪 1.0 g,可防止本病的发生。

八、维生素 C 缺乏症

维生素 C(vitamin C),又称抗坏血酸(ascorbic acid),主要作用在于促进细胞间质的合成,抑制透明质酸酶和纤维蛋白溶解酶的活性,从而保持细胞间质的完整,增加毛细血管致密度,降低其通透性和脆性。青绿饲料含有较多的维生素 C,畜禽体内亦能合成,很少发生缺乏。

豚鼠及灵长类动物体内缺乏合成维生素 C 的酶类,长期喂饲咖啡和烤面包等食物,可引起缺乏。

在慢性疾病和应激过程中,体内维生素 C 消耗增加,可发生相对性缺乏。

在猪,已发现有遗传性坏血病。

1.临床症状

患病豚鼠 骺板出血,关节疼痛及皮下出血。犬创口愈合缓慢,毛细血管脆性增加,皮炎,新生犬死亡率增加。

灵长类动物 腹泻,齿龈出血,生长骨钙化不全,牙齿脱落。

2.防治

治疗采用 10% 维生素 C 液静脉、肌内或皮下注射:马、牛 $20\sim50$ mL,猪、羊 $5\sim15$ mL,犬 $3\sim5$ mL,每日 1 次,连用 $3\sim5$ d 以上。

九、硒和维生素 E 缺乏症

硒和/或维生素 E 缺乏症(selenium and/or vitamin E deficiency),是指由于饲料硒和/或维生素 E 供给不足或缺乏,引起机体多种器官组织生物膜受损,以细胞变性、坏死为病理学特征的多种营养障碍性疾病的总称。临床上以运动机能障碍、心脏功能障碍、消化机能紊乱、神经机能紊乱、渗出性素质、繁殖机能障碍为特征。各种动物均可发生硒缺乏症,但以幼畜为多见,如羔羊、犊牛、牦牛、马驹、骆驼、仔猪、雏鸡、雏鸭、雏雉、雏鸽、兔、幼貂、马鹿、长颈鹿、羚羊、袋鼠等。多集中于冬末和初春发生,一般以 $2\sim5$ 月份为发病高峰。

1.病因

(1)饲料或牧草中硒含量不足　是动物硒和/或维生素 E 缺乏症的主要原因。硒是动物机体营养必需的微量元素,而本病的病因就在于饲粮与饲料的硒含量不足。

植物性饲料中的含硒量与土壤硒水平直接相关。土壤中的无机硒化合物,以硒酸盐、亚硒酸盐等硒化物以及元素硒的形式存在,其中硒酸盐及亚硒酸盐有较高的水溶性,易为植物吸收、利用。一般以土壤内的水溶性硒作为其有效硒。

土壤中水溶性硒的含量,直接影响植物的含硒量。土壤硒含量一般介于 $0.1\sim2.0$ mg/kg,植物性饲料的适宜含硒量为 0.1 mg/kg。当土壤含硒量低于 0.5 mg/kg,植物性饲料含硒量低于 0.05 mg/kg 时,便可引起动物发病。可见低硒环境(土壤)是本病的根本致病原因,低硒环境(土壤)通过饲料(植物)作用于动物机体而发病。因此,水土食物链是本病的基本致病途径,而低硒饲料则是本病的直接病因。

(2)饲料中维生素 E 缺乏 是硒和/或维生素 E 缺乏症发生的重要因素。维生素 E 也是重要的抗氧化物质,与硒抗氧化的环节不同,但达到相同的效果,从抗氧化的角度看,两者可以互补。因此,当维生素 E 缺乏时动物对硒的需求量高。冬季、初春缺乏青绿饲料;幼畜体内蓄积的硒和维生素 E 量有限,且生长发育快,对硒和维生素 E 需求量高;及天气寒冷(应激原),动物抵抗力较弱,对硒和维生素 E 的缺乏较敏感,构成动物硒缺乏症呈季节性发生的三大因素。尽管该病常年发生,但在 2～5 月份也正是发病的高峰期(对于放牧动物,2～5 月份正是繁殖分娩旺季)。

(3)其他因素 含硫氨基酸缺乏,影响谷胱甘肽的合成,硒失去抗氧化作用的载体,动物也会出现硒缺乏的状态。饲料中不饱和脂肪酸含量过多,则增加了脂质过氧化物的产生,提高了机体对硒的需求量。饲料中镉、汞、钼、铜等金属与硒之间有拮抗作用。可干扰硒吸收和利用。

硒是谷胱甘肽过氧化物酶(GSH-Px)的重要组成成分。GSH-Px 是分解脂质过氧化物的主要物质,能阻止脂质过氧化物的过多形成和积聚,保护细胞膜免受过氧化物的损害。含硒酶这一抗氧化作用是硒缺乏症的病理生理学基础。低硒营养状态下,血液及多种组织硒水平降低,血液及多种组织 GSH-Px 活性下降,导致多种组织细胞脂质膜的过氧化物损害,而发生变质性病变。肌组织、胰腺、肝脏、某些淋巴器官的微血管是遭受损害的主要部位,引起相应的机能紊乱和病理组织学改变,表现一系列临床症状,直至死亡。

维生素 E 的生物学作用不仅限于抗不育,还参与稳定膜结构及调节膜结合酶活性,可能主要是通过抗氧化作用,即防止生物膜的不饱和脂酸氧化和过氧化并清除自由基,而实现对膜脂质的保护效应。维生素 E 缺乏时,生物膜的功能、形态和脂类成分发生改变。

本病在世界范围发生,呈地区性,季节性(冬季多发)及个体差异性(幼畜多发)。我国由东北斜向西南走向的狭窄地带,包括黑龙江、吉林、辽宁、内蒙古、河北、山东、山西、陕西、甘肃、河南、四川以及贵州、云南等 10 多个省区,普遍低硒。特点是:

(1)发病的地区性 是本病的一个重要流行病学特征,低硒地带是本病的常在病区。贫硒土壤所生长的植物,其含硒量也低。据分析,陕西省北部病区玉米含硒量为 $(0.018\,8\pm0.002\,1)$ mg/kg,而非病区玉米含硒量为 $(0.056\,0\pm0.003\,0)$ mg/kg。

土壤中硒的有效性,取决于水溶性硒的含量。如黑龙江省动物缺硒病的重病区与严重贫硒地带基本一致,主要集中在大、小兴安岭,张广才岭,完达山系两侧的半山区、丘陵与高平原地带。具有地势较高(海拔 200 m 以上);年降雨量较多(500 mm 以上);土壤

pH 偏酸(pH6.5 以下),且多为棕壤、黑土、白浆土以及部分草甸土等自然地理条件的共同特点。

(2)饲粮和饲料的商品性流通与调运,可造成非自然病区畜群大批发病。

(3)发病的季节性 长年发生,但多集中发生于冬末及春季,每年 2~5 月间多发。

(4)发病群体的年龄特征 多发于幼龄阶段,如仔猪、雏鸡、鸭、火鸡,羔羊,犊牛及马驹等。

2.临床症状

硒缺乏症的共同症状是,骨骼肌肌病所致的姿势异常及运动功能障碍;顽固性腹泻或下痢为主症的消化功能紊乱;心肌病所造成的心率加快、心律失常及心功不全。不同畜禽及不同年龄的个体,还各有其特征性临床症状。

(1)马属动物 新生驹早产,生活力弱,喜卧、站立困难、四肢运动不灵活、步样强拘,臀部肌肉僵硬。唇部采食不灵活,咀嚼困难,消化紊乱,顽固性腹泻。心率加快,心律失常。成年马可发生肌红蛋白尿,排红褐色尿液,伴有后躯轻瘫,常呈犬坐姿势。

(2)反刍动物 犊牛、羔羊表现为典型的白肌病症状群。发育受阻,步样强拘,喜卧,站立困难,臀背部肌肉僵硬,消化紊乱,伴有顽固性腹泻。心率加快,心律失常。有材料指出,成年母牛产后胎衣停滞也与低硒有关。

(3)猪 仔猪表现为消化紊乱并伴有顽固性或反复发作的腹泻;喜卧,站立困难,步样强拘,后躯摇摆,甚至轻瘫或呈犬坐姿势;心率加快与心律失常。肝实质病变严重的,可伴有皮肤黏膜黄疸。肥育猪有黄脂症;成年猪有时排红褐色肌红蛋白尿;急性病例常在剧烈运动、惊恐、兴奋、追逐过程中突然发生心猝死,多见于 1~2 月龄营养良好的个体。

(4)家禽 1~2 周龄雏鸡仅见精神不振,不愿活动,食欲减少,粪便稀薄,羽毛无光,发育迟缓,而无特征性症状;至 2~5 周龄症状逐渐明显,胸腹下出现皮下浮肿,呈蓝(绿)紫色,运动障碍表现喜卧,站立困难,垂翅或肢体侧伸,站立不稳,两腿叉开,肢体摇晃,步样拘谨、易跌倒,有时轻瘫,见有顽固性腹泻,肛门周围羽毛被粪便污染。如并发维生素 E 缺乏,则显现神经症状。雏鸭表现食欲不振,急剧消瘦,行走不稳,运步困难,以后不能站立,卧地爬行,甚至瘫痪,羽毛蓬乱无光,喙苍白,很快衰竭致死。

(5)野生动物 以水貂、银狐、兔等易发,常表现黄脂病或脂肪组织炎,可见口腔黏膜黄染,皮肤增厚、发硬、弹性降低,触诊鼠蹊部有条索状或团块状大小不等的硬结;后期消化紊乱,并发胃肠炎,排黏液性稀便。

3.病理变化

以渗出性素质,肌组织变质性病变,肝营养不良,胰腺体积缩小及外分泌部变性坏死、淋巴器官发育受阻及淋巴组织变性、坏死为基本特征。不同种属畜禽的病理特点不尽相同。

(1)渗出性素质 心包腔及胸膜腔、腹膜腔积液,是多种畜禽的共同性病变;皮下呈蓝(绿)紫色水肿,则是雏鸡的剖检特征。

(2)骨骼肌变性、坏死、出血 所有畜禽均十分明显。肌肉色淡,在四肢、臀背部活动较为剧烈的肌群,可见黄白、灰白色斑块、斑点或条纹状变性、坏死,间有出血性病灶。某些幼畜(如驹)于咬肌、舌肌及膈肌也可见到类似的病变。

(3)心肌病变 仔猪最为典型,表现为心肌弛缓,心容积增大,呈球形,于心内、外膜及心肌切面上见有黄白、灰白色点状、斑块或条纹状坏死灶,间有出血,呈典型的"桑葚心"外观。

(4)胃肠道平滑肌变性、坏死 十二指肠尤为严重。肌胃变性是病禽的共同特征,雏鸡尤为严重,肌胃表面特别在切面上可见大面积地图样灰白色坏死灶。

(5)肝脏营养不良、变性、坏死 仔猪、雏鸭表现严重,俗称"花肝病"。肝脏表面、切面见有灰、黄褐色斑块状坏死灶,间有出血。

(6)胰腺 雏鸡胰腺的变化具有特征性。眼观体积小,宽度变窄,厚度变薄,触之硬感。病理组织学所见为急性变性、坏死,继而胞质、胞核崩解,组织结构破坏,坏死物质溶解消散后,其空隙显露出密集、极细的纤维并交错成网状。在雏鸭和仔猪,也见有类似病变。

(7)淋巴器官 胸腺、脾脏、淋巴结(猪)、法氏囊(禽)可见发育受阻以及重度的变性、坏死病变。

4.诊断

依据基本症状群(幼龄、群发性),结合临床症状(运动障碍、心脏衰竭、渗出性素质、神经机能紊乱等),特征性病理变化(骨骼肌、心肌、肝脏、胃肠道、生殖器官见有典型的营养不良病变,雏禽脑膜水肿,脑软化),参考病史及流行病学特点,可以确诊。对幼龄畜禽不明原因的群发性、顽固性、反复发作的腹泻,应给以特殊注意,进行补硒治疗性诊断。取心猝死结局的病例,须经病理剖检而确诊。临床诊断不明确,可通过对病畜血液及某些组织的含硒量或谷胱甘肽过氧化物酶活性测定,以至土壤、饲粮或饲料含硒量测定,进行综合诊断。

有人建议测定羽毛含硒量,有重要实际意义,既可作为禽类硒缺乏症的病因诊断根据,又可作为群体硒营养状况的监测指标。

5.防治

治疗原则是补充硒制剂与维生素 E,加强护理。

0.1%亚硒酸钠溶液肌内注射,配合醋酸生育酚,效果确实。0.1%亚硒酸钠,成年牛15~20 mL,犊牛、成年羊 5 mL,羔羊 2~3 mL,成年猪 10~20 mL,仔猪 1~2 mL;醋酸生育酚,成年牛、羊 5~20 mg/kg 体重,犊牛 0.5~1.5 g/头,羔羊 0.1~0.5 g/头,成年猪 1.0 g/头,仔猪 0.1~0.5 g/头,肌内注射。

鸡群发现症状后,全群立即在饲料中添加 0.2 mg/kg 硒,充分拌匀进行饲喂,或按含 0.1 mg/kg 硒的自由饮水,同时饲料中增加蛋氨酸含量。饲料中添加维生素 E 30 mg/kg,以提高硒的治疗效果。对个体病鸡,可用维生素 E 胶囊(内含 50 mg)每天一次,每次 1 粒,连服 3 d,重症鸡治愈率可达 50%,轻症鸡治愈率 100%。

在低硒地带饲养的畜禽或饲用由低硒地区运入的饲粮、饲料时,必须普遍补硒。

补硒的办法:直接投服硒制剂,将适量硒添加于饲粮、饲料、饮水中喂饮;对饲用植物作植株叶面喷洒,以提高植株及籽实的含硒量;低硒土壤施用硒肥。

当前简便易行的方法是应用硒饲料添加剂,硒的添加量为 0.1~0.2 mg/kg。

在牧区,可应用硒金属颗粒。硒金属颗粒由铁粉 9 g 与元素硒 1 g 压制而成,投入瘤胃中缓释而补硒。试验证明,牛投给 1 粒,可保证 6~12 个月的硒营养需要。对羊,可将硒颗粒植入皮下。用亚硒酸钠 20 mg 与硬脂酸或硅凝胶结合制成的小颗粒,给妊娠中后期母羊植入耳根后皮下,对预防羔羊硒缺乏症效果很好。

十、锌缺乏症

锌缺乏症(zinc deficiency)是饲料锌含量绝对或相对不足所引起的一种营养缺乏病，基本临床特征是生长缓慢、皮肤角化不全、繁殖机能障碍及骨骼发育异常。各种动物均可发生，猪、鸡较多见。

人和动物缺锌是世界性问题。据调查，美国 50 个州中有 39 个州土壤需施锌肥，约 400 万人患有缺锌症。我国北京、河北、湖北、湖南、陕西等省市缺锌面积达 30％以上，华北平原大片土地缺锌。我国几个大城市 5 岁以下儿童中有 2/3 存在锌营养不良。有十几个省、市、自治区先后报道了畜禽锌缺乏症。

1.病因

原发性锌缺乏主要起因于饲料锌不足，又称绝对性锌缺乏。一般情况下，40 mg/kg 的日粮锌即可满足家畜的营养需要。市售饲料的锌含量大都高于正常需要量。

酵母、糠麸、油饼和动物性饲料含锌丰富，块根类饲料锌含量仅为 4～6 mg/kg，玉米、高粱含锌也较少，为 10～15 mg/kg。饲料的锌含量与土壤锌尤其有效态锌水平密切相关。我国土壤锌为 10～300 mg/kg，平均 100 mg/kg，总趋势是南方高于北方。

土壤中有效态锌对植物生长的临界值为 0.5～1.0 mg/kg，低于 0.5 mg/kg 为严重缺锌。

缺锌地区土壤的 pH 大都在 6.5 以上，主要是石灰性土壤、黄土和黄河冲积物所形成的各种土壤以及紫色土。过施石灰和磷肥可使草场含锌量大幅度减少。

继发性锌缺乏起因于饲料中存在干扰锌吸收利用的因素，又称相对性锌缺乏。

业已证明，钙、镉、铜、铁、铬、锰、钼、磷、碘等元素可干扰饲料中锌的吸收。据认为，钙可在植酸参与下，同锌形成不易吸收的钙锌植酸复合物，而干扰锌的吸收。作者通过 ^{65}Zn 示踪试验揭示，在高钙低植酸日粮，同样可降低蛋鸡锌的吸收，增加粪尿锌的排泄，减少锌在体内的沉积，而引起相对性锌缺乏。

猪日粮含锌 32 mg/kg 和含钙 0.48％，有 50％的仔猪发生皮肤角化不全。将钙提高至 0.67％～1.03％时，则 100％发病。牛采食含锌 20～80 mg/kg、含钙 0.6％的饲料，可发生角化不全症。

饲料中植酸、纤维素含量过高也可干扰锌的吸收。在猪，无论饲料中锌的含量多少，只要植酸与锌的摩尔浓度比超过 20∶1，即可导致临界性锌缺乏。如其浓度比再增大，则可引起严重的锌缺乏。

不同饲料的锌利用率是有差异的，动物性饲料锌利用率较高，而植物性饲料较低。雏鸡喂饲酪蛋白-明胶饲料对锌的需要量为 5～20 mg/kg，而大豆蛋白型日粮则需要 30～40 mg/kg 或更多。

锌在含锌酶中起催化、构架、调节和非催化作用，参与多种酶、核酸及蛋白质的合成。缺锌时，含锌酶的活性降低，胱氨酸、蛋氨酸等氨基酸代谢紊乱，谷胱甘肽、DNA、RNA 合成减少，细胞分裂、生长和再生障碍，导致动物生长停滞，增重缓慢。缺锌时，味觉机能异常，引起食欲减退。缺锌可引起内源性维生素 A 缺乏及免疫功能缺陷。

2.临床症状

基本症状是，生长发育缓慢乃至停滞，生产性能减退，繁殖机能异常，骨骼发育障碍，皮肤角化不全，被毛、羽毛异常，创伤愈合缓慢，免疫功能缺陷以及胚胎畸形。

(1)马 尚无锌缺乏症自发病例报告。幼驹实验性锌缺乏表现为生长缓慢,被毛脱落,皮肤角化不全。先始于四肢下部,然后蔓延至躯干上部。皮肤干燥,脱落的表皮与浆液性渗出物形成结痂,皮肤创伤久治不愈。血清碱性磷酸酶活性降低,血锌和组织锌含量减少。但未见骨骼异常。

(2)牛、羊 犊牛食欲减退,增重缓慢,皮肤粗糙、增厚、起皱,乃至出现裂隙,尤以肢体下部、股内侧、阴囊和面部为甚。四肢关节肿胀,步态僵硬,流涎。母牛繁殖机能低下,产乳量减少,乳房部皮肤角化不全,易患蹄真皮炎。绵羊羊毛弯曲度丧失、变细、乏色,容易脱落,蹄变软、扭曲。羔羊生长缓慢,流泪,眼周皮肤起皱、皲裂。母羊生殖机能低下,公羊睾丸萎缩,精子生成障碍。

(3)猪 食欲减退,生长缓慢,腹部、大腿和背部等处皮肤出现境界清楚的红斑,而后转为直径 3～5 cm 的丘疹,最后形成结痂和数厘米深的裂隙,这一过程历时 2～3 周。有的发生呕吐和轻度腹泻。严重缺锌时,母猪产仔减少,新生仔猪初生重降低;边缘性缺乏时,可见被毛退色,胸腺萎缩。

(4)禽 采食量减少,采食速度减慢,生长停滞。羽毛发育不良,卷曲、蓬乱、折损或色素沉着异常。皮肤角化过度,表皮增厚,翅、腿、趾部尤为明显。长骨变粗变短,跗关节肿大。产蛋减少,孵化率下降,胚胎畸形,主要表现为躯干和肢体发育不全。有的血液浓缩,红细胞压积容量升高 25% 左右,单核细胞显著增多。边缘性缺锌时,临床上呈现增重缓慢,羽毛发育不良、折损,开产日龄延迟,产蛋率、孵化率降低等。

(5)野生动物 反刍兽表现流涎,瘙痒,瘤胃角化不全,鼻、胁腹、颈部脱毛,先天性缺损。啮齿类动物,畸形,生长停滞,兴奋性增高,脱毛,皮肤角化不全。犬科动物,生长缓慢,消瘦,呕吐、结膜炎、角膜炎,腹部和肢端皮炎。灵长类动物,舌背面角化不全,背部脱毛。

实验室检查:健康反刍兽血清锌为 9.0～18.0 $\mu mol/L$,当血清锌降至正常水平的一半时,即表现临床异常。严重缺锌时,在 7～8 周内血清锌可降至 3.0～4.5 $\mu mol/L$,血浆白蛋白含量减少,碱性磷酸酶和淀粉酶活性降低,球蛋白增加。

健康牛和绵羊的毛锌分别为 115～135 mg/kg 和 115 mg/kg。锌缺乏时可分别降至 47～108 mg/kg 和 67 mg/kg。组织锌尤其肝锌下降。

3.诊断

(1)依据日粮低锌和/或高钙的生活史,生长缓慢、皮肤角化不全、繁殖机能低下及骨骼异常等临床症状,补锌奏效迅速而确实,可建立诊断。

(2)测定血清和组织锌含量有助于确定诊断。饲料中锌及相关元素的分析,可提供病因学诊断的依据。

(3)对临床上表现皮肤角化不全的病例,在诊断上应注意与疥螨性皮肤病、烟酸缺乏、维生素 A 缺乏及必需脂酸缺乏等疾病的皮肤病变相区别。

4.防治

每吨饲料中添加碳酸锌 200 g,相当于每千克饲料加锌 100 mg;或内服碳酸锌,3 月龄犊牛 0.5 g,成年牛 2.0～4.0 g,每周 1 次;或肌内注射碳酸锌,猪每千克体重 2～4 mg,1 次/d,连用 10 d。

补锌后食欲迅速恢复,1～2 周内体重增加,3～5 周内皮肤病变恢复。

预防应保证日粮中含有足够的锌,并适当限制钙的水平,使 Ca、Zn 比维持在 100∶1。

猪日粮含钙 0.5%～0.6%时,50～60 mg/kg 的锌可满足其营养需要;100 mg/kg 的锌对中等度高钙有保护作用。牛、羊可自由舔食含锌食盐,每千克盐含锌 2.5～5.0 g。在低锌地区,可给绵羊投服锌丸,锌丸滞留在瘤胃内,6～7 周内缓释足够的锌,或施用锌肥,每公顷施放硫酸锌 4～5 kg。

十一、锰缺乏症

锰缺乏症(manganese deficiency)是饲料中锰含量绝对或相对不足所引起的一种营养缺乏病,以骨骼畸形、繁殖机能障碍及新生畜运动失调为其特征;家畜则表现为骨短粗,又称滑腱症。多呈地区性流行,各种动物均可发生。

1.病因

原发性锰缺乏起因于饲料锰含量不足。植物性饲料中锰含量与土壤锰尤其活性锰水平密切相关。砂土和泥炭土含锰贫乏。土壤锰含量低于 3 mg/kg,活性锰低于 100 μg/kg,即可视为缺锰。

我国缺锰土壤多分布于北方地区,主要是质地较松的石灰性土壤。酸性土壤过施石灰也可诱发植物缺锰。因为土壤 pH 大于 6.5,锰以高价状态存在,不易被植物所吸收。牧草含锰低于 80 mg/kg,牛不能维持正常生殖能力;低于 50 mg/kg,则可发生不孕症。也有人认为,饲料锰低于 20 mg/kg 时,方能引起母牛不发情,受胎率降低,公牛精液质量降低。

动物对锰的需要量,NRC 发布的标准是:牛 20 mg/kg,绵羊和山羊 20～40 mg/kg,猪 20 mg/kg。饲料中含锰 30～35 mg/kg,可保证蛋鸡良好的体况和高产蛋量。要保持蛋壳品质,日粮锰含量应为 50～60 mg/kg。日粮含锰 10～15 mg/kg,足以维持犊牛的正常生长,但要满足繁殖和泌乳的需要,日粮锰应在 30 mg/kg 以上。据报道,牛和羊每千克饲料中锰的含量应不低于 40 mg,如将锰与精料混合,则以 50～150 mg/kg 为宜。

玉米、大麦和大豆含锰很低,分别为 5 mg/kg、25 mg/kg 和 29.8 mg/kg,畜禽若以其作为基础日粮,可引起锰不足或缺乏。

继发性锰缺乏饲料中钙、磷、铁、钴元素可影响锰的吸收利用。饲料中磷酸钙含量过高,可影响肠道对锰的吸收。用含钙 3% 和 6% 的日粮喂饲蛋鸡,可明显降低组织器官、蛋及子代出壳雏鸡体内锰的含量。

锰与铁、钴在肠道内有共同的吸收部位,饲料中铁和钴含量过高,可竞争性地抑制锰的吸收。

锰是精氨酸酶、脯氨酸肽酶、丙酮酸羧化酶、RNA 多聚酶、超氧化物歧化酶(SOD)等的组分,并参与三羧循环反应系统中许多酶的活化过程。锰还可激活 DNA 聚合酶和 RNA 聚合酶,因此,对动物的生长发育、繁殖和内分泌机能必不可缺。锰具有促进骨骼生长的作用。锰缺乏时,黏多糖合成障碍,软骨生长受阻,骨骼变形。锰是胆固醇合成过程中二羟甲戊酸激酶的激活剂。缺锰时,胆固醇合成受阻,以致影响性激素的合成,而引起生殖机能异常。

2.临床症状

(1)马 母马繁殖机能障碍,发情延迟、停止或微弱,不孕、流产或死产。新生马驹骨骼畸形,脊柱弯曲,四肢骨短缩,关节肿大,屈曲困难。头骨不对称,颈部肌肉挛缩,呈现特征性的缩头姿势。

（2）牛、羊　妊娠期缺锰，表现繁殖机能障碍，新生畜先天性骨骼畸形，生长缓慢，被毛干燥、褪色，有的共济失调和麻痹。生长期表现软骨营养障碍，腿短而弯曲，跗关节肿大，关节疼痛，站立困难，不愿走动，强迫行走呈跳跃或兔蹦姿势。公牛精液品质不良，性欲减退，睾丸萎缩。

（3）猪　母猪生殖机能低下，乳腺发育不良，新生仔猪矮小、衰弱，站立困难。断乳仔猪生长缓慢，饲料利用率降低，体脂沉积减少，管状骨变短，干骺端增宽，有的共济失调。

（4）鸡　主要表现为骨短粗症（滑腱症），跗关节外踝肿胀、平展，腓肠肌腱从侧方滑离跗关节，两腿弯曲，胫骨和跗跖骨向外扭曲，不能支负体重，而蹲伏于跗关节上。产蛋减少，胚胎畸形，鹦鹉嘴，球形头。有的还呈现惊厥和运动失调等神经症状。

实验室检查：健康牛血液、肝脏、被毛锰含量分别为 $3.3\sim3.5\ \mu mol/L$、12 mg/kg 和 12 mg/kg，缺锰时则分别低于 $0.9\ \mu mol/L$、3 mg/kg 和 8 mg/kg。成年羊和羔羊毛锰为 11.1 mg/kg 和 18.7 mg/kg，喂饲低锰日粮的仅为 3.5 mg/kg 和 6.1 mg/kg。

3.防治

缺锰地区的青年牛不孕症，每日服用硫酸锰 2 g，有明显治疗效果。也有人建议每日喂饲硫酸锰 4 g，相当于含元素锰 980 mg。奶牛可自由舔食含锰盐砖（每千克盐砖含锰 6 g）。猪每千克饲料锰的添加剂量为 20 mg。鸡每千克饲料添加硫酸锰 $0.1\sim0.2$ g，或饮用 1∶20 000 高锰酸钾溶液，每日更换 $2\sim3$ 次，连用 2 d，停药 $2\sim3$ d，以后再饮用 2 d。

第四节　其他代谢紊乱

一、应激综合征

应激（stress syndrome）是动物机体对一切胁迫性刺激表现出的适应反应的总称。它包括两种情况，即顺应激与逆应激。顺应激指刺激引起的反应是有益的，如长时间光照引起产蛋增加，而弱光可减少肉鸡的能量消耗，促进增重等；而逆应激则是指刺激引起的反应有害于机体的表现，如惊恐、运输、寒冷、暴热等。通常提到的应激反应就是指逆应激。

1.病因

引起应激的诱因或应激原很多，除过热、过冷等自然因素外，主要是人为因素，如运输、驱赶、母子分离、隔群、混群、个体动物抓捕、保定、去势、断尾、烙印、预防等都是应激因素。

大多数应激因素因作用时间短，强度小，一般仅引起机体一定范围内的代谢反应，不一定出现临床症状，但有的应激因强度大，作用时间长，可引起明显的症状与病理变化，甚至可使机体应激而死。关于应激以及发生应激综合征的机理，详细具体的反应过程是相当复杂的，大家比较一致的研究结果是神经-体液两大系统反应与垂体-肾上腺皮质以及肾上腺髓质的作用为主。后来人们又提出自由基反应学说，即在发生应激反应过程中，活性氧自由基（O^{2-}，—OH，ROO—等）大量产生，对细胞膜、亚细胞膜有损伤作用，但自由基反应不是应激反应特有的，近年来的研究表明，机体在疾病过程中，如发热、炎症等均使大量自由基产生氧化损伤,这是普遍现象。

当应激因素作用于机体后,通过神经传递,下丘脑接收到刺激信号,分泌皮质素释放激素,这一激素进一步作用于垂体前叶,分泌促肾上腺皮质激素(ACTH),ACTH 通过血液循环到达肾上腺皮质,使其分泌糖皮质激素。近年来这方面的研究较多,如热应激可使猪血液皮质醇成倍增加。已知糖皮质激素在血液中浓度升高有双重作用:一方面随分泌增加,机体对环境变化的适应力提高,起到一定的抗应激作用;另一方面,它促进分解代谢,抑制免疫反应,使机体抵抗力下降,干扰胃肠功能,降低生产性能,重者引起死亡。在此过程中,肾上腺髓质兴奋释放肾上腺素,当肾上腺素成数十倍乃至上百倍增高时,全身小血管收缩,先是皮肤内脏组织缺氧,然后心脏、脑、肌肉血管收缩,缺血缺氧,强烈的应激可使动物不表现症状立即死亡。而儿茶酚胺的释放可活化血小板,导致微循环障碍、组织缺氧、肌糖原无氧分解,使乳酸增多,当血浆乳酸大于 47.18 mmol/L 时,pH 下降(<6),肌纤维缺血色白,乃至坏死,肌浆渗出增多,产生水猪肉;产热增加,导致体温升高,肌肉强直收缩,引起损伤,CPK,GOT 等升高以及血钾、乳酸、血糖等升高。

2. 临床症状

(1)猝死性应激综合征　这一类型最急,在动物受到强烈的刺激后,在尚未表现出症状之时就突然死亡,主要可能是动物突然受到惊恐,神经高度紧张,肾上腺素等大量分泌,引起循环虚脱而猝死。临床上主要为大群动物中的个别动物发生。

(2)热应激综合征　主要是夏季在烈日下受阳光暴晒或环境温度过高所致。如夏季长距离高密度运输育肥动物。所谓热应激是当环境温度使机体的中心温度大于生理值的上限时,就产生了热应激。严重时可导致动物死亡。

(3)运输应激综合征　运输应激综合征主要与动物捕抓,混群相关的恐惧、疼痛、拥挤、相互攻击,以及运输途中运动应激、热应激、疲劳、饥饿、缺水等一系列因素有关。轻度运输应激可使机体抵抗力下降,到新的环境易患或易感染各种疾病。严重时,影响到动物产品质量,甚至在运输途中死亡。动物表现不安、敏感、狂躁或畏缩、颤抖等,当这一时间过后,动物的敏感性降低,对刺激反应下降,对环境表现冷漠等。

3. 病理变化

主要是肾上腺受损出血,胃肠黏膜出血糜烂乃至溃疡,肌肉色白,柔软等,出现水猪肉(PSE),严重脱水后期受应激猪,其肉可能变干,变硬。

4. 诊断

自然状态下因炎热高温环境引起的动物热应激,根据病史,临床症状从轻到重表现为:不认异常(机体自身可调节时)、动物主动寻找阴凉处、不愿卧地、食欲减退、抢占水源、骚动不安、反刍减少或停止、张口呼吸、流涎、运动失调/不运动,直至疼挛,昏迷,最后死亡。可以作出诊断。

运输性应激,根据病史,临床表现温度升高,心动过速,张口呼吸,肌颤,休克等症状可作出诊断。

5. 防治

(1)首先脱离应激环境,让动物充分休息,有充足饮水。对于环境高热,必须立即给予通风,洒水,喷水,给动物进行凉水浴等降温措施。亦可同时应用抗应激药物,如氯丙嗪每千克体重 1～2 mg,如出现代谢性酸中毒,可以静脉注射 5% $NaHCO_3$ 溶液,并注维生素 C 等以对抗热应激。

（2）预防

①选育耐热、抗应激品种，淘汰不耐热、胆小易惊恐的品种。

②预防运输应激，应在装车（船）前 12～24 h 停止给食物，给足饮水，并适当进行氯丙嗪预防，减少动物惊恐，激动，装车船时不要过度鞭打、驱赶，车船上要有通风条件，不要过度拥挤，并备有充足饮水。定时对车厢进行冷水冲淋降温。

③高温应激，应视不同的饲养条件分别对待。放牧动物，应有阴凉条件，如牧场上隔一定的地带应种植乔木，形成自然分布的树荫，供动物在高温时候乘凉。厩舍应有隔热措施，并给予增加空气对流、定期饮水、洗地等环境降温；充足饮水，在饲料或饮水中加钾、钠、钙、镁等离子。亦可给予较大剂量给维生素 C。

④断喙、断尾、去势、注射疫苗等短期不太强的应激，一次应激一般不会对机体造成明显损害。任家琰等（2000）对不同接种方式给鸡产生的应激试验表明，在免疫接种后第 5 天，血液 ACTH 浓度最高，而 IgG 浓度最低，到第 9 天后，ACTH 恢复正常，IgG 明显升高，不同接种方式见上述指标变化不大。说明免疫接种应激对鸡的影响呈一过性经过。但不断地发生这种应激也可形成积累效应，影响生产性能的发挥。对于这一类型的应激预防，主要是要求具体操作的技术人员，对技术精益求精，熟练操作要领，做到准、快、轻，以尽量减少应激的刺激量。

二、肉鸡腹水综合征

肉鸡腹水综合征（ascite syndrome，ASCITES）又称肉鸡腹水症，是困扰世界肉鸡业的最常见非传染性疾病之一。对快速生长幼龄肉鸡危害更严重，病鸡表现为浆液性液体过多地聚积，在腹腔，右心扩张肥大，肺部淤血水肿和肝脏病变等特征。本病与猝死综合征及生长障碍综合征被认为是世界性的肉鸡饲养业的三种最严重的新病。

本病最早于 1946 年报道于美国，随后很快成为高海拔（＞1 500 m）国家养鸡业的常见病，如南美、墨西哥、南非等，当初认为该病的发生与海拔高度有关，故称为"高海拔病"（altitude disease），但后来发现低海拔国家如英国、意大利、美国、加拿大及澳大利亚也同样有鸡群发生。我国 1986 年开始见有该病的报道，目前云南、青海、江苏、河南、甘肃、浙江、河北、福建、北京、上海、山东、吉林等省市鸡场均有发生本病的报道。

1. 病因

导致 ASCITES 发生及死亡的主导原因是肺动脉高压。有人将这种发生于肉鸡的情况称为肺动脉高压综合征。

引起本病的原因可归纳为以下几个方面：

（1）遗传因素　主要与鸡的品种和年龄有关。肉鸡生长发育快，对能量及氧的需要量高，携氧和运送营养物的红细胞比蛋鸡明显大，尤其是 4 周龄快速生长期，能量代谢强，机体发育快于心脏和肺脏的发育，红细胞不能在毛细血管内通畅流动，影响肺部的血液灌注，导致肺动脉高压引起腹水症。

（2）缺氧　引起缺氧的原因又可分为相对缺氧和绝对缺氧。肉鸡生长发育相对过快。是造成相对缺氧的先天性因素。饲养在高海拔地区的肉鸡，由于空气稀薄，氧分压低，腹水综合征病鸡发生增多。在低海拔地区饲养时，由于冬季门宿关闭，通风不良，CO、CO_2、NH_3、尘埃等有害气体浓度增高，致使氧气减少，慢性缺氧。饲养环境寒冷时，由于供热保温，通风降到最低程度。因而鸡舍内 CO 浓度增加，加上天气寒冷，肉鸡代谢增高,耗氧量多,随后可发生腹水症,且死亡率明显增加。

(3)饲料因素 高能饲料,颗粒饲料,营养缺乏或过剩等都可引起腹水症。如硒、维生素 E 或磷的缺乏;日粮或饮水中食盐过量;高油脂饲料;环境消毒药用量不当或过量,如煤焦油消毒剂和二联苯氯化物(PCB)中毒;呋喃唑酮,莫能菌素过量等,都有诱发腹水症的报告。

与哺乳动物相比,禽类的肺占体重的百分比要小得多,而肉鸡的肺比来航鸡的肺还要小。此外,禽的肺被固定在胸腔中,不能像哺乳动物的肺那样随呼吸扩大与缩小。这种情况使肺的血流与交换只可能小幅度增加,不可能大幅度改变。为了满足快速生长代谢所需要的氧,必须增加肺血流量,这就引起肺血管压力升高,形成肺动脉高压。绝对或相对缺氧是引起肺动脉高压的另一主要原因。由于遗传选育过程中侧重于肉鸡快速生长方面,使得肉鸡心肺的发育与体重的增长具有先天的不平衡性,也就是说,心肺正常功能不能完全满足机体代谢的需求,导致相对缺氧。当肉鸡同时处于低氧环境(如高海拔、鸡舍氨、CO_2 浓度过高等)时,更加重了机体缺氧状况。缺氧一方面可直接作用于心肺,引起其负担加重;另一方面导致肾分泌红细胞生成素,使骨髓产生更多的红细胞进入血液循环,增加血液黏度,进一步增加血流阻力,增加心肺负担,特别是右心室(禽的右心室比其他动物的右心室弱)。此外,Bottie(1995 年)综述了 155 篇文献后提出"自由基在肺动脉高压综合征病理发生中的潜在作用",认为肺动脉高压综合征是肺功能不足,或肺在代谢方面过重,然后继发产生反应氧族(response oxygen spcies),导致组织损伤,组织损伤进一步加速反应氧的产生。

以上原因引起肺动脉高压发生后,右心快速反应,结果右心室肥大,如果肺动脉高压继续存在,右心室不得不克服压力而泵血,心室壁持久变厚、扩张,进而使肺动脉压进一步升高。由于右房室瓣主要来自右心室的纤维性肌肉覆盖物,因此当右心室变厚及扩张时,右房室瓣也变厚变硬,最后使房室孔不能有效关闭,进一步导致右心衰竭。进而,静脉、肝脏及腹腔血管压力升高引起血浆外漏形成腹水。当静脉压进一步升高时,心包、胸腔均可有液体渗出。右心室肥大还可能导致正常情况下肺处于低压的毛细血管压力升高,将引起间质水肿及呼吸膜增厚,导致缺氧,严重的肺水肿可引起呼吸衰竭死亡。

2. 临床症状

病鸡食欲减少,体重下降或突然死亡。最典型的临床症状是病鸡腹部膨大,腹部皮肤变薄发亮,触压时有波动感,病鸡不愿站立,以腹部着地,喜躺卧,行动缓慢,似企鹅状走动。体温正常。羽毛粗乱,两翼下垂,生长滞缓,反应迟钝,呼吸困难,严重病例鸡冠和肉髯呈紫红色,皮肤发绀,抓鸡时可突然抽搐死亡。

3. 病理变化

典型的变化是腹水,可见腹腔积有大量的清亮、稻草色样或淡红色液体,液体中可混有纤维素块或絮状物,以及少量细胞成分、如淋巴细胞、红细胞和巨噬细胞。腹水的量多少可能与病的程度和日龄有关。器质性变化以心脏明显,主要为右心室扩张、肥大。有人对 Ascites 病鸡同健康鸡的心脏(g)/体重(kg)作了比较,发现健康鸡平均为 6.86 g/kg,而病鸡为 9.99 g/kg(PC0.05),即 Ascites 病鸡的心脏与体重比值明显增加。MCGOVER(1999)进一步用图像分析技术对左右心室及全心进行定量测定,作心室切片,横向图像记录右心室(左心区及全心室面积)。结果发现,右心区面积变化很大,从较小的组平均 2.76 cm^2 到较大的组平均 5.00 cm^2;而左心组变化不大,从 0.08 cm^2 到

0.6 cm²。所测鸡尸中腹水与右心区相关系数（r）为 0.52，腹水与右心重相关系数（r）为 0.50，右心区面积与右心重相关系数（r）为 0.63，差异均极显著。

肺呈弥漫性充血、水肿，副支气管充血，平滑肌肥大和毛细支气管萎缩。肝充血肿大，紫红或微紫红，表面附有灰白或淡黄色胶冻样物。有的病例可见肝脏萎缩变硬，表面凸凹不平，胆囊充满胆汁，肾充血，肿大，有尿酸盐沉着。肠充血，脾脏通常较小，胸肌和骨骼肌充血。

4.防治

对本病的治疗方面，国内有用中草药，中成药，利尿药，健脾利水药，助消化药，饲料中添加维生素 C 和维生素 E，补硒，补抗生素和磺胺类药物等对症治疗法。上述各种方法对减少发病和死亡有一定帮助，但其效果不尽相同。一般认为一旦发生该病或出现临床症状，多以淘汰和死亡告终，所以本病应以预防为主。

预防本病应根据病因制定综合防治措施。首先要改善鸡群管理及环境条件。调整鸡群密度，防止拥挤；保证鸡舍的通风换气，减少鸡舍内二氧化碳和氨的含量，以能有较充足的氧气流通；严格控制鸡舍温度，防止过冷。其次要合理搭配饲料，科学用药，严防饲料中毒物或毒素混入。按照肉鸡生长需要供给平衡的优质饲料，减少高油脂饲料，食盐量不能超标，饲料中补充足量的维生素 E、硒和磷，力求钙磷平衡。在南美采用添加维生素 C 控制腹水症取得良好效果。维生素 C 添加量为每吨饲料 500 g。早期限饲，控制生长速度可有效降低本病的发生。

控制本病的根本措施是选育对缺氧或腹水症或对二者都有耐受力的家禽品系。但在常规遗传选育中，腹水症的发生率与生长速度有一定正相关性。为了不降低增重，不延长出栏时间，Hunton(1998)介绍了一种极端的但是很有效的遗传选育办法。他从 18 个品种中选出 500 只 14～17 日龄的肉仔鸡，通过手术在肺动脉固定一个银夹子，使血液对左肺的供应基本中断，鸡必须靠右肺供氧，存活下来的组成一个选择群体。结果存活下来的鸡中有 74% 的雄性鸡，45% 的雌性鸡表现出肺动脉高压综合征。实验到 35 d 时，存活下来的鸡给特殊限制饲料，直到发育成熟，然后配对生产的下一代称为抗病代。与此同时，其父母代的代表孵化出小鸡作为对照组。2 种鸡均在低温环境下生活（这可促进 PHS 进一步发展为 Ascite）。开始 2 周，温度为 30～32℃，然后降至 14℃（低于正常 10℃），直到 42 日龄。结果对照组在低温 11 d 后（25 日龄时），Ascite 鸡开始死亡。到 48 日龄时，82 只雄性对照组死亡 41 只，死亡率为 50%；试验组 82 只雄性死亡 16 只，死亡率为 20%，差异极显著。94 只雌性对照组鸡死亡 13 只（死亡率 15%），而实验组 77 只雌性鸡仅死亡 2 只（死亡率 3%），差异极显著。而从增重角度看，抗 PHS 鸡与对照组鸡基本一致。

三、禽猝死综合征

家禽猝死综合征(sudden death syndrome，SDS)，又称急性死亡综合征(acute death syndrome，ADS)。以生长快速的肉鸡多发，肉种鸡、产蛋鸡和火鸡也有发生。全年均可发病，无挤压致死和传染流行规律。

1.病因

本病的病因虽尚未清楚，但大多认为与营养、环境、酸碱平衡、遗传及个体发育等因素有关，初步排除了细菌和病毒感染、化学物质中毒以及硒和维生素 E 缺乏。

(1)遗传及个体发育因素　肉鸡比其他家禽易发病,初产母鸡在 20%～30% 的开产时,其死亡率也较高,以后逐渐降低。肉鸡在 3 周龄和 8 周龄左右是两个发病高峰期。肉鸡体重越大发病越高,公鸡比母鸡发病率高 3 倍。

(2)饲料因素　一般认为饲喂葡萄糖高的日粮,比喂含玉米高或动物性混合脂肪的日粮高 1 倍以上;小麦-豆饼日粮比玉米-豆饼日粮的发生率高;喂颗粒饲料的鸡的死亡率较喂粉料的鸡群高;日粮中添加脂肪时,发生率显著地高于未添加脂肪的鸡;在日粮中添加葵花籽油代替动物脂肪可显著降低本病的发生。

(3)环境因素　饲养密度大,持续强光照射,噪音等都可诱发本病。

(4)酸碱平衡失调。

2.临床症状

发病前不表现明显的征兆,突然发病,病鸡失去平衡,向前或向后跌倒,翅膀扑动,肌肉痉挛,发出尖叫,很快死亡。死后出现明显的仰卧姿势,两脚朝天,颈、腿直升,少数鸡呈腹卧姿势。病鸡血中钾、磷浓度皆显著低于正常鸡。

3.病理变化

死鸡体壮,嗉囊和肌胃内充满刚采食的饲料。心房扩张淤血,内有血凝块;心室紧缩呈长条状,质地硬实,内无血液,肺淤血,水肿。肠系膜血管充血,静脉扩张。肝脏稍肿色淡。

4.防治

(1)加强管理,减少应激因素。防止密度过大,避免转群或受惊吓时的互相挤压等刺激,改连续光照为间隙光照。

(2)合理调整日粮及饲养方式。提高日粮中肉粉的比例而降低豆饼比例;添加葵花籽油代替动物脂肪;添加牛磺酸、维生素 A、维生素 D,维生素 E、维生素 B_1 和吡哆醇等可降低本病的发生。饲料中添加 300 mg/kg 的生物素能显著降低死亡率。用粉料饲喂;对 3～20 日龄仔鸡进行限制饲养,避开其最快生长期,降低生长速度等可减少发病。

四、营养衰竭症

营养衰竭症(dietetic exhaustion)是因营养摄入不足或机体能量消耗过度,导致体质亏损和全身代谢水平下降,以慢性进行性消瘦为特征的营养不良综合征。临床上常见马属动物"过劳症",耕牛"衰竭症","母猪消瘦综合征",母羊妊娠毒血症和绵羊地方性消瘦(钴缺乏症)等。其共同特征是消瘦,体温下降,各器官功能低下,如反射迟钝,胃肠蠕动低、弱,脉少而无力。

本症一年四季都可发生,以冬天和早春多发。各种年龄动物均可发生,但以老年牛多发,劳役过重牛亦多发。近年来本病已几乎消失。

1.病因

本病主要由于机体营养供给与消耗之间呈现负平衡所致。可归纳为以下三个方面:

(1)营养供给不足　包括饲料供给量的不足和质的低劣。食物数量不足,长期处于饥饿和半饥饿状态;饲料粗、干、硬,甚至霉烂变质,缺乏青饲料及精料。地区性缺钴或缺锌,引起动物体内微生态体系发育紊乱和食欲下降,维生素 B_{12} 合成不足,营养成分不足,是产生本病的主要原因。

(2)消化吸收障碍、能量利用率低　老年动物因牙齿功能不好,咀嚼障碍或长期前胃弛缓,慢性腹泻。如肝片吸虫引起的拉稀,肝胆疾病等,引起营养物质吸收障碍。

(3)能量损耗太大　长期处于重役状态,补饲不足;高产母牛由于营养不足而同时加强榨乳,或因患有慢性消耗性疾病,如布鲁菌病、结核病、锥虫病、肝片吸虫病、猪肺丝虫、猪瘟、仔猪白痢病、创伤性心包炎等,均因能量消耗过多,补充不足而发病。

2.临床症状

最突出的症状是进行性消瘦。随着病程的发展,病畜全身骨架显露,肋骨可数,眼球内陷,步态蹒跚。被毛粗乱,易脱落,皮肤枯干,多屑,弹性降低。黏膜显淡红,苍白或发暗等不同变化,也有呈现黄疸者。通常保持一定的食欲和饮欲,体温一般亦不变动。后期体温偏低(牛可降到36℃以下)。皮温不整,末梢器官发冷。动物易于疲劳,在安静休息时慢而无力,但驱赶使之起立或强迫运动后,呼吸增加,有时发喘。脉搏微弱,稍运动即见增快。心音亢进,可呈金属性,后期有心力衰竭,出现喘气或四肢浮肿。许多病例直至濒死前几天,还可卧地采食,但食欲下降,咀嚼无力,胃肠蠕动缓慢。久卧不起者,身体突出部位可产生褥疮。病程一般在1个月以上。

3.诊断

根据其突出的消瘦、久卧不起不难作出诊断。但应注意,对原发性病因进行诊断,如慢性传染病、寄生虫病等。

4.防治

预防本病应加强饲养管理,喂给足量的营养丰富的草料,给予合理劳役。秋冬季节注意复膘和保膘。外地购进家畜,应了解当地饲养,使役习惯,逐步过渡,同时应注意补给易缺少的微量元素钴、铜、锌等,定期驱虫,及时治疗原发病是预防本病的关键。

治疗一般是以补充营养,提高能量代谢为主。内服酵母片或酒曲,饮水中加入少量人工盐、碳酸氢钠,给予麸皮粥、麦糊、米糟等容易消化的饲料,少量多次。对食欲显著下降的动物,可适当注射葡萄糖液。葡萄糖液的注射应坚持7～10 d为一疗程,优质种畜,还可同时用ATP、复方氨基酸,但用ATP时必须先给予葡萄糖。然而当食欲废绝及严重衰竭时,由于体内营养贮备严重耗损,且组织代谢反应急剧降低,ATP是禁用的,必要时应该输予全血,或输予自血加抗坏血酸。

病后应加强护理,减少散热,体表盖以棉絮,注意厩舍保温,给予青绿、多汁、易消化饲料,如胡萝卜、大白菜叶等,病牛不能起立时,应勤翻身,并垫以厚干草,或用吊器辅助站立,如能站立则需人工辅助步行,活动筋骨,促进肢端以至全身血液循环。

五、笼养蛋鸡疲劳症

因钙、磷比例严重失调,钙从体内丢失过多,引起笼养鸡无力站立或移动,长骨变薄、变脆,肋骨与肋软骨结合部呈串珠状膨大,即产生骨折的现象,称为笼养鸡疲劳症(cage lager fatique),又称笼养鸡软腿病(cage soft leg)。

本病主要发生于产蛋鸡,尤其是产蛋后期母鸡,产蛋率越高,发病的可能性越大,发病率在10%～20%。但不同品系母鸡的发病率有很大差别。生产率高,饲料利用率高的幼母鸡亦可发生。

1.病因

真正的原因尚未最后确定,但有些实验证实钙、磷比例失调,磷供给量过少,钙消耗过多,与本病的发生有密切的关系。有人用低磷合适钙(3.0%)和合适磷(0.70%)和钙

（3.0%）及合适磷（0.70%）与低钙（2%）饲喂产蛋母鸡，90 d 后，低磷组母鸡发生的软腿病较多，其余两组未见明显异常（胡祥壁等译，1981）。

笼养蛋鸡全部矿物质必须从饲料中获得，每产一只蛋需 2～3 g 的钙，年产 250～300 枚蛋的鸡形成蛋壳所需要的纯钙不低于 600～700 g，其中 60% 来自消化道吸收，40% 来自骨骼。这意味着在一个产蛋周期中，母鸡要消耗相当于体重 2 倍的碳酸钙。产蛋母鸡日粮中含钙应为 3.0%～3.5%，含磷应为 0.90%。平养鸡尚可从地面和垫料中获得少量钙、磷，可略少于这一比例。当日粮中钙供给不足时，必然会过多地动用本身的钙、磷储备。通常情况下，用于蛋壳合成而动员的骨钙，可从消化道吸收及时加以补充，使骨钙处于动态平衡之中。若钙供给不足，或钙代谢障碍，则骨钙得不到及时补充，处于钙的负平衡，骨骼最终变薄、变脆。

维生素 D_3 供给不足，或维生素 D 体内代谢障碍，亦可促使本病发生。维生素 D 不仅有利于钙的吸收，而且有利于钙矿物质在骨骼中沉着。但肝机能不全，肾出现尿酸盐沉着，或因传染性支气管炎引起肾炎、肾病综合征时，或因脂代谢障碍时，干扰了维生素 D 的吸收和代谢，也影响了钙的吸收和利用，可诱发本病。

此外，产蛋应激与本病的发生也有一定的关系。产蛋越多，病也越多。

2. 临床症状

病鸡表现腿肌无力，站立困难，常伴有脱水、体重下降的现象。体况越好，生长越快，产蛋越多的鸡，越易发生本病。病禽躺卧或蹲伏不起，接近食槽、饮水器很困难。由于骨骼变薄，变脆，肋骨、胸骨变形，有的在笼内可能已发生骨折，有的在转换笼舍或捕捉时，发生多发性骨折。肋骨骨折引起呼吸困难，胸椎骨骨折引起骨索变性，截瘫。淘汰鸡于屠宰、拔毛加工过程中，因多处骨折，肌肉夹杂碎骨片或出血，使肉的等级下降。

组织学变化显示，除骨质疏松、正常骨小梁结构破坏以外，关节呈痛风性损伤，组织出血性炎症，肾盂有时呈急性扩张，肾实质囊肿，甚至有尿酸盐沉着。血清碱性磷酸酶活性升高（汤艾非，1992）。尽管病鸡呈严重缺钙，但产蛋量、蛋壳和蛋的质量并不明显下降。病鸡照常采食和饮水（如果能够接近食槽和饮水器的话，轻型病鸡如移至地面平养，并人工饲喂，使其吃到饲料和饮水，亦有自然康复的可能）。

3. 防治

由于病因尚不完全明确，预防措施可适当采用下述方法。母鸡，尤其是产蛋高峰期应供给含 3.5% 的钙，0.9% 的磷和含 2%～3% 植物油及维生素 D_3 1 000 IU/kg 体重的日粮，以便使维生素 D、石粉和贝壳粉充分黏附于饲料表面，防止沉积在饲槽底部，而未真正食用。小母鸡舍饲、平养期间应供给足够的钙、磷及维生素 D_3，使其骨骼发育坚实，至 19～20 周龄就移入笼内供给蛋鸡日粮，即在开始用产蛋期饲料，日粮中磷供给比平养增加 0.2%。

鸡舍内温度应控制在 20～27℃，尽量减少应激刺激，让母鸡有适当的活动空间，不要使鸡在笼内过度拥挤，每只鸡占有面积不少于·3.8 m²，使其能较方便地接近饲槽和饮水器等措施，可防止疾病的发生。

思考题

1. 动物营养代谢病发生的常见原因有哪些？

2. 酮症的临床及病理学特征是什么？

3.动物钙磷代谢障碍的特点及其引起该病的相关因素有哪些？

4.动物维生素 A 缺乏症的特点是什么？

5.了解、简述禽硫胺素缺乏症、核黄素缺乏症的临床症状。

6.硒/维生素 E 缺乏如何导致动物发病？其临床特点是什么？

7.简述应激综合征的原因及临床症状。

第七章　中毒病

内容提要：

　　随着人类社会的发展、工业化进程的加剧，动物不可避免地受到各种环境不良因素的影响，以及一些自然地质环境也影响到饲料和饮水的安全。近些年来，不断出现的动物性产品安全问题越来越受到人们的关注，本章将通过介绍当前较为常见的引起动物中毒的毒物及动物中毒的情况，使学生熟悉并掌握影响动物健康及通过食物链威胁人类安全的主要中毒病的特点及防控技能。

第一节　概　　述

一、毒物及中毒的概念

　　凡是在一定条件下，一定数量的某种物质（固体、液体、气体）以一定的途径进入动物机体，通过物理学及化学作用，干扰和破坏机体正常生理功能，对动物机体呈现毒害影响，而造成机体组织器官功能障碍、器官病变，乃至危害生命的物质，统称为毒物（toxicant，poison）。由活的生物有机体产生的一类特殊毒物称为毒素（toxin），毒素是毒物的一种特殊类型，如植物毒素、细菌毒素、真菌毒素、动物毒素等。由毒物引起的相应病理过程，称为中毒（toxicosis）。由毒物引起的疾病称为中毒病。

二、毒物的毒性及其影响因素

　　毒性也称毒力，是指毒物损害动物机体的能力，也就是说，某物质对生物体的损害能力越大，其毒性也越大。毒性反映毒物的剂量与机体反应之间的关系。临诊上常用半数致死量（LD_{50}）表示。最高无毒剂量是指化学物在一定时间内、按一定方式与机体接触，用一定的检测方法或观察指标，不能对动物造成血液性、化学性、临诊或病理性改变等损害作用的最大剂量。

　　按照来源和性质，毒物可分为内源性毒物和外源性毒物。前者指在动物体内形成的毒物，包括机体的代谢产物和寄生于体内的细菌、病毒、寄生虫的代谢产物；后者指在体外形成或存在于体外进入动物体内的毒物，即环境毒物，包括饲料类、植物类、农药化肥类、霉菌毒素类、矿物元素类、药物类、动物毒素类等。按照毒理和毒性作用的主要靶器官,毒物可分为神经毒物(指吸收后主要引起神经功能障碍的毒物,如镇静安定药、麻醉药等);实质器官毒物(指吸收后主要引起肝脏、肾脏、心脏、脑等实质器官损伤的毒物)、血液毒物(指吸收后主要引起血液变化的毒物,如亚硝酸盐、一氧化碳、硫化氢等);酶系毒物(指吸收后主要抑制酶活性的毒物,如有机磷、氰化物等);腐蚀毒物(指对所接触的部位有腐蚀作用的毒物,如强酸、强碱等);原浆毒;全身毒物等。但临诊上毒物引起机体损伤的部位往往是多方面的,如有机磷对接触黏膜有明显的腐蚀作用,吸收后主要抑制胆碱酯酶的活性,同时引起中枢神经系统的功能紊乱。

三、畜禽中毒的常见原因

(1)饲料加工、贮存不当 饲料调制或贮存不当均可能产生有毒物质,当畜禽大量或长期食入,可引起中毒,如添加的维生素和微量元素及药物过量或配比不当,或者在加工时温度过高、时间过长,贮存过程中霉败变质等。

(2)农药污染 动物不论误食、误用农药或喂给施用过农药的农副产品而不注意残毒期,都可引起中毒。

(3)药物用药过量 给药速度过快,长期用药,药物配伍不当时,可引起中毒。

(4)有毒植物中毒 多数有毒植物往往具有一种令人厌恶的气味或含有很高的刺激性液汁,正常动物会拒食这些植物,但当其他牧草缺乏的时候,动物常因饥饿而采食,经大量或长期采食后,可发生急、慢性中毒病。也有可能含有剧毒的有毒植物夹杂在饲草中,无法选择而采食,或被误割而喂食等,都可以引起中毒。

(5)工业污染 矿物和金属毒物工业"三废"(废水、废气、废渣)的大量产生和排放而污染环境,或"三废"未处理或处理不好,污染饲草和饮水常引起畜禽甚至人中毒。

(6)其他因素 有毒气体中毒、动物毒中毒、军用毒剂中毒时有发生。如铅是应用广泛、容易污染,且无生物学价值的金属物质,常引起牛、家禽和鸟类发生中毒。

(7)恶意投毒 多因个人成见或破坏活动而造成动物中毒事件。

四、畜禽中毒病的诊断

(1)病史调查 了解与中毒有关的周围环境条件和饲养管理情况是作出准确诊断的关键。调查发病动物可能接触的毒物、饲料和饮水及牧草等情况;中毒病发生的时间、地点、畜(禽)种、年龄、性别、发病和死亡数量,以及未发生中毒的动物状况;调查中毒病的发生经过,调查周围环境、人员出入、停留的情况;以及查看病历及检查厩舍等。

(2)临诊症状 临诊症状是中毒病诊断的一个重要组成部分,症状是诊断中毒的重要依据。临诊检查不仅为鉴别诊断、分析疾病过程及预后提供证据,而且也为及时、有效地治疗提供依据。如有机磷中毒时动物表现出呕吐、流涎、腹泻和腹痛、兴奋、肌肉震颤、多数动物出汗等症状,根据这些临诊症状,结合可能接触有机磷农药的病史,即可作出初步诊断;而亚硝酸盐中毒时表现出可视黏膜发绀、呕吐、血液颜色黯黑和呼吸困难;氢氰酸中毒时极度不安,张口伸颈,四肢强直痉挛,呼气有杏仁味,血液颜色呈鲜红色和病程短等。

(3)病理诊断 对死亡病畜进行剖检,肉眼和显微镜检查的结果对中毒可疑病例的诊断常具有重要价值。病理剖检应在动物死后立即进行。首先应进行体表检查,注意被毛及口腔黏膜的色泽,然后对皮下脂肪、肌肉、骨骼、体腔、内脏器官进行检查。对消化器官应该详细检查,注意胃的充盈度、黏膜的变化、胃内容物的成分、气味以及饲料的消化程度等。此外,肝胆及肾脏和膀胱也要仔细检查。

(4)毒物检验　毒物检验在诊断中毒性疾病中有很重要的价值。有些毒物检验方法简便、迅速、可靠,现场就可以进行。对中毒性疾病的治疗和预防具有现实的指导意义。毒物化验的成败与检材的采集、保存和运送有着很大的关系,常用的检材有饲料、饮水、胃肠内容物、血液、尿液及肝脏和肾脏等。

(5)动物试验　把可疑饲料、饮水、胃肠内容物或可疑物饲喂试验动物或同种动物并观察其反应,对确定饲料中真菌、细菌和植物毒素的毒性作用很有价值。在实验动物身上观察中毒过程,死后剖检,与对照组比较试验结果,对确诊具有重要意义。

(6)治疗性诊断　据临诊检验和可疑毒物的特性进行试验性治疗诊断。通过治疗效果进行诊断和验证诊断。如临诊上怀疑有机磷中毒时,可试用阿托品和解磷定等进行治疗,怀疑亚硝酸盐中毒时可采用美蓝或甲苯胺蓝进行治疗,治疗效果确实,可据此作出诊断。

五、畜禽中毒病的治疗

(1)除去毒物、阻止毒物的进一步吸收　首先除去可疑含毒的饲料,以免畜禽继续摄入,同时采取有效措施排出已摄入的毒物。如用催吐法、洗胃法或缓泻法清除胃肠道内容物;通过体表吸收引起的中毒可采取清洗法;用吸附法、沉淀法或氧化法把毒物分子自然地结合或氧化成不能吸收的或无毒的物质,也可内服黏浆剂,黏附在胃肠黏膜表面,起到阻止吸收作用。

(2)解毒疗法　迅速准确地应用解毒剂是治疗毒物中毒的理想方法。应根据毒物的结构、理化特性、毒理机制和病理变化,尽早施用特效解毒剂,从根本上解除毒物的毒性作用。没有特效解毒剂的中毒,应及早使用一般解毒剂,如维生素 C 等。

(3)促进毒物的排出　临诊上常用的方法有放血法、透析法和使用利尿剂,在使用利尿剂的同时,应注意机体钾离子的平衡。

(4)支持和对症疗法　目的在于维持机体生命活动和组织器官的机能,直到选用适当的解毒剂或机体发挥本身的解毒机能,同时针对治疗过程中出现的危症采取紧急措施,如镇静痉挛、止痛、维持心肺功能和体温、抗休克和补充血容量、调节电解质和体液平衡等。

六、畜禽中毒病的预防

应认真贯彻"预防为主"的方针,针对中毒的原因,注意做好以下工作。

(1)防止饲料加工、贮存过程中有毒物质的产生　注意已知有毒成分饲料的脱毒、去毒处理和饲喂量,对尚无有效脱毒方法的饲料,应严格控制喂量;防止牲畜偷食大量含碳水化合物的饲料而发生中毒;妥善贮藏饲料,严格控制温、湿度,防止霉败变质;对已经霉败的饲料不论数量多少,一定要进行脱毒、去毒处理,并且经过饲喂试验,证明安全无害后才能使用;微量元素、维生素、添加剂时要注意用量。

(2)安全使用药物　要严格遵守有关规定,注意用量和用法,不要超量、超时用药。静脉注射时要根据要求掌握速度。

(3)妥善保管和使用农药　杀虫剂、除草剂、杀软体动物药,一定要严格保管,谨慎使用,既不能误食误用,又要防止坏人的破坏。在使用以上药物后,应注意残毒期,凡残毒期未过的农副产品必须经过脱毒或去毒处理后才能利用作饲料。用农药拌过的种子,要妥善保管,防止畜禽偷吃、误食。装过农药的瓶子、沾染过农药的各种容器,应及时处理等。

(4)注意地源性中毒病的预防　由于地球物理因素,某些地区的某种元素过高,常常引发中毒病。如氟中毒、砷中毒、硒中毒等,要因地制宜,做好预防措施。此外,由于植物的地理分市、荒漠化、干旱化以及过度放牧等因素,牧场和草场上可能生长着有毒的牧草,一旦发现,应及时剔除废弃,或采取转移牧场、轮牧等措施,以免发生意外。加强有毒植物的调查研究和宣传工作,防止中毒病发生。

(5)防治工业污染　在工厂和矿区附近,要注意有毒害的废水、废气、废物等的危害。兽医部门要注意调查研究当地中毒病发生的季节性、地域性和病畜特征(如性别、病势、死亡率、繁殖率、与饲料饮水的关系等)。有关部门和工厂、矿区、应注意三废的处理,定期检测环境卫生(包括大气、牧草及饲料、土壤、引水等),发现超标时,应责成有关单位根据"大气质量标准"、"排污标准"、"卫生标准"等规定,限期进行治理。

(6)注意防范有毒动物的侵袭　凡有可能发生蜂蜇伤、蛇咬伤的地区应经常注意防范。

(7)加强宣传教育　教育饲养人员要提高警惕,严防破坏活动,有关部门应经常进行土壤、水源、空气中有毒物质含量的测定,并采取有效的防治措施,以防止中毒。

第二节　食源性中毒

一、亚硝酸盐中毒

亚硝酸盐中毒(nitrite poisoning)是指由于动物摄入硝酸盐或亚硝酸盐含量较高的植物和水引起的临床以机体严重缺氧,高铁血红蛋白血症,表现皮肤、黏膜发绀,病理剖检以血液凝固不良、呈酱油色及其他缺氧症状为特征的急性中毒病。

各种动物均可发病,多见于猪(又称饱潲症),牛、羊、马、鸡与犬等也可发病。

人类中毒多见于儿童,因误食亚硝酸盐而引起的中毒。也可因胃肠功能紊乱时,胃肠道内硝酸盐还原菌大量繁殖,食入富含硝酸盐的蔬菜,则硝酸盐在体内还原成亚硝酸盐,引起亚硝酸盐中毒,称为肠原性青紫症。

1.病因

(1)家畜饲料中,各种鲜嫩青草、作物秧苗,以及叶菜类等均富含硝酸盐。

(2)在重施氮肥或家药的情况下,可使菜叶中的硝酸盐含量增加。

(3)经过雨淋或烈日暴晒的幼嫩青饲料堆放过久。

(4)焖煮或余温保饲料过久。

(5)反刍动物瘤胃微生物可将食入的硝酸盐转化为亚硝酸盐。

(6)误饮含硝酸盐过多的田水或草沤肥的沉水。

2.毒理

自然界中广泛存在着大量的硝化细菌,能将饲料中的硝酸盐转化为亚硝酸盐。而动物食入过量的亚硝酸盐后,会对其产生以下的毒理作用:

(1)影响血红蛋白的功能　使血中正常的氧合血红蛋白(二价铁血红蛋白)迅速被氧化成高价铁血红蛋白(变性血红蛋白),从而丧失血红蛋白正常的携氧功能。

(2)扩张血管　使病畜末梢血管扩张,而导致外周循环衰竭。

(3)致癌　亚硝酸盐与某些胺形成亚硝酸胺,具有致癌性,长期接触可能发生肝癌。

饲料中的硝酸盐可对消化道产生刺激,引起急性胃肠炎而发生腹泻、虚脱等,但对机体毒性作用较小。自然界存在的硝酸盐还原菌在适宜的条件(20~40℃,湿度80%)下,可将硝酸盐还原为亚硝酸盐,后者毒性比硝酸盐强15倍。亚硝酸盐是一种强氧化剂,可将血中正常的亚铁血红蛋白氧化为高铁(变性)血红蛋白而失去携氧能力,造成血液缺氧,继而发生全身各脏器和组织缺氧,特别是心、脑、呼吸麻痹,产生中毒症状。另外,亚硝酸盐还可使血管扩张,血压下降、外周循环衰竭;促进维生素 A 和胡萝卜素分解,影响维生素 A 吸收和转化,长期可引起维生素 A 缺乏症。

3.临床症状

临床上多见猪中毒,致死量为每千克体重 70~75 mg。潜伏期的长短随摄入亚硝酸量的多少不同,最短者可在 10~15 min 发病,一般为 1~3 h。病畜常在采食后呈现腹痛不安、流涎、呕吐、呼吸困难、肌肉震颤、走路摇摆或呈角弓反张,皮肤、结膜发绀,心跳加快,全身衰竭,发生阵发性痉挛,窒息而死。血液呈紫黑色、酱油状、不易凝固。

根据发病快慢有最急性型、急性型之分。

最急性型(饱潲瘟):采食后 15 min 至数小时发病。稍显不安,站立不稳,随即倒地而死。

急性型:精神不安,呼吸困难,脉搏疾速细弱,全身发绀,体温正常或偏低,肢体末端厥冷。耳、尾末端呈褐红色。肌肉战栗或衰竭倒地,强直性痉挛。

4.病理变化

尸体腹部多较膨满,口鼻呈乌紫色,流出淡红色的泡沫状液体,眼结膜棕褐色。

皮肤、耳、肢端和可视黏膜呈蓝紫色(发绀),血液凝固不良,呈巧克力色或酱油色(暴露在空气中经久仍不变红)。气管与支气管充满白色或淡红色泡沫样液体;肺脏膨满,明显气肿,伴发肺淤血、水肿。肝、脾、肾等脏器均呈黑紫色,切面淤血。心外膜出血,心肌变性坏死。胃、小肠黏膜出血,肠系膜血管充血;尸体常呈现明显的急性胃肠炎病变。

镜检可见,肝、肾、肺、脾、胰等器官淤血。以心脏受损最为严重,表现心肌间质水肿,心肌纤维呈空泡变性,在肌原纤维间出现较多空泡,并逐渐扩大、融合,使心肌纤维呈蜂窝状外观;进而心肌纤维的某一段或整条心肌纤维被溶解;在空泡变性的同时,也可见心肌纤维的颗粒变性和凝固性坏死。

5.诊断

根据发病急、皮肤与可视黏膜发绀、腹部膨胀、血液凝固不良呈棕褐色病史,肝、肾、脾等呈黑紫色,各组织器官明显淤血和组织学检查以心肌变性、坏死为特征,结合饲料状况和储存不当的情况,可作为诊断的重要依据。

进一步确诊可对饲料、胃内容物及血液进行毒物分析,测定高铁血红蛋白含量。亦可在现场作变性血红蛋白检查和亚硝酸盐简易检验。

急性中毒症状很像氢氰酸中毒，但后者中毒时血液呈鲜红色（需要注意的是氢氰酸中毒到后期血液亦呈暗红色）。为了鉴别，可取血用分光镜检查高铁血红蛋白，其吸收光带在618～630 nm处，加入1％氰化钾1～2滴后，吸收光带又消失。

6.防治

若发生亚硝酸盐中毒，要根据具体病情，及时给予治疗措施。亚硝酸盐中毒的特效解毒药为美蓝（亚甲蓝）。①对症状较轻的患畜，仅需休息或内服适量糖水即可逐渐康复；有喘息，呼吸困难者可肌内注射尼可刹米。②严重者及时用美蓝（剂量为每千克体重1～3 mg）配成1％～2％的溶液，静脉注射，也可用25％～50％葡萄糖（按每千克体重1～2 mL）加维生素C（每千克体重10～20 mg）静脉注射。③猪发生亚硝酸盐中毒后，往往发病急，病程短促，如不及时抢救，易致死亡。若用于抢救的特效药物"美蓝"一时难以得到时，可用蓝墨水代替（蓝墨水中含有一定的"美蓝"，因此可解除亚硝酸盐中毒）。具体的做法是，取蓝墨水10 mL加入清水12 kg，充分混匀，每头猪灌服60 mL左右，1 h后，再用2.5 kg清水加入0.1 kg白糖，自由饮用。中毒严重的猪同时配合使用维生素C和高渗葡萄糖溶液。

特别注意：美蓝是一种氧化还原剂，在低浓度、小剂量时，它本身先经辅酶I（DPN）的作用，变成白色美蓝，而白色美蓝可把高铁血红蛋白还原为正常血红蛋白。但在高浓度大剂量时，辅酶I不足以使之变为白色美蓝，于是过多的美蓝则发挥氧化作用，使正常血红蛋白变为高铁血红蛋白（与亚硝酸盐作用一样）。正因为这个缘故，治疗亚硝酸盐中毒时用的是低浓度小剂量，而治疗氰化物中毒时用的是高剂量。治疗时，也可取绿豆0.5 kg磨浆，拌花生油0.2 kg灌服；0.5 h后，再取生甘草0.1 kg煲水灌服，这样中毒猪可望得救。亦可用甲苯胺蓝5 mg/kg配成5％溶液，静脉滴注、肌内注射或腹腔注射。

预防应注意：①饲喂鲜青绿饲料时，生饲青料避免堆集发热；不要单纯喂给含硝酸盐多的饲料，青绿植物一经发霉、霜冻、枯萎就应废弃不用。②熟喂时，饲料的调制应避免文火蒸煮；煮好后的饲料应避免缓慢的冷却过程；不要焖在锅里过夜或将熟料趁热闷在缸里。③反刍动物应避免在硝酸盐含量高的草场放牧，饲喂富含硝酸盐的青料时应限量。④化肥要妥善保管，加强饲养管理。

二、氢氰酸中毒

氢氰酸中毒（hydrocyanic poisoning）是由于动物采食含有氰苷或氰化物的饲料，经胃内酶和盐酸的作用水解，产生游离的氢氰酸，抑制细胞色素氧化酶活性，使血红蛋白携带的氧不能进入组织细胞，引起组织缺氧，导致呼吸发生窒息的一种急性中毒病。以发病快、兴奋不安、流涎、腹痛、气胀、呼吸困难、呼出气有苦杏仁味、结膜鲜红、震颤、惊厥为特征。

各种动物都可发病，多见于牛、羊、猪。

1.病因

主要由于采食或误食富含氰苷或可产生氰苷的饲料所致。

(1)木薯、高粱、玉米、马铃薯幼苗。

(2)误食氰化物农药污染的水或饲料。

(3)豆类　海南刀豆、狗爪豆等都含有氰苷，如不预先经水浸泡和滤去浸液，即易引起中毒事故。

（4）蔷薇科植物　桃、李、梅、杏、枇杷、樱桃等的叶和种子中也含有氰苷,当采食过量时可引起中毒。此外还曾报道有马、牛等因内服中药桃仁、杏仁、李仁等的制剂过量而中毒的事故。

2.毒理

氰苷配糖体本身无毒,但当含有氰苷配糖体的植物,经动物采食、咀嚼时,在有水分和适宜的温度条件和在植物体内同时含有的脂解酶的作用下,即可产生氢氰酸。当氢氰酸进入机体后,氰离子会抑制细胞内许多种酶的活性,如细胞色素氧化酶、过氧化氢酶、接触酶、脱羟酶、琥珀酸脱氢酶、乳酸脱氢酶等,尤其是显著抑制细胞色素氧化酶的活性。这是因为氰离子能迅速同氧化型细胞色素氧化酶的辅基三价铁结合,使其不能转变为具有二价铁辅基的还原型细胞色素氧化酶,从而丧失其传递电子、激活分子氧的作用,阻止组织对氧的吸收,破坏组织内的氧化过程,导致机体内的缺氧症。在此过程中,由于组织细胞不能从毛细血管的血液中摄取氧,因而在组织向心脏回流的静脉血液中,基本上仍保留着动脉血液流入组织以前的含氧水平,这样就使静脉血液也呈现如动脉血液那样的鲜红色。

由于中枢神经系统对缺氧特别敏感,且在一定程度上,氢氰酸在类脂质中溶解度较大,所以中枢神经系统首先受损害,尤以血管运动中枢和呼吸中枢为甚。临床上则突出表现为先兴奋而后抑制、呼吸麻痹等中毒特征。

3.临床症状

氢氰酸中毒的发生可能很快,当家畜(禽)采食多量含有氰苷的饲料后 $15\sim20$ min,即可能表现腹痛不安,呼吸快速而且困难,可视黏膜呈鲜红色,流出白色泡沫状唾液。整个病程最长不超过 $30\sim40$ min。

（1）最急性　突然极度不安,惨叫后倒地死亡。首先兴奋,但很快转为抑制。呼出气体常带有苦杏仁气味。随后呈现全身极度衰弱,行走不稳,很快倒地。体温下降,后肢麻痹,肌肉痉挛,瞳孔散大,反射机能减弱或消失,心动徐缓,呼吸浅表,脉搏细弱。最后陷于昏迷而死亡。

（2）急性　病初兴奋不安,眼相上呼吸道刺激症状,呼出气带杏仁气味;流涎,呕吐,呕出物有杏仁气味,腹痛,气胀,腹泻,食欲废绝,心跳、呼吸加快,精神沉郁,衰弱,行走和呼吸困难,结膜鲜红,瞳孔散大。中毒病鸡呈现步态不稳、痉挛,继而昏迷,很快死亡。

4.病理变化

尸僵缓慢,尸体不易腐败,血液呈鲜红色,凝固不良;在体腔和心包腔内有浆液性渗出液。胃肠道黏膜和浆膜有出血,各组织器官的浆膜和黏膜有斑点状出血。胃及反刍动物瘤胃有未咀嚼或咀嚼不完全的含氰苷的饲料,并可闻到苦杏仁味,胃黏膜脱落或易于剥离。气管及支气管内充满大量淡红色泡沫状液体;肺水肿,切面流出多量暗红色液体。鸡的心脏血常混有气泡。肝、脾、肾充血肿大。

5.诊断

主要根据接触史及临床症状,中毒早期呼出气或呕吐物中有杏仁气味,皮肤、黏膜及静脉血呈鲜红色(但呼吸障碍时可出现发绀)为特征,有助诊断。应注意与亚硝酸盐中毒、尿素中毒、蓖麻中毒、马铃薯中毒相区别。

根据血液呈鲜红色的特征,可作为与亚硝酸盐中毒的区别。根据近邻地区同类家畜(禽)的有关流行病学资料,也可与许多急性传染病相区别。但最终确诊,须通过毒物学检验。

6.防治

由于本病的病程短促，一经发现，应及早诊断、及时治疗。即通常应在作出临床诊断后，不失时机地实施紧急处理。

（1）特效疗法　发病后立即用亚硝酸钠，静脉注射（配成 5％的溶液），剂量为：牛、马2 g，猪、羊 0.1～0.2 g；随后再注射 5％～10％硫代硫酸钠溶液，牛、马 100～200 mL，猪、羊为 20～60 mL。或用亚硝酸钠 3 g、硫代硫酸钠 15 g 及蒸馏水 200 mL，混合溶解后经滤过、消毒，供牛一次静脉注射。猪、羊可用亚硝酸钠 1 g、硫代硫酸钠 2.5 g 及蒸馏水 50 mL，静脉注射。

治疗机制是利用亚硝酸钠中亚硝酸离子的氧化作用，使体内的血红蛋白氧化为高铁血红蛋白。这种高铁血红蛋白能同体内的氰离子（包括已与细胞色素氧化酶Ⅰ辅基结合的氰离子）形成氰化高铁血红蛋白，从而减少以至制止氰离子同组织中细胞色素氧化酶辅基的结合。然后利用硫代硫酸钠的硫基同氰化高铁血红蛋白中的氰离子结合成硫氰化合物，再转变为无毒的硫氰酸盐而排出体外，从而达到解毒目的。

此外，亦可用美蓝（亚甲蓝）与硫代硫酸钠二者配合使用，但其疗效不及上述用亚硝酸钠的确实。

（2）辅助措施　根据病情特点，还可采用适当的对症疗法，以缓解病情，争取较充裕的抢救时机。

含有氰苷配糖体的饲料，最好能经过流水浸渍 24 h 或漂洗后，再加工利用。此外，不要在生长含氰苷配糖体植物的地方放牧，以免发生中毒事故。

三、棉叶和棉子饼中毒

棉叶和棉子饼中毒（cotton leaf and cotton seed cake poisoning）是由于动物长期或大量采食含有游离棉酚的饲料，特别是榨油后的棉子饼（粕）而引起的慢性中毒性疾病。临床上表现出血性胃肠炎、血红蛋白尿、肝脏和心肌变性、全身水肿等特征性病变。主要发生在牛，尤其是水牛，也发生于猪和其他动物。

1.病因

（1）棉酚棉子、棉叶及棉子饼中含有一种称之为棉酚（gossypol）的有毒物质，饲喂不当可引起畜禽中毒。可分为结合棉酚和游离棉酚两类。

（2）环丙烯类脂肪酸　主要是苹婆酸和锦葵酸，棉子油和棉子饼残油中含量较高。

（3）其他类棉酚类色素，但其毒性取决于棉酚的含量。

棉子饼是榨取棉子油后形成的含 36％～40％粗蛋白的蛋白质饲料，由于棉籽中存在一种双萘多酚类的黄色色素——棉酚（图 7-1），对动物具有毒性作用，当用未经去除棉酚的棉叶或棉子饼作饲料时，如一次用量过大或长时间饲喂可引起棉酚蓄积性中毒，日粮中维生素及矿物质（特别是维生素 A、铁、钙）缺乏时，可使中毒加重。幼畜可因食入含棉酚的乳汁而中毒。

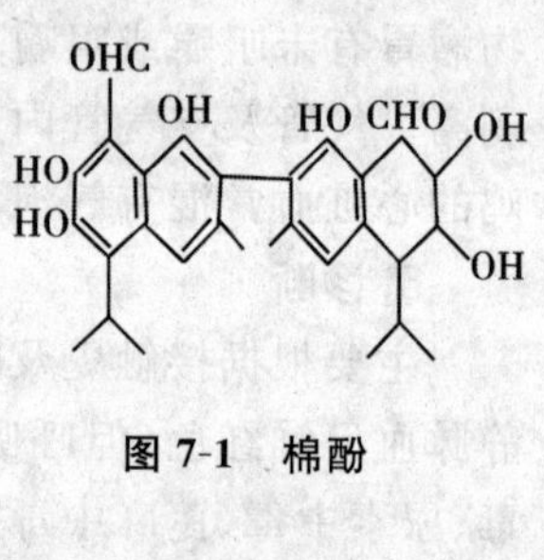

图 7-1　棉酚

2.毒理

棉酚对动物的致毒机理还不十分清楚。一般认为有几方面的毒性作用。

(1)直接损害作用,刺激胃肠道黏膜引起出血性炎症,损害心、肝、肾等实质器官,引起变性坏死,抑制肝脏的谷胱甘肽酶,降低肝脏的解毒能力。

(2)引起血管通透性增加,使血浆和组织液渗入周围组织,引起浆液性浸润和出血性炎症,发生水肿和体腔积液。神经机能紊乱。

(3)与体内蛋白质、铁结合,抑制蛋白质合成,使体内一些功能性蛋白和酶失活。

(4)干扰血红蛋白的合成,造成凝血酶原不足和生长缓慢,引起缺铁性贫血、缺氧、营养物质吸收障碍。

(5)影响雄性动物的生殖机能。破坏睾丸生精上皮,导致精子畸形、死亡,甚至无精子;引起子宫强烈收缩,导致流产。

(6)蛋鸡饲料中长期添加大于 30% 的棉子饼,导致鸡蛋在贮存中变色,蛋黄变黄绿色或红褐色、蛋清变桃红色、增高卵黄及降低蛋清 pH 值,环丙烯类脂肪酸能使卵黄膜的通透性增高,铁离子透过转移到蛋清中与其结合,形成红色的复合物,形成"桃红蛋"。

(7)长期饲喂可致维生素 A 缺乏,引起犊牛夜盲症、运动失调、关节肿大、食欲降低等症状。动物低血钾症。

3.临床症状

动物长期采食含游离棉酚高的棉子饼发生慢性蓄积性中毒。

各种动物共同表现:食欲减退、体重下降、呼吸困难、心肺功能异常,钙磷代谢失调而引起尿石症和维生素 A 缺乏症。

(1)马　以出血性胃肠炎和血红蛋白尿为主要特征。轻度中毒,出现轻度胃肠炎的症状,腹泻,食欲略减。只要能及时除去病因,适当治疗就会好转。重度中毒,多数出现出血性胃肠炎,食欲大减或废绝,排黑褐色粪便,混有黏液或血液,先便秘后腹泻,粪便恶臭。呼吸急促,心搏增快,精神沉郁,有嗜睡现象。个别病畜在病初有兴奋不安和腹痛现象(以马为明显)。以后则全身无力,卧而不站。当病情进一步发展,皮下、四肢、颈下、胸前出现水肿。尿呈现红色、暗红色或酱红色,可视黏膜发绀,心力衰竭,多归死亡。

(2)牛、羊　牛慢性棉酚中毒,临床上主要出现血尿和尿道堵塞;犊牛表现精神沉郁、运步困难、易跌倒,动物体温后期升高,腹泻,眼结膜充血并黄染,视觉障碍、失明,可因心肌损伤而突然死亡。成年牛、羊可表现反刍稀少、废止,渐进性衰弱、四肢浮肿,腹泻,严重时排出黏液和血液粪便,心率加快、呼吸困难,可视黏膜发绀,共济失调直至卧地抽搐。部分牛、羊发生血红蛋白尿或血尿。

(3)猪　表现食欲废绝、呕吐,粪便初期干小并带黏液或血,后期腹泻,恶臭并混有黏液及血液。肝浊音区扩大,出现明显呼吸困难、喘息,常有咳嗽、流泡沫状或带血液体,排尿增多、尿量减少、皮下水肿,低头拱腰、后躯无力、共济失调,严重中毒时,抽搐、心率加快、体温升高。

(4)家禽　出现食欲下降、体重减轻,翅膀、腿无力,腹泻,产蛋变小,蛋黄呈茶色,蛋清呈粉色,孵化率降低。

4.病理变化

急性中毒时,胸腔和腹腔内积有淡红色的透明渗出液,胃肠道黏膜充血、出血和水肿,甚者肠壁溃烂。肝充血、肿大,肺充血、水肿,心内、外膜有出血,胆囊肿大。

慢性者,消瘦,有慢性胃肠炎、肾炎的病变。

5.诊断

根据长期或大量饲喂棉叶、棉子或其副产品,而这些棉子或其副产品又未曾去毒,未曾热榨或浸泡处理,同时出现腹泻、出血性胃肠炎、排暗红色尿液、视力障碍、全身水肿等临床症状及相应的病理剖检,可作出初步诊断。

有条件时进行化验室诊断。尿液比重增大,且与尿蛋白增多的倍数一致(即3%～4%);血液检查,中性粒细胞增多,且有核左移现象,单核细胞和淋巴细胞减少。

6.防治

目前尚无特效疗法。主要采取消除致病因素及对症疗法。基本原则是消除病因(停喂含棉酚的饲料),加强毒物排出(催吐、洗胃、泻下),并针对急症采取相应的治疗方法。辅以补充维生素A等。首先应停止饲喂棉子饼(皮)和棉叶。发现有中毒症状后,可停食1 d,改换饲料。用1:(3 000～4 000)的高锰酸钾或5%的碳酸氢钠溶液、双氧水洗胃;若胃内容物多,胃肠炎不严重时,可内服盐类泻剂。若胃肠炎严重的,可用消炎、收敛剂。如内服庆大霉素或诺氟沙量,同时服用鞣酸蛋白等。也可冲藕粉、面糊内服。对心脏功能差的,可腹腔或静脉注射25%葡萄糖,并加入安钠咖和氯化钙,注射维生素C、维生素A、维生素D等,都有一定效果。若病猪尚有食欲,可多喂青绿饲料,如青菜、胡萝卜等,以促进康复。轻度中毒猪,在饲料中混些食盐、大蒜,并给予充足的饮水,也有较好效果。

预防应注意用棉叶或棉子饼等作饲料时,首先要进行脱毒处理。①限制棉子饼喂量。猪每天不得超过0.5 kg,但慎喂孕猪、种用猪、仔猪。应该喂半月停半月,以免引起积累中毒。②加热减毒处理。若欲将棉子饼用作饲料,榨油时最好能经过炒、蒸,使游离的棉酚转变为结合的棉酚。生棉籽皮炒了再喂,棉渣必须加热蒸煮1 h后再喂。棉叶必须先晒干去土碾碎、发酵,发酵过的棉叶用清水洗净,再用5%的石灰水浸泡10 h,软化解毒后再喂猪。③加铁去毒。铁能与棉酚结合成不被家畜吸收的复合物,使棉酚的吸收量大大减少。用0.1%～0.2%硫酸亚铁溶液浸泡棉子饼,棉酚的破坏率可达81.81%～100%。也可给喂棉子饼的猪直接喂硫酸亚铁(铁与游离棉酚之比为1:1),但应注意使铁剂与棉子饼充分混合接触,猪饲料中铁的含量不能超过500 mg/kg。④增加饲料中蛋白质、维生素、矿物质和青饲料的比例。饲料中蛋白质的含量越高,维生素的成分充足(特别是维生素A)、矿物质含量越丰富(主要指钙、铁、食盐),青绿饲料比例越大,中毒发生率越低,反之则高。

国标规定棉子饼中游离棉酚的允许量低于1 200 mg/kg,饲料中添加棉子饼占蛋白饲料的比例为:生长猪10%～12%,仔猪、母猪10%,鸡8%,一般饲喂半个月停半个月,防治蓄积中毒;而且,用棉子饼作饲料时,应搭配其他蛋白饲料如豆料、干草和青绿饲料等,并应补充足量的维生素A和钙,提高机体对棉酚的耐受性。

四、菜子饼中毒

菜子饼中毒(rapeseed cake poisoning)是由于大量采食含芥子苷等成分的菜子饼而造成动物中毒的一种疾病。临床以急性胃肠炎、支气管炎、肺水肿、肺气肿、呼吸困难、血红蛋白尿及甲状腺肿大等为特征。

常见于猪和禽类,其次为牛和羊。

1.病因

油菜为十字花科油菜属植物,共有三大类型,即芥菜型、白菜型和甘蓝型。油菜在世界各地广为种植,也是我国的主要油料作物之一。我国菜子饼年产量约 250 万 t,是重要的蛋白质饲料资源。

菜子饼是油菜子榨油后的副产品,其中蛋白质含量很高(含粗蛋白 34%～39%),是营养丰富的饲料,是重要的蛋白质饲料资源。加热蒸煮菜子饼,可使菜子饼中的有关酶失活,并破坏有关毒性成分,有利于菜子饼的利用。

但不经脱毒处理或处理不当,动物长期大量饲喂,由于含有硫葡萄糖苷的分解产物,以及芥籽碱、单宁等有毒物质。引起肺、肝肾及甲状腺等损伤的中毒病。可见,长期大量饲喂未经脱毒的菜子饼是菜子饼中毒的直接原因。

2. 毒理

菜子饼的急性中毒与其所含的含硫代葡萄糖甙等物质有关,其本身无毒,但被芥子苷(硫葡萄糖苷)分解代谢后产生具有辛辣味的挥发性毒物——异硫氰酸盐,异硫氰酸酯影响适口性。

菜子饼中含有芥子苷或称硫葡萄糖苷(glucosinolate)、芥子酸(sinapicacid)、芥子碱(sinapine)、芥子酶(myrosase)、黑芥子酸钾(sissotrin)等成分,在芥子酶的作用下,水解形成异硫氰酸盐或硫氰酸盐、噁唑烷硫酮、硫氰酸盐等物质,对动物产生多种毒性。

含有这些毒物的菜子饼被摄入后,可强烈刺激消化道黏膜引起胃肠炎和腹泻,同时,从肺脏和肾脏排出时,损伤气管、肺脏和肾脏。引起胃肠炎、肾炎及支气管炎,甚至肺水肿。

芥子苷水解产生的噁唑烷硫酮(甲状腺肿素原)、硫氰酸盐亦是甲状腺毒性物质,它进入机体可酶解生成噁唑烷硫酮,噁唑烷硫酮抑制甲状腺过氧化酶,与功能 I^- 竞争到甲状腺中,抑制甲状腺滤泡细胞浓集碘的能力,从而导致甲状腺肿大,干扰甲状腺素合成,硫氰酸盐与碘竞争降低甲状腺素合成。使得禽生长发育抑制,长期毒性表现为甲状腺肿大,且出现甲状腺激素低下症状,硫氰酸盐的挥发性气味会使牛奶、肉品等出现异味。OZT 毒害作用是抑制甲状腺内过氧化物酶活性。从而影响活化、碘化、偶联过程,阻碍甲状腺素的合成。

菜子饼中的其他毒性物质,如硝酸盐、腈、半胱氨酸亚砜等,可引起细胞缺氧、肝肾损伤、溶血性贫血和血红蛋白尿等机体中毒症状。腈在体内能迅速析出氰离子,因而毒性很大。另外还可引起毛细血管扩张,使血容量下降和心率减慢。

3. 临床症状

临床上可表现为溶血性贫血型、消化紊乱型、呼吸紊乱型和神经型等。菜子饼还有致甲状腺肿作用。

(1)猪 多呈急性经过,死亡较快。表现精神不振,站立不稳,排尿次数增加,有时为血尿。腹部胀痛,下泻带血。可视黏膜发绀。呼吸困难、频数,心率加快,两鼻孔流出粉红色泡沫状液体,终因心力衰竭而死。怀孕母猪可发生流产。

(2)牛 呈现急性肺气肿和肺水肿,食欲减退,瘤胃蠕动减弱,腹痛、腹泻或便秘,主要表现呼吸极度困难,张口呼吸,血红蛋白尿,尿液落地时可溅起多量泡沫等。慢性中毒出现视觉障碍,失明,此外,尚可产生抗甲状腺素的作用,体温低下,脉搏细弱,全身衰竭、死亡。

4. 病理变化

胃肠道黏膜充血、肿胀、出血。肾出血,肝肿大、混浊、坏死,肺充血、水肿、气肿。胸、腹腔有浆液性、出血性渗出物,肾有出血性炎症,有时膀胱积有血尿。甲状腺肿大。血液色暗,凝固不良。

5.诊断

根据饲喂菜子饼的病史、结合临诊见有胃肠炎、呼吸困难、甲状腺肿大(甲状腺素低下)和血尿的症状以及剖检,可初步诊断。确诊需对饲料中异硫氰酸盐含量进行定量检测。

应注意与棉籽饼中毒相鉴别。体温升高,走路不稳,下痢。血尿和呼吸迫促,肌肉震颤,腹下水肿等为二者的相似处。但应注意病史调查,临床表现有低头拱腰,后肢软弱,有眼眵,流鼻液,咳嗽,有的胸腹部皮下发生丹毒样红色疹块。剖检可见肝脏充血,肿大变色。其中有很多空泡或泡沫状间隙,脾萎缩。胸腹腔有红色渗出液。

6.防治

无特效解毒药,中毒后立即停喂菜子饼;用0.1%～1%的单宁酸或0.05%的高锰酸钾洗胃。内服淀粉浆、蛋清、牛奶等以保护黏膜,减少对毒素的吸收。对症治疗可适当静脉注射维生素C、维生素K、肾上腺皮质激素、10%葡萄心剂、利尿剂、止血药。

防止菜子饼中毒主要是限量使用和去毒后再使用。①蛋鸡在6周龄以下,肉用鸡在4周龄以下不要使用菜子饼配料,以后限量使用,即菜子饼在日粮中所占的比例不得超过5%。②菜子饼的去毒方法有坑埋法、蒸煮法、碱处理、氨处理等,经去毒处理后,其安全性与适口性都有很大改善,用量也可稍微增加一些。③饲喂菜子饼时,可适当增加碘与铜的喂量,使其与其中的有毒成分形成螯合物而不被吸收。

五、食盐中毒

食盐中毒(salt poisoning)是在动物饮水不足的情况下,过量摄入食盐或含盐饲料而引起以消化紊乱和神经症状为特征的中毒性疾病。本病以脑组织的水肿、变性乃至坏死和消化道的炎症为其病理基础,以典型的神经症状和消化紊乱为其临床特征。猪的食盐中毒,伴有脑膜和脑实质的嗜酸性粒细胞浸润,故称嗜酸细胞性脑膜脑炎。

各种动物均可发病,主见于猪和家禽,其次为牛马、羊和犬。

1.病因

食盐是动物日粮中不可缺少的成分,给予每千克体重0.3～0.5 g食盐,可增进食欲,增强消化机能、保证机体水盐代谢的平衡。但若摄入量过多,特别是限制饮水时,则可发生中毒。

(1)舍饲家畜中毒多见于配料疏忽,误食过量食盐或对大块结晶盐未经粉碎和充分拌匀,或饲喂含盐分高的泔水、咸菜及腌菜水和洗咸鱼水等。如以含盐分过多的泔水、腌菜水、酱渣等喂猪;某些地区用咸水(氯化钠咸水,含盐量达13%;重碳酸盐咸水,食盐量达0.5%)作为牲畜饮水;饲料中的食盐含量过多(例如鸡饲料中含食盐1～5 kg/t较合适,如果饲料中的含盐量在3%以上,即可引起鸡中毒);配料时误加过量食盐或混合不均等。

(2)放牧家畜则多因突然加喂大量食盐,加上饲喂不当而引起。

(3)用食盐治疗大家畜肠阻塞时,一次用量过大,或多次重复应用。

(4)鸡在限制饮水或饮冰水时容易发生钠离子中毒。

2. 毒理

各种畜禽的食盐中毒量和致死量,文献记载不太一致。动物的中毒量(g/kg 体重)通常为:猪、牛、马 1.0～2.2,绵羊 3～6,鸡 1～1.5;致死量(g,成年中等个体)为:牛 1 500～3 000,马 1 000～1 500,绵羊和猪 125～250,犬 30～60,鸡 2.0～4.0。

饮水充足与否,对食盐中毒的发生具有决定性作用。本病发生的关键在于限制饮水。例如,喂给绵羊含 2% 食盐的日粮并限制饮水,数日后即发生食盐中毒,而喂给含 13% 食盐的日粮,但任其自由饮水,结果未见食盐中毒迹象。因此,笼统地报道食盐的中毒量和致死量而不注明饮水情况,显然意义不大。

大量高浓度的食盐进入消化道后,刺激胃肠黏膜而发生炎症过程,同时因渗透压的关系,引起严重的腹泻、脱水,进一步导致全身血液浓缩,机体血液循环障碍,组织相应缺氧,机体的正常代谢功能紊乱。

高浓度食盐进入血液,引起血症高钠;组织细胞中引起钠潴溜。引起组织脱水,神经应激性增高。又其脑组织中内水肿,颅内压升高,形成特征性的嗜伊红细胞套袖现象。故又称为"嗜伊红细胞性脑膜炎"。

食盐的毒性作用主要表现在两个方面:一是高渗氯化钠对胃的局部刺激作用;二是钠离子在体内潴留所造成的离子平衡失调和组织细胞损害,主要是阳离子之间的比例失调和脑组织的损害。

在摄入大量食盐,且饮水不足时,首先呈现的是高浓度食盐对小肠黏膜的直接刺激作用,引起胃肠黏膜发炎;同时由于胃肠内容物渗透压增高,使大量体液向胃肠内渗漏,使机体处于脱水状态。被吸收的食盐,可因机体失水,丘脑下部抗利尿素分泌增加,排尿量减少,不能经肾及时排除,而游离于循环血液中,积滞于组织细胞之间,造成高钠血症和机体的钠潴留。正常状态下,血液内一价阳离子 Na^+、K^+ 具有兴奋作用,可使神经应激性增高;二价阳离子 Mg^{2+}、Ca^{2+} 具有抑制作用,可使神经应激性降低,两者保持一定的动态平衡,协调神经反射活动的正常进行。高钠血症则破坏了这种平衡,使一价阳离子的作用占优势,导致神经应激性增高,神经反射活动过强。

在食盐摄入量不大,但由于持续限制饮水(数日至数周)而发生所谓慢性中毒时,通常不会引起胃肠黏膜炎症和肠腔积液。此时,由于机体长期处于水的负平衡状态,吸收的食盐排泄非常缓慢,Na^+ 逐渐潴留于各组织,特别是脑组织内,因脑内钠离子浓度升高而发生脑水肿,致使颅内压增高而使脑组织缺氧。脑组织因氧供应不足,迫使通过葡萄糖无氧酵解以获取能量,而钠潴留兼有抑制葡萄糖无氧酵解的强烈作用,结果导致脑组织变性和坏死(即脑灰质软化等病变),而出现一系列的神经症状。

3. 临床症状

(1)猪　根据病程可分为最急性型和急性型两种。

最急性型:为一次食入大量食盐而发生。临床症状为肌肉震颤,阵发性惊厥,昏迷,倒地,2 d 内死亡。

急性型:当病猪吃的食盐较少,而饮水不足时,经过 1～5 d 发病,临床上较为常见。食欲减少,口渴,流涎,头碰撞物体,步态不稳,转圈运动。大多数病例呈间歇性癫痫样神经症状。神经症状发作时,颈肌抽搐,不断咀嚼流涎,犬坐姿势,张口呼吸,皮肤黏膜发绀,发作过程 1～5 min,在发作间歇,病猪可不呈现任何异常情况,1 d 内可反复发作多次。发作时,肌肉抽搐,体温升高,但一般不超过 39.5℃,间歇期体温正常。末期后躯麻痹,卧地不起,常在昏迷中死亡。

(2)禽　表现为燥渴而大量饮水和惊慌不安地尖叫。口鼻内有大量的黏液流出,嗉囊软肿,拉水样稀粪。运动失调,时而转圈,时而倒地,步态不稳,呼吸困难,虚脱,抽搐,痉挛,昏睡而死亡。雏鸭中毒后还表现不断鸣叫,盲目冲撞,头向后仰,后期呈昏迷状态,有时出现神经症状,嘴不断地张合,头颈弯曲,胸腹朝天,仰卧挣扎,最后衰竭死亡。

4.病理变化

(1)猪　胃肠黏膜充血、出血、水肿,呈卡他性和出血性炎症,并有小点溃疡,粪便液状或干燥,全身组织及器官水肿,体腔及心包积水,脑水肿显著,并可能有脑软化或早期坏死。

(2)鸡　皮下组织水肿,食道、嗉囊、胃肠黏膜充血或出血,腺胃表面形成假膜;血黏稠、凝固不良;肝肿大,肾变硬,色淡。病程较长者,还可见肺水肿,腹腔和心包囊中有积水,心脏有针尖状出血点。

5.诊断

发病情况的调查有饲喂含食盐量较多的饲料,过饮含盐的湖水,限制饮水等情况。通常在暴饮之后突然起病。

实验室可通过测定病禽内脏器官及饲料中盐分的含量来作出准确的诊断。

6.防治

尚无特效解毒剂。对初期和轻症中毒病畜,可采用排钠利尿、双价离子等渗溶液输液及对症治疗。①发现早期,立即供给足量的饮水,以降低胃肠中的食盐浓度。②应用钙制剂。③利尿排钠。④解痉镇静。⑤缓解脑水肿、降低颅内压。⑥其他对症治疗。

预防:①发现中毒后立即停喂原有饲料,换喂无盐或低盐分、易消化的饲料至康复。②供给病禽5%的葡萄糖或红糖水以利尿解毒,病情严重者另加0.3%～0.5%醋酸钾溶液逐只灌服,中毒早期服用植物油缓泻可减轻症状。③供给多量清洁饮水,或喂服牛乳,以稀释胃肠中盐分的浓度,利于排泄。④严格控制饲料中食盐的含量,尤其对幼禽。一方面严格检测饲料原料鱼粉或其副产品的盐分含量;另一方面配料时加食盐也要求粉细,混合要均匀。⑤平时要保证充足的新鲜洁净饮用水。⑥平时配料所用鱼干或鱼粉一定要测定其含盐量,含盐量高的要少加,含盐量低的可适当多加,但饲料中总的含盐量以0.25%～0.4%为宜,最多不得超过0.5%。

六、酒糟中毒

酒糟(distiller's grain)是酿酒后的残渣,除含有蛋白质、脂肪等营养物质外,气味酒香、可口,还有促进食欲、帮助消化等作用,但因贮藏不当或放置过久,可发生腐败霉烂,产生大量有机酸(醋酸、乳酸、酷酸)、杂醇油(正丙醇、异丁醇、异戊醇)及酒精等有毒物质,长期或大量的饲喂酒糟能引起中毒。临床上可因毒性成分不同而有不同的表现,临床上共同症状有腹痛、腹泻、流涎和神经机能紊乱等。

酒糟中毒主要发生于猪和牛。

1.病因

当长期大量饲喂,或酒糟发霉腐败变质时,都可引起动物中毒。如突然给猪饲喂大量的酒糟,或对酒糟保管不当,被猪大量偷吃;长期单一饲喂酒糟,而缺乏其他饲料的适当搭配;饲喂严重霉败变质的酒糟,其有毒物质、霉菌、酒精等直接刺激胃肠并被吸收而发生中毒。

酒糟所含的成分非常复杂,根据所用的酿酒原料和工艺不同,可产生不同的成分,主要有乙醇、甲醇、醛类、杂醇油、酸类等。

2. 毒理

酒糟中几种主要成分或多或少都有毒性作用,如醋酸、乳酸、杂醇油等有毒物质,引起中毒。新鲜酒糟中含有残余的酒精(乙醇、正丙醇、异丁醇、杂醇)和甲醛、酸类,酒糟霉败变质产生醋酸、乳酸及真菌毒素。

乙醇可危害中枢神经系统,兴奋大脑皮层,抑制呼吸中枢和运动中枢,出现呼吸障碍和共济失调;乙醇在肝中代谢引起肝细胞脂肪变性;乙醇还能影响糖代谢,导致低血糖;乙醇还能引起贫血、心肌病变。

甲醛主要在体内蓄积中毒,具有致细胞毒性,毒害视神经引起视力减弱、失明。

乙酸等酸类可刺激胃肠道,甚至造成乙酸中毒。酸类物质可促进钙排泄,骨骼营养不良。

醛类,毒性较醇类大,甲醛能引起蛋白变性,是细胞毒,乙醛能引起免疫系统攻击肝脏,导致肝脏严重损伤。

3. 临床症状

急性中毒时,初期体温升高,结膜潮红,狂躁不安,呼吸急促。出现食欲减退或废绝、腹痛、腹泻等胃肠炎症状;严重的病猪,四肢麻痹,呼吸困难、心跳急速、脉细弱,患畜兴奋不安、狂暴,步态不稳或卧地不起,终因呼吸中枢麻痹而死亡。

慢性中毒,表现消化紊乱,便秘或腹泻,血尿,可视黏膜潮红、黄染、发生皮疹或皮炎,结膜发炎,视力减退甚至失明,出现皮疹和皮炎。有时发生血尿,孕畜可能发生流产。酸类物质引起钙磷代谢障碍,出现骨质软化。最后体温降低,可由于呼吸中枢麻痹而死亡;病程长者可见黄疸、血尿,怀孕母猪流产。多因呼吸中枢麻痹而死亡。

如酒糟中含龙葵素,神经症状更明显,如狂暴不安、猛冲直撞,如酒糟中含黑斑病甘薯,则表现明显的气喘、间质性肺气肿、皮下气肿症状,如酒糟中含腐败真菌,则有相应的真菌毒素中毒症状。

4. 病理变化

胃肠黏膜充血、出血,小结肠出现纤维素性炎症,直肠出血、水肿,心内膜有出血点,肺充血、水肿,肝、肾肿胀,质度变脆。剖检可见脑和脑膜充血,脑实质常有出血,心脏及皮下组织有出血斑。胃内容物有酒糟和醋味,胃肠黏膜充血和出血,可见直肠有出血和水肿。肺充血、水肿,肝、肾肿胀,质地变脆。

5. 诊断

根据酒糟的饲喂情况、腹痛、腹泻、流涎等临床症状及胃黏膜充血、出血,胃内容物有乙醇味等病理变化初步诊断为酒糟中毒。

酒糟酸败检测:将少量变异酒糟用蒸馏水浸泡,过滤,置烧杯中,测定 pH。初步测得 pH<5.0,由此推定酒糟酸败。

6. 防治

目前尚无特效解毒药。发现中毒后立即停喂酒糟,用 1% 碳酸氢钠口服、灌肠。静脉注射葡萄糖液、生理盐水等。对便秘的可内服缓泻剂。胃肠炎严重的应消炎。兴奋不安的使用镇静剂,如静脉注射硫酸镁、水合氯醛、溴化钙。

酒糟应尽可能新鲜喂给，禁喂发霉变质的酒糟，用新鲜酒糟喂猪，不得超过日粮的1/3，妊娠母畜应减少喂量。轻度酸败酒糟可加入石灰水，中和酸性物质。长期饲喂含酒糟的饲粮时，应适当补充含矿物质的饲料。

七、黄曲霉毒素中毒

黄曲霉毒素中毒（aflatoxicosis）是由黄曲霉毒素（aflatoxin，简称 AF）引起的中毒症。AF 中毒的病变器官包括肝脏、肾脏、心脏与中枢神经系统等，但肝脏是受损最严重的靶器官，故有"肝脏毒"之称。以肝细胞变性、坏死、出血、胆管和肝细胞增生，全身出血，消化机能紊乱，腹水，神经症状等为特征。

黄曲霉毒素中毒是人畜共患并具有严重危害性的真菌毒素中毒性疾病。

据资料报道，已知真菌毒素有 200 种左右，其中比较重要的，即通过动物试验和畜禽自然中毒的约有 25 种以上，而对畜禽危害最大的是 AF。

自 20 世纪 60 年代初，在英国东南部暴发"火鸡 X 病"而揭示其为 AF 中毒，至今已有近 50 年的历史，在此期间，AF 中毒已遍及包括中国在内的许多国家，是当前危害畜牧业发展的主要中毒病。

黄曲霉毒素能引起多种动物中毒，但易感性有差别，幼龄畜禽的敏感性强于成年畜禽。其敏感程序为雏鸭＞雏火鸡＞雏鸡＞仔猪＞犊牛＞育肥猪＞成年牛＞羊。

临床上以猪、鸭、鸡发生中毒的最多，其次为犊牛。

1. 病因

玉米、花生、稻和麦子等谷物以及棉籽饼、豆饼、麸皮、米糠等饲料易被黄曲霉菌或寄生曲霉菌污染产出毒素（图 7-2、图 7-3）。

图 7-2 曲霉菌

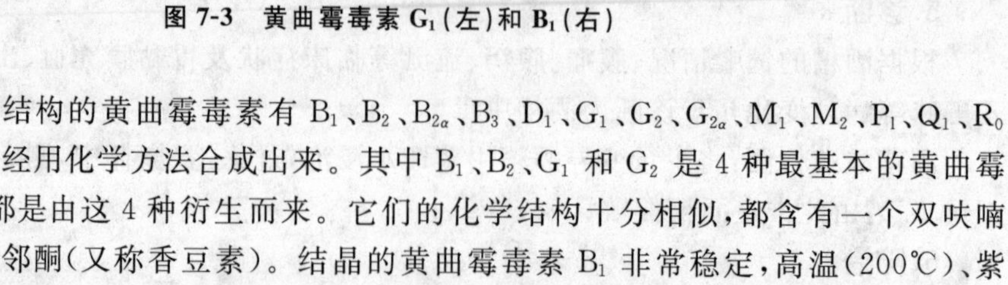

图 7-3 黄曲霉毒素 G_1（左）和 B_1（右）

已经确定出结构的黄曲霉毒素有 B_1、B_2、B_{2a}、B_3、D_1、G_1、G_2、G_{2a}、M_1、M_2、P_1、Q_1、R_0等 18 种，并且已经用化学方法合成出来。其中 B_1、B_2、G_1 和 G_2 是 4 种最基本的黄曲霉毒素，其他种类都是由这 4 种衍生而来。它们的化学结构十分相似，都含有一个双呋喃环和一个氧杂萘邻酮（又称香豆素）。结晶的黄曲霉毒素 B_1 非常稳定，高温（200℃）、紫外线照射，都不能使之破坏。加热至 268～269℃，才开始分解。5％的次氯酸钠，可以使黄曲霉毒素完全破坏。在 Cl_2、NH_3、H_2O_2 和 SO_2 中，黄曲霉毒素 B_1 也被破坏。

黄曲霉毒素的分布范围很广，凡是污染了能产生黄曲霉毒素的真菌的粮食、饲草饲料等,都有可能存在黄曲霉毒素。甚至在没有发现真菌、真菌菌丝体和孢子的食品和农副产品上,也找到了黄曲霉毒素。畜禽中毒就是由于大量采食了这些含有多量黄曲霉毒素的饲草饲料和农副产品而发病的。由于性别、年龄及营养状态等情况,其敏感性是有差异的。

黄曲霉毒素不仅对动植物、微生物和人都有很强的毒性,而且对家禽、多种动物和人还具有明显的致癌能力。黄曲霉毒素 B_1 是目前发现的最强的化学致癌物质,B_1 还能引起突变和导致畸形。

黄曲霉毒素能抑制标记的前体物质参入脱氧核糖核酸(DNA)、核糖核酸(RNA)和蛋白质合成。特别是抑制标记的前体物质参入诱导的酶蛋白。黄曲霉毒素的致癌作用及其他毒害作用的分子机制就在此。

黄曲霉毒素 B_1 在动物体内的主要代谢途径有两个:一是羟基化作用,生成单羟基的衍生物 M_1,通常存在于奶、尿、粪便和肝脏中;二是去甲基作用,生成酚环的衍生物 P_1,主要存在于尿中。此外,有一部分发生环氧化作用,生成 2,3-环氧化物,再进一步与谷胱甘肽结合,生成谷胱甘肽结合物。

2.临床症状

根据畜禽的品种、性别、年龄、营养状态、个体耐受性,以及毒素量的大小不同,中毒的程度和临床症状也有显著差异。

(1)家禽　雏鸡、雏鸭对黄曲霉毒素的敏感性较高,多取急性经过。多发生于 2～6 周龄的雏鸡,嗜睡,食欲不振,生长发育缓慢,虚弱,翅膀下垂,时而凄叫;贫血,鸡冠色淡或苍白;腹泻排出混有血液稀便。雏鸭食欲消失,脱羽,鸣叫,叫声嘶哑,腿趾部发紫,步态不稳,伴发严重跛行,呈企鹅状行走,腿和脚呈淡紫色。死亡前出现共济失调,角弓反张等症状。慢性中毒,症状不明显,主要食欲减少,消瘦,衰弱,贫血,表现全身恶病质现象,时间长者可产生肝组织变性(即肝癌)。开产期推迟,产蛋量下降,产小个蛋。有时颈部肌肉痉挛,头向后背。多数病鸭发生颈肌痉挛,多在角弓反张发作中死亡,死亡率极高(80％～90％)。成年鸭远较雏鸭耐受性强。急性中毒病鸭的症状基本与雏鸭相同。而慢性中毒症状初期多不明显。通常表现为食欲减少,消瘦(减重),不愿活动,体质虚弱,贫血;严重病禽多陷于恶病质。病程较长的可发生肝癌。

(2)猪　于误食霉败饲料后 1～2 周便可发病,分为急性、亚急性和慢性 3 种类型。急性病猪多发生于 2～4 月龄的仔猪。食欲旺盛、体质健壮的小猪,多于无明显的临床症状出现之前,突然间发生死亡。亚急性病猪,体温多升高(1～1.5℃),精神沉郁,食欲减退或消失,烦渴,粪便干硬呈球状,表面多附着血液,可视黏膜淡紫,苍白,后期多黄染;后肢无力,步态蹒跚,个别病猪还时时发出呻吟,或呆立一隅,或头抵墙壁不动,严重的卧地不起,常在 2～3 d 内死亡。育成猪多取慢性经过,有的食欲减退,但发生异嗜和偏吃生冷的饲料。迅速消瘦,眼睑肿胀,被毛粗乱,皮肤苍白或黄染(限于白毛猪),发痒,并出现到处啃吃泥土、石块、瓦砾和一些被粪尿污染的褥草等。随着病情发展,常出现神经症状,如离群呆立或横卧昏睡,或抽搐或狂躁,甚至角弓反张。个别病猪则以抑制与兴奋交替发作。体温多无大变化,只有病猪处于濒死期则升高。育成猪病程经过长,有的可达数月之久,很少死亡。

(3)牛　乳牛多呈慢性经过,呈现厌食、磨牙、消瘦、生长迟延和精神萎靡等症状。犊牛多为一侧或两侧角膜混浊。病牛都能发生前胃弛缓,瘤胃臌胀;有的出现间歇性腹泻,导致里急后重和脱肛。乳牛泌乳量减少或停止。妊娠母牛间或发生早产或流产。个别病牛还能呈现神经症状,如惊恐和转圈运动,后期又往往陷于昏迷而死亡。犊牛对黄曲霉毒素较为敏感,且死亡率较高,而成年牛死亡率极低。

血液检验,病禽血清蛋白质组分都较正常值为低,表现出重度的低蛋白血症;红细胞数量明显减少,白细胞总数增多,凝血时间延长。急性病猪谷-草转氨酶(GOT)、瓜氨酸转移酶和凝血酶原活性升高;亚急性和慢性病猪,碱性磷酸酶、异柠檬酸脱氢酶和谷-草转氨酶和黄疸指数均有升高。

血清白蛋白和 α-球蛋白以及 β-球蛋白含量降低,γ-球蛋白含量正常或升高。

3.病理变化

(1)家禽　在肝脏有特征性损害。急性型的肝脏肿大,弥漫性充血、出血和坏死。亚急性和慢性型的发生肝细胞增生、纤维化和硬变,肝体积缩小。病程在 1 年以上者,可发现肝细胞瘤、肝细胞癌或胆管癌。

(2)猪　急性病例,除全身皮下脂肪呈现不同程度的黄紫外,主要病变为贫血和出血;全身性黏膜、浆膜和皮下肌肉发生出血和淤血斑,在大腿前部和肩胛下区的皮下出血最为明显。肠黏膜呈不同程度的出血,水肿,肠内容物呈棕红色。肝脏呈淡黄色乃至橘黄色,肿大,质地变脆,有时在浆膜处有针尖状出血和淤血斑。脾脏通常无明显变化,但有时其表面毛细血管扩张或有出血性梗死。心内、外膜常有明显出血。胸腹腔内积存混有红细胞液体;淋巴结充血、水肿。慢性病倒,主要病变是肝硬变、脂肪变性和胸腹腔积液,肝脏呈土黄或橘黄色,质地变硬;胆囊缩小,空虚或有步量浓稠的黄绿色胶状胆汁。大肠黏膜及浆膜有出血斑;有时结肠浆膜呈胶样浸润;肾脏变为苍白、萎缩,肾小管扩张。

(3)牛　最为明显的损害为肝脏纤维化硬变,表面有灰白色区,呈退行性病变。胆管上皮增生,胆囊扩张,最后形成广泛性硬变。大多数病例有腹水。

4.诊断

首先要调查病史,检查饲料品质与霉变情况,吃食可疑饲料与家禽发病率呈正相关,不吃此批可疑饲料的家禽不发病,发病的家禽也无传染性表现。再结合临诊症状、血液化验和病理变化等材料,进行综合性分析,排除传染病与营养代谢病的可能性,并且符合真菌毒素中毒病的基本特点,即可作出初步诊断。若要达到确切诊断。必须进行以下程序检验。

(1)可疑饲料的病原真菌分离、培养与鉴定　用高渗察氏培养基于 24~30℃ 下培养,观察菌落生长速度、菌落的颜色、表面和渗出物、菌落的质地和气味,记录下来后,用显微镜观察培养物的活培养检查,以及制止检查,以鉴定出此优势菌为黄曲霉菌或寄生曲霉。

(2)可疑饲料的黄曲霉毒素测定　主要采用化学分析法测定,但由于分析过程繁琐、费时又需要大量的有机溶液提取等。因此,对饲料样品中毒素的测定,最好先用直观过筛法进行测定。若属阳性样品才有必要作化学分析法测定。

①可疑饲料直观法。可作为黄曲霉毒素预测法。取有代表性的可疑饲料样品(如玉米、花生等)2~3 kg,分批盛于盘内,分摊成薄层,直接放在 365 nm 波长的紫外线灯下观察荧光;如果样品存在黄曲霉毒素 G_1、G_2,可见到含 G 族毒素的饲料颗粒发出亮黄绿色荧光;如若是含黄曲霉 B 族毒素,则可见到蓝紫色荧光。若看不到荧光,可将颗粒捣碎后再观察。

②化学分析法。先把可疑饲料中黄曲霉毒素提取和净化,然后用薄层层析法与已知

标准黄曲霉毒素相对照,以确证所测的黄曲霉毒素性质和数量(可参照中华人民共和国食品卫生法等有关资料)。

③可疑病料作动物发病试验,也可用提取的毒素作发病试验,可复制出与自然病例相似的症状。

5.防治

目前尚无治疗本病的特效药物。严重病例,除及时投服盐类泻剂,如硫酸镁、硫酸钠、人工盐等,将胃肠内有毒物质及时排出外,还应积极采取解毒保肝和止血疗法。因此,可用25%～50%葡萄糖溶液,并混合注射维生素C制剂。葡萄糖酸钙或5%氯化钙溶液,40%乌洛托品注射液等,静脉注射。心脏衰弱病例,应皮下或肌内注射强心剂。如樟脑油或苯甲酸钠咖啡因注射液等。此外,可用维生素A注射液,或喂饲加有胡萝卜的饲料。

为了防止并发症,可酌情应用青霉素、链霉素,但严禁使用磺胺类药物,否则有加速死亡的危险。

预防中毒的根本措施是不喂发霉饲料,对饲料定期作黄曲霉毒素测定,淘汰超标饲料。现时生产实践中不能完全达到这种要求,搞好预防的关键是防霉与去毒工作,并应以防霉为主。

防霉主要是破坏霉败的条件,即水分和温度。粮食作物收割后,防遭雨淋,要及时运到场上散开通风、晾晒,使之尽快干燥,水分含量达到谷粒为13%,玉米为12.5%,花生仁为8%以下。为防止粮食和精饲料在贮存过程中霉变,可试用化学熏蒸法,如选用氯化苦、溴甲烷、二氯乙烷、环氧乙烷等熏蒸剂;也可选用制霉菌素等防霉抗生素。

已被黄曲霉毒素污染的玉米、花生饼等谷物饲料,有报道可采用过以下几种去除黄曲霉毒素方法,供参考。

(1)挑选霉粒或霉团去毒法。

(2)碾轧加水搓洗或冲洗法,碾去含毒素较集中的谷皮和胚部,碾后加3～4倍清水漂洗,使较轻的霉坏部分谷皮和胚部上浮起随水倾出。

(3)用石灰水浸泡或碱煮、漂白粉、氯气和过氧乙酸处理等方法解毒。

(4)生物学解毒法,利用微生物(如无根根霉、米根霉、橙色黄杆菌等)的生物转化作用,可使黄曲霉毒素解毒,转变成毒性低的物质。

(5)辐射处理法。

(6)白陶土吸附法。

(7)氨气处理法,在18 kg氨压,72～82℃时,谷物和饲料中黄曲霉毒素98%～100%被除去,并且使日粮中含氮量增高,也不破坏赖氨酸。畜禽饲喂此日粮安全又增加营养,其动物组织中也未测出残留有害物质。

八、黑斑病甘薯中毒

黑斑病甘薯中毒(poisoning by ceratostomella fimboriata of sweet potato)又称霉烂甘薯中毒或黑斑病甘薯毒素中毒,俗称牛"喘气病"或牛"喷气病"。是动物采食一定量的感染黑斑病的甘薯后引起的中毒病。临床上以急性肺水肿与间质性肺气肿,严重呼吸困难以及皮下气肿为特征。主要发生于牛。

在甘薯种植的地区,本病在黄牛、水牛、奶牛较为多见,绵羊、山羊次之,猪也有发生。

本病的发生有明显的季节性,每年于 10 月份到第二年 4～5 月份,即春耕前后为本病发生最多的时期。似与降雨量、气候变化有密切关系。发病率高,死亡率也高。

1. 病因

该病病原是甘薯长喙壳菌、茄病镰刀菌和爪哇镰刀菌等真菌。当甘薯遇到虫害或表皮破裂时,则易被以上真菌感染引起甘薯黑斑病,这时甘薯在应激因子作用下产生植物保护素,即构成了黑斑病甘薯毒素。现已研究清楚的毒素为甘薯酮(ipomeamarone)、甘薯醇(ipomeamoronol)、甘薯宁(ipomeanlne)、4-甘薯醇和 1-甘薯醇。其中,甘薯醇和甘薯酮为肝脏毒,可引起肝脏坏死;甘薯宁、4-甘薯醇和 1-甘薯醇则对肺脏具有毒性,可引起严重的肺水肿和肺气肿。黑斑病甘薯毒素耐高温,因此无论生喂、煮熟或用加工后粉渣饲喂,均可引起动物发病。

2. 毒理

甘薯酮、醇为肝脏毒,可引起肝脏坏死。4-甘薯醇、1-甘薯醇、甘薯宁具有肺毒性。又称为"致肺水肿因子"。

其致病毒素可经消化道吸收进入血液,作用于呼吸中枢。由于这些毒素的强刺激性,在消化道吸收过程中可引起胃、肠黏膜出血或炎症。毒素吸收进入血液,经门静脉到达肝脏损害肝实质,同时经血液循环又可引起心内膜出血等病变。毒素到达延脑后,可刺激呼吸中枢,使支气管和肺泡壁长期松弛扩张,严重者引起肺泡破裂。此外,毒素还可作用于丘脑纹状体,使物质代谢中枢的调节机能发生紊乱,从而影响糖、脂肪和蛋白质的中间代谢过程。

3. 临床症状

临床症状出现的快慢和程度,视病牛采食黑斑病甘薯的量、毒性大小和个体耐受性等而有所不同。通常在采食后 24 h 左右发病。除病初表现精神萎靡、食欲不振和反刍减退外,其他症状多不明显而易被忽略。

(1)牛 初期多由于支气管和肺泡充血及渗出液的蓄积,不时发出咳嗽,听诊呈现湿性啰音,继而由于肺泡弹性减弱,导致明显地呼气性呼吸困难。并由于肺泡内残余气体相对增多,加之强大腹肌收缩,终于使肺泡壁破裂,气体窜入肺间质中,造成间质性肺泡气肿。因此,所呈现的病理性呼吸音——破裂音或摩擦音往往被气管和喉头形成的支气管呼吸音所掩盖,不易听到。后期于肩胛、背腰部皮下(即于脊椎两侧)发生气肿,触诊呈捻发音。病牛鼻翼扇动,张口伸舌,头颈伸展,并取长期站立姿势等来提高呼吸量,但仍处于严重缺氧状态。此时,眼结膜发绀,眼球突出,流泪,瞳孔散大和全身性痉挛,陷入窒息状态。

在发生呼吸困难的同时,病牛鼻孔流出大量混有血丝鼻液及泡沫状唾液,伴发前胃弛缓,间或瘤胃臌胀和出血性胃肠炎,粪便干硬,常积存于肛门内无力排出,排出的多为混有大量血液和黏液状软便,散发腥臭味。尾常夹于胯间。心脏机能衰弱,脉搏增数,最多可达 100 次/min 以上。颈静脉怒张,四肢末梢冷凉。尿液中含葡萄糖和蛋白质等。奶牛发病后常出现产乳量下降,妊娠母牛早产、流产。

急性中毒时,动物食欲和反刍立即废绝,全身肌肉震颤、流涎,体温多在 38～39℃,最高不超过 40℃。本病的突出症状是呼吸困难,呼吸次数增加到 80～90 次/min,甚至 100次/min 以上,随病势的发展,呼吸运动加深而次数减少。发病后期,牛、羊常出现呼吸困难,吸气用力和呼吸音增强,在较远距离就可以听到如拉风箱音,气喘,头颈伸直,鼻孔开张等症状,多在 1～2 d 内因窒息而死亡。慢性中毒时,除精神沉郁、食欲减退、体温仍正常之外,动物表现为呼吸困难(80～100 次/min),气管呼吸音呈拉风箱音,肺部听诊为湿啰音。初期粪干而黑、呈球状;后期腹泻,便带黏液,尿少、色深。若不及时治疗,病畜往往在 3～7 d 内死亡。

(2)羊　精神沉郁,结膜充血或发绀,食欲、反刍减退或停止,瘤胃蠕动减弱或废绝,脉搏增数达 90～150 次/min,心脏机能衰弱,心音增强或减弱,脉搏节律不齐,呼吸困难。重症的山羊还排血便,最终陷于衰竭、窒息而死亡。此外,还会出现结膜发绀、心衰、血便等症状。

(3)猪　精神萎靡,食欲废绝,口流白沫,呼吸困难,张口伸舌,可视黏膜发绀,心脏机能亢进,脉搏节律不齐,肠蠕动音减弱或废绝,肚胀,便秘,粪便干硬色黑。后期下痢,排泄带血软便,多发生阵发性强直性痉挛,运动失调,步态不稳。大约经 1 周后,有的病畜食欲逐渐有所增多而康复。但重剧病例伴发明显神经症状,如头顶墙壁不动,或盲目向前冲撞,或发生瘫痪,最终卧地抽搐而死。

血液学变化:红细胞压积容量值超过 60%,白细胞分类计数:初期嗜中性粒细胞数略增,濒死期及恢复期均有减少,但无核左移现象。

4.病理变化

肝细胞肿大,呈颗粒变性变化,或胞浆溶解淡染,核溶解消失。有的细胞中尚见嗜酸性均质滴状物。肝窦充血,有单核细胞散在。汇管区常有单核细胞浸润和水肿。心肌纤维也有颗粒变性和溶解、坏死变化。

牛的特征性病理变化在肺脏,肺显著肿胀,可比正常大 1～3 倍。轻型病例于肺脏出现肺水肿,多数伴发间质性肺泡气肿,肺间质增宽,肺膜变薄,呈灰白色透明状,有时肺间质内形成鸡蛋大的空泡,在肺膜下可聚集 3～5 成群的气泡。严重病例肺表面胸膜层透明发亮,呈现类似白色塑料薄膜浸水后的外观。有时在胸膜壁层间有小气泡,肺切面有大量血水及泡沫状液体流出,肺小叶间隙及支气管腔常有黄色透明的胶样渗出物。胸腔纵隔也发生气肿,呈气球状。在肩、背部两侧的皮下组织及肌膜中,有绿豆到豌豆大的气泡聚积。

心脏冠状沟脂肪上有点状出血,心内膜有出血斑。胃肠黏膜弥漫性充血、出血或坏死,尤其盲肠出血最为严重。肝脏肿大,边缘较钝圆,肝实质有散在性点状出血,切面似槟榔肝。胆囊肿大 1～2 倍,其中充满稀薄而澄清的深绿色胆汁。胰腺有充血、出血点和急性坏死。

瘤胃臌胀,其中见有黑斑病甘薯块渣;瓣胃内容物干涸、硬结,如马粪状。

猪中毒时,眼观除肺脏变化有特征性外,在胃黏膜上呈现广泛性充血、出血,黏膜易剥脱,胃底部发生溃疡。

镜检,肺小叶间有许多大小不等的气泡。肺泡隔充血、出血、水肿,隔细胞肿胀,因此肺泡界限不清,大多难以辨认,有些肺泡缩小,其上皮肿胀或脱落,肺泡腔中可见数个巨噬细胞、上皮细胞,有些肺泡扩张,多空虚,或有几个巨噬细胞和红细胞。细支气管充血、出血、水肿,管腔扩张,其中可见巨噬细胞、脱落上皮细胞、红细胞和浆细胞。

5.诊断

本病根据食入黑斑病甘薯后发病,且有特征性的症状和病变即可确诊。

6.防治

治疗原则是排除摄入的毒物,解毒和缓解呼吸困难,减少活动,对症治疗。

排除毒物:当牛吃入的毒物尚停留在瘤胃时,可采用洗胃方法将其洗出,必要时做瘤胃切开术取出瘤胃内容物。也可内服氧化剂,如0.1%高锰酸钾1 500～2 000 mL,或1%过氧化氢500～1 000 mL,一次灌服,当毒物已进入牛肠道时,可内服硫酸镁500～700 g,口服输补液盐200～300 g,常水6 000～7 000 mL;混合后一次灌服,以促使排出毒物。

缓解呼吸困难:用3%过氧化氢125～250 mL,生理盐水400～500 mL,混合后缓慢地静脉注射。也可用5%～20%硫代硫酸钠200～300 mL,维生素C 1～3 g,混合后静脉注射。

减轻肺的水肿:用10%氯化钙100～150 mL,50%葡萄糖500 mL,20%安钠咖注射液10 mL,混合后静脉注射。

预防本病主要是防止甘薯感染病原真菌,即用杀菌剂浸泡种薯,收获种薯时力求种薯表皮完整,保存时要注意干燥和清洁,温度控制在11～15℃。对已发生霉变的黑斑病甘薯应集中烧毁或深埋,禁止用其饲喂动物。

九、二噁英中毒

二噁英(dioxin)是一种毒性很强的含氯污染物,它是在纸浆漂白、垃圾焚烧以及生产以氯苯为母体的化工产品(如落叶剂酚、除草剂2,3,5-涕)过程中所产生的副产品。以血脂升高、白细胞增多、贫血等为特征。

1.病因

二噁英是指含有2个或1个氧键连接2个苯环的含氯有机化合物,它的英文名字"Dioxin"。二噁英化学名称为2,3,7,8-四氯-二苯基-对二噁英(2,3,7,8-tetrachloro-dibenzop-dioxin),俗称TCDD,它有75种同系物。与之相关的化合物还有两大类,一类是呋喃环结构,化学名为2,3,7,8-四氯二苯呋喃,它包括135种同系物。另一类是多氯联苯,化学名为3,3′,4,4′,5,5′-六氯二苯,它包括有209种同系物。由于Cl原子在1～9的取代位置不同,构成75种异构体多氯代二苯(PCDD)和135种异构体多氯二苯并呋喃(PCDF),通常总称为二噁英,其分子质量321.96,为白色结晶体,溶点302～305℃,500℃开始分解,800℃时21 s完全分解。其中有17种(2、3、7、8位被Cl取代的)被认为对人类和生物危害最为严重。其结构如图7-4所示。

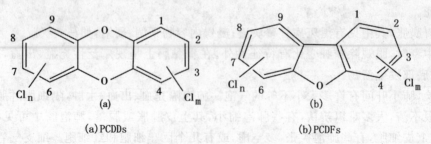

(a)PCDDs (b)PCDFs

图7-4 二噁英的分子结构

日常生活中所用的PVC(聚氯乙烯)塑料袋等含有氯的垃圾的燃烧也可产生二噁英,释放出来后悬浮于空气中,下雨时随雨水落到地面或庄稼表面,植物或动物吸收后就被污染。主要贮存于脂肪组织和肝脏中,而皮肤中含量最低。另外 TCDD 还是一种常用的三甲基胆蒽类酶诱导剂,可明显诱导鸟氨酸脱羧酶、细胞色素 P450 氧化酶、谷胱甘肽硫转移酶等酶的活性。

2. 毒理

在 75 种二噁英同系物中,有 17 种包括 TCDD 的化合物毒性较大,其毒作用大小受动物种属、品系以及年龄影响,其中豚鼠及幼龄动物对其最为敏感。进入人体的 TCDD 主要停留于机体脂肪组织内,机体对其代谢非常缓慢,消除半衰期为 8 年。二噁英进入动物体后对动物的主要毒性之一就是抑制免疫系统,导致对感染和肿瘤的抵抗力下降,类似于艾滋病毒,因此有"化学艾滋病毒"之称。

致癌毒性:二噁英是目前已知具有最强致癌作用的物质,具有多位点致癌的性质。

致畸毒性:在小鼠的实验证明,二噁英及其类似物可以引起腭裂、肾盂积水膨出、先天性输尿管阻塞。低剂量的二噁英对激素平衡有很大影响,二噁英通过引起雄性激素缺乏,使睾丸素合成减少,从而影响雄性大鼠的繁育功能。但二噁英对人的致畸作用尚未证明。

TCDD 的急性毒性、致癌性和致畸性等绝大部分作用是由 AH 受体(Aryl Hydrocarbon Receptor)介导的。AH 受体是一种特异性的胞内 TCDD 结合蛋白,一旦与 TCDD 结合后,可以在转录水平上控制基因表达,引起动物体发生畸形、癌症及突变。此外 TCDD 的毒性作用还可能与其他如肝细胞膜等靶组织的上皮生长因子(EGF)受体竞争性结合,改变蛋白激酶的活性,改变包括变形生长因子和干扰素在内的多个特异基因表达,以及升高血浆游离色氨酸水平,并进一步增强 5-HT 代谢有非常密切的关系。

3. 临床症状

TCDD 急性毒性主要特征是耗竭动物体内脂类组织,引起动物消瘦,并在几天或几周内死亡。

慢性和亚急性动物喂养实验结果表明,TCDD 主要引起动物肝脏坏死、淋巴髓样变、表皮疣、胸腺萎缩、胸腺细胞活性下降、血浆甲状腺激素水平下降、体重减轻、胸腺相对重量变少、肝脂丢失、细胞色素 P450 酶活性升高等。

病畜全身抑制,进行性体重降低,皮肤及其衍生物损害(结膜炎、角化过度症、秃毛、鳗状疹、皮肤溃疡),黏膜黄疸,消化紊乱,代谢障碍,肝、肾机能不全,患畜水肿、酸中毒,孕畜流产或产弱胎。从隐性期到出现症状 5～10 d。

鸡产蛋率急剧降低,蛋壳坚硬,孵化后的小鸡难以破壳,肉鸡精神萎靡,生长缓慢。

4. 病理变化

结膜贫血,黄疸,胸腹腔与心包积有浆性液体,脾萎缩,肾小管上皮坏死,血管球性肾炎,肝营养不良。

5. 诊断

诊断流程见图 7-5。但需和下述疾病鉴别。

(1)慢性氟中毒、锰中毒、汞中毒、有机氯中毒以及 2,4-D、2,4,5-T 和均三氮苯类衍生物中毒时,动物也呈现全身抑制、生长迟缓、皮肤及其衍生物损害、流产或产弱胎。

(2)与黄曲霉素、硝酸盐和亚硝酸盐中毒一样,这类中毒也表现皮下水肿、腹水和心包积水等。

(3)在植物源毒物中,必须注意肝病性中毒(采食了菊科、羽扇豆及棉属植物)和由光敏作用(采食了三叶草、金丝桃、荞麦、苜蓿属植物等)引起的皮肤损害等。

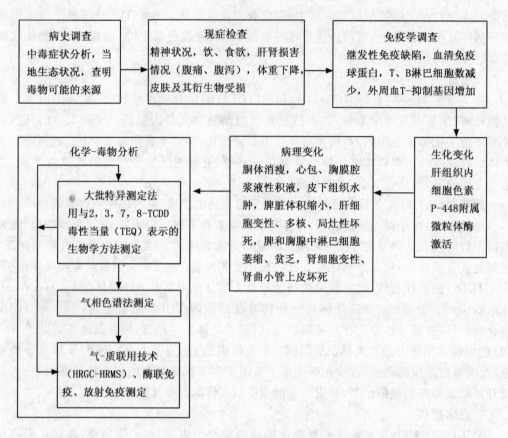

图 7-5 二噁英中毒诊断流程图

6.防治

二噁英对人畜的威胁并不是最近的事情。二噁英在人类的工业活动中随地可能产生,因此最主要的预防方法就是控制好二噁英的生产源。从政府角度来看,应该严格抓紧立法,强制性规定水、空气、食品中的二噁英限量标准,并执行严格的监督检查。严格控制生产含氯化合物的化工企业以及使用含氯化合物造纸的企业,做好废气、废水、废物的处理;高度重视垃圾焚烧技术,治理环境污染,走可持续发展道路。

从生产者角度来讲,应该严格遵守国家的有关法律、法规规定,自觉接受食品监督机构的检查,不私自加工饲料,发现可能的污染源及时向有关部门报告处理。

十、喹乙醇中毒

喹乙醇(olaquindox),又名喹酰胺醇、快育诺、倍育诺等。由于喹乙醇具有提高畜禽生长率、改善饲料转化率和抗菌作用,并有用量少、价格便宜、使用方便、不易产生耐药性及防治禽霍乱效果显著等优点,因此在养禽业中得到广泛应用,促进了生产的发展。但使用不当常容易引起中毒。

喹乙醇中毒主要发生于鸡等禽类。病鸡临床特征为冠紫、死前挣扎。

1.病因

(1)盲目加大剂量或计算错误。

(2)喹乙醇拌料时混合不均匀,致使摄入过量而中毒。

（3）有些饲料厂家在饲料中已添加喹乙醇，当动物发病时养殖户还在饲料中添加造成中毒。

（4）连续使用喹乙醇的时间过长，在体内蓄积中毒。

2.毒理

喹乙醇在大量使用后损伤肾上腺皮质，导致肾上腺皮质激素分泌减少与电解质平衡的失调，表现出高血钾症和低血钠症，同时由于中毒动物的心、肝、肾等器官出血、变性及坏死而最终引起动物死亡，或者一旦受到应激因子的刺激，即表现出应激性出血等中毒症状。

3.临床症状

病鸡采食减少或停止，精神不振，缩头，鸡冠呈紫黑色，拉黄白色稀粪。死前痉挛、角弓反张。据有关报道，喹乙醇中毒后引起死亡较为迟缓，一般在停药后 2～3 d 才开始大批死亡，死亡持续一段时间才能停息。并且其死鸡病理变化，与新城疫或最急性禽霍乱相似。

4.病理变化

口腔内有多量黏液，血液凝固不良，心肌弛缓，心外膜严重充血、出血，部分死鸡的心肌出血。腺胃黏膜色黄易脱落、充血间有出血、溃疡。肌胃角膜下有出血小斑；腺胃与肌胃交界处有出血带。小肠呈出血性炎症变化，盲肠扁桃体肿胀、出血，盲肠充血、出血，泄殖腔充血，子宫和卵巢充血。肝脏和肾脏淤血肿大，肝肿大 2～3 倍，呈暗褐色，质脆；肾肿大 3～5 倍，呈黑红色，质地软易破碎。胆囊肿大充盈。

5 诊断

根据发病经过，有过超正常喂喹乙醇史或正常量喂用时间过长的病史，结合临诊症状、死鸡病理剖检变化等特点，即可诊断。

在诊断时应注意与鸡新城疫、鸡传染性法氏囊病和鸡巴氏杆菌病相鉴别。

喹乙醇中毒死亡病例，腺胃乳头出血，泄殖腔出血等酷似鸡新城疫病变，但血球凝集反应（HA）试验阴性，可与鸡新城疫相鉴别。喹乙醇中毒出现的肌肉出血，腺胃与肌胃交界处有出血、溃疡等酷似鸡传染性法氏囊病，但法氏囊不肿大，琼扩试验阴性，死亡持续十几天，可与鸡传染性法氏囊病相区别。

喹乙醇中毒时各脏器及心冠脂肪出血，心包积液，肝出血并有坏死点，十二指肠弥漫性出血等与鸡巴氏杆菌病相似，但细菌检查阴性，可与鸡巴氏杆菌病相鉴别。

6.防治

目前尚无有效的解毒药治疗，主要是预防。使用喹乙醇时应注意：

（1）严格地按规定的添加量应用。据我国的《兽医药品规范》规定，每 1 000 kg 家禽的饲料添加喹乙醇 25～35 g。按此规定的添加量已满足家禽生长的需要，不要盲目加大用量，近年来在欧共体国家喹乙醇已被禁用。

（2）为了预防和治疗家禽某些细菌性疾病，也应严格控制剂量和用药时间，预防量为 1 000 kg 饲料中添加 80～100 g，连用 1 周后，应停药 3～5 d；治疗量按病禽每千克体重用 20～30 mg 喹乙醇，混于饲料中喂服，1 次/d，连用 2～3 d，必要时隔几天重复一个疗程。

（3）饲料中添加喹乙醇时要充分混合均匀。应先将喹乙醇与少量的饲料混合均匀，然后逐级扩大搅拌均匀，最后再混入全部饲料中，可防止少数家禽摄食量过大而中毒。

（4）防止重复添加，应了解所购的配合饲料是否已添加喹乙醇。

第三节 农药、化肥和环境污染物中毒

一、有机磷中毒

有机磷农药(organophosphorus pesticide)，为有机磷酸酯类化合物，为目前广泛使用的高效杀虫剂，依据其毒性强弱，分为三大类。

剧毒类：甲拌磷(3911)、内吸磷(1059)、对硫磷(1605)、甲基对硫磷(甲基1605)等；

高毒类：甲基内吸磷(1059)、二甲硫吸磷、敌敌畏、乐果、亚胺磷等；

低毒类：敌百虫、马拉硫磷(4049)等。

有机磷农药中毒是由于畜禽接触、吸入或误食含有某种有机磷农药的食物而引起的一种中毒性疾病。临床上以体内胆碱酯酶活性受抑制，导致神经生理机能紊乱为特征。

1.病因

误食喷洒过有机磷农药的蔬菜、青草、种子、农作物或灭鼠的毒饵；采食或饮用被有机磷农药污染的饲料、饮水；用有机磷农药(如敌百虫)驱虫时用药量过大或被舔食；用有机磷农药喷雾灭虫时经呼吸道吸入等，均可导致本病的发生。

2.毒理

有机磷中毒的共同作用机制是抑制胆碱酯酶活性。

在正常生理状态下，动物机体内神经冲动的传递是依靠胆碱能神经末梢释放的乙酰胆碱来完成的，乙酰胆碱来完成其生理功能后，在胆碱酯酶的作用下，被迅速分解成乙酸和胆碱，然后再合成再传递，循环往复，保证了神经冲动在神经之间和神经与肌肉之间的顺利进行。

当有机磷通过各种途径进入动物体内后，其磷酰基与血液中胆碱酯酶的活性部分紧密结合，形成稳定的磷酰化胆碱酯酶，而使体内胆碱酯酶的活性下降，失去分解乙酸胆碱的能力，导致乙酰胆碱在胆碱能神经末梢和突触部大量蓄积，并持续不断地刺激胆碱能受体，并抑制仅有的乙酰胆碱酯酶活力，造成胆碱能神经高度兴奋，继而麻痹胆碱能神经突触的冲动传递，出现一系列的中毒症状。

3.临床症状

因农药种类、摄入量、病畜品种及个体差异等的不同，其所表现的症状及程度存在较大差异。但都表现为胆碱能神经受乙酰胆碱的过度刺激而引起过度兴奋的现象，主要呈现毒蕈碱样、烟碱样以及中枢神经系统症状。

(1)轻度中毒　以毒蕈碱样症状为主，病畜精神沉郁或不安，食欲减退，猪、犬等单胃动物发生呕吐，牛、羊等反刍动物反刍减少或停止，流涎，轻微出汗，排稀便，尿频、心跳减慢、咳嗽、气喘等。血液胆碱酯酶活性轻度降低。

(2)中度中毒　上述症状更加严重，如瞳孔缩小、腹痛、腹泻、全身出汗甚至汗淋漓，心跳急速，呼吸困难或张口呼吸，严重者出现肺水肿等。同时呈现烟碱样作用症状，全身肌纤维震颤，甚至痉挛，最后发展为肢体麻痹。常因呼吸中枢麻痹和肺水肿而窒息死亡。血液胆碱酯酶活性显著降低。

（3）重度中毒　主要表现中枢神经系统中毒症状。病畜体温升高,兴奋不安,全身肌肉震颤,排粪排尿失禁,而后突然倒地,抽搐,昏睡,瞳孔极度缩小,因全身循环衰竭而死亡。血液胆碱酯酶活性急剧降低,甚至降到正常的30%以下。

牛、羊主要以毒蕈碱样症状为主,猪、犬则以烟碱样症状为主。禽类常以急性中毒为主。

4.病理变化

胃肠弥漫性出血,黏膜易脱落,胃、肌胃或皱胃内容物呈大蒜气味,肺充血、出血或水肿,支气管内充满白色泡沫,肝、脾肿大、淤血,肾混浊肿胀等。

5.诊断

根据有接触有机磷农药的病史,特征性的胆碱能神经兴奋症状,结合胃内容物的特殊蒜臭味等变化,可作出初步诊断。

必要时,对病料进行有机磷化合物的定性或定量分析,结合血液胆碱酯酶活力测定结果,可以确诊。

6.防治

治疗原则是消除病因,用特效解毒药解毒,采取排毒措施,消除残留的毒物,阻止毒物继续吸收,同时对症治疗。

（1）消除病因　立即停喂被有机磷污染的食物和饮水。

（2）特效解毒药解毒　常用乙酰胆碱对抗剂结合胆碱酯酶复活剂进行解毒。阿托品为乙酰胆碱的拮抗剂,可迅速缓解病情。但因其仅能解除毒蕈碱样症状,对烟碱样症状无效,也无恢复胆碱酯酶活力的作用,应与胆碱酯酶复活剂联合使用,以增强疗效。

阿托品的剂量为:牛、羊每千克体重0.25 mg,猪、犬每千克体重0.5～1 mg,一次皮下或肌内注射,严重中毒病例可用其总量的1/3混于糖盐水缓慢静脉注射,其余2/3皮下或肌内注射,经1～2 h症状未见减轻时,可重复用药,直到出现阿托品化（即口腔干燥,出汗停止,瞳孔散大,心跳加快等）时,改用维持量,每隔3～4 h用药一次,持续1～2 d。

禽类阿托品用量,鸡0.1～0.25 mg/只,鸭鹅0.5 mg/只,皮下或肌内注射。

常用的胆碱酯酶复活剂有解磷定、氯磷定、双解磷和双复磷等。

解磷定剂量为:家畜每千克体重15～30 mg,溶于5%葡萄糖盐水或0.9%生理盐水配成2.5%～5%溶液,缓慢静脉注射,也可皮下注射。以后每隔2～3 h重复一次,剂量减半,直至症状缓解。鸡每只8～20 mg,鸭、鹅每只30 mg,皮下注射。也可用氯磷定,剂量及用法同解磷定。

解磷定作用快速,作用时间短（1.5～2 h）,对大部分有机磷农药的解毒效果良好,但对敌百虫、乐果、敌敌畏、马拉硫磷等有机磷农药的解毒作用则较差。因其遇碱变成剧毒氰化物,忌与碱性药物配伍使用。

氯磷定毒性小于解磷定,但对乐果中毒的疗效较差。

另外,还可用双复磷,剂量为解磷定的一半,用法相同。双复磷作用强而持久（较解磷定强7～10倍）,且能通过血脑屏障,有阿托品样作用。对急性内吸磷、对硫磷、甲拌磷、敌敌畏中毒的疗效良好,但对慢性中毒效果不佳。

（3）采取排毒措施,消除残留的毒物　由消化道食入引起的中毒,可灌服2%～3%碳酸氢钠液、1%盐水或温清水（忌用热水）,反复多次洗胃,洗胃完毕灌服活性炭。经皮肤中毒者,用石灰水、3%碳酸氢钠、0.5%氢氧化钠或冷肥皂水反复洗刷皮肤、被毛。

敌百虫中毒时,以用盐水或清水为宜,禁用碱性水溶液进行洗胃和皮肤清洗处理,否则敌百虫遇碱变成毒性更强的敌敌畏。对硫磷、内吸磷等农药中毒时,忌用氧化剂(如高锰酸钾)洗胃,因这类农药遇氧化剂变成毒性更强的对氧磷。

禽类有机磷中毒时,可用低浓度碳酸氢钠液、盐水或温清水冲洗嗉囊或采用嗉囊切开术取出带毒食物,也可灌服盐类泻剂排毒。

(4)对症治疗　根据病情,及时进行对症治疗。输糖补液,增加肝脏解毒功能和肾脏排毒功能;呼吸困难时,可输氧或注射呼吸兴奋剂如 25％尼可刹米或樟脑;出现肺水肿时,注射地塞米松。

(5)预防措施　妥善保管有机磷农药,避免混入种子、稻谷、饲料和饮水,被家畜误食;禁止在喷洒有机磷农药的农田或牧场内采食和放牧;用有机磷农药驱虫时,应严格掌握用量。

二、磷化锌中毒

磷化锌(zinc phosphide,Zn_3P_2)为目前国内常用的一种廉价速效杀鼠剂,有类似大蒜臭味。多数动物中毒剂量为每千克体重 20～50 mg。

1.病因

主要因误食灭鼠毒饵或者是食入被磷化锌污染的饲料所致。

2.毒理

磷化锌毒物进入体内后,在胃内盐酸作用下,迅速分解产生氯化锌和磷化氢。磷化氢为一种剧毒的气体,能直接刺激呼吸道,引起呼吸困难。被机体吸收后分布于心、肝、肾和骨骼肌等组织器官,抑制组织的细胞色素氧化酶,影响细胞内代谢过程,使组织器官遭受损害,出现休克或昏迷。氯化锌具有强烈的腐蚀性,能刺激胃肠黏膜,引起充血、出血和溃疡。

3.临床症状

多于摄入毒物后一至数小时发病,病初主要表现消化道症状,表现呕吐和腹痛,呕吐物有蒜臭味,在暗处有磷光。有的病畜发生腹泻。随着病情发展,病畜表现呼吸困难,心律缓慢,节律不齐,尿色发黄或红黄,并可出现蛋白尿。初期尖叫、狂奔、共济失调,后期呼吸极度困难、肌肉痉挛,抽搐,昏睡,最终因缺氧窒息而死亡。

4.病理变化

剖检发现,胃肠道充血、出血、肠黏膜脱落,肝、肾淤血,混浊肿胀,肺间质水肿,气管内充满泡沫状液体。

5.诊断

根据与磷化锌接触病史,呕吐物带有大蒜臭味,在暗处呈现磷光等变化,可作出初步诊断。取呕吐物、胃内容物或残剩饲料进行磷化锌毒物分析,可确诊。

6.防治

本病目前尚无特效疗法。

发现中毒病畜,立即灌服 0.5％～1％硫酸铜溶液进行催吐。硫酸铜既有催吐作用,且能与磷化锌生成不溶性磷化铜沉淀,从而阻止毒物吸收而降低毒性。

也可用 5％碳酸氢钠溶液或 0.05％～0.1％高锰酸钾溶液进行洗胃,碳酸氢钠能提高胃内 pH 值,阻止磷化锌转化为磷化氢气体,而高锰酸钾能使磷化锌变为毒性较低的磷酸盐。

洗胃后,用硫酸钠导泻,禁用硫酸镁,因其与胃内的磷化锌生成盐卤反应物氯化锌加重中毒;亦不宜用蛋清、牛奶、油类泻剂,以免促进磷的吸收;禁用氯磷定、解磷定等药物解毒,以免增加锌的毒性。

同时采取强心、保肝等对症治疗措施。

预防主要是加强磷化锌的保管和使用,防止散毒。用毒饵灭鼠时,应作警示,防止家畜误食。

三、氨基甲酸酯类农药中毒

氨基甲酸酯类农药中毒(carbamates poisoning)是指动物摄入含该类药物的饲料后,胆碱酯酶活性受到抑制,而出现以胆碱能神经兴奋为主要症状的中毒性疾病。目前常用的氨基甲酸酯类农药主要有:西维因、呋喃丹、速灭威、叶蝉散、巴沙、灭多威、万灵等。

1.病因

误食含有氨基甲酸酯农药的食物或直接接触氨基甲酸酯农药所致。

2.毒理

与有机磷农药中毒相似,主要是抑制胆碱酯酶活性,造成体内乙酰胆碱大量蓄积,迅速引起中毒症状。但其毒性作用较有机磷农药中毒为轻。

3.临床症状

本病发病迅速,临床症状较轻,症状消失也快。

中毒的症状与有机磷农药中毒相似。

4.病理变化

急性中毒,剖检发现,肺、肾的局部充血和水肿,胃黏膜点状出血。慢性中毒时可见神经肌肉损害。

5.诊断

根据接触农药的病史,胆碱能神经兴奋临床症状,结合全血胆碱酯酶活性降低,可初步诊断。对可疑饲草料、饮水和胃肠内容物进行氨基甲酸酯类农药的定性和定量分析,可确诊。注意:本病应与有机磷中毒进行鉴别。

6.防治

本病治疗措施与轻度有机磷农药中毒相同。

阿托品为治疗氨基甲酸酯类农药中毒首选药物,具体应用剂量和方法参照有机磷中毒。同时,采取相应的对症治疗措施。

注意:氨基甲酸酯类农药中毒时,忌用胆碱酯酶复能剂(如解磷定等)解毒治疗。因使用胆碱酯酶复能剂可增强毒性和抑制胆碱酯酶活性,反而加重病情。

预防参照有机磷农药中毒。

四、砷及砷化物中毒

砷化物(arsenide)包括有机砷化物和无机砷化物两类。无机砷化物包括三氧化二砷、五氧化二砷、三硫化二砷(雌黄)、二硫化二砷(雄黄)、砷酸钠等;有机砷化物包括有甲基砷酸钙(稻宁)、甲基砷酸铁胺(田安)、甲基氰砷(砷-37)、新砷凡钠明(914)及胂苯胺酸钠等。

所有砷化合物均有毒,但无机砷化物毒性要强于有机砷化物。其中以三氧化二砷(AS_2O_3,俗称砒霜)的毒性最强。

畜禽对三氧化二砷口服致死量分别为:牛 15～30 g、羊 10～15 g、猪 0.5～1.0 g、家禽 0.05～0.1 g。

1.病因

误食含砷农药处理过的农作物、种子、蔬菜、牧草,灭鼠用的含砷毒饵,被砷化物污染的饲料或饮水。另外,使用含砷药物治疗畜禽疾病时,用药过量也可引起中毒。

2.毒理

砷为一种细胞原浆毒,砷化物进入机体内后,对消化道黏膜有直接腐蚀作用,同时也可与多种巯基酶(尤其丙酮酸氧化酶)的巯基结合,使其丧失活性,阻碍细胞的氧化和呼吸作用,导致组织、细胞死亡。砷还可以使血管平滑肌发生麻痹,毛细血管扩张,使血管通透性增加,导致血浆和血液外渗。

3.临床症状

本病主要以肝、肾、神经系统的损害,出血性胃肠炎及其内容物有蒜臭味为特征。

(1)急性中毒　主要呈现重度的胃肠炎症状。呕吐,腹痛,腹泻,粪便混有血液和脱落黏膜,带蒜臭样气味(砷化氢,AsH_3),有时排血尿。口腔黏膜潮红、肿胀,齿龈呈暗黑色,严重的黏膜脱落、出血、溃烂,有大蒜样气味;发病后期,食欲废绝,呼吸急促,惊厥,随后转为沉郁,肌肉震颤,共济失调,体温下降,一般经数小时至 1～2 d,因呼吸和循环衰竭而死亡。

(2)慢性中毒　主要表现消化功能紊乱和神经功能障碍的症状。食欲减退或废绝,精神沉郁,反应迟钝,消瘦衰弱,四肢乏力或发生麻痹,呈恶病质状态。口腔黏膜红肿并有溃疡,经久不愈。呕吐,顽固性便秘和下痢交替的胃肠炎症状。呼吸困难,有时排血尿。

4.病理变化

(1)急性中毒　胃及小肠黏膜充血、出血、水肿、糜烂甚至溃疡。实质器官肝、脾、肾充血肿大,脂肪变性。

(2)慢性中毒　主要表现贫血、消瘦和水肿。皮肤过度角质化,胃、肠黏膜慢性炎症变化。

5.诊断

根据接触毒物的病史、临床症状和病理解剖结果作出初步诊断,确诊需采集胃内容物或污染饲料等进行毒物的实验室分析。

本病应注意与重症禽霍乱、心肌炎和脑炎鉴别。

6.防治

治疗原则是促进毒物的排出,应用特效的解毒剂解毒和对症治疗。

(1)促进毒物的排出　经消化道吸收的中毒,及早用温水,生理盐水、0.1%高锰酸钾或 2%氧化镁溶液洗胃。洗胃后投服活性炭及氧化镁,或投服氢氧化铁溶液(取硫酸亚铁与氧化镁配制而成,氢氧化铁能与可溶性的砷化物生成亚砷酸铁沉淀,达到解毒目的)。亦可灌服蛋清水、牛奶、豆浆等解毒。

砷化物中毒时,忌用碱性药物,以避免形成易溶性亚砷酸盐,而促进毒物的吸收。

砷化物多经肾脏排出,可用输液增加尿量或用利尿药如甘露醇,促进毒物从尿液排出。

(2)应用特效解毒剂解毒　巯基类化合物为砷化物中毒的特效解毒药。10％二巯基丙醇,肌肉或静脉注射,首次剂量为每千克体重 5 mg,以后减半,每隔 4 h 1 次,用药次数逐日递减,直到中毒症状解除。也可用 5％二巯基丙磺酸钠液(每千克体重 5～8 mg)或 5％～10％二巯基丁二酸钠液(每千克体重 20 mg),静脉注射;另外,还可用 10％～20％硫代硫酸钠液。

(3)对症治疗　根据病情,及时进行补液、强心,保肝等对症治疗措施。

妥善贮存含砷农药,防止其污染饲料、农作物或饮水;应用砷剂治疗疾病或使用含砷饲料添加剂时,严格控制剂量,以防中毒。

五、氟及氟化物中毒

自然界中氟多以化合物的形式存在,氟化物包括有机氟化物和无机氟化物两类。生产上常用的无机氟化物有氟化钠、氟硅酸钾等;有机氟化物主要有氟乙酰胺、氟乙酸钠等。氟化物均有毒,如用量过人或长期连续摄入都可导致中毒。

(一)无机氟中毒

无机氟化物中毒(inorganic fluoride poisoning)分急性中毒和慢性中毒两类,临床上多以慢性中毒为主。

慢性氟中毒,也称氟病(fluorosis),是指动物长期连续摄入无机氟含量高的草料、饮水等而导致无机氟在体内蓄积所引起的全身器官和组织的毒性损害。临床上以异嗜、生长发育不良、骨骼变脆、变形、氟斑牙为特征。常呈地方性群发。

1.病因

(1)急性氟中毒　多见于用无机氟化物(如氟化钠)驱虫时用量过大。

(2)慢性氟中毒　长期采食或饮用自然高氟地区的含氟量高的牧草、饮水;长期饲喂未脱氟或脱氟不彻底的矿物质添加剂(如过磷酸钙、天然磷灰石等);长期摄入受工业污染导致的高氟牧草、饲料和鱼粉产品等,均可导致本病的发生。

2.毒理

家畜一次摄入大量无机氟化物后,在胃内氟立即与胃酸作用,产生氢氟酸,直接刺激胃肠道黏膜,表现呕吐、腹痛、腹泻等急性胃炎症状;氟化物被吸收进入血液后,与血液中钙、镁离子结合,出现低血镁和低血钙症的急性中毒症状。

而家畜在长期连续摄入含无机氟的食物、饮水后,进入机体内的无机氟与血液中的钙结合形成不溶性的氟化钙,导致血钙降低。低血钙一方面可刺激甲状旁腺分泌甲状旁腺素,加速骨的吸收,使钙从骨组织中游离出来,使血钙水平保持正常;另一方面则抑制肾小管对磷的再吸收,导致尿磷增高,影响钙、磷代谢,从而使骨骼中不断释放钙,引起成年动物骨骼脱钙。同时氟影响的骨基质胶原使骨基质性质改变也影响了骨盐沉积,引起动物骨质疏松,易于骨折。而氟化钙大部分沉积在骨组织中,使骨质硬化,密度增高。氟对骨的双向作用使动物骨质出现硬化、疏松或两者共存一体。生长中的动物则因钙盐吸收减少而使牙齿、骨骼钙化不足,形成对称性斑釉齿和牙质疏松,易于磨损;同时,骨骼疏松膨大、变形。由于成骨细胞和破骨细胞的活动,骨膜和骨内膜增生,使骨表面产生各种形状的、白色的、粗糙的、坚硬的外生骨赘。

除引起骨骼和牙齿的严重损伤外，氟也是一种细胞原浆毒，神经对其特别敏感，还可导致机体其他组织器官结构和功能改变。

无机氟化物在体内主要贮存于骨、软骨及牙齿中，主要通过肾脏排泄，约75%的氟由尿排出。

3.临床症状

①急性氟中毒。多在食入过量氟化物半小时后出现症状，病初表现呕吐、腹痛、腹泻，随后出现感觉过敏，呼吸困难、肌肉震颤或抽搐，严重发生虚脱。常在中毒后数小时内死亡。

②慢性氟中毒。牛羊对氟最敏感。幼畜在哺乳期内一般不表现症状。断奶后，随着氟摄入量的增加，逐渐出现被毛粗乱、食欲减退，生长发育缓慢，消瘦，行动迟缓，常有异嗜，出现牙齿和骨骼的损伤，随年龄的增长日趋严重，呈现未老先衰。

牙齿的损伤是本病的早期特征之一。牙釉质无光泽，呈黄色或褐色，形成凹痕，牙齿松动柔嫩，齿缘残缺不齐，过度磨损、破裂，动物采食困难。

骨骼变化随着家畜体内氟的不断蓄积而变明显，首先在跖骨、掌骨、下颌骨和肋骨呈对称性肥厚，形成骨疣，发生可见的骨变形。关节周围软组织发生钙化，导致关节强直，动物行走困难，甚至出现明显的跛行。严重病例，脊柱和四肢僵硬，腰椎及骨盆变形，易骨折。

X线检查，骨质密度增大或异常多孔，骨髓腔变窄，骨外膜呈羽状增厚，骨小梁形成增多。

血液学变化，肝、肾碱性磷酸酶和酸性磷酸酶活性降低，血清钙水平降低、碱性磷酸酶活性升高。

4.病理变化

病变主要集中于牙齿和骨骼。受损骨呈白垩状，粗糙，多孔，常有数量不等的膨大，形成骨赘。骨磨片可见骨质增生，成骨细胞集聚，骨单位形状不规则，甚至模糊不成形，哈氏管扩张，骨细胞分布紊乱，骨膜增厚。心、肝、肾等有变性变化。

5.诊断

急性氟中毒依据据病史及胃肠炎等表现而诊断。慢性氟中毒依据牙齿损伤、骨骼变形及跛行等特征症状，结合骨骼、尿液氟含量及血液、骨骼中碱性磷酸酶活性变化的检测分析即可确诊。

应与铜缺乏、铅中毒及钙磷代谢紊乱性疾病相鉴别。

6.防治

治疗急性氟中毒，猪、犬、猫等家畜可用硫酸铜催吐，也可灌服牛乳，蛋清、浓茶等解毒。牛羊等反刍家畜可用0.5%氯化钙或石灰水洗胃；血钙、血镁降低时，应及时静脉注射氯化钙或葡萄糖酸钙及硫酸镁溶液，配合应用维生素D。

慢性氟中毒，首先使病畜脱离病区，供给低氟草料和饮水，饲料中添加钙剂（如磷酸氢钙或硫酸钙）或口服乳酸钙，饮水中添加活性氧化铝或硫酸铝，也可静脉注射葡萄糖酸钙或氯化钙，缓解中毒症状。同时相应作对症处理。而牙齿和骨骼的损伤则难以恢复。

预防：①避免将高氟水源作为畜禽饮用水，否则应对水进行脱氟处理，避免在自然高氟区放牧，或低氟牧场与高氟牧场轮换放牧；对补饲的磷酸盐应尽可能脱氟，不脱氟的磷酸盐氟含量不应超过1 000 mg/kg，且在日粮中的比例应低于2%，减少氟的来源。②饲草料添加充足的矿物质和维生素,尤其是钙、磷、镁、铝、硼、硒,以及维生素 C、维生素 D 和维生素 E。③积极治理工业污染,减少氟的排放。用氟化物驱虫时,避免用量过大。

(二)有机氟中毒

有机氟化物主要有氟乙酰胺(又称灭鼠灵或三步倒)、氟乙酸钠及氟乙酰苯胺等。有机氟中毒(organic fluoride poisoning)是指家畜误食氟乙酰胺、氟乙酸钠等有机氟农药而引起的一种中毒疾病。临床上以呼吸困难、口吐白沫、兴奋不安为特征。各种家畜都可发生,犬、猫较多发生。

1.病因

采食或饮用了被有机氟农药污染的饲草、饲料及饮水,或误食灭鼠毒饵及被有机氟毒死的鼠类所致。

2.毒理

有机氟化物经消化道、呼吸道及皮肤进入体内,被活化形成具有毒性的氟乙酸。氟乙酸在脂肪酰辅酶 A 合成酶的作用下,与辅酶 A 缩合为氟乙酰辅酶 A,在柠檬酸缩合酶的作用下,与草酰乙酸缩合,生成氟柠檬酸。氟柠檬酸的结构与柠檬酸相似,与柠檬酸竞争三羧酸循环中的顺乌头酸酶,抑制其活性,阻止柠檬酸代谢,导致三羧循环中断。造成机体组织和血液中柠檬酸蓄积,不能进一步氧化、放能,三磷酸腺苷(ATP)生成受阻,细胞的呼吸和功能发生障碍,组织细胞失去能量供给而发生损害。以心、脑组织受害最为严重。同时,氟柠檬酸对中枢神经还有一定的直接刺激性损害。

有机氟在动物机体内代谢、分解和排泄较慢,可引起蓄积中毒。在相当长的时间内,因误食有机氟中毒而死亡的动物组织,可引起家犬、猫等发生二次中毒。

犬猫对有机氟化物最敏感,内服每千克体重 0.05~0.2 mg 即可致死。

3.临床症状

主要表现中枢神经系统和循环系统机能障碍的症状。

(1)急性中毒 突然发病,先呈现流涎,吐白沫,兴奋不安、狂奔、乱撞,继而倒地痉挛、抽搐,角弓反张,尖叫,呼吸困难,心跳急速,频排粪尿,瞳孔散大,体温降低。常于症状出现后数小时内因呼吸抑制和心力衰竭而死亡。

(2)慢性中毒 主要表现精神沉郁,食欲减退或废绝,喜卧,不愿走动,心律不齐,全身肌肉震颤。病程持续 3~5 d 后,突发惊恐,狂暴,尖叫,全身抽搐,终因呼吸抑制和循环衰竭而死亡。

猪、犬、猫多以急性中毒为主,主要表现中枢神经系统症状,牛、羊主要表现循环系统症状,以慢性中毒多见。

4.病理变化

胃肠黏膜出血,呈现卡他性或出血性胃肠炎。脑膜充血、出血,心肌变性松软,心内、外膜有出血斑点,血凝不良。

5.诊断

依据有接触有机氟农药的病史,结合临床症状和剖检变化等特点,可作出初步诊断。取可疑样品(饲料、饮水、呕吐物或胃内容物)进行有机氟化合物的定性和定量分析,结合血液柠檬酸含量的测定结果,可以确诊。

应与有机磷、有机氯、士的宁中毒及急性胃肠炎等疾病进行鉴别。

6.防治

治疗原则是消除病因,促进毒物的排除,减少毒物吸收,应用特效解毒药解毒和对症治疗。

(1)消除病因　停喂可疑饲料或饮水。

(2)促进毒物排除,减少毒物吸收　单胃动物(犬、猫和猪)用硫酸铜催吐,如食入毒物时间较长,同时灌服 5%～10%硫酸钠或硫酸镁溶液导泻;反刍动物可用 0.05%～0.1%高锰酸钾、1∶500 石灰水或淡肥皂水反复洗胃,再灌服蛋清或灌服适量活性炭末,最后用硫酸镁导泻。病畜也可灌服绿豆汤解毒。

(3)应用特效解毒药　50%乙酰胺(解氟灵)每千克体重 0.1～0.3 g,用 0.5%盐酸普鲁卡因溶液稀释,肌内注射,首次用量加倍,每隔 4 h 注射 1 次,连续用药 3～5 d,直到抽搐现象消失为止,可重复用药。

(4)乙二醇乙酸酯(又名醋精)　100 mL 溶于 500 mL 水中内服,或按每千克体重 0.125 mL 肌内注射;也可用 5% 乙醇和 5%醋酸,按每千克体重各 2 mL 混合内服;牛还可用 95%乙醇 100～200 mL,加水适量内服,每日 1 次。

(5)对症治疗　解除呼吸抑制,可用尼可刹米、氨茶碱;强心可静脉注射 25%～50%葡萄糖溶液、10%安钠咖等;控制脑水肿可静脉注射 20%甘露醇溶液(或 25%山梨醇溶液)。血钙下降时,可静脉注射 10%葡萄糖酸钙或氯化钙溶液。

有机氟中毒动物的心脏常遭受损害,静脉注射药物须十分缓慢。

预防应加强对有机氟农药的保管、使用,防止散毒;投放灭鼠毒饵应作警示,对中毒死亡的动物尸体要深埋,以免误食。

第四节　有毒动植物中毒

一、疯草中毒

疯草(locoweed)是豆科棘豆属(*Oxytropis*)和黄芪属(*Astragalus*)有毒植物的统称,是世界范围内危害草原畜牧业生产可持续发展最严重的毒草。由疯草引起的动物中毒,称为疯草中毒(locoism),或称疯草病(loco-disease)。临床症状以头部震颤,后肢麻痹等神经症状为主,母畜繁殖力下降。发病动物主要是山羊、绵羊和马,牛的自然中毒较为少见。

1.病因

疯草中毒多因在生长有棘豆属和黄芪属植物的草场放牧所致。在青草季节,因棘豆草有不良气味,动物一般不采食,而采食其他牧草。进入冬季枯草季节,牧草相对缺乏时,动物才有可能采食疯草而中毒。一般每年 11 月份动物开始发病,翌年 2～3 月份达到高峰,死亡率上升,5～6 月份停止发病。发病动物能耐过者,进入青草季节后,病情可能好转。但在新发病区,或刚从外地购入的家畜不能识别这些有毒的牧草,全年任何季节均可发生中毒病。

我国有疯草类有毒植物 45 种(黄芪属 22 种,棘豆属 23 种),构成严重危害的有 12

种,主要分布于内蒙古、宁夏、甘肃、青海、新疆、西藏、陕西、四川等省区,分布面积超过1 100万 hm²,约占全国草场总面积的2.8%、西部草场面积的3.3%。现已成为影响我国西南、西北牧区危害草原畜牧业可持续发展的主要毒草,已形成典型的"生态经济病"。

2. 毒理

疯草的主要有毒成分是苦马豆素(Swainsonine,SW)和氧化氮苦马豆素(Molyneux等,1982)。研究认为,SW阳离子与体内甘露糖苷阳离子的空间结构极为相似,而且对甘露糖苷酶有高度的亲和性,从而竞争性抑制溶酶体中的 α-甘露糖苷酶,造成甘露糖苷贮积,同时又抑制糖蛋白的合成,结果导致大量低聚糖不能代谢而积累在溶酶体内,最终出现一系列实质器官细胞空泡变性,功能紊乱,特别是神经细胞功能紊乱等一系列神经症状。中毒动物尿液中低聚糖排泄量增多。

3. 临床症状

自然条件下疯草中毒多呈慢性经过。

(1)山羊　病初,目光呆滞,食欲下降,精神沉郁,呆立,对外界反应迟钝。中期,头部呈水平震颤。呆立时仰头缩颈,行走时后躯摇摆,步态蹒跚,追赶时极易摔倒,放牧时不能跟群。被毛逆立,失去光泽。后期,出现拉稀,以至于脱水。被毛粗乱,腹下被毛手抓易脱。后躯麻痹,卧地不起。多伴发心律不齐和心杂音。最后衰竭死亡。

(2)绵羊　症状与山羊相似,只是症状出现较晚。中毒症状尚未明显时,用手提绵羊的一只耳朵,便可产生应激作用。棘豆中毒在绵羊则表现转圈,摇头,甚至卧地等症状。怀孕母羊多流产,或产仔孱弱,常有畸形。

(3)马　病初行动缓慢,不愿走动,离群站立,食欲正常。以后腰背僵硬,行动困难,易惊。后期则头颈僵直,视力减退,步态蹒跚,容易跌倒,转弯困难。最后,采食饮水困难,后肢麻痹,卧地,衰竭而死亡。

4. 病理变化

中毒羊可见极度消瘦,口腔及咽部有溃疡灶,皮下及小肠黏膜有出血点,胃及脾与横膈膜粘连,肾呈土黄、灰白相间,腹腔多量积液。大脑、脑网状系统、小脑、脊髓等神经元及胶质细胞有广泛空泡变性,脾脏和淋巴结以及肝细胞空泡化,甲状腺和肾上腺空泡变性。

5. 诊断

主要依据疯草中毒特有临床症状,如后躯麻痹,行走摇摆,头部呈水平震颤等。结合放牧采食疯草的病史,即可作出诊断。对中毒症状尚不明显的绵羊,可采用手提羊耳朵致应激作用,根据羊的表现作出初步诊断。

实验室检验:血象呈贫血征象,血色素指数基本正常,血液指数分析呈大红细胞性贫血。血清GOT和AKP活性明显升高,血清 α-甘露糖苷酶活性降低。尿液低聚糖含量增加,尿低聚糖中的甘露糖亦明显升高。

6. 防治

目前尚无特效疗法。用10%硫代硫酸钠等渗葡萄糖溶液,按每千克体重1 mL静脉注射有一定疗效。中毒后,应及时转移放牧草场,调整日粮,加强补饲,同时结合对症疗法,一般早、中期中毒病畜可以恢复健康。预防本病发生可采用围栏轮牧、化学除草、冬春季节适当补饲日粮控制疯草采食量等方法。

二、青冈树叶中毒

青冈树叶中毒(oak leaf poisoning)又称栎树叶中毒,一般是指壳斗科(Fagaceae)栎属(Quercus linn.)植物的幼芽、嫩叶、新枝和花序引起的动物中毒。本病以前胃弛缓,便秘或下痢,胃肠炎,皮下水肿,体腔积水及血尿、蛋白尿,管型尿等肾病综合征为特征。

1.病因

栎属植物是多年生的灌木或乔木,在我国约有 140 个种,广泛分布于华南、华中、西南、东北、华北及西北的部分地区。据报道,我国对耕牛有毒害作用的栎属植物除有 8 个种和 2 个变种("陕西标准"明确的槲树、槲栎、栓皮栎、白栎、锐齿栎、麻栎、蒙古栎、小橡子栎、辽东栎、栎树)外,还有水青冈、椴栎、黑铁匹木等几种。牛采食青冈树叶数量占日粮的 50％以上即可引起中毒,超过 75％则会中毒死亡。也有因采集青冈树叶喂牛或垫圈而引起中毒者。尤其是前一年因旱涝灾害造成饲草、饲料缺乏或贮草不足,翌年春季干旱,其他牧草发芽生长较迟,而青冈树返青早,放牧动物喜欢采食,常可造成大批发病死亡。

2.毒理

青冈树叶的有毒成分是栎丹宁(oaktannin)。青冈树叶中毒的实质是酚类化合物中毒,即高分子栎丹宁经生物降解产生低分子酚类化合物所致。

3.临床症状

典型临床特征为颌下、肉垂、腹下、股内侧等处皮下出现明显的局限性水肿;排粪由初期干硬到中后期排煤焦油样黏液便,恶臭难闻。尿液化验:酸性尿,尿蛋白呈强阳性。

4.病理变化

皮下、肌间呈胶冻样浸润,胸、腹腔积液,各个器官水肿、出血;肾曲细管变性和坏死,管腔中出现透明管型和颗粒管型。

5.诊断

可根据采食青冈树叶或橡子的病史,发病的地区性和季节性,以及水肿,肝肾功能障碍,排粪迟滞,血性腹泻等作出诊断。

6.防治

本病无特效解毒药,治疗原则为排出毒物、解毒及对症治疗。

(1)排出毒物　立即禁食青冈树叶,促进胃肠内容物的排出,可用 1％～3％盐水1 000～2 000 mL,瓣胃注射,或用鸡蛋清 10～20 个,蜂蜜 250～500 g,混合一次灌服。解毒可用硫代硫酸钠 8～15 g,制成 5％～10％溶液一次静脉注射,每天一次,连续 2～3 d,对初中期病例有效碱化尿液,用 5％碳酸氢钠 300～500 mL,一次静脉注射。

(2)中药疗法　给予解毒、利胆、生津、通二便的中药。

(3)预防措施　在发病季节采取"三不"措施,即发病季节一不在青冈林放牧;二不采集青冈叶喂牛;三不用青冈叶垫圈。日粮控制法,即采取措施把青冈叶在日粮中的比重控制在 40％以下。高发地区,要求畜主在栎树萌发期间,不要去灌木丛中放牛。疾病的易发地区,放牧前先饲喂些稻草,以防贪青暴食。放牧后,成年牛每天灌服 50 g 人工盐,或 1％生石灰水 400～500 mL。此外,结合春耕前复膘,每天可灌服豆浆 1 000～2 000 mL,鸡蛋 4 个,以防栎树叶中毒病的发生,可减少 60％的发病率。储备饲草,增加补饲,增强耕牛体质;发病严重乡村在发病季节实行上午舍饲、下午放牧的饲管制度;加喂夜草;灌服高锰酸钾(隔日 2 g,溶于 4 000 mL 水中一次灌服)。

三、蕨中毒

蕨(bracken)是蕨科(Pteridiaceae)蕨属(*Peridium* Scop.)植物的总称。蕨属植物在世界上分布广泛,其中欧洲蕨(*P. aquilium*)或简称蕨,可引起反刍动物以骨髓损害为特征的全身出血综合征,以及以膀胱肿瘤为特征的地方性血尿症。蕨还可引起单胃动物间或绵羊的硫胺素缺乏症,并已证实对多动实验动物有致癌性。我国南部和亚洲一些地区分布的毛叶蕨(*P. revolatam*)也具有与欧洲蕨相似的毒性作用。

1.病因

(1)蕨叶含大量硫胺酶,这是导致单胃动物中毒的主要原因。蕨中硫胺酶可使体内的硫胺素大量分解破坏,而导致硫胺素缺乏症。反刍动物的瘤胃可生物合成硫胺素,一般采食蕨不会导致硫胺缺乏症,但绵羊大量采食蕨也能因体内硫胺素大量破坏而发生脑灰质软化症。

(2)含有蕨素(pterosins)、蕨苷(pterosides)、异槲皮苷(isoquercitrin)、紫云英苷(as-tragalin)等毒素。有人认为这些毒素具有"拟放射作用"或具有一种"再生障碍性贫血因子",但其在蕨中毒发生上的意义尚不能肯定。Niwa(1983)从蕨中分离出原蕨苷(ptaquiloside),实验证明,原蕨苷可像直接饲喂蕨一样诱发大鼠肠、膀胱及乳腺肿瘤,也可引起犊牛类似于牛蕨中毒的骨髓损伤。因此,原蕨苷被认为是蕨中毒的毒素。

2.临床症状

(1)"亮盲"(bright blindness) 绵羊摄食蕨可引起进行性视网膜萎缩和狭窄。患羊永久失明,瞳孔散大,眼睛无分泌物,对光反射微弱或消失。病羊经常抬头保持怀疑和警惕姿势。

(2)脑灰质软化(polioencephalomalacia) 澳大利亚学者发现,绵羊采食蕨的食用变种(*P. aquilinum* L. var *esculentum*)和碎米蕨(*Cheilanthes sieberi*)后,其硫胺酶可使体内硫胺素遭到破坏而导致脑灰质软化。其症状有无目的地行走,有时转圈或站着不动,失明,卧地不起,伴有角弓反张,四肢伸直,眼球震颤和周期性强直、阵挛性惊厥。

(3)出血综合征 这种综合征多见于牛,也可发生于绵羊,但症状和病变比较缓慢和轻微。最初病况下降,皮肤干燥和松弛。其后,体温升高,下痢或排黑粪,鼻、眼前房和阴道出血。在黏膜和皮下以及眼前房可见点状或淤斑状出血。血液有粒细胞减少和血小板数下降。后期呼吸和心率增数,常死于心力衰竭。

3.病理变化

以各种组织出血为特征,肝、肾、肺可见到有出血性梗死引起的坏死区。自然中毒牛的膀胱可能有肿瘤和出血性膀胱炎,肿瘤为豌豆大小灰白色结节或呈紫红色菜花样。长期采食蕨的老龄绵羊中可出现血尿和膀胱肿瘤。

4.诊断

根据典型临床症状和接触蕨类植物的病史以及主要病变,不难作出诊断。必要时可进行人工饲喂发病试验。

5.防治

尚无特效疗法。多采用综合对症疗法,对脑灰质软化早期可用盐酸硫胺素,剂量为每千克体重 5 mg,每 3 h 注射一次。开始静脉注射,以后改为肌内注射,连用 2~4 d。亦可内服多量硫胺素,连用 10 d。

加强饲养管理,减少接触蕨的机会,是预防蕨中毒的重要措施。用化学除草剂防除蕨类植物,用黄草灵(asulam)较为理想,因其使用安全、稳定、经济、高效及高选择性而成为那些以蕨为主而某些有价值牧草需保留地区的首选除草剂。

四、灰菜中毒

灰菜(*Chenopodium album*),又称胭脂菜、白藜,一年生草本植物,每年 5、7 月份灰菜长势青嫩,猪、牛、马、兔在烈日照射下采食灰菜过多,会引起中毒。灰菜属碱性植物,适宜在低湿地和涝洼地生长,含有大量生物碱,过量食入易引起神经高度紧张、兴奋,导致机能失调,出现中毒症状。一般食后 5～24 h 开始出现临床症状,病程长短不一。动物发病轻者精神不振,食欲减退,鼻端汗珠稀少,体温偏高或正常,心跳快或正常,有时节律不齐,呼吸偏快或困难,耳部红紫,耳尖部轻度水肿,眼结膜红,粪便微干,尿色黄,随着病情加深,耳、腹、四肢内侧及脊部红紫色,毛孔有出血点,耳、腹、眼发生水肿,精神兴奋或沉郁,食欲废绝,站立不稳,呼吸困难,粪便稀粥样,尿少,眼结膜、口色黄红。根据临床特有症状,基本可以确诊。治疗原则以解毒、强心、保肝、补水为主。

五、蛇毒中毒

蛇毒(snake venom)中毒是家畜在放牧过程中被毒蛇咬伤而引起的以神经、血液和循环系统严重损伤为主的全身性急性中毒病。蛇类的分布,以热带和亚热带地区的种类和数量最多,温带次之,寒带最少。我国地处亚热带和温带,适宜蛇类生长繁殖,因而蛇类较多,分布较广,大约有 160 种,其中毒蛇有 47 种,危害较大的毒蛇有:眼镜蛇、眼镜王蛇、金环蛇、银环蛇、海蛇、蝰蛇、蝮蛇、五步蛇、竹叶青蛇及龟壳花蛇等。

1.病因

蛇毒中毒的发生季节与蛇活动的规律有关。在南方蛇的活动期一般在 4 月至第二年 1 月间,其中以 7～9 月最活跃,因此蛇毒中毒在这一期间发病率最高。猎犬及警犬,由于执行特殊任务而进入草丛、树林茂密地区,容易发生本病。草食动物因野外采食牧草也容易被毒蛇咬伤而中毒。

2.临床症状

其临床特征因蛇毒种类不同而异。根据表现可分为下列三种:

(1)神经毒症状　金环蛇、银环蛇等的蛇毒,都属神经毒。咬伤后,流血少,红肿热痛等局部症状轻微,但咬后数小时内即可出现急剧的全身症状。病犬痛苦呻吟,兴奋不安,全身肌颤,吞咽困难,口吐白沫,瞳孔散大,血压下降,呼吸困难,心律失常,最后四肢麻痹,卧地不起,终因呼吸肌麻痹窒息而死。

(2)血循毒症状　蝰蛇、蝮蛇、竹叶青等的蛇毒,多属血循毒。局部症状明显,局部剧痛,流血不止,迅速肿胀,呈紫黑色,极度水肿,常发生坏死,肿胀很快向上发展,一般经 6～8 h 就可扩展至整个头部以至颈部,或扩展至全肢以至背腰部。毒素吸收后,则出现血尿、血红蛋白尿、少尿、尿闭、肾功能衰竭及胸腹腔大出血,最后因心力衰竭或休克而死。

(3)混合毒症状　眼镜蛇和眼镜王蛇的蛇毒多属混合毒。咬伤后,红肿、热痛和坏死等局部症状明显。毒素吸收后,全身症状重剧且复杂,既有神经毒所致的各种神经症状,又有血循毒所致的各种临床症状,最后都因窒息或心力衰竭而死。

3.诊断

有毒蛇咬伤史,伤口有毒牙痕,有局部和全身症状,均有助于毒蛇咬伤的诊断。如伤口有 2 或 4 行均匀而细小的牙痕,但无局部或全身症状者,多为无毒蛇咬伤。

4.防治

治疗原则是采取急救措施,防止蛇毒扩散,进行排毒和解毒,并配合对症治疗。

发现咬伤后迅速用绳索结扎伤口上方,用肥皂水冲洗伤口。以清除残留蛇毒及污物;再用严格消毒的手术刀具进行扩创并用三棱针在肿胀部多处穿刺,使毒液外流,然后用 0.5% 高锰酸钾反复冲洗。取雄黄、五灵脂等量,共研成细末,少量、多次内服(每次 10～15 g,绵羊和幼畜用量酌减),每日 3～6 次;另依创口部位及肿胀程度取上药末适量,用麻油调成黏糊状,涂敷于患处,每日 2～3 次。

预防毒蛇咬伤家畜,首先要掌握毒蛇的活动规律及其特性,采取措施加强预防。搞好畜舍卫生,对畜舍周围的树洞、岩洞、墙洞应及时堵塞。畜舍要经常灭鼠,可减少毒蛇因捕鼠而进入畜舍。掌握蛇的生活规律,以免毒蛇咬伤。

思考题

1.什么是毒物？何为中毒？

2.引起动物中毒的常见原因有哪些？

3.简述动物中毒病的诊断方法。

4.简述动物急性中毒的急救措施。

5.简述亚硝酸盐中毒和氢氰酸中毒的异同。

6.简述黄曲霉毒素中毒的特点。

7.简述有机磷农药中毒的特点及急救方法。

8.简述疯草中毒、蕨中毒的临床与病理特点。

第八章　其他常见病

内容提要：
　　本章介绍危害动物健康和畜产品安全的动物常见普通病。

第一节　内　科　病

一、反刍动物胃病

(一)前胃弛缓

　　前胃弛缓(atony of forestomach)又称脾胃虚弱,是由各种原因导致反刍动物的前胃运动机能减弱,兴奋性和收缩力降低,瘤胃内容物运转缓慢,不能正常消化,瘤胃内菌群紊乱,产生大量腐败分解的有毒物质,从而引起消化障碍和全身机能紊乱的一种疾病。本病以食欲减退,反刍、嗳气减少或丧失,前胃蠕动减弱或停止为特征。

　　本病是耕牛、奶牛的一种多发病,尤以是舍饲牛群更为常见。

1. 病因

　　原发性前胃弛缓又称单纯性消化不良,主要因饲养管理不当导致。

　　长期大量饲喂粗硬劣质难以消化的饲料,如稻草、麦秸、豆秆、麦糠、紫云英、垫草或灌木等;突然采食了过量的精饲料、过多块根多汁饲料(如玉米青贮)或适口性好而缺乏刺激性的饲料(糟渣类饲料);饲喂了发霉变质或冰冻的草料等,均可导致本病的发生。

　　另外,突然变换饲料,饲料中矿物质(缺钙)和维生素缺乏;误食了塑料袋、化纤布等异物;突然由放牧转变为舍饲或由舍饲转为放牧;使役过重或缺乏运动;受气候突变、饥饿、疲劳等引起的应激反应等,也诱发本病。

　　继发性前胃弛缓也常继发于口腔疾病(口炎、舌炎和齿病)、其他前胃疾病、皱胃疾病、肝脏疾病、营养代谢病(如酮病、生产瘫痪)、产科疾病(乳房炎)等疾病。

　　某些传染病(如牛流行热、牛肺疫及结核病)、寄生虫病(如肝片吸虫病、血孢子虫病、锥虫病)等也可继发前胃弛缓。

　　此外,反刍动物长期大量服用抗生素或磺胺类等抗菌药物,瘤胃内正常微生物区系受到破坏,也可造成前胃弛缓。

2.发病机制

由于各种致病因素的作用,引起中枢神经系统和植物神经机能紊乱,导致消化不良,是造成前胃弛缓的主要因素。因前胃弛缓,收缩力减弱,瘤胃内容物异常分解,产生大量的有机酸(如乙酸、丙酸、丁酸、乳酸等)和气体(CO_2、CH_4 等),pH 下降,瘤胃内菌群区系共生关系受到破坏,毒性强的微生物异常增殖,产生多量的有毒物质和毒素,导致反刍减弱或停止。前胃内容物不能正常运转与排出,并因瘤胃内容物中蛋白质异常腐败分解,形成组胺、腐胺、尸胺等有毒物质,导致前胃应激性反应而陷于弛缓状态。

随着瘤胃内容物腐解和酵解的有毒物质增多,肝脏解毒机能降低,发生自体中毒。并因肝糖原异生作用旺盛,形成大量酸性产物,引起酸中毒症或酮血症。同时由于有毒物质的强烈刺激,引起前胃、皱胃、肠道黏膜发生炎性反应,并发生腹膜炎。

3.临床症状

(1)急性前胃弛缓　患畜食欲减退或废绝,反刍无力,次数减少;鼻镜干燥,精神不振,瘤胃蠕动音减弱,次数减少;触诊瘤胃松软,常间歇性臌气;排粪迟滞,粪便初期干硬,常被覆黏液,后期粪稀软恶臭。体温、呼吸、脉搏一般无明显异常,当伴发前胃炎或酸中毒时,病情急剧恶化,食欲废绝,反刍停止,体温下降,脉率增快,呼吸困难。

(2)慢性型　通常由急性型前胃弛缓转变而来。病畜食欲减退,常虚嚼、磨牙或异嗜;反刍无力,次数减少或停止;嗳气减少、嗳出的气体带臭味;逐渐消瘦,眼窝凹陷,精神不振,倦怠无力,起立困难,甚至卧地不起;瘤胃蠕动音减弱或消失,轻度臌胀;腹部听诊,肠蠕动音微弱;常便秘和腹泻交替进行,严重者呈现出贫血和衰竭现象,甚至造成死亡。

若为继发性前胃弛缓,则常伴有原发病的特征症状。

实验室检查:瘤胃液 pH 下降至 5.5 以下(正常的变动范围为 6～7);纤毛虫活力降低,数量减少;葡萄糖发酵实验,糖发酵能力降低;瘤胃沉淀物活性实验,其中微粒物质漂浮的时间延长(正常为 3～9 min);纤维素消化实验,消化时间超过 60 h(正常为 50 h 左右)。

4.病理变化

瘤胃胀满,黏膜潮红,有出血斑。瓣胃容积增大,内容物干燥,似胶合板状,上有脱落的黏膜覆盖。严重者,瓣胃叶片组织坏死、溃疡和穿孔。

5.诊断

根据食欲减退,反刍、嗳气减少或丧失,前胃蠕动减弱等临床症状可作出初步诊断,结合纤维素消化试验,瘤胃液 pH 的下降,纤毛虫活力降低、数量减少,糖发酵能力降低等实验室检查指标的变化可确诊。

应与奶牛酮病、创伤性网胃腹膜炎、皱胃左方变位、瘤胃积食等疾病进行鉴别。

6.防治

治疗原则是除去病因,改善饲养管理,增强前胃机能,促进反刍,改善瘤胃内环境,恢复正常微生物区系,防止脱水和自体中毒。

(1)除去病因,改善饲养管理　立即停喂发霉变质、冰冻或难以消化的草料。病初禁食 1～2 d,给予充足的清洁饮水,饲喂适量的易消化的青草或优质干草。

(2)增强前胃机能,促进反刍　对于采食多量精饲料病情较严重的病畜,可用 4% 的碳酸氢钠或 0.9% 的食盐溶液洗胃,排出瘤胃内容物。

(3)促进胃肠内容物的运转与排出,防腐止酵　可用硫酸钠(或硫酸镁)300～500 g,

鱼石脂 15～20 g,酒精 50～100 mL,温水 3 000～5 000 L,混合一次内服,每日一次,连用 2～3 次;或用液体石蜡 1 000～3 000 mL、苦味酊 20～30 mL,一次内服(羊剂量酌减)。

(4)兴奋瘤胃机能,促进反刍 静脉注射促反刍液 500～1 000 mL(蒸馏水 500 mL, 氯化钠 25 g,氯化钙 5 g,安钠咖 1 g);或用酒石酸锑钾(吐酒石),牛每次 2～4 g,羊 0.5～ 1 g,加水内服,每天 1 次,连用 3 次。还可皮下注射氨甲酰胆碱(牛 2 mg,羊 0.5 mg)、新斯的明(牛 15～30 mg,羊 2～5 mg)或毛果芸香碱(牛 30～100 mg,羊 5～10 mg),隔 3 h 再重复一次。病情严重,心脏衰弱,老龄或妊娠母畜禁用。

(5)改善瘤胃内环境,恢复正常微生物区系 当瘤胃内容物 pH 降低时,用碳酸盐缓冲剂(碳酸钠 50 g,碳酸氢钠 350～420 g,氯化钠 100 g,氯化钾 100～140 g,常水 10 L), 牛一次内服(羊酌减)。当瘤胃内容物 pH 升高时,宜用稀醋酸(牛 30～100 mL,羊 5～ 10 mL)或常醋(牛 300～1 000 mL,羊 50～100 mL),加常水适量,一次内服,也可应用醋酸盐缓冲剂(醋酸钠 130 g,冰醋酸 30 mL,常水 10 L),牛一次内服。必要时,灌服健康牛瘤胃液 4～8 L,进行接种。

(6)防止脱水和自体中毒 应用 5%葡萄糖注射液 1 000～13 000 mL,20%葡萄糖溶液 500 mL,40%乌洛托品注射液 20～50 mL,5%的碳酸氢钠 300～500 mL,20%安钠咖注射液 10～20 mL,静脉注射。同时配合应用抗菌药物。

继发性前胃弛缓,在前胃弛缓的相关治疗基础上,积极治疗原发病。

中兽医疗法:前胃弛缓,中兽医称为脾胃虚弱。宜用加味四君子汤(党参 100 g,白术 75 g,茯苓 75 g,炙甘草 25 g,陈皮 40 g,黄芪 50 g,当归 50 g,大枣 200 g,共研为末) 灌服,每日一剂,连服 2～3 剂。或健脾散(党参 50 g,白术 40 g,茯苓 40 g,干姜 50 g, 甘草 20 g,陈皮 30 g,山药 50 g,肉豆蔻 40 g,神曲、山楂、麦芽各 50 g,共研末)开水冲调,候温灌服。

针灸:针刺舌底、脾俞、百合、关元俞等穴。

7.预防

加强饲养管理,合理调配饲料,禁喂发霉变质、冰冻的饲料,避免突然变换饲料或随意增加饲料用量,加强运动,合理使役,及时治疗原发病。

(二)瘤胃积食

瘤胃积食(impaction of rumen),是因反刍动物采食了大量难以消化的粗纤维饲料或容易膨胀的饲料,引起瘤胃容积增大,急性扩张,内容物停滞和阻塞,瘤胃运动和消化机能紊乱,导致脱水和毒血症的一种前胃疾病。本病以舍饲牛、羊多见。

1.病因

主要因饥饿而采食了大量富含粗纤维且难以消化的饲料,如苜蓿、紫云英、谷草、稻草、麦秸、花生秧、甘薯蔓等;采食了过量的大麦、玉米、豌豆、大豆、燕麦等易膨胀的饲料,或过食大量精饲料如麸皮、豆饼、花生饼、棉籽饼及酒糟、豆渣和粉渣等,均可引起本病。

反刍动物,容易受各种不良因素的刺激和影响,如突然由放牧转变为舍饲,采食难以消化的干枯饲料,运动不足,长途输送,过于肥胖或因中毒与感染等,产生应激反应,也可促进本病的发生。

此外,瘤胃积食也常继发于其他前胃疾病。

2.发病机制

瘤胃积食常是在前胃弛缓的基础上发生发展的。由于大量内容物积聚于瘤胃内,内容物的消化程序遭到严重的破坏,内容物腐败分解旺盛,产生大量有毒物质和气体,刺激瘤胃壁神经感受器,引起腹痛不安;因瘤胃内菌群失调,细菌大量增殖,产生多量乳酸,使pH降低,引起瘤胃内纤维分解菌和纤毛虫活性降低甚至死亡;由于瘤胃内腐解产物刺激,引起瘤胃炎,导致其渗透性增强;机体发生脱水,酸碱平衡失调,血液循环障碍,肝脏解毒机能降低。而有毒腐解产物(如组胺、尸胺等)被吸收,引起自体中毒,使病情恶化。

3.临床症状

本病发展迅速,常在饱食后数小时内发病,临床症状明显。病初,病畜不安,目光凝视,腹部膨胀,频频回顾腹部,弓背,时起时卧;食欲、反刍停止,空嚼,有时呻吟、嗳气;病畜便秘,粪干硬,有时腹泻;听诊瘤胃蠕动音减弱或消失,触诊瘤胃部,病畜不安,用拳按压,遗留压痕;直肠检查,瘤胃显著膨大,内容物坚实或黏硬,有时呈粥状;瘤胃穿刺,可排出少量气体和带有臭味的泡沫状液体。

晚期病例,肚腹部显著膨隆,呼吸促迫,脉搏快速,皮温不整,四肢末梢、脚跟和耳冰凉,全身战栗,眼窝凹陷,可视黏膜发绀,极度衰弱,卧地不起,昏睡。

瘤胃内容物检查,内容物pH值一般由中性逐渐趋向弱酸性;发病后期,瘤胃纤毛虫数量显著减少。

4.病理变化

瘤胃极度扩张,含有气体和大量腐败内容物,瘤胃黏膜潮红,有散在出血斑点;各实质器官淤血。

5.诊断

根据采食过多的病史,结合腹围增大,腹痛,瘤胃内容物充满而硬实,指压留痕,食欲、反刍停止等临床病征,可以确诊。

应与前胃弛缓、急性瘤胃臌胀、创伤性网胃炎、皱胃阻塞、牛黑斑病甘薯中毒、皱胃变位、肠套叠、生产瘫痪等疾病进行鉴别。

6.防治

治疗原则是促进瘤胃内容物运转与排出,提高瘤胃的兴奋性,促进反刍,防止脱水与自体中毒。

(1)促进瘤胃内容物运转与排出　病畜首先禁食,瘤胃内灌服大量温水或酵母粉250～500 g(或神曲400 g,食母生200片,红糖500 g),同时结合瘤胃按摩,以促进瘤胃内容物软化。

促进瘤胃内容物排出,牛可用泻剂硫酸镁或硫酸钠300～500 g、液休石蜡油或植物油500～1 000 mL,鱼石脂15～20 g、75%酒精50～100 mL、常水6～10 L,一次内服(羊用量酌减)。

(2)提高瘤胃的兴奋性,促进反刍　可静脉注射10%的氯化钠溶液500 mL,或者先用1%温食盐水洗涤瘤胃后,再静脉注射促反刍液500～1 000 mL。还可皮下注射适量的毛果芸香碱或新斯的明。

(3)防止脱水与自体中毒　当血液碱贮下降,先用碳酸氢钠30～50 g,常水适量,内服,再静脉注射5%碳酸氢钠注射液300～500 mL或11.2%乳酸钠注射液200～300 mL。必要时,可用维生素 B_1 2～3 g,静脉注射,促进丙酮酸氧化脱羧,解除酸中毒。

对病程长的病例,宜强心补液,保护肝功能,促进新陈代谢,防止脱水。

如为顽固性瘤胃积食,应用上述保守疗法无效时,应及早行瘤胃切开术,取出内容物,并用1‰温食盐水洗涤。必要时,接种健康牛瘤胃液。同时加强护理,促进康复。

在病程中,为了抑制乳酸的产生,应及时内服抗生素;继发瘤胃臌气时,应及时穿刺放气,以缓解病情。

中兽医称瘤胃积食为宿草不转。用加味大承气汤:大黄60～90 g,枳实30～60 g,厚朴30～60 g,槟榔30～60 g,芒硝150～300 g,麦芽60 g,藜芦10 g,共为末,灌服,服用1～3剂(羊酌减)。

针灸:针刺食胀、脾俞、关元俞、顺气等穴。

7.预防

加强饲养管理,防止突然更换饲料或过食;奶牛、奶山羊应按日粮标准进行饲喂;耕牛避免过度劳役;避免外界各种不良因素的影响和刺激。

(三)瘤胃臌胀

瘤胃臌胀(ruminal tympany)又称瘤胃臌气,是因采食了大量容易发酵的饲料,在瘤胃内菌群的作用下,急剧发酵,产生大量气体,机体对气体的吸收和排出发生障碍,引起瘤胃急剧臌胀的一种前胃疾病。按病因分为原发性臌胀和继发性臌胀,按发病的性质为分泡沫性臌胀和非泡沫性臌胀。本病多见于牛和绵羊,山羊少见。

1.病因

主要是由于反刍动物采食了大量易发酵的饲草、饲料所致,多为急性。尤其是舍饲突然转为放牧的牛羊群,最容易发生本病。

采食了大量幼嫩的豆科植物,如苜蓿、紫云英、三叶草、野豌豆、鲜甘薯蔓、萝卜缨、白菜叶、花生蔓叶等;喂饲较多量谷物性饲料(如玉米粉、小麦粉等)、块根饲料(胡萝卜、甘薯、马铃薯等)以及未经浸泡和调理的黄豆、豆饼、花生饼、酒糟等,是导致泡沫性瘤胃臌胀的原因。

采食了大量幼嫩多汁的青草、水草等或堆积发热的青草、霉败干草、品质不良的青贮饲料,或者经雨淋、水浸、霜冻的牧草,或误食某些有毒植物(如毒芹、乌头及白藜芦)等,是造成非泡沫性瘤胃臌胀的主要原因。

另外,瘤胃臌胀也常继发于其他前胃疾病及食管阻塞、痉挛等疾病。

2.发病机制

反刍动物的瘤胃形同发酵罐,内容物于其中经过发酵和消化代谢,产生各种气体,主要是CO_2和CH_4,以及少量N_2、H_2、H_2S和O_2。这些气体,除被盖于瘤胃内容物的表面外,其余主要通过反刍、咀嚼和嗳气排出,另一小部分气体随瘤胃内容物经皱胃进入肠道和血液被吸收,从而保持着瘤胃内产气与排气相对平衡。

瘤胃臌胀发生主要是由于机体的神经反应性、饲料的性质和瘤胃内菌群共生关系三者之间变化及动态平衡失调而引起。病理条件下,由于采食大量易发酵的饲料,产生大量的气体,既不能通过嗳气排出,又不能随同内容物通过消化道排出和吸收,从而导致瘤胃急剧的扩张和臌胀。

由于瘤胃过度的臌胀和扩张,腹内压升高,影响呼吸和血液循环,气体代谢障碍,病情恶化。并因瘤胃内腐酵产物的刺激,瘤胃壁痉挛性收缩,引起疼痛不安。发病末期,瘤胃壁紧张力完全消失乃至麻痹,气体排出更加困难,血液中 CO_2 显著增加,最终导致窒息和心脏麻痹。

3.临床症状

急性瘤胃臌胀,多为泡沫性臌胀。病情发展急剧,常在采食不久即发病。腹围迅速膨大,左肷窝明显突起。反刍和嗳气停止,食欲废绝,精神不安,回顾腹部。腹壁紧张而有弹性,叩诊呈鼓音;瘤胃蠕动音初期增强,后减弱或消失;随着瘤胃进一步臌胀,膈肌受压迫,病畜呼吸急促,甚至头颈伸展,张口伸舌呼吸。

瘤胃穿刺时,因瘤胃液随着瘤胃壁紧张收缩向上涌出,阻塞穿刺针孔,排气困难,只能断断续续地排出少量气体,不能解除膨胀。

发病后期,血液循环障碍,静脉怒张,呼吸困难,脉搏微弱,黏膜发绀,站立不稳,甚至突然倒地、痉挛、抽搐。因窒息和心脏麻痹而死亡。

慢性瘤胃臌胀常为非泡沫性臌胀。病情发展较缓慢,瘤胃中等度膨胀,时而消长,经穿刺排气治疗后,虽可暂时消除臌胀,但极易复发。

4.病理变化

病理剖检发现,瘤胃壁过度扩张,充满大量气体及含有泡沫的内容物。瘤胃腹囊黏膜有出血斑,角化上皮脱落,肺充血,肝脏和脾脏呈贫血状态,浆膜下出血。

5.诊断

根据采食大量易发酵性饲料后发病的病史,结合腹部急剧臌胀,左肷部上方凸出,触诊膨胀部紧张而有弹性,不留指压痕,叩诊呈鼓音,血液循环障碍,呼吸极度困难等临床特征,不难确诊。

6.防治

治疗原则是排气减压,止酵消胀、强心补液、健胃消导,恢复瘤胃蠕动。

轻症的病例,使病畜保持前高后低姿势,适度按摩瘤胃部,促进气体排出,同时应用松节油 $20\sim30$ mL,鱼石脂 $10\sim20$ g,酒精 $30\sim50$ mL,温水适量,牛一次内服;或者内服 8%氧化镁溶液($600\sim1\,500$ mL)或生石灰水($1\,000\sim3\,000$ mL 上清液),以止酵消胀。

严重病例,首先排气减压,防止窒息。用胃管放气或用套管针穿刺放气(间歇性放气)。非泡沫性臌胀,放气后,为防止内容物发酵,宜用鱼石脂牛($15\sim25$ g,羊 $2\sim5$ g),95%酒精(牛 100 mL,羊 $20\sim30$ mL),加常水适量,一次内服,也可内服生石灰水。而后用 0.25%普鲁卡因溶液 $50\sim100$ mL 将 200 万$\sim$500 万 IU 青霉素稀释,注入瘤胃。

泡沫性臌胀应灭沫消胀,可内服表面活性药物,如二甲基硅油(牛 $2\sim3$ g,羊 $0.5\sim1$ g),消胀片(由二甲基硅油和氢氧化铝组成;牛 $100\sim150$ 片/次,羊 $25\sim50$ 片/次)。也可用松节油 $30\sim40$ mL(羊 $3\sim10$ mL),液体石蜡 $500\sim1\,000$ mL(羊 $30\sim100$ mL),加常水适量,一次内服,或者用菜籽油(豆油、棉籽油、花生油)$300\sim500$ mL(羊 $30\sim50$ mL),加温水适量,制成油乳剂,一次内服。

当药物治疗效果不显著时,施行瘤胃切开术,取出内容物。

此外,必要时进行瘤胃洗涤,调节瘤胃 pH,促进瘤胃蠕动,排除瘤胃内容物(参照前胃弛缓疗法)。

在治疗过程中,及时强心补液,增进治疗效果(参照瘤胃积食疗法)。

接种瘤胃液,在排除瘤胃气体或瘤胃手术后进行(参照前胃弛缓疗法)。

继发性慢性瘤胃臌胀,应在上述疗法的基础上,积极治疗原发病。

中兽医称瘤胃臌胀为气胀病或肚胀。牛用消胀散(炒莱菔子 15 g,枳实、木香、青皮、小茴香各 35 g,玉片 17 g,二丑 27 g,共为末,加清油 300 mL,大蒜 60 g(捣碎)),水冲服。也可用木香顺气散(木香 30 g,厚朴、陈皮各 10 g,枳壳、藿香各 20 g,乌药、小茴香、青果(去皮)、丁香各 15 g,共为末,加清油 300 mL)水冲服(羊剂量酌减)。

针灸:针刺脾俞、百会等穴。

由舍饲转为放牧时,应有过渡阶段,避免因饲料突然变化而导致过度采食;放牧时,应避免采食开花前的幼嫩多汁豆科植物;堆积发酵青绿饲料或被雨露浸湿的青草,要限制饲喂量;舍饲家畜,避免饲喂过多的精饲料。对甘薯、马铃薯、胡萝卜等块根类饲料,不宜突然多喂。

(四)创伤性网胃腹膜炎

创伤性网胃腹膜炎(traumatic reticuloperitonitis)又称金属器具病,是由于金属异物(针、钉、碎铁丝等)混杂于饲料内,反刍动物误食后进入网胃,异物穿透网胃,并刺伤腹膜,而引起网胃、腹膜的急慢性炎症的一种疾病。当异物穿透网胃,通过膈肌、刺伤心包时,则引起创伤性网胃心包炎。以舍饲牛多见。

1.病因

主要因饲养管理制度不健全,随意舍饲和放牧。家畜误食了混杂于饲草、饲料中,或散落在饲养场地周围的垃圾与草丛中的金属异物(碎铁丝、销钉、小铁钉等);或饲料加工和饲养粗放,对混在饲料中的金属异物的检查和处理不仔细,导致饲草饲料中的金属异物被采食而发病。

2.发病机制

牛采食时,不依靠唇采食,也不能用唇辨别混于饲料中的金属异物,而是用舌卷食饲料,不经咀嚼,以唾液裹成食团,囫囵吞咽。加之,采食迅速,又有舔食习惯,往往将随同饲料的金属异物吞咽,落入网胃,由于网瓣口高于网胃底部和网胃的蜂房状黏膜结构特点,易使金属异物滞留于其中。随着腹内压急剧改变,促使尖锐的金属异物刺损网胃,甚至损害到邻近的组织和器官,引起急剧的病理过程。

3.临床症状

根据金属异物刺穿网胃壁的部位、损伤程度、波及其他内脏器官等因素,临床症状也有差异。

(1)急性局限性网胃腹膜炎 病畜食欲减退,呼吸和心率轻度加快,常采取前高后低的站立姿势,头颈伸展,肘关节外展,精神不安,弓背,不愿行走,卧地或起立极为谨慎,牵拉行走时,不愿上下坡、跨沟或急转弯;瘤胃蠕动减弱,轻度臌气,排粪减少;网胃区触诊,呻吟、躲避或抵抗。

发生急性弥漫性网胃腹膜炎时,全身症状明显,体温升高,呼吸、脉搏加快,食欲废绝,胃肠蠕动音消失,皮肤厥冷,腹痛更加明显,严重出现脓毒败血症,发生休克。

(2)慢性局限性网胃腹膜炎 食欲减退,逐渐消瘦,瘤胃蠕动减弱,便秘或腹泻交替,久治不愈,有时有腹痛表现。体温、呼吸、脉搏无明显异常。

当金属异物穿透网胃、膈达到心包时,对心包造成创伤,发生创伤性心包炎。病畜表现行走缓慢,静脉怒张,颌下及胸前水肿,常因心力衰竭及毒血症而死亡。

X 射线检查,可确定金属异物损伤网胃壁的部位和性质,金属异物探测器检查,可查明网胃内金属异物存在的情况。

实验室检查:病的初期,白细胞总数升高,可达 $11\times10^9\sim16\times10^9/L$;嗜中性粒细胞比例增至 $45\%\sim70\%$、淋巴细胞比例减少至 $30\%\sim45\%$,核左移。

4.病理变化

本病的病理变化因金属异物穿刺网胃、刺损内脏和腹膜的部位不同而异。当金属异物滞留于网胃时,只引起创伤性网胃炎症;当金属异物穿透网胃时,引起弥漫性或局限性腹膜炎,膈、脾、肝、肺等脏器互相粘连,或发生脓肿;当金属异物刺伤心包时,发生创伤性心包炎。

5.诊断

通过姿态与运动异常及顽固性消化机能紊乱的临床特征,网胃区叩诊与强压触诊的疼痛试验检查,结合 X 射线检查或金属探测器检查可作出准确诊断。

应与前胃弛缓、酮病、多关节炎、蹄叶炎、背部疼痛等疾病进行鉴别。

6.防治

治疗原则是及时取出异物,抗菌消炎,恢复胃肠功能。

急性病例一般采取保守疗法,病畜保持前躯高后躯低的姿势,减轻腹腔脏器对网胃的压力;用特制金属异物打捞器(磁铁)从网胃中吸取胃中金属异物,或投服磁铁笼,以吸附固定金属异物。同时肌内注射抗生素或磺胺类药物,控制腹膜炎和加速创伤愈合。

保守疗法无效者,施行瘤胃切开术,通过瘤胃将网胃内的金属异物取出。

此外,加强饲养和护理,使病畜先禁食 $2\sim3$ d,其后给予易消化的饲料。

慢性病例,应根据病情采用保守疗法或施行瘤胃切开术。

强化饲料选择和加工过程,避免混杂金属异物;有条件的增设清除金属异物的电磁铁装置,以除去饲料、饲草中的金属异物;在本病多发地区,定期应用金属异物打捞器或投服磁铁笼,从瘤胃和网胃吸附金属异物;畜群饲养和放牧场地,应尽可能远离工矿区、仓库和作坊。

(五)瓣胃阻塞

瓣胃阻塞(impaction of omasum),是因反刍动物前胃弛缓,瓣胃收缩力减弱,瓣胃内容物水分被吸收变干涸,内容物停滞压迫,导致瓣胃扩张、麻痹及瓣小叶压迫性坏死为特征的一种严重前胃疾病。本病多发于牛(尤其是耕牛),初冬至早春季节多发。

1.病因

本病常继发于前胃弛缓。

原发性瓣胃阻塞,主要因长期饲喂糠麸、粉渣、酒糟等含有泥沙的饲料或饲喂甘薯蔓、花生秧、豆秸、青干草、紫云英、豆荚、麦秸等含粗纤维多且难消化的饲料所致。

另外,突然变更饲料,饲料品质不良,缺乏蛋白质、维生素以及微量元素;突然由放牧转为舍饲;饲喂后缺乏饮水以及运动不足等都可引起本病。

继发性瓣胃阻塞,常继发于前胃弛缓、肠便秘、黑斑病甘薯中毒、急性热性病及血液原虫病等。

2.临床症状

病初,精神迟钝,时而呻吟,食欲减退,便秘,粪成饼状,或干小呈算盘珠样,瘤胃轻度臌胀,瓣胃蠕动音微弱或消失,瓣胃触诊,病畜疼痛不安,叩诊,浊音区扩大。

随着病情进一步发展,病畜精神沉郁,鼻镜干燥、龟裂,空嚼、磨牙,呼吸浅快,心跳、脉率加快,食欲废绝、反刍停止,瘤胃收缩力减弱。瓣胃穿刺检查时,有阻力,未能感觉到瓣胃收缩运动;直肠检查可见,直肠内空虚。

发病晚期,体温升高,食欲废绝,排粪停止或排出少量黑褐色糊状带有少量黏液恶臭粪便,尿量减少或无尿,呼吸急促,脉律不齐,皮温不整,结膜发绀,出现脱水与自体中毒现象,病畜卧地不起,病情显著恶化。

3. 病理变化

瓣胃坚实臌胀,指压无痕,容积增大 2～3 倍;切开瓣胃,可见瓣叶间内容物干涸,形如纸板,可捻成粉末状。瓣胃叶上皮脱落,有溃疡、坏死灶或穿孔。

4. 诊断

根据病史调查,瓣胃蠕动音低沉或消失,触诊瓣胃敏感性增高,叩诊浊音区扩大,粪便呈算盘珠大小,数量很少或不排粪或排出较多的黏液等临床症状,结合瓣胃穿刺检查可初步诊断,必要时进行剖腹探查,可以确诊。

注意与其他前胃疾病和肠便秘进行鉴别。

5. 防治

治疗原则是增强前胃运动机能,促进瓣胃内容物排出。

病情轻者,可用泻剂,如硫酸钠或硫酸镁或 400～500 g 加水 5 000～8 000 mL,或液体石蜡 1 000～2 000 mL 或植物油 500～1 000 mL,一次内服。

同时也可用 10%硫酸钠溶液 2 000～3 000 mL,液体石蜡(或甘油)300～500 mL,普鲁卡因 2 g,盐酸土霉素 3～5 g,配合一次瓣胃内注入。

同时注射促反刍液,增强前胃神经兴奋性,促进瓣胃内容物排出。

病情严重者,可同时皮下注射毛果芸香碱、新斯的明或氨甲酰胆碱。

及时输糖补液,防止脱水和自体中毒。

严重瓣胃阻塞,上述方法治疗无效时,施行瘤胃切开术,进行瓣胃冲洗,效果较好。

在治疗过程中,应加强护理,充分饮水,给予青绿饲料,有利于本病康复。

瓣胃阻塞,中兽医称为"百叶干"。宜用藜芦润肠汤:藜芦、常山、二丑、川芎各 60 g,当归 60～100 g,水煎后加滑石 90 g,石蜡油 1 000 mL,蜂蜜 250 g,一次内服。

避免长期过多饲喂混有泥沙的糠麸、糟粕饲料;适当减少坚硬的粗纤维饲料的饲喂量,补充富含矿物质饲料;发生前胃弛缓时,应及早治疗。

(六)皱胃变位

皱胃也称真胃,皱胃变位(displacement of abomasum)是指皱胃的正常解剖学位置发生改变。按其变位的方向分为左方变位和右方变位两种类型。左方变位是皱胃通过瘤胃底部从腹腔的右侧移行至左侧肋部,嵌留于瘤胃与左腹壁之间,也称皱胃移位。右方变位又称皱胃扭转,是指皱胃于仍处于腹腔右侧,只是在原位自身发生不同程度扭转,置于肝脏与腹壁之间。

临床上以左方变位最常见,临床上以消化机能障碍,左腹侧肋弓部局限性膨大及听叩诊结合检查有钢管音为特征。右方变位较少见,但病情严重,主要表现右腹侧肋弓部局限性膨大,听叩诊结合检查有钢管音,腹痛、碱中毒和脱水等幽门阻塞综合症状。

本病是反刍家畜尤其是奶牛常见的一种皱胃疾病。多发生于成年高产奶牛,发病高峰在分娩后 5～6 周内,犊牛和公牛偶尔也可发病,而犊牛常发生右方变位。奶山羊也可发生。本病以冬春寒冷季节发病较多。

1.病因

(1)左方变位 确切病因目前仍不清楚,一般认为是各种原因导致的皱胃弛缓所致,在弛缓的基础上因分娩、体位突发改变而继发本病。

①饲养不良。日粮精粗比例不当,日粮中含谷物(如高湿度玉米等)易发酵的饲料较多以及喂饲较多的含高水平酸性成分饲料(如玉米青贮等),而粗饲料,特别是优质干草等容积性饲料缺乏,导致挥发性脂肪酸量增加,粗饲料过短过细,皱胃内有异物(如砂子、绳索、小石子、小铁丝头等)的存在,均可明显抑制皱胃蠕动,使皱胃发生弛缓而扩张。

②疾病及长期缺乏运动。一些营养代谢性疾病或感染性疾病(如酮病、低钙血症、生产瘫痪、妊娠毒血症、子宫炎、乳房炎、胎衣不下、消化不良和前胃弛缓等)及长期缺乏运动,也可使皱胃蠕动弛缓,产气扩张。

③分娩应激。妊娠期间,腹腔中的胎儿不断长大,对皱胃产生压迫,进一步使皱胃弛缓并向左侧移动。分娩后,瘤胃空虚不能很快恢复,使皱胃移位到腹腔左侧,导致变位的发生。

(2)右方变位 与左方变位相似。另外,奶牛发情时相互爬跨或摔倒,育成牛撒欢跳跃,或运输时装卸不当,也常可导致本病发生。

2.发病机制

皱胃变位一般具备如以下条件:一是各种原因引起扩张、积气(如过食精料引起产酸过多、疾病),使皱胃弛缓,造成了皱胃的不稳定性,使皱胃具有较强的游走性;二是可能使皱胃移动的空间位置,如瘤胃体积缩小,产后腹腔空间突然增大;三是运动不足、突然跌倒冲撞等外力可使皱胃发生移动,如病畜腹痛、起卧、分娩努责、突然跌倒等。

(1)左方变位 正常反刍动物皱胃位于瘤胃和网胃的右侧腹底,腹中线偏右。各种原因使皱胃通过瘤胃底部从腹腔的右侧移行至左侧肋部,而嵌留于瘤胃与左腹壁之间。皱胃受瘤胃和左腹壁压缩,发生不同程度阻塞,内容物逐渐减少,蠕动力减弱。同时,瘤胃和食管沟也因皱胃的挤压而缩小,引起采食量减少,导致病畜消化障碍和慢性营养不良。

(2)右方变位 皱胃一般在瓣胃和皱胃孔附近以 180°～270°发生急性扭转,导致幽门阻塞,引起皱胃的分泌增加,造成皱胃积液和扩张,皱胃内容物不能进入小肠,使酸碱平衡失调,机体发生休克、脱水及碱中毒等症状。

3.临床症状

(1)左方变位 主要呈现慢性消化机能紊乱症状,病畜食欲减退,厌食谷物类饲料,干草等容积性饲料的采食量也减少,反刍减少或不反刍,奶牛产奶量下降,瘤胃蠕动减弱或消失,排粪减少,呈黏糊状到油泥状。一般病畜体温、呼吸、心率基本正常。从尾侧观察发现腹部两侧不对称,左腹肋弓部膨大。在左腹侧最后 1～3 根肋骨上 1/3 处,肩关节水平线上下听叩诊结合出现特征性类似叩击金属管所发出的"钢管音",冲击式触诊可听到皱胃内液体震荡音(流水音,俗称水响)。直肠检查,瘤胃背囊右移,瘤胃大多空虚,有时在瘤胃的左侧可摸到膨胀的皱胃。多数病畜伴有酮尿症。发病久时,病畜逐渐消瘦,腹围缩小,左肷部下陷。

(2)右方变位 发病急,症状明显。病食欲急剧减少或废绝,瘤胃蠕动音消失,腹痛,起卧不安,呻吟,努责,回头顾腹,后肢踢腹,背腰下沉,往往出现反复膪气现象。心率加快,粪便呈黑糊状或便中带血。从尾侧观察发现腹部两侧不对称,右腹侧最后肋弓部明显膨大,叩击该区有疼痛表现。在右腹侧倒数 1~3 肋间中部听叩诊结合出现明显的"钢管音"。在膨胀区周围听诊,可听到明显的皱胃液体震荡音(流水音)。病程稍长,病畜呈现明显的脱水,鼻镜干燥,眼球下陷,同时出现低血氯、低血钾的代谢性碱中毒症状,病情加重。直肠检查,右侧腹部可触到紧张而膨大的皱胃。于右腹膨大部穿刺,穿刺液为棕褐色,呈酸性,pH 1~4,无纤毛虫。如不及时治疗,病畜常因伴发严重脱水和碱中毒而死亡。

4.诊断

依据左或右侧腹壁采取听、叩诊出现的钢管音以及在出现钢管音区域穿刺检查结果(穿刺液棕褐色,呈酸性,pH 1~4,无纤毛虫),再结合发病史和临床症状,可作出准确诊断。

5.防治

治疗原则是促进皱胃气体排空及复位,解除皱胃弛缓,恢复皱胃运动机能,调节电解质平衡。

目前治疗皱胃变位的方法有保守疗法和手术疗法两种。

(1)保守疗法　主要用于左方变位,主要方法有滚转复位法和药物疗法两种。

①滚转复位法。是治疗单纯性皱胃左方变位的常用方法。整复前,病畜限制饮水,控制饲喂 48 h,尽量使瘤胃容积变小,瘤胃变得越小,其成功率就越高。使病畜右侧横卧,以背部为轴心,人为左右摆动母畜,根据"钢管音"的消失与否来判断皱胃是否复位。若"钢管音"消失,则表示皱胃已经复位,如尚未复位,可重复进行。本法在病初效果较好,与手术整复疗法相比,具有操作简单,不需切开腹腔,对病畜损伤小等优点,缺点是疗效不确实、易复发、有使瘤胃内容物发生倒流、造成异物性肺炎的危险。本法不适用于右方变位。

②药物疗法。皱胃变位的早期病例可以通过药物促进胃肠蠕动,消除皱胃弛缓,促进皱胃内气液的排空和复位,及时缓解低钾血症、低氯血症和代谢性碱中毒。

促进胃肠蠕动,消除皱胃弛缓,促进皱胃内气液的排空和复位:具体方法参照前胃弛缓的治疗方法。

纠正代谢性碱中毒、低血钾、低血氯:25％葡萄糖 1 000 mL,5％葡萄糖生理盐水 2 000~3 000 mL,20％安钠咖注射液 10 mL,复方氯化钠 500 mL,10％氯化钠 500~700 mL,10％氯化钾 20~30 mL,静脉注射,每天 1 次,连用 3~5 d(羊剂量酌减)。

中药治疗:消炎镇痛和健胃。黄芪250 g,沙参30 g,白术100 g,甘草20 g,柴胡20 g,升麻20 g,陈皮 60 g,枳实 60 g,代赭石 100 g。代赭石先煎半小时,再和其他药同煎汤而灌服,每天 1 剂,连服 3~5 剂(羊剂量酌减)。

对酮病、低钙血症、乳房炎及子宫炎等并发症,应在术后同时进行治疗。

保守疗法适用于发病早期,经保守治疗无效或疗效不佳病例或是皱胃和腹壁或瘤胃发生粘连时,应及时采用手术进行皱胃整复固定治疗。

(2)手术疗法　手术疗法是治疗皱胃变位的最常用,最可靠的方法。既适用于左方变位,又适用于右方变位。

①左方变位。手术通路有左侧肷部切口、右侧肷部切口、左右两侧肷部双切口、腹中

线切口及腹正中旁线切口法等。临床上常采用左肷部切口法,将皱胃复位到右侧正常位置,并将其与右侧腹壁一起缝合固定,以防止复发。

②右方变位。主要采用手术疗法,一旦确诊,应立即施行手术纠正。右方变位的手术治疗手术通路有左肷部切口和右肷部切口法两种。常采用右肷部前切口,方法与左方变位手术相同。

手术疗法具有见效快、治愈率高、不易复发等优点,尤其对于右方变位,其发病快,病程短,死亡率高,药物治疗,常难以奏效,手术疗法效果确切,是根治的方法。缺点是操作复杂、手术和术后护理花费较高。

术后护理:抗菌消炎,强心补液,纠正脱水、代谢性碱中毒,尽可能使病畜采食优质干草,以增加瘤胃容积,以防止变位的复发和促进胃肠蠕动。

(3)预防 合理配合日粮,维持日粮精料与粗饲料的合理比例,严格控制谷物类及易于产气产酸精料的饲喂量。保证日粮中的粗饲料、饲草适当长度,避免切得过短过细。妊娠后期,减少精料量,增加喂优质粗饲料的供给。及时剔除饲料中的各类异物,如泥沙、杂物等。适当增加运动。积极治疗前胃弛缓、乳房炎、胎衣不下、产后瘫痪、子宫炎等疾病。

二、胃肠炎

胃肠炎(gastro-enteritis)是指胃肠黏膜表层及深层组织发生的炎症。临床上以严重的胃肠机能障碍(腹痛、剧烈腹泻和消化紊乱)、脱水、发热、毒血症和明显的全身症状等为特征。

胃肠炎按其病因可分为原发性和继发性胃肠炎;按其炎症性质和严重程度可分为黏液性(卡他性)、化脓性、出血性、纤维素性和坏死性胃肠炎;按其病程经过可分为急性和慢性胃肠炎。各种动物都可发生,以马、牛、猪、犬、猫多见。本病一年四季均可发生,以夏秋季节尤为多见。

1.病因

原发性胃肠炎主要与饲养管理不当有关。

采食过量腐败变质、发霉、不易消化或过冷的饲料或食物,误食了尖锐的异物、有毒植物(蓖麻、巴豆等)、有毒或刺激性强的化学药品(如酸、碱、砷、磷、汞)等,使胃肠壁遭受强烈刺激而发生本病。

其次,防治疾病时抗生素的滥用导致的胃肠道正常菌群失调,营养不良,过度使役,饲料的突然变更,长途运输应激及气候环境的突变等,也可诱发本病。

继发性胃肠炎常并发于某些病毒病(如猪瘟、鸡新城疫、传染性胃肠炎、犬细小病毒性肠炎等)、寄生虫病(如钩虫、蛔虫、球虫等)、细菌病(沙门氏菌病、巴氏杆菌病等)、真菌及其毒素等;某些胃肠道疾病(急性胃肠卡他、肠变位、肠便秘等),甚至食物过敏等都可引起肠胃炎。

2.发病机制

急性胃肠炎是由于胃肠道在各种不良致病因素的强烈刺激,胃肠壁上皮细胞损伤、脱落,胃肠蠕动加强,分泌增多,引起腹泻。剧烈腹泻导致大量机体内体液和离子丢失,也使大肠段的重吸收作用降低或丧失,造成机体脱水、电解质丢失及酸碱平衡紊乱。同时胃肠黏膜受损,胃肠屏障机能减弱,胃肠道内的细菌大量繁殖,产生的毒素及肠内的发酵、腐败产物被吸收入血液,引起自体中毒。

慢性胃肠炎是由于胃肠道受各种因素的作用,胃肠道分泌和运动机能减弱,引起消化不良、便秘及肠臌气。肠内容物停滞、发酵、腐败,产生的有毒物质被吸收入血液,引起自体中毒。

3.临床症状

(1)急性胃肠炎　突发性的呕吐及腹泻是急性胃肠炎的典型症状。病畜精神沉郁,食欲减退或废绝,反刍停止,体温升高,饮欲增加,鼻盘(镜)干燥,口干发臭,可视黏膜黄染;多数腹泻,排水样或糊状稀便,有恶臭或腥臭味,有时混有黏液、血液或脓性物。病初肠音亢进,而后逐渐减弱,严重时消失;随着病情加重,腹痛不安,肚腹蜷缩,喜卧地,肛门松弛,剧烈腹泻,排便失禁或呈里急后重现象,常呕吐带有血液或胆汁的内容物。病后期,机体因严重脱水而血尿量减少,眼球下陷,可视黏膜发绀,皮肤弹性降低,呼吸、心跳加快;病情进一步恶化时,体温降低,四肢、耳尖等末梢冰凉,极度虚弱,四肢无力,肌肉痉挛或抽搐,最后陷入昏睡,终因严重脱水消瘦、胃肠功能衰竭而死亡。

(2)慢性胃肠炎　精神不振,食欲不佳,时好时坏,异嗜,喜食砂土、粪尿。便秘与腹泻交替,肠音不整。体温、呼吸和脉搏等无明显异常。

4.诊断

根据呕吐、腹痛、剧烈腹泻、消化紊乱及严重脱水等临床症状易于诊断。

5.病理变化

肠内容物常混有血液,味腥臭,肠黏膜充血、出血、脱落或坏死,有时可见到假膜并有溃疡或烂斑。

6.防治

治疗原则是消除病因,抗菌消炎,清理胃肠,止泻止吐,补液解毒,维护心功能、增强机体抵抗力。

(1)消除病因　立即去除致病因素,重新分析调整其日粮,停止饲喂对胃肠黏膜有刺激的食物和药物。

(2)抗菌消炎　为控制胃肠炎症发展,可内服磺胺脒:马、牛30～40 g,猪、羊、犬5～10 g,1日2次;或呋喃唑酮(8～12 mg/kg),诺氟沙星(10 mg/kg)。也可内服氨苄青霉素、庆大霉素及金霉素等其他抗菌药物。或者肌内注射庆大霉素(1 500～3 000 IU/kg)或氯霉素(10～30 mg/kg),环丙沙星(2.0～5 mg/kg)等抗生素。

(3)清理胃肠、止泻止吐　在病畜肠音弱,粪干、排粪迟缓,有大量黏液,气味腥臭者,采用缓泻剂清肠,但不宜剧泻。

常用液体石蜡(或植物油)大家畜500～1 000 mL,鱼石脂10～30 g,酒精50 mL,内服(猪、羊酌减)。

当病畜粪稀如水,腹泻剧烈不止时,应收敛止泻,保护肠黏膜。药用活性炭或锅底灰200～300 g(猪、羊10～30 g)加适量常水,内服;矽碳银或次硝酸铋:马、牛20～30 g,猪、羊、犬2～6 g,内服。也可用鞣酸蛋白20 g(猪、羊、犬2～5 g)、碳酸氢钠40 g(猪、羊、犬5～8 g),加水适量,内服。

胃肠炎缓解后可适当应用健胃剂,幼畜可用多酶片、酵母片、胃蛋白酶或乳酶生片内服。成年动物用人工盐;大家畜:300～400 g,猪、羊、犬10～30 g,每天分3次内服。也可服用复方龙胆酊。

对严重呕吐的病畜,可按每千克体重肌内注射胃复安 1.5 mg、氯丙嗪 1～3 mg 或阿托品 1～2 mg,以抑制呕吐反射。

(4)补液解毒 对呕吐、腹泻严重病例应及时进行补液解毒,防止脱水和自体酸中毒。根据脱水的性质选用 5％葡萄糖、0.9％氯化钠溶液或者 5％葡萄糖及复方氯化钠注射液进行静脉注射补液。同时加入 5％碳酸氢钠注射液或 40％乌洛托品,以纠正酸中毒。

(5)维护心脏功能、增强机体抵抗力 强心用 10％安钠咖,马、牛 10～30 mL,猪、羊、犬 3～10 mL;或 10％樟脑磺酸钠:马、牛 10～20 mL,猪、羊、犬 3～10 mL,皮下或静脉注射。增强机体抵抗力,可用 50％葡萄糖、ATP、肌苷、CoA 混合静脉滴注。

①对症治疗 出现血便时,可用安络血、止血敏配合维生素 K_3 以止血;体温高时,可肌内注射安乃近或复方氨基比林。

②中医疗法 大家畜用白头翁汤(白头翁 72 g,黄连、黄柏、秦皮各 36 g)或郁金散(郁金 30 g,诃子 25 g,黄芩 10 g,黄连、黄柏、栀子、白芍各 15 g),水煎服。粪中带血混黏液,可用地榆炭、槐花、侧柏叶、郁金、白扁豆、赤芍、人黄、山药各 30 g,共研末,开水冲服(猪、羊酌减)。

③针灸穴位 脾俞、百会、后海。

在胃肠炎的治疗期间,尤其在呕吐及腹泻症状缓和前,禁止喂食,适当饮水。病初愈时,给予少量易消化的饲草、饲料,而后逐渐增加饲喂量。

7.预防

加强饲养管理,禁喂霉变质或冰冻草料,禁止采食有毒物质和有刺激、腐蚀性的化学物质,定时定量喂食,供给充足清洁的饮水,保持畜舍的通风、清洁、干燥,合理使役,定期驱虫及免疫注射。

三、便秘

便秘(constipation)又称肠便秘或大便秘结,是由于某种因素使肠管蠕动机能障碍和分泌紊乱,肠内容物长时间滞留于肠腔内,不能及时排出体外,水分被大量吸收,内容物变干、变硬,不完全或完全阻塞肠道,导致排粪量减少、排粪困难甚至完全不能排便的一种消化系统疾病。多发生于结肠和直肠。

各种年龄的家畜都可发生本病,特别是幼龄、老龄家畜多发。

1.病因

(1)原发性便秘 主要因食物结构的不合理,营养不均衡,长期饲喂干的食物或长期饲喂添加了药物的饲料,或饲料单一,精料过多、粗纤维含量不足,食入毛发、沙土、塑料或其他异物,年老体弱,过度肥胖,缺乏运动,饮水不足,日粮的突然变换,饲养环境的突然改变,造成肠管蠕动机能降低,内容物干燥,从而引发本病。

大量服用含鞣质的物质(鞣酸、鞣酸蛋白)、铋制剂(次硝酸铋等)、阿托品、碳酸钙、硫酸钡等,饲料中长期添加某些药物(如阿散酸及土霉素、支原净、磺胺类药物)及抗菌促生长剂(如金霉素、杆菌肽锌等),也可引起肠蠕动弛缓而发生便秘。

(2)继发性便秘 胃肠道疾病如胃扩张、结肠阻塞、肠变位,反刍动物瓣胃阻塞、皱胃阻塞等,肠内积聚大量异物(结石或粪石)或寄生虫(肠道蛔虫)压迫直肠,某些排便疼痛性疾病(如直肠炎、直肠狭窄、结肠肿瘤、犬前列腺肥大、肛门腺囊肿等)及排便动作障碍的疾病(如髋关节脱位、骨盆骨折和后肢骨折)等,使肠蠕动减少,粪便在直肠内停留时间过长,或排便反射丧失,均可造成便秘。

另外,某些慢性传染病(如慢性肠结核)及高热疾病等,也可导致本病。

2.临床症状

患畜排粪次数减少或停止排粪。常有排便姿势,举尾努责,呈现明显的里急后重,但排不出或排出少量附有黏液的干粪球,常因疼痛而呻吟或鸣叫,频频回顾腹部。病初精神、食欲方面变化大,继之出现精神不安、食欲减退或废绝,口渴增加,腹围膨大,腹痛,时起时卧,有的呕吐,肠蠕动音减弱或绝止,并伴有脱水,呼吸加快症状。当便秘的结肠压迫膀胱颈部时,可能发生尿闭。原发性便秘一般体温正常。

腹部触诊,病畜敏感不安。直肠检查,可在直肠内触到干燥、秘结的粪便。

3.诊断

根据长时间不排便病史、排便困难的临床症状及直肠或腹部触诊,可摸到干硬结粪块,按压时常有疼痛表现,即可确诊。

4.防治

治疗原则:疏通肠管,促进排粪。治疗方法包括口服泻剂、灌肠或手术治疗。

(1)原发性便秘 轻症便秘,可用温肥皂水(不超过40℃)、甘油或液状石蜡进行灌肠。同时内服大黄苏打片,使硬粪软化,容易排出。在灌肠的基础上,配合腹外适度按压(大动物可配合直肠内按压)肠内秘结粪块,使其破碎,促进粪便排出。

便秘时间久且粪块硬时,内服适量的缓泻药。可服用硫酸钠(或硫酸镁)马、牛300~500 g,猪、羊30~80 g,犬、猫5~30 g,加水适量,1次灌服,也可服用食用油、蓖麻油或石蜡油马、牛800~1 200 mL,猪、羊100~150 mL,犬、猫10~15 mL,喂服2~3次。

据报道,家畜(马、牛、猪、羊等)便秘时,取猪胆汁100 g,蜂蜜250 g,加温开水1 000 mL,混合调匀后一次灌服,效果良好。

幼畜的便秘可使用开塞露、甘油栓,也可服用镁乳,有轻泻作用。

对顽固性重度便秘,经灌肠及药物治疗效时,应在麻醉基础上,用手将粪块捏碎或用镊子将阻塞在直肠内的粪便掏出。如仍不能奏效时,施行外科手术,取出肠腔结粪。

对症治疗:腹痛不安时,可肌内注射氯丙嗪,每千克体重1~3 mg,为防止脱水和维护心脏功能,可静脉注射复方氯化钠注射液或5%葡萄糖生理盐水注射液,并适时注射20%安钠咖。

粪便畅通后,加强护理,适当运动,合理调配饲料,给予充足的饮水。

(2)继发性便秘 应在上述治疗的基础上,积极治疗原发病。

中医疗法:对老弱家畜(马、牛),用火麻仁180 g、大黄120 g、杏仁60 g、厚朴60 g、白芍62 g、枳实58 g,共煎水灌服(猪、羊酌减)。

针灸:主穴取玉堂、脾俞、大椎、后三里。配穴取山根、鼻梁、尾尖。

5.预防

科学搭配日粮,保证营养合理全面;给予充足的饮水;适当运动;定期驱虫;选用无药物添加剂但能够提高家畜抵抗力的日粮;避免长期或停药期过短的用药方式。

四、支气管肺炎

支气管肺炎(bronchopneumonia),又称小叶性肺炎(lobular pneumonia),是指一个

或一群肺小叶的炎症。大多数情况下,支气管、细支气管与肺小叶群可同时发病。通常病畜的肺泡内充满卡他性渗出物和脱落的上皮细胞,故也称卡他性肺炎(catarrhal pneumonia)。临床上以弛张热,呼吸次数增多,可视黏膜发绀,叩诊肺区有散在局灶性浊音区和听诊肺区有啰音、捻发音及咳嗽为特征。各种家畜均可发生,尤以幼、弱及老龄家畜最易发生,以冬、春寒冷季节发病较多。

1.病因

(1)原发性支气管肺炎 主要因营养缺乏(维生素 A 和矿物质缺乏),幼弱老衰、饥饿、过劳、受寒冷刺激,机体抗病力下降,呼吸道的防御机能减弱,引发本病。此外,吸入刺激性有害气体(如氨气、烟气等)、霉菌孢子、粉尘或异物等,或因饥饿、缺水而抢食、抢饮时,误将饲料或水呛入气管,直接刺激呼吸道,也可诱发本病。

(2)继发性支气管肺炎 多由支气管炎发展而来,也可继发于多种传染病(如流感、传染性支气管炎、结核病、口蹄疫等)和寄生虫病(如肺丝虫、弓形虫、蛔虫等)。另外,当子宫炎、乳房炎等病原菌通过血液或淋巴途径侵入肺部,也能引发本病。

2.发病机制

在各种致病因素的长期作用下,机体呼吸道的防御机能下降,病原微生物乘机侵入,大量发育繁殖,引发呼吸道炎症。炎症从支气管炎或细支气管炎开始,而后蔓延到邻近的肺小叶、肺泡。当支气管发生炎症时,支气管黏膜分泌黏液增多,病畜出现咳嗽症状。炎症使肺泡充血肿胀,充满了卡他性炎性渗出物。随着肺泡腔和细支气管内炎性渗出物增加,肺组织有效呼吸面积减少,病畜出现呼吸障碍,严重时可发生呼吸衰竭。

3.临床症状

病初主要表现流鼻液,干短带痛的咳嗽等急性支气管炎症状;随病程发展,体温升高,呈弛张热,肺内渗出物变稀变多,咳嗽变为湿长,疼痛减轻或消失,病畜精神沉郁,食欲减退或废绝,可视黏膜发绀,呼吸次数增多,呈现混合性呼吸困难。流黏液性或黏脓性鼻液,有时混有血液。

肺部听诊,在病灶部,病初可听到捻发音或干湿性啰音,肺泡呼吸音减弱。以后随着肺泡和细支气管炎性渗出物增加,则肺泡呼吸音消失。在其他健康部位,肺泡呼吸音则增强。肺部叩诊有局灶性浊音区。

血液学变化,白细胞总数和嗜中性粒细胞增多,并伴有核左移现象,单核细胞增多,嗜酸性粒细胞缺乏。

X 线检查,可见肺区有局灶性小片状渗出性模糊阴影,肺纹理加深。

4.病理变化

主要发生于肺尖叶、心叶和膈叶前下部,为一侧性或两侧性。发生病变的组织肿大,坚实而不含空气,取病变肺组织小块投入水中发生下沉。新病区呈红色、灰红色,较久的病区呈灰黄或灰白色,挤压可流出渗出液,肺间质组织扩张,因渗出液浸润而呈胶冻样,支气管充满渗出物,病灶周围可发现代偿性气肿。

组织学变化主要为病变区细支气管黏膜上皮坏死脱落,管腔内充满浆液、白细胞以及脱落的黏膜上皮细胞。管壁充血,有大量白细胞弥漫性浸润。病灶周围肺组织常可伴有不同程度的代偿性肺气肿。

5.诊断

根据本病具有弛张热、发生短钝痛干咳、听诊病变部肺泡音减弱或消失,并出现捻发音和啰音,叩诊呈局灶性浊音区等特征,同时结合血液学检查和 X 线检查,即可诊断。本病应与大叶性肺炎和细支气管炎加以鉴别。

细支气管炎,呼吸极度困难,因继发肺气肿,叩诊呈过清音,肺界扩大。

大叶性肺炎,呈稽留热型,有时见铁锈色鼻液,叩诊有大片弓形浊音区,X 线检查发现大片均匀的浓密阴影。

6.防治

治疗原则是加强护理,改善营养,增强机体的抗病力,祛痰止咳,抗菌消炎,制止渗出和促进吸收,对症治疗。

(1)加强护理 将病畜置于空气清新、通风良好的厩舍,供给营养丰富易消化的饲草饲料。

(2)祛痰止咳 可口服氯化铵,马、牛 10～20 g,猪、羊、犬 0.5～2 g;或用复方樟脑酊,马、牛 20～50 mL,猪、羊、犬 2～5 mL;也可用复方甘草合剂,马、牛 100～150 mL,猪、羊、犬 5～15 mL,每日 1～2 次灌服。

(3)抗菌消炎 是治疗本病的最根本措施。主要用抗生素或磺胺类药物进行治疗。有条件的最好作细菌的药敏试验,选用敏感药物进行治疗,以便获得最佳疗效,抗菌药物疗程一般为 3～5 d,每日 2 次。青霉素、链霉素,单独或联合应用,如治疗无效或疗效不佳时,及时选用其他抗生素治疗。如四环素每千克体重 5～12 mg,卡那霉素每千克体重 6～12 mg,或土霉素每千克体重 5～10 mg,肌内或静脉注射,每日 2 次。在应用抗生素的同时,可配合应用磺胺类药物,以增强疗效。如用 10％磺胺嘧啶钠注射液大家畜 100～150 mL,猪、羊、犬 5～20 mL,或每千克体重 15～20 mg,肌内注射,每日 1 次,连续 3～5 d 为一疗程。对支气管炎症状明显的病畜,可将青霉素马、牛 200 万～300 万 IU,猪、羊、犬 40 万～160 万 IU,链霉素,马、牛 1～2 g,猪、羊、犬 0.5 g,溶解于 2％的普鲁卡因溶液大家畜 40～60 mL,猪、羊、犬 3～5 mL,直接进行气管内注射,每天 1 次,连用 2～3 次,效果良好。

(4)制止渗出和促进吸收 马、牛常用撒乌安合剂:5％葡萄糖生理盐水 500～1 000 mL、5％葡萄糖注射液 500 mL、10％水杨酸钠注射液 100 mL、40％乌洛托品注射液 20～30 mL 和 10％安钠咖溶液 10 mL,混合后静脉注射(小家畜剂量酌减)。也可静脉注射 10％氯化钙溶液,马、牛 100～150 mL,猪、羊、犬 5～15 mL;或葡萄糖酸钙液,马、牛 200～300 mL,猪、羊、犬 10～30 mL,每天 1 次。

(5)对症治疗 强心补液,纠正水和电解质的平衡紊乱。增强心功能,可用 20％安钠咖液或 10％樟脑磺酸钠液。出现全身毒血症时,应用氢化可的松或地塞米松等糖皮质激素。

(6)中药疗法 麻杏石甘汤(麻黄 15 g、杏仁 30 g、石膏 10 g、生甘草 30 g、知母 30 g、黄芩 50 g、二花 40 g、连翘 30 g、元参 40 g、麦冬 40 g、桔梗 30 g,共研细末,开水冲调),马、牛一次候温灌服;桑白皮、地骨皮、葶苈子、天冬、知母、贝母、黄芩、麦冬、桔梗各 24～30 g,甘草 18 g,马、牛一次水煎灌服(猪、羊酌减)。

7.预防

加强饲养管理,供给全价饲料;防止受寒感冒,过度使役,避免机械性和化学性因素的刺激;积极做好各种传染病、寄生虫病的防治工作;及时治疗原发病。

五、营养性贫血

贫血是指单位体积血液中的红细胞数、血红蛋白含量和红细胞压积低于正常水平的综合征，为临床上最常见的一种病理状态，以皮肤和可视黏膜苍白，心率和呼吸加快，全身肌无力及各器官由于组织缺氧所产生的各种症状为特征。

贫血不是一种独立的疾病，而是一种临床综合征。按其原因可分为：出血性贫血、溶血性贫血、营养性贫血和再生障碍性贫血四类。以下仅介绍营养性贫血。

营养性贫血（nutritional anemia）指因缺乏某些造血物质，影响红细胞和血红蛋白的生成而发生的贫血类型，是临床上各种家畜最为常见的一种贫血类型，多见于幼畜，尤其是仔猪。

1.病因

主要因缺乏某些造血物质所致。某些微量元素（如铁，铜、钴）、维生素（如维生素 B_1、维生素 B_{12}、维生素 B_6、硫胺素、核黄素）等缺乏，均可造成营养性贫血。临床上以仔猪缺铁性贫血最常见。

饲料单一，摄入的蛋白不足，慢性消化道疾病及肠道寄生虫病引起肠道吸收功能紊乱，也可导致本病的发生。

2.临床症状

主要表现为进行性消瘦，精神不振，腹部蜷缩，被毛粗乱，周期性下痢及便秘，可视黏膜苍白，后期衰弱无力，行走摇晃，倒地起立困难，直至卧地不起，全身衰竭。

3.病理变化

剖检可见，肝脏肿大呈淡灰色，脂肪变性，肌肉呈淡红色，尤其是臀肌和心肌。心及脾肿大，肾实质变性，肺水肿，血液稀薄呈水样。

4.诊断

根据临床症状及血红蛋白量显著减少、红细胞数量下降等特征即可诊断。

5.防治

治疗原则是去除病因，补充造血物质，加强饲养，给予富含蛋白质、矿物质及维生素的食物或饲料。

（1）去除病因　去除病因较治疗贫血更为重要。

（2）补充造血物质　硫酸亚铁，马、牛 2～10 g，猪、羊、犬 0.5～2 g，内服。枸橼酸铁铵，马、牛 5～10 g，猪 1～2 g，内服，每日 2～3 次；维生素 B_{12} 等肌内注射。

（3）加强饲养管理　对于圈养的家畜，适当放牧；对哺乳母畜应给予富含蛋白质、微量元素及各种维生素的饲料，提高母乳抗贫血的能力。仔猪出生后亦应放牧或尽早补铁。

六、中暑

中暑（heat exhaustion）为临床上日射病（insolation）和热射病（siriasis）的统称。日射病是指在炎热季节中，动物头部受日光持续照射而引起脑膜及脑充血的急性病变，导致中枢神经系统机能严重障碍性疾病。热射病是指动物所处的环境温度过高，湿度过大，产热大于散热，热在体内蓄积，而引起的严重中枢神经系统紊乱性疾病。本病为炎热季节各种家畜的常见病，牛、猪、犬及家禽多发。

1.病因

炎热季节,长时间在无阴棚的场所放牧,畜禽长时间受到烈日暴晒;畜禽圈舍狭小,缺乏降温防暑设施,过度拥挤,通风不良,闷热潮湿(温度高、湿度大),饮水不足;高温天气,在密闭而闷热的车、船内长途运输并拥挤;长时间驱赶,奔跑,使役过重;被毛粗厚,肥胖,心肺机能不全,耐热力差的畜禽,易发生散热障碍,均能引起本病。

2.发病机制

热射病和日射病发病机理存在一定差异。

日射病是由于畜禽过久地暴露于日光直接照射下,引起体温升高,皮肤过热、增温,使皮肤血管扩张。另外,因紫外线的作用,造成脑及脑膜充血,脑实质性病变,导致中枢神经系统调节功能障碍。畜禽表现呼吸浅表,心衰,意识障碍,甚至昏迷。

热射病是由于外界温度过高或环境湿度大,畜禽体温调节中枢的机能降低,散热障碍,热蓄积过多,使体温升高,新陈代谢旺盛,氧化不全的中间代谢产物蓄积引起酸中毒。而热刺激,导致代偿性呼吸加快及大出汗,引起机体脱水,水盐代谢紊乱。皮肤血管充血,毛细血管网循环衰竭,发生心机能不全,脑被动充血,肺水肿,心肌、肝、肾出现实质性营养不良,体温持续上升,最后死亡。

3.临床症状

日射病和热射病在临床症状上难以确切区分。一般日射病临床症状以神经症状为主,而热射病常有呼吸困难,体温升高,全身出汗,可视黏膜发绀,瞳孔散大等特征。

家畜中暑后共同症状为,突然发病,精神极度沉郁,站立不稳,行走时体躯摇摆呈醉酒样,有时兴奋不安。猪犬往往出现呕吐,牛羊则出现瘤胃臌气。可视黏膜潮红或发绀,心跳加快,呼吸困难,张口伸舌。体温升高,体表烫手,全身出汗,排尿减少或尿闭,肌肉震颤。最后倒地四肢痉挛或抽搐,最后陷于昏迷,瞳孔散大,反射消失,因呼吸抑制,虚脱或心力衰竭而死亡。

家禽中暑的症状是患禽高度沉郁,食欲废绝,呼吸急促,张口呼吸,翅膀松展,饮水量增多,体温升高,触之烫手。继而站立不稳,软脚,瘫痪,死前频频发生抽搐、痉挛,因虚脱而死。

4.病理变化

大脑及脑膜充血、出血,肺水肿,淤血,心包积液,心脏有出血点,血凝不良。

5.诊断

依据发病季节,畜禽存在长时间烈日暴晒或环境温度过高,通风不良等病史,高体温、脑神经症状等临床特征,容易诊断。

6.防治

治疗原则是消除病因,降温,缓解心肺机能障碍和解除酸中毒。

(1)消除病因　将发病畜禽转移到有阴凉通风处。

(2)降温　在畜禽体表尤其头部大量喷洒冷水,有条件用冰袋冷敷头部或以冷水灌肠。畜禽所在畜舍地面也可放置冰块或泼水来降温。

药物降温可用氯丙嗪每千克体重 $1\sim2$ mg,肌内或静脉注射。也可喂服十滴水(或藿香正气水),牛 $30\sim40$ mL,猪、羊 $5\sim10$ mL,家禽 $0.2\sim0.5$ mL,与适量凉水混合灌服。

家禽也可用可饮用 $5\%\sim10\%$ 绿豆白糖水和维生素 C。

病畜昏迷时,可酌情静脉放血,以减轻脑和肺部充血和改善循环,大家畜 $1\,000\sim$

2 000 mL,猪、羊 100～300 mL。

(3)缓解心肺功能　出现心脏衰弱时,可静脉注射 10％安钠咖,牛 20 mL、猪、羊 4 mL、犬 1～2 mL。也可使用氧化樟脑。肺水肿时,可静脉注射 10％葡萄糖酸钙以制止渗出。

(4)解除酸中毒　用 5％碳酸氢钠液 500～1 000 mL(大家畜),一次性静脉注射。

(5)中医疗法　中暑中兽医称之为黑汗风。轻者用"清暑香薷汤"加减:香薷 25 g,藿香、青蒿、佩兰叶、炙杏仁、知母、陈皮各 30 g,滑石 90 g,石膏 150 g,水煎服。重者用"白虎汤"合"清营汤"加减:生石膏(先煎)300 g,知母、青蒿、生地、玄参、竹叶、金银花、黄芩各 30～45 g,生甘草 25～30 g,西瓜皮 1 kg,水煎服。

配合针灸疗法,针刺太阳、玉堂、耳尖、尾尖、四蹄等穴,效果更好。

7.预防

做好畜舍的防暑降温,设置凉棚或定期向地面喷淋冷水;保证圈舍宽敞,清洁,通风良好;保持适当的饲养密度,避免过度拥挤;炎热季节,避免长途运输畜禽,避免中午放牧采食,供给充足的清洁饮水。

第二节　外产科病

一、外科感染

外科感染(surgical infection)是动物有机体与侵入体内的致病微生物相互作用所产生的局部和全身反应。它是有机体对致病微生物的侵入、生长和繁殖造成损害的一种反应性病理过程,也是有机体与致病微生物感染与抗感染斗争的结果。

1.病因

(1)致病微生物　在外科感染的发生发展过程中,致病菌是主要因素,其中细菌的数量和毒力尤为重要。细菌的数量越多,毒力越大,发生感染的机会亦越大。引起外科感染的常见化脓性致病菌有葡萄球菌、链球菌、大肠杆菌、绿脓杆菌和变形杆菌。

(2)局部条件　外科感染的发生与局部环境条件有很大关系。皮肤黏膜破损可使致病菌侵入组织,局部组织缺血缺氧或伤口存在异物、坏死组织、血肿和渗出液均有利于细菌的繁殖。

进入体内的致病菌在条件适宜的情况下,经过一定时间即可大量繁殖以增强其毒害作用,进而突破机体组织的防卫屏障,随即表现出感染的症状。而染发展的速度又依外伤的部位、外伤组织器官的特性、创伤的安静是否遭到破坏、肉芽组织是否健康完整、致病菌的数量和毒力、是单一感染还是混合感染、有机体有无素缺乏和内分泌紊乱以及神经系统机能状态而有很大不同。这些因素都在外科感染的发生和发展上起着一定作用。

2.临床症状

(1)局部症状　红、肿、热、痛和功能障碍是化脓性感染的五个典型症状。但这些症状不一定全部出现,而随病程迟早,病变范围和位置深浅而异。病变范围小或位置较深的,局部症状可不明显。这些症状的病理基础就是充血、渗出和坏死 3 个基本变化。

（2）全身症状　发生外科感染时动物的全身症状轻重不一。感染轻微的可无全身症状。感染较重的常有发热、头痛、全身不适、精神沉郁、食欲减退等，一般均有白细胞计数增加和核左移。病程较长时，因代谢的紊乱，包括水和电解质代谢失调，血浆蛋白减少和肝糖的大量消耗，可出现营养不良、贫血、水肿等。全身性感染严重的病畜可以发生感染性休克。

3.诊断

外科感染一般可以根据临床症状作出正确诊断。波动感是诊断脓肿的主要依据。浅部脓肿，用手指轻按脓肿一侧，同时在水平线的对侧，用另一手指稍用压力或轻轻叩击，原手指能明显感觉到液体的波动感。在垂直方向再做一次。两个方向均有波动感者为阳性。深在脓肿，尤其是位于筋膜以下的，波动感不明显，但脓肿表面组织常有水肿现象，局部有压痛，全身症状明显，可用穿刺帮助诊断。

必要时，还可进行一些辅助检查，如化验、超声波、X线检查和核素检查等。对疑有全身性感染者应抽血液作细胞培养检查，但一次阴性结果并不表示不存在全身性感染，应多做几次细菌培养检查，以明确诊断。

4.防治

（1）局部疗法

①休息和患部制动。使病畜充分安静，可减轻疼痛，且有利于得炎症局限化和消肿。同时限制病畜活动，避免刺激患部，在进行细致的外科处理后，根据情况决定是否包扎。

②外用药。改善局部血液循环，散淤消肿、加速感染局限化、促使肉芽生长，大多适用于浅部感染，如鱼石脂软膏用于疖等较小的感染，50％硫酸镁溶液湿敷用于蜂窝织炎。

③物理疗法。改善局部血液循环，增加局部抵抗力，促进吸收或局限化，除用热敷或湿热敷外，微波、频谱、超短波及红外线治疗对急性局部感染灶的早期有较好疗效。

④手术治疗。包括脓肿切开术和感染病灶的切除。急性外科感染形成脓肿应及时手术切开。局部炎症反应剧烈，迅速扩展，或全身中毒症状严重，虽未形成脓肿，也应尽早局部切开减压，引流渗出物，以减轻局部和全身症状，阻止感染继续扩散。若脓肿虽已破溃，但排脓不畅，则应人工引流，只有引流通畅，病灶才能较快愈合。

（2）全身疗法　主要用于感染较重，特别是全身性感染的病畜，包括支持疗法、对症疗法和抗菌药物等。

①支持疗法。针对病畜的临床症状，目的是改善病畜全身情况和增加抵抗力。

病畜严重感染导致脱水和代谢性酸中毒，应及时补充水、电解质及碳酸氢钠。化脓性感染易出现低钙血症，给予钙制剂，并可调节交感神经系统和某些内分泌系统的机能活动。应用葡萄糖疗法可补充糖源以增强肝脏的解毒机能和改善循环。注意饲养管理，对病畜饲给营养丰富的饲料和补给大量维生素（特别是维生素 A、维生素 B、维生素 C）以提高机体抗病能力。

②对症疗法。根据病畜的具体情况进行必要的对症治疗，如强心、利尿、解毒、解热、镇痛及改善胃肠道的功能等。

③抗菌药物。合理适当应用抗菌药物是治疗外科感染的重要措施。

通常可根据各种致病菌引起感染的临床症状、脓液性状、感染来源等，对致病菌种类作出初步判断，选择药物。如果 2～3 d 后疗效仍不明显，则应更换药物种类。如能作细菌培养和敏感试验，则更可作为选用药物的指导。对轻症和较局限的感染，一般可肌内注射。但对严重感染,应静脉给药。一般认为在全身情况和局部感染灶好转后3～4 d,即可停药。但严重全身感染停药不能过早,以免感染复发。

二、子宫内膜炎

子宫内膜炎(endometritis)是由细菌所致的子宫内膜的炎症过程,为最常见的生殖器官疾病。常发生于分娩后的数天之内,在牛比较常见,为不孕的重要原因之一,但很少影响动物的全身健康。引起不孕的子宫内膜炎大都为慢性。

1.病因

引起子宫内膜炎的原因很多,常见的有理化因素和生物因素。前者如用过热或过浓的刺激性消毒药水冲洗子宫、产道,以及难产时用器械或截胎后露出的胎儿骨端所造成的损伤而引起;后者主要是在人工授精、分娩及难产助产、阴道检查时,消毒不严密,由于细菌如化脓棒状杆菌、葡萄球菌、链球菌、大肠杆菌、沙门氏菌和布鲁菌等引起。病原体可经上行性(阴道感染)或下行性(血源性或淋巴源性)感染。此外,胎衣不下往往继发子宫内膜炎;全身性感染或局部炎症经血行感染,也可引起子宫内膜炎。

2.临床症状

子宫内膜炎有急、慢性之分。

(1)急性卡他性子宫内膜炎　多发生于产后及流产后数天内,可能出现全身症状。病畜常弓背,努责,呈排尿姿势,频频从阴门内排出少量黏液或黏液脓性分泌物,卧下时排出量增多,病重者分泌物呈污红色或棕色,且带有臭味;病畜体温升高,食欲及泌乳量下降,牛、羊反刍减弱或停止,并有轻度臌气,猪常不愿哺乳;直检时子宫角增大、壁厚、收缩力弱,有波动感,时常出现两子宫角体积不一。

(2)慢性子宫内膜炎　根据炎症性质可分为卡他性、卡他脓性和脓性三种。

慢性卡他性子宫内膜炎:病畜性周期紊乱,有的虽然正常但屡配不孕。卧下或发情时,从阴道排出较多的混浊带有絮状物的黏液。阴道检查时,子宫颈外口黏膜充血肿胀,并有上述黏液。直肠检查时感到子宫壁肥厚。较轻的病例不见任何变化,发情正常,但屡配不孕,只是发情时排出多量的混浊黏液。

慢性卡他性脓性及脓性子宫内膜炎:性周期紊乱,屡配不孕,牛有时并发卵巢囊肿。阴道内存有较多的污白色或褐色混有脓性的分泌物,或从阴道排出带有臭味的灰白色或褐色混浊浓稠的脓性分泌物。阴道检查时,子宫颈外口松弛,充血肿胀,有时有溃疡。直肠检查时,感到子宫壁厚度和硬度不均,有时出现波动部位。

有的由于子宫颈黏膜肿胀和组织增生而狭窄,脓性分泌物积聚于子宫内,称此为子宫积脓。如卡他性渗出物不得排出,积聚于子宫内,称子宫积液。

3.诊断

临床症状结合实验室检查作综合判断,常用的实验室检查方法有以下几种:

(1)子宫冲洗液检查　子宫冲洗回流液镜检,可见脱落的子宫内膜上皮或白细胞。如首次观察未发现异常,可将回流液静置后观察,如发现有沉淀,或有蛋白样、絮状漂浮物即可确诊。

(2)子宫颈口黏液检查　无菌取子宫颈口分泌物涂片,姬姆萨染色,出现蓝紫色半细胞时判定为阳性。

(3)尿检　2 mL尿＋1 mL 5%硝酸银,煮沸2 min,形成黑色沉淀为阳性,浅色或咖啡色沉淀为阴性。

(4)发情时阴道分泌物的检查

①化学检查。4%氢氧化钠2 mL,加等量分泌物,煮沸后冷却无色为正常,微黄色或柠檬黄色为阳性。

②生物学检查。在加温的载玻片上,分别滴加2滴精液,一滴中加入被检分泌物,另一滴加盐水做对照,镜检精子的活动情况,精子很快死亡或被凝集者为阳性。

4.防治

治疗原则是,恢复子宫张力,改善子宫营养,增强子宫血液循环,改变其代谢功能;排出子宫腔道的炎症产物;控制与防止子宫感染;增强子宫免疫功能;减少使用抗生素,可用激素辅助治疗,以及用无抗药物冲宫。

(1)子宫冲洗法　子宫颈管闭锁时可于冲洗前注射1%已烯雌酚或雌激素。冲洗时应严格消毒。常用1%~5%食盐溶液、1%~2%苏打溶液、1%明矾水溶液、0.1%高锰酸钾溶液、0.1%雷佛奴尔溶液、0.2%新洁尔灭等作为冲洗液,使用小剂量反复冲洗,直至冲洗液透明后,将冲洗液完全排出,向子宫内投入抗生素类药物。牛产后前几天慎冲洗,慢性子宫内膜炎、怀疑子宫破裂、全身症状明显或猪、犬、猫等多胎动物不可冲洗。

(2)子宫内注入法　在子宫冲洗后或不可冲洗情况下,可向子宫内注入广谱抗菌药(如青霉素、链霉素、庆大霉素、卡那霉素和红霉素等)、喹喏酮类药物(如诺氟沙星、培氟沙星、环丙沙星、氧氟沙星和依诺沙星等)或其他中成药(如宫得康、宫炎康、宫复康、祛腐生肌膏、露它净和敌菌净等)。

(3)激素疗法　慢性子宫内膜炎时,可使用前列腺素 $F_{2\alpha}$($PGF_{2\alpha}$)及其类似物;子宫内有积液时,还可用雌激素、催产素等;小型动物患慢性子宫内膜炎时,可先注射雌二醇2~4 mg,4~6 h后注射催产素10~20 IU。配合应用抗生素治疗,可收到较好的疗效。

(4)胸膜外封闭疗法　主要用于治疗牛的子宫内膜炎。在倒数第一、二肋间、背最长肌的之下的凹陷处,用长20 cm的针头与地面呈30°~35°角进针,当针头抵达椎体后,稍微退针,使进针角度加大5°~10°向椎体下方刺入少许。刺入正确时,回抽无血液或气泡,针头可随呼吸而摆动;注入少量液体后取下注射器,药液不吸入并可能从针头内涌出。确定进针无误后,按每千克体重0.5 mL 0.5%普鲁卡因,等分注入两侧。

5.预防

加强饲养管理,促使母畜健康,增强其体质;严格执行产房管理制度,以自然分娩为主,做好孕畜接产的消毒工作,及时处理胎衣不下的病畜;人工授精技术要严格按照《规范》要求进行操作;患有生殖器官炎症的病畜在治疗之前,不宜参加配种。对分娩后母畜的栏舍,要保持清洁、干燥,预防子宫内膜炎的发生。

三、流产

流产(abortion)是由于胎儿或母体的生理过程发生扰乱,或它们之间的正常关系受到破坏,而使怀孕中断的一种疾病。它可以发生在妊娠的各个阶段,但以妊娠早期较为多见。

1.病因

引起流产的原因很多,主要分为普通性流产、寄生虫性流产和传染性流产3种。

(1)普通性流产

①饲养管理性流产。饲料单一或数量不足、长期饥饿、使胎儿不能得到充分的营养，发育受到影响，使黄体水平降低导致孕酮含量的变化，造成流产。或饲料中缺乏某些维生素、微量元素引起流产，如维生素 A 或维生素 E 不足导致激素分泌不足，矿物质如钙、镁、钾不足影响神经传导从而发生流产。饲喂冰冻饲料流产现象也十分常见。

②损伤性流产。主要由于人工管理或怀孕母畜急剧运动、摔倒、腹部受到顶撞、挤压等引起子宫反射性收缩而流产，特别是雨雪天气对孕牛鞭打、急速驱赶；由于犬的好动天性，使子宫和胎儿受到直接或间接的机械性损伤。

③生殖器官疾病。由于生殖器官疾病所造成的症状性流产较多，当发生慢性子宫内膜炎时，有时交配可以受孕，但在妊娠期如果炎症发展，则胎盘受到侵害，胎儿死亡。此外，由于阴道脱出及阴道炎时，炎症破坏子宫颈黏液塞，侵入子宫，引起胎膜炎，也可引起流产。

④全身性非传染病。马疝痛、牛羊急性瘤胃臌气，可反射性引起子宫收缩，血液中二氧化碳增加，导致流产；顽固性瘤胃弛缓及皱胃阻塞，时间长可引起流产；能引起高体温，呼吸困难，高度贫血的一类疾病亦能导致流产。

⑤医疗错误性。全身麻醉，大量放血，手术，过量使用泻剂、驱虫剂、利尿剂，注射某些能够引起子宫收缩的药物(氨甲酰胆碱、毛果芸香碱、槟榔碱或麦角制剂)，误给大量催情药(雌激素和前列腺素制剂等)和怀孕忌服的中草药(如乌头、附子、桃仁、红花等)，直检阴道检查，怀孕后再发情配种等。

(2)传染性流产 由某些传染病所引起的流产，这些疾病不是侵害胎盘及胎儿引起自发性流产就是作为一种症状而发生症状性流产。例如，布鲁菌病(牛、羊、猪)、支原体病(牛、羊、猪)、胎弧菌病(牛)、病毒性下痢(牛)、马传染性贫血、沙门氏杆菌病、细小病毒病、葡萄球菌病、大肠杆菌病及变形杆菌等多种传染病。

(3)寄生虫性流产 如钩端螺旋体病、焦虫病和滴虫病。

2.临床症状

由于发病原因、发病时期及母畜机能状况各异，孕畜发生流产时表现的临床症状也不同。

(1)隐性流产 无明显的临床症状，其典型的表现就是配种后诊断为怀孕，但过一段时间后却再次发情，并从阴门中流出较多数量的分泌物。多胎动物除非全部死亡，否则临床上难于发现。

(2)早产 出现与正常分娩相似的征兆，产出不足月的胎儿。早产时的产前预兆不像正常分娩预兆那样明显，多在流产发生前的 2~3 d，出现乳房突然胀大，阴唇轻度肿胀，乳房内可挤出清亮液体等类分娩预兆。

(3)小产 产出死亡而未经变化的胎儿，这是最常见的一种流产类型。妊娠前期发生常无临床症状；妊娠后期常伴发难产，直检时摸不到胎动，妊娠脉搏变弱，阴道检查子宫颈口开张，黏液稀薄。

(4)延期流产 妊娠期胎儿死亡后长期不排出体外，发生干尸化、浸溶或气肿。发生干尸化时子宫缩小，有硬固物，无胎水、胎盘、胎动及孕脉；而发生浸溶时则全身反应明显，常伴腹泻、消瘦、努责，子宫排出污秽带恶臭的液体，有时含有胎儿碎片或骨片；胎儿发生腐败分解时，胎儿和子宫极度膨胀，阴门不时流出污红色恶臭液体。

3.诊断

主要依靠临床症状、直肠检查及产道检查来进行。不到预产日期,怀孕动物出现腹痛不安、拱腰、努责,从阴道中排出多量分泌物或血液或污秽恶臭的液体,这是一般性流产的主要临床诊断依据。配种后诊断为怀孕,但过一段时间后却再次发情,这是隐性流产的主要临床诊断依据。对延期流产可借助直肠检查或产道检查的方法进行确诊。

4.防治

当动物出现流产症状,经检查发现子宫颈口尚未开张,胎儿仍活着时,应该以安胎、保胎为原则进行治疗。肌内注射盐酸氯丙嗪,1~2 mg,肌内注射1%硫酸阿托品13 mL。注射黄体酮50~100 mg。当动物出现流产症状时,子宫颈1/3已张开,胎囊或胎儿已进入产道,流产已无法避免时,应该以尽快促进胎儿排出为治疗原则。及时进行助产,也可肌内注射催产素以促进胎儿排出,或肌内注射前列腺素类药物以促进子宫颈口进一步张开。

当发生延期流产时,如果仍然未启动分娩机制,则要进行人工引产,肌内注射氯前列烯醇0.4~0.8 mg。也可用地塞米松、二三合激素等药物进行单独或配合引产。

预防在营养方面,添加平衡的能量饲料,供给孕畜所需的维生素和微量元素,特别是在产前产后注意钙的添加,防止抵抗力低下和缺钙而引发疾病;饲养管理方面,做好防暑防寒工作,禁止饲喂霉变、冰冻饲料,雨雪天气注意不要驱赶孕畜,防止滑倒;分娩前注意外阴部清洁,生产过程操作要严格消毒,对胎衣不下、恶露不尽的动物要及时采取措施进行有效的治疗,等动物痊愈后再进行配种;人工授精要请专业人员进行,防止在授精的过程中器械穿伤子宫体,且所用的器械要严格消毒,授精同时对子宫体进行触摸检查,及时发现异常,以采取相应的治疗措施。

四、难产

难产(dystocia)是指由于各种原因而使分娩的第一阶段,尤其是第二阶段明显延长,如不进行人工助产,则母体难于或不能排出胎儿的产科疾病。

1.病因

造成难产的直接原因主要有以下三个方面:

(1)产力性难产 因母畜体弱、阵缩及努责微弱,阵缩及跋水过早,子宫自身疾病造成。

(2)产道性难产 子宫捻转、子宫颈狭窄、子宫颈畸形、阴道及阴门狭窄、致产道肿瘤、骨盆狭窄、变形。

(3)胎儿性难产 胎儿过大、过多、双胎难产(双胎儿同时起、揳入产道、胎儿畸形),胎位不正、胎儿姿势不正及胎儿方向不正等因素造成。

2.临床症状

多数难产母畜均已超过预产期而不产;母畜呼吸急迫,心跳加快,表现烦躁不安,来回奔走;反复做分娩努责排便动作,常常两后肢拖拉前进,其具体临床症状由于病因不同而有很大的差异。常见的有以下几种:

(1)阵缩及努责微弱 孕畜出现分娩预兆,但努责时间短,次数少,力量小,长久不能排出胎儿。产道检查时宫颈已开,但不完全。

(2)努责过强及破水过早 主要特点是母畜努责频繁而强烈,两次努责的时间较短,收缩间隔不明显。这时胎儿的姿势如果正常,可迅速排出;在马偶尔可见将胎儿和完整的胎膜同时排出。胎儿反常往往会导致破水过早。

(3)子宫捻转　牛、绵羊、山羊及肉禽动物多见,马、驴偶也发生,临产前或分娩开始时多发。向右捻转比向左捻转多见,并以 90°～180°捻转者多;子宫颈后捻转比颈前捻转多发。孕畜产前不安,出现阵发性腹痛及强烈努责,久不见胎儿前置部位。阴道内诊时,阴道壁紧张,越向前越狭窄。

①子宫颈前捻转。临产时捻转不超过 360°颈口微开,弯向一侧,子宫颈腔部呈紫红色;子宫塞红染,子宫体处有一堆柔软而坚实的物体。直检时,捻转不超过 180°韧带一侧在上另侧在下紧张,子宫阔韧带由两旁向此处交叉;超过 180°时,两侧韧带均紧张,静脉怒张;猪及肉食动物子宫捻转的诊断除触诊外可剖腹探查。

②子宫颈后捻转。阴道检查,发现阴道壁紧张,前端可发现螺旋状皱襞,这是子宫捻转的特征依据,且可根据螺旋的方向判定其左捻转或右捻转,以及捻转的程度。当捻转达 180°时,手可勉强伸入,而超过 270°时手不能通过,超过 360°时,子宫颈管拧闭,看不到子宫颈口,但能看到前端的皱襞。

(4)子宫颈狭窄　分娩预兆正常,阵缩努责也正常,但不见胎儿。产道检查时,子宫颈和阴道界限明显。轻度狭窄胎儿勉强通过;重度狭窄仅开两指;不能扩张时宫颈粗细不匀,无弹性。

3.诊断

主要根据病史调查、母畜的全身检查、产科检查及助产后检查作综合判断。

(1)询问病史　尽可能详细了解病畜的状况,主要包括预产期、年龄、胎次、分娩过程、既往病史等。

(2)母畜全身检查　除一般临床检查外,要特别注意母畜的精神、体温、呼吸、脉搏及可视黏膜的变化等;还要注意尾根两旁的荐坐韧带是否松软,向上提尾根时活动程度如何,以便确定骨盆腔及阴门能否充分扩张。同时还应确定乳房是否涨满,乳头中是否能挤出初乳,从而确定妊娠是否足月。

(3)产科检查　检查胎儿的大小、方向,位置及姿势是否异常,注意检查阴道的松软及润滑程度,子宫颈的松软及张开程度,骨盆腔的大小及软产道有无异常等。同时还应注意产道中液体的性质如颜色、气味,其中是否含有组织碎片等,以帮助判断难产。

(4)术后检查　检查多胎动物子宫是否还有胎儿,子宫及软产道是否受到损伤,母畜能否站立以及全身情况。

4.防治

救治难产的助产方法很多,常用的有以下几种。

(1)阵缩及努责微弱

①牵引术。先矫正,再牵引力量适中,按抽出原则进行。

②催产。催产素＋苯甲酸雌二醇 4～8 mg(乙烯雌酚 8～12 mg)0.5 h 用一次,猪 10～20 IU;羊 10～20 IU;在小动物一般不用(PGF$_{2\alpha}$,2 mg/次),羊使用时应慎重(防止子宫破裂)。

③剖腹产。催产无效时用。

(2)努责过强及破水过早　掐压背部,缓解努责。如一破水,可以根据胎儿姿势、位置等异常情况,进行矫正后牵引。如果子宫颈未完全松软开放,胎囊尚未破裂,为缓解子宫的收缩努责,可注射镇静麻醉药物。在马,可静脉注射水合氯醛(70%)硫酸镁(5%)溶液 150~250 mL,也可先灌服 10~30 g 溴剂,10 min 后再注射水合氯醛硫酸镁溶液。

(3)子宫捻转

①产道内矫正。适于分娩过程中发病者,且不超过 90°者的捻转。病畜选前低后高位站立保定,用手握住胎儿前置部分,向捻转的对侧扭转。羊:可由助手揿起后肢,术者转动胎儿。

②直肠内矫正。如果子宫向右侧捻转,可将手伸至右侧子宫下侧方,向上向左侧翻转,同时一个助手用肩部或背部顶在右侧腹下向上抬,另一助手在左侧肷窝部由上向下施加压力。如果捻转程度较小,可望得到矫正。向左捻转时,操作方向相反。

③翻转母畜(间接矫正法)。适用于马、牛、羊。方法是:向哪侧捻转于哪侧,垫高后躯困住肢蹄,速向对侧(包括头)翻转(注意方向准否,每翻一次要检查)。手入宫颈,固定胎儿,翻转母体。腹壁加压翻转法,方法基本同产道内矫正但加木板。剖腹矫正或剖腹产。

(4)子宫颈狭窄

①阵缩努责不强,胎衣未破,胎儿活着,宜稍等待。

②己烯雌酚(40~60 mg 牛,5 mg 羊)+催产素+10%糖酸钙。

③牵引术,将胎儿拉出。

④剖腹产,拉出困难或可能损伤子宫颈时,应淘汰。

5.预防

(1)不宜配种过早。一般来说,配种过早会因母畜发育尚未成熟,易发生骨盆狭窄,造成难产。牛的配种不应早于 12 月龄,马不应早于 3 岁,猪不宜早于 6~8 月龄,羊不宜早于 1~1.5 岁。

(2)保证青年母畜生长发育的营养需要,以免其生长发育受阻而引起难产。

(3)妊娠期间,由于胎儿的生长发育,母畜所需要的营养物质大大增加。因此,对母畜进行合理的饲养,供给充足的含有维生素、矿物质和蛋白质的青绿饲料。在妊娠末期应适当减少蛋白质饲料,以免胎儿过大,尤其是肉牛和猪更应如此。

(4)妊娠母畜要运动和使役。妊娠前半期可使常役,以后减轻,产前 2 个月停止使役,但要进行牵遛或逍遥运动。

(5)接近预产期的母畜,应在产前 1 周至半个月送入产房,适应环境,以避免改变环境造成的惊恐和不适。

(6)产乳奶牛要在产前一定时间实行干奶措施。

(7)临产前进行产道检查,对分娩正常与否作出早期诊断。以便及早对各种异常引起的难产进行救治。

五、乳腺炎

乳腺炎(mastitis)又叫乳房炎,是乳腺受到物理、化学、微生物学刺激所发生的一种炎性变化,其主要特点是乳汁发生理化性质及细菌学变化,乳腺组织发生病理学变化。家畜中多见于奶牛和乳用山羊,马和绵羊也有发生。几乎所有奶牛场都发病,不仅使乳产量下降给奶牛业造成严重的经济损失,而且危及人类健康。

1. 病因

(1)病原微生物感染　病原微生物感染一直是乳房炎发病率居高不下的重要因素，主要是由于多种非特异性微生物从乳头管侵入乳腺组织而引起。临床上可将其分为两类，第一类是接触性病原微生物，它们主要定植于乳腺，包括无乳链球菌、停乳链球菌、金黄色葡萄球菌和支原体等。金黄色葡萄球菌主要存在于乳头管的皮肤上，主要引起慢性乳房炎。第二类为环境性病原菌，包括大肠杆菌、假单胞菌、酵母菌等。大肠杆菌由于产生内毒素而导致乳房炎的发生。

(2)病灶转移　由其他病灶随着血液、淋巴液进入乳腺，尤以子宫疾病转移多见。如结核、产后脓毒血症等。

(3)理化因子　各种机械性损伤、乳导管插入技术不良、乳房注射某些药物刺激性过强，停乳不当等，及机器挤奶不适宜的频率、真空压(不能超过 53.329 kPa)。

(4)继发因素　乳房炎可继发于其他的疾病，如：产后热、阴道炎、子宫内膜炎等。

2. 临床症状

根据乳房和乳汁有无肉眼可见变化，将乳房炎分为以下 3 种：

(1)隐性(非临床型)型　隐性型乳房炎不表现临床症状，乳房和乳汁无肉眼可见变化。

(2)临床型　临床型乳房炎依据临床变化的程度，可分为：

①轻度临床型。乳房无异常或有轻度发热和疼痛或肿胀，乳汁有肉眼变化，有絮状物或凝块，有的变得稀薄，pH 偏碱性，体细胞数合氯化物含量均增加。

②重度临床型。乳房发生红肿热痛，出现轻微全身症状；乳汁异常，变黄白色或血清样，内有血凝块。

③急性全身性。常在两次挤奶间隔突然发病，病情严重，发病迅速，出现明显全身症状，乳房发生严重的红肿热痛，挤不出奶或挤出少量水样乳汁。

(3)慢性型　一般无临床症状或不明显，全身情况也无异常，但产奶量下降。它可发展成临床型乳房炎，反复发作，导致乳腺组织纤维化，乳房可能萎缩。

3. 诊断

(1)临床型乳房炎的诊断主要是通过乳房的视诊和触诊、乳汁的肉眼观察及必要的全身检查，就可作出诊断。有条件的可以在治疗前进行微生物鉴定和药敏试验。

(2)隐性乳房炎的诊断隐性乳房炎主要表现为乳汁体细胞数增加、pH 升高和电导率的改变，因此常用的诊断方法包括以下几种(表 6-1 和表 6-2)。

表 6-1　体细胞计数法诊断乳房炎

评定标准		被检乳细胞总数($\times 10^5$/L)
判定符号	定性	
−	阴性	0～2
±	可疑	2～5
+	弱阳性	5～8
++	阳性	8～15
+++	强阳性	>15

注：本法不适用于初乳期和泌乳末期。

表 6-2　隐性乳房炎常用的诊断方法

评定标准			乳汁反应
判定符号	定性	被检乳细胞总数($\times 10^5$/L)	
—	阴性	0~0.2	无变化，不出现凝块
±	可疑	1.5~5	有微量沉淀，但不久即消失
+	弱阳性	5~8	部分形成凝胶状
++	阳性	8~50	全部呈凝胶状，回转搅动时凝块向中央集中，停止搅动则凝块呈凹凸状附着于皿底
+++	强阳性	>50	全部呈凝胶状，回转搅动时凝块向中央集中，停止搅动则恢复原状并附着于皿底

①美国加州乳房炎试验及类似方法。基本原理是乳汁细胞在表面活性物质和碱性物质作用下，脂类物质乳化，细胞被破坏后释放出 DNA，DNA 与其作用，使乳汁产生沉淀或形成凝块。根据沉淀或凝块的多少，间接判定乳中细胞数的范围而达到诊断目的。

②乳汁电导率测定。乳腺感染后，血-乳屏障的渗透性改变，Na^+、Cl^- 进入乳汁，使乳汁电导率值升高。

③乳汁体细胞计数。细胞计数是目前较常用的诊断隐性乳房炎的有效方法，这种方法包括体细胞直接显微镜计数法、体细胞电子计数法、奶桶奶细胞计数法和牛只细胞计数法等。

④桶奶试验。包括桶奶的乳汁体细胞计数法和桶奶的微生物评估。通过试验可以评估一个牛群隐性乳房炎的感染水平、牛群中的病原微生物和牛场环境卫生的状况。

⑤乳汁的细菌培养。培养乳汁进行微生物鉴定是检查乳房炎的标准方法，利用桶奶乳汁微生物鉴定有助于在特定的牛场识别病原菌，确定这些病原菌是否为该牛群的问题所在。

⑥酶学检测法。该方法是目前国内外奶牛隐性乳房炎诊断方法的研究热点。其基本出发点是乳房炎症会导致乳汁中某些生物酶的活性发生变化，目前研究的酶类涉及乳酸脱氢酶（LDH）、黄嘌呤氧化酶、碱性磷酸酶（ALP），N-T-乙酰基-β-D-氨基葡萄糖苷酶（NAGase）、过氧化氢酶等多种。

⑦其他检测方法。随着目前分子生物学技术、基因工程技术以及蛋白质组学方法等的发展，将某些技术应用于乳房炎检测的研究也在不断的探索之中，如 DNA 指纹图技术鉴定乳房炎患牛分离的大肠杆菌和金黄葡萄球菌、PCR 技术或间接 ELISA 方法检测乳房炎有关病原等。其中 ELISA 方法的敏感度高，容易操作，是较为常用的检测与鉴定特定病原或者疾病的方法。

4.防治

泌乳是周期性的，而且乳房炎又分为各种类型，因此乳房炎的防治要根据泌乳周期的不同阶段和乳房炎的类型，选用相应的防治措施。

（1）临床型

①乳房灌注。灌注前可注射催产素使乳区排空。

注入防腐消毒药：0.2%利凡诺、0.3%硼酸、2%鱼石脂、0.02%呋喃西林、1%过氧化氢、0.02%高锰酸钾,剂量均为 40~50 mL。

注入抗生素:青霉素 1 万 IU、邻氯青霉素 500 mg、邻氯青霉素 200 mg+氨苄青霉素 75 mg、螺旋霉素 250 mg、利福霉素 100 mg、土霉素 200~400 mg、金霉素 200 mg、新霉素 500 mg 或链霉素 1 mg+青霉素 1 万 IU。据报道,康乳灵、福霉素、头孢唑林、头孢菌新素等有一定效果。

②全身治疗。大剂量应用广谱抗生素(四环素、土霉素、泰乐霉素等)或植物性抗菌药(中草药),如桉叶素、黄连素、蒲公英、六茜素等。

③对于疼痛明显的,可用普鲁卡因进行乳房神经封闭。

腰旁封闭:用 10~20 cm 封闭针,在第 3~4 腰椎间,距背中线 6~9 cm 处刺入,针与棘突呈 55°~60°,当针抵椎体时,将针退回 2~3 cm,此时针位于大小腰肌间疏松结缔组织内,注入 3% 奴夫卡因溶液 20~25 mL,或每侧注入 0.5%~0.25% 奴夫卡因溶液 80~100 mL。

乳房基底封闭:(也可用此法注药,青霉素 300 万 IU+链霉素 300 mg+20 mL 2%~3%普鲁卡因+60 mL 生理盐水)。

前叶:乳房与腹壁交界(转弯)处入针,于乳房间隙推向膝关节,深 7~8 cm,针在扇形移动中注射 0.5%奴夫卡因液 100~200 mL,同时可加 80 万~300 万 IU 青链霉素。

后叶:于中线(间沟)侧 2~3 cm 处入针,针在乳房上间隙推向腕关节,注射 0.5%奴夫卡因液 150~200 mL,注液时针做扇形变位。

会阴神经封闭:坐骨下连合后,针沿切迹中央刺入 2 cm,注入 3%奴夫卡因 20 mL,药 15 min 生效,持续 1.5~2 h。

④按摩及增加挤乳次数。

挤乳:2~3 h 挤一次,可降低乳房张力,减少负担;排除炎性产物。

按摩:浆液性乳房炎,自下而上按摩,促进吸收;黏液性乳房炎,自上而下按摩,排出产物。注意:纤维素性、化脓性和出血性以及脓性蜂窝织炎、乳房脓肿和坏死时,应禁忌按摩。

⑤冷敷、热敷及涂擦刺激物。病初冷敷以防止渗出;2~3 d 后热敷或红外线照射,以促进吸收。也可乳房表面可用 20%鱼石脂软膏(20%鱼石脂+80%凡士林)或樟脑油涂敷。

(2)亚临床型或隐性乳房炎 乳头药浴是防治隐性乳房炎行之有效的方法。一般在挤奶后立即进行药浴。也可挤奶前后均进行药浴。浸泡乳头的药液,要求杀菌力强,刺激性小,性能稳定,价廉易得。常用的有 0.3%~0.5%洗必泰、次氯酸钠、新洁尔灭等。

由于乳房的解剖、生理和奶的生产等特点,随时会受到病原微生物的威胁。所以,必须制定比较合理的预防措施,长期坚持,使乳房炎的发病率控制在最低限度。

①挤奶卫生消毒。

②定期进行隐性乳房炎检测。

③在干奶期,可进行预防用药,用抗生素灌注或抗生素软膏。

④泌乳期防治(乳头药浴、乳头膜保护、护乳膏、左旋咪唑和芸薹子口服)。

⑤保护牛群的"封闭"状态。

⑥其他方法(用低真空设备挤乳、牛床垫煤灰 10~20 cm、干乳前最后一次挤乳后用青、链、氢强的松复合处理、日粮中添加硒和维生素 E 有预防效果)。

思考题

1.反刍动物前胃疾病的特点各是什么?

2.如何防治奶牛乳腺炎?

参 考 文 献

[1] 谭学诗. 动物疾病诊疗. 太原：山西科学技术出版社，1999.

[2] 邓干臻. 兽医临床诊断学. 北京：科学出版社，2009.

[3] 张慧茹. 动物医学概论. 北京：化学工业出版社，2010.

[4] 陈溥言. 兽医传染病学. 5 版. 北京：中国农业出版社，2006.

[5] 宣长和，等. 猪病学. 北京：中国农业科学技术出版社，1996.

[6] 中国兽医学会. 2012 年职业兽医资格考试应试指南（上、下册）. 北京：中国农业出版社，2010.

[7] 王建华. 兽医内科学. 4 版. 北京：中国农业出版社，2010.

[8] Barbara E. Straw，Jeffery J. Zimmerman，Sylvie D'Allaire，等. 猪病学. 9 版. 赵德明，张仲秋，沈建忠，译. 北京：中国农业大学出版社，2008.

[9] 白文彬，于康震. 动物传染病诊断学. 北京：中国农业出版社，2002.

[10] 宣长和，王亚军，邵世义，等. 猪病诊断彩色图谱与防治. 北京：中国农业科学技术出版社，2005.

[11] 宣长和，马春全，林树民，等. 猪病混合感染鉴别诊断与防治彩色图谱. 北京：中国农业出版社，2009.

[12] 潘琦，等. 科学养猪大全. 2 版. 合肥：安徽科学技术出版社，2009.

[13] 李长军，华勇谋. 规模化养猪与猪病防治. 北京：中国农业大学出版社，2009.

[14] B·W·卡尔尼克. 禽病学. 10 版. 高福，苏敬良，主译. 北京：中国农业出版社，1999.

[15] 甘孟侯. 中国禽病学. 北京：中国农业出版社，1999.

[16] 蔡宝祥. 家畜传染病学. 4 版. 北京：中国农业出版社，2001.

[17] 崔治中. 禽病诊治彩色图说. 北京：中国农业出版社，2002.

[18] 辛朝安. 禽病学. 2 版. 北京：中国农业出版社，2003.

[19] 孙卫东，叶承荣，王金勇. 鸡病防治一本通. 福州：福建科学技术出版社，2005.

[20] 孙卫东. 土法良方治鸡病. 北京：化学工业出版社，2010.

[21] 高作信. 兽医学. 3 版. 北京：中国农业出版社，2002.

[22] 王俊东. 兽医学概论. 北京：中国农业出版社，2008.

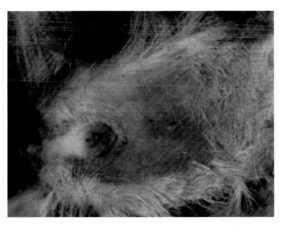

彩图 1（正文图 1-1）**皮肤充血**

（公马尿道结石所致腹部皮下充血潮红，
同时皮下发生水肿）

彩图 2（正文图 1-2）**肺淤血**

（猪链球菌病。肺淤血重大，色泽
暗红，间质增宽）

彩图 3（正文图 1-3）**瘀点**

（猪心冠脂肪散布点状出血）

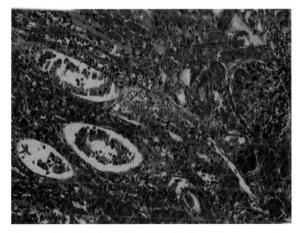

彩图 4（正文图 1-4）**贫血性梗死**（HE,×400）

（肾贫血性梗死：梗死区的肾小管和肾小球多已
坏死，深染伊红；肾小管呈均质凝固状，管腔
不清，上皮细胞核消失；有的肾小管上皮从基
膜脱落；间质细胞多存活）

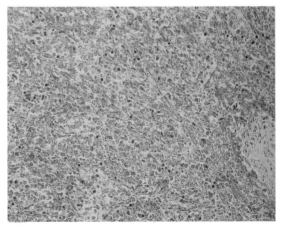

彩图 5（正文图 1-5）**出血性梗死**（HE,×400）

（脾出血性梗死：原有淋巴组织坏死、崩解，
结构不清，但可见大量红细胞密布）

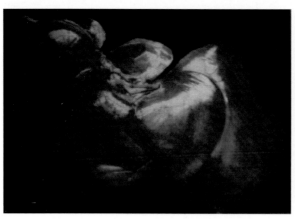

彩图 6（正文图 1-6）**肝颗粒变性**
（肝肿大、质地脆弱、呈红黄色）

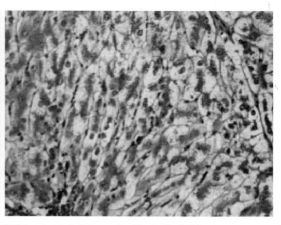

彩图 7（正文图 1-7）**肝水泡变性**（HE，×400）
（肝细胞肿大，胞浆染色不均，多透亮
淡染，但胞核位置正常无改变）

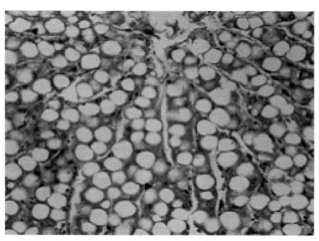

彩图 8（正文图 1-8）**肝脂肪变性**（HE，×400）
（肝细胞被很大的脂肪滴占据，细胞浆很少，
并被挤向细胞周围）

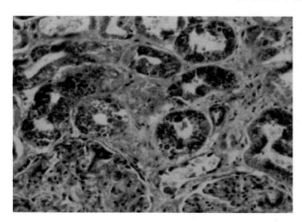

彩图 9（正文图 1-9）**肾玻璃样变**（HE，×400）
（肾小管上皮细胞和管腔中可见大
小不等的红色圆形玻璃样滴状物）

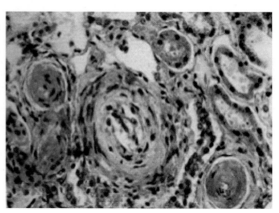

彩图 10（正文图 1-10）**小动脉壁**
玻璃样变（HE，×400）
（肾脏间质小动脉已变为均质无结构的
玻璃样物，其中细胞成分很少，动脉
管变小甚至闭塞）

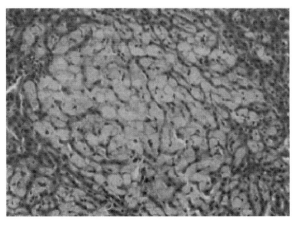

彩图 11（正文图 1-11）**肝淀粉样变**（HE，×400）

（肝细胞索和肝窦间聚集大量均质淡红色淀粉样
物质，肝细胞索受压萎缩）

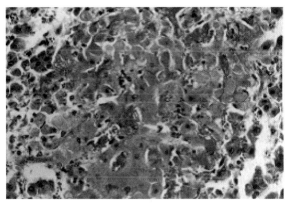

彩图 12（正文图 1-12）**坏死时核的
变化**（HE，×400）

（牛肝脏中凝固性坏死灶。肝细胞浆凝固、红
染、组织结构可以辨认，但坏死的组织呈多
种变化，核浓缩、碎裂、溶解或消失）

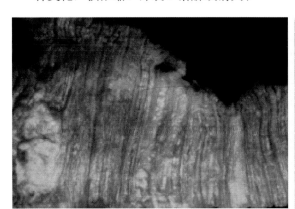

彩图 13（正文图 1-13）**肾贫血性
梗死**（HE，×400）

（在肾脏切面，梗死区为多形，
呈土黄色，和周边界限明显）

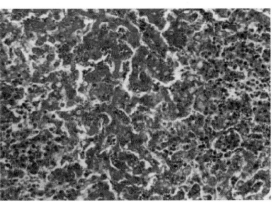

彩图 14（正文图） **1-14 骨骼肌
蜡样坏死**（HE，×100）

（牛泰勒虫病。在骨骼肌纵切面，可见
条状或团块状肌纤维坏死，呈灰白色，
均质化，似蜡样外观）

彩图 15（正文图 1-15） **变质性炎症**（HE，×400）

（变质性肝炎。肝细胞变性坏死，肝窦淤血、其
中有大量中性粒细胞浸润）

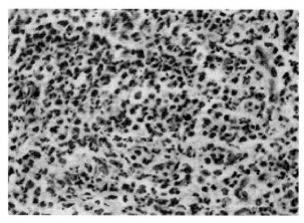

彩图16（正文图1-16）　浆液性炎症（HE，×400）
（浆液性舌炎。固有层中有浆液渗出，并有大量
中性粒细胞浸润）

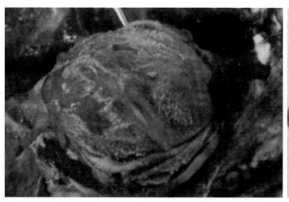

彩图17（正文图1-17）　纤维素性炎症
［纤维素性心包炎。大量纤维素渗出并附着
在心外膜上，呈灰白色、绒毛状（绒毛心）］

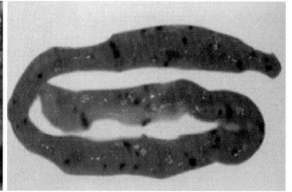

彩图18（正文图1-18）　卡他性炎症
（卡他性肠炎。十二指肠黏膜被覆黏液，
且伴有点状出血）

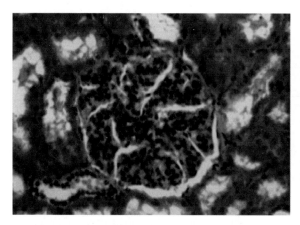

彩图19（正文图1-19）　急性增生性
炎症（HE，×400）

（急性增生性肾炎。肾小球毛细血管内皮细胞和
系膜细胞增生，使肾小球中的细胞数量增多）

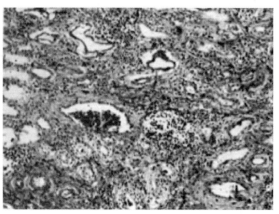

彩图20（正文图1-20）　慢性增生性
炎症（HE，×400）

（慢性增生性肾炎。肾间质纤维结缔组织大量
增生，并有程度不等的淋巴细胞、浆细胞和
巨噬细胞浸润，肾小球和肾小管萎缩，少数
肾小管扩张）